K. Kuhn · W. Probst

Biologisches Grundpraktikum II

Biologisches Grundpraktikum

Band II

Reizbarkeit und Bewegung · Steuerung und Regelung · Verhalten · Genetik · Evolution · Immunbiologie · Ökologie

Karl Kuhn und Wilfried Probst

173 Abbildungen und 53 Tabellen

Gustav Fischer Verlag · Stuttgart · New York · 1980

Anschriften der Verfasser:

Professor Dr. Karl Kuhn, Pädagogische Hochschule, Hangstr. 46–50, 7850 Lörrach
Professor Dr. Wilfried Probst, Pädagogische Hochschule, Murwiker Str. 77, 2390 Flensburg

CIP-Kurztitelaufnahme der Deutschen Bibliothek

Kuhn, Karl:
Biologisches Grundpraktikum / Karl Kuhn u. Wilfried
Probst. – Stuttgart, New York : Fischer.
NE: Probst, Wilfried:
Bd. 2. – 1980. ISBN 3-437-20122-0

© Gustav Fischer Verlag · Stuttgart · 1980
Wollgrasweg 49, D–7000 Stuttgart 70
Alle Rechte vorbehalten
Gesamtherstellung: Graphischer Großbetrieb Friedrich Pustet, Regensburg
Printed in Germany

Vorwort

Im zweiten Band des Biologischen Grundpraktikums werden die Themen Reizbarkeit und Bewegung, Steuerung und Regelung, Verhalten, Genetik, Evolution, Immunbiologie und Ökologie behandelt. Alle diese Teilgebiete der Biologie beschäftigen sich mit verhältnismäßig komplexen Sachverhalten und sollten deshalb erst behandelt werden, wenn ein gewisses Grundlagenwissen erarbeitet worden ist.

Wir haben uns zum Ziel gesetzt, die Experimente und Beobachtungsaufgaben so zusammenzustellen, daß mit möglichst geringem Zeit-, Geräte- und Materialaufwand grundlegende Einsichten zu gewinnen sind. Deshalb haben wir häufig Versuchsanordnungen den Vorzug gegeben, mit denen nur qualitative, keine quantitativen Ergebnisse gewonnen werden können. Bei der Versuchsauswahl haben wir uns weiterhin auf Experimente beschränkt, die bei der Ausbildung von S I und S II Lehrern durchgeführt oder demonstriert werden sollten. Das heißt, Versuche, die zu aufwendig oder zu schwierig sind, als daß sie in einem Leistungskurs der Studienstufe durchgeführt werden könnten, haben wir nicht aufgenommen. Auf eine besondere Kennzeichnung der Versuche für bestimmte Alters- oder Klassenstufen haben wir bewußt verzichtet. Wir meinen, diese Entscheidung sollte dem Lehrer überlassen bleiben.

Für jeden Versuch werden – wie in Band I – die benötigten Materialien gesondert aufgeführt, da dies die Vorbereitung wesentlich erleichtert. Für aufwendigere Experimente haben wir Verlaufsdiagramme entwickelt, die die einzelnen Arbeitsschritte in einer Übersicht zusammenfassen. Alle angegebenen Experimente und Beobachtungsaufgaben wurden in Praktika und Übungen mit Studenten erprobt. Die Ergebnisse, die wir manchen Versuchen beigefügt haben, entsprechen nicht immer den «Literaturergebnissen». Sie wurden in Praktika von Studenten gewonnen und sollen zeigen, daß die Werte teilweise deutlich von der Erwartung abweichen können.

Wir haben, wie schon beim ersten Band, alle Abbildungen neu entworfen und gezeichnet, so daß eine enge Beziehung zwischen Text und Bebilderung besteht. Durch die teilweise recht ausführlichen Legenden sollte der fortlaufende Text entlastet werden.

Wie bei Bd. I haben wir jedem Kapitel einen Katalog der «Lernziele» vorangestellt. Aus ihm können die Benutzer unseres Buches rasch entnehmen, welche Kenntnisse, Fähigkeiten und Fertigkeiten im jeweiligen Kapitel erworben werden sollen.

Durch die Lernziele wird auch verständlicher, welche Zielsetzung wir mit der notwendiger Weise oft recht engen Stoffauswahl eines Kapitels verbinden. Auch Querverbindungen und Zusammenhänge zwischen den einzelnen Abschnitten eines Kapitels, die bei der zwangsläufig linearen Aufeinanderfolge des Textes nicht immer so klar ins Auge springen, können beim Durchlesen des Lernzielkataloges leichter erkannt werden. Insbesondere gilt dies für den Zusammenhang von theoretischem und praktischem Teil.

Für den Kursleiter/Lehrer und den Studenten/Schüler haben die Lernziele einen unterschiedlichen Stellenwert: Ein Kursleiter kann sich am Beginn jedes Kapitels darüber orientieren, was in Theorie und Praxis erreicht werden soll. Für den Kursteilnehmer ist es sinnvoll, nach Abschluß eines Kapitels an Hand der Lernziele zu überprüfen, ob sein Wissen und Können möglichen Prüfungsanforderungen entspricht. Wir meinen, daß Lernziele anregender und vielseitiger verwendbar sind, als ein Fragenkatalog am Ende jedes Kapitels. Dem Kursleiter dürfte es leicht fallen, die Lernziele in die Frageform umzuformulieren. Für den Studenten/Schüler können Fragen mitunter eher verwirrend als klärend und festigend wirken. Außerdem muß man sich bei einem Fragenkatalog – will man ihn nicht zu umfangreich werden lassen – auf stichprobenartiges Abfragen von punktuellem Wissen beschränken.

Allen, die beim Zustandekommen des Buches geholfen haben, danken wir herzlich. Insbesondere waren dies

- Freunde, Kollegen und Studenten durch Ratschläge, Hinweise und Mitarbeit in Praktika und Examensarbeiten,
- Herr Hofmann, der wieder einen Teil der Reinzeichnungen übernommen hat,

- Frl. Engelmann, Frau Grau und Frau Ripka, die uns bei der Schreibarbeit geholfen haben,
- und – last not least – der Gustav Fischer Verlag: Herrn Dr. Esser danken wir für die sorgfältige Betreuung des Manuskripts, den Herren von Breitenbuch und Dr. von Lucius für die stete Bereitschaft, unseren Wünschen entgegenzukommen.

Flensburg/Lörrach
im Herbst 1979

Karl Kuhn
Wilfried Probst

Inhalt

Vorwort V

I	**Reizbarkeit und Bewegung**	1
A	Intention	1
B	Lernziele	1
C	**Theoretische Grundlagen**	1
	1 Die Erregbarkeit des Protoplasten	1
	2 Die Bewegungsfähigkeit des Protoplasten	9
	3 Geißeln, Wimpern, Cilien	13
	4 Besonderheiten pflanzlicher Bewegungen	13
D	**Experimente und Beobachtungen**	15

Erste Versuchsgruppe
Reizbarkeit und Erregung 15

   1 Reizbarkeit und Erregungsleitung bei Mimosa 15
   2 Ableitung eines Aktionspotentials bei Mimosa pudica 18
   3 Die Fangbewegungen der Venus-Fliegenfalle 20
   4 Ableitung von Aktionspotentialen vom Bauchmark des Regenwurms 22
   5 Ableitung spontaner Aktionspotentiale bei Insekten 25

Zweite Versuchsgruppe
Bewegung 26

   6   Bewegungsweise einer Amöbe 26
   7   Quergestreifte Muskulatur 27
   8   Muskelkontraktion durch elektrische Reizung 27
   9   Cilienschlag von Pantoffeltierchen 28
  10 Schlagumkehr der Cilien von Paramaecium caudatum durch elektrische Reizung ... 29
  11 Cilienschlag bei Muscheln 30
  12 Öffnungs- und Schließbewegungen bei Blüten 32
  13 Phototropismus und Explosionsbewegung beim Pillenwerfer (Pilobolus) . 33
  14 Quellungsbewegungen bei Schachtelhalm-Sporen 33
  15 Geotropismus von Keimwurzeln 34
  16 Winden des Bohnensprosses 35
  17 Die autonomen Blattbewegungen der Feuerbohne 36
  18 Die Blumenuhr 37

Literatur 39
Unterrichtsfilme 39

II	**Steuerung und Regelung**	41
A	Intention	41
B	Lernziele	41
C	**Theoretische Grundlagen**	42
	1 Nachrichtenübertragung	42
	2 Steuern und Regeln	42
	3 Beispiele für Regelung und Rückkopplung in der Biologie	45

VIII Inhalt

D Experimente und Beobachtungen 56

Erste Versuchsgruppe
Spaltöffnungen 56
1 Modell zur Bewegungsmechanik der Schließzellen 57
2 Die Micellierung der Schließzellen 58
3 Die Photonastie der Schließzellen 59
4 Die Chemonastie der Schließzellen 60
5 Beobachtung der Schließzellenbewegung 60
6 Hemmung der Schließzellenbewegung durch Al^{3+}-Ionen 60

Zweite Versuchsgruppe
Steuerung durch Reflexe 61
7 Der Kniesehnenreflex 61
8 Der Lidschlagreflex 61
9 Der Pupillenreflex 62
10 Künstliche Instabilität des Pupillenregelkreises 63

Dritte Versuchsgruppe
Hormonelle Steuerungen und Regelungen 63
11 Verpuppung einer geschnürten Fliegenmade 63
12 Verpuppung nach Ecdyson-Injektion 64
13 Fütterung von Kaulquappen mit Schilddrüsen 66
14 Thyroxineinfluß auf die Kaulquappenentwicklung 67
15 Einfluß von «Streßhormonen» auf die Entwicklung von Kaulquappen . . . 68

Vierte Versuchsgruppe
Reflektorisch bedingte Verhaltensweisen bei Tieren 68
16 Der Lichtrückenreflex 68
17 Der Lichtrückenreflex bei Fischen 69

Fünfte Versuchsgruppe
Informationsverarbeitung 70
18 Das Elektroretinogramm (ERG) 70
19 Die Hermannsche Gittertäuschung 72
20 Wechsel von Bahnung und Hemmung bei gleichwertigen Reizen . . . 74
21 Bahnung bei einem übergeordneten Reiz 76
22 Herstellen einer Umkehrbrille 76
23 Die Umkehrbrille und das aufrechte Sehen 77
24 Die Umkehrbrille und die Richtungskonstanz 78
25 Verrechnung einer Zeitdifferenz zur Richtungswahrnehmung 79
26 Ableitung eines Elektrokardiogramms (EKG) vom Frosch 81

Literatur 83

Unterrichtsfilme 84

III Verhalten 85

A Intention 85

B Lernziele 85

C Theoretische Grundlagen 86
1 Angeborene Verhaltensweisen 86
2 Lernen als erfahrungsbedingte Verhaltensänderung 92
3 Sozialverhalten 94

D Experimente und Beobachtungen 96

Erste Versuchsgruppe
Angeborene Verhaltensweisen 96
1 Die Bewegungsweise der Weinbergschnecke 96
2 Fortbewegung bei Tetrapoden 97

3   Der Insektenflug   98
 4   Endogen gesteuerte Bewegungsaktivität beim Goldhamster   99

Zweite Versuchsgruppe
Erlernte Verhaltensweisen 102
 5   Farbdressur bei Fischen 102
 6   Dressur auf akustische Signale bei Fischen 104
 7   Vergessen (Extinktion) 104
 8   Dressurversuche bei der Honigbiene 105

Dritte Versuchsgruppe
Sozialverhalten 109
 9   Verständigung bei Bienen 109
10   Verhaltensweisen von Ameisen 115
11   Aggressionsverhalten des Kampffisches (Betta splendens) 116
12   Aggressionsverhalten des Kleibers 117
13   Hassen bei Singvögeln 118

Literatur 119
Unterrichtsfilme 119

IV Genetik 121

A Intention 121

B Lernziele 121

C Theoretische Grundlagen 122
 1   Mutation und Gen 122
 2   Genübertragung bei Bakterien (Parasexualität) 126
 3   Genübertragung bei Diplonten 132
 4   Chromosomentheorie der Vererbung 135
 5   Genkopplung und Genaustausch 135
 6   Sexualität 137
 7   Häufigkeit von Allelen in Populationen 139

D Experimente und Beobachtungen 140

Erste Versuchsgruppe
Bakteriengenetik 140
 1   Einrichtungen und Geräte 140
 2   Arbeitstechniken 141
 3   Bestimmung der Keimzahl mit Hilfe der Plattierungstechnik 143
 4   Spontanmutationen vom Typ E. coli B/4 145
 5   Rückmutation von E. coli B lac 145
 6   Bestimmung der Mutationsrate 145
 7   Bakterienkreuzung – Strichtest 146
 8   Bestimmung der Rekombinationsrate einer Einfaktorenkreuzung 148

Zweite Versuchsgruppe
Drosophila-Genetik 149
 9   Herstellen eines Futterbreis 149
10   Stammkulturen 150
11   Unterscheidung der Geschlechter 152
12   Mutanten der Taufliege (Drosophila melanogaster) 153
13   Aufstellen eines Zeitplans 155
14   Einfaktorenkreuzung 155
15   Testkreuzung (Rückkreuzung) 158
16   Geschlechtschromosomen-gebundene Vererbung 158
17   Unabhängige Zweifaktorenkreuzung 159

18 Kopplungsgruppen 163
  19 Aufstellen einer Chromosomenkarte 164

  Dritte Versuchsgruppe
  Populationsgenetik 167
  20 Hardy-Weinberg-Verteilung eines rezessiven Merkmals innerhalb einer menschlichen Population 167

  Literatur 168
  Unterrichtsfilme 168

V Evolution 169

A Intention 169
B Lernziele 169
C Theoretische Grundlagen 170
  1 Einleitung 170
  2 Chemische Evolution 171
  3 Biologische Evolution 174
  4 Evolutionsfaktoren 185
  5 Evolution und System 202

D Experimente und Beobachtungen 205

  Erste Versuchsgruppe
  Chemoevolution 205
  1 Darstellung von Aminosäuren in einer künstlichen Uratmosphäre (Miller'scher Versuch) 205

  Zweite Versuchsgruppe
  Merkmalsphylogenie 210
  2 Die adaptive Abänderung eines homologen Organs: Insektenbeine 210
  3 Verwandtschaftsgruppen der Rosengewächse 214

  Dritte Versuchsgruppe
  Modellspiele zur Wirkungsweise von Evolutionsfaktoren 215
  4 «Zufall und Notwendigkeit» 215
  5 Das Räuberspiel 219
  6 Das Genpool-Spiel 223
  7 Das t-RNS-Spiel 225

  Literatur 227
  Unterrichtsfilme und Diareihen 228

VI Immunbiologie 229

A Intention 229
B Lernziele 229
C Theoretische Grundlagen 230
  1 Die Evolution immunologischer Schutzeinrichtungen 230
  2 Ontogenese des Immunsystems 233
  3 Die Immunreaktion 233
  4 Theorie der Antikörperbildung 236
  5 Beispiele für Immunreaktionen 236
  6 Krebs und Immunbiologie 239
  7 Immunologische Toleranz 239

D	**Praktischer Teil**	240
	Erste Versuchsgruppe Leukocytenbestimmung und Agglutinationsreaktionen	240
	1 Untersuchung von Leukocyten	240
	2 Blutgruppenbestimmung	241
	3 Schwangerschaftstest	243
	Zweite Versuchsgruppe Trennung von Immunpräzipitaten	243
	4 Doppeldiffusion nach Ouchterlony	243
	5 Immunoelektrophorese	247
	Literatur	251
	Unterrichtsfilme	251

VII Ökologie 252

A	**Intention**	252
B	**Lernziele**	252
C	**Theoretische Grundlagen**	253
	1 Fragestellung und Bedeutung der Ökologie	253
	2 Die Biosphäre	254
	3 Die Umweltfaktoren (Ökotop, Standort)	255
	4 Das Wirkungsgefüge der Ökosysteme	268
	5 Mensch und Umwelt	272
D	**Experimente und Beobachtungen**	273
	Erste Versuchsgruppe Vegetationsanalyse	273
	1 Vergleich des Lebensformspektrums zweier Pflanzengemeinschaften	275
	2 Transekt entlang eines Umweltgradienten	277
	3 Die Vergesellschaftung von Arten	280
	Zweite Versuchsgruppe Parasitismus: Gallen	284
	4 Morphologie und Konkurrenz der Linsengallen auf Eichenblättern	284
	Dritte Versuchsgruppe Besondere Anpassungen	290
	5 Xerophyten und Hygrophyten	290
	6 Hochleistungspflanzen (C_4-Pflanzen)	293
	7 Sukkulenten	298
	Vierte Versuchsgruppe Bestimmung der Populationsgröße	300
	8 Größenbestimmung einer Regenwurmpopulation durch Absammeln eines Probeareals	301
	9 Größenbestimmung einer Heuschreckenpopulation mit Hilfe kleiner Fangkäfige	302
	10 Größenbestimmung einer Heuschreckenpopulation mit der Fang- und Wiederfang-Methode	302
	Literatur	307
	Unterrichtsfilme	308

Anhang 309

1 Der Verstärker	309
2 Der Kathodenstrahloszillograph	310
3 Elektroden	313

    4   Ableitkabel 315
    5   Bezugsquellen für Geräte, auf die in diesem Buch besonders verwiesen wurde 315
    6   Bezugsquellen für Versuchstiere und Mikroorganismen 315
    7   Bezugsquellen für weniger gebräuchliche Chemikalien und Substanzen 315

Standardliteratur 316

Register 319

    A   Sachverzeichnis 319
    B   Untersuchungsobjekte 341
    C   Arbeitstechniken und Materialien 342

I Reizbarkeit und Bewegung

A Intention

Lebendige Organismen zeichnen sich durch die Fähigkeit aus, bestimmte Reize aus der Umgebung aufzunehmen und in Erregungen umzuwandeln. Die Vorgänge der Reizaufnahme, Erregungsbildung und Erregungsleitung stehen im Zusammenhang mit elektrischen Phänomenen, die in ihren Grundzügen im theoretischen Teil dargestellt werden.
Bei der Versuchsauswahl waren folgende Gesichtspunkte bestimmend:
- Die physikalischen und biologischen Vorgänge, die die Voraussetzung für die Bildung eines Ruhepotentials sind, darzustellen.
- Aktionspotentiale sowohl von einzelnen Nervenfasern als auch von Nervenzentren (Ganglien) abzuleiten.
- Den Frosch nicht als Untersuchungsobjekt zu verwenden, da es nicht zu verantworten ist, diese Tiere in größerer Anzahl für Versuche zu töten.
- Die Versuchsanordnungen so zusammenzustellen, daß die Präparation einfach ist und Störungen und Fehler weitgehend ausgeschlossen sind.
- Den apparativen Aufwand so niedrig wie möglich zu halten.

B Lernziele

1. Die Entstehung eines Diffusions- und Membranpotentials soll in den Grundzügen erklärt werden können.
2. Es soll beschrieben werden können, wie durch aktiven Transport ein Ruhepotential in einer Zelle aufgebaut wird. (Verteilung der Na^+- und K^+-Ionen, Durchlässigkeit der Zellmembran für Ionen, Natrium-Kalium-Pumpe).
3. An Hand einer Skizze soll erläutert werden können, wie sich die Form eines Aktionspotentials beim Übergang von einer unipolaren zu einer bipolaren Ableitung verändert.
4. Der Bau einer markhaltigen Nervenfaser soll skizziert werden können.
5. Die Unterschiede zwischen intrazellulärer und interzellulärer Erregungsleitung sollen gegenübergestellt werden (Änderung des elektrischen Membranpotentials – Überträgerstoffe in der Synapse).
6. Es soll erklärt werden können, auf welche Weise die Erregungsleitung in Nerven erhöht werden kann (Riesenaxone, saltatorische Erregungsleitung).
7. Der Feinbau eines Muskels soll skizziert und erläutert werden können.
8. Die Gleittheorie der Muskelkontraktion und der Cilienbewegung soll in den Grundzügen dargestellt werden können.
9. Es sollen mindestens je zwei Beispiele für Taxien, Tropismen und Nastien bei Pflanzen genannt werden können.
10. Die Galvanotaxis bei Paramecien soll auf Hyperpolarisation und Depolarisation der Zellwand zurückgeführt werden können.
11. Es sollen Beispiele für Bewegungen bei Pflanzen genannt werden können, die auf Wachstumsänderungen, Turgoränderungen bzw. mechanische Veränderungen von Pflanzenteilen zurückzuführen sind.

C Theoretische Grundlagen

1 Die Erregbarkeit des Protoplasten

a) Bioelektrizität als Grundlage der Erregbarkeit

In allen lebenden Organismen lassen sich elektrische Ströme und elektrische Spannungsunterschiede (elektrische Potentialdifferenzen) nachweisen. Bei der Bioelektrizität sind positiv und negativ geladene Ionen die Ladungsträger. Sie haben im Vergleich zu Elektronen eine sehr große Masse. Die Beweglichkeit von Ionen in wäßriger Lösung ist deshalb um den Faktor 10^4 geringer als die Beweglichkeit von Elektronen in Metallen. Entsprechend haben Elektrolyte einen höheren Widerstand als metallische Leiter.

I Reizbarkeit und Bewegung

Elektrische Potentiale und elektrische Ströme konnten bisher vor allem an den Zellmembranen nachgewiesen werden, die das Zellinnere vom Zelläußeren trennen. Es ist aber zu erwarten, daß auch an den Membranen der Zellorganellen wie z. B. den Mitochondrien, Chloroplasten und dem endoplasmatischen Retikulum elektrische Potentiale auftreten und, im Zusammenhang mit dem Stoffwechsel, elektrische Ströme fließen.

Die elektrischen Erscheinungen innerhalb einer Zelle lassen sich durch die physikalischen Vorgänge der Diffusion, der Tendenz zum elektrischen Ladungsausgleich und die unterschiedliche Durchlässigkeit der Zellmembran für verschiedene Ionen teilweise erklären. Darüber hinaus spielt ein aktiver Ionentransport, der unter Energieverbrauch abläuft, eine entscheidende Rolle (vgl. Bd. I, Kap. VI.).

Diffusionspotentiale

An einem Beispiel aus der Chemie soll zunächst erläutert werden, wie ein Diffusionspotential entsteht. Wir gehen aus von Abb. I, 1, in der ein Gefäß dargestellt ist, das durch eine durchlässige Wand in zwei Räume geteilt ist. Raum I enthält eine 1N HCl-Lösung, Raum II eine N/10 HCl-Lösung. Entsprechend dem Konzentrationsunterschied diffundieren H^+- und Cl^--Ionen von Raum I nach Raum II. Da die Diffusionsgeschwindigkeit der H^+-Ionen größer ist als die der Cl^--Ionen, erreichen die positiv geladenen H^+-Ionen zuerst den Raum II.

Die negativ geladenen Chlorid-Ionen bleiben etwas zurück. Es ergibt sich eine ungleichmäßige Ladungsverteilung in den beiden Räumen. Raum II hat eine positive, Raum I eine negative elektrische Ladung. Taucht man zwei Elektroden in die beiden Räume ein und verbindet sie mit einem empfindlichen Voltmeter, dann kann man eine elektrische Potentialdifferenz von etwa 38 mV messen. Es ist ein Diffusionspotential entstanden. In dem Maße, wie sich die Konzentrationen ausgleichen, geht das Diffusionspotential zurück.

Ein Diffusionspotential bildet sich nicht nur zwischen Salzsäurelösungen unterschiedlicher Kon-

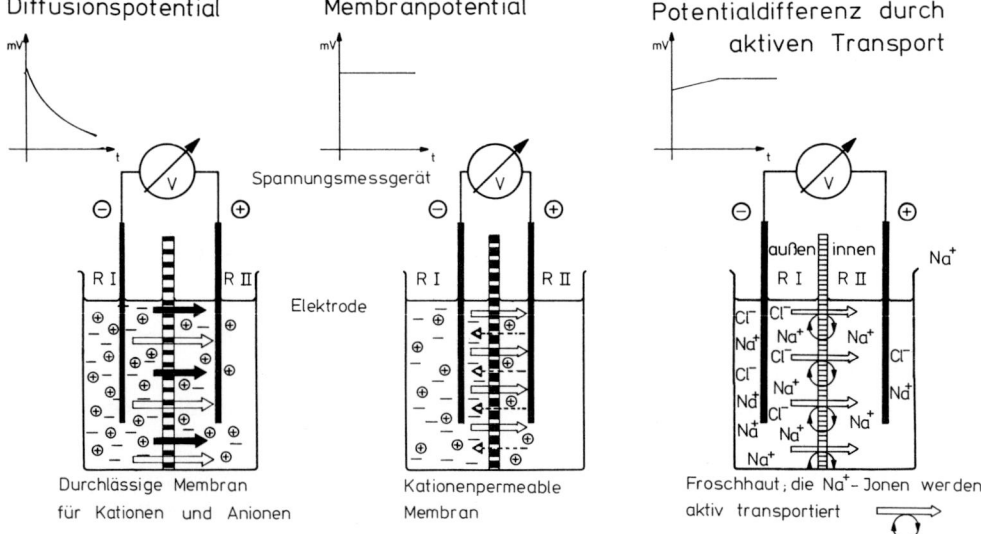

Abb. I, 1: Links: Ein Diffusionspotential wird durch verschiedene Geschwindigkeiten der Kationen (helle Pfeile) und Anionen (schwarze Pfeile) hervorgerufen. Bis zum Konzentrationsausgleich läßt sich ein elektrisches Potential zwischen Raum I und Raum II nachweisen. Bei Konzentrationsausgleich geht der Potentialunterschied auf 0 zurück.
Mitte: Das Membranpotential ist konstant und beständig. Der Diffusion der Kationen (helle Pfeile) wirken elektrostatische Kräfte (dünne, gestrichelte Pfeile) entgegen. Im Ruhezustand fließt kein Strom.
Rechts: Durch aktiven Transport werden beim Frosch Na^+-Ionen (helle Pfeile) aktiv von außen nach innen transportiert, so daß die Innenseite eine positive Ladung gegenüber der Außenseite hat. Bei Sauerstoffmangel, Vergiftung und Blockierung der oxidativen Phosphorylierung bricht das elektrische Potential zusammen.

zentration, sondern bei allen Elektrolyten aus. Es läßt sich nach Nernst wie folgt berechnen:

$$E = \frac{u-v}{u+v} \cdot \frac{R \cdot T}{z \cdot F} \cdot \ln \frac{C_1}{C_2} \text{ Volt}$$

E: elektromotorische Kraft = Potential in Volt
u: Diffusionsgeschwindigkeit des Kations in cm/s in einem Spannungsgefälle von 1 V/cm.
v: Diffusionsgeschwindigkeit des Anions in cm/s in einem Spannungsgefälle von 1 V/cm.
R: allgemeine Gaskonstante (8,31 Joule grd^{-1} · Mol^{-1})
T: absolute Temperatur in ° Kelvin
F: Faraday-Konstante (elektrische Ladung eines Grammäquivalents einwertiger Ionen = 96500 Coulomb)
C_1 und C_2: Konzentration der Elektrolyten in Raum I und II (Abb. I, 1).
z: Wertigkeit des Ions

E_B: Membranpotential in Volt
B_1: Konzentration der diffusiblen Ionen in Raum I, der die nichtdiffusiblen Ionen enthält.
B_2: Konzentration der diffusiblen Ionen in Raum II, der keine nichtdiffusiblen Ionen enthält.

Ruhepotential

Diffusionspotentiale gleichen sich nach kurzer Zeit aus. Membranpotentiale sind nur bei idealen semipermeablen Membranen beständig, die keinerlei Leckstrom haben. Solche Membranen gibt es in Organismen nicht. Wenn trotzdem an den Grenzmembranen von Nerven- und Muskelzellen Membranpotentiale gemessen werden, die nahezu 1/10 Volt betragen, dann müssen noch weitere Kräfte vorausgesetzt werden (Abb. I, 1; I, 2).

Membranpotential

Im Gegensatz zum Diffusionspotential, das nur kurze Zeit besteht, bildet sich ein dauerhaftes elektrisches Potential, wenn die Räume I und II durch eine Membran getrennt sind, die nur für eine Ionenart durchlässig ist, für die andere aber eine undurchdringliche Schranke bildet (anionen- bzw. kationenpermeable Membran). Nehmen wir an, die Membran sei für Kationen durchlässig, für Anionen aber undurchlässig und in Raum I befinde sich eine 1N NaCl-Lösung, in Raum II reines Wasser, dann diffundieren die Na$^+$-Ionen (Kationen) entsprechend dem Konzentrationsgefälle von Raum I nach Raum II. Da sich entgegengesetzte elektrische Ladungen anziehen, wirkt die elektrostatische Anziehungskraft der Diffusion entgegen. Nach einiger Zeit stellt sich ein Gleichgewicht zwischen Diffusion und der Tendenz zum Ladungsausgleich ein. Da die Kationen an der Membran durch die Anionen zurückgehalten werden, bildet sich an der Membran ein beständiges elektrisches Potential aus. Im Gleichgewicht fließt kein elektrischer Strom, so daß keine Arbeit geleistet wird (Abb. I, 1). Das Membranpotential läßt sich ebenfalls nach Nernst berechnen:

$$E_B = \frac{R \cdot T}{z \cdot F} \cdot \ln \frac{B_1}{B_2} \text{ Volt}$$

Membranladung beim Ruhepotential

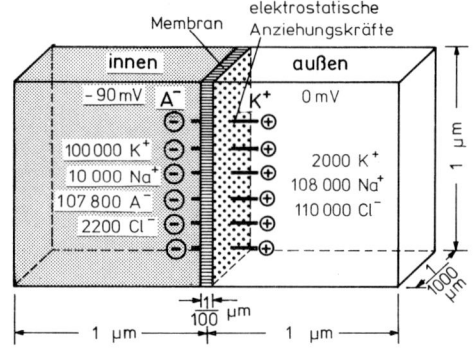

Abb. I, 2: Die Eiweiße tragen eine negative Ladung und wirken als Anion (A$^-$). Die Zellmembran ist für die Eiweiße undurchläßig. Für alle anderen Ionen ist die Membran permeabel, wenn auch in unterschiedlichem Ausmaß. Durch elektrostatische Anziehungskräfte wird ein Teil der Kalium-Ionen (K$^+$) an der Zellmembran zurück gehalten, was durch die Striche angedeutet ist, so daß sich eine Membranladung aufbaut.
Auf einer Membranfläche von 1/100 μm^2 stehen 6 K$^+$-Ionen je 6 Anionen gegenüber. Diese Zahl ist gering gegenüber der Zahl von 220000 Ionen, die in je einem Raum von 1/1000 μm^3 gelöst sind.

Aktiver und passiver Jonentransport

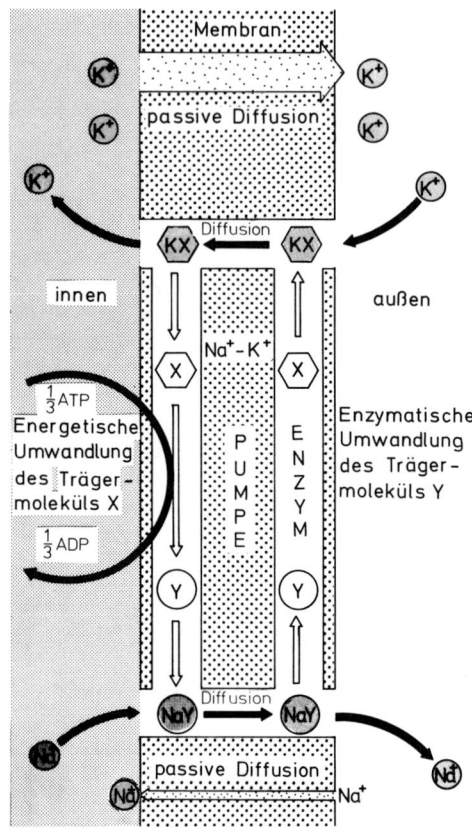

Hodgkin und Keynes (1955) wiesen nach, daß Na^+-Ionen vom Cytoplasma entgegen einem Konzentrationsgefälle nach außen transportiert werden. Da bei diesem Transport Energie verbraucht wird, spricht man von einem «Aktiven Transport» (Abb. I, 3; vgl. Bd. I, Kap. VI C 4). Durch Stoffwechselgifte kann man die energieliefernde ATP-Spaltung hemmen und den aktiven Transport zum Erliegen bringen. Entsprechend wirken auch tiefe Temperaturen (Abb. I, 3).

Man nimmt an, daß mit dem Natriumionentransport von innen nach außen ein Kaliumionentransport von außen nach innen gekoppelt ist. Würden beide Ionen unabhängig voneinander transportiert, dann würde etwa doppelt so viel Energie verbraucht.

Dem aktiven Ionentransport wirkt ein Leckstrom entgegen. Die ruhende Zellmembran ist für K^+-Ionen etwa 100mal besser durchlässig als für Na^+-Ionen. Daraus ergibt sich ein elektrisches Membranpotential, das Ruhepotential, das bei Pflanzenzellen zwischen 50 und 200 mV, bei tierischen Zellen (Nerven- und Muskelzellen) bei 80 mV liegt. Das Zellinnere ist um diesen Betrag negativer. (Abb. I, 4 und 5).

Das Ruhepotential ist sehr empfindlich und kann durch äußere Einflüsse leicht gestört werden. Eine Veränderung des Ruhepotentials wirkt als Reiz und kann zu einer Erregung der Zelle führen.

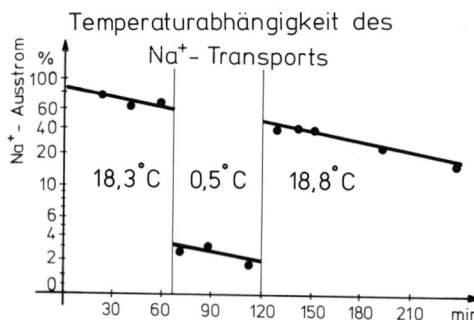

Abb. I, 3: Oben: Das Ruhepotential in der Zelle kann nur durch einen ständigen aktiven Transport aufrechterhalten werden, da die Zellwand auch für Na^+- und K^+-Ionen durchläßig ist, und damit «Leckströme» auftreten. Die unterschiedliche Durchläßigkeit für Na^+ und K^+ ist durch die Breite der Pfeile angedeutet.

Beim aktiven Transport verbindet sich ein Na^+-Ion an der Innenseite der Zellmembran mit einem Trägermolekül Y zu einem Komplex NaY, der entsprechend dem Konzentrationsgefälle zur Membranaußenseite diffundiert und dort zerfällt. Das Na^+-Ion wird frei. Durch ein Enzym wird das Trägermolekül Y in das Trägermolekül X verwandelt, das an der Membranaußenseite sich mit K^+-Ionen zu einem KX-Komplex verbindet, der zur Membraninnenseite diffundiert und dort das K^+-Ion wieder frei gibt.

Unter ATP-Verbrauch wird das Trägermolekül X wieder in das Trägermolekül Y zurückverwandelt. Bei der Na^+-K^+-Pumpe wird die Energie also nicht für den Transport, sondern für die Regeneraton der Trägermoleküle benötigt.

Unten: Der aktive Na^+-Transport durch die Zellmembran wird durch Temperaturerniedrigung fast auf Null reduziert, wie durch Versuche mit markiertem $^{24}Na^+$ nachgewiesen wurde. Entsprechende Hemmungen treten auch bei Sauerstoffmangel und Vergiftungen des Zellstoffwechsels auf. (Nach Hodgkin und Keynes aus Schmidt).

b) Reiz und Erregbarkeit

Erregbarkeit als Grundeigenschaft des Protoplasten

Unter Erregbarkeit versteht man die Fähigkeit auf bestimmte Außeneinflüsse zu reagieren. Die Protoplasten aller lebenden Zellen können durch einen Reiz erregt werden. Ein Reiz stellt eine bestimmte Energiemenge dar. Der Reiz ist aber nicht Energielieferant, sondern nur Auslöser einer Erregung. In der Regel rufen sehr kleine Reize große Effekte (Erregungen) hervor.

Reiz und Reizschwelle

Eine Erregung wird erst dann ausgelöst, wenn die Reizgröße einen bestimmten Schwellenwert erreicht. Bleibt der Reiz unterschwellig, dann kommt es zu keiner Erregung. Andererseits führt eine Steigerung der Reizenergie über den Schwellenwert hinaus zu keinem verstärkten Erregungsvorgang (Alles-oder-Nichts-Reaktion).
Grundsätzlich können alle Zellen von allen Reizformen (also mechanischen, elektrischen, chemischen usw.) erregt werden. Die Reizschwelle liegt für verschiedene Reizqualitäten verschieden hoch. Bei vielzelligen Organismen gibt es besonders gebaute Zellen, die für eine bestimmte Reizform einen sehr niederen Schwellenwert besitzen. Sie werden durch den zu ihnen passenden, adäquaten Reiz erregt. So reagieren manche Pflanzenranken noch auf die Berührung von festen Körpern mit einem Gewicht von nur 0,00025 mg mit Krümmungswachstum. Offensichtlich haben bestimmte Zellen dieser Ranken eine sehr niedrige Reizschwelle für Berührungsreize.
Besonders groß wird die Reizempfindlichkeit, wenn spezialisierte Zellen ein Sinnesorgan zur Aufnahme ganz bestimmter Reizformen bilden. So besitzt z. B. bei den Pflanzen die Venusfliegenfalle (Dionaea muscipula) auf ihren Klappblättern 3 Fühlborsten, die eine Erregung eines «Gelenkgewebes» (Abb. I, 14) durch sehr schwache Berührungsreize ermöglichen.
Bei Tieren haben sich vielfältige Sinnesorgane herausgebildet, deren Sinneszellen eine sehr niedrige Reizschwelle für adäquate Reize haben. Die Leistungen, die aufgeboten werden müssen, um eben noch ein Sinnesorgan zu erregen, sind außerordentlich gering, wie aus folgender Tabelle zu entnehmen ist:

Tabelle I, 1

Reizart	Sinnesorgan	Minimalleistung
Schall	Ohr des Menschen	$8 \cdot 10^{-18} - 4 \cdot 10^{-17}$ Watt
Schall	Ohr der Heuschrecke	$5 \cdot 10^{-17}$ Watt
Licht	Auge des Menschen	$6 \cdot 10^{-17}$ Watt

nach Autrum 1948.

Da der Schwellenreiz etwa 0,5 s auf das Auge einwirken muß, um eine Erregung auszulösen, ist die kleinste Reizenergie (Reizmenge) $2 \cdot 10^{-17}$ bis $4 \cdot 10^{-18}$ Wattsekunden (Ws).
Wie empfindlich die Sinnesorgane sind, zeigt ein Vergleich. Man nimmt an, daß das Weltall seit etwa 13 Milliarden Jahren oder rund $4 \cdot 10^{17}$ Sekunden existiert. Ein schwacher, eben noch wahrnehmbarer Lichtstrahl hätte in dieser Zeit eine Energie von 4 Ws verbraucht. Dies entspricht der Energie, die eine 4-Watt-Taschenlampenglühbirne in einer Sekunde verbraucht. – Die Auslenkung der Basalmembran im Innenohr, die eben noch einen Reiz auslöst, beträgt 0,01 nm (10^{-11}m), das ist weniger als der Durchmesser eines Wasserstoffatoms. Die Empfindlichkeit des Ohrs ist so groß, daß das Rauschen, das durch das ungeordnete Aufprallen der Luftteilchen auf das Trommelfell entsteht, eben nicht mehr wahrgenommen werden kann.

Ruhepotential und Aktionspotential

An Zellmembranen findet – wie schon erwähnt – ein ständiger aktiver Kationentransport gegen das natürliche Konzentrationsgefälle statt, der zusammen mit der Semipermeabilität der Zellmembran ein elektrisches Potential an der Zelloberfläche ergibt.
Wird eine Zelle gereizt, so führt dies bei hinreichender Reizintensität zu einer Permeabilitätsänderung der Zellmembran: Die Durchlässigkeit für Na^+-Ionen wird dramatisch erhöht. Der dadurch einsetzende passive Na^+-Einstrom bewirkt eine Depolarisierung der Membran und diese Depolarisierung erhöht umgekehrt wieder die Na^+-Leitfähigkeit. Es besteht also eine positive Rückkopplung, die zu einer explosionsartigen Entwicklung führen kann (Abb. I, 4).
Ist die Reizstärke zu gering, so kommt es zu keiner vollständigen Depolarisierung und nach einiger Zeit wird das Ruhepotential wieder her-

gestellt. Übersteigt der Reiz den Schwellenwert, so wird die Membran für Na$^+$ vollständig durchlässig, und es kommt zu einem raschen Diffusionsausgleich der Na$^+$-Konzentration bis die Membraninnenseite sich um etwa 40 mV positiv gegen die Membranaußenseite aufgeladen hat. Kurz danach kommt es auch zu einer Permeabilitätserhöhung der Membran für K$^+$-Ionen. Der daraus resultierende verstärkte K$^+$-Ausstrom hält an, bis das Konzentrationsgefälle ausgeglichen ist. Anschließend wird durch die Na$^+$-K$^+$-Austauschpumpe der ursprüngliche Verteilungszustand der Ionen wieder hergestellt. Während dieser «Erholungsphase» (Refraktärstadium) ist keine neue Erregung möglich.

Bei tierischen Zellen dauern die beschriebenen Potentialänderungen bei einem Erregungsvorgang nur wenige Millisekunden, bei pflanzlichen Zellen können sie bis zu 20 Sekunden in Anspruch nehmen (Refraktärzeit).

Tabelle I, 2: Dauer der Refraktärstadien

(*Absolutes R.*: keine neue Erregung möglich
Relatives R.: eine teilweise neue Erregung möglich)

	Absolutes Refraktärstadium	Relatives Refraktärstadium
Nitella (Armleuchteralge) Internodialzelle	4–40 s	60–150 s
Venusfliegenfalle	0,6 s	bis zu 30 s
Frosch (Muskelzelle)	0,05 s	
schnellleitender Wirbeltiernerv	0,0005 s	0,001–0,01 s

Erregungsleitung

Bisher haben wir als Erregung die Vorgänge bezeichnet, die zu einer Potentialänderung der Zellmembran führen. Die Erregung bleibt aber normalerweise nicht auf diese Region beschränkt, sie breitet sich auch über das Cytoplasma und seine Organelle aus. Folgen solcher Cytoplasma-Erregung sind zum Beispiel Veränderungen der Plasmaströmungen in Pflanzen- (und Tier-) zellen, Kontraktionen der Aktin- und Myosinfilamente in Muskelzellen oder auch Biolumineszens (wie bei dem Erreger des Meeresleuchtens, dem Flagellaten Noctiluca miliaris).

Auch bleibt die Depolarisierung der Zellmembran im allgemeinen nicht auf eine engbegrenzte Stelle beschränkt. Die lokale erregungsbedingte Depolarisierung wirkt vielmehr wie ein elektrischer Reiz, der in den benachbarten Membranabschnitten Erregung auslöst. Die vorübergehende Zunahme der Na$^+$- und K$^+$-Permeabilität kann sich so wie eine Wellenbewegung über die ganze Zelloberfläche ausbreiten.

Spezielle Organe der Erregungsleitung sind die tierischen Nervengewebe. Die Erregung kann sich auf Grund der fortlaufenden elektrischen Reizung der Nachbarbereiche über die ganzen, teilweise meterlangen Fortsätze einer Nervenzelle ausbreiten. Die Leitungsgeschwindigkeit ist umso größer, je höher der elektrische Widerstand der Zellmembran und je geringer der Innen- und Außenwiderstand der Zelle sind. Dem-

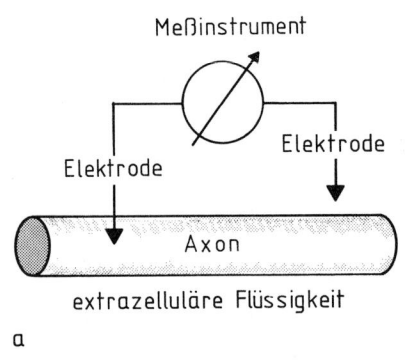
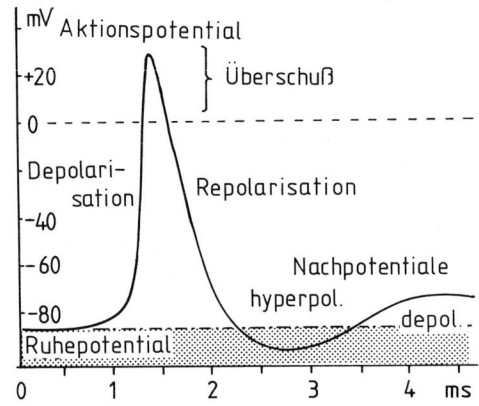

Abb. I, 4: a) Schematische Darstellung einer Ableitung an einem Riesenaxon. b) Schematische Darstellung des Zeitverlaufs eines Nervenaktionspotentials. Die Depolarisation (Aufstrich) erfolgt sehr schnell und überschreitet meist die Nullinie. Während der Repolarisation wird das normale Ruhepotential wieder hergestellt. Am Ende der Repolarisationsphase können negative und positive Nachpotentiale auftreten, die auf eine hyper- bzw. depolarisierte Zellmembran zurückzuführen sind.

entsprechend steigt die Leitungsgeschwindigkeit mit wachsendem Durchmesser der Nervenfaser, da der Innenwiderstand damit geringer wird (Riesenfasern von Tintenfischen könnnen Durchmesser von 1 mm haben). Die Ausbreitungsgeschwindigkeit der Erregung kann in solchen Fasern bis 30 m/s betragen (Tab. I, 3).
Eine weitere Steigerung der Leitungsgeschwindigkeit über diesen Wert hinaus wird bei den Wirbeltieren durch die Umhüllung der Nervenfasern mit einer Myelinscheide erreicht. Diese von den sogenannten Schwannschen Zellen gebildete Markscheide wird in bestimmten Abständen durch Ranvier-Knoten (oder «Schnürringe») unterbrochen. Der Querwiderstand der Fasermembran ist in den von der Myelinscheide umgebenen Segmenten hoch (10^5 Ohm·cm^2), an den Knoten relativ niedrig (10 Ohm · cm^2). Dadurch fließt der Strom bei Erregungsausbreitung immer nur von Knoten zu Knoten, die dazwischenliegenden, von der Myelinscheide umgebenen Segmente bleiben unerregt. Durch diese

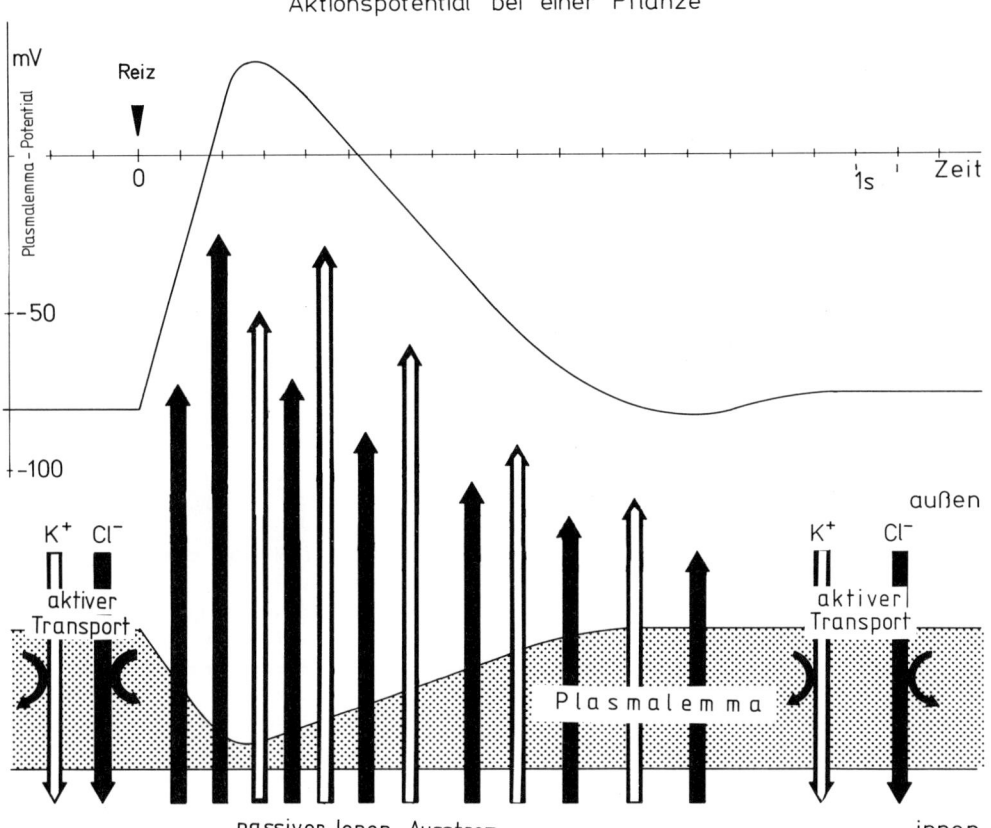

Abb. I, 5: Aktionspotentiale laufen bei Pflanzen wesentlich langsamer ab als bei Tieren. Das negative Ruhepotential hat, über das Plasmalemma gemessen, einen Wert von ca. 80 mV. Es wird durch einen aktiven Transport von K$^+$- und Cl$^-$-Ionen von außen nach innen aufrecht erhalten. Das Ruhepotential geht zum größten Teil auf ein Cl$^-$-Ionen-Potential zurück. – Die entgegengesetzten Leckströme sind nicht eingezeichnet.
Bei einem Reiz nimmt der Transportwiderstand des Plasmalemmas für Cl$^-$- und K$^+$-Ionen ab, so daß die Cl$^-$-Ionen ihrem Konzentrationsgefälle entsprechend passiv nach außen fließen. Dadurch wird das Zellinnere positiv. Der Transportwiderstand für Cl$^-$-Ionen ist durch die unterschiedliche Dicke der Plasmalemma-Membran dargestellt.
Durch den nachfolgenden K$^+$-Ionen Ausstrom geht das Aktionspotential zurück. Schließlich erreicht das Plasmalemma seine ursprüngliche Durchlässigkeit und durch den aktiven Na$^+$- und Cl$^-$-Ionentransport wird der Gleichgewichtszustand des Ruhepotentials wieder hergestellt (n. Haupt, verändert).

Tabelle I, 3: Geschwindigkeit der Erregungsleitung

Pflanzen- bzw. Tierart	Gewebe- bzw. Fasertyp	Geschwindigkeit m/s	Durchmesser µm
A *Pflanzliche Gewebe*			
Nitella (Armleuchteralge)	Internodialzelle	0,023	–
Mimosa pudica	primärer Blattstiel	0,03	–
Venus-Fliegenfalle (Dionaea)	Blatt	0,20	–
B *Nervenfasern*			
Calliactis (Hohltiere)	Nervennetz	0,04–0,15	–
	Nervenbahnen	1,2	
Ohrenqualle (Hohltiere)	Nervennetz	0,5	6–12
Regenwurm	Bauchmark	0,025	
	mediane Riesenfaser	30,0	50–90
	laterale Riesenfaser	11,3	40–60
Loligo (Tintenfisch)	Riesenfaser	20	400
Hummer	Beinnerv	14–18	60–80
	Riesenfaser	12	120
Forelle	laterale Nervenfaser	50	22
Frosch	A-Fasern	30	15
	B-Fasern	3–4,5	–
Katze	A-Fasern	78–102	13–17
	B-Fasern	24–48	4–8
	Hautnervenfasern	0,7–2,3	0,43–1,17

(nach Bünning und Florey)

saltatorische Erregungsleistung können Leitungsgeschwindigkeiten bis zu 120 m/s erreicht werden (Abb. I, 6).

Die Ausbreitung von Erregung kann man nicht nur bei Tieren sondern auch bei Pflanzen beobachten; das bekannteste Beispiel ist die «Sinnpflanze» Mimosa pudica. Reizt man eines ihrer Fiederblättchen durch Erschütterung, Verletzung, chemische Einflüsse, Hitze oder elektrischen Strom, so legen sich die Fiederblättchen paarweise mit den Oberseiten zusammen, die sekundären Blattstiele nähern sich und die primären Blattstiele klappen plötzlich herab. Bei genügend großer Reizstärke werden diese Reaktionen nicht nur in der unmittelbaren Nachbarschaft des Reizortes sondern auch entfernt davon durchgeführt. Die Geschwindigkeit der Erregungsleitung kann bis zu 3 cm/s erreichen. Als Ort der Erregungsleitung in den Mimosen-Blattstielen und Sprossen gilt heute das Phloem. In den langgestreckten Phloemzellen konnte man sehr hohe Ruhepotentiale (160 mV) und deutliche Aktionspotentiale messen.

Bei der intrazellularen Erregungsleitung ist also eine elektrische Reizung der benachbarten Membranbereiche der entscheidende Vorgang.

Für viele Erregungsleitungen muß man jedoch auch eine Weitergabe der Erregung von Zelle zu Zelle, eine interzellulare Leitung annehmen. Sie erfolgt nicht auf elektrischem sondern auf chemischem Wege durch die Übertragung bestimmter Erregungsstoffe (Abb. I, 6). Diese interzelluläre Erregungsleitung durch Überträgerstoffe wurde nur bei spezialisierten Leitungsgeweben beobachtet: Weitverbreitet als Überträgerstoff zwischen Nervenzellen und Nerven- und Muskelzellen ist Acetylcholin. Für die Übertragung zwischen bestimmten Nervenzellen von Wirbeltieren konnte man Adrenalin und Noradrenalin verantworlich machen.

Auch bei der Erregungsleitung in der Mimose

dürften Überträgerstoffe eine Rolle spielen: Dies konnte man dadurch wahrscheinlich machen, daß die Erregung bei Mimosa auch durch ein wassergefülltes Röhrchen, das zwei Achsenstücke verbindet, weitergeleitet wird.

2 Die Bewegungsfähigkeit des Protoplasten

Plasmabewegung

Die Fähigkeit zu aktiver Bewegung ist, ebenso wie die Reizbarkeit, eine Grundeigenschaft des Protoplasmas, die sich in vielfältiger Form äußert. Rasche und tiefgreifende Plasmabewegungen sind bei jeder Zellteilung zu beobachten (Bd. I, Kap. III). Aber auch während der Interphase kommt der Protoplast nicht zur Ruhe, wenn auch die Bewegungen meist so langsam ablaufen, daß sie nur mit Zeitrafferaufnahmen deutlich werden. Bei einigen günstigen Objekten wie z. B. den Amöben, den Internodialzellen der Armleuchteralge Nitella u.a. (vgl. Bd. I, Kap. II) kann man die Plasmabewegung direkt unter dem Mikroskop beobachten. Bei den Tieren haben sich im Laufe der stammesgeschichtlichen Entwicklung hochspezialisierte Bewegungszellen, die Muskelzellen, herausgebildet.

Bei allen Plasmabewegungen sind zwei Eiweiße beteiligt, das Aktin und das Myosin, die in Zellen mit hoher Beweglichkeit in besonders großer Menge vorkommen. Bei den Muskelzellen sind Aktin- und Myosinmoleküle sehr regelmäßig, nahezu kristallgitterartig geordnet. Muskelaufbau und Kontraktionsmechanismus sind bei der quergestreiften Skelettmuskulatur am besten untersucht. Wir beschränken uns auf deren Darstellung.

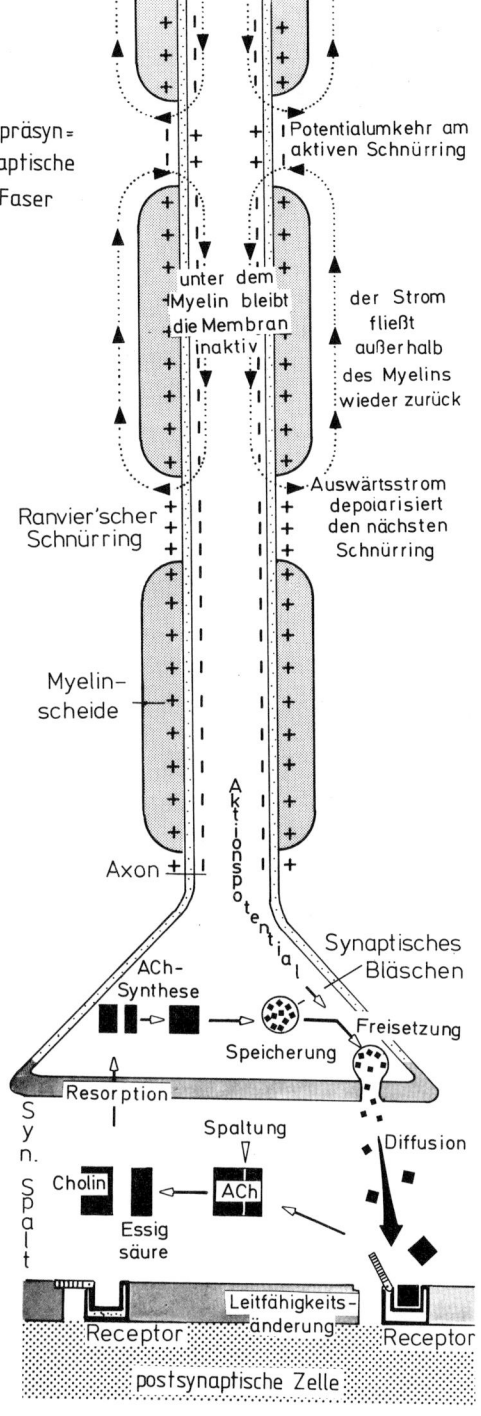

Abb. I, 6: Erregungsübertragung am Axon und synaptischen Spalt. Als Transmitter wurde Acetylcholin (ACh) gewählt, wie er bei motorischen Endplatten nachgewiesen wurde.
Eine gerichtete Erregungsübertragung kommt durch die Synapse zustande, da ein Aktionspotential immer nur von der präsynaptischen Faser auf die postsynaptische Zelle übertragen werden kann. Im Axon kann sich die Erregung theoretisch nach beiden Seiten ausbreiten.

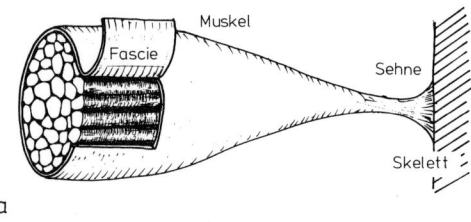
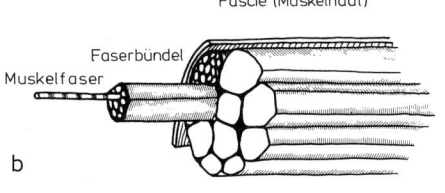
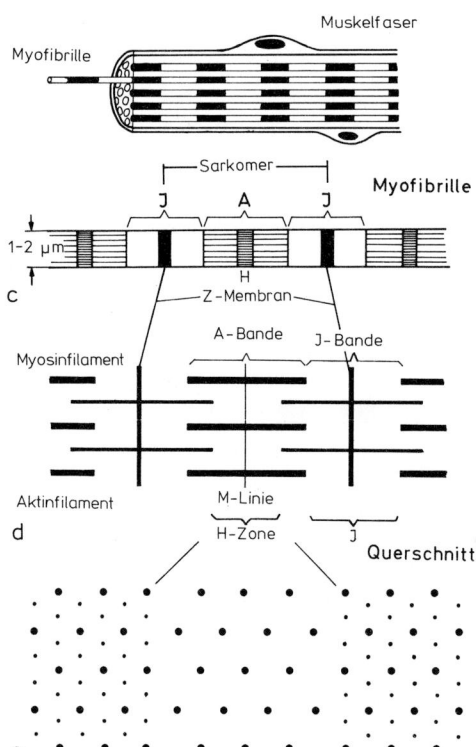

Abb. I, 7: Bau des Muskels. a) Übersicht, b), c), mikroskopischer Feinbau, d), e) Anordnung der Myosin- und Aktinfilamente, d) im Längs- e) im Querschnitt

Aufbau des quergestreiften Skelettmuskels (Abb. I, 7)

Ein Skelettmuskel wird außen von einer Bindegewebshülle (Fascie) umschlossen. An seinen beiden Enden geht der Muskel in je eine Sehne über, die am Skelett ansetzt.

Auf dem Querschnitt erkennt man, daß der Muskel in polygonale Faserbündel aufgegliedert ist. Ein Faserbündel (Myon) betrachtet man als kleinste funktionelle Einheit des Muskels. Jedes Myon ist von Bindegewebe umhüllt.

Das Myon wird von vielen, parallel zur Zugrichtung des Muskels verlaufende, Muskelfasern aufgebaut. Jede Muskelfaser entspricht einer Zelle. Allerdings ist die Muskelfaser keine Einzelzelle sondern ein vielkerniges Syncytium, das sich aus einer Einzelzelle durch mehrere Kernteilungen ohne darauffolgende Zellteilungen gebildet hat.

Jede Muskelfaser enthält zahlreiche Myofibrillen, die lichtmikroskopisch eine charakteristische Querstreifung zeigen, bei der sich etwa gleich breite, dunkle, doppellichtbrechende A-Banden mit hellen, nur wenig lichtbrechenden I-Banden abwechseln. Die I-Banden werden in der Mitte durch die dunklere Z-Membran und die A-Banden durch die helle H-Zone mit der dunkleren M-Linie geteilt.

Die kleinste morphologische und funktionelle Einheit der Muskelfaser ist das Sarkomer, das den Bereich zwischen zwei Z-Linien einer Fibrille umfaßt.

Durch elektronenmikroskopische Untersuchungen konnte man zeigen, daß die Banden auf die streng geometrische Anordnung von Myosin- und Aktinfilamenten zurückzuführen sind. Von der Z-Membran entspringen nach beiden Seiten feine Aktinfilamente, die den Bereich der I-Banden einnehmen. Die A-Banden werden von dickeren Myosinfilamenten gebildet, die in der Mitte durch ein Protein stabilisiert werden, das als M-Linie in Erscheinung tritt. An der Grenze zwischen A- und I-Banden überlappen sich die Myosin- und Aktinfilamente je nach dem Kontraktionszustand mehr oder weniger stark (Abb. I, 8).

Mechanismus der Muskelkontraktion

Der Muskel kann als Maschine angesehen werden, bei der chemische Energie aus ATP direkt in

kinetische Energie umgewandelt wird. Der Wirkungsgrad liegt bei 50–60%.
Lange Zeit war man der Ansicht, daß die Muskelkontraktion auf die Auffaltung eines filamentösen Netzwerkes zurückzuführen sei. Diese Anschauung wurde von Huxley (1953) widerlegt, der mit Hilfe des Elektronenmikroskopes zeigen konnte, daß bei einer Muskelkontraktion die Aktin- und Myosinfilamente aneinander vorbeigleiten und in ihrer ganzen Länge erhalten bleiben (Abb. I, 8). Im Phasenkontrastmikroskop kann man ergänzend beobachten, daß bei einer voll kontrahierten Muskelfaser die I-Banden vollständig verschwunden sind. (Gleittheorie der Muskelkontraktion).
Die Kraftgeneratoren liegen auf den Myosinfilamenten selbst, die in der Lage sind ATP zu spalten. Die Aktinfilamente dienen gleichsam nur als Zugseile, an denen die Myosinfilamente die Z-Scheiben zur Mitte des Sarkomers ziehen. Die dabei auftretenden Scherkräfte sind um so größer, je größer die Überlappungszone von Aktin und Myosin ist. Dies entspricht auch der Erfahrung, daß bei isometrischer Muskelkontraktion (Muskelanspannung ohne Muskelverkürzung) die Muskelkraft um so geringer ist, je mehr der Muskel gedehnt ist. Die Vorgänge, die sich auf molekularer Ebene abspielen, sind weitgehend bekannt.
Die Myosinmoleküle sind langgestreckte Eiweißmoleküle, die an einem Ende zwei kugelige Köpfchen aus globulärem Eiweiß tragen. Die Myosinmoleküle lagern sich zu langgestreckten Filamenten zusammen, an deren Oberfläche die Köpfchen nach allen Seiten abstehen (Abb. I, 8).
Die Aktinmoleküle gehören zu der Stoffklasse der globulären Eiweiße. Viele dieser Moleküle sind in einer Doppelschraube zu einer langen Kette verknüpft und bilden das Aktinfilament, an das noch zwei weitere Eiweiße, das Troponin und Tropomyosin angelagert sind (Abb. I, 8).
Das ATP hat bei der Muskelkontraktion eine doppelte Aufgabe: Es dient als «Weichmacher» für den Muskel und als Energielieferant bei der Kontraktion (Abb. I, 9). Während der Muskelstarre (Rigorzustand) sind Myosin und Aktin durch feste Querbrücken miteinander verbunden, die durch die Myosinköpfchen gebildet werden. Bei Zugabe von ATP nimmt jedes Köpfchen ein Molekül ATP auf (M + ATP). Dabei löst sich die Querbrücke und der Muskel wird weich. Es kommt jedoch zu keiner Muskelkontraktion, da

der Troponin-Tropomyosin-Komplex hemmend auf die Hydrolyse des ATPs wirkt.
Bei einer Erregung strömen Ca^{++}-Ionen in die Zelle ein und beseitigen die Hemmung durch das Troponin-Tropomyosin (s. Regulation der Muskelaktivität). Unter dem Einfluß von Mg^{++}-Ionen wird das an die Köpfchen angelagerte ATP gespalten (MATP → MADP + P_i). Die dabei freiwerdende Energie dient zum größten Teil dazu, die Köpfchen aus der 45° Position in die 90° Position aufzurichten. Die Köpfchen werden «gespannt». In einem weiteren Schritt wird ADP und P_i an die Zelle abgegeben und die Köpfchen

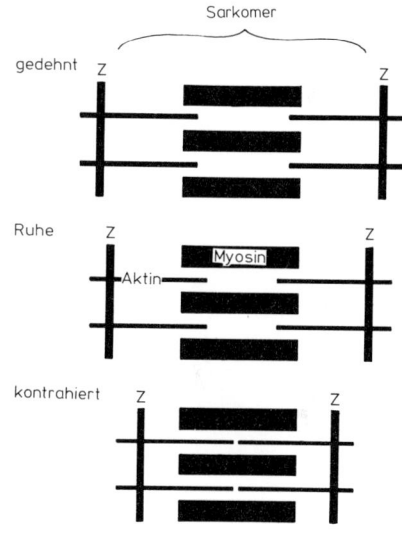

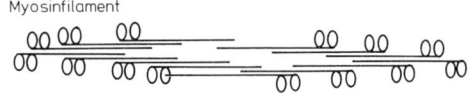

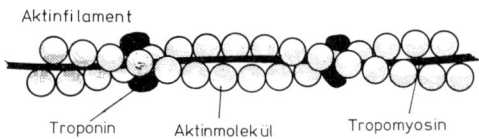

Abb. I, 8: Oben: Schematische Darstellung der Muskelkontraktion.
Unten: Myosin- und Aktinfilament. Das Aktinfilament ist wesentlich stärker vergrößert als das Myosinfilament.

bilden Querbrücken mit dem Aktin (Actomyosin-Komplex, AM).

Die Querbrücken springen von der 90°-Position in die 45° Lage und schieben das Aktin ein Stück weiter. Steht weiterhin ATP bereit, dann beginnt das Spiel von vorn. Fehlt ATP, dann fällt der Muskel in eine Starre (z. B. Totenstarre), da dann die Querbrücken nicht mehr gelöst werden können.

Bei einer Erregung einer Muskelzelle schließen sich nicht alle Querbrücken eines Sarkomers gleichzeitig, sondern die Myosinköpfchen heften sich nacheinander, wellenartig, in der 90° Position an das Aktinfilament an, klappen in die 45° Position und treiben das Aktinfilament vorwärts. Danach lösen sie sich wieder, um die «Ruderbewegung» zu wiederholen.

Regulation der Muskelaktivität

Die äußere Zellmembran der Muskelfaser ist stark gefaltet und reicht tief in das Zellinnere hinein. Mit der Zellmembran hat das sarkoplasmatische Retikulum engen Kontakt. Es besteht aus einem System glatter Membranen (vgl. Bd. I, Kap. II), das die ganze Muskelzelle durchdringt, und dient als Speicher für Ca^{++}-Ionen, die durch aktiven Transport aus dem Zellinnern in das Membransystem befördert werden. Das sarkoplasmatische Retikulum kann Ca^{++}-Ionen bis zu einem Konzentrationsgefälle von 1:1000 speichern (Abb. I, 9).

Wird eine Muskelzelle über eine motorische Endplatte eines Nervs erregt, dann breitet sich die Erregung über die ganze Zellmembran aus (Depolarisation). Die Erregung breitet sich über die Kontaktstellen auf das sarkoplasmatische Retikulum aus, was zur Folge hat, daß die Durchlässigkeit für Ca^{++}-Ionen stark erhöht wird. So strömen schlagartig Ca^{++}-Ionen in das Cytoplasma der Zelle ein. Die Ca^{++}-Ionen inaktivieren den Troponin-Tropomyosin-Sperrkomplex, so daß die Muskelkontraktion einsetzen kann.

Durch aktiven Transport werden die Ca^{++}-Io-

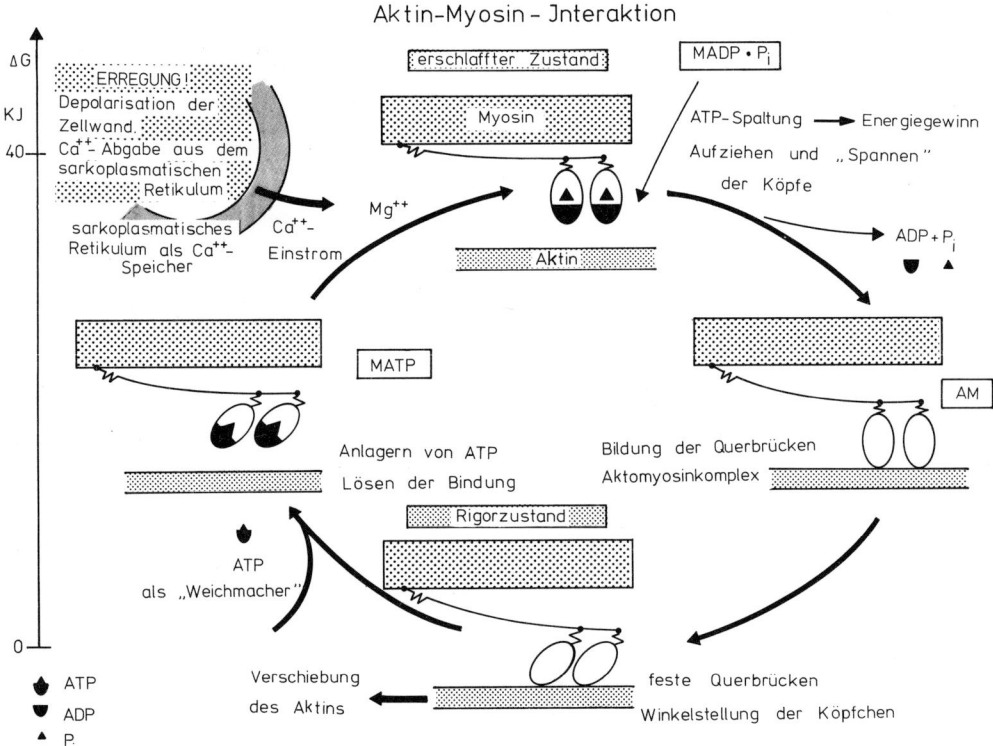

Abb. I, 9: Mechanismus der Aktin-Myosin-Interaktion (nach Mannherz und Schirmer, stark verändert und ergänzt).

nen nach einer Erregung sofort wieder in das sarkoplasmatische Retikulum zurückbefördert, und die Kontraktion geht zurück, wenn nicht eine neue Erregung zu einer Ca^{++}-Ausschüttung führt.

3 Geißeln, Wimpern, Cilien

Einige pflanzliche und fast alle tierische Organismen haben Bewegungsorganellen wie Geißeln, Wimpern und Cilien, mit denen sie sich entweder selbst fortbewegen oder mit denen Stoffe wie Nahrungspartikel oder Sekrete transportiert werden.

Die Bewegung von Geißeln, Wimpern und Cilien wird durch Mikrotubuli (Bd. I, Kap. II) verursacht, die, wenig korrekt, z. T. auch Filamente genannt werden. Die Tubuli sind Röhren, die aus spiralig angeordneten Globulinen aufgebaut sind. Sie dürfen nicht mit den Filamenten verwechselt werden, wie sie bei der Muskelzelle dargestellt wurden.

Die Mikrotubuli sind in Basalknötchen in der Zelle verankert. Der Bau der Basalorgane variiert von Art zu Art sehr stark. Wieweit die Basalknötchen den Cilienschlag auslösen und die Wimpermotorik koordinieren, ist noch nicht geklärt.

Die Bewegung selbst wird sowenig wie die Muskelbewegung durch Kontraktion der Mikrotubuli hervorgerufen. Die Tubuli gleiten bei einer Bewegung einer Cilie verschieden stark an radiär angeordneten Filamenten entlang, die von einer ringförmigen, zentralen Scheide ausgehend, wie Speichen eines Rades an die peripheren Doppeltubuli heranführen (Gleittheorie). Bei der Bewegung wird ATP verbraucht (Abb. I, 10).

Alle Geißeln von Eucyten haben einen gemeinsamen Bauplan: Zwei zentrale Mikrotubuli werden von einem Kranz aus 9 Doppeltubuli (selten Dreifach-Tubuli) umgeben. Denselben Bauplan zeigen auch die Centriolen der Eucyten (Bd. I, Kap. II). Da bei Eukaryonten sich vermutlich sowohl die Bewegungsorganellen als auch die Centriolen selbständig vermehren, ist es möglich, daß sie ebenso wie Plastiden und Mitochondrien Abkömmlinge ehemaliger protocytischer Endosymbionten sind (vgl. Bd. I, Kap. II). Bei den Geißeln der Protocyten ist die Zahl und die Anordnung der Mikrotubuli wesentlich mannigfaltiger als bei den Eucyten.

4 Besonderheiten pflanzlicher Bewegungen

Vielzellige, große Pflanzen sind meist fest verwurzelt und zu keiner aktiven Ortsbewegung fähig. Die ausgewachsene, vakuolisierte Pflanzenzelle ist häufig von einer starren Zellwand umgeben, die kaum noch Bewegungen zuläßt. Dennoch reagieren Pflanzen auf viele Reize mit Bewegungen oder führen selbständige Bewe-

Bau und Funktion einer Cilie

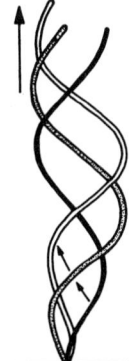
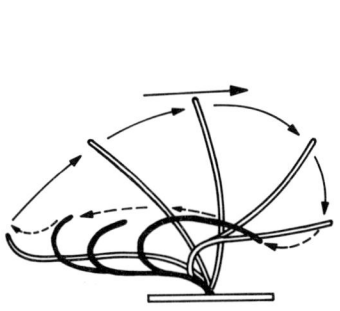
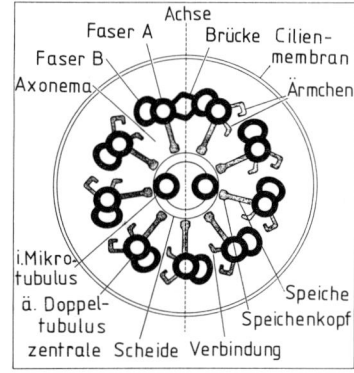

Abb. I, 10: Links: Zuggeißel, drei verschiedene Stellungen
Mitte: Schlagfolge einer Cilie
Rechts: Schematischer Querschnitt durch eine Bewegungscilie. Um zwei zentrale Mikrotubuli sind peripher neun Doppel-Mikrotubuli angeordnet. Von den äußeren Tubuli gehen speichenförmige Filamente aus. Bei einer Bewegung verschieben sich die äußeren Tubuli gegen die inneren (Gleittheorie) (Nach Satir).

gungen aus. Die Bewegungen werden durch Wachstums- oder Turgoränderungen hervorgerufen. Darüberhinaus können manche abgestorbenen Pflanzenteile rein physikalisch bedingte Bewegungen durchführen (Tab. I, 4).

a) Wachstumsbewegungen

Streng genommen führt jedes Wachstum zu einer Veränderung der Lage im Raum und könnte als «Bewegung» bezeichnet werden. Im allgemeinen versteht man unter Bewegung nur eine Richtungsänderung einer wachsenden Pflanze oder eines Pflanzenteils, die durch einseitig verstärktes Streckungswachstum hervorgerufen wird. Dieses ist wiederum auf eine unterschiedliche Verteilung von Wuchsstoffen zurückzuführen (Bd. I, Kap. IV).

Krümmungswachstum. Wächst ein pflanzliches Organ auf einer Seite stärker als auf der andern, so führt dies zu einer Krümmungsbewegung. Viele Blüten wie z. B. die Tulpe, der Krokus und die meisten Korbblütler öffnen sich, indem die Oberseite der Blüten- bzw. Hüllblätter stärker wächst als die Unterseite. Beim Schließen wächst die Unterseite der Blätter vermehrt (Abb. I, 23).

In der Regel wachsen Wurzeln nach unten, Sproßachsen nach oben. Legt man einen Sproß waagerecht, dann richtet er sich im Bereich seiner Wachstumszone wieder auf. Entsprechendes gilt für die Wurzel. In diesem Fall reagieren Wurzel und Sproß auf die Schwerkraft (Geotropismus). Außerdem reagiert ein Sproß auf Licht (Phototropismus) und andere Reize.

Wechselt die bevorzugte Wachstumszone rhythmisch von einer Seite zur andern oder rund um die Organachse, so führt dies zu regelmäßigen Pendel- oder Kreisbewegungen. Sehr ausgeprägt sind diese Bewegungen bei windenden und rankenden Pflanzen, wie z. B. den Bohnen und Erbsen.

b) Turgor-Bewegungen

Der besondere Bau der Pflanzenzelle als osmotisches System, bei dem der osmotische Binnendruck der Vakuolen durch den mechanischen Druck der elastischen Zellwand kompensiert wird (Bd. I, Kap. VI), gestattet Volumen- und Druckänderungen von Zellen und Geweben durch Veränderung der Ionenkonzentration im Cytoplasma und im Zellsaftraum. Auf diese Weise können die Spaltöffnungen in wenigen Minuten geöffnet oder geschlossen werden.

Durch geeignete Anordnung osmotisch besonders quellfähiger «Bewegungsgewebe», z. B. am Blatt und den Sproßgelenken, sind rasche Bewegungsabläufe möglich, die in der Geschwindigkeit mit tierischen Bewegungsabläufen verglichen werden können. Die Fiederblättchen der Mimose klappen auf einen Reiz hin innerhalb von wenigen Sekunden zusammen und die Blattstiele senken sich nach unten. Die Bewegungen, die die Fangblätter der Venusfliegenfalle zusammenklappen läßt, dauert nur Bruchteile einer Sekunde. Grundlage solcher raschen pflanzlichen Bewegungen sind aktive Ionenpumpenmechanismen und plötzliche, erregungsbedingte Permeabilitätsänderungen von Membranen.

c) Physikalisch bedingte Bewegungen

Bei der Öffnungsbewegung von Früchten, Staubbeuteln oder Sporenbehältern (die häufig sogar mit einem Ausschleudern der Verbreitungseinheiten verbunden sein kann) oder auch bei manchen Einroll- und Faltbewegungen von

---

Abb. I, 11: Oben: Impatiens parviflora; das Schwellgewebe besteht aus zartwandigen, großen Zellen mit einem potentiellen osmotischen Druck bis über 20 atm. Dem setzt ein Kollenchym aus gestreckten Faserzellen auf der Innenwand der Karpelle Widerstand entgegen. Wenn sich bei fortschreitender Reifung die Mittellamellen entlang den postgenitalen Verwachsungsnähten der Fruchtblätter auflösen, kommt es schließlich – durch Berührung oder spontan – zum plötzlichen Spannungsausgleich: Die Karpelle rollen sich ein und dabei können die Samen bis etwa 3 m weit ausgeschleudert werden.

Unten: Dryopteris filix-mas; die Anuluszellen des Farnsporangiums verlieren bei der Reife langsam ihre Wasserfüllung. Wegen der hohen Kohäsionskräfte zwischen den Wassermolekülen kommt es zunächst zu einer Eindellung der zarten Außenwände. Es entsteht ein tangentialer Zug im Anulus, der schließlich dazu führt, daß das Sporangium an einer präformierten Bruchstelle (Peristom) aufreißt und sich nach außen umstülpt. Wenn die Deformation der Ringzellen schließlich eine Spannung erreicht, die der Kohäsionskraft des enthaltenen Wassers entspricht, entstehen Gasblasen in den Anuluszellen und es kommt zu einem plötzlichen Spannungsausgleich. Dabei schlägt die zurückgebogene Sporangienwand in ihre Ausgangslage zurück und schleudert die Sporen aus.

Die Turgor-Explosionsbewegung vom Springkraut
(Impatiens parviflora)

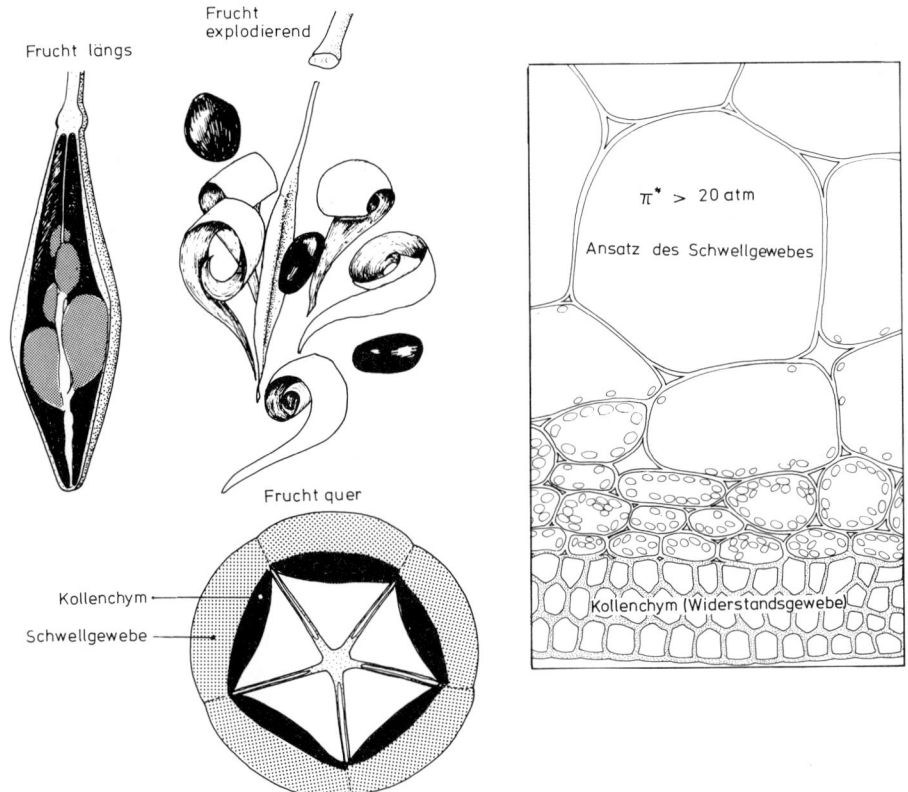

Die Kohäsionsbewegung des Farnsporangiums

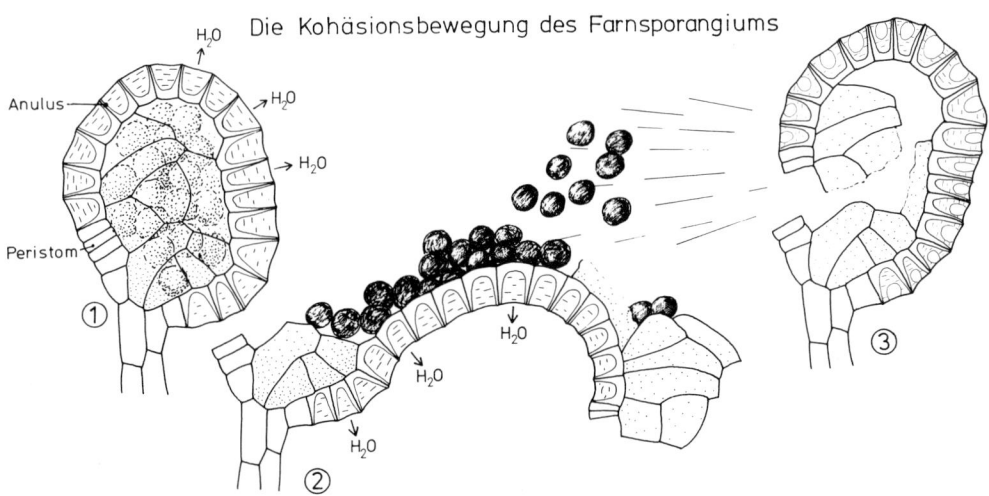

Blättern kann es auf Grund des anatomischen Baus zu rein physikalisch bedingten, von physiologischen Vorgängen unabhängigen Bewegungen kommen. Häufig sind die Gewebe zum Zeitpunkt der Bewegung sogar schon tot. Allgemein bekannt ist die Fähigkeit der Coniferen-Zapfen, bei Feuchtigkeit ihre Zapfenschuppen anzulegen und sie bei Trockenheit zu spreizen. Dies kommt durch eine Quellschicht auf der Außenseite der Schuppen zustande. Auch das Öffnen und Schließen der Sporenkapseln von Moosen durch die Peristomzähnchen ist eine solche feuchtigkeitsabhängige Quellungsbewegung, die durch unterschiedliche Quellbarkeit von Zellwänden auf Grund ihrer Micellierungsrichtung beruht. Farnsporangien besitzen einen Ring («Anulus») von einseitig mechanisch verstärkten Zellen (Abb. I, 11). In feuchtem Zustand sind diese (beim reifen Sporangium toten) Zellen mit Wasser gefüllt. Verdunstet das Wasser aus diesen Zellen, so führt die Kohäsionskraft des Wassers schließlich zu einem Aufreißen des Sporangiums an einer präformierten Rißstelle (dem «Stomium»). Die bei weiterem Wasserentzug immer stärker werdende Deformation der einseitig verdickten Ringzellen führt zu einer Spannung, die sich schlagartig löst, wenn in dem stark verringerten Lumen dieser Zellen plötzlich ein Gasraum entsteht. Dieser bildet sich nicht in allen Anuluszellen gleichzeitig, so daß es zu einem ruckweisen Zurückschlagen in die Ausgangslage kommt. Dabei werden die Sporen fortgeschleudert.

Auch turgorbedingte Explosionsbewegungen muß man zu den physikalisch bedingten Bewegungen rechnen, da diese Bewegungen nicht wie die echten Turgorbewegungen durch Schwankung der Turgeszens, sondern durch irreversible turgorbedingte Zerstörung von Zellen oder Geweben ganz bestimmten mechanischen Baus bewirkt wird. Die Früchte unserer heimischen Impatiens-Arten («Rühr-mich-nicht-an») explodieren auf diese Weise: Ihre länglichen Fruchtkapseln bestehen aus 5 Fruchtblättern, zwischen denen im Laufe der Reifung ein Trennungsgewebe ausgebildet wird (Abb. I, 11).

D Experimente und Beobachtungen

ERSTE VERSUCHSGRUPPE

Reizbarkeit und Erregung

1 Reizbarkeit und Erregungsleitung bei Mimosa

Mimosen sind dafür bekannt, daß sie auf Reize wie Berührung, Hitze oder Kälte die Blattfiedern zusammenklappen und die Stengel senken. Die Bewegungsreaktion breitet sich vom Reizort über die ganze Pflanze aus. Die Erregungsleitung ist mit Aktionspotentialen verbunden, die extrazellulär abgeleitet werden können. Darüber hin-

Tabelle I. 4: Bewegungstypen der Pflanzen

Lokomotionsbewegungen		Krümmungsbewegungen	
Taxie (Taxis) Freie Ortsbewegung in Abhängigkeit von einem Reiz (positive Taxie: Bewegung zu der Reizquelle hin, negative Taxie: Bewegung von der Reizquelle weg)	*Tropismus* Die Bewegungsrichtung ist vom auslösenden Reiz abhängig (positiver und negativer Tropismus)	*Nastie* Die Bewegungsrichtung ist vom auslösenden Reiz unabhängig. Sie wird ausschließlich vom Bau des pflanzlichen Organteils bestimmt.	*Spontane Bewegungen* a. Turgorbedingte Bewegungen. Beispiel: Schlafbewegungen der Bohnenblätter b. Wachstumsbedingte Bewegungen (Nutationen)
Beispiel: Chemotaxie bei Gameten durch Sexuallockstoffe, Phototaxie bei Euglena	Beispiel: negativer Geotropismus beim Sproß, positiver Geotropismus bei der Wurzel	Beispiel: Thermonastie der Tulpenblüte, Seismonastie des Blattes von Mimosa	Beispiel: Winden und Ranken.

aus sind bei Mimosen sehr deutliche Schlafbewegungen der Blätter zu beobachten. Mimosen können im Frühjahr und Sommer aus Samen gezogen werden. Manche Gärtnereien bieten Mimosen im Sommer zum Verkauf an. In botanischen Gärten werden Mimosen regelmäßig großgezogen. Mimosen leiden als Zimmerpflanzen vor allem im Winter an zu geringer Luftfeuchtigkeit.

Mimosen reagieren am besten bei hellem, diffusem Licht, hoher Luftfeuchtigkeit und einer Temperatur zwischen 25 und 30° C. Im Winter reagieren die Pflanzen wesentlich schlechter als im Frühjahr und Sommer.

Material und Geräte

Mimosa pudica, Topfpflanzen (Samen aus Gärtnereien, z. B. Flora Sämereien H. Mayer, 5650 Solingen 16)
Stoppuhr
Streichhölzer
Großer Glassturz
Äther
Watte

a) Durchführung und Beobachtung

Berührungsreize. Wir beobachten die Bewegung der Fiederblättchen, der Fiederblattstiele und des primären Blattstiels bei unterschiedlicher Reizung. Wir beginnen mit einer leichten Berührung einer Blattfieder, drücken dann an einem zweiten Blatt ein Fiederblättchen zwischen den Fingern und wiederholen den Versuch, indem wir bei einem weiteren Blatt ein Fiederblättchen mit der Pinzette kräftig kneipen.
Der Bewegungsablauf wird skizziert und die Zeit bestimmt, die verstreicht, bis das Blatt wieder in die Ausgangslage zurückgekehrt ist.

Reizung des primären Blattgelenks. Mit der Bleistiftspitze wird entweder die Oberseite oder die Unterseite eines primären Blattgelenks gereizt. Ergibt sich eine unterschiedliche Reaktion?

Helligkeitsänderung der Blattgelenke. Wir betrachten ein Mimosenblatt im Gegenlicht und ziehen an einem Fiederblättchen. Wir achten dabei auf eine Helligkeitsänderung des Fiederchen-Gelenks.

Erregungsleitung. Vor Versuchsbeginn wird die zu untersuchende Pflanze skizziert. Entsprechend (Abb. I, 12) numerieren wir die Blätter und kennzeichnen die primären Blattgelenke (P), die Gelenke der Fiederblattstiele (S), das erste und letzte Fiederchenpaar einer jeden Blattfieder

(AF und EF). Für unseren Versuch wählen wir ein Blatt in der Mitte des Sprosses.
Mit einer Streichholzflamme sengen wir ein äußeres Fiederchen (EF_1) an. Mit der Stoppuhr verfolgen wir, wie sich die Erregung über die Pflanze ausbreitet. Der Zeitpunkt, zu dem die verschiedenen Blattgelenke, Anfangs- und Endfiederchen reagieren, wird notiert. Da sich die Erregung sehr rasch über die Pflanze ausbreitet, sollten ein Protokollant und ein Beobachter zusammenarbeiten.
Steht eine Fernsehkamera mit einem Videogerät zur Verfügung, dann kann man den Versuch filmen und anschließend das Band ablaufen lassen und die Reaktionszeiten der einzelnen Blattorgane sehr genau bestimmen. Auf diese Weise kann eine große Gruppe an der Versuchsauswertung beteiligt werden.
Die Weglängen und die entsprechenden Zeiten trägt man in eine Tabelle ein und errechnet die Geschwindigkeit der Erregungsausbreitung. Die Temperatur zur Zeit des Versuchs wird notiert.

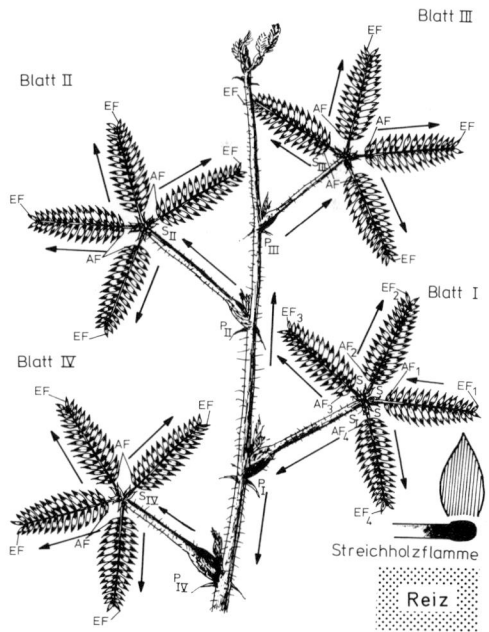

P = Primäres Blattgelenk
S = Sekundäres Blattgelenk, Fiedergelenk
AF = Erstes } Fiederchen-Paar
EF = Letztes

Abb. I, 12: Bestimmung der Geschwindigkeit der Erregungsleitung bei Mimosa, halbschematisch.

Äthernarkose. Die Versuchspflanze wird für eine halbe Stunde unter einen Glasturz mit einem äthergetränkten Wattebausch gestellt. Die Pflanze wird danach durch Berührung und schließlich durch Versengen gereizt (Vorsicht: Ätherflasche entfernen, feuergefährlich!).
Refraktärzeit. Stehen mehrere Mimosen (im Idealfall 10 Exemplare) zur Verfügung, dann werden sie gleichzeitig gereizt, indem man die Töpfe kräftig auf den Boden stößt. Im Abstand von 2 Minuten wird dann jeweils eine andere Pflanze auf ihre Reaktionsfähigkeit geprüft (leichtes Berühren, Drücken und Kneifen der Fiederblättchen).

b) Auswertung

Berührungsreize. Bei einer Berührung klappen die Fiederblättchen nach oben bis sich die Blattpaare berühren. Sie bewegen sich in den tertiären Blattgelenken. Die Fiederblattstiele werden in den sekundären Gelenken etwas gesenkt und nähern sich seitlich. Bei einem starken Reiz klappt auch der Blattstiel in dem primären Blattgelenk nach unten.
Reizung des primären Blattgelenks. Die erregbaren Zellen liegen im primären Blattgelenk an der Unterseite, wie durch elektrophysiologische Untersuchungen nachgewiesen wurde. Dementsprechend reagiert die Unterseite der Gelenkpolster wesentlich empfindlicher auf einen Berührungsreiz als die Blattoberseite.
Helligkeitsänderung der Blattgelenke. Durch die Turgoränderung wird Wasser aus der Zelle in den Interzellularraum ausgepreßt. Die tertiären Blattgelenke werden schlagartig hell und durchscheinend.
Erregungsleitung, Narkose. Bei normalen Bedingungen liegt die Geschwindigkeit der Erregungsleitung bei 4–40 mm/s. Bei einem starken Reiz breitet sie sich über das ganze Blatt aus. Sie erreicht über den Stamm auch die darüber und darunter liegenden Blätter. Durch Äther kann die Pflanze narkotisiert werden, so daß sie zunächst auf keinen Reiz mehr reagiert. Sie erholt sich nach 10–20 Minuten.
Refraktärzeit. Es vergeht einige Zeit, bis die Mimose aufs neue erregt werden kann (absolute Refraktärzeit). An die absolute Refraktärzeit, schließt sich ein relatives Refraktärstadium an, in dem die Pflanze teilweise erholt ist und auf starke Reize antwortet.

2 Ableitung eines Aktionspotentials bei Mimosa pudica

Material und Geräte
Mimosa pudica, Topfpflanze
Differenzverstärker (s. Anhang)
Kathodenstrahloszillograph (Röhre mit langer Nachleuchtdauer oder besser Speichergerät, Zeitablenkung mindestens 1 s/cm).
Nadelelektroden (Stahl) mit blanker Spitze (s. Anhang)
Bezugselektrode (z. B. Stricknadel oder Kupferdraht)

a) Vorbereitung

Vor Versuchsbeginn mache man sich unbedingt mit den verwendeten Geräten vertraut (s. Anhang). Differenzverstärker und Kathodenstahloszillograph werden entsprechend Abb. I, 13 zusammengeschaltet.

b) Versuchsdurchführung
(Abb. I, 13)

Differentielle Ableitung. Die +Elektrode wird in das Gelenkpolster eines Blattes und die −Elektrode in den darunter liegenden Stengelabschnitt eingestochen. Als Bezugspunkt wählt man die feuchte Erde des Blumentopfes. Der Verletzungsreiz ist nach etwa 1 Stunde abgeklungen, so daß dann mit der Ableitung begonnen werden kann.
Wenn möglich werden mehrere Pflanzen für eine Ableitung vorbereitet, da der Erfolg u. a. von der nicht kontrollierbaren Einstichtiefe der Elektroden abhängt.
Das zu erwartende Aktionspotential hat, je nach der Lage der Elektroden, eine Spannung von 50–100 mV, so daß man bei einer 10–100 fachen Verstärkung im Voltbereich liegt. Als Zeitablenkung wählt man 0,5–1 s/cm.
Das Blatt, an dem die Elektroden angelegt sind, wird gereizt. Wir beginnen mit einem schwachen Reiz: Berühren der Blattfiedern, Aufträufeln von Eiswasser. Führt dies zu keinem Aktionspotential, dann werden die Reize verstärkt und notfalls einige Blattfiederchen mit der Streichholzflamme angesengt. – Der Versuch kann nach Abklingen des Reizes (20–60 Minuten, je nach Reizstärke) wiederholt werden.

c) Beobachtung

Die Fiederblättchen klappen zusammen, der Blattstiel senkt sich. Auf dem Bildschirm beob-

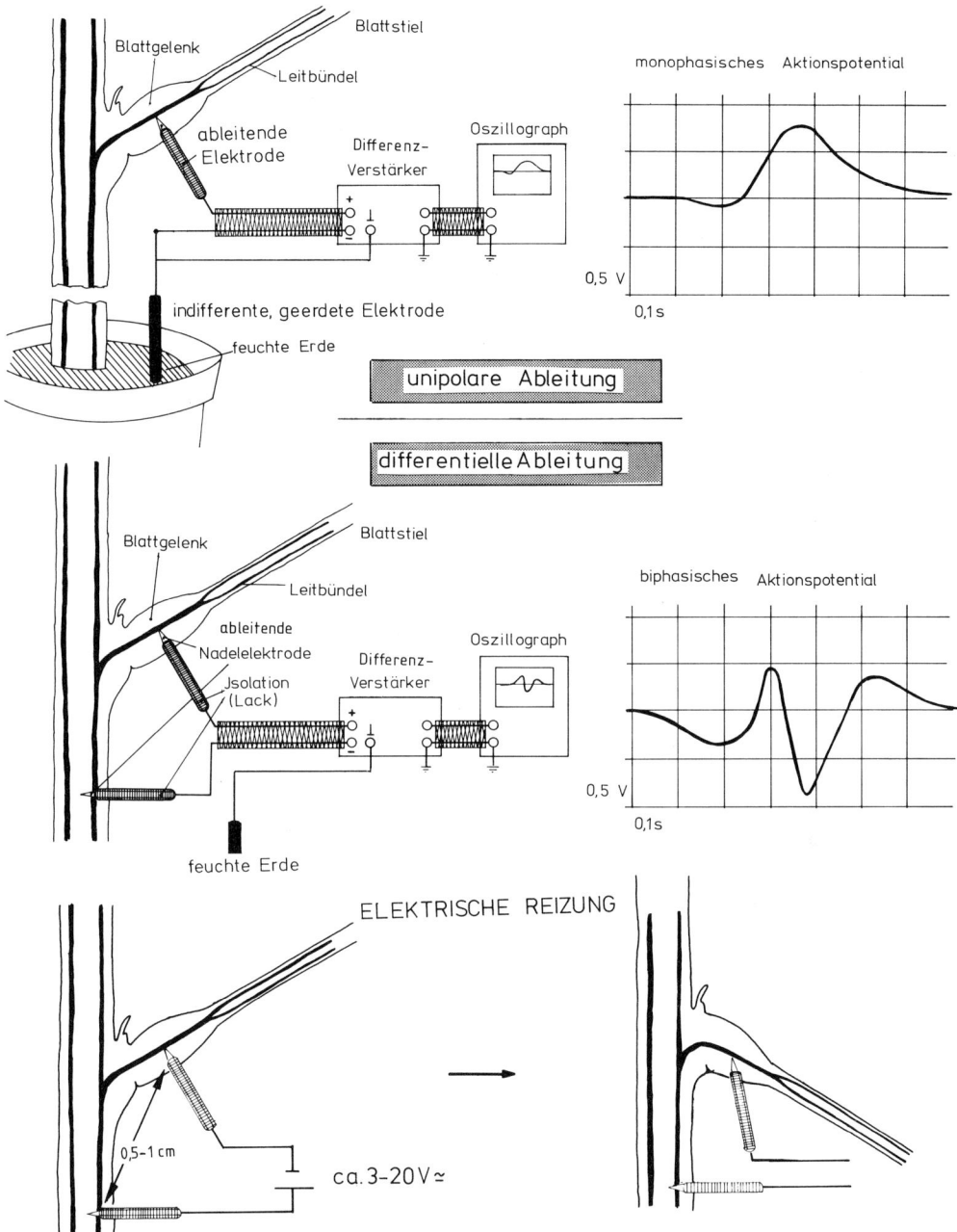

Abb. I, 13: Ableitung eines Aktionspotentials bei Mimosa pudica. (Vgl. auch Abb. I, 15).

achtet man ein Aktionspotential. Die Größe und Form der Aktionspotentiale kann bei verschiedenen Ableitungen sehr unterschiedlich sein (Lage der Elektrodenspitze).

d) *Aufgabe*

Der Verlauf des Aktionspotentials wird skizziert, die Dauer und Höhe wird geschätzt oder bei einem Speicheroszillograph ausgemessen.

e) *Ergänzung*

Unipolare Ableitung. Führen Sie entsprechend Abb. I, 13 eine unipolare Ableitung durch. Die + Elektrode wird in das Gelenkpolster eines Blattes eingestochen. Die − Elektrode und die Bezugselektrode werden in die feuchte Erde eingeführt. Vergleichen Sie das Aktionspotential mit der vorherigen Ableitung. Erklären Sie, warum unterschiedliche Ableitungen zu verschiedenen Ergebnissen führen (vgl. Anhang, Verstärker).

3 Die Fangbewegungen der Venus-Fliegenfalle
(Abb. I, 14)

Material und Geräte

Mikroskop und Zubehör
Präpariernadel
Stoppuhr
Venus-Fliegenfalle (Dionaea muscipula)
(möglichst mehrere Pflanzen pro Versuchsgruppe; die Pflanzen sind im Blumenhandel erhältlich)

a) *Einleitung*

Dionaea gehört zur Familie der Sonnentaugewächse. Sie stammt aus den Mooren der sandigen Kiefernwaldgebiete von Carolina (östl. Nordamerika). Die Blattspreiten dieser Pflanze sind zu einem sehr schnell reagierenden Fangapparat für kleine Insekten umgestaltet. Die beiden Blatthälften sind in Höhe der Mittelrippe durch ein Gelenk verbunden, das zu äußerst schnellen Bewegungen fähig ist. Das Zusammenklappen der beiden Blatthälften dauert normalerweise nur Bruchteile einer Sekunde und damit kann sich diese Bewegung auch in der Ablaufgeschwindigkeit mit tierischen Reizreaktionen messen. Für die Reizaufnahme sind besondere Fühl- oder Sinnesborsten – Emergenzen der Blattoberseite – verantwortlich. Auf jeder Spreitenhälfte sitzen drei solcher Borsten.

Reizaufnahme. Eine Berührung der Sinnesborste führt zur Deformation großer plasmareicher Zellen an der Borstenbasis. Dadurch werden diese «Sinneszellen» depolarisiert. Das auftretende «Rezeptorpotential» wird auf die angrenzenden Gewebebereiche des Blattes übertragen. Diese Erregungsleitung schreitet mit bis zu 20 cm/s fort und erreicht damit die höchste, bei Pflanzen gemessene Leitungsgeschwindigkeit.

Bewegungsreaktion. Der Bewegungsmechanismus gleicht weitgehend dem Blattgelenk der Mimose. Auch bei Dionaea wird durch Turgoränderung eines Bewegungsgewebes auf der Innenseite der Blattrippe der Bewegungsvorgang ausgelöst. Bei Erregung verlieren diese Zellen sehr schnell ihren Turgor, dadurch können sich die Zellen der Blattunterseite stark ausdehnen. Die spätere, meist mehrere Stunden dauernde Rückreaktion kommt dann entsprechend durch Wasseraufnahme in die Zellen des Bewegungsgewebes zustande.

Neben der turgorbedingten Reaktion kommt es – vermutlich auf chemischen Reiz hin, nur, wenn ein Beutetier in der Falle eingeschlossen wurde – auch noch zu einer Wachstumsbewegung, die einen festeren und und sichereren Verschluß der Falle ermöglicht. Dann öffnet sich das Blatt oft erst nach einigen Tagen wieder.

b) *Reizaufnahme und Reaktion*

Welche Reizung ist notwendig, um eine Klappreaktion herbeizuführen? Mit einer Präpariernadel oder mit einer Nylonborste reizen wir (1) die Epidermis der Blattspreite, (2) eine Fühlborste, (3) gleichzeitig zwei Fühlborsten.

c) *Reizfolge und Reaktion*

Wie aus b) folgt, wird eine Reaktion nur ausgelöst, wenn eine Doppelreizung erfolgt. Wir wollen nun untersuchen:
(1) Müssen zwei Borsten gleichzeitig gereizt werden oder darf dazwischen auch ein zeitlicher Abstand liegen? Wenn ja, wie groß darf dieser Zeitunterschied sein?
(2) Führt auch die mehrmalige Reizung derselben Borste zu einer Reaktion?
(3) Kann bei mehr als zwei Reizen auch noch bei größerem zeitlichem Abstand der Einzelreize eine Reaktion hervorgerufen werden?

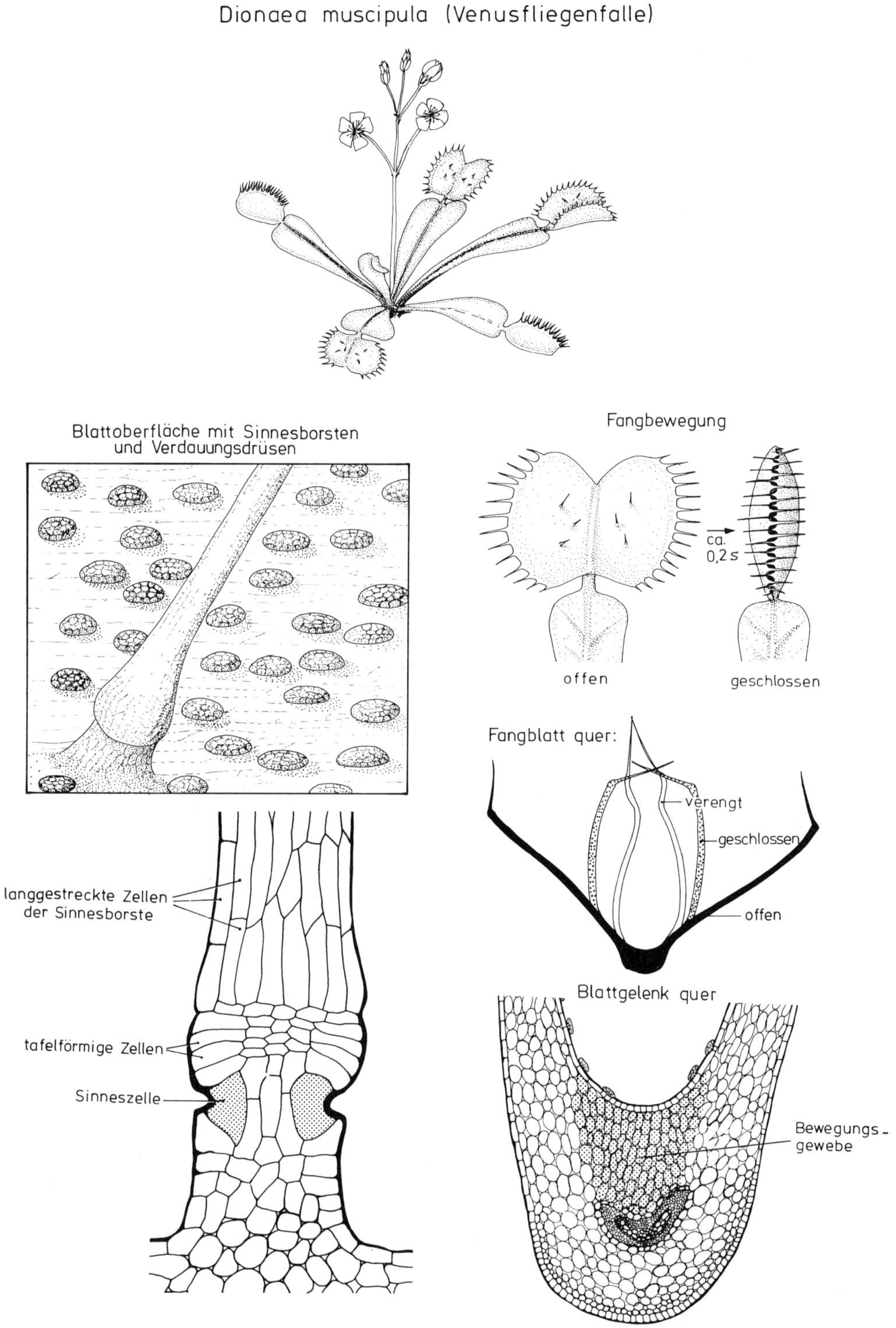

D Experimente und Beobachtungen 21

Dionaea muscipula (Venusfliegenfalle)

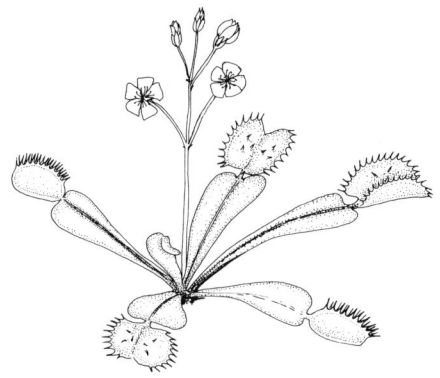

Blattoberfläche mit Sinnesborsten und Verdauungsdrüsen

Fangbewegung

offen — geschlossen — ca. 0,2 s

Fangblatt quer:
- verengt
- geschlossen
- offen

- langgestreckte Zellen der Sinnesborste
- tafelförmige Zellen
- Sinneszelle

Blattgelenk quer
- Bewegungsgewebe

Abb. I, 14: (Sinnesborste nach Haberlandt aus Jacob, verändert; Fangblatt quer nach Bünning)

Die Ergebnisse werden in einer Tabelle zusammengestellt (vgl. Tab. I, 5).

Tabelle I, 5:
a) Doppelreiz derselben Sinnesborste in unterschiedlichem zeitlichem Abstand

1. Reiz	0	0	0	0	0	0	0	s
2. Reiz	2	5	10	15	20	25	30	s
Reaktionsbeginn								s
Reaktionsende								s

b) Doppelreiz zweier verschiedener Sinnesborsten in unterschiedlichem zeitlichem Abstand

1. Reiz	0	0	0	0	0	0	0	s
2. Reiz	0	2	5	10	15	20	25	s
Reaktionsbeginn								s
Reaktionsende								s

c) Mehrfachreizungen

1. Reiz	0	0	0	0	0	0	min
2. Reiz	20	30 s	1	1	1	2	min
3. Reiz	40	60 s	2	2	2	4	min
4. Reiz		90 s	3	3	3	6	min
5. Reiz			4	4	4	8	min
6. Reiz				5	5	10	min
7. Reiz					6	12	min
Reaktionsbeginn							
Reaktionsende							

d) *Interpretation der Ergebnisse*

Da eine Summation sowohl der Reize von verschiedenen Sinnesborsten als auch der Reize von einer Sinnesborste erfolgt, muß eine zentrale Reizverarbeitung im motorischen Gewebe der Blattoberseite möglich sein. Die Summation der Einzelreize bis zu einem «Schwellenwert», der dann zur Klappbewegung führt, stellt eine Analogie zur Wirkungsweise einer Nervenzelle dar, bei der auch viele Einzelerregungen des Dendriten summiert werden, bis das Generatorpotential schließlich den für die Erregung notwendigen Schwellenwert erreicht hat.

Eine weitere Komplikation: Neben den Sinnesborsten der Blattoberseite sind auch die viel kleineren Sternhaare am Blattrand und auf der Blattunterseite berührungsempfindlich. Auch hier können Rezeptorpotentiale gemessen werden. Aber für eine Reaktion sind viel mehr Einzelreize nötig. Das Wichtigste ist jedoch, daß durch die Reizung der Sternhaare die Sinnesborsten sensibilisiert werden. Der biologische Sinn dieser Sensibilisierung liegt vermutlich darin, daß die sich der Falle nähernden Insekten zunächst am Blattrand oder an der Außenseite entlangkrabbeln. Dabei berühren sie zuerst die Sternhaare und sorgen so dafür, daß die «Pflanze aufmerksam wird».

e) *Aufbau einer Sinnesborste*

Wir durchschneiden ein Fangblatt in Höhe einer Sinnesborste und stellen dann mit der Rasierklinge einen dünnen Querschnitt her, der gerade die Sinnesborste und das darunter liegende Blattgewebe enthält. Skizzieren Sie den histologischen Aufbau der Sinnesborste.

4 Ableitung von Aktionspotentialen vom Bauchmark des Regenwurms

Im dorsalen Teil des Bauchmarks des Regenwurms verlaufen drei dicke Nervenfasern (Kolossalfasern, Riesenfasern). Sie durchziehen das Bauchmark der ganzen Länge nach und geben in jedes Ganglion eines Segments dünne Zweige ab.

Die Kolossalfasern ermöglichen eine rasche Erregungsleitung von einem Körperende zum andern. Da die Aktionspotentiale sehr kräftig sind und in großen zeitlichen Abständen erscheinen, lassen sie sich gut ableiten. Da weiterhin der mittleren, dicken Kolossalfaser und den beiden seitlichen, dünneren Kolossalfasern jeweils ein besonderer Typ eines Aktionspotentials zugeordnet ist, hat man hier den günstigen Fall, daß man Aktionspotentiale von Einzelfasern unterscheiden kann (Abb. I, 17). Am einfachsten können die Aktionspotentiale registriert werden, wenn ein Speicheroszillograph zur Verfügung steht, da dann auch Potentiale erfaßt werden, die in unregelmäßigem Zeitabstand nach mechanischen Reizungen erfolgen. Bei einem normalen

Oszillograph wird das Aktionspotential durch einen elektrischen Reiz ausgelöst. Durch Triggerung erhält man ein stehendes Bild der Aktionspotentiale.

Material und Geräte
Regenwürmer (möglichst große Exemplare)
Ringerlösung (6,0 g NaCl + 0,12 g KCl + 0,2 g $CaCl_2$ + 0,1 g $NaHCO_3$ in der angegebenen Reihenfolge in ca. 100 ml H_2O dest. lösen und dann auf 1000 ml auffüllen. Die angegebenen Mengen beziehen sich auf kristallwasserfreie Substanzen).
Petrischale mit Styropor ausgelegt
Präparierbesteck
Pipette
Binokulare Lupe
Kathodenstrahloszillograph (wenn möglich mit Speicher)
Differenzverstärker
Häkchenelektroden (Silber) mit Stativ

a) Vorbereitung

Machen Sie sich vor Beginn mit der Funktionsweise des Differenzverstärkers und des Kathodenstrahloszillographen vertraut (s. Anhang). Die Meßgeräte werden entsprechend Abb. I, 15 angeschlossen. Legen Sie die Häkchenelektroden bereit, und säubern Sie sie mit einem Läppchen und etwas Chloroform von anhaftendem Fett, das den Übergangswiderstand zwischen Elektroden und Nerv erheblich erhöhen kann.
Die Ringerlösung und eine Pipette werden bereit gestellt.

b) Präparation
(Abb. I, 16)

In 5–10%igem Äthylalkohol wird der Regenwurm etwa 5 Minuten lang betäubt, bis er seinen Tonus verloren hat und schlaff wird. Das Tier wird herausgenommen und auf der dunkel gefärbten Rückseite im ersten Drittel des Körpers ein etwa 2 cm langer Längsschnitt geführt. Die feine Schere muß flach gehalten werden, damit der Darm nicht verletzt wird, denn die Enzyme des Darms greifen das Nervensystem an. Fließt trotz aller Vorsicht etwas Darminhalt aus, dann wird er mit reichlich Ringerlösung abgespült.
Der Wurm wird mit Nadeln auf einer kleinen Styroporplatte in einer flachen Petrischale aufgesteckt. Er soll nicht gestreckt werden, da sonst das Bauchmark abreißt, wenn es mit den Elektroden angehoben wird. Die häutigen Dissepimente werden vorsichtig mit Skalpell und feiner Schere durchtrennt und der Darm freipräpariert. Er wird auf die Seite geschoben und festgenadelt.
Unter dem Binokular wird das weißliche Bauchmark vorsichtig freigelegt. Das Peritoneum, das die Leibeshöhle als feine Haut auskleidet, wird durchtrennt. Die feinen Nervenfasern, die in jedem Segment von den Ganglienknoten abgehen, werden durchschnitten. Ohne das Bauchmark zu zerren oder zu quetschen wird es von anhaftenden Resten des Peritoneums und den beiden begleitenden Blutgefäßen (Bauchgefäß und Subneuralgefäß) befreit.

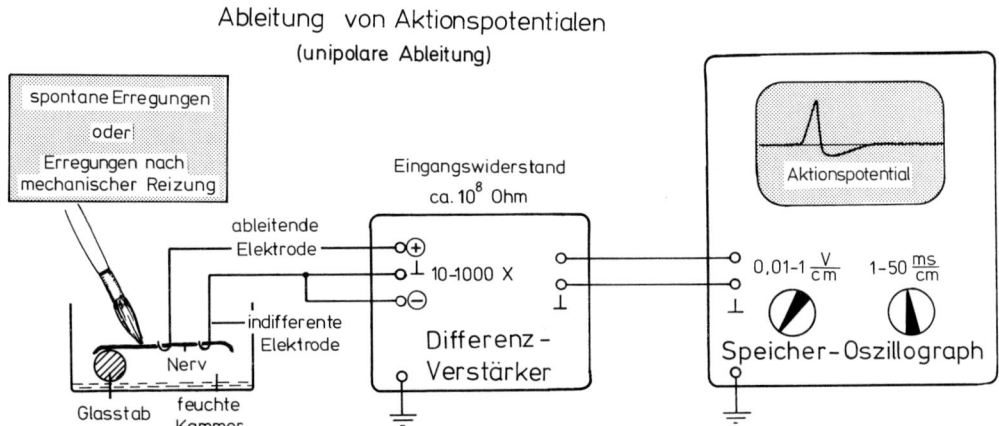

Abb. I, 15: Halbschematische Darstellung einer Meßkette für die Ableitung eines Aktionspotentials. Bei der hier gewählten unipolen Ableitung erhält man ein monophasisches Aktionspotenial (vgl. auch Abb. I, 13).

Aktionspotential beim Regenwurm

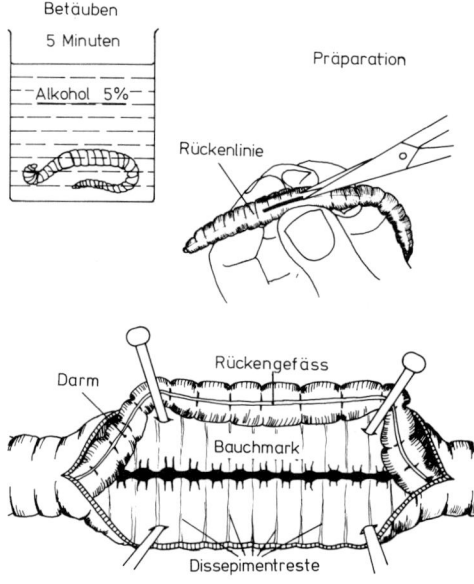

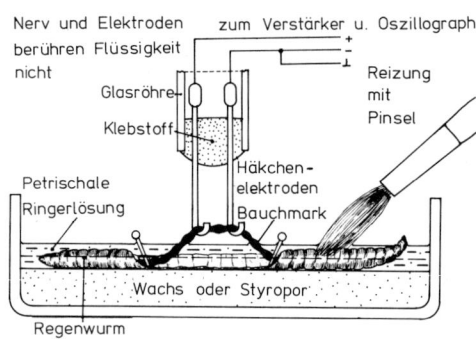

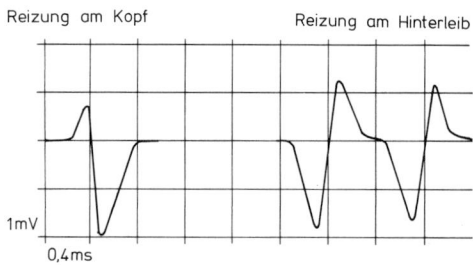

Abb. I, 16: Das durchscheinende, weißliche Bauchmark ist hier schwarz hervorgehoben.

Das an einem Stativ befestigte Elektrodenpaar (unipolare Ableitung) wird unter das Bauchmark geschoben. Es wird über den Differenzverstärker mit dem Kathodenstrahloszillograph verbunden (möglichst kurze Ableitkabel verwenden!).
Die Geräte werden eingeschaltet und dann die Elektroden so weit angehoben, daß sie keine Berührung mit dem Wurm mehr haben. (Vorsicht, das Bauchmark darf auf keinen Fall antrocknen! Es muß alle 3–5 Minuten mit einigen Tropfen Ringerlösung befeuchtet werden). Das Bauchmark soll nur während des Versuchs angehoben werden. Überschüssige Ringerlösung wird mit einem schmalen Streifen Filtrierpapier abgesaugt, damit durch die leitende Flüssigkeit die Elektroden nicht kurzgeschlossen werden.
Je nach Qualität der Ableitung sind Aktionspotentiale in Höhe von 5–50 mV zu erwarten. Wird das Signal durch den Differenzverstärker um den Faktor 10 verstärkt, dann wird auf dem Oszillograph der Bereich von 50–500 mV eingestellt. Eine günstige Zeitablenkung liegt bei 1–2 ms/cm.

c) Versuchsdurchführung

Der Regenwurm wird mit einem Glasstab am unverletzten Vorder- oder Hinterende berührt. Ist der Berührungsreiz zu schwach, dann drückt man leicht auf den Wurm.

d) Beobachtung

Ein einziger Reiz kann 1 bis 20 Aktionspotentiale auslösen, die in einem zeitlichen Abstand von 1/50 bis 1/200 s auftreten. Bei längerer Reizung tritt eine Ermüdung ein.
Reizt man das Vorderende des Wurms, dann beobachtet man relativ kleine, kurz dauernde «Spikes»; reizt man das Hinterende, dann treten größere und langsamere Spikes auf. Die kleinen, raschen Aktionspotentiale gehen von der dicken, mittleren Kolossalfaser aus, die großen langsamen Spikes von den beiden seitlichen Fasern (vgl. Abb. I, 17).

e) Auswertung

Versuchen Sie, die Form und Größe der Aktionspotentiale zu skizzieren. Bestimmen Sie nach Ihren Skizzen die Zeitdauer eines Potentials. Schätzen Sie den zeitlichen Abstand, in dem die Aktionspotentiale erscheinen. (Eine genaue

D Experimente und Beobachtungen 25

Auswertung ist möglich, wenn ein Speicheroszillograph zur Verfügung steht.)

f) Ergänzung

Wie verhält sich der Nerv, wenn er mehrmals mit Zigarettenrauch angeblasen wird? (Nikotinvergiftung). – Was geschieht, wenn 4%ige alkoholische Ringerlösung einige Minuten auf den Nerv einwirken? (Alkoholvergiftung) – Sind die Vergiftungen reversibel? (Abspülen mit Ringerlösung).

5 Ableitung spontaner Aktionspotentiale bei Insekten

Die Ganglien des Bauchmarks von Insekten sind eigenständige Einheiten des Zentralnervensystems. Von ihnen gehen ständig Impulse aus, die beim unversehrten Tier z. B. die Bewegungskoordination der Beine steuern.

Material und Geräte

Große Insekten (Küchenschaben, Stabheuschrecken, Heuschrecken, Grillen, Maulwurfsgrillen)
Ringerlösung für Insekten: (8,5 g NaCl + 0,4 g KCl + 0,2 g NaHCO$_3$ + 0,24 g CaCl$_2$ in der angegebenen Reihenfolge in 1000 ml dest. Wasser lösen).
Petrischale mit Styropor ausgelegt
Präparierbestecke
Pipette
Binokulare Lupe
Kathodenstrahloszillograph (wenn möglich mit Speicher)
Differenzverstärker
Häkchenelektroden (Silber) mit Halter

a) Vorbereitung

Differenzverstärker, Kathodenstrahloszillograph und die Elektroden werden entsprechend Abb. I, 15 angeschlossen. Die Elektroden werden mit Chloroform von anhaftendem Fett gesäubert. Prüfen Sie, ob alle Geräte in Ordnung sind. Sollten Sie mit dem Umgang von Verstärker und Kathodenstrahloszillograph nicht vertraut sein, dann orientieren Sie sich im Anhang. Die Ringerlösung und eine Pipette wird bereitgestellt.

b) Präparation

Das Insekt wird dekapitiert. Mit der feinen Schere wird entlang der Mittellinie des Rückens

Erregungsleitung beim Regenwurm

a) Querschnitt durch das Bauchmark

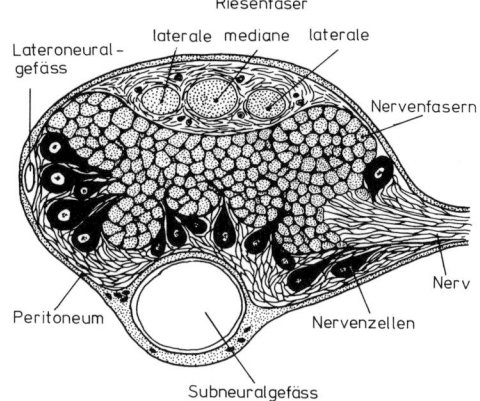

b) Riesenfasern schematisch

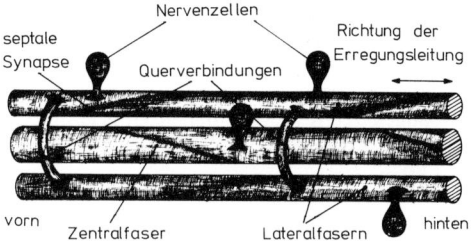

c) Aktionspotentiale bei verschiedenen Reizen

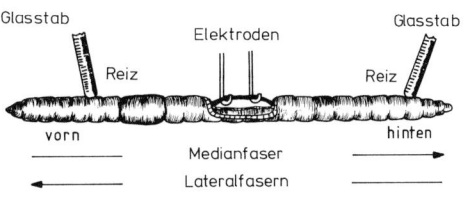

Abb. I, 17

ein Längsschnitt geführt. Das Insekt wird auf eine Styroporplatte in einer Petrischale genadelt. Mit der Pinzette entfernt man vorsichtig die Gonaden, den Verdauungstrakt, die großen Tracheen und den Fettkörper. An der Bauchseite erkennt man die Bauchganglienkette.

Unter dem Binokular präpariert man vorsichtig das Bauchmark frei und entfernt alle anhängenden Gewebereste.

c) Ableitung

Die Häkchenelektroden werden so unter das Bauchmark geschoben, daß ein Ganglienknoten zwischen die beiden Elektroden zu liegen kommt (unipolare Ableitung, Abb. I, 15 u. VIII, 1). Die Elektroden werden vorsichtig soweit angehoben, daß sie keinen Kontakt mit anderen Geweben haben. Es ist unbedingt darauf zu achten, daß das Bauchmark nicht antrocknet. Das Präparat wird in kurzen Abständen (2–5 Minuten) mit Insektenringerlösung befeuchtet. Flüssigkeitstropfen am Präparat werden mit einem Streifen Fließpapier abgesaugt.

Die abgeleiteten Signale haben eine Höhe von wenigen mV. Eine Zeitablenkung zwischen 5 und 50 ms ist günstig.

d) Beobachtung und Auswertung

Bei den registrierten Signalen handelt es sich um Summenpotentiale des Nervs. Es ist ein ziemlich starkes Grundrauschen zu verzeichnen, aus dem in unregelmäßiger Folge einzelne Spikes hervortreten. Sie zeigen spontane Entladungen des Ganglions an. Skizzieren Sie das Bild und verändern Sie dabei die Zeitablenkung (Abb. I, 18).

e) Ergänzung

Wenn man darauf achtet, daß das Insekt in einer trockenen Petrischale liegt und die Ringerlösung nur die Bauchhöhle feucht hält, dann kann man

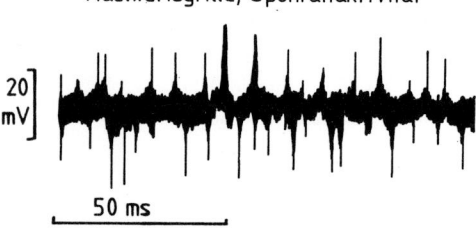

Abb. I, 18: Summenpotentiale spontaner Erregungen aus dem Bauchmark einer Maulwurfsgrille

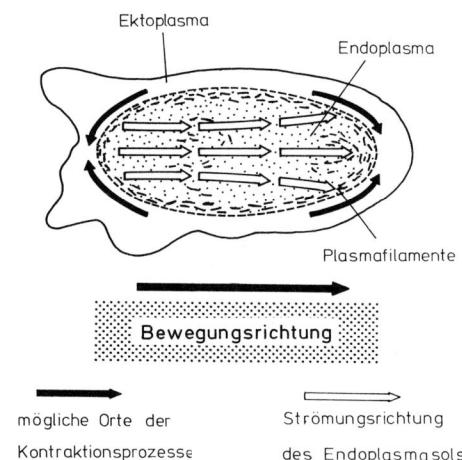

Abb. I, 19: Schematische Darstellung der Bewegung einer Amöbe (nach Kühn, verändert).

die Zahl der Aktionspotentiale erhöhen, wenn man die Cerci am Hinterende von Schaben und Grillen mechanisch mit einem Glasstab berührt. – Wirkt auch das Anblasen der Cerci als Reiz? Entsprechend den Versuchen beim Regenwurm kann das Ganglion mit Nikotin oder Alkohol beeinflußt werden.

ZWEITE VERSUCHSGRUPPE

Bewegung

6 Bewegungsweise einer Amöbe

Material und Geräte

Amöba proteus (Biolab)
Mikroskop mit Zubehör

a) Durchführung und Beobachtung

Auf einen Objektträger bringt man einen Tropfen Wasser mit Amöben und legt ein Deckgläschen mit Plastillinfüßchen auf. Die Bewegungsweise einer Amöbe wird beobachtet. Es werden kurz nacheinander einige Bewegungszustände des gleichen Tieres skizziert. Die Fließrichtung des Plasmas wird durch Pfeile angegeben. Ekto- und Endoplasma sind besonders hervorzuheben.

b) Ergebnis

Bei der amöboiden Bewegung bilden sich in Richtung der Fortbewegung lappenartige Fortsätze, die Pseudopodien. Früher nahm man an, daß die Sol-Gel- und die Gel-Solumwandlung die treibenden Kräfte für die Fortbewegung liefern würde. Am Hinterende sollte das Ektoplasma (Gelzustand) in Endoplasma (Solzustand) umgewandelt und laufend nach vorne gepreßt werden (Druckstromtheorie). Diese Vorstellung läßt sich nicht mehr halten. Man nimmt an, daß im äußeren Ektoplasmamantel Actin- und Myosinfilamente liegen, die sich aktiv zusammenziehen und dadurch das solartige Endoplasma nach vorne drücken. Aktin- und Myosinfilamente gleiten dabei in gleicher Weise aneinander vorbei, wie bei einer Muskelkontraktion. Im Gegensatz zur Muskelzelle sind bei der Amöbe Aktin- und Myosinfilamente nur wenig geordnet (Abb. I, 19).

7 Quergestreifte Muskulatur

Material und Geräte

Insekten wie z. B. Fliegen, Bienen, Heuschrecken, Schaben
Mikroskop mit Zubehör

a) Präparation

Mit einer feinen Pinzette zupft man einige Muskelfasern aus dem Thorax oder den Beinen eines frisch getöteten Insekts und bringt sie mit einem Tropfen der eigenen Körperflüssigkeit auf einen Objektträger zur mikroskopischen Untersuchung.

b) Beobachtung

Schon bei mittlerer Vergrößerung sieht man sehr klar die A- und I-Banden der Muskelfasern. Bei günstiger Beleuchtung und starker Vergrößerung sind die Z-Streifen und die M-Linie zu erkennen. – Ein Ausschnitt von einer Muskelfaser wird skizziert (Abb. I, 7b).

c) Ergänzung

Sehr deutlich tritt das Streifenmuster auf Muskellängsschnitten hervor, die mit Eisenhaematoxilin gefärbt sind. Da sich Muskelgewebe nur schwer fixieren läßt, ohne daß es sich zusammenzieht, wird hier keine Färbemethode angegeben. Es ist sinnvoll, sich gut geschnittene und gefärbte Dauerpräparate für einen Kurs zu kaufen.

8 Muskelkontraktion durch elektrische Reizung

In den Grundzügen läßt sich der Zusammenhang zwischen elektrischer Reizung und Erregung eines quergestreiften Muskels an einem Insektenbein zeigen. Zeit- und Materialaufwand sind äußerst gering.

Material und Geräte

Große Insekten (Stabheuschrecken, Heuschrecken, Maikäfer u. a.)
Spannungsquelle (Gleich- und/oder Wechselstrom, 1–5 V, z. B. Taschenlampenbatterie, Ladegerät für Taschenrechner, Regeltrafo)
Insektennadeln
Klingeldraht, Buchsen, Stecker, Klemmen
Schalter (Klingelknopf)
Stativ mit Zubehör
Präparierbesteck

a) Präparation
(Abb. I, 20)

Dem Insekt wird mit einem raschen Schnitt der Schere der Kopf entfernt. (Nicht mit Äther oder Chloroform betäuben, da sonst das Nervensystem in Mitleidenschaft gezogen wird!). Am Hüftgelenk wird ein großes Bein abgetrennt (z. B. Sprungbein einer Heuschrecke.). Dann faßt man den Oberschenkel (Femur) unmittelbar unter dem Hüftring (Coxalring) mit einer breiten Pinzette, die man in eine Stativklammer spannt. Zwei Insektennadeln werden mit den Enden des Klingeldrahtes umwickelt und verlötet. Man sticht sie im Abstand von etwa 1 cm in die Muskulatur des Femurs ein. Die Drähte werden mit der Stromquelle und dem Schalter verbunden.

b) Durchführung

Haben wir eine variable Stromquelle, dann beginnen wir mit Reizen, deren Spannung unter 1 V liegt. Der Schalter wird nur kurz durch rasches Antippen geschlossen. Die Reaktion des Beines bei verschiedenen Stromstärken wird beobachtet. Die Versuche werden wiederholt, indem wir von Gleichstrom auf Wechselstrom umschalten, mit einer Serie sehr rasch aufeinanderfolgender, kurzer Stromstösse reizen oder einen Dauerreiz bieten.

Da der Unterschenkel nicht immer durch die Eigenelastizität zum Ausgangspunkt zurückkehrt, kann er mit einer Drahtklammer beschwert werden. Um die Bewegung besser demonstrieren zu können, kann man einen Strohhalm als Zeiger an die Tibia kleben.

c) Ergebnis

Eine elektrische Reizung der Femurmuskulatur löst eine Beugung der Tibia gegen den Femur aus, obwohl Beuge- und Streckmuskulatur im Femur liegen und in der Regel auch gleichzeitig gereizt werden. Da die Beugemuskulatur bei der Stabheuschrecke kräftiger als die Streckmuskulatur ist, kommt es zu der beschriebenen Bewegung. Beim Sprungbein einer Heuschrecke kommt es zu einer Streckung.

Führt man die Versuche mit Nadeln durch, die mit Ausnahme der Spitze durch Lack isoliert sind, dann kann es mit etwas Geschick und Glück gelingen, die Muskeln einzeln zu reizen.

Bei relativ hohen Spannungen (3-5 V) und längerer Reizdauer tritt häufig ein Tetanus, eine bleibende Verkrampfung der Muskulatur ein. Danach ist der Muskel meist erschöpft. Es lassen sich aber u. U. noch Bewegungen des Tarsus beobachten, da ein Teil der Beugemuskulatur des Prätarsus im Femur liegt. Dieser realtiv kleine Muskel wird meist nicht direkt von den Elektroden getroffen und deshalb auch nicht so stark gereizt.

Eine nicht tetanische Dauerkontraktion kann durch eine Serie sehr rasch folgender Reize ausgelöst werden. Dasselbe gilt für einen Dauerreiz mit Wechselstrom, nicht aber mit Gleichstrom.

d) Ergänzung

Anschließend an den Reizversuch kann man die Beinmuskulatur freipräparieren. Dazu spaltet man mit einem Längsschnitt die Oberseite des Femurpanzers und drückt die Chitinteile etwas zur Seite, löst sie von der Muskulatur und entfernt sie mit der feinen Pinzette. Wir sehen zunächst die Streckmuskulatur der Tibia. Mit der Pinzette fassen wir einige Fasern an und ziehen daran. Sollten die Muskelfasern reißen, dann suchen wir den Ansatz der Sehne, die weit in den Muskel hineinreicht. Danach suchen wir die tiefer liegenden Beugemuskeln auf.

9 Cilienschlag von Pantoffeltierchen

Material und Geräte

Pantoffeltierchen (Paramecium caudatum) (Bio-Lab)
Filtrierpapier
Gelatinelösung oder Cellulosekleister 3%ig
Mikroskop (wenn möglich Phasenkontrast) mit Zubehör
eventuell Stroboskop

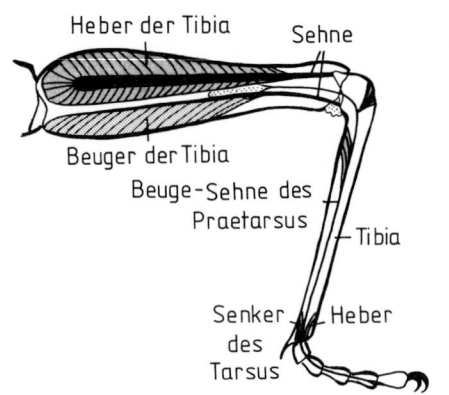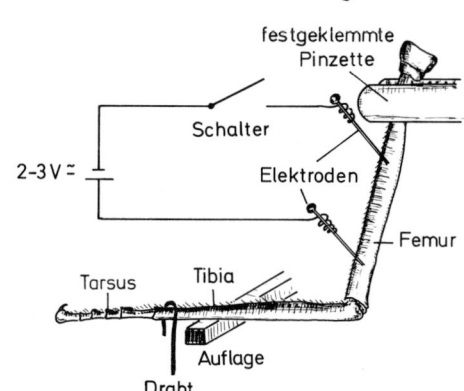

Abb. I, 20: Links: Schematische Darstellung des Verlaufs von Muskeln und Sehnen im Sprungbein einer Heuschrecke.
Rechts: Versuchsanordnung zur elektrischen Reizung eines Beines der Stabheuschrecke, halbschematisch.

a) Materialbeschaffung

Paramecien (Pantoffeltierchen) können einem Heuaufguß, den man hell stellt, nach etwa 2 Wochen entnommen werden. In vielen Zoologischen Instituten werden Paramecien in Reinkultur gehalten. Sie entwickeln sich gut in abgestandenem Leitungswasser, in das man pro Liter 4–5 Tropfen Kondensmilch gibt. Ist das Wasser wieder klar, gibt man erneut Milch dazu.

b) Beobachtung

Paramecium caudatum ist 0,2–0,3 mm lang. Damit die Pantoffeltierchen nicht zerquetscht werden, macht man an das Deckgläschen kleine Plastilinfüßchen. Die Bewegungsweise wird unter dem Mikroskop unter folgenden Bedingungen untersucht:
- Wasser
- Wasser mit Watte oder Filtrierpapierfasern

Der Cilienschlag ist mit einem normalen Lichtmikroskop nur zu erkennen, wenn man stark abblendet. Besser ist eine Dunkelfeldbeleuchtung, ideal ein Phasenkontrastmikroskop. Den Cilienschlag kann man scheinbar zum Stehen bringen, wenn man an Stelle der elektrischen Mikroskopbeleuchtung einen Spiegel und als Lichtquelle ein Stroboskop verwendet. Auf diese Weise kann auch die Schlagfrequenz gemessen werden, die bei ca. 50 Hz liegt. Stimmt die Schlagfrequenz und die Frequenz des Stroboskops nicht ganz überein, dann läuft die Cilienbewegung scheinbar langsam ab.

Die Schlagfrequenz wird verringert, wenn man dem Wasser etwas Gelatinelösung oder Kleister zusetzt (etwa 1:1). Notfalls kann man auch versuchen, auf das Deckgläschen zu drücken und das Pantoffeltierchen zwischen Objektträger und Deckgläschen einzuklemmen.

c) Ergebnis

Freischwimmende Pantoffeltierchen beschreiben bei ihrer Bewegung eine langgestreckte, linksläufige Spirale, und drehen sich zudem um die eigene Achse. Stößt ein Tier auf ein Hindernis (z. B. Filtrierpapierfasern), dann kann es sein, daß es sich auf diesen Berührungsreiz hin an der Faser festlegt (positive Thigmotaxis). An der Körperseite, mit der das Paramaecium die Faser berührt, ruhen die Cilien.

In den meisten Fällen aber hält das Tier an, wenn es auf ein Hindernis trifft. Die Schlagrichtung der Cilien kehrt sich um, und das Pantoffeltierchen schwimmt dann in einer andern Richtung weiter.

Das Tier wird durch einen raschen Abschlag der aufgerichteten Cilien vorwärtsgetrieben. Der Rückschlag verläuft langsam. Die Cilien werden flach in ihre Ausgangsstellung zurückgezogen. Der Cilienschlag verläuft koordiniert wellenförmig von hinten nach vorn.

10 Schlagumkehr der Cilien von Paramecium caudatum durch elektrische Reizung

Als Kuriosum war seit langem bekannt, daß Pantoffeltierchen stets zur Kathode schwimmen, wenn an einen Wassertropfen eine elektrische Spannung angelegt wird (Galvanotaxis). Heute ist bekannt, daß sich in einem elektrischen Feld an der Zellmembran des Vorder- und Hinterendes unterschiedliche Potentiale ausbilden, die zu dem eigenartigen Verhalten führen. Der Versuch eignet sich sehr gut, um eine Reaktion eines Organismus auf einen elektrischen Reiz zu demonstrieren.

Material und Geräte

Paramecium caudatum (Beschaffung s. D. 9)
Gleichstromquelle, 0–12 V, regelbar (notfalls acht 1,5 V-Batterien, die stufenweise hintereinandergeschaltet werden können)
ca. 15 cm versilberter Kupferdraht, ⌀ 1–2 mm (Feinsilber ist hier nicht notwendig)
2 Buchsen für Bananenstecker
2 Kabel mit Bananenstecker
1 Schalter (wenn vorhanden, zusätzlich ein Doppelschalter als Polwender)
Zwei-Komponenten-Klebstoff
Mikroskop mit Zubehör.

a) Vorbereitung

Der versilberte Draht wird in der Mitte geteilt und zu zwei dreieckigen Elektroden gebogen, die im Abstand von etwa 3 cm mit 2-Komponenten-Kleber auf dem Objektträger befestigt werden. Nach dem Erhärten des Klebstoffs bringt man an den freien Enden je eine Buchse für einen Bananenstecker an.

b) Durchführung
(Abb. I, 21)

Auf die Elektroden legt man je ein kleines Stück Filtrierpapier, das man gut abdeckt. In den Zwischenraum gibt man auf den Objektträger 2–3 Tropfen Flüssigkeit mit Paramecien und legt das Deckglas auf. Zunächst beobachtet man die Bewegung der Tierchen mit bloßem Auge. Schließt man den Stromkreis, dann schwimmen (bei einer bestimmten Spannung, die man ermitteln muß) plötzlich alle Paramecien zur Kathode. Polt man um (durch Umstecken oder mit Hilfe des Polwenders), dann drehen die Tiere schlagartig um.

Man versuche unter dem Mikroskop den Cilienschlag vor dem Einschalten des Stromes, beim Einschalten und beim Umpolen zu beobachten. Die Beobachtungen werden skizziert.

c) Erklärung

Bei einem Elektrodenabstand von 3 cm und einer Spannung von 12 V ergibt sich ein Spannungsabfall von 0,4 V/mm. Da ein Pantoffeltierchen etwa 1/4 mm lang ist, bedeutet dies einen Spannungsabfall zwischen Vorder- und Hinterende von 0,1 V (100 mV). Das heißt, daß ein Pantoffeltierchen, das mit dem Vorderende auf die Kathode zugewendet ist, am Vorderende über der Zellmembran ein elektrisches Potential aufweist, das gegenüber dem Zellinneren um 50 mV erniedrigt ist, am Hinterende ist es dagegen um 50 mV erhöht. Dies hat zur Folge, daß das Hinterende hyperpolarisiert ist und dadurch der Cilienschlag erhöht wird. Das Vorderende wird dagegen depolarisiert, was zu einer Schlagumkehr der Cilien führt (Abb. I, 21).

Wird der Strom eingeschaltet, dann schlagen die Cilien der Körperseite, die der Anode zugewandt ist, verstärkt, aber in normaler Richtung weiter (Hyperpolarisation). Die Cilien der zur Kathode gerichteten Seite schlagen im Gegensinn (Depolarisation). Dadurch wendet das Tier wie ein Ruderboot bei Schlag und Gegenschlag und stellt sich zwangsläufig mit der Vorderseite in Richtung auf die Kathode ein.

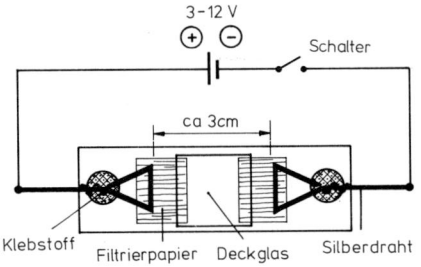

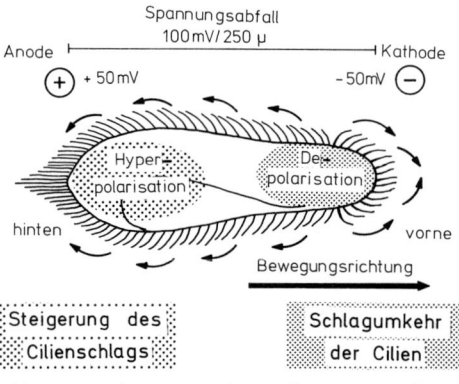

Abb. I, 21: Oben: Versuchsanordnung zur Galvanotaxis bei Paramecien.
Unten: Bei einer angelegten Spannung von 12 V ergibt sich auf die Körperlänge eines Parameciums von 250 µ ein Spannungsabfall von 100 mV. Das Pantoffeltierchen richtet sich zwangsläufig mit der Vorderseite zur Kathode und der Hinterseite zur Anode. Die Hyperpolarisation der Zellmembran hat eine Steigerung des Cilienschlages zur Folge. In der Mitte des Tieres schlagen die Cilien normal weiter. Am Vorderende erfolgt eine Schlagumkehr durch die Depolarisation der Zellmembran. Das Pantoffeltierchen schwimmt auf die Kathode zu.

11 Cilienschlag bei Muscheln

Muscheln nehmen durch das Einstromrohr Wasser auf und filtern mit den Kiemen Plankton als Nahrung ab. Die Oberfläche der Kiemen ist von einem Flimmerepithel überzogen, das auch im isolierten Präparat noch lange lebt und sich deshalb für Untersuchungen der Cilienbewegungen gut eignet.

Nach dem Bau unterscheidet man Fadenkiemen (z. B. Miesmuschel) und Blattkiemen (z. B. Teichmuschel). Im einen Fall werden die Kiemen von haarnadelförmigen Fäden gebildet, die durch seitliche, borstenähnliche Wimperscheiben miteinander verhakt sind und zusammen das Kiemenblatt bilden. Bei den Blattkiemen sind vielfach durchbrochene Blättchen zu einer Kieme verwachsen.

D Experimente und Beobachtungen

Material und Geräte

Muscheln (lebende Miesmuscheln aus Fischgeschäften, Teichmuscheln aus Seen oder Flüssen)
(Bei Verwendung von Miesmuscheln künstliches Meerwasser: 20,4 g NaCl; 0,6 g KCl; 4,3 g $MgCl_2$; 3,4 g Na_2SO_4; 1,0 g $CaCl_2$ + 0,2 g $NaHCO_3$ pro Liter. Angaben ohne Kristallwasser.)
Präparierbesteck
Kleine Präparierwanne (Petrischale mit hohem Rand)
Stecknadeln
Millimeterpapier
Karmin- oder Tuschesuspension in Meerwasser
Plastilin
Binokulare Lupe
Mikroskop mit Zubehör

a) Präparation
(Abb. I, 22)

Zwischen den beiden Schalen einer Teich- oder Miesmuschel wird vorsichtig ein Skalpell geschoben und zuerst der vordere, dann der hintere Schließmuskel durchtrennt. Die beiden Schalen halten durch das Ligament am Scharnier zusammen. Mit dem Holzstiel des Skalpells löst man den Mantel von der oberen Schale, die man danach entfernt. Das freipräparierte Mantelstück samt den vorderen Kiemen und Eingeweiden wird dicht oberhalb der beiden hinteren Kiemenblätter abgetrennt und entfernt. Die unverletzten hinteren Kiemenblätter liegen nun frei in der Schale. Die Muschel wird in eine Petrischale mit Wasser gelegt und mit etwas Plastilin waagerecht gehalten.

b) Beobachtungen

Auf den dorsalen Abschnitt der Kieme streut man etwas Karmin- oder Farbpulver auf. Die Partikel wandern zum unteren Rand der Kieme und werden in der Kiemenrinne zum Mund transportiert. Der Vorgang kann unter dem Binokular besonders gut beobachtet werden.
Wir schneiden mit der feinen Schere die Kieme dicht am Körper ab. Dann wird die Kieme quer durchschnitten und einige Paare der Kiemenblättchen bzw. Kiemenfäden werden herausgetrennt. Sie werden mikroskopisch untersucht. Wenn möglich, wird mit einem Phasenkontrastmikroskop gearbeitet.
Die Cilien schlagen noch lange regelmäßig weiter. Da das Epithel einen relativ hohen O_2-Verbrauch hat, erfolgt mit der Zeit eine Selbstnarkose durch abgeschiedenes CO_2 und die Zahl der Cilienschläge pro Zeiteinheit sinkt. Die Schlagfrequenz geht bei Zugabe von frischem Wasser auf den Ausgangswert zurück. Da die Cilien auch

Flimmerepithel der Miesmuschel

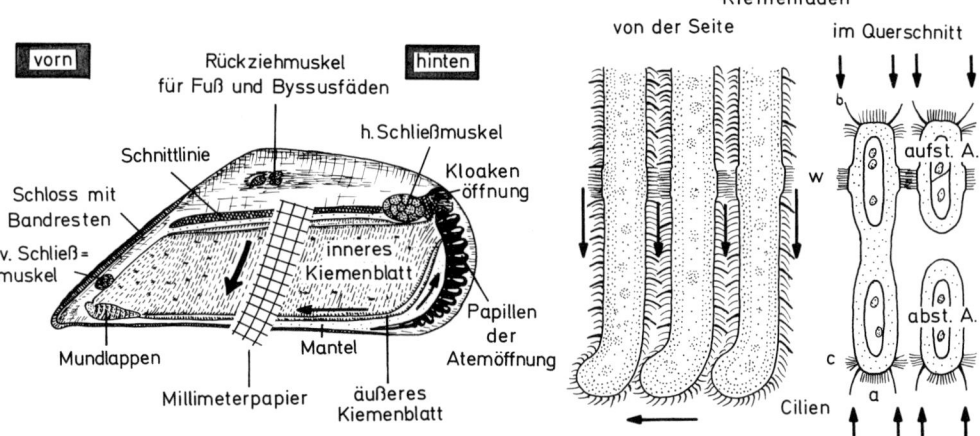

Abb. I, 22: Links: Rechte Schalenhäfte einer Miesmuschel mit den beiden Kiemenblättern. Die Eingeweide und der Fuß wurden entlang der Schnittlinie abgetrennt und entfernt. Die Pfeile geben die durch das Flimmerepithel hervorgerufene Strömungsrichtung des Wassers an.
Rechts: Die Kiemenfäden sind durch Wimperbürsten (w) miteinander zu einem Kiemenblatt verbunden. Es lassen sich unterschiedliche Cilientypen unterscheiden. Es bedeuten: a frontale, b laterofrontale, c laterale Cilien; aufst. A. aufsteigender Ast, abst. A. absteigender Ast der Kiemenfäden. (Querschnitt nach Borrodale aus Clark, verändert).

auf einem isolierten Gewebestück koordiniert schlagen, muß man auf eine autonome, vom ZNS unabhängige Steuerung schließen.

c) Ergänzung

Sehr schön kann man die Abhängigkeit der Cilienaktivität von der Temperatur zeigen. Ein schmaler Streifen Millimeterpapier wird auf das Kiemenblatt aufgelegt (Abb. I, 22). Bei unterschiedlichen Temperaturen wird unter dem Binokular gemessen, in welcher Zeit ein Farbteilchen 1 cm weit transportiert wird. Wir messen bei 5, 10, 15, 20, 25, 30 und 10° C. Nach jedem Wasserwechsel muß man so lange warten, bis die Muschel dieselbe Temperatur wie das Wasser hat. Das zeigt sich daran, daß man bei zwei hintereinander folgenden Messungen nahezu die gleichen Werte erhält. Die Anfangs- und Endwerte bei 10° C müssen in etwa übereinstimmen, wenn die Kiemen während des Versuchs nicht geschädigt wurden. Die Ergebnisse werden graphisch dargestellt.

12 Öffnungs- und Schließbewegungen bei Blüten

Material und Geräte

Junge, noch nicht aufgeblühte Schnittulpen
Gefärbte Vaseline (1 Spatelspitze Sudan III mit etwas erwärmter Vaseline mischen)
Feine Nadel (Insektennadel 00)
Millimeterpapier

a) Durchführung

Junge Tulpenblüten, die kurz vor dem Aufblühen sind, werden aus einem kühlen Raum (Kühlschrank) in ein warmes Zimmer gebracht. An der Mittelrippe der äußeren Blütenblätter werden von der Basis bis zur Spitze im Abstand von 1 mm mit der feinen Nadel Vaselinmarken angebracht.

b) Beobachtung und Auswertung

Die Tulpenblüten öffnen sich in der Wärme innerhalb einer Stunde. Sie schließen sich in der Kälte wieder (Thermonastie). Teilweise werden die Öffnungs- und Schließbewegungen durch den Tagesverlauf mitbestimmt (endogene Rhythmik, vgl. Kap. III).
Der Längenzuwachs der Blütenblätter wird nach jeder Öffnungsbewegung gemessen. Mit Hilfe der Farbmarkierungen wird die Lage der Streckungszone der Blütenblätter bestimmt (Abb. I, 23).

c) Ergänzung

Entsprechende Versuche lassen sich mit allen Blüten anstellen, die sich wiederholt öffnen und schließen. Sehr gut geeignet sind Krokus, Herbstzeitlose und Schneeglöckchen (Thermonastie); Seerose und Löwenzahn (Photonastie).

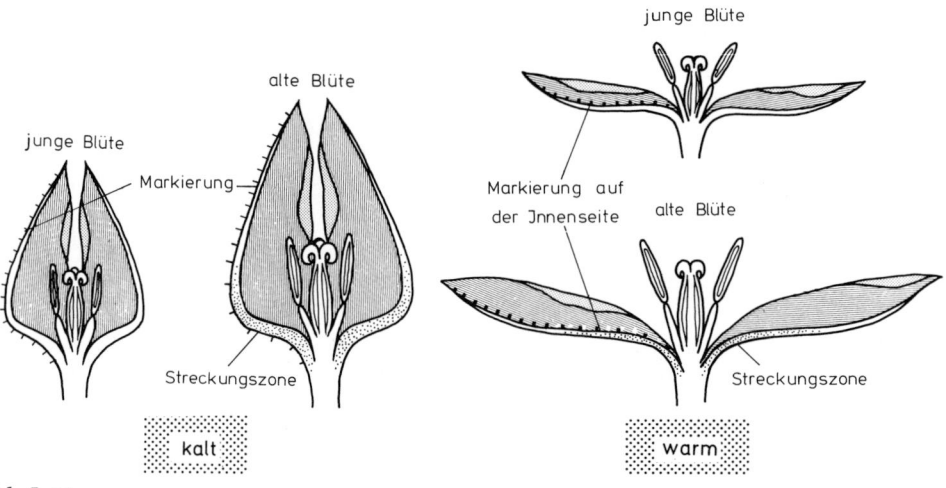

Abb. I, 23

13 Phototropismus und Explosionsbewegung beim Pillenwerfer (Pilobolus)

Material und Geräte

Frischer Pferdemist
1 Untersetzer oder 1 große Petrischale
1 Teller oder flache Plastikschale
1 sehr großes Marmeladeglas oder Käseglocke
Schwarzer Karton

a) Vorbereitung

In einen Untersetzer für einen Blumentopf füllt man frischen Pferdemist ein, den man etwas andrückt und stellt ihn in eine Schale mit Wasser unter eine Glasglocke (Abb. I, 24). Bei 20–28° C entwickelt sich nach wenigen Tagen ein zarter, weißlicher Belag des Kopfschimmels (Mucor), den man mit einem Streichholz abflammt. Danach bilden sich die gelblichen Sporangienträger des Pillenwerfers (Pilobolus).

b) Beobachtung

Die Sporangienträger sind am Ende blasenartig angeschwollen und stehen unter einem hohen Turgordruck (Abb. I, 24). Bei der Reifung reißt der Sporangienträger an einer vorgebildeten Stelle und das Sporangium mit den Sporen wird abgeschossen. Es wurden Schußweiten von über 2 m gemessen. Die Sporangien kleben an der Wand der übergestülpten Glocke fest.

c) Ergänzung

Dunkelt man den Glassturz mit schwarzem Karton bis auf eine kleine Öffnung ab, dann wenden sich die Sporangienträger dem Licht zu (positiver Phototropismus) und die Sporen werden mit großer Zielsicherheit auf das Fenster geschossen.

14 Quellungsbewegungen bei Schachtelhalm-Sporen

Von den vielen Beispielen für eine Quellungsbewegung wurden hier die Schachtelhalmsporen ausgewählt, da Quellung und Entquellung innerhalb weniger Sekunden ablaufen und eine sehr deutliche Bewegung der Hapteren hervorrufen.

Material und Geräte

Schachtelhalmsporen
Mikroskop und Zubehör

a) Beschaffung des Materials

Im Frühjahr findet man die fertilen Halme des Acker- und Riesenschachtelhalms mit den zap-

Abb. I, 24

fenförmigen Sporophyllständen. Legt man einige Zapfen auf ein Blatt Papier, dann öffnen sich die Sporangien und entleeren die Sporen, die in einem Gläschen über Jahre aufbewahrt werden können.

b) Beobachtung

Mit einem Pinsel tupft man einige Sporen auf einen Objektträger und beobachtet die Sporen mikroskopisch, indem man sie immer wieder anhaucht.

c) Ergebnis

Jede Spore trägt zwei bandförmige Hapteren, die an den Enden spatelförmig verbreitert sind. Bei trockenen Sporen stehen die Hapteren wie vier Ärmchen seitlich ab. Sie sind nur in der Mitte mit der Spore verbunden (Abb. I, 25).

d) Erklärung

Die Hapteren sind zweischichtig gebaut. Die äußere Schicht ist hygroskopisch und quillt bei der Aufnahme von Feuchtigkeit stark auf. Die innere Schicht quillt kaum und verändert deshalb auch ihre Länge nicht. Durch die verschiedene Längenänderung der beiden Schichten verändern die Hapteren beim Quellen und Entquellen ihre Form (Prinzip beim Bimetallstreifen).
Die Schachtelhalmsporen werden durch den Wind verbreitet und verhaken sich mit den Hapteren, so daß sie gruppenweise verblasen werden. So keimen meist mehrere Prothallien dicht nebeneinander aus, was bei den getrenntgeschlechtlichen Gametophyten der Schachtelhalme von Vorteil ist.

15 Geotropismus von Keimwurzeln

Der Versuch zeigt, daß ein Reiz auch bei Pflanzen eine Mindestzeit einwirken muß, um eine Reaktion auszulösen.

Material und Geräte
6–8 Petrischalen
Filtrierpapier
Kresse- oder Leinsamen

a) Vorbereitung

Mit dem Bleistift markieren wir die Mittellinie eines Filtrierpapiers, befeuchten es, und legen es zusammen mit 2 weiteren Scheiben in eine Petrischale. Im Abstand von knapp einem cm legen wir entlang der Mittellinie 6 bis 8 Kresse- oder Leinsamen. Ihre gallertige Hülle quillt auf, so daß sie am feuchten Filtrierpapier ankleben. In der gleichen Weise setzen wir weitere 6–8 Schalen an.
Die Petrischalen werden mit dem Deckel verschlossen und senkrecht in eine passende Schachtel gestellt. Dann richten wir die Schalen so aus, daß die Mittellinie mit den Samen waagerecht liegt. Man läßt die Schalen 2 bis 3 Tage im Dunkeln stehen, bis die Keimwurzeln eine Länge von 8 bis 10 mm haben.

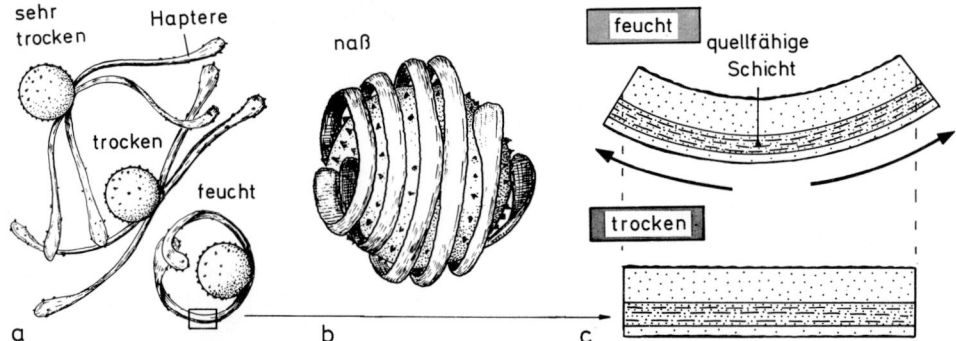

Abb. I, 25a und b: Die ärmchenartigen Hapteren der Schachtelhalmsporen rollen sich in der Feuchtigkeit spiralig auf. c: Schematischer Längsschnitt durch eine Haptere. Morphologisch läßt sich eine quellfähige und eine nichtquellfähige Schicht unterscheiden. Die quellfähige Schicht nimmt Wasser auf und streckt sich, während die nichtquellfähige Schicht unverändert bleibt, so daß es zu einer Krümmung kommt (Prinzip des Bimetallstreifens).

b) Durchführung

Man nimmt die erste Petrischale aus der Schachtel, hält sie weiterhin senkrecht und achtet darauf, daß sie nicht gedreht wird. Dann öffnet man den Deckel und kontrolliert, ob alle Wurzeln senkrecht nach unten gewachsen sind. (Keimlinge mit verkrümmten Wurzeln werden entfernt). Mit der Bleistiftspitze wird die Lage der Wurzelspitzen markiert. Die Schale wird wieder verschlossen und für 2 Minuten um 90° gedreht. Die Schale wird in ihre alte Lage zurückgebracht. Etwa 20 Minuten danach werden die Wurzeln darauf geprüft, ob sie mit einer Krümmung auf den Reiz reagiert haben.

Mit den anderen Platten verfährt man ebenso. Allerdings läßt man die Schwerkraft 4, 7, 10, 15 und 20 Minuten lang einwirken.

c) Auswertung und Ergebnis

Wir tragen die Ergebnisse in eine Tabelle nach folgendem Muster ein:

Tabelle I, 6

	\multicolumn{7}{c}{Präsentationszeit in Minuten}
	2	4	7	10	15	20	30
Reaktion							

Eine negative Reaktion wird mit —, eine schwach positive mit + und eine stark positive mit + + gekennzeichnet. In der Regel reicht eine Präsentationszeit von 5 Minuten aus, um eine Reaktion auszulösen.

16 Winden des Bohnensprosses

Windepflanzen umschlingen mit ihrem Sproß eine Stütze und halten sich daran fest. Es ist für sie kennzeichnend, daß die Internodien (Sproßabschnitt zwischen zwei Blättern bzw. Blattpaaren) stark verlängert sind, und das Wachstum der Blätter dem Streckungswachstum des Sprosses folgt.

Das Winden ist eine komplexe Bewegung, die auf autonome Wachstumsprozesse und äußere Einflüsse zurückgeht.

Material und Geräte

Bohnenpflanzen, 2–3 Wochen alt
Glasplatte (ca 30 × 30 cm oder größer)
Röhre (Glas, Kunststoff oder Pappe) Ø 5–8 mm, Länge ca. 5 cm
Filzschreiber
eventuell Stativ mit Klammer

D Experimente und Beobachtungen 35

a) Durchführung
(Abb. I, 26)

Man stellt eine junge Bohnenpflanze mit einem gut entwickelten Sproß unter eine waagerechte Glasplatte, die an einem Stativ befestigt ist oder z. B. auf zwei Stühlen aufliegt. Zwischen Sproßende und Glasplatte lassen wir einen Abstand von 5–8 cm.

Die Bewegung der Sproßspitze läßt sich am besten verfolgen, wenn wir senkrecht von oben auf die Glasplatte schauen und mit einem Filzstift die Lage der Sproßspitze markieren. Wir wiederholen die Beobachtungen im Abstand von 10–15 Minuten. Die Zeit wird im Protokoll festgehalten.

Um Markierungsfehler zu vermeiden, die dadurch entstehen, daß man die Sproßspitze schräg anpeilt, visiert man die Sproßspitze durch eine kurze Röhre an, die senkrecht auf der Glasplatte steht. Eine andere Methode erfordert etwas Übung: Blickt man senkrecht auf die Glasplatte, dann sieht man das Spiegelbild der Pupille. Deckt sich das Spiegelbild mit der Sproßspitze, dann blickt man senkrecht auf die Pflanze.

b) Beobachtung und Auswertung

Die Bohne führt relativ rasche, kreisende Suchbewegungen mit dem Sproß aus. Die Geschwindigkeit hängt von der Raumtemperatur und der Bodenfeuchtigkeit ab (u. U. mit lauwarmem Wasser gießen). Bei diffusem Licht beobachten wir nahezu kreisförmige Bewegungen. Bei seitlichem Lichteinfall wird der Kreis zur Ellipse. Dies ist ein Hinweis darauf, daß äußere Faktoren die Bewegung beeinflussen.

c) Ergänzung

Markiert man die Sproßspitze seitlich mit einem Tuschestrich, dann sieht man, daß sich der Sproß um seine eigene Achse dreht. Die Drehbewegung ist der Windebewegung entgegengesetzt. Durch diese Ausgleichsdrehung wird eine Torsion des Sprosses vermieden.

Es empfiehlt sich, parallel zu diesem Versuch, das Längenwachstum einer Bohne zu demonstrieren (s. Bd. I, Kap. IV).

I Reizbarkeit und Bewegung

Windebewegung der Bohne

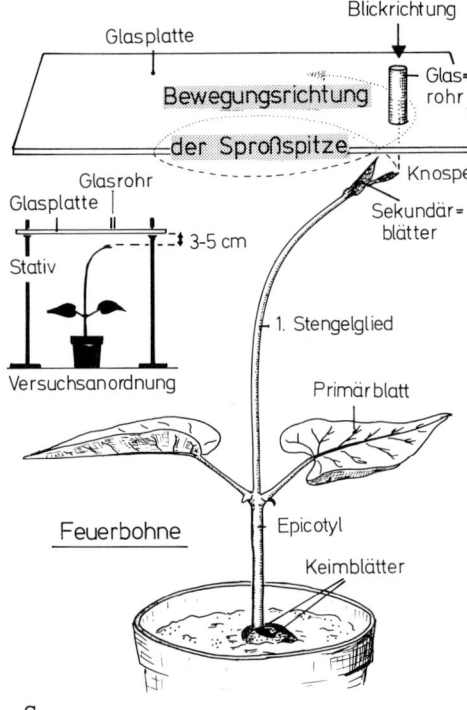

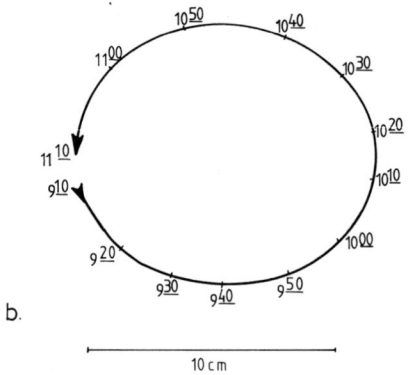

Abb. I, 26a: Versuchsanordnung zur Bestimmung der Bewegungsweise der Sproßachse einer Bohnenpflanze. Die Bohne bewegt sich wie die meisten windenden Pflanzen in Gegenrichtung des Uhrzeigers.
b) Projektion der Sproßspitze auf eine Glasplatte im Abstand von jeweils 10 Minuten. Im Verlauf von 2 Stunden legt die Sproßspitze einen Weg von 30 cm zurück.

17 Die autonomen Blattbewegungen der Feuerbohne

Tagesrhythmische Bewegungsreaktionen sind bei Pflanzen weit verbreitet. Dabei handelt es sich in der Regel um endogen gesteuerte, auch unter konstanten Bedingungen (Dauerlicht, Dauerdunkel) ablaufende Bewegungen. Fehlt der äußere Zeitgeber, so weichen die Periodenlängen meistens etwas von der Tageslänge ab, weshalb man auch von «circadianer» Rhythmik spricht.

Material und Geräte

Junge Pflanzen der Feuerbohne (Phaseolus multiflorus)
Schreibtrommel (auch die Trommel eines Thermographen ist geeignet)
Schreiberhebel mit Stativ
dünner Faden mit Drahthaken
Plastilin
möglichst: Dunkelkammer und Beleuchtungseinrichtung, die einen senkrechten Lichteinfall auf die Versuchspflanzen bewirkt.

a) Vorbereitung

Feuerbohnen werden vorgequellt und einzeln in kleine Blumentöpfe (Einheitserde) ausgepflanzt. Zum Versuch benötigt man Jungpflanzen mit voll entfalteten Primärblättern. Bei Zimmertemperatur dauert das Anziehen etwa 14 Tage.

b) Versuchsaufbau
(vgl. Abb. I, 27)

Der Schreiberhebel muß genau austariert werden (z. B. mit Plastilin) damit der Zug auf das Primärblatt nicht zu stark ist und die Senkungsbewegung unmöglich macht.
Am besten ist es, wenn man den Versuch in einer Dunkelkammer durchführt, so daß man die Dauer der Belichtungszeiten frei wählen und variieren kann. Durch senkrechte Beleuchtung können dann auch störende Krümmungsbewegungen der Sproßachse und der Blätter, die sich bei seitlichem Lichteinfall den tagesperiodischen Bewegungen überlagern, ausgeschaltet werden.

c) Registrieren der Bewegung

Nachdem man sich überzeugt hat, daß der Schreiber funktioniert, wird die Trommel eingeschaltet. Die Umdrehungsgeschwindigkeit sollte

D Experimente und Beobachtungen 37

zwischen 2 und 7 Tagen für eine Umdrehung liegen.
Zunächst werden die Bewegungen bei Normalbedingungen (12 Stunden Dunkelheit, 12 Stunden Licht) registriert, dann im Dauerlicht (bzw. im Dauerdunkel). Zur Ergänzung können auch kürzere und längere Perioden ausprobiert werden (z. B. 8 Std. hell, 8 Std. dunkel, 15 Std. hell, 15 Std. dunkel).
Unter konstanten Bedingungen wird die endogene Rhythmik der Versuchspflanze registriert. Die Periodenlänge beträgt bei Phaseolus multiflorus etwa 27 Stunden.

d) Biologische Bedeutung der circadianen Blattbewegungen

Viele Entwicklungsprozesse der Pflanzen werden von der Tageslänge gesteuert, zum Beispiel die Blütenbildung: Bestimmte Arten setzen nur unter Langtagbedingungen Blüten an, andere nur unter Kurztagbedingungen. Dies setzt ein empfindliches «Lichtsinnesorgan» zur Messung der Tageslängen voraus. Wie Bünning und Mitarbeiter zeigen konnten, ist – mindestens in einigen Fällen – die Epidermis der Blattoberseite der Sitz dieser Lichtmeßeinrichtung. Da diese Epidermiszellen frei von Chlorophyll sind, können auch noch geringe Lichtintensitäten, wie sie während der kurzen Dämmerungsphase auftreten, von dem photosensiblen System (Phytochromsystem) registriert werden. Die Bezugspunkte für die Messung der Tageslänge sind also die wenigen Minuten der Morgen- und Abenddämmerung, in denen die Lichtintensität von ca. 1 auf 10 Lux ansteigt. Wie viele Versuche zeigen, können schon kurze Lichteinwirkungen während der Dunkelphasen die Tageslängenmessung der Pflanzen durcheinander bringen und etwa eine Umstimmung von «Kurztag» auf «Langtag» bewirken. Da Mondlicht unter günstigen Umständen bis zu 1 Lux (Tropen) hell sein kann, wäre dieses Störlicht für die Tageslängenmessung der Pflanzen gefährlich. Durch die verschiedenen «Schlafbewegungen» der Blätter (etwa das Absenken bei Phaseolus oder das Zusammenlegen der Fiederchen bei Mimosa) wird jedoch die Lichtintensität auf der Blattoberseite so stark vermindert, daß Mondlicht nicht mehr den kritischen Wert erreichen kann.

Tagesperiodische Blattbewegungen der Feuerbohne

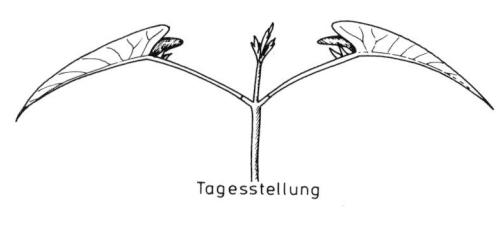

Tagesstellung

Nachtstellung

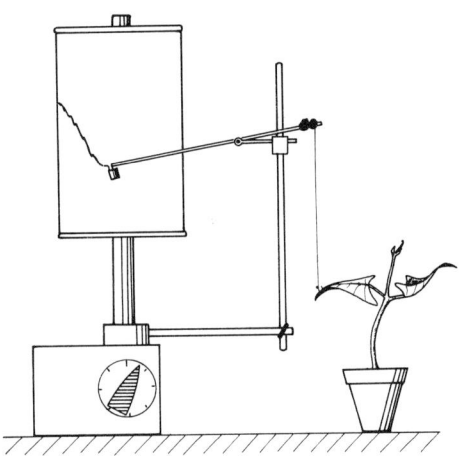

Aufzeichnung der Bewegung

Abb. I, 27

18 Die Blumenuhr

Verschiedene Pflanzenarten öffnen und schließen ihre Blüten zu bestimmten Zeiten innerhalb eines 24-Stunden-Tages nach einem eigenen, endogenen Rhythmus. Linné hat eine Blumenuhr entworfen (Abb. I, 29). Wiederholt wurden

38 I Reizbarkeit und Bewegung

solche Blumenuhren in Rundbeeten gepflanzt. Da aber die Pflanzen nicht alle zur gleichen Jahreszeit blühen, müssen immer einige Stellen frei bleiben.

a) Beobachtung

Die Öffnungs- und Schließzeiten von Blüten können vom Frühling bis in den Herbst beobachtet und protokolliert werden. Dabei sollten auch meteorologische Daten wie Sonnenschein, Wolken, Regen und Temperatur berücksichtigt werden.

b) Auswertung

Versuchen Sie an Hand der eigenen Beobachtungen eine Blumenuhr aufzuzeichnen, in der im Gegensatz zu Abb. I, 29 die Öffnungs- und Schließzeiten einer bestimmten Pflanzenart immer angegeben ist. Die Öffnungsdauer wird an Hand einer Graphik (vgl. Abb. I, 28) dargestellt.

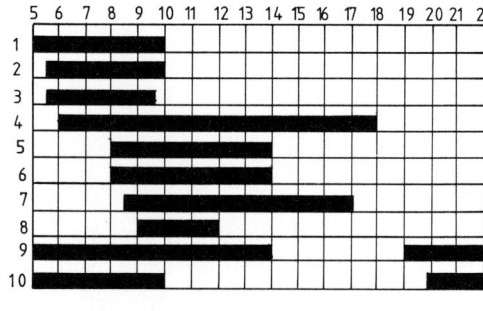

Abb. I, 28: Öffnungsdauer einiger Blüten. Die Werte beziehen sich auf das Öffnen und Schließen der ersten Blüte einer Pflanze bei warmem, sonnigem Wetter. Bewölkung, Nebel, Regen und Kälte können zu Verzögerungen führen oder sogar das Öffnen der Blüten unterdrücken. 1. Klatschmohn, Papaver rhoeas; 2. Wegwarte, Cichorium intybus; 3. Königskerze, Verbascum phlomoides; 4. Winde, Convolvulus tricolor; 5. Weiße Seerose, Nymphaea alba; 6. Acker-Gauchheil, Anagallis arvensis; 7. Löwenzahn, Taraxacum officinale; 8. Ringelblume, Calendula arvensis; 9. Wunderblume, Mirabilis jalapa; 10. Königin der Nacht, Cereus nycticolus

Abb. I, 29: Blumenuhr. Die Öffnungs- und Schließzeiten einiger Blüten sind in einem Diagramm dargestellt (nach Schleicher-Benz aus Molisch/Dobat).

Literatur

Bullock, T. H. and Horridge, G. A.: Structure and Function in the Nervous Systems of Invertebrates; Vol. I und II, Freeman, San Francisco 1965.
Bünning, E.: Entwicklungs- und Bewegungsphysiologie der Pflanze, Springer, Berlin, 2. Aufl. 1953
Bünning, E.: Tagesperiodische Blattbewegungen und Biochronometrie. BIUZ 6 (1) 111–115, 1976.
Haupt, W.: Bewegungsphysiologie der Pflanzen. Thieme, Stuttgart 1977.
Huxley, A. F.: Muscular contraction. J. Physiol. (Lond.) 243, 1–43, 1974.
Huxley, H. E.: The mechanism of muscular contraction. Science 164, 1356–1366, 1969.
Jacob, F.: Bewegungsphysiologie der Pflanzen. WTB, Bd. 34 Akademie Verl. Berlin 1966.
Katz, B.: Nerv, Muskel und Synapse. Taschenbuch, Thieme, Stuttgart (2. Aufl.) 1971.
Mannherz, H. J., Schirmer, R. H.; Die Molekularbiologie der Bewegung. Chemie in unserer Zeit, 4, 165, 1974.
Mannherz, H. J., Kenneth, C. H.: Die molekulare Physiologie der Muskelkontraktion. In Biophysik, Hrsg. W. Hoppe et al. Springer, Berlin 1977.
Molisch, H., Dobat, K.: Botanische Versuche und Beobachtungen mit einfachen Mitteln. Fischer, Stuttgart, 5. Aufl. 1979.
Mulloney, B.: Structure of the giant fibres of earthworms. Science, 168, 994–998, 1970.
Oda, K., Abe, T.: Action Potential and Rapid Movement in the Main Pulvinus of Mimosa pudica. Bot. Mag. Tokyo 85, 135–145, 1972.
Ronacher, B., Hemminger, H.: Einführung in die Nerven- und Sinnesphysiologie. Quelle und Meyer, Heidelberg (2. Aufl.) 1978.
Rushton, W. A. H.: Action potentials from the isolated nerve cord of the earthworm. Proc. Roy. Soc. Lond., Sect. B. 132, 423–437.
Schadé, J. P.: Die Funktion des Nervensystems. Fischer, Stuttgart, 2. Aufl. 1975.
Schmidt, R. F. (Hrsg) Grundriß der Neurophysiologie. Springer, Berlin, New York, 4. Aufl. 1977.
Sibaoka, T.: Movements in Higher Plants. Annual Review of Plantphysiology 20, 165–184, 1969.
Tendel, J.: Versuch zur Bewegungsphysiologie der Pflanzen. Aulis Köln 1975.
Whitefield, J. C., Manual of Experimental Electrophysiology. Pergamon Press, Oxford, London, Edinburgh, New York, 1964.

Unterrichtsfilme

Institut für Film und Bild, München (Bildstellen)

Fleischfressende Pflanzen: Fettkraut, Sonnentau, Wasserschlauch, Kannenpflanze, Venusfliegenfalle, 1954, 300449
Protoplasmaströmung in pflanzlichen Zellen, 1938, 300181
Rankenbewegungen, 1953, 300470
Reizphysiologische Versuche am Pantoffeltierchen. Schwimmbewegung, Berührungs-, Wärme-, Chemo- und Elektroreiz, 1938, 300183

Institut für den Wissenschaftlichen Film, Göttingen

Bailland, L. Mouvements des Tiges Volubiles du Haricot. Gartenbohne, Rankenbewegungen. $13^1/_2$ min., 1966, W 918.
Blakemore, C.: Recording from Single Neurons. $8^1/_2$ min., 1972, W 1149.
Blakemore, C.: Transmission of the Nerve Impulses. $3^1/_2$ min., 1972, W 1148.
Brustkern, P.: Reizbewegungen bei Blütenorganen. 12 min., 1977, D 1251.
Calabek, J.: Wachstum und Bewegung Spermatophyta, Bewegungsanalyse. 8 min., 1968, W 1072.
Denffer, v. D.: Rankenbewegungen – I. Grunderscheinungen. $11^1/_2$ min., 1954, C 677.
Denffer, v. D.: Rankenbewegungen – II. Reizort, Reizalter und Reaktionstypen. $8^1/_2$ min., 1955, C 678.
Grell, K. G.: Form und Bewegung freilebender Amöben. 11 min., 1967, C 943.
Ground, van der, C. J., Schadé, J. P.: Basic Mechanisms in Neurophysiology. 37 min., W 819
Hoffmann-Berling, H., Portzehl, H.: Bewegung von extrahierten Zellen und Muskelfibrillen («Modellen») durch Adenosintriphosphat (ATP). 10 min., 1954, C 685.
Horsmann, E.: Flimmerepithel, $9^1/_2$ min., 1959, C 792.
Kabiersch, W.: Reizbarkeit und Leistung des Tierfangapparates von Dionaea muscipula (Venusfliegenfalle). $5^1/_2$ min., 1939, C 33.
Mühlpfordt, H.: Bewegungsweisen bei Protozoen. $12^1/_2$ min., 1952, C 650.
Overbeck, F., Wolters, B.: Impatiens parviflora (Balsaminaceae) Aufspringen der reifen Frucht (Turgormechanismus). $2^1/_2$ min., 1964, E 723.
Ruge, U.: Reizbewegungen bei Mimosa pudica. 10 min., 1949, C 546.
Schlieper, C.: Reizphysiologische Versuche an Paramaecium caudatum. $9^1/_2$ min., 1938, C 214.
Stämpfli, R.: Saltatorische Erregungsleitung. $15^1/_2$ min., 1961, C 825.
Tregear, R.: What makes muscle pull? – The structural basis of contraction. 8 min., 1971, W 1343.

II Steuerung und Regelung

A Intention

Die Umweltreaktionen der Organismen weisen einen hohen Grad an Koordination und Differenzierung auf, der nur durch ein kompliziertes Netz der Nachrichtenübertragung zwischen den einzelnen Gliedern aufrecht erhalten werden kann. Nachrichtenaufnahme, Nachrichtenweiterleitung und Nachrichtenverarbeitung spielen auf allen Organisationsebenen des Lebens eine hervorragende Rolle: auf molekularer Ebene – etwa beim Energiestoffwechsel oder bei der Proteinsynthese – ebenso wie beim Zusammenspiel der verschiedenen Gewebe eines Organs oder bei dem koordinierten Bewegungsablauf eines galoppierenden Pferdes. Schließlich bilden auch die Populationen eines Ökosystems ein kompliziertes, durch gegenseitige Steuerung und Regelung verbundenes Netz.

Die theoretische Bearbeitung der Nachrichtenübertragung und Verarbeitung blieb lange eine Domäne der technischen Wissenschaften. Erst 1948 legte Norbert Wiener mit seinem Werk «Cybernetics – or Controll and Communication in the Animal and the Machine» die Grundlage einer Synthese der technischen und der biologischen Nachrichten- und Informationstheorie, der Kybernetik (griech.: kybernetes = Steuermann).

Die klassische Physiologie arbeitete vorwiegend nach der Methode der klassischen Experimentalphysik: Bei Experimenten versuchte man dadurch exakte, nachprüfbare Aussagen zu bekommen, daß man jeweils nur eine der Variablen veränderte. Der Vorteil dieser analytischen Methode ist, daß man zu sehr einfachen Kausalitätsbeziehungen kommt. Sobald man Aussagen über komplexere Systeme machen will, bei denen die Änderung eines Faktors sofort Änderungen in anderen, unter Umständen sehr vielen Faktoren hervorruft, kommt man mit einer solchen Methode nicht mehr weiter. Für die erforderliche «multidimensionale» Analyse eines solchen komplizierten Faktorennetzes liefert die Kybernetik wirkungsvolle Hilfsmittel. Gerade in biologischen Systemen wirken unter natürlichen Bedingungen immer solche Faktorennetze. Die Kybernetik hilft der Biologie dort weiter, wo eine unmittelbar anschauliche Interpretation nicht mehr möglich ist, und sie liefert die Werkzeuge dazu, komplexe biologische Systeme – etwa das Nervensystem eines Vertebraten oder ein natürliches Ökosystem – mathematisch zu modellieren.

In diesem Kapitel wird aufgezeigt, welche Möglichkeiten der Informationsübertragung in biologischen Systemen bestehen. Die Steuerung und Regelung wird ausführlich behandelt, da in der Biologie zahlreiche, gut untersuchte Regelkreise bekannt sind. Dagegen ist das Problem der Informationsverarbeitung im Zentralnervensystem noch weitgehend ungeklärt, so daß man auf Hypothesen und Analogiemodelle angewiesen ist, wenn man bestimmte Phänomene erklären will. Deshalb war es nicht möglich, eine durchgehende Theorie der Informationsverarbeitung zu bringen, und wir gingen von konkreten Einzelbeobachtungen aus, die anschließend unter dem Gesichtspunkt der Informationsverarbeitung diskutiert werden.

Die Versuche sind so ausgewählt, daß sie mit geringem Aufwand durchgeführt werden können. Auf eine Simulation biologischer Vorgänge durch elektronische Modelle wurde verzichtet, da der Zeitaufwand zum Bau dieser Modelle den Rahmen eines Praktikums sprengen würde. Auf entsprechende Literatur wird verwiesen.

B Lernziele

1. Die Unterschiede zwischen hormoneller und nervöser Nachrichtenübertragung in biologischen Systemen sollen gegenübergestellt werden können.
2. Die Begriffe von Steuerung und Regelung sollen definiert werden können.
3. Die Informationsübertragung soll an einem Beispiel erklärt werden können.
4. Ein beliebiger unbedingter Reflex soll als Reflexbogenmodell und als Regelkreismodell beschrieben werden können.
5. Mindestens je ein Beispiel einer biologischen Steuerung oder Regelung auf hormoneller und nervöser Ebene soll im Detail dargestellt werden können.

6. An Hand eines beliebigen mathematischen Modells soll abgeleitet werden können, welche Bedeutung die laterale Inhibition für die Kontrasterhöhung von Sinneswahrnehmungen hat.
7. Es soll dargestellt werden können, wie Zeit- und Intenditätsdifferenzen des Schalls beim binauralen Hören zu einer Richtungswahrnehmung verarbeitet werden.
8. Beispiele für Bahnung und Hemmung bei der optischen Wahrnehmung sollen genannt werden können.
9. Der Zusammenhang zwischen der Herzmuskelerregung und einem EKG soll in den Grundzügen erläutert werden können.

C Theoretische Grundlagen

1 Nachrichtenübertragung

Wenn eine Nachricht von einem Sender einem Empfänger zugeleitet werden soll, müssen sich Sender und Empfänger auf eine gemeinsame, beiden verständliche «Sprache», einen «Code» einigen. Diese Sprache besteht aus einer Reihe von Symbolen oder Zeichen. Die Übertragung dieser Zeichen geschieht in Form von Signalen auf einem bestimmten «Kanal», einem bestimmten Übertragungsmedium (wie z. B. Luft, Draht, Wellenbereich des elektromagnetischen Spektrums). Die Signale haben die Dimension des Trägers (Druck, elektrische Spannung usw.). Die Information ändert sich durch den Träger nicht. Dieselbe Information kann gesprochen, auf Tonband oder als Buch gedruckt übermittelt werden. Bei der Übertragung können Störungen auftreten, die sich im Kanal mit den Signalen überlagern. Der Empfänger muß in der Lage sein, diese Störung (das «Rauschen») von den Nutzsignalen zu unterscheiden und zu trennen.
Im tierischen und menschlichen Organismus kennt man zwei Arten von Nachrichtensystemen: Das Nervensystem mit den Nervenzellen als Nachrichtenübertragungskanälen und das Hormonsystem, bei dem die Information über die Blutbahn übertragen wird.
Hinsichtlich ihres zeitlichen Verhaltens kann man sowohl in der Technik als auch in der Biologie zwei Typen von Signalen unterscheiden: diskontinuierliche und kontinuierliche Signale. Bei den Nervenfasern werden kurze, gleichartige Impulse mit wechselnder Frequenz übertragen, es sind diskontinuierliche Signale. Im Gegensatz dazu scheiden die innersekretorischen Drüsen kontinuierliche Signale, die Hormone aus, die über die Blutbahn jede Zelle des Organismus erreichen. Sie werden nur in den Organen wirksam, die den Code verstehen, d. h. auf das entsprechende Hormon ansprechen. Die Wirkung eines Hormons ist von seiner Konzentration abhängig. Die Variation der Konzentration läßt eine sehr genaue Feinsteuerung zu.
Die Übermittlung von Informationen über das Nervensystem und Hormonsystem kann man mit einem Telefonnetz und einem Rundfunksender vergleichen. Das Telefonnetz ist zwar weitverzweigt, erreicht aber nicht jeden Weiler und jedes Haus, so wie auch das Nervensystem nicht alle Organe und Zellen erreicht. Beispielsweise ist die Lunge nicht innerviert, deshalb treten bei einer Tuberkulose keine Schmerzen auf. Beim Telefon gehen die Nachrichten von einem Sender aus und erreichen gezielt den Empfänger. Der Rundfunksender erreicht über den Äther alle potentiellen Empfänger, sofern sie ihr Radiogerät auf die richtige Wellenlänge eingestellt haben. Die Informationen werden nicht direkt an einen Empfänger übermittelt, sondern sind weit gestreut. Ähnlich überschwemmen die Hormone den ganzen Körper.

2 Steuern und Regeln

a) Steuerkette

Kybernetik bedeutet so viel wie Steuermannskunst. Das Steuern eines Autos oder eines Schiffes ist uns geläufig. Der Steuermann versucht ein gesetztes Ziel möglichst geradlinig zu erreichen, indem er die Richtung anpeilt, den Motor anlaufen läßt, das Ruder führt usw. In der Sprache der Kybernetik würde man von einem zusammengesetzten System mit linearem Nachrichtenfluß, einer Steuerkette sprechen. (Abb. II, 1)
Das Verhalten der Blöcke I-III wird jeweils durch den vorangehenden gesteuert.
Ein Steuersystem kann fest oder variabel sein. Eine Eisenbahnlinie, ein Wasserleitungssystem und ein verdrahtetes Telefonnetz sind fest. In der Biologie kann man Reflexe als feste Systeme ansehen.
Ein Auto ist dagegen variabel gesteuert. Dasselbe gilt auch für unsere Körperhaltung. Ein Radfah-

rer schätzt die Steilheit einer Kurve und seine Geschwindigkeit ab und verändert entsprechend Steuerung und Lage des Fahrrades. Einem unvermutet auftretenden Hindernis weicht er aus.

b) Regelung durch Rückkopplung

Bei einer Regelung wird, wie bei der Steuerung, einem System ein Ziel von außen gesetzt. Das System ist aber so eingerichtet, daß es als in sich geschlossene Kette, als Regelkreis, sich selbst steuern kann (Abb. II, 1). Als Beispiel wird häufig auf die Funktion eines Kühlschrankes verwiesen, bei dem über ein Kontaktthermometer (Thermostat) die Kühlmaschine eingeschaltet wird, wenn ein bestimmter Temperaturbereich überschritten wurde. Die Kühlmaschine wird abgeschaltet, sobald der vorgegebene Temperaturbereich unterschritten wird. Das System steuert sich selbständig durch eine negative Rückkopplung (feed back). Dies heißt man Regelung.

Die Funktionsglieder des Regelkreises. Ein Regelkreis dient dazu, eine (physikalische) Größe einer anderen nachzuführen. Die nachgeführte Größe wird als Regelgröße, die vorgegebene Größe als Führungsgröße bezeichnet. Ist die Führungsgröße konstant, so wird auch die Regelgröße auf einem konstanten «Sollwert» gehalten. In einem solchen Falle spricht man von einem Festwertregler. Durch das Auftreten von Störgrößen bei der Signalweitergabe wird die Regelgröße verstellt. Ihr tatsächlicher Wert (Istwert) wird laufend von einem Fühler (Meßglied) registriert und an den Regler (Regelglied) weitergegeben. Der Regler errechnet aus Istwert und

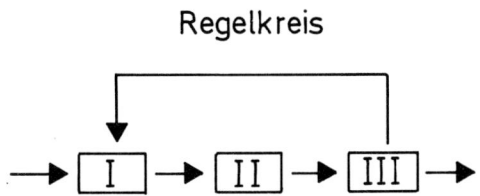

Abb. II, 1: Informationsfluß bei Steuerkette und Regelkreis

gespeichertem oder eingegebenem Sollwert die Regelabweichung. Sie wird im Regler in eine entsprechende Nachricht, die Stellgröße, umgewandelt. Diese Nachricht sagt dem Stellglied, wie es auf die Regelgröße einwirken muß, damit sie sich dem Sollwert annähert. (Abb. II, 2)

In der Biologie finden wir neben Steuerungen vor allem geregelte Systeme, die häufig dadurch kompliziert sind, daß mehrere Regelkreise miteinander vermascht sind.

Reflexbogen und Regelkreis. Von der klassischen Physiologie wurde das Denkschema des Reflexbogens entwickelt: *Rezeptor (z. B. Muskelspindel)* → *sensible (afferente) Neuronen* → *Schaltzellen* → *motorische (efferente) Neuronen* → *Effektor (Muskel, Drüse)* (Abb. II, 2, 3). In dieser Vorstellung ist eine Rückwirkung des Er-

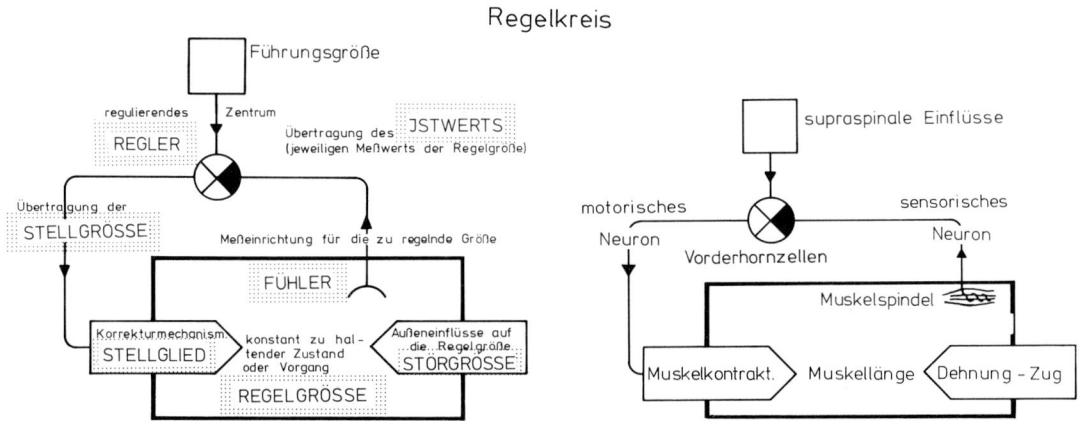

Abb. II, 2: Links: allgemeines Schema eines Regelkreises (nach Hassenstein). Rechts: Beispiel für einen biologischen Regelkreis (Muskeltonus)

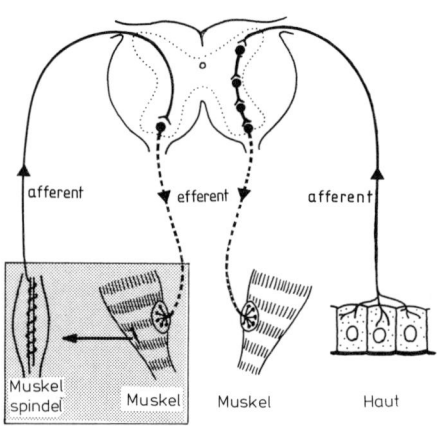

Abb. II, 3: Oben: Sehr stark vereinfachte Darstellung eines Eigen- und Fremdreflexes. Beim Eigenreflex liegen Rezeptor (Muskelspindel) und Effektor (Muskelfaser) in einem Organ, dem Muskel. Dies wird durch die gemeinsame Rasterung von Muskelspindel und Muskel angedeutet. Der Eigenreflex wird nur einmal im Vorderhorn des Rückenmarks umgeschaltet. Er ist monosynaptisch. Seine Reflexzeit ist entsprechend kurz.
Beim Fremdreflex liegen Rezeptor und Effektor in verschiedenen Organen – hier in der Haut und im Muskel. Es sind mehrere Synapsen an der Umschaltung im Rückenmark beteiligt. Der Fremdreflex ist polysynaptisch. Die Reflexzeit ist relativ lang.
Unten: Aufbau einer Muskelspindel (stark vereinfacht und gekürzt). Muskelspindeln sind Sinnesorgane zur Messung der Muskelspannung und Muskeldehnung. Sie sind 2 bis 10 mm lang und von einer festen Hülle umgeben. Die Muskelspindeln enthalten spezialisierte, quergestreifte Muskelfasern, deren Mittelteil nicht quergestreift und damit auch nicht kontraktil ist. Die-

folgsorgans auf den Rezeptor nicht enthalten. Von der Experimentalforschung wurde diese Kette zunächst bewußt als offene Kausalkette verstanden, da sie so der experimentellen Analyse besser zugänglich war.
Im Grunde sind jedoch die Bauteile des Reflexbogens und des Regelkreises identisch: im natürlichen Zusammenhang wirken die Erfolgsorgane immer auch auf den Rezeptor zurück: Beim Kniesehnen-Reflex wirkt die Muskelverkürzung der Sehnendehnung entgegen (Abb. II, 2, 3), beim Lidschlußreflex beendet das Schließen des Lides den optischen (oder mechanischen) Reiz, der den Reflex auslöste, usw. Regelkreismodell und Reflexbogenmodell sind also zwei verschiedene Modelle desselben biologischen Geschehens, wobei das Regelkreismodell den funktionellen Verhältnissen besser gerecht wird.
Würde sich allerdings die Biokybernetik auf eine Strukturanalogisierung biologischer und technischer Regelkreise beschränken, so wäre im Grunde – außer einer neuen Nomenklatur – nichts gewonnen, denn bereits von Üxküll, von Weizsäcker und andere haben die Rückkopplungsbeziehung beim Reflex erkannt und beschrieben (v. Üxküll: «Das Wirkmal hebt das Merkmal auf»). Die Kybernetik erlaubt aber auch, die Dynamik und das kinetische Verhalten solcher Regelkreise mathematisch zu modellieren.
Auf Grund der kreiskausalen Anordnung ihrer Elemente sind Regelkreise schwingungsfähige Gebilde: Wird ein bestehendes Gleichgewicht gestört, so nähert sich die Regelgröße im allgemeinen nicht in einer einsinnigen Reaktion dem Sollwert, sie führt vielmehr gedämpfte Schwingungen um den Sollwert aus. Erst die biokybernetische Betrachtungsweise brachte eine Erklä-

---

ser Bereich wird spiralig von einem afferenten Nerv umsponnen, der bei Dehnung der Muskelspindel Impulse an das Rückenmark weiterleitet.
Der Sollwert kann durch die Führungsgröße verändert werden. Dadurch wird die Meßfunktion der Muskelspindeln auf die äußeren Einflüsse eingestellt. Dies geschieht durch motorische Fasern aus dem Zentralnervensystem, die zu den quergestreiften Anteilen der Muskelfasern führen. Durch Kontraktion wird der Mittelteil der Faser angespannt. So kann z. B. die Grundspannung des Muskels (Tonus) durch zentralnervöse Einflüsse aufrechterhalten und verändert werden.

rung für solche, in der Biologie häufig beobachtete Schwingungen.
Die Belastbarkeit eines Regelkreises läßt sich aus seinem Zeitverhalten berechnen, Einschwingungsvorgänge verraten etwas über die optimale oder nichtoptimale Auslegung eines Regelkreis-Wirkungsgefüges.
Die mathematische Modellierung von biologischen Systemen, die hinsichtlich ihrer Funktionsweise und zum Teil auch hinsichtlich ihres Wirkungsgefüges nicht ausreichend erforscht sind, gewinnt in der Physiologie eine zunehmende Bedeutung.
Nach Drischel (1973) seien die wichtigsten Schritte wiedergegeben, die bei einer solchen Modellierung aufeinander folgen:
(1) Morphologisch richtige und vollständige Abbildung der Systemelemente.
Beispiel für Pupillenregelkreis: (siehe unten)
(2) Experimentelle Bestimmung des Übertragungsverhaltens dieser Systemelemente. Dies ist häufig nicht für alle Elemente möglich. In diesen Fällen muß aus dem Gesamtverhalten des Regelkreises ein Nährungswert erschlossen werden.
(3) Bestimmung der Modellparameter aus dem Verhalten des jeweiligen Teilsystems.
(4) Optimierung der Modellparameter. Kriterium hierfür ist die Übereinstimmung des Modellverhaltens mit dem experimentell ermittelten Systemverhalten. Aus dem Modell des Pupillenregelkreises konnte man Voraussagen ableiten, die sich nachher experimentell bestätigen ließen. Medizinisch bedeutsame Regelungsvorgänge im menschlichen Körper sind z. B. die Regulation des Blutdrucks, der Atmung, des Blutzuckerspiegels und des Herzschlags.
Die kybernetische Betrachtungsweise hat hier schon große therapeutische Erfolge bewirkt (Einbau von Herzschrittmachern, Blutdrucksenkung durch Einpflanzung von Reizelektroden am Carotissinus u. a.).

3 Beispiele für Regelung und Rückkopplung in der Biologie

a) Hormonelle Steuerung und Regelung

Phylogenetische Entwicklung des Hormonsystems (Abb. II, 4)

Das Zusammenspiel einzelner Organellen wird bereits bei den Protozoen durch hormonähnliche Stoffe reguliert, die verhältnismäßig einfach gebaut sind (Amine).
Bei den Metazoen entwickelt sich ein Nervensystem, das von vornherein eine Koordination von Organen auf zweierlei Weise bewirkt: über Nervenleitungen und durch hormonelle Steuerung. Als Neurohormone fungieren vor allem kurzkettige Eiweiße, die aus 3–13 Aminosäuren aufgebaut sind. Hohltiere, Stachelhäuter, Plattwürmer, Ringelwürmer, Tunikaten u. a. haben außer den neurosekretorischen Zentren keine Hormondrüsen.
Bei den Weichtieren und Gliedertieren treten zum ersten Mal endokrine Drüsen auf, die sich nicht vom Nervensystem ableiten. In ihrer Funktion werden sie jedoch vom Nervensystem bestimmt.
Die höchste Differenzierung des Hormonsystems haben wir bei den Wirbeltieren. Neben neurosekretorischen Drüsen unterscheiden wir endokrine Drüsen 1. Ordnung, die dem neurosekretorischen Einfluß unterstellt sind, und endokrine Drüsen 2. Ordnung, die entweder auf Sekrete der ihnen übergeordneten endokrinen Drüsen 1. Ordnung reagieren oder völlig unabhängig sind.

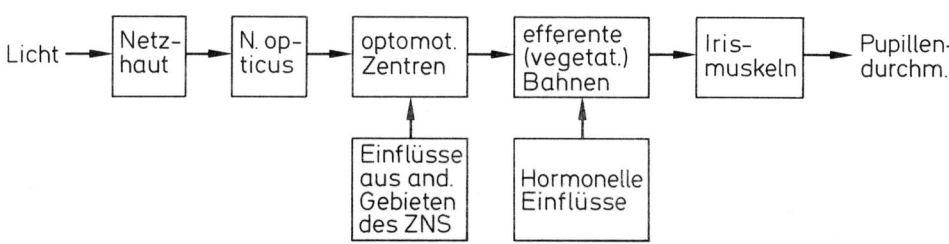

Hierarchie des Hormonsystems bei Vertebraten

Die hormonelle Steuerung geht bei den Wirbeltieren von vier Ebenen aus: den neurosekretorischen Zentren im Hypothalamus, den endokrinen Drüsen 1. Ordnung (Hypophyse), den endokrinen Drüsen 2. Ordnung, zu denen alle andern Hormondrüsen wie z. B. die Schilddrüse oder die Gonaden zu rechnen sind und dem reaktiven Gewebe (Abb. II, 4).

Das gesamte Hormonsystem untersteht letzten Endes dem Nervensystem, das Informationen aus der Umwelt über die Sinnesorgane aufnimmt, verarbeitet und vor allem auf die neurosekretorischen Zentren im Hypothalamus einwirkt. Der Hypothalamus ist die zentrale Verknüpfungsstelle von Nervensystem und Hormonsystem. Psychische Einflüsse wie Freude, Trauer, Angst und Ärger beeinflussen die hormonelle Grundstimmung entscheidend.

Der Hypothalamus ist allen andern Hormondrüsen übergeordnet. Insbesondere bestimmt er durch sogenannte Releasing-Faktoren (Glykoproteide) die Funktion der Hypophyse.

Die Hypophyse besteht entwicklungsgeschichtlich aus zwei Anteilen, dem Vorder- und Hinterlappen. Der Hypophysenvorderlappen fungiert als innersekretorische Drüse 1. Ordnung, die entweder direkt vom Nervensystem oder Neurosekreten stimuliert wird. Die Hypophyse sondert endokrinokinetische (glandotrope) Hormone ab, die die Hormondrüsen 2. Ordnung zur Sekretion und zum Wachstum anregen. Hypophysenhormone können aber auch direkt auf bestimmte Körperorgane als Zielorgane einwirken.

Die innersekretorischen Drüsen 2. Ordnung

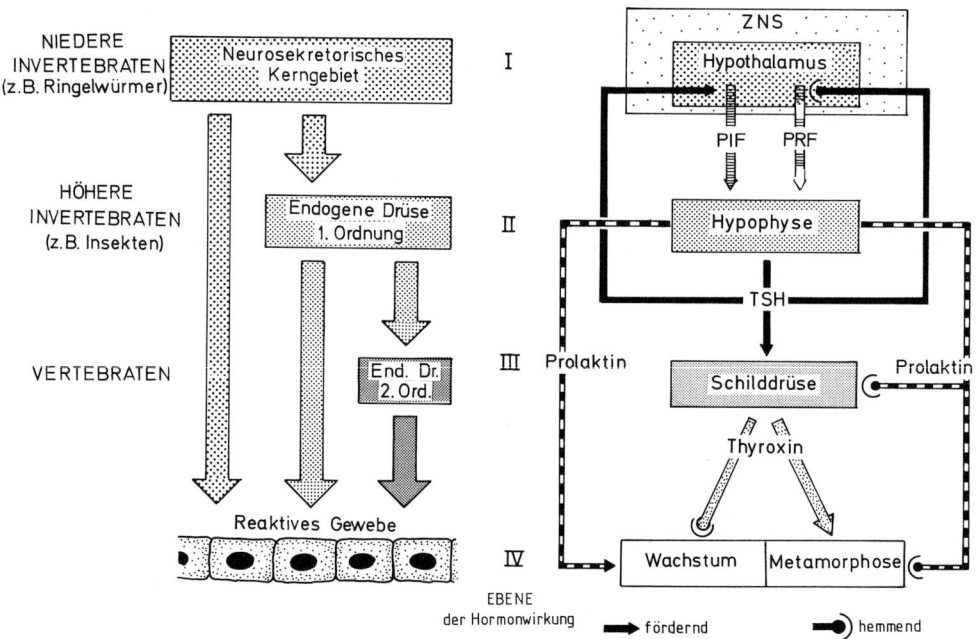

Abb. II, 4: Links: Bei den niederen Invertebraten besteht das endokrine System ausschließlich aus dem neurosekretorischen Kerngebiet. Im Laufe der Evolution kommen endogene Drüsen 1. und 2. Ordnung dazu, die aber weiterhin den neurosekretorischen Drüsen untergeordnet sind. Rechts: Sehr stark vereinfachte Darstellung der hormonellen Steuerung der Froschentwicklung. PIF Prolaktin-inhibiting-factor (Prolaktostatin), PRF Prolaktin-releasing-factor (Prolaktoliberin), TSH Thyreoidea-stimulierendes Hormon. Die Rückwirkung des TSHs auf die Bildung von PIF und PRF ist nicht gesichert. Möglicherweise regt TSH die Produktion von TRF (Thyreotropin-releasing-factor) aus, was einer positiven Rückkoppelung gleichkommen würde.

umfassen alle andern Hormondrüsen. Die meisten unterstehen der Hypophyse und nur wenige sind autonome Hormondrüsen. Dadurch, daß die Hormone der endokrinen Drüsen auf die übergeordneten Zentren zurückwirken, entsteht ein vielfach verflochtenes, kompliziertes Hormonsystem, das man im Sinne von Regelkreisen verstehen kann.

Hormonelle Steuerung der Häutung bei Insekten

Im Vergleich zu den Wirbeltieren ist das Hormonsystem der Insekten wenig differenziert. Neurosekretische Zellen, die vor allem im Oberschlundganglion liegen, sondern Neurohormone ab, die auf die Prothorakaldrüsen, Ventraldrüsen und Pericardialdrüsen als endokrine Drüsen 1. Ordnung einwirken (Abb. II, 5).
Von neurosekretorischen Zellen im Oberschlundganglion wird ein Neurohormon, das sogenannte Aktivationshormon, abgesondert und in den Corpora cardiaca gespeichert. Auf bestimmte Reize wie z. B. Ernährungszustand, Druckverhältnisse im Körper, Licht, Temperatur u. a. wird die Abgabe des Aktivationshormons an die Blutbahn ausgelöst (Abb. II, 5).
Das Aktivationshormon regt die Prothoraxdrüse zur Abgabe des Häutungs- und Metamorphosehormons Ecdyson an. Der Metamorphose zum adulten Tier wirkt das Juvenilhormon der Corpora allata entgegen. Ein hoher Titer Juvenilhormon in Verbindung mit Ecdyson führt zu einer Larvalhäutung. Da die Corpora allata langsamer wachsen als die Prothoraxdrüsen, verschiebt sich das Verhältnis von Juvenilhormon zum Ecdyson immer mehr zu Gunsten des Ecdysons, das dann eine Puppenhäutung und anschließend eine Umwandlung zum adulten Insekt hervorruft (Abb. II, 5).

Abb. II, 5: Oben: Schematische Darstellung des Nervensystems und der Hormondrüsen eines Insekts (nach Weber, stark verändert). Mitte: Übersicht über die Wirkungsweise von Juvenilhormon (JH) und Ecdyson (E) bei der Entwicklung und Metamorphose eines Insekts. Der Ecdysonspiegel bleibt während der ganzen Entwicklungszeit gleich, da die Prothorakaldrüse mit dem Wachstum Schritt hält. Da die Corpora allata kaum wachsen nimmt das Juvenilhormon von Häutung zu Häutung ab. Überwiegt das Ecdyson, dann bewirkt es eine Verpuppung und eine Umwandlung zur Imago. Unten: Säulendiagramm der Juvenilhormonentwicklung vom Ei zur Imago bei Hyalophora cecropia

Wirksamkeit von Hormonen bei der Insektenmetamorphose

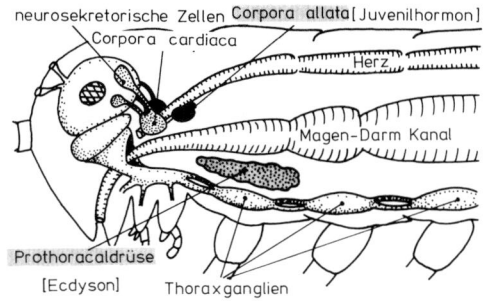

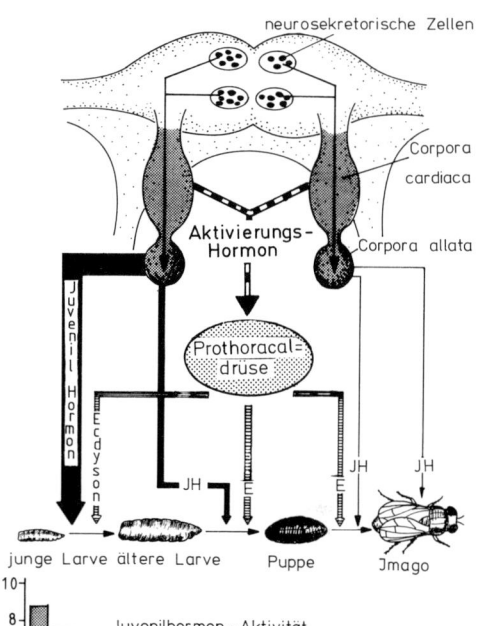

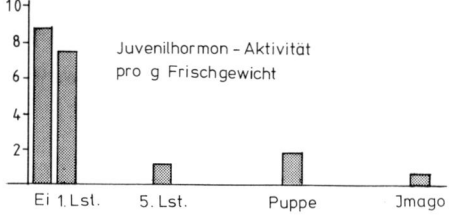

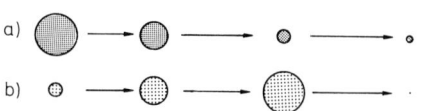

Relative Größe von Corpora allata (a) und Prothoracaldrüse (b) in Bezug zum Körpergewicht

(nach Wigglesworth aus Hanke, verändert). Darunter ist sehr vereinfacht die gegenläufige Größenveränderung der Corpora allata und der Prothorakaldrüse dargestellt.

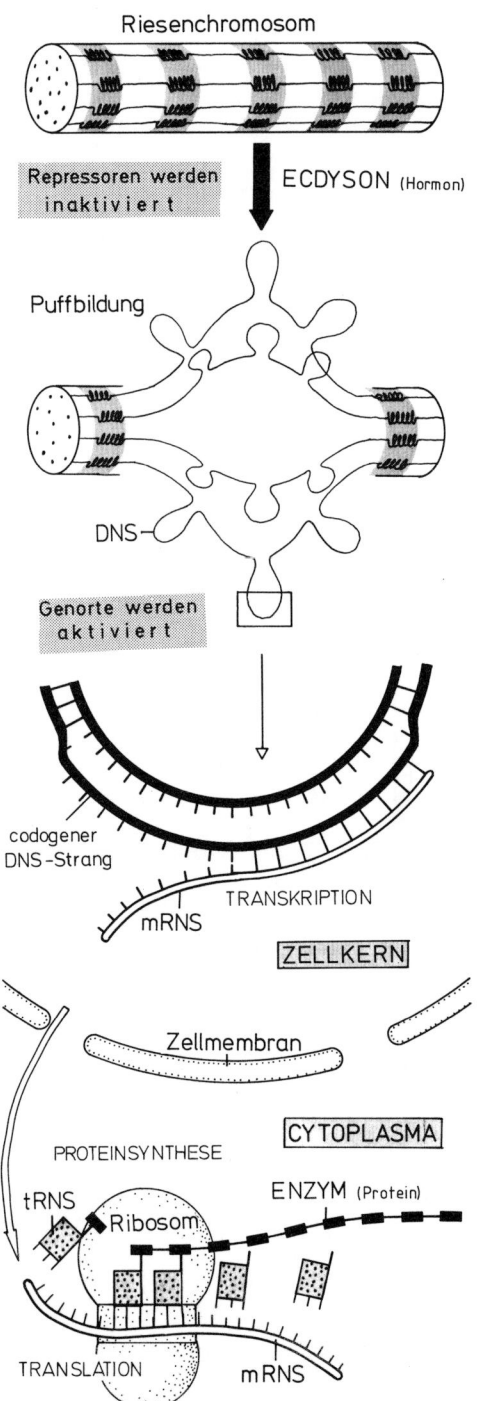

Steuerung der Genwirkung durch Ecdyson

Bei den Dipteren treten in Geweben mit hohem Stoffwechsel polytäne Riesenchromosomen auf (Bd. I, Kap. III), die sich besonders gut im Lichtmikroskop untersuchen lassen. Die genetisch aktiven Stellen des Chromosoms sind aufgelockert und vergrößert (Puffs, Abb. II, 6).

Injiziert man einer Mücke (Chironomus) Ecdyson, dann beobachtet man 15 Minuten später zwei charakteristische Puffs. Durch Zugabe von radioaktiv markiertem Uracil konnte man nachweisen, daß RNS in großen Mengen gebildet wurde.

Die Steuerung der Genaktivierung deutet man so:

Inaktivierung von Repressoren. Kleine Moleküle, sogenannte Repressoren, unterdrücken die Genaktivität des Chromosoms. Das Ecdyson paßt wie Schlüssel und Schloß zu einem bestimmten Repressortyp, lagert sich an und inaktiviert dadurch den Repressor.

Aktivierung der Genorte. Sind die Repressoren inaktiviert, dann verbindet sich das Ecdyson mit einem bereits vorhandenen Rezeptormolekül am Genort und aktiviert dadurch die Gene.

Transkription und Translation. (Vgl. Bd. I, Kap. III). Von dem codogenen DNS-Strang wird durch Transkription m-RNS gebildet. Die m-RNS wandert vom Kern in die Zelle, wobei sie mehrere Umformungen erfährt (Processing). Sie lagert sich an die Ribosomen an. Die Information der m-RNS wird abgelesen (Translation) und ein Eiweiß synthetisiert, das als Enzym bei dem Häutungsablauf eine Rolle spielt.

Enzyme. Bei der Häutung treten nacheinander verschiedene Puffs auf, die für die Produktion verschiedener Enzyme charakteristisch sind, die die Bildung der neuen Haut und die Aushärtung und die Färbung des Chitinpanzers veranlassen.

Hormonelle Steuerung der Amphibienmetamorphose

Die Amphibienentwicklung wird durch ein kompliziertes Zusammenspiel mehrerer Hormone geregelt. Die zwei wichtigsten Metamorphosehormone sind das Thyroxin und das Prolaktin. Das Gesamtgeschehen wird vom Hypothalamus über releasing-Faktoren (z. B. Thyreotropin-releasing-Faktor, TRF) angeregt, wie es für die

Abb. II, 6: Schematische Darstellung der Genaktivierung eines Riesenchromosoms durch das Häutungshormon Ecdyson.

Hormonhierarchie der Wirbeltiere charakteristisch ist.

Die releasing-Faktoren wirken auf die Hypophyse ein und veranlassen sie zur Produktion von Hormonen, die auf die Hormondrüsen 2. Ordnung einwirken (glandotrope Hormone). Eine Erhöhung des TRF-Spiegels veranlaßt die Hypophyse zur Absonderung von thryreotropem Hormon (TSH), das die Schilddrüsen zur Thyroxinabgabe anregt. Das Thyroxin selbst wirkt wachstumshemmend und entwicklungsfördernd.

Dem Thyroxin wirkt das Prolaktin, ein Hormon der Hypophyse, entgegen. Es fördert das Wachstum und hemmt die Produktion von Schilddrüsenhormonen.

Bei der Amphibienentwicklung kann man drei Phasen unterscheiden: die Prämetamorphose, die den Entwicklungsabschnitt vom Ausschlüpfen der Kaulquappen bis zum Beginn der Knospung der Hinterbeine umfaßt. Es schließt sich die Prometamorphose an, während der sich die Hinterbeine entwickeln. Im Verlauf des Metamorphose-Klimax sprossen die Vorderbeine hervor, der Schwanz bildet sich zurück, es erfolgt die Umstellung von der Kiemen- zur Lungenatmung.

Jedes dieser Stadien ist hormonell bestimmt. In der Prämetamorphose wird von der Hypophyse TRF und TSH abgesondert, die die Schilddrüse dazu veranlassen, mit der Produktion von Thyroxin zu beginnen.

Der Entwicklungsverlauf wird sehr stark von dem Prolaktinspiegel beeinflußt. Zusammen mit andern wachstumsfördernden Hormonen treibt er das Wachstum voran.

Während der Prometamorphose sondert der Hypophysenvorderlappen vermehrt TRF ab, was zu einem weiteren Anstieg von TSH und Thyroxin führt. Der Prolaktinspiegel bleibt weiterhin hoch.

Während des Metamorphose-Klimax verändert sich die Hormonzusammensetzung entscheidend. Die Prolaktinproduktion ist auf ein Minimum reduziert. Der Thyroxinspegel ist zu Beginn des Metamorphoseklimax am höchsten. Die hohe Thyroxinkonzentration hemmt jedoch die TRF-TSH-Produktion (negative Rückkopplung), so daß sich ein ausgewogener Thyroxinspiegel einstellt (Abb. II, 4).

Während der Metamorphose reagieren verschiedene Gewebe sehr unterschiedlich auf das Thyroxin. So wird z. B. unter Thyroxineinfluß die Schwanzmuskulatur eingeschmolzen, die Rumpfmuskulatur bleibt dagegen erhalten. Die Beine entwickeln sich samt den Muskeln weiter. Die Hautdrüsen entwickeln sich erst am Schluß der Metamorphose. Daraus kann man schließen, daß bestimmte Gewebe erst dann auf das Hormon Thyroxin reagieren, wenn ein bestimmter Entwicklungsstand erreicht ist.

Der neuroendokrine Reflexbogen

Das Zusammenspiel von Nervensystem und Hormonsystem zeigt sich am deutlichsten beim neuro-endokrinen Reflexbogen. Die Steuerung der Ovulation beim Kaninchen ist ein anschauliches Beispiel dafür (Abb. II, 7)

Von der Vagina führen Nervenbahnen über das Rückenmark zum Gehirn. Bei der Kopulation

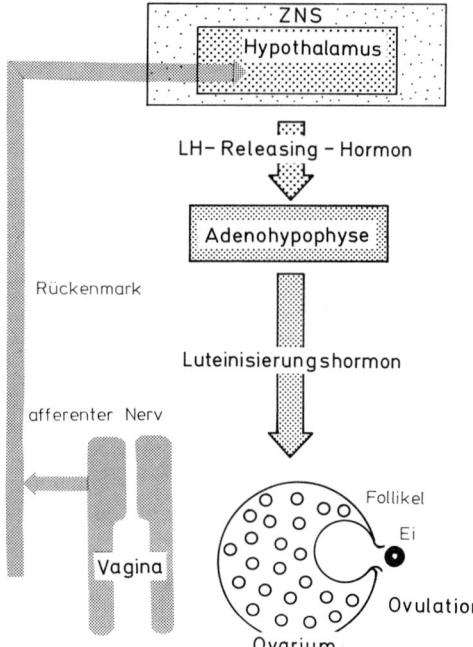

Abb. II, 7: Neuroendokriner Reflexbogen (Kaninchenovulation). Bei der Kopulation werden Sinneszellen der Vagina erregt. Die Erregungen werden über afferente Nervenbahnen zum Hypothalamus geleitet. Sie lösen dort die Freigabe von LH-Releasing-Hormon aus, das die Hypophyse zur Ausschüttung von Luteinisierungshormon (LH) anregt. Daraufhin erfolgt die Ovulation. (Nach Blüm aus Czihak u. a., verändert).

werden auf diesem Wege Impulse zum Hypothalamus im Zwischenhirn gesendet. Neurosekretorische Zellen sondern LH-releasing-Faktoren ab, die den Hypophysenvorderlappen zur Ausschüttung von gonadotropen Hormonen anregen; diese werden über die Blutbahn zu den Ovarien transportiert und lösen dort den Eisprung aus, der etwa 10 Stunden nach der Kopulation erfolgt. Dieser neurosekretorische Reflexbogen garantiert eine hohe Befruchtungswahrscheinlichkeit.

b) Neurale Steuerung und Regelung

Reflexe

Viele Reize, die von den Sinnesorganen eines Organismus aufgenommen werden, veranlassen ihn zu einer mehr oder weniger komplizierten Antwort. Im einfachsten Fall löst ein bestimmter Reiz eine stereotype Reaktion aus. Wir sprechen dann von einem Reflex. Es sollen hier vor allem die somatomotorischen Reflexe dargestellt werden, die bei der Koordination einer Bewegung eine Rolle spielen. Die visceromotorischen Reflexe, die z. B. die Sekretion der Drüsen und die Bewegung des Darms steuern, werden nur kurz behandelt.

Eigen- und Fremdreflexe. Unter den somatomotorischen Reflexen unterscheidet man zwischen Eigen- und Fremdreflexen. Beim Eigenreflex ist das reizaufnehmende Organ (Rezeptor) auch sogleich das Erfolgsorgan (Effektor). Im Gegensatz dazu sind beim Fremdreflex Rezeptor und Effektor verschiedene Organe (Tab. II, 1, Abb. II, 3).

Der Kniescheibensehnenreflex (Patellarreflex) ist ein typischer Eigenreflex. Der Reflexbogen ist denkbar einfach aufgebaut und besteht aus einer dehnungsempfindlichen Muskelspindel als Rezeptor, einem sensiblen (afferenten) Neuron, das über eine einzige Synapse im Rückenmark mit einem motorischen (efferenten) Neuron verbunden ist und zu der Muskelfaser als Erfolgsorgan (Effektor) zieht (Abb. II, 3).

Der Reflexbogen läßt sich auch als Regelkreis darstellen. Hochspezialisierte Muskelfasern, die Muskelspindeln, sind die Fühler des Regelkreises. Muskelspindeln findet man in allen Skelettmuskeln. Innerhalb einer spindelförmigen Bindegewebshülle liegen mehrere Muskelfasern, die verhältnismäßig dünn und kurz sind.

Der mittlere Teil dieser Muskelfasern ist nicht kontraktil und zeigt auch nicht die typische Querstreifung einer Skelettmuskelfaser. Dagegen führt an das Zentrum der Muskelfaser eine afferente Nervenfaser, die sich spiralig um die Muskelfaser herumschlingt. Die spiraligen Nervenendungen sind sehr empfindliche Dehnungsrezeptoren (Abb. II, 3). Bei einem Zug auf den Muskel werden sie erregt. Es gibt zwei Typen von Fasern: die einen erhöhen die Frequenz der Aktionspotentiale proportional zur Dehnung, d. h., je länger der Muskel ist, um so höher ist die Impulszahl (Proportionalregler). Der andere Fa-

Tabelle II, 1: Unterschiede zwischen Eigen- und Fremdreflexen

Kennzeichen	Eigenreflex	Fremdreflex
Rezeptor und Effektor	in einem Organ	in getrennten Organen
Zahl der Schaltstellen	eine (monosynaptisch)	mehrere (polysynaptisch)
Rezeptor	primäre Endigung der Muskelspindel	Haut: Druck-, Schmerzrezeptoren
Afferente Fasern	schnell leitend	langsam leitend
Reflexzeit	kurz (z. B. Patellarreflex 10–20 ms)	lang (z. B. Lidschlußreflex 70–180 ms)
Reflexerfolg	Einzelzuckung	länger anhaltende Kontraktion
Reizsummation	gering	ausgeprägt
Ermüdung	sehr gering	ausgeprägt
Adaptation	keine	ausgeprägt

(nach Landois-Rosemann und Mörike, Betz, Mergenthaler, verändert)

sertyp verändert seine Frequenz proportional zur Dehnungsgeschwindigkeit, d. h., die Impulszahl wird um so höher, je schneller der Muskel gedehnt wird. (Differentialregler).

Die Pupillenreflexe (Abb. II, 8)

Die Leuchtdichte im Auge wird durch die Pupillenreflexe geregelt. Es spielen dabei mehrere Regelsysteme zusammen, die nicht wie beim Patellarreflex über das Rückenmark, sondern über Gehirnzentren ablaufen. Da Rezeptor und Effektor in getrennten Organen liegen, zählt man die Pupillenreflexe zu den Fremdreflexen.

Bereichseinstellung des Auges. Bekanntlich ist es für uns unmöglich, die absolute Leuchtdichte einer Fläche zu schätzen. Dies liegt daran, daß der Empfindlichkeitsbereich der retinalen Sinneszellen über zwei Mechanismen automatisch im Sinne einer Anpassung an die Umwelt verstellt wird:
(1) über ein Fließgleichgewicht in der Sehsubstanz (Sehpurpur), das direkt von der Beleuchtungsstärke abhängig ist.
(2) über die Regulation der retinalen Beleuchtungsstärke durch die Pupille (Augenblende).

Morphologische Bahnen der Pupillenreflexe. Beim dunkeladaptierten Auge beginnt die Verengung der Pupille bei etwa 10^{-1} asb (apostilb, Einheit der Leuchtdichte). Beim gleichen Wert liegt die Reizschwelle der Zapfen, während die Stäbchen über drei Zehnerpotenzen empfindlicher sind. Man nimmt deshalb an, daß nur die Zapfen für die Pupillenreflexe verantwortlich sind.

Die Erregung der Sinneszellen, und damit auch die Information über die Beleuchtungsdichte der Retina, wird an die Zellen der inneren Körnerschicht weitergeleitet und von diesen an die Sehnervenzellen übertragen. Deren Neuriten treten am Blinden Fleck durch die Lederhaut nach außen und bilden den Sehnerv.

Beide Sehstränge enden in den seitlichen Kniehöckern des Thalamus (Zwischenhirn). Einmal gehen nun von hier Bahnen zum primären und sekundären Sehzentrum in der Großhirnrinde, wo uns das aufgenommene Netzhautbild bewußt wird (Nachrichtenverarbeitung). Zum anderen gehen Verbindungen zum vorderen Hügelpaar des Mittelhirns, in welchem Reflexe (besonders für die Augenbewegungen) zum Hirnstamm und weiter ins Rückenmark geleitet werden.

Über diese Bahnen laufen auch die Pupillenreflexe.

Der Lichtreflex. Eine Leuchtdichten-Zunahme auf der Netzhaut wird vom Tectum opticum, dem Pupillenreflexzentrum des Mittelhirns, und von dort weiter über den parasympathischen Kern des N. oculomotorius (II. Gehirnnerv, Augenmuskelnerv) und des Ganglion ciliare zum Sphincter-Muskel der Iris geleitet. Eine Kontraktion des Sphincter-Ringmuskels führt zu einer Verengung der Pupille. Dadurch wird die Leuchtdichte auf der Retina verringert, die Reaktion wirkt also dem auslösenden Reiz entgegen *(negative Rückkopplung)*. Die Latenzzeit dieser Reflexreaktion beträgt 0,2 s, die Gesamtdauer etwa 1,2 s.

Der Verdunklungsreflex. Bei einer Leuchtdichtenabnahme auf der Retina wird diese Nachricht über den Hypothalamus in das Centrum ciliospinale im Halsmark und über die von diesem ausgehenden sympathischen Bahnen zum Dilatatormuskel der Iris geleitet. Da hierbei einige Synapsen mehr durchlaufen werden, reagiert die Iris auf Helligkeitsabnahme etwas langsamer als auf Helligkeitszunahme.

Parasympathicus und Sympathicus wirken also zusammen über Lichtreflex und Verdunkelungsreflex im Sinne einer Leuchtdichteregelung der Netzhaut.

Der Pupillen-Regelkreis. Die Beleuchtungsdichte der Retina soll möglichst konstant auf einem bestimmten Sollwert gehalten werden. Der Istwert, die tatsächliche Leuchtdichte, wird von den Zäpfchen der Retina gemessen und über den N. opticus an das Mittelhirn weitergemeldet. Die Synapsen im Mittelhirn wirken als Regler. Über sympathische bzw. parasympathische Fasern wird dann die Stellgröße an die Irismuskulatur, das Stellglied, gemeldet.

Dieses Regelverhalten ließe sich mit der Blendenautomatik einer Kamera vergleichen. Während jedoch bei der Photozelle eines Belichtungsmessers die einfallende Lichtmenge und der gemessene Wert immer in einer festen Beziehung stehen, ändert sich die Empfindlichkeit der Netzhautzäpfchen durch die retinale Adaptation bei jeder Belichtungsänderung. Bis zu einer Leuchtdichte von 1100 asb stellt sich nach anfänglicher Verengung infolge der allmählichen Adaptation der Zäpfchen immer wieder die Ausgangspupillenweite ein. Allerdings kann der Rückgang der Verengung bis 5 min dauern. Bei höheren Leuchtfelddichten bleibt zwar eine ge-

Die Nervenbahnen der Pupillenreflexe

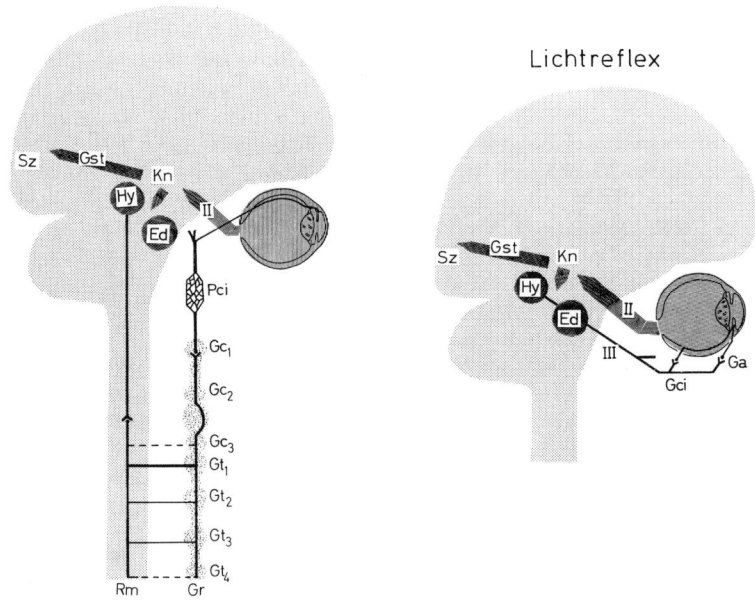

Regulation der Lichtmenge auf der Netzhaut

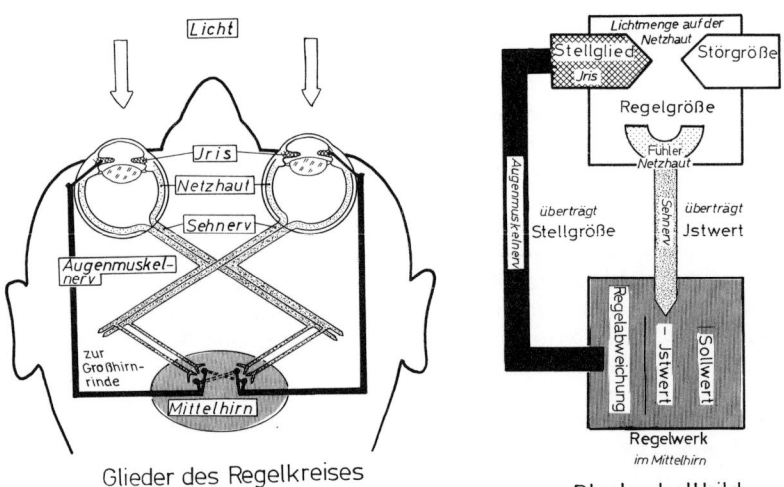

Abb. II, 8: Der Pupillen-Regelkreis. Oben: Bahnen der Pupillenreflexe. Die Abkürzungen bedeuten: II: N.opticus (Sehnerv), III: N.oculomotorius (Augenmuskelnerv), Ga: akzessorisches Ganglion, Gci: Ganglion ciliare, Gc_1–Gc_3: Oberes, Mittleres und Unteres Halsganglion, Gr: Sympathischer Grenzstrang, Gst: Gratiolot'sche Sehstrahlung, Gt_1–Gt_4: 1. bis 4. Thoracalganglion, Hy: Vegetativer Kern des Hypothalamus, Kn: Kniehöcker des Thalamus, Pci: Plexus carotis interior, Rm: Rückenmark, Sz: Primäres und sekundäres Sehzentrum in der Occipitalregion der Großhirnrinde, WE: Westphal-Edinger'scher Kern im Mittelhirn. Unten: Die Funktionsglieder des Pupillenregelkreises, (nach Probst, 1973).

wisse Pupillenkontraktion bestehen, jedoch ist auch dann nach der Adaptationszeit eine Erweiterung zu beobachten. Es gibt also bei diesem Regelkreis keinen festen Sollwert der Netzhaut-Leuchtdichte, dieser wird vielmehr laufend dem jeweiligen Adaptationszustand der Zäpfchen angepaßt. Es handelt sich bei dem Pupillenregelkreis um einen Folgeregler mit einer variablen Führungsgröße.

Die biologische Bedeutung des Pupillenregelkreises liegt vor allem in der Blendschutzwirkung bei plötzlichen Helligkeitsänderungen, die von der langsam eintretenden retinalen Adaptation nicht ausgeglichen werden können (Beispiel: Tritt man von einem normal mit Kunstlicht beleuchteten Raum ins helle Sonnenlicht, so erhöht sich die Leuchtdichte auf etwa das 100-fache!).

Künstlich kann man den Pupillenregelkreis durch einseitige Beeinflussung des Sympathicus oder des Parasympathicus stören: Eine von Außenreizen unabhängige Pupillenverengung wird durch Sympathicus-Hemmer (z. B. Ergotamin) oder Parasympathicus-Reizer (z. B. Morphium, Pilocarpin) erreicht, eine Pupillenerweiterung durch Sympathicus-Reizer (z. B. Adrenalin, Cocain, Ephedrin) oder Parasympathicus-Hemmer (z. B. Atropin).

Instabilität eines Regelsystems

Die einzelnen Glieder eines Regelsystems müssen aufeinander abgestimmt sein, sonst ist es möglich, daß ein Regelkreis instabil wird. Dies soll an einem Beispiel verdeutlicht werden. Wir denken uns einen Thermostaten, der sowohl gekühlt als auch beheizt werden kann.

Nach einer bestimmten Totzeit beginnt die Heizung zu arbeiten. Die Trägheit des Systems bewirkt jedoch, daß die Erwärmung über den Sollwert hinaus führt. Wiederum mit Verzögerung reagiert der Regler mit Kühlung. Auch die Kühlung wird zu lange fortgeführt, so daß der Sollwert nach unten überschritten wird. Diese Instabilität kann soweit gehen, daß sich die einzelnen Regelschritte gegenseitig aufschaukeln. Die Regelabweichungen werden immer größer, bis es schließlich zur Reglerkatastrophe kommt, in unserem Beispiel etwa zum Durchschmoren eines Heizungskabels.

Typisch für einen instabilen Regelkreis ist, daß die Regelgröße in Schwingung versetzt wird. In unserem Fall führte eine sehr hohe Verstärkung zu einem instabilen Regelkreis (Abb. II, 9). Durch eine geschickte Versuchsanordnung kann man auch den Pupillenregelkreis zum Schwingen bringen (s. Versuch II, D 10).

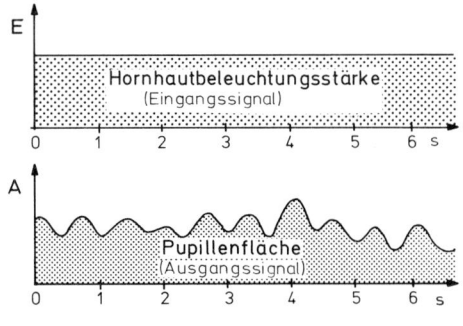

Abb. II, 9: Links: Das Verhalten eines Regelkreises bei unterschiedlicher Verstärkung (n. Hassenstein, vereinfacht). Rechts: Durch die Zentralblende wird die Blendenwirkung der Pupille überproportional verstärkt. Der Regelkreis wird instabil und schwingt. Bei konstanter Beleuchtungsstärke (Eingangssignal E) verändert sich die Pupillenfläche (Ausgangssignal A) ständig. (nach Röhler).

c) Automatie der Erregungsbildung des Herzens

Es ist seit langem bekannt, daß ein Fisch- oder Froschherz außerhalb des Organismus in einer physiologischen Kochsalzlösung noch stundenlang weiterschlägt. Dasselbe gilt auch für ein Säugerherz, wenn es genügend mit Sauerstoff und Nährstoffen versorgt ist. Daraus folgt, daß das Herz nicht von außen gesteuert wird, sondern daß das Zentrum der Erregungsbildung im Herzen selbst liegt, man spricht von einer Automatie der Erregungsbildung.

Zwei Besonderheiten sind bei der Steuerung der Herztätigkeit zu beobachten: Erstens bestehen das Zentrum der Erregungsbildung und die Erregungsleitungsbahnen aus spezialisierten Muskelfasern und nicht aus Nervengewebe. Zweitens laufen die Ausbreitung und Rückbildung der Erregung wesentlich langsamer ab als im Skelettmuskel.

Die Errregungsbildung geht von einer knotenartigen Verdickung der Muskulatur im rechten Vorhof, dem Sinus- oder Vorhofknoten aus (Abb. II, 10a). Der Sinusknoten wird deshalb als Herzschrittmacher bezeichnet.

Die Erregung breitet sich über die beiden Vorhöfe aus und erreicht nach etwa 0,1 s am Boden des rechten Vorhofs den Vorhofkammerknoten (Atrioventrikular- oder Aschoff-Tawara-Knoten), der nach einer kurzen Verzögerung die Erregung zur Herzkammer weiterleitet (Erregungsüberleitungszeit ca 0,2 s). Die Erregung der Vorhofmuskulatur führt mit einer gewissen Verzögerung zur Kontraktion der Vorhöfe. Das Blut wird von den Vorhöfen in die Herzkammern gepreßt (Abb. II, 10 c).

Vom Vorhofkammerknoten breitet sich die Erregung über besondere Muskelfasern (His-Bündel, Tawara-Schenkel Abb. II, 10a) aus. Zuerst wird die Kammerscheidewand erregt. Dann greift die Erregung von einem «Quellpunkt» nahe der Herzspitze auf die Kammermuskulatur über und breitet sich zur Herzbasis hin aus (Abb. II, 10 a und e). Die Herzkammern ziehen sich zusammen (Abb. II, 10 c).

Die Erregung bildet sich zurück und das Herz befindet sich in der Ruhephase. Der nächste Herzschlag wird wieder vom Sinusknoten eingeleitet. Es ist zur Zeit noch unbekannt, wie es zur spontanen Erregungsbildung kommt. Innerhalb enger Grenzen kann der Herzrhythmus durch das vegetative Nervensystem beeinflußt werden.

Der Vagus vermindert die Herzfrequenz, der Sympathikus erhöht sie.

Erregungsausbreitung und Elektrokardiogramm

Wie bei jedem andern Muskel, geht auch beim Herzmuskel die Erregung mit einer Veränderung des elektrischen Potentials einher. Dabei können wir von der bioelektrischen Grundregel ausgehen, daß sich der erregte Muskelbezirk gegenüber dem unerregten elektronegativ verhält. Das Innere einer Muskelfaser im Ruhezustand ist, ähnlich wie eine Nervenfaser, negativ gegenüber der Außenseite geladen: Die Muskelfaser ist polarisiert. Bei einer Erregung nimmt die Durchlässigkeit der Zellmembran schlagartig zu: Das elektrische Potential an der erregten Stelle bricht zusammen, die Membranaußenseite wird für kurze Zeit negativ gegenüber dem Faserinnern.

Da sich die Erregung nur langsam über den Herzmuskel ausbreitet (Vorhöfe ca 0,2 s, Kammern ca 0,1 s) und sich auch nur langsam zurückbildet (Kammern ca 0,1 s), treten am Herzen langdauernde Potentialdifferenzen auf, die sich über den ganzen Körper ausbreiten und sich an der Körperoberfläche als Elektrokardiogramm (EKG) ableiten lassen.

Bei einem EKG leitet man das Summenpotential des gesamten Herzens ab. Vereinfacht kann man das Herz als einen elektrischen Dipol betrachten, dessen Achse etwa mit der Herzachse zusammenfällt (Abb. II, 11 a). Die Summe der elektrischen Potentiale kann man gedanklich zu einem Vektor zusammenfassen. Ja nach Lage der Elektroden wird dieser Vektor unterschiedlich auf der Ableitlinie zwischen den beiden Elektroden abgebildet (Abb. II, 11 b). Eine der gebräuchlichsten Ableitungen ist die Extremitätenableitung nach Einthoven (Abb. II, 11 c). Daneben gibt es noch eine Reihe weiterer Ableitungen von der Brust- und Rückenwand.

Die Wellen und Zacken des EKGs werden mit den Buchstaben P, Q, R, S und T bezeichnet. Die positive P-Welle ist der Erregungsausbreitung der Vorhöfe zugeordnet. (Die Erregungsrückbildung der Vorhöfe geht bei den hier gewählten Ableitungen in dem mächtigen QRS-Komplex unter und wird nicht sichtbar).

Die nachfolgende negative Q-Zacke wird durch die Erregungsausbreitung über die Kammerzwi-

Das Elektrokardiogramm

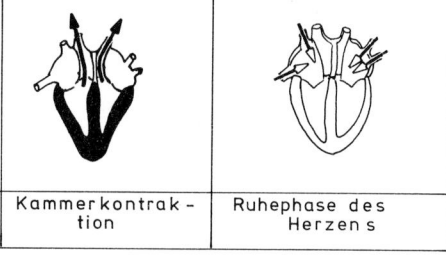
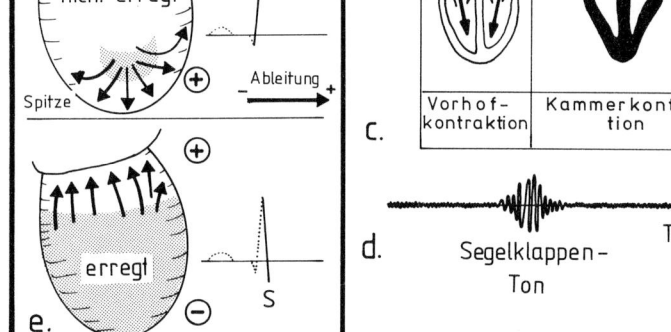

Abb. II, 10: a) Erregungsausbreitung im Herz. S. K.: Sinusknoten, Av.K.: Atrioventrikularknoten, Hi: His-Bündel, Ta: rechter und linker Tawaraschenkel. – Die hellen Pfeile zeigen die Erregungsausbreitung in den Vorhöfen, die schwarzen Pfeile in den Herzkammern an.
b) Zusammenhang der Erregungsausbreitung im Herz mit den abgeleiteten Potentialdifferenzen eines Normal-EKGs.
c) Zuordnung der Herzkontraktion zum EKG. Die Kontraktion der Vorhöfe und Kammern erfolgt erst, wenn die Muskulatur einen bestimmten Erregungszustand erreicht hat.
d) Zuordnung der Herztöne zur Herztätigkeit. Am Ende der Vorhofkontraktion schlagen die Segelklappen zusammen und erzeugen einen verhältnismäßig dumpfen Ton. Die Taschenklappen schließen sich am Ende der Kammerkontraktion mit einem helleren Ton.
e) Ausbreitung der Erregung auf der Kammeroberfläche. Die Erregung greift von der Kammerscheidewand auf die Herzkammern über. Das «Quellenzentrum» liegt nahe der Herzspitze. Die Erregung breitet sich von der Spitze zur Herzbasis hin aus. Entsprechend ist die Herzspitze zu Beginn der Erregung positiv, die Basis negativ geladen (positive R-Zacke im EKG). Gegen Ende der Erregung ist die Herzspitze negativ, die Basis jedoch positiv geladen (negative S-Zacke).

EKG-Ableitungen (nach Einthoven)

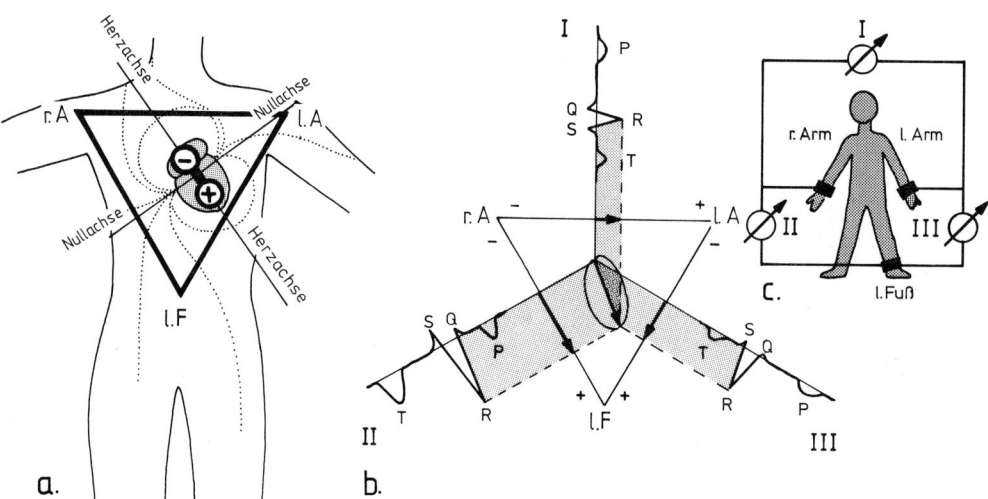

Abb. II, 11: a) Die «elektrische Herzachse» verändert ihre Lage bei der Erregungsausbreitung ständig etwas und fällt nur während kurzer Zeit genau mit der anatomischen Herzachse zusammen, wie es hier gezeichnet ist. Das Herz ist als Dipol dargestellt. Die Linien mit gleichem elektrischem Potential (Isopotentiallinien) auf der Körperoberfläche sind punktiert. Die Nullinie steht senkrecht auf der Herzachse. In den Körper ist das Einthovensche Dreieck zur Ableitung der Standard-EKGs eingezeichnet.
b) Einthovensches Dreieck mit den Extremitätenableitungen I, II und III. Die Projektion des R-Vektors auf die drei Ableitungslinien führt zu verschieden hohen R-Zacken. Die unterschiedliche Projektion der andern Zacken würde sich analog ergeben.
c) Schema der Standard Ableitungen nach Einthoven: Ableitung I: rechter Arm (−) / linker Arm (+); Ableitung II: rechter Arm (−) / linker Fuß (+); Ableitung III: linker Arm (−) / linker Fuß (+). Die Ableitung II liegt etwa parallel zur Herzachse, so daß man die höchste R-Zacke erhält.
Abkürzungen: r. A.: rechter Arm, l. A.: linker Arm, l. F.: linker Fuß, P, Q, R, S und T: Wellen und Zacken des EKGs.

schenwand hervorgerufen (Abb. II, 10 a und b). Die R- und S-Zacke gehen auf die Ausbreitung über die Kammerwand zurück (Abb. II, 9 a, b und e). Der QRS-Komplex gibt also die Erregungsausbreitung der Kammern wider. Die Erregungsrückbildung der Kammermuskulatur ruft die positive T-Welle hervor.
Die Arbeitsweise eines Differenzverstärkers (vgl. Anhang) bringt es mit sich, daß die vollständige Erregung der Vorhöfe und der Kammern (Nullinie zwischen PQ und ST) ebensowenig einen Ausschlag hervorrufen wie das unerregte Herz.
Aus dem Verlauf eines EKGs lassen sich Rückschlüsse über Rhythmusstörungen und Schädigungen der Herzmuskulatur ziehen. Ein Herzinfarkt zeichnet sich im EKG ab. Über die Stärke der Herzkontraktion sagt das EKG nichts aus.

D Experimente und Beobachtungen

ERSTE VERSUCHSGRUPPE

Spaltöffnungen

Die Epidermis der Landpflanzen muß einmal vor zu großem Wasserverlust durch Transpiration schützen, zum anderen muß sie aber auch den für Atmung und Assimilation notwendigen Gasaustausch ermöglichen. Beide Forderungen können nur dadurch erfüllt werden, daß die Epidermis Öffnungen besitzt, die je nach den Umweltbedingungen geöffnet oder geschlossen werden können. Die Spaltöffnungen in der Epidermis sind die Regulatoren von Gasaustausch und Transpiration.

Diese Spaltöffnungen bestehen aus zwei bohnenförmigen Schließzellen, die einen Porus, die eigentliche Öffnung, umschließen. Durch Turgorerhöhung weichen die beiden Schließzellen auseinander und der Porus öffnet sich, bei Nachlassen des Schließzellenturgors verkleinert sich der Porus und zuletzt legen sich die beiden Mittelwände der Schließzellen dicht aneinander. Besondere Wandversteifungen und Verdickungsleisten der Schließzellen unterstützen und richten die Bewegung. Bei Mesophyten können Transpiration und Gasaustausch auf diese Weise um den Faktor 10 verändert werden, bei Xerophyten liegen die Werte meist noch höher.

Die Steuerung dieser nastischen Bewegung ist höchst kompliziert, reagieren die Schließzellen doch sowohl auf hygrische und thermische Reize wie auf Licht. Darüber hinaus besitzt die Spaltöffnungsbewegung auch noch eine Tagesperiodik («endogene Rhythmik», vgl. Kap. I, D 17 und Kapp. III, D 4). Neuere Untersuchungen haben gezeigt, daß der Turgor der Schließzellen vor allem über zwei Regelkreise im Blatt beeinflußt wird (vgl. Abb. II, 12): Einmal führt eine Verminderung des CO_2-Gehaltes im Blatt zur Turgorerhöhung und damit zur Öffnungsbewegung. Diese Verminderung kann zum Beispiel über die Photosynthese des Blattmesophylls (Belichtung) oder über die Dunkelfixierung des CO_2 bei Sukkulenten (vgl. VII, D 7) zustande kommen. Zum zweiten ist der Turgorzustand der Schließzellen von der Hydratur des Blattes abhängig. Neben einem direkten Effekt («hydropassive Rückkoppelung») ist auch ein aktiver, Stoffwechselenergie verbrauchender Vorgang nachgewiesen: Bei Wasserdefizit wird im Blatt mehr Abscisinsäure gebildet. Dieses Phytohormon wirkt turgorsenkend auf die Schließzellen. So sind die Schließzellen die Stellglieder zweier Regelkreise: Im CO_2-Regelkreis wird die CO_2-Konzentration im Mesophyll geregelt, im Hydratur-Regelkreis ist der Wassergehalt des Blattes die Regelgröße.

ABS und CO_2-Konzentration wirken über bisher noch unbekannte bzw. hypothetische Stoffwechselschritte auf eine K-Pumpe in der Schließzellenmembran, die über Erhöhung bzw. Erniedrigung der K^+-Konzentration in den Schließzellen den Turgor steuert.

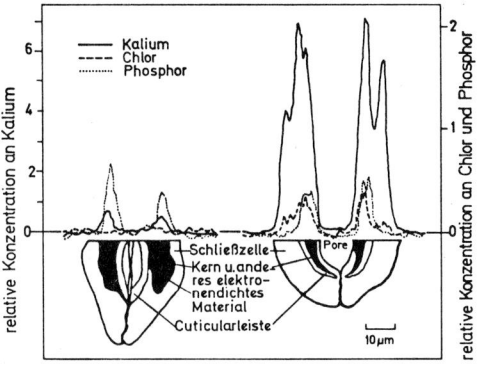

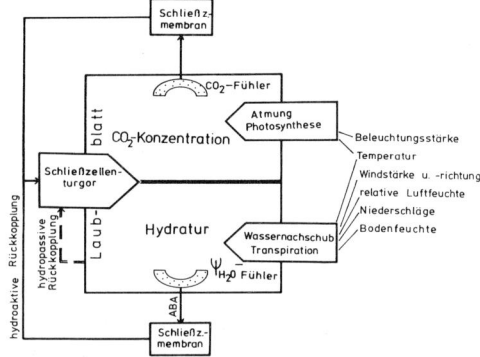

Abb. II, 12: Oben: Verteilung der relativen Konzentration von Kalium, Chlor und Phosphor über die Fläche eines geschlossenen (links) und eines geöffneten Stomas (rechts) der unteren Blattepidermis von einer Pferdebohne (Vicia faba); nach Messungen mit der Röntgen-Mikrosonde (nach Humble und Raschke aus Ziegler).

Unten: Die Spaltöffnungsregelkreise (vereinfachtes Schema nach Raschke, Regelkreisschema nach Hassenstein) ABA = Abscisinsäure

1 Modell zur Bewegungsmechanik der Schließzellen

Material und Geräte

Fahrradschlauch (mit Ventil)
Gummilösung
Schmirgelpapier
Y-Rohrstück
kurzes Stück Druckschlauch
Lenkerband
2 Gummistopfen mit einfacher Bohrung
Rohrsäge
Luftpumpe

a) Anfertigen eines einfachen Spaltöffnungs-Funktions-Modells

Wir schneiden aus einem Fahrradschlauch ein etwa 70 cm langes Stück (ohne Ventil) heraus. Wie auf Abb. II, 13 zu sehen, kleben wir in die beiden offenen Enden mit Gummilösung zwei einfach durchbohrte Stopfen ein. Stopfen und Schlauchinnenseiten werden vorher mit Schmirgelpapier aufgerauht. Das Ventilansatzstück zieht man aus dem Schlauch heraus und sägt das verbreiterte Endstück mit einer Rohrsäge ab. Anschließend wird das Ventil über einen eng sitzenden Druckschlauch und ein Y-Rohrstück mit den beiden Schenkeln des Fahrradschlauches verbunden. Die beiden Schlauchenden werden oben und unten mit Lenkerband verbunden.

Die beiden Schenkel des Fahrradschlauches repräsentieren die beiden Schließzellen. Der wechselnde Zellturgor wird durch den unterschiedlichen Luftdruck in den Schlauchhälften simuliert: Turgorerhöhung erreichen wir durch Aufpumpen. Turgorerniedrigung durch Aufdrehen des Ventils.

b) Modell mit «Verdickungsleisten»

Unser Modell geht bisher davon aus, daß die Schließzellenwand überall dieselbe Dicke aufweist. Wie uns ein Schließzellenquerschnitt zeigt (vgl. Bd. I, Kap. VII), besitzen die Schließzellen jedoch charakteristische Wandverdickungen. Um die Bedeutung dieser Verdickungsleisten beurteilen zu können, kleben wir entlang den «Innenkanten» der beiden Fahrradschlauch-Schenkel Gummiplatten, die wir aus dem restlichen Fahrradschlauch gewonnen haben.
Wird durch diese mechanische Versteifung die Wirksamkeit der Turgorbewegung erhöht?

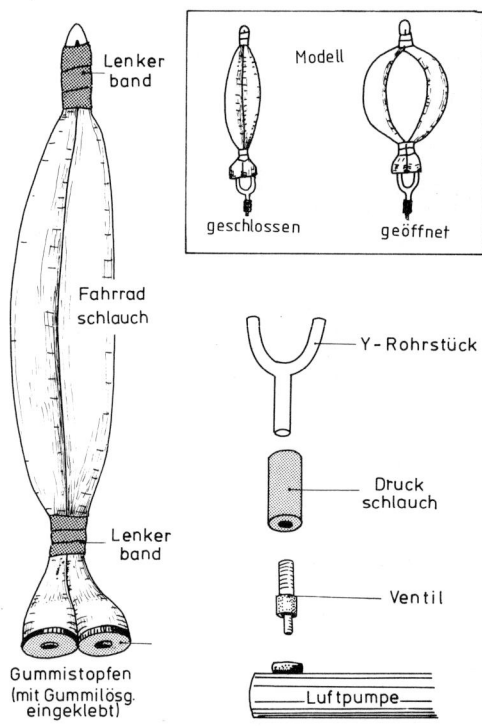

Abb. II, 13: Funktionsmodell der Spaltöffnungsbewegung

2 Die Micellierung der Schließzellen

Material und Geräte

Zimmerkalla (Zantedeschia aethiopica) oder andere Pflanze mit leicht ablösbarer Blattepidermis
Mikroskop mit Polarisator, Analysator und möglichst λ-rot-Plättchen (notfalls kann man sich Analysator und Polarisator aus Polarisationsfolie selbst herstellen)

a) Zur Untersuchungsmethode

Wie in Bd. I, Kap. II dargelegt, bestehen die Zellwände der Pflanzen aus feinen Zellulosefibrillen. Bei paralleler Anordnung der Mikrofibrillen in der Zellwand wird linear polarisiertes Licht, dessen Schwingungsebene senkrecht zur Verlaufsrichtung der Micellen liegt, nicht durchgelassen. Umgekehrt kann bei gekreuzter Stellung von Polarisator und Analysator durch ein Präparat, dessen Zellulosefibrillen nicht in den beiden Polarisationsrichtungen ausgerichtet sind, eine Aufhellung hervorgerufen werden.
Auch wenn die Lage der Fibrillen lichtoptisch nicht direkt sichtbar gemacht werden kann, hat man doch über die Verwendung von Polarisatoren die Möglichkeit, ihren Verlauf in untersuchtem Pflanzengewebe indirekt zu erschließen.

b) Untersuchung von Blattepidermen bei gekreuzter Stellung von Polarisator und Analysator

Man orientiert das Präparat der Epidermis (Blattunterseite) so, daß die Epidermiszellen dunkel erscheinen. Die Schließzellenpaare der Spaltöffnungen treten dann als helle Fenster hervor. Das dunkle «Fensterkreuz» markiert die Stellung von Polarisator und Analysator.

c) Interpretation

Die Mikrofibrillen in den Schließzellen verlaufen radiär, die Wände der umgebenden Epidermiszellen sind parallel micelliert. Ausgelöscht werden nur die Partien, in denen die Fibrillen parallel oder senkrecht zur Schwingungsebene des Polarisators liegen. Die Zwischenbereiche werden aufgehellt (vgl. Abb. II, 14).

Da sich die Zellwand bei Turgorerhöhung vorwiegend senkrecht zur Micellierungsrichtung ausdehnt, unterstützt die Radiärmicellierung der Schließzellen die Krümmungsbewegung. Häufig ist der Micellenverlauf in den Wänden der angrenzenden Epidermiszellen genau antagonistisch: Bei Spaltenschluß unterstützen die Nachbarzellen dann die Bewegung der Schließzellen. Die Verhältnisse sind bei verschiedenen Pflanzenarten unterschiedlich. Steht genügend Zeit zur Verfügung, so lohnt sich eine vergleichende Untersuchung etwa von Zantedeschia, Zebrina, Helleborus und einer Graminee.

3 Die Photonastie der Schließzellen

Material und Geräte

Zantedeschia aethiopica (Zimmerkalla)
Mikroskop und Zubehör
Alufolie
Günstig: Großes Aquarium und Leuchtstoffröhre

Abb. II, 14: Mitte: Mikroskopisches Bild von Schließzellen aus der Wedelepidermis des Königsfarns bei gekreuzter Stellung von Polarisator und Analysator. Das «Fensterkreuz» entspricht den beiden Schwingungsebenen, die nicht durchgelassen werden. (Foto: F. Rath)
Unten: Verlauf der Mikrofibrillen in der Wedelepidermis des Königsfarns. Die Nachbarzellen der Schließzellen sind teilweise antagonistisch micelliert, was sich lichtoptisch nur bei stärkerer Vergrößerung und bei Verwendung von λ-rot-Plättchen nachweisen läßt.

Abhängigkeit der Spaltöffnungen von der CO_2-Konzentration

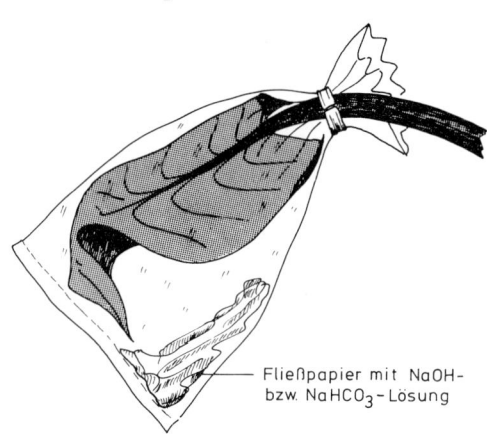

Fließpapier mit NaOH- bzw. $NaHCO_3$-Lösung

Die Radiärmicellierung der Schließzellen

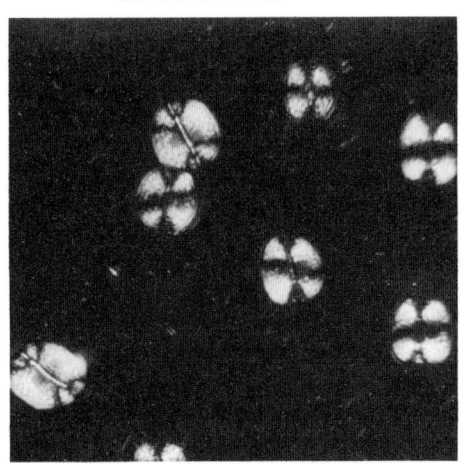

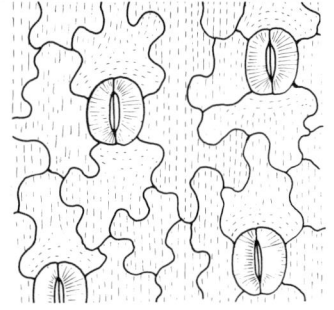

Bei einer hell stehenden Zimmerkalla wird ein Blatt mit Alufolie abgedunkelt. Nach einer Stunde untersucht man die Epidermis der Blattunterseite auf den Öffnungszustand der Schließzellen am verdunkelten und am belichteten Blatt.

Um sicher zu gehen, daß unter dem Einfluß trokkener Zimmerluft keine hydronastische Bewegung überlagert, kann man die Pflanze in ein großes Aquarium stellen, in das man ca. 1 cm hoch Wasser einfüllt und es mit einer Glasplatte abdeckt. In diesem Falle empfiehlt sich die Beleuchtung mit einer starken Aquarienleuchte. Zur Auswertung werden jeweils mehrfach die geschlossenen und geöffneten Spaltöffnungen in dem vom Mikroskop erfaßten Ausschnitt ausgezählt (ca. 100fache Vergrößerung).

4 Die Chemonastie der Schließzellen (CO_2-Konzentration)

Material und Geräte

Zantedeschia aethiopica (Zimmerkalla)
3 Gefrierbeutel
Gummiringe
Filtrierpapier
Bikarbonatlösung oder Selterswasser
NaOH-Lösung
Mikroskop und Zubehör

a) *Vorbereitung* (Abb. II, 14)

Drei Blätter einer hell stehenden Zimmerkalla werden in Gefrierbeutel eingebunden. Die Beutel werden mit Filtrierpapier beschickt: (1) in Wasser getränkt, (2) in Bikarbonatlösung oder Selterswasser getränkt (reichlich Papier verwenden), (3) in NaOH-Lösung getränkt. Beim dritten Ansatz ist besonders darauf zu achten, daß die Lauge nicht mit der Blattspreite in Berührung kommt.

b) *Auswertung*

Nach einer Stunde werden die Epidermen der drei Blätter wie bei Versuch 3 mikroskopiert und auf den Öffnungszustand der Spaltöffnungen kontrolliert.
Geben Sie eine Erklärung des Ergebnisses.

5 Beobachtung der Schließzellenbewegung

Material und Geräte

Zantedeschia aethiopica (Zimmerkalla)
1 m KCl-Lösung
dest. Wasser
Mikroskop und Zubehör

Von einer Zimmerkalla, die mehrere Stunden hell gestanden hat und gut gegossen wurde, werden einige Epidermisstückchen der Blattunterseite abgezogen und in einen Tropfen Leitungswasser auf einen Objektträger gebracht. Man kontrolliert mit dem Mikroskop den Öffnungszustand der Schließzellen. Für die weitere Untersuchung wählt man möglichst vollständig geöffnete Proben aus.
Mit einem Filtrierpapierstreifen wird nun ca. 1 m KCl-Lösung unter dem Deckglas mit der Epidermisprobe durchgesaugt. Man beobachtet den Spaltenschluß, der von einer schwachen Plasmolyse begleitet wird.
Saugt man gleich anschließend wieder destilliertes Wasser unter dem Deckglas durch, so kann man in vielen Fällen auch wieder eine Spaltenöffnung beobachten. Dieser zweite Teil des Versuchs gelingt jedoch nicht so sicher, da die gleichzeitige starke Turgorzunahme in den benachbarten Epidermiszellen eine Ausdehnung der Schließzellen verhindern kann.
Zeichnen Sie eine Schließzelle im geöffneten und geschlossenen Zustand.

6 Hemmung der Schließzellenbewegung durch Al^{3+}-Ionen

Material und Geräte

Frische Schnittblumen (gut geeignet sind Sorten, die sich normalerweise nicht lange halten, z. B. Rosen, Nelken)
10^{-3} m $Al_2(SO_4)_3$-Lösung (0,34 g/l dest. Wasser)
Mikroskop und Zubehör
Uhu-hart

a) *Ansatz*

Frisch geschnittene Rosen werden auf zwei Vasen verteilt: In eine Vase füllen wir destilliertes Wasser, in die andere Vase eine 10^{-3} Aluminiumsulfat-Lösung.
Wir stellen beide Vasen ans Fenster und beobachten etwa 10 Tage lang.

b) Auswertung

Protokollieren Sie den Welkvorgang bei beiden Versuchsansätzen. Kontrollieren Sie täglich in den hellsten Tagesstunden den Öffnungszustand der Spaltöffnungen mit der Abdruckmethode: Wenig UHU-hart wird auf der Blattunterseite ausgestrichen und nach Antrocknen mit einer feinen Pinzette abgezogen. Das UHU-hart-Häutchen wird – wie ein Epidermisstückchen – bei stark abgeblendetem Kondensor bzw. im Dunkelfeld mikroskopiert.

c) Deutung

(nach Untersuchungen von Schnabl und Ziegler, 1974)

Das Al^{3+}-Ion wirkt offenbar auf Zellmembranen: Als Wurzelgift hemmen Al^{3+}-Ionen die Ionenaufnahme. Ebenso wird die Ionenpumpe, die zur Schließzellenbewegung notwendig ist, vom Al^{3+}-Ion geschädigt: Im Licht ist die Stomata-Öffnung, im Dunkeln der Verschluß der Stomata behindert. Dies führt zwar zu keinem wesentlich geringeren Wasserverbrauch, jedoch sind die Spitzenbelastungen während der Hellperiode geringer. Bei den Pflanzen ohne Al^{3+}-Ionen führt diese Spitzenbelastung oft schon am zweiten oder dritten Tag zu einem Zusammenbruch der Wasserversorgung (Welken).

ZWEITE VERSUCHSGRUPPE

Steuerung durch Reflexe

7 Der Kniesehnenreflex

Material und Geräte
Reflexhammer (nicht unbedingt notwendig)

a) Durchführung

Die Versuchsperson setzt sich auf einen Tisch und läßt die Beine locker herabhängen. Der Versuchsleiter schlägt mit dem Gummiteil des Reflexhammers oder mit der Handkante kurz auf die Kniescheibensehne unterhalb des Knies (genauer: unterhalb der Kniescheibe). Es soll geprüft werden, ob die Reaktion von der Stärke des Schlages abhängt und der Reflex willentlich unterdrückt werden kann.

b) Ergebnis

Unmittelbar nach dem Schlag auf die Kniescheibensehne schnellt der Unterschenkel ruckartig nach vorne. Die Reaktion hängt nur wenig von der Stärke des Schlages ab und läßt sich kaum von unserem Willen beeinflussen.

c) Diskussion der Ergebnisse

Der Kniesehnenreflex ist ein Eigenreflex, der sich durch unseren Willen oder durch Ermüdung nach häufiger Wiederholung nur wenig beeinflussen läßt. (Abb. II, 3) Der Kniesehnenreflex spielt in der ärztlichen Diagnostik eine wichtige Rolle.

8 Der Lidschlagreflex

a) Durchführung

Die Versuchsperson stellt sich mit dem Rücken zur Wand. Der Versuchsleiter bewegt die Handflächen rasch auf das Gesicht der Versuchsperson zu, um erst ganz dicht vor deren Augen die Hände auseinanderzuführen und auf die beiden Seiten des Kopfes auf die Wand treffen zu lassen. – Nach einigen Versuchen erhält die Versuchsperson den Auftrag, die Augen offen zu lassen.

b) Ergebnis

Die Versuchsperson schließt zunächst jedesmal die Augen, sobald die Handflächen dicht vor dem Gesicht sind. Nach einiger Übung kann der Lidschlußreflex jedoch unterdrückt werden.

c) Diskussion der Ergebnisse

Der Lidschlußreflex ist ein Fremdreflex, der über mehrere Synapsen geschaltet ist und verhältnismäßig leicht von übergeordneten Gehirnzentren beeinflußt werden kann. Wird allerdings die sehr empfindliche Hornhaut des Auges direkt berührt, dann kann der Lidschlußreflex nicht mehr unterdrückt werden.
Als Fremdreflex läßt sich der Lidschlußreflex auch konditionieren. Wird das Auge aus der

Nähe mit dem kalten Föhn angeblasen, dann schließt sich das Lid. Blitzt jedesmal, kurz bevor der Luftstrom das Auge trifft, ein Licht auf, so genügt schon nach etwa 20 Versuchen das Licht allein, den Reflex auszulösen (bedingter Reflex)[1]. – In der Praxis scheitert der Versuch meist daran, daß die Konditionierung gar nicht möglich ist, da die Versuchsperson zu sehr auf den Föhn starrt und den Lidschlußreflex willentlich unterdrückt.

9 Der Pupillenreflex

Material und Geräte

1 Taschenlampe für je 2 Praktikanten

a) Durchführung

Die Versuche lassen sich am besten in einem abgedunkelten, dämmerigen Raum ausführen. Der Versuchsleiter schätzt den Durchmesser der Pupille beim dunkel adaptierten Auge ab. Dann leuchtet er mit einer nicht zu hellen Taschenlampe in die Augen hinein und beobachtet, wie sich die Pupillenweite verändert. Jetzt wird der Pupillendurchmesser beim helladaptierten Auge geschätzt. – Das Wechselspiel der Pupille beim An- und Abschalten des Lichtes wird beobachtet. Es soll geklärt werden, ob die Hell- oder Dunkelanpassung schneller abläuft.

Es wird untersucht, wie sich die Pupillen verhalten, wenn nur ein Auge angestrahlt wird. Das andere Auge wird mit der Handfläche oder einem Blatt Papier vom Licht abgeschirmt.

b) Ergebnis

In der Dunkelheit ist die Pupille weit geöffnet, und das «Sehloch» erreicht einen Durchmesser bis zu 8 mm. Beim Beleuchten des Auges verengt sich die Pupille und hat bei hellem Licht nur noch einen Durchmesser von 2 mm (Abb. II, 15a)
Wird nur ein Auge beleuchtet, dann schließt sich auch die Pupille des verdunkelten Auges etwas. Innerhalb des komplizierten Regelkreises sind beide Augen miteinander verbunden.

[1] Der klassische Versuch zur Konditionierung wurde 1898 von dem russischen Physiologen Pawlow am Beispiel der reflektorischen Speicheldrüsensekretion eines Hundes durchgeführt. Durch Konditionierung «lernte» der Hund schließlich allein auf einen Lichtreiz hin Speichel zu sezernieren («bedingter Reflex»).

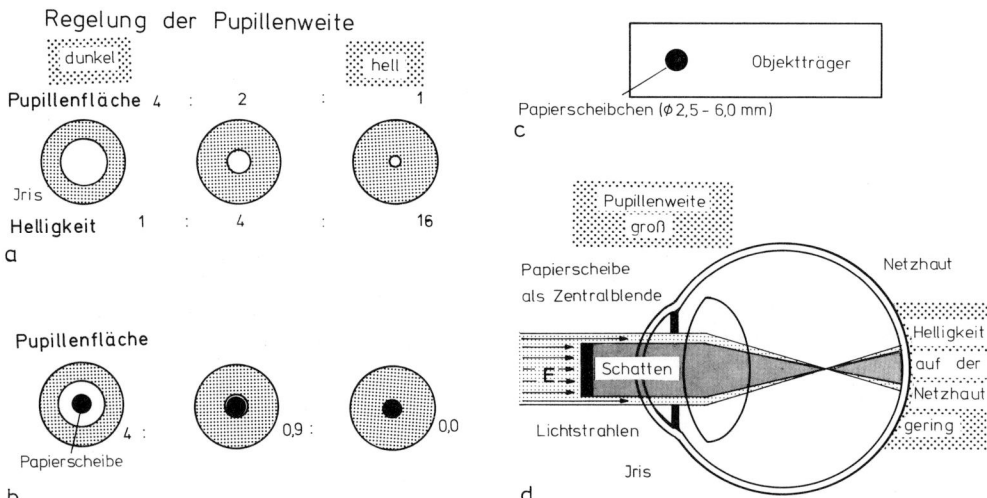

Abb. II, 15: a) Der Pupillendurchmesser und damit die Pupillenfläche paßt sich unterschiedlichen Helligkeiten an. Nimmt die Helligkeit im Verhältnis von 1:4:16 zu, dann verkleinert sich die Pupillenfläche im Verhältnis von 4:2:1. Das bedeutet, daß 50% der Helligkeitsänderung auskorrigiert werden.
b) Zusammenspiel von Zentralblende (Papierscheibchen) und Irisblende. Die Zentralblende verstärkt die Wirkung der ringförmigen Iris. Im Vergleich zu a. verändern sich die Blendenwerte im Verhältnis 4:0,9:0,0.
c) Objektträger mit aufgeklebtem, schwarzem Papierscheibchen.
d) Versuchsanordnung, mit deren Hilfe der Pupillenregelkreis instabil wird. (a–c nach Hassenstein, verändert)

c) Diskussion der Ergebnisse

Der Pupillenreflex ist ein sehr komplizierter Fremdreflex, der so langsam abläuft, daß man die Öffnungs- und Schließbewegung der Pupillen leicht beobachten kann. Die Beobachtung, daß der Pupillenreflex an beiden Augen abläuft, wenn auch nur ein Auge beleuchtet wird, gibt einen Hinweis darauf, daß kein monosynaptischer, sondern ein polysynaptischer, vielfach vermaschter Regelkreis vorliegt, bei dem beide Augen consensuell reagieren (Abb. II, 8).

Die Pupillendurchmesser des hell- und dunkeladaptierten Auges verhalten sich wie 2 : 8, so daß sich die Pupillenöffnungen wie 1 : 16 verhalten. Da zwischen maximaler Helladaptation und voller Dunkeladaptation eine Helligkeitsänderung von 1 : 10^6 liegt, läßt sich daraus ableiten, daß die Hell- Dunkeladaptation vor allem auf die Netzhaut zurückzuführen ist, und die Pupillenreaktion nur den schroffen Helligkeitsübergang mildert.

10 Künstliche Instabilität des Pupillenregelkreises (nach Hassenstein)

Material und Geräte

Schwarzes Papier
Klebstoff
Schere
Objektträger

a) Vorbereitung

Aus schwarzem Papier werden verschieden große, runde Plättchen mit einem Durchmesser zwischen 2,5 und 6 mm ausgeschnitten. Sie werden etwa 1,5 cm von einer Schmalseite entfernt auf je einen Objektträger aufgeklebt (Abb. II, 15 c).

b) Durchführung

Der Versuch gelingt am besten, wenn man in einem nicht allzuhellen Zimmer gegen eine weiße Wand schaut. Mit der Hand hält man ein Auge zu. Den Objektträger hält man dicht vor das andere Auge, so daß der Schatten der schwarzen Kreisfläche auf die Pupille fällt. Der Versuch gelingt nur, wenn man in Abhängigkeit von der Raumhelligkeit das Scheibchen mit der entsprechenden Größe gewählt hat (Abb. II, 15d).

c) Beobachtung

Die Versuchsperson hat den Eindruck als ob das Scheibchen abwechselnd größer und kleiner würde, es beginnt zu pulsieren. Ein zweiter Beobachter kann sehen, daß sich die Pupille rhythmisch öffnet und schließt.

d) Diskussion

Beim Auge wird durch die Pupillenreaktion nur etwa die Hälfte der Helligkeitsänderung ausgeglichen. Die kleine schwarze Scheibe wirkt als zentrale Blende und verstärkt die Wirkung der ringförmigen Irisblende. Schließt sich bei einer Helligkeitszunahme die Pupille, dann kann dies dazu führen, daß durch das Zusammenwirken beider Blendensysteme das Auge vollständig verdunkelt wird. Dies führt zu einer weiten Öffnung der Pupille. Im Auge wird es zu hell, die Pupille schließt sich wieder, und das Spiel beginnt von vorn. Da die zentrale Blende nicht in den Regelkreis einberechnet ist, ist die Verstärkung bei der gegebenen Trägheit des Regelkreises zu groß, so daß der Regelkreis instabil wird (Abb. II, 9).

DRITTE VERSUCHSGRUPPE

Hormonelle Steuerungen und Regelungen

11 Verpuppung einer geschnürten Fliegenmade

Material und Geräte

Verpuppungsreife Fliegenmaden (Geschäfte für Anglerbedarf. Die Maden können im Kühlschrank 1–2 Wochen in der mitgelieferten, feuchten Kleie aufbewahrt werden).
1 Stück Fahrradschlauch
1 Bürolocher
1 Präpariernadel
1 Bunsenbrenner
1 Glasröhre oder Spitze einer Eppendorfpipette
Petrischalen oder andere Gefäße zum Aufbewahren der geschnürten Maden.

a) Vorbereitung

Aus einem Stück Fahrradschlauch werden mit dem Bürolocher Scheibchen herausgestanzt und mit einer feinen, heißen Präpariernadel in der Mitte durchstochen (Abb. II 16 a, b)
Die konische Spitze einer Glas- oder Eppendorfpipette wird so abgeschnitten, daß das dicke Ende einen Durchmesser von 3–4 mm hat.

b) Durchführung

Verpuppungsreife Fliegenmaden ziehen sich beim Berühren zu einer tönnchenartigen Gestalt zusammen und unterscheiden sich dadurch von den noch nicht verpuppungsbereiten Stadien. Für den Versuch werden nur verpuppungsreife Stadien herausgesucht.
Die konische Glasröhre, bzw. die Spitze einer Eppendorfpipette, wird befeuchtet und ein durchbohrtes Gummischeibchen aufgezogen (Abb. II, 16 c). Man läßt eine Fliegenmade mit dem Kopf und dem ersten oder zweiten Segment in die weite Öffnung des Röhrchens hineinkriechen und schiebt dann die Gummischeibe über das Röhrchen weg, so daß die Fliegenmade eingeschnürt wird (Abb. II, 16 d, e, f).
Die geschnürten Maden gibt man mit etwas feuchter Kleie in eine Petrischale und läßt sie für 1–3 Tage bei Zimmertemperatur stehen. Es ist darauf zu achten, daß die Maden nicht austrocknen.

c) Ergebnis

Man findet, 1–3 Tage nach dem Schnüren, Maden, die sich vollständig verpuppt haben. Daneben gibt es auch solche, bei denen sich nur das Vorderende verpuppt hat (Kopfpuppen) (Abb. II, 16 g, h).

d) Diskussion der Ergebnisse

Die hormonelle Umwandlung der Larven erfolgt etwa einen halben Tag vor der Verpuppung. Da man diesen Zeitpunkt nicht genau erfassen kann, wird man eine große Zahl von Maden geschnürt haben, bei denen sich das Ecdyson bereits über den ganzen Körper ausgebreitet hatte, und die sich vollständig verpuppten. Nur bei wenigen Maden hat man kurz vor der hormonellen Umstellung geschnürt. Durch die Schnürung wurde verhindert, daß Ecdyson aus der Prothoraxdrüse in der Nähe des Kopfes in den Hinterleib gelangen konnte, so daß sich Kopfpuppen entwickelten. Maden, die man Tage vor der hormonellen Umstellung geschnürt hat, sterben.

12 Verpuppung nach Ecdyson Injektion

Injiziert man Kopfpuppen in den nicht verpuppten Hinterleib Ecdyson, dann verpuppt er sich ebenfalls. Der Versuch zeigt sehr deutlich die Wirkungsweise von Ecdyson. Da das Hormon aber sehr teuer ist, bei den Injektionen aber nur geringe Mengen verbraucht werden, ist es sinnvoll, wenn der Versuch nach Absprache gleichzeitig an mehreren Praktika bzw. an mehreren Schulen durchgeführt wird.

Material und Geräte

Kopfpuppen aus Versuch II, 11
Ecdysteron (Serva, Heidelberg, Best.Nr. 26559. Lieferzeit 1–2 Monate)
1 ml Ecdysteronlösung 0,1%ig in Insekten-Ringer (im Kühlschrank 1–2 Tage, im Gefrierschrank 1–2 Wochen haltbar).
Insekten-Ringer-Lösung (9,3 g NaCl, 0,8 g KCl, 0,5 g $CaCl_2$ und 0,18 g $NaHCO_3$ auf 1 Liter Lösung).
1 Pipette, 1 ml
Spritzapparatur
   Geräteliste:
   1 Tuberkulinspritze, Metall oder Glas
   1 PVC-Schlauch ⌀ 2–3 mm, ca. 10 cm lang (Ernährungssonde, Haus der Ärzte oder Apotheke)
   1 Schmelzpunktröhrchen, zur Kapillare ausgezogen
   1 Mikrometerschraube (Werkzeuggeschäfte)
   2 Stative mit Muffen und Klammern

a) Bau der Spritzapparatur

Da in eine Fliegenmade nur 1–2 µl Hormonlösung injiziert werden darf, muß man sich eine Spritzapparatur herstellen, mit der man sehr genau dosieren kann. Gut bewährt hat sich eine Tuberkulinspritze (nicht aus Plastik, da die Reibung sehr groß ist), die in ein Stativ gespannt wird. Der Kolben wird durch eine Mikrometerschraube vorwärtsgeschoben, die ebenfalls an einem Stativ befestigt ist (Abb. II, 16).

b) Vorbereitung

An Stelle der Nadel wird bei der Tuberkulinspritze ein ca. 10 cm langer PVC-Schlauch aufgezogen. Er muß stramm sitzen. In das Vorder-

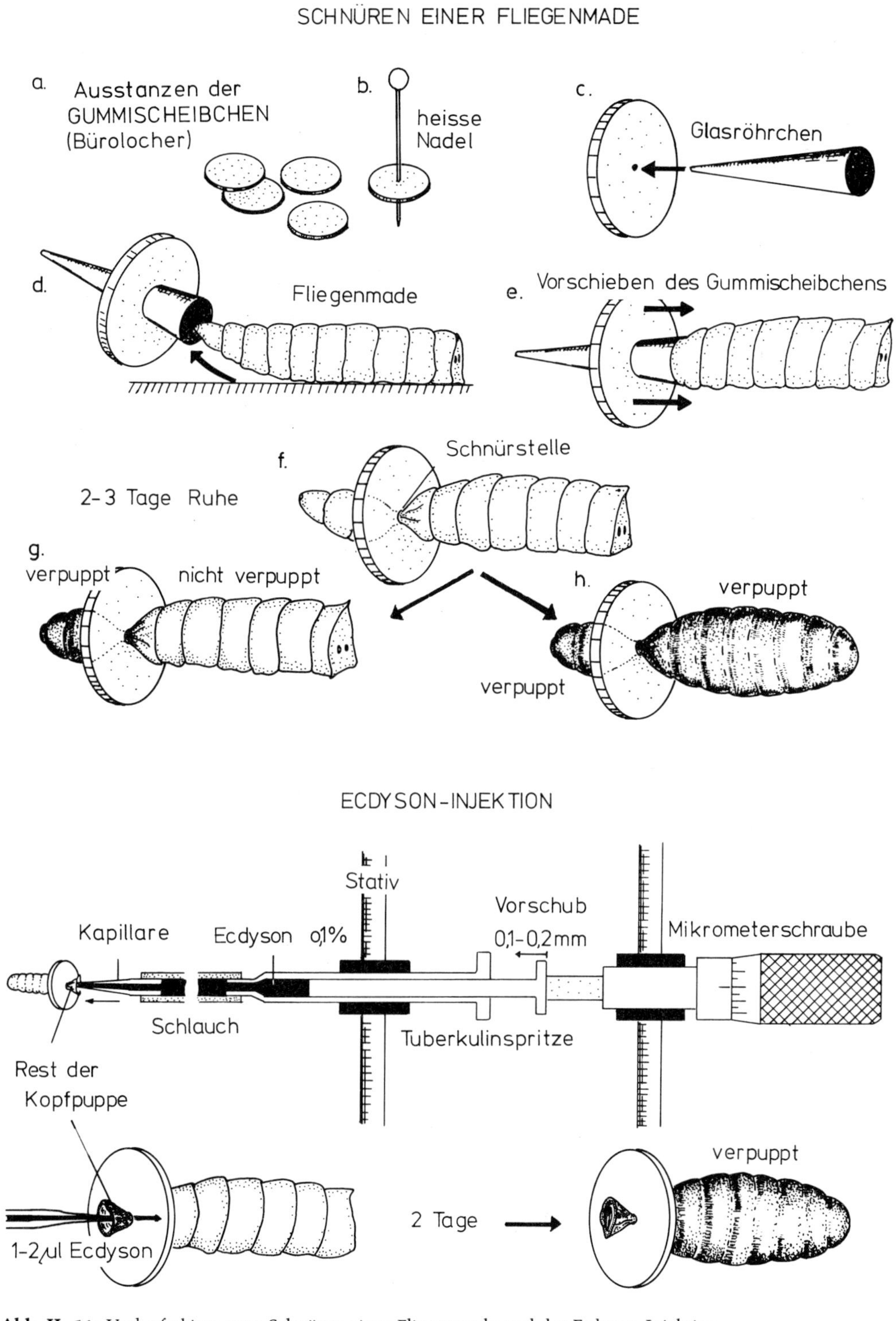

D Experimente und Beobachtungen 65

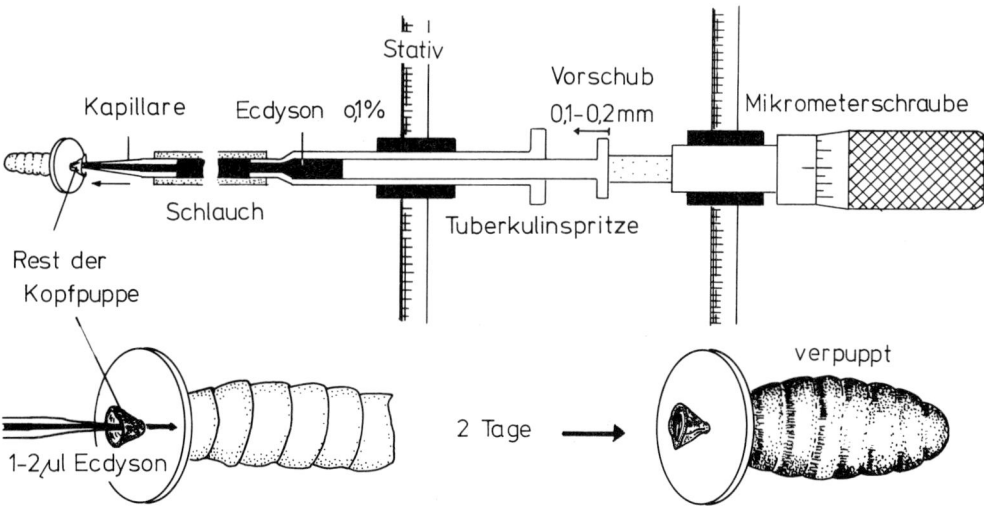

Abb. II, 16: Verlaufsskizze zum Schnüren einer Fliegenmade und der Ecdyson-Injektion.

ende des Schlauchs steckt man das zur Kapillare aufgezogene Schmelzröhrchen. Wenn nötig, wird der Schlauch vorsichtig über der Flamme erwärmt, damit er sich besser auf die Glasröhre aufschieben läßt.
Die Ecdysonlösung wird durch die Kapillare in die Tuberkulinspritze aufgezogen. Um die Luftblasen zu verdrängen, wird die Spritze senkrecht nach oben gehalten und die Luft ausgepreßt. Die Spritzapparatur wird wie oben beschrieben zusammengesetzt.

c) Durchführung

Etwa einen Tag nach der Verpuppung wird der Vorderteil einer Kopfpuppe abgeschnitten. Durch das Loch des Gummiringes sticht man die Spitze der Kapillare 2–3 mm tief ein. Die Mikrometerschraube wird langsam um 0,1–0,2 mm vorwärtsgedreht. Dadurch werden 1–2 µl Ecdysonlösung in die Made injiziert. Nach 1–2 Minuten hat sich das Hormon in der Made verteilt. Erst dann wird die Kapillare wieder herausgezogen. Es sollten mindestens 10 Maden gespritzt werden. Die gespritzten Maden werden für 2–3 Tage in feuchter Kleie in einer abgedeckten Schale aufbewahrt (Abb. II, 16).

d) Ergebnis

Nach etwa 2 Tagen haben sich die Maden verpuppt. Die Kontrolltiere bleiben im Larvenstadium.

13 Fütterung von Kaulquappen mit Schilddrüsen

Die Wirkungsweise des Hormons Thyroxin auf die Metamorphose von Kaulquappen kann mit einfachen Mitteln gezeigt werden. Da alle einheimischen Amphibien geschützt oder schutzbedürftig sind, sollten nur so viele Tiere einem Tümpel entnommen werden, wie für die Versuche notwendig sind. Nach Abschluß der Experimente sollten Kaulquappen und Jungfrösche wieder ausgesetzt werden.
Die Verfütterung von Schilddrüsenstückchen an Kaulquappen entspricht dem Versuch von Gundernatsch (1913), der damit erstmals den Einfluß von Schilddrüsenhormonen auf die Amphibienentwicklung experimentell nachgewiesen hat.

Der Versuch hat den Vorteil, daß man sehr gute Ergebnisse erhält und keine Gefahr der Überdosierung des Thyroxins besteht.

Material und Geräte

6 Marmeladegläser (0,1 bis 1 Liter) oder entsprechende Plastikbehälter als Zuchtgefäße.
Frische Schilddrüse und Leber vom Schwein (kann auf Alufolie in erbsengroßen Stücken im Gefrierschrank eingefroren werden, die man bei Bedarf absprengt. Die angefrorenen Futterstückchen luftdicht verpacken).
18 gleich große Kaulquappen (wenn möglich von der Erdkröte, sonst auch vom Gras- oder Wasserfrosch).

a) Durchführung

In die 6 Zuchtgefäße gibt man 300–500 ml abgestandenes Wasser von Zimmertemperatur und setzt in jedes Gefäß drei gleich große und gleich weit entwickelte Kaulquappen. Auf den Zuchtgefäßen wird vermerkt, ob mit Leber oder Schilddrüse gefüttert wird.
Täglich gibt man ein erbsengroßes Futterstück in die Schalen. Jeden 2.–3. Tag wird die Fleischkost durch ein Blatt überbrühten Salat ergänzt. Da sich das Futter rasch zersetzt, muß das Wasser täglich gewechselt werden. Besonders bei chlorhaltigem Leitungswasser nur abgestandenes Wasser verwenden.
Bei dem Versuch ist darauf zu achten, daß alle Tiere gleich hell und gleich warm stehen, und daß sie stets genügend zu fressen haben. Der Versuch dauert 2 bis 4 Wochen.

b) Beobachtung

Die Kaulquappen werden in der ersten Woche alle drei Tage, von dort an täglich kontrolliert. Die Ergebnisse werden protokolliert. Die Größe wird vergleichend geschätzt oder gemessen. Zum Messen setzt man die Kaulquappen in eine Petrischale, der man ein Stück Millimeterpapier unterlegt. Wenn wenig Wasser in der Schale ist, dann verhalten sich die Tiere ruhig, so daß man ihre Länge bestimmen kann. Weiterhin achtet man auf den Beginn der Knospung der Hinterbeine, die Rückbildung des Schwanzes und die Veränderung der Färbung. Sobald die Vorderbeine entwickelt sind, und sich der Schwanz zu verkürzen beginnt, werden die Kiemen zurückgebildet, und die Lungen entwickeln sich. Den heranwachsenden Fröschchen legt man einen kleinen Stein oder ein Holzstückchen in die Wanne, damit sie an Land steigen können. Junge

Frösche sind nur mit großer Mühe mit kleinen Insekten (z. B. Blattläusen) großzuziehen. Man setzt sie am besten wieder aus.

c) Ergebnis

Das Versuchsergebnis ist von vielen Faktoren abhängig. Insbesondere spielt der Entwicklungszustand der eingesetzten Kaulquappen eine Rolle. Waren die Kaulquappen zu jung, dann sprechen sie zunächst auf die Hormonzugabe nicht an. Die Versuche müssen dann über einen längeren Zeitraum durchgeführt werden.

d) Ergänzung

In manchen Zoologischen Instituten wird der Axolotl, ein mexikanischer Molch, gehalten. Diese Molchart entwickelt sich normalerweise nicht zum lungenatmenden Tier, sondern wird als riesige Larve, als Kaulquappe von etwa 20 cm Länge, geschlechtsreif (Neotenie). Füttert man einen Axolotl mit Schilddrüsenstückchen, dann wandelt er sich innerhalb von 2 Wochen zu einem lungenatmenden Molch um. Die Metamorphose läßt sich bei dem großen Tier besonders gut demonstrieren.

14 Thyroxineinfluß auf die Kaulquappenentwicklung

Die Metamorphose bei Amphibien wird durch das Schilddrüsenhormon Thyroxin beschleunigt, wie man durch Zugabe von reinem Thyroxin in das Wasser nachweisen kann. Die Beschleunigung der Metamorphose von Amphibien ist bis heute der empfindlichste biologische Test auf Thyroxin.

Material und Geräte
6 Zuchtgefäße (s. II, D. 13)
Thyroxinpräparat (z. B. L-Thyroxin 100, «Henning» aus der Apotheke)
Thyreostat (Apotheke)
Meßzylinder, 200 oder 500 ml
Großes Becherglas 1000ml
Kaulquappen von gleicher Größe und gleichem Entwicklungsstadium (möglichst Kaulquappen der Erdkröte, da sie weniger empfindlich als Froschkaulquappen sind, die bei höherer Thyroxindosis sterben).
Thyroxinlösungen:
Lösung I 10^{-4} g/l (1 Tablette mit 0,1 mg Thyroxin in 1 Liter Wasser lösen)
Lösung II 10^{-5} g/l (100 ml der Lösung I ad 900 ml Wasser)
Lösung III 10^{-6} g/l (100 ml der Lösung II ad 900 ml Wasser)
Fischfutter (z. B. Tetramin)
Salatblätter

a) Durchführung

Die Zuchtgefäße werden wie folgt beschriftet: Kontrolle 1, 2 und 3, Thyroxin I, II und III. In jede Schale gibt man 300 ml der entsprechenden Flüssigkeit und besetzt sie jeweils mit 3 Kaulquappen. Nach einer Woche werden Wasser und Thyroxinlösungen erneuert. Nach Ablauf der zweiten Woche setzt man alle Kaulquappen ins Wasser. Arbeitet man mit Froschkaulquappen, dann wird die Thyroxinlösung I schon nach vier Tagen durch Wasser ersetzt.
Gefüttert wird mit überbrühten Salatblättern. Zur Ergänzung gibt man wöchentlich 2 mal eine Messerspitze Fischfutter in jedes Gefäß.

b) Beobachtung (siehe Versuch II, D 13)

c) Ergebnis

Kaulquappen unter Thyroxineinfluß entwickeln sich schneller als die Kontrolltiere. Läßt sich kein Unterschied feststellen, dann ist es möglich, daß die Kaulquappen noch sehr jung waren und noch nicht auf Thyroxin ansprachen. Der Versuch wird mit Tieren wiederholt, bei denen die Hinterbeine eben zu knospen beginnen. Die deutlichsten Unterschiede erhält man in der Regel bei einer Thyroxinkonzentration von 10^{-5} g/l. Will man genauere Resultate gewinnen, muß man die Versuche mit einer größeren Anzahl von Kaulquappen durchführen, da es auch individuelle Unterschiede in der Entwicklung der Tiere gibt.

d) Erweiterung der Versuchsreihe mit einem Thyreostatikum

Es gibt verschiedene Substanzen, die die Bildung von Thyroxin hemmen. Sie werden mit dem nicht ganz treffenden Namen Thyreostatikum in der Medizin verwendet. Eines dieser Mittel ist das Methyl-Thiouracil, das in dem Medikament Thyreostat enthalten ist.
Das sich die Tabletten schlecht in Wasser lösen, werden sie in einer Reibschale zerstoßen und dann in Wasser aufgeschwemmt. Wegen der schlechten Löslichkeit wird jede Lösung geson-

dert hergestellt und der Bodensatz nach 1–2 Stunden abfiltriert. (Lösung A: 5×10^{-1} g/l, Lösung B: $2{,}5 \times 10^{-1}$ g/l, Lösung C: 1×10^{-1} g/l.
Da die Kaulquappen das Thyreostatikum oft schlecht vertragen, ist bei der hohen Konzentration die Sterblichkeit manchmal groß. Die Lösungen beginnen bald zu schäumen und trüb zu werden. Sie müssen alle 2–3 Tage gewechselt werden.

15 Einfluß von «Streßhormonen» auf die Entwicklung von Kaulquappen

Material und Geräte

2 große Plastikschüsseln (ca. $40 \times 40 \times 20$ cm)
4 runde Plastiksiebe für den Haushalt ($\emptyset$ ca. 15 cm)
1 Aquarienpumpe mit Zubehör
ca. 100 Kaulquappen ohne Beine (Kröte oder Frosch)
Fischfutter (z. B. Tetramin)
Salatblätter.

a) Durchführung

In die beiden großen Plastikschüsseln füllt man etwa 10 cm hoch Wasser ein. In die erste Schüssel hängt man ein Sieb, das mit 3 Kaulquappen besetzt ist. In die zweite Schüssel werden 3 Siebe eingesetzt, die mit 3, 10 und 70 Kaulquappen besetzt werden. Das Wasser in der zweiten Schüssel wird mit Hilfe der Aquarienpumpe kräftig durchlüftet.
Die Kaulquappen werden mit abgebrühtem Salat und Tetramin reichlich gefüttert. Das Wasser muß einmal wöchentlich erneuert werden.

b) Ergebnis

Nach zwei Wochen sind die drei Kaulquappen, die allein in der Plastikschüssel großgezogen wurden, viel größer als die Tiere aus der Schüssel mit der hohen Populationsdichte, unabhängig davon, ob viel oder wenig Tiere in einem Sieb waren.

c) Diskussion der Ergebnisse

Soweit wie möglich wurden die Bedingungen in beiden Behältern gleich gehalten (Futter, Temperatur, Beleuchtung, Sauerstoffangebot). Nicht auszuschließen ist, daß Exkretionsprodukte sich in den beiden Schüsseln in unterschiedlicher Konzentration anreichern und möglicherweise die Entwicklung beeinflussen. Dadurch, daß viel Wasser in den Schüsseln vorhanden ist, wird die kritische Exkretgrenze kaum erreicht.
Als Ursache für die Entwicklungshemmung vermutet man, daß sich die Kaulquappen in dem Sieb mit sehr hoher Populationsdichte sehr bedrängen und in einer «Streßreaktion» stehen. Es werden «Streßhormone» gebildet, die auch ins Wasser abgesondert werden und die Entwicklung auch der Kaulquappen hemmen, die viel Platz in ihren Sieben haben. Da die «gestreßten» Kaulquappen dunkler gefärbt sind (auf gleich hellen Untergrund achten!), kann man vermuten, daß das Streßhormon mit dem melanotropen Hormon verwandt ist. Unklar ist, warum in jeder Population einige Tiere auf die Streßsituation nicht reagieren und sich normal entwickeln.

VIERTE VERSUCHSGRUPPE

Reflektorisch bedingte Verhaltensweisen bei Tieren

16 Lichtrückenreflex

Material und Geräte

Artemia-Eier (Zoogeschäft) (auch Gelbrandkäferlarven oder Rückenschwimmer sind geeignet).
Vollglasaquarium
Lampe

a) Aufzucht der Artemien

In Zoohandlungen kann man die Eier des Salinenkrebschens Artemia salina kaufen. Sie werden nach der der Packung beiliegenden Anleitung in Salzwasser aufgeschwemmt. Nach dem Schlüpfen werden die Artemien mit dem im Fachhandel erhältlichen Spezialfutter «Mikrozell» gefüttert. Innerhalb von 3–4 Wochen wachsen sie zu etwa 1 cm großen Krebschen heran.

b) Durchführung

In einem Raum, der völlig abgedunkelt werden kann, wird ein Vollglasaquarium mit Artemien so auf zwei Tische gestellt, daß es von unten beleuchtet werden kann. Bei normaler Beleuchtung schwimmen die Tiere auf dem Rücken mit der Bauchseite nach oben. Werden sie jedoch von unten beleuchtet, dann drehen sie sich sofort um und schwimmen jetzt «normal» mit dem Bauch nach unten.

c) Diskussion

Da die Artemien normalerweise auf dem Rücken schwimmen, ist es etwas absurd von einer Licht-Rückenreaktion zu sprechen. Wir bleiben aber trotzdem bei dem Terminus technicus. Bei Artemia handelt es sich bei der Licht-Rückenreaktion um eine starre Reiz-Reaktions-Beziehung. Ähnliche Reaktionen findet man bei vielen Wassertieren. Allerdings ist das Reiz-Reaktionsgefüge meist nicht so starr, so daß sich die Tiere aktiv auf den neuen Sollwert einstellen, wie das z. B. für Wasserkäferlarven (Ascilius, Dytiscidae) nachgewiesen wurde.

17 Der Lichtrückenreflex bei Fischen

Material und Geräte

Aquarium mit Scalaren, Trauermänteln oder anderen, möglichst seitlich abgeflachten Fischen.
Schreibtischlampe

a) Durchführung

In einem verdunkelten Zimmer wird ein Aquarium abwechselnd von der Seite und von oben beleuchtet und die Reaktion der Fische beobachtet. Der Lichtrückenreflex wird bei den scheibenförmigen Scalaren besonders deutlich.

Abb. II, 17: Lichtrückenreaktion beim Skalar (Pterophyllum). a) Bei Seitenlicht stellt sich ein Skalar in einem bestimmten Winkel zur Lotrechten ein. Bei dieser Reaktion wirken das Lagesinnesorgan (Statolithenapparat) in den Utriculi und das Auge zusammen. Die Stellung der Körperachse ist abhängig von der Lichtintensität und der Schwerkraft.
b) Sind die paarigen Schweresinnesorgane zerstört, stellt sich der Fisch nur noch auf die Lichtquelle ein.
c) Die Lichtrückenreaktion läßt sich mit einer mechanischen Waage vergleichen, auf deren Balken zwei Kräfte aus unterschiedlicher Richtung einwirken. (Nach v. Holst, verändert)

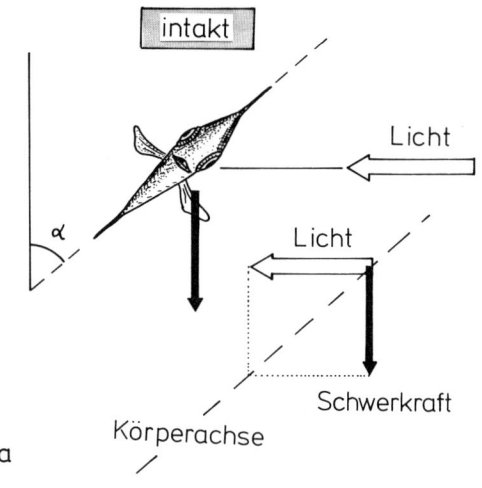

a

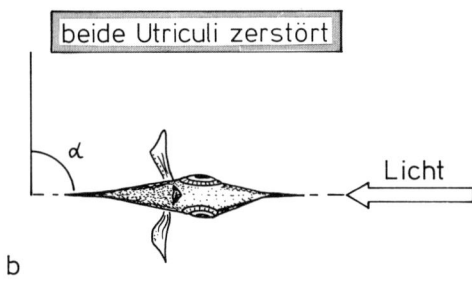

b

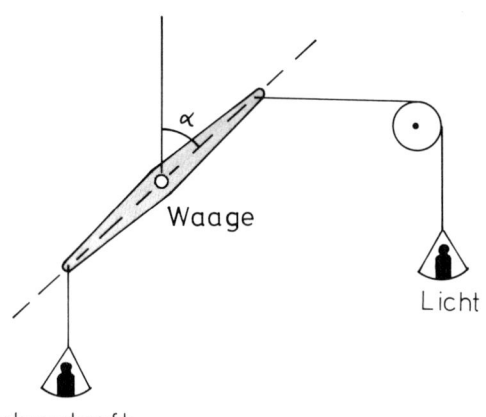

c

II Steuerung und Regelung

b) Diskussion der Ergebnisse

Die seitlich beleuchteten Fische stellen sich schräg. Es besteht kein starres Reiz-Reaktions-Gefüge, denn der Winkel der Schrägstellung ist von der Stimmungslage mit abhängig. Die beobachtete Schrägstellung resultiert aber im wesentlichen aus der Verrechnung von Meldungen des Auges und des Lagesinnesorganes (Abb. II, 17).

FÜNFTE VERSUCHSGRUPPE

Informationsverarbeitung

18 Das Elektroretinogramm (ERG)

Fällt Licht auf das Facettenauge eines Insekts, dann antworten die Lichtsinneszellen auf diesen Reiz mit einer elektrischen Potentialänderung. Dieses Belichtungspotential kann entweder als Einzelpotential einer Sinneszelle oder als Summenpotential vieler Zellen abgeleitet werden. Eine solche Ableitung nennt man Elektroretinogramm (ERG). Wir beschränken uns hier auf die technisch einfache Ableitung eines Summenpotentials von der Cornea eines Insektenauges.
In den Sinneszellen der Retina baut sich bei Belichtung ein einfaches (monophasisches), negatives Belichtungspotential auf. Solche monophasischen Potentiale lassen sich bei Insekten ableiten, die sich langsam bewegen und ein geringes zeitliches Auflösungsvermögen haben wie z. B. die Stabheuschrecke. Bei fliegenden Insekten mit hohem zeitlichem Auflösungsvermögen wie z. B. der Schmeißfliege zeigt das ERG ein diphasisches Belichtungspotential. Es ergibt sich aus der Überlagerung des negativen Potentials der Retina durch ein positives Potential der Ganglienzellen im Lobus opticus.
Das biphasische ERG bei der Fliege und andern Insekten steht in direktem Zusammenhang mit dem hohen zeitlichen Auflösungsvermögen dieser Insektenaugen. Die isolierte Retina bei der Fliege kann nur etwa 10 Lichtreizen pro Sekunde folgen. Dagegen liegt das Auflösungsvermögen eines intakten Auges je nach den Bedingungen zwischen 180 und 250 Lichtreizen pro Sekunde.
Im einzelnen laufen folgende Vorgänge ab: Das negative Belichtungspotential der Retina baut sich zunächst schnell auf und erreicht bei längerer Belichtung asymptotisch einen Höchstwert (Abb. II, 18 b). Bei Reizende geht das Potential wieder gegen Null.
Das negative Retinapotential löst in den optischen Ganglien positive Potentiale aus. Diese wirken auf die depolarisierten Zellen der Retina zurück und verkürzen deren Erholungszeit (restitutive anodische Wirkung) und damit die zeitliche Auflösung.
Das biphasische ERG ist wie folgt zu deuten: Bei Belichtung bildet sich das negative Retinapotential, das aber in den hier verwendeten Ableitungen nicht zu fassen ist, sondern von den kurz darauf folgenden ganglionären positiven Potentialen überlagert wird («on»-Effekt). Die ganglionären Potentiale bleiben erhalten, werden aber von dem stärker werdenden negativen Retinapotential überlagert, so daß sich ein leicht negatives Zwischenpotential einstellt. Beim Ausschalten wird das positive Ganglienpotential schneller abgebaut als das Retinapotential, so daß das unverdeckte Retinapotential registriert wird, das dann aber rasch abfällt («off»-Effekt). Unter Umständen ist ein Überschwingen zum positiven Nachpotential zu beobachten (Abb. II, 18 b).

Material und Geräte

Stabheuschrecken, Heuschrecken
Fleischfliegen (Maden in Anglergeschäften erhältlich. Die Fliegen entwickeln sich innerhalb weniger Tage)
Differenzverstärker (siehe Anhang)
Oszillograph
Stroboskop
Feinsilberdraht, $\varnothing$ 1–2 mm, ca. 3 cm lang (Juweliergeschäft)
(eventuell CO_2 aus einer Stahlbombe)
Elektrodenpaste (Haus der Ärzte; notfalls Rasiercreme)
Stecknadeln
Taschenlampe

a) Durchführung

Das Insekt wird auf einer Styroporplatte mit zwei gekreuzten Nadeln festgesteckt. Die indifferente Nadelelektrode wird tief in den Brustabschnitt eingestochen (Abb. II, 18 a).
Die ableitende Elektrode aus Feinsilberdraht (notfalls genügt auch frisch verzinnter Kupferdraht) wird mit dem isolierten Teil in eine Stativklammer eingespannt. Auf das Drahtende wird wenig Elektrodenpaste aufgetragen. Die ab-

leitende Elektrode wird dem Insektenauge so weit genähert, daß die Elektrodenpaste mit einem Teil der Cornea in Berührung kommt. Die Elektrode wird dann wieder etwas zurückgezogen, so daß sich eine dünne Elektrolytbrücke zwischen Auge und Elektrode bildet (Abb. II, 18a). Großflächiges Verschmieren des Auges mit Elektrodenpaste führt zu schlechten Ergebnissen.
Die Elektroden werden über einen Differenzverstärker mit dem Oszillographen verbunden. Aus einer Entfernung von 20–50 cm gibt man in einem abgedunkelten Raum mit dem Stroboskop Lichtblitze auf das Auge. Wir belichten mit Frequenzen zwischen 10 und 250 Hz. Die Zeitablenkung am Oszillograph gleicht man mit den Frequenzen des Stroboskops ab. Bei Triggerung kann man ein stehendes Bild erhalten. Die zu erwartenden Potentiale haben eine Höhe von 2 bis 9 mV (Abb. II, 19).

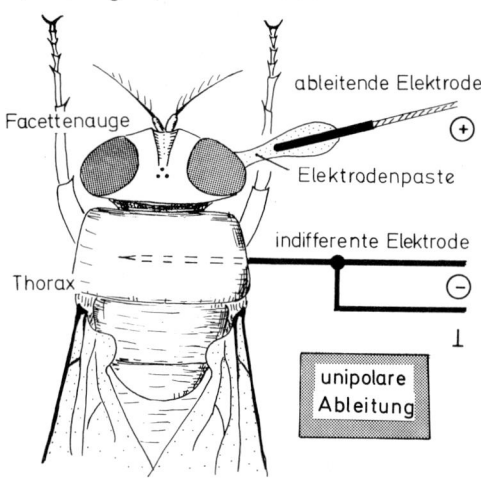

b) Beobachtung und Erklärung

Fliege. Das biphasische ERG zeigt deutlich den «on»- und «off»-Effekt. Verwendet man ein elektronisches Stroboskop, dann kann sich das Zwischenpotential nicht ausbilden, da die Lichtblitze weniger als 1 ms dauern. Die Verschmelzungsfrequenz liegt je nach Lichtintensität zwischen 180 und 250 Hz. Die Höhe der «on»- und «off»-Potentiale kann verringert werden, wenn man das Auge zusätzlich mit Dauerlicht (Tageslicht oder Licht einer Gleichstromlampe, z. B. Taschenlampe) anstrahlt. – Das Licht von Leuchtstoffröhren, die mit Wechselstrom von 50 Hz betrieben werden, stören, da sie stroboskopisches Licht von $2 \times 50 = 100$ Hz aussen-

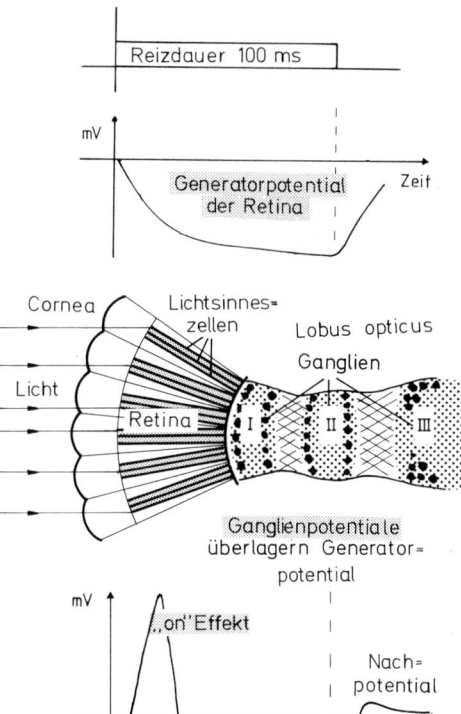

Abb. II, 18: a) Beim ERG wird an der Cornea des Auges die Summenspannung der Nervenaktionspotentiale der Retinazellen gegenüber dem Körper als Bezugspunkt gemessen.
b) An der isolierten Retina kann man nach Belichtung ein monophasisches, negatives Potential ableiten. Solche Potentiale sind charakteristisch für Insekten mit intakten Augen, die ein geringes zeitliches Auflösungsvermögen haben (Schaben, Heuschrecken).
Bei Fliegen, Bienen und anderen Insekten mit hohem zeitlichem Auflösungsvermögen wirkt das Retinapotential als Steuerpotential und ruft ein positives Ganglienpotential hervor. Das biphasische ERG entsteht durch Überlagerung von Retina- und Ganglienpotentialen.

Elektroretinogramm
(Fliege)

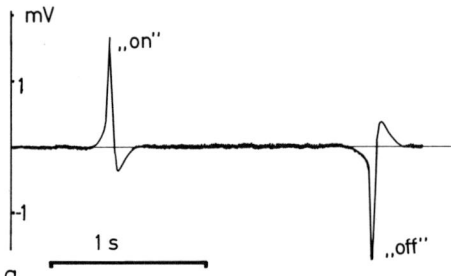
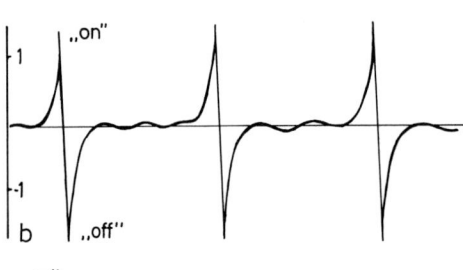
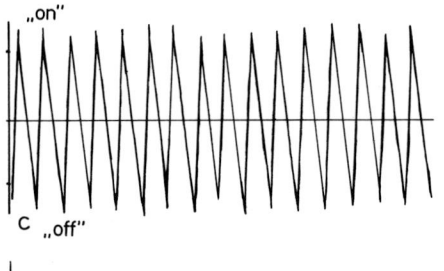
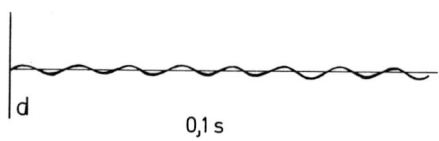

den. Einzelpotentiale lassen sich durch kurzes Anblitzen mit einer Taschenlampe ableiten. (Abb. II, 19 a).
Stabheuschrecke. Das ERG ist im Prinzip monophasisch und negativ. Es entspricht dem ERG der Retina und wird nicht von Potentialen der Ganglien überlagert. Eine scheinbare Zweiphasigkeit wird bei dem lange dauernden Potential durch die Art der Verstärkung vorgetäuscht (AC-Differenzverstärker). Die Verschmelzungsfrequenz liegt bei ca. 40 Hz.

19 Die Hermannsche Gittertäuschung

Die Hermannsche Gittertäuschung ist seit langer Zeit bekannt, doch hat erst die Kybernetik ein brauchbares Modell für das Verständnis dieses Phänomens geliefert.

Material und Geräte
Hermannsches Gitter (Abb. II, 20)

a) Durchführung

Wir betrachten das Hermannsche Gitter in Ruhe und achten auf die Helligkeit der weißen Straßenzüge und der Kreuzungen. Wir fixieren abwechselnd verschiedene Kreuzungen.

b) Beobachtung

An den Kreuzungen nehmen wir graue Flecke wahr, die sofort verschwinden, wenn wir den Kreuzungspunkt fixieren. Weniger deutlich erscheint ein grauer Mittelstreifen in den Straßen. Die Erscheinung wird u. U. deutlicher, wenn wir uns mit den Augen dem Papier nähern und wieder entfernen.

Abb. II, 19: Elektroretinogramme der Fliege (Calliphora) unter verschiedenen Bedingungen.
a) Belichtung des Auges mit einer Taschenlampe. Das «on»- und «off»-Potential tritt deutlich hervor. Das negative Zwischenpotential ist konstant und wird bei der Verwendung eines Differenzverstärkers (AC-Verstärker) nicht abgebildet.
b)–c) Stroboskopische Belichtung des Auges mit einem Entladungsstroboskop. – Man beachte die im Vergleich zu a. wesentlich stärkere Zeitdehnung. Mit zunehmender Frequenz nimmt die Höhe der Potentiale ab.
Dies ist hier nicht ersichtlich, da mit unterschiedlichen Lichtintensitäten gearbeitet wurde.
b) Belichtung mit ca. 16 Hz. Bei der sehr kurzen Blitzdauer bildet sich kein Zwischenpotential aus. Der «50-Hertz-Brumm» ist nicht vollständig unterdrückt und tritt zwischen zwei Blitzen in Erscheinung.
c) Das Fliegenauge folgt einer stroboskopischen Belichtung mit 100 Hz mühelos.
d) Die Verschmelzungsfrequenz liegt je nach Intensität der Belichtung zwischen 180 und 220 Hz. Es ist nur noch der 50-Hz-Brumm zu erkennen.

c) Erklärung

Der Beobachtung, daß die optische Täuschung am Hermannschen Gitter beim Fixieren eines Kreuzungspunktes verschwindet, entspricht der Bau der Netzhaut. An der Stelle des schärfsten Sehens sind die Sinneszellen (Zapfen) in einer Eins-zu-Eins-Schaltung mit den Ganglienzellen verbunden, deren Neurit über den Sehnerv zum Gehirn führt. – In den seitlichen Gebieten der Netzhaut sind die Sinneszellen durch ein Geflecht von Nervenzellen verbunden. Die Querverbindungen werden von den Horizontalzellen und den Amacrinzellen gebildet. Dadurch ist es möglich, daß die Erregungen verschiedener Sinneszellen zusammengefaßt werden und sich gegenseitig beeinflussen (Abb. II, 21).

Für die Hermannsche Gittertäuschung läßt sich ein kybernetisches Modell aufstellen, das unter dem Namen «laterale Inhibition» bekannt geworden ist, da es auf einer seitlichen Hemmung der benachbarten Sinneszellen beruht.

Der Effekt der lateralen Inhibition läßt sich am besten an einem mathematischen Beispiel verdeutlichen (Abb. II, 21). Auf die Rezeptoren soll eine Reizgröße mit den Werten $x_1, x_2, x_3, \ldots x_n$ wirken. Die Ausgangswerte $y_1, y_2, y_3, \ldots y_n$ werden aber nicht nur von der Rezeptorenstelle, sondern von den beiden benachbarten Sinneszellen mitbestimmt. In unserem Fall gehen wir davon aus, daß der Ausgangswert durch Hemmung verkleinert wird (laterale Inhibition). Von dem Eingangswert soll jeweils ein Drittel der Eingangsgröße der beiden benachbarten Sinneszellen abgezogen werden. Ist z. B. der Eingangswert $x_1 = 9$ und der der benachbarten Sinneszellen x_0 und x_2 ebenfalls 9, dann ist der Ausgangswert $y_1 = 9 - \frac{9}{3} - \frac{9}{3} = 3$ (vgl. Abb. II, 21; Tabelle). Allgemein läßt sich die Hemmung folgendermaßen formulieren:

$$y_i = x_i - \frac{1}{3} \cdot (x_{i-1} + x_{i+1}).$$

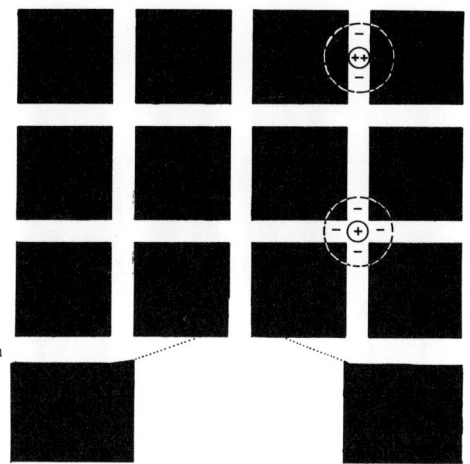

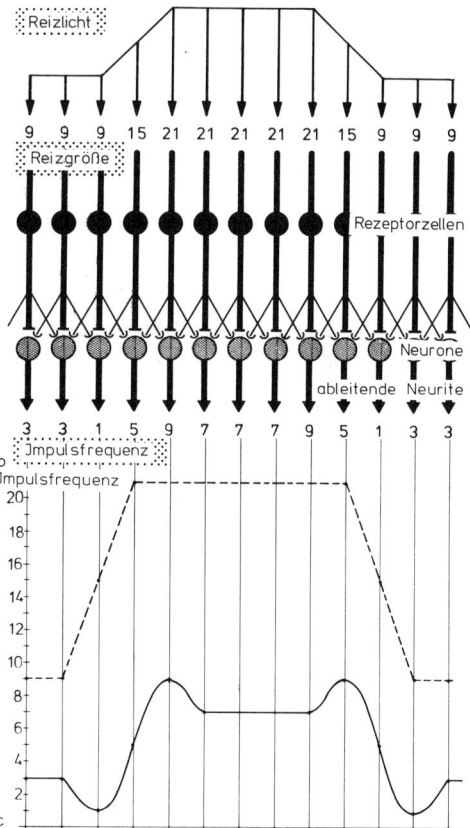

Abb. II, 20: a) Hermannsche Gittertäuschung.
b) Sehr stark vereinfachte Modelldarstellung der funktionalen Organisation der Retina im peripheren Bereich. Licht unterschiedlicher Helligkeit wirkt als Reiz auf die Sinneszellen. Durch gegenseitige Hemmung (laterale Inhibition) wird die Ausgangsfrequenz verändert.
c) Ausgangsfrequenz am ableitenden Neuriten (willkürliches Rechenbeispiel). Gestrichelt: Die Ausgangsfrequenz ist der Reizgröße direkt proportional. Durchgezogene Linie: Durch laterale Inhibition wird die Ausgangsfrequenz erniedrigt, gleichzeitig aber der Randkontrast erhöht.

74 II Steuerung und Regelung

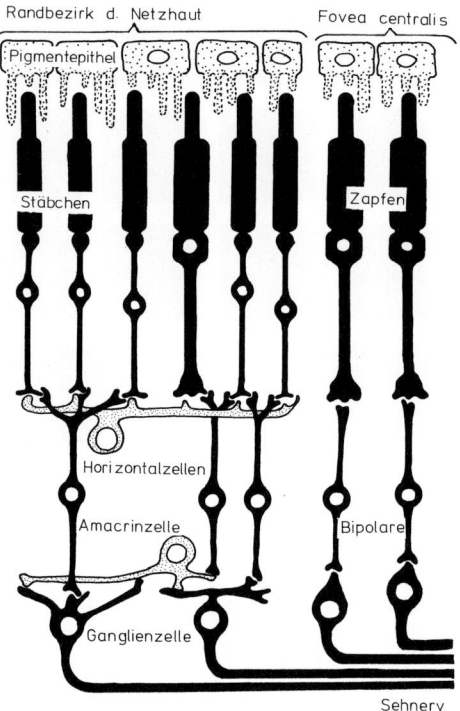

Bau der Netzhaut

Laterale Inhibition

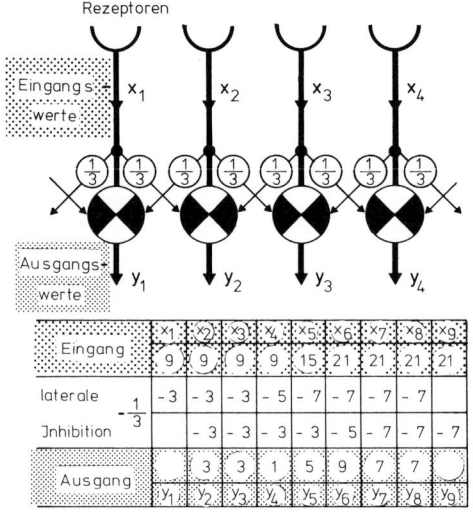

Abb. II, 21: Oben: Schnitt durch die Netzhaut, vereinfacht.
Unten: Schema der lateralen Inhibition. Die in die großen Kreise einlaufenden Informationen werden miteinander verrechnet. Die schwarzen Felder zeigen an, daß das Vorzeichen des Signals umgekehrt wird. Die in den kleinen Kreisen angegebene Größe (1/3) gibt an, welcher Informationsanteil von der Rezeptorzelle an die benachbarte Zelle weitergeleitet wird (nach Hassenstein, etwas verändert).

Bei gleichartigen Eingangswerten erhält man auch gleichartige Ausgangsgrößen. Verändert sich jedoch die Eingangsgröße bei benachbarten Sinneszellen, dann verändert sich auch der Ausgangswert, wobei am Übergang der Unterschied verstärkt wird (Abb. II, 20 und 21).

Wendet man dieses Modell auf die Hermannsche Gittertäuschung an, dann würde dies heißen, daß in den Randzonen der Netzhaut die Eingangsgrößen der benachbarten Sinneszellen miteinander verrechnet werden, was durch den Bau der Netzhaut möglich ist. Flächen mit gleicher Helligkeit ergeben gleiche Ausgangsgrößen an den Ganglienzellen. Der Übergang von Schwarz zu Weiß wird durch die laterale Inhibition verstärkt, d. h. entlang der schwarzen Fläche erscheint eine hellere Linie. Wird nun eine weiße Fläche von zwei nahe beieinanderliegenden schwarzen Flächen begrenzt, dann erscheint der Mittelstreifen gegenüber den beiden Rändern grau. Am geringsten wirkt sich die laterale Inhibition an den weißen Kreuzungsstellen aus, so daß sie im Vergleich zu den weißen Linien am dunkelsten erscheinen.

d) Aufgabe

Die laterale Inhibition betrage $-\frac{1}{4}$. Die Eingangsgrößen sind:

x_1	x_2	x_3	x_4	x_5	x_6	x_7	x_8	x_9	x_{10}	x_{11}	x_{12}	x_{13}	x_{14}
4	4	4	4	4	8	8	8	8	20	20	20	20

Berechnen Sie die Ausgangsgrößen $y_1, y_2 \ldots y_{14}$. Stellen Sie Eingangs- und Ausgangswerte graphisch dar. Wann wirkt sich die laterale Inhibition besonders stark aus?

20 Wechsel von Bahnung und Hemmung bei gleichwertigen Reizen

Bahnung und Hemmung bei der Informationsverarbeitung

Von allen Informationen, die über die Sinnesorgane aufgenommen werden, gelangt nur ein geringer Anteil zum Großhirn und wird bewußt.

D Experimente und Beobachtungen 75

Die Informationsmenge, die maximal aufgenommen werden kann und der Teil, der bewußt wird, verhält sich wie 1 : 10 Millionen. Die entscheidende Auswahl der Information geschieht in einem Teil des Zwischenhirns, dem Thalamus. Aber auch in den Feldern der Großhirnzentren laufen Bahnungen und Hemmungen ab, so daß sich unsere Aufmerksamkeit auf das Wesentliche konzentriert. Bahnung und Hemmung lassen sich besonders deutlich und ohne großen experimentellen Aufwand bei optischen Wahrnehmungen zeigen.

Material und Geräte

1 Stück Karton etwa 20 × 10 cm
je ein Stück rote und grüne Kunststoffolie etwa gleicher Helligkeit (etwa 5 × 5 cm). In Bastelgeschäften erhältlich
Klebstoff
Schere

a) Bau einer Rot-Grün-Brille

Entsprechend Abb. II, 22 basteln wir eine Rot-Grün-Brille.

b) Durchführung

Wir betrachten die Umgebung mit der Brille und achten besonders auf große, helle Flächen.

Abb. II, 22: a)–c) Binokulare Wechselhemmung als Wettstreit der Sehfelder.
a) Zwischen die beiden Bilder hält man senkrecht ein Stück Papier von Postkartengröße und betrachtet die beiden Abbildungen aus einer Entfernung von ca. 15 cm. Die beiden Abbildungen verschmelzen zu einem Bild, bei dem aber kein durchgehendes Doppelkreuz wahrgenommen wird, sondern das eine Balkenpaar scheint abwechselnd über dem andern zu liegen.
b) Bei der gleichen Versuchsanordnung wie bei a. ergeben die diagonalen Striche ein ständig wechselndes Muster.
c) Aus einem Stück Karton wird der Rahmen für die Brille herausgeschnitten. An Stelle der Gläser wird eine rote bzw. grüne Folie eingeklebt. Die Folien sind in Bastelgeschäften erhältlich. Schaut man durch die Brille, dann wechselt ständig die Farbe von Rot nach Grün und umgekehrt.
d) Versuchsanordnung zur Demonstration der einäugigen Bildhemmung. Schaut man mit dem rechten Auge durch eine Röhre und mit dem linken Auge auf die davorgehaltene Hand, dann hat man den Eindruck, als wäre aus der Hand ein Loch herausgestanzt (nach Mackensen).

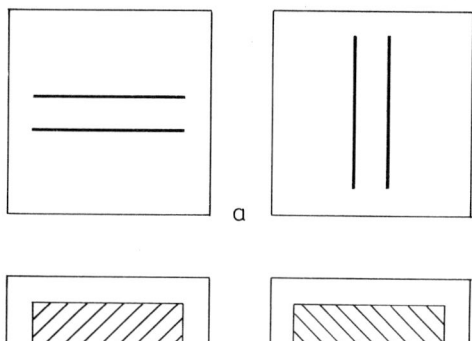
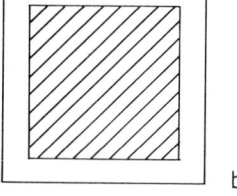
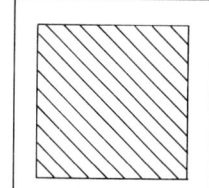
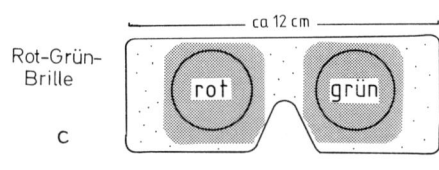
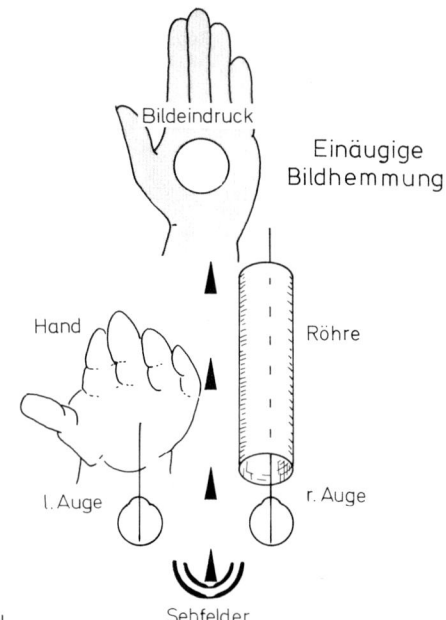

76 II Steuerung und Regelung

c) Ergebnis

Zunächst sehen wir alles in der Mischfarbe. Aber schon nach kurzer Zeit tritt in stetem Wechsel einmal die rote und dann die grüne Farbe hervor. Die Mischfarbe zeigt sich nur noch in kurzen Pausen.

d) Diskussion der Ergebnisse

Werden völlig verschiedene Informationen auf korrespondierende Netzhautstellen gegeben, dann kommt es zu einem «Wettstreit der Sehfelder». Bahnende und hemmende Einflüsse machen sich bemerkbar. Da in unserem Fall beide Eindrücke gleich stark sind, kann kein Sehzentrum die Oberhand gewinnen. Wir nehmen entweder die Mischfarbe wahr oder es wechseln ständig Rot und Grün.

e) Ergänzung

Führen Sie die in Abb. II 22 a und b beschriebenen Versuche durch und versuchen Sie eine Erklärung zu geben.

21 Bahnung bei einem übergeordneten Reiz

Material und Geräte

Röhre aus Papier oder Pappe, Ø 2–5 cm, Länge ca. 25 cm (z. B. Toilettenpapier-Rolle)

a) Durchführung (Abb. II, 22)

Die Röhre wird wie ein Fernrohr an das rechte Auge gehalten, das linke Auge wird geschlossen. Wir schauen durch die Röhre in die Ferne. Wir halten jetzt die linke Hand neben die Röhre und öffnen auch das linke Auge. Beide Augen bleiben weiterhin auf die Ferne eingestellt.

b) Ergebnis

Wir haben den Eindruck, als ob ein genau abgezirkeltes Loch in unsere Hand gestanzt wäre, durch das wir hindurch sehen können.

c) Diskussion der Ergebnisse

Auf der Netzhaut des linken und rechten Auges werden die Bilder mit sehr unterschiedlicher Qualität (Schärfe) und unterschiedlicher Bedeutung abgebildet. Bei der Fernakkomodation ist unsere Aufmerksamkeit auf das Bild gerichtet, das wir durch die Röhre sehen. Es ist infolgedessen der unscharfen Abbildung der Hand im linken Auge übergeordnet. Es tritt im Bereich korrespondierender Netzhautpunkte eine einäugige Bildhemmung auf.

d) Ergänzung

Wir schauen nun durch die Röhre auf näher gelegene Objekte (z. B. eine Textseite), bis es schließlich zur Überlagerung der beiden Bilder kommt (der Text erscheint auf der Handfläche): Informationsverarbeitung von mehreren Sinnesorganen zu einer Wahrnehmung

22 Herstellen einer Umkehrbrille

Material und Geräte

1 Spiegelscheibe 230×150 mm
1 breites Gummiband (z. B. Hosenträger)
Tesamoll
Fester Karton oder Sperrholz
Patex, Uhu-hart
Schere bzw. Laubsäge

a) Durchführung (Abb. II, 23)

Das Gehäuse der Umkehrbrille kann entweder aus Karton oder aus Sperrholz gebaut werden. Die Einzelteile werden entsprechend Abb. II, 23 zurechtgeschnitten. Der Spiegel wird mit Patex so auf die Abdeckplatte geklebt, daß ein schmaler Rand zum Ankleben der seitlichen Sichtblenden übersteht.
In einem zweiten Arbeitsgang werden die beiden seitlichen Sichtblenden und die untere Blende mit der Abdeckplatte verklebt. Sobald die Einzelteile fest miteinander verbunden sind, ziehen wir ein Gummiband durch die Schlitze der beiden seitlichen Sichtblenden. Wir stellen die Länge des Bandes so ein, daß die Brille fest am Kopf sitzt.
Zuletzt passen wir die vordere Sichtblende ein. Bevor wir sie festkleben, probieren wir aus, ob der Sehspalt die richtige Höhe hat. Er soll einerseits ein möglichst großes Sehfeld freigeben, darf aber nicht so breit sein, daß wir geradlinig hindurchsehen können.
Um das Tragen der Brille etwas angenehmer zu machen, umkleben wir die Ränder, die an das

D Experimente und Beobachtungen 77

Gesicht angedrückt werden, mit einem Streifen Tesa-Moll. Dadurch wird zudem erreicht, daß sich die Form der Brille besser dem Kopf anpaßt.

23 Die Umkehrbrille und das aufrechte Sehen

Material und Geräte

1 kleiner Handspiegel ca. 15 × 25 cm
Umkehrbrille (Bezugsnachweis s. Anhang).
1 Stock

a) Vorversuch mit einem Handspiegel

Der Handspiegel wird wie der Schirm einer Mütze waagerecht über die Augen gehalten. Wir versuchen uns im Raum zu orientieren und dabei nur in den Spiegel zu schauen.
Wir sehen alles auf dem Kopf stehen. Der Fußboden wird zur Zimmerdecke, an der die Menschen wie die Fliegen entlang laufen. Links und rechts sind nicht vertauscht.
Der einfache Spiegel hat den Nachteil, daß wir außer dem umgekehrten Spiegelbild einen Teil unserer Umgebung ungestört und wie gewohnt sehen, so daß der Eindruck zwiespältig ist.

b) Hauptversuch mit der Umkehrbrille

Die Sichtblenden der Umkehrbrille gewährleisten, daß man nur ein umgekehrtes Bild seiner

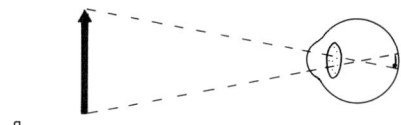

Die Umkehrbrille

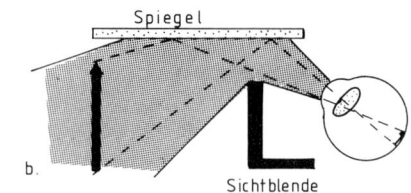

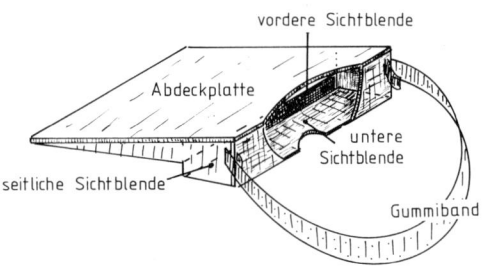

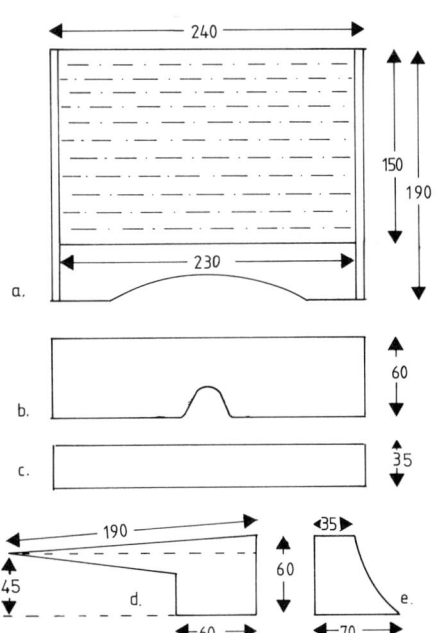

Abb. II, 23: Oben: a) Auf der Netzhaut des Auges entsteht ein umgekehrtes Bild.
b) Durch den Spiegel der Umkehrbrille wird der Strahlengang umgekehrt und auf der Netzhaut entsteht ein aufrechtes Bild. Der gerasterte Bereich gibt das Sehfeld an. Die Sichtblende zwingt die Versuchsperson sich nur mit Hilfe des Spiegels zu orientieren. (Nach Erismann, verändert)
Mitte: Umkehrbrille, Totalansicht.
Unten: *Stückliste für eine Umkehrbrille*
a) Abdeckplatte. Auf die gestrichelte Fläche wird der Spiegel aufgeklebt. Links und rechts vom Spiegel bleibt ein Kleberand für die seitliche Sichtblende. Die Stirnseite der Abdeckplatte ist etwas ausgeschnitten.
b) Untere Sichtblende mit dem Ausschnitt für die Nase.
c) Vordere Sichtblende
d) Seitliche Sichtblende (doppelte Ausführung)
e) Hintere Sichtblende (doppelte Ausführung)
Die Maße sind in mm angegeben.

Umgebung sieht. Es bieten sich folgende Aufgaben an:
Orientierung im Raum. Die Versuchsperson geht zwischen einer Stuhlreihe entlang, steigt über eine niedrige Kiste und geht zur Türe.
Erkennen von oben und unten. Die Türklinke soll erfaßt werden. An der Wandtafel sollen fünf Punkte miteinander verbunden werden, die die Ecken eines zugeklebten Briefumschlages markieren. – Eine Tasse wird gehalten und vom Versuchsleiter wird Wasser eingegossen. – Sehr eindrucksvoll für die Zuschauer ist ein Scheinfechten. Die Versuchsperson faßt einen Stock an beiden Enden fest und hält ihn in Gürtelhöhe waagerecht vor sich hin, so daß er im Gesichtsfeld liegt. Der Versuchsleiter führt mit einem zweiten Stock wie beim Fechten einen Stoß gegen die Versuchsperson durch. Die Versuchsperson hat die Aufgabe, durch Heben oder Senken des Stockes die Angriffe abzuwehren.

c) Ergebnis

Die Orientierung gelingt nach ganz kurzer Zeit, so daß sich die Versuchsperson sicher bewegen kann. Wesentlich schwieriger ist es, oben und unten richtig zu erkennen. Dies wird um so schwerer, je mehr sich die Versuchsperson auf den optischen Eindruck konzentriert. Allerdings ist zu beachten, daß schon nach etwa 10–20 Versuchen ein deutlicher Lernvorgang einsetzt. Die widersprüchlichen Meldungen, die durch den Muskelsinn und den Gesichtssinn dem Gehirn zugeleitet werden, werden nach dem Prinzip von Versuch und Irrtum verglichen und die Endhandlung entsprechend korrigiert.

24 Die Umkehrbrille und die Richtungskonstanz

Material und Geräte
Umkehrbrille

a) *Versuchsdurchführung*

Die Versuchsperson setzt die Umkehrbrille auf und neigt den Kopf seitlich nach links und rechts.

b) *Ergebnis*

Der Boden hebt und senkt sich, wenn wir den Kopf bewegen, scheinbar in die entgegengesetzte Richtung. Wir haben einen ähnlichen Eindruck, wie wenn bei einer Filmaufnahme die Kamera ständig nach links und rechts abgekippt wird. Empfindlichen Versuchspersonen wird es schon nach wenigen Minuten schlecht. Mit festem Boden unter den Füßen werden sie seekrank.

c) *Diskussion der Ergebnisse*

Der Versuch macht sehr deutlich, daß es nicht selbstverständlich ist, daß uns ein ruhender Gegenstand auch ruhend erscheint, wenn wir den Kopf bewegen. Van Holst hat das Problem der Richtungskonstanz wie folgt beschrieben: «Unter Richtungskonstanz versteht man die Tatsache, daß wir die Dinge in unserer räumlichen Umwelt in der ‹richtigen› Richtung lokalisieren, daß wir also das Ruhende als ruhend, und das Bewegte als bewegt wahrnehmen, unabhängig davon, welche Bewegung wir selbst (also Körper, Kopf und vor allem die Augen) ausführen. Wenn ich z. B. auf dem Bahnsteig stehe und meine Augen geradeaus auf einen Zug gerichtet halte, der sich in Bewegung setzt, dann wandert das Abbild des Zuges über meine Netzhaut genau ebenso, wie wenn der Zug steht, aber mein Blick aktiv über ihn hinweggeht. Im ersten Fall sehe ich jedoch, daß der Zug abfährt, im zweiten sehe ich, daß er stillsteht.»
Von Holst führt die Richtungskonstanz, wie alle Konstanzphänomene, auf das Zusammenwirken der Informationen verschiedener Sinnesorgane zurück. Bei der Richtungskonstanz werden die Informationen der Augennetzhaut mit den Informationen der Augen-, Hals- und Körpermuskulatur und des Tast-, Lage- und Drehsinnesorganes miteinander im Gehirn verrechnet und auf ihre Übereinstimmung geprüft. Wirken die Informationen der Netzhaut gleichsinnig mit den Informationen der andern Sinnesorgane, dann haben wir den Eindruck eines ruhenden Bildes, auch bei bewegtem Kopf. Stimmen die Informationen der Netzhaut mit denen der andern Sinnesorgane nicht überein, dann haben wir den Eindruck, die Umgebung bewege sich. Die Versuche von Erismann haben gezeigt, daß Tast- und Muskelsinn in dieser Beziehung dem optischen Sinn übergeordnet sind.
Eine weitere Möglichkeit wäre, daß eine Kopie des efferenten Erregungsmusters – etwa der Halsmuskulatur – dazu verwendet wird, die optischen Sinneseindrücke zu korrigieren (Reafferenzprinzip).

25 Verrechnung einer Zeitdifferenz zur Richtungswahrnehmung

Bestimmung des Hörwinkels

Material und Geräte

Großer Winkelmesser für die Wandtafel
ca. 10 m Bindfaden
Taschenrechner mit Winkelfunktionen oder Logarithmentafel

a) Versuchsdurchführung (Abb. II, 24)

Auf einer Wandtafel oder Tischfläche werden Strecken mit Abständen a von 200, 150, 100, 80, 60, 40, 30, 20 und 10 cm abgetragen. Die Versuchsperson stellt sich in einer Entfernung von 4–7 m mit dem Gesicht zur Wandtafel (Tisch) auf. Die Augen sind geschlossen, werden aber nicht mit einem Tuch verbunden, da das Hören beeinträchtigt wird, wenn das Tuch über die Ohren geht.
Der Versuchsleiter gibt mit dem Bleistift kurz nacheinander zwei gleich laute Klopfzeichen an die Tafel. Er beginnt zunächst mit den weiten Abständen, dann rücken die Klopfzeichen immer mehr zusammen.
Die Versuchsperson gibt an, ob der zweite Schlag links oder rechts vom ersten war. Die Ergebnisse werden in eine Tabelle eingetragen (Abb. II, 24).

RICHTUNGSHÖREN

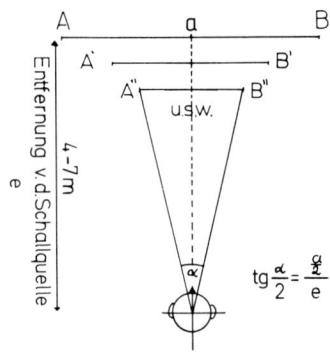

a)

Abstand a der Schallquellen in cm							
200	150	100	80	60	40	30	20

b)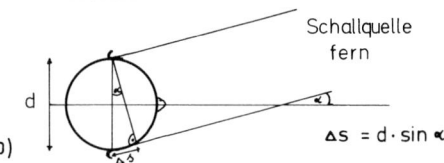

c)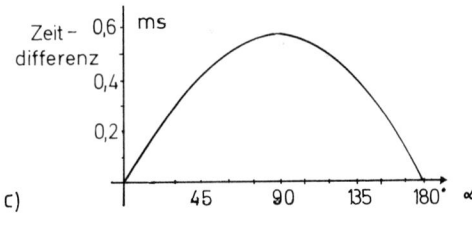

d)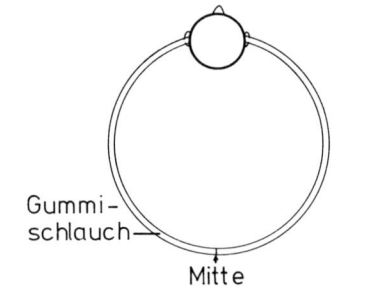

Abb. II, 24: a) Versuchsanordnung zur Bestimmung des Hörwinkels α, unter dem zwei Schallquellen getrennt wahrgenommen werden können.
b) Wegunterschied Δs des Schalls am linken und rechten Ohr. Die Schallquelle liegt weit entfernt, so daß die Wege, auf der die Schallwellen das linke und rechte Ohr erreichen, als parallel angenommen werden können.
c) Die Zeitdifferenz, mit der der Schall die beiden Ohren erreicht, hängt von der Kopfbreite (d), die hier mit 20 cm angenommen ist, und von der Richtung der Schallquelle ab. Jedem Richtungswinkel α ist ein bestimmter Wegunterschied zugeordnet. Die Schallgeschwindigkeit ist v = 340 m/s.
d) Versuchsanordnung zur Bestimmung der Wegunterschiede des Schalls, die eben noch einen Richtungseindruck hervorrufen. Der Weg- und damit der Zeitunterschied ist ein Parameter des Richtungshörens.

80 II Steuerung und Regelung

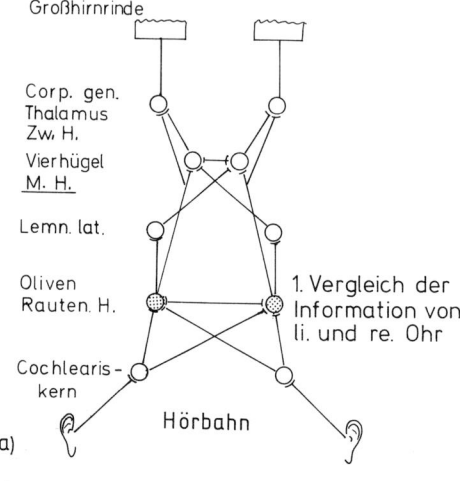

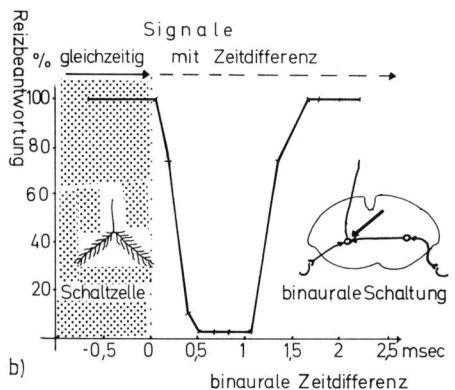

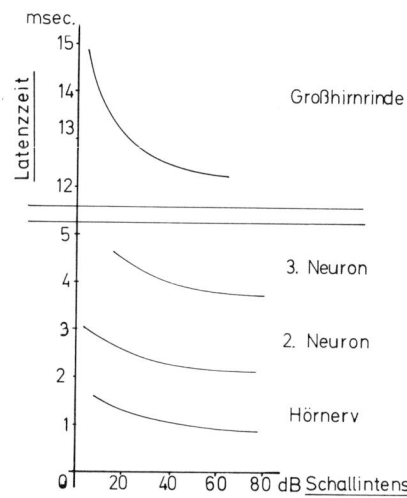

b) Auswertung

Der kleinste Winkel, unter dem wir mit Sicherheit eben noch zwei getrennte Schallquellen unterscheiden können, wird entweder mit Hilfe eines Bindfadens und einem Winkelmesser direkt gemessen oder nach dem Tabellenwert berechnet. Es gilt:

$$\operatorname{tg} \frac{\alpha}{2} = \frac{0,5\, a}{e}$$

dabei ist:
a: der Abstand der Schallquellen in m
e: die Entfernung von der Schallquelle in m

c) Diskussion der Ergebnisse

Auch unter ungünstigen Versuchsbedingungen (Schallreflexionen, Nebengeräusche) erhalten wir Winkelwerte, die den Literaturwerten nahekommen. Das Richtungshören des Menschen läßt sich mit dem von Tieren durchaus vergleichen (Mensch 3° bis 8°; Hund 2,9° bis 7,2°; Katze 1,5°; Waldkauz 1°).

Richtungshören

Die Richtung einer Schallquelle kann nur mit Hilfe beider Ohren genau bestimmt werden. Es wird geprüft wieweit Zeitdifferenzen und/oder Intensitätsdifferenzen einen Richtungseindruck hervorrufen.

Material und Geräte

1 Gummi- oder Plastikschlauch, ca. 1,5 m, Ø ca. 10 mm
Watte
1 Schlauchklemme
1 Maßstab

Abb. II, 25: a) Vereinfachtes Schema der Hörbahn. (Nach Matzker aus Keidel, verändert).
b) Nervöse Verarbeitung der binauralen Zeitdifferenz durch Aktivierung einer zentralen «Schaltzelle» vom einen, Hemmung vom andern Ohr bei kombinierter Reizung; Versuch am Stammhirn der Katze. (Galmbos, Schwartzkopff und Ruppert 1959, verändert).
c) Die Latenzzeit für das Anklingen der Erregung ist vom Schallstärkepegel abhängig. Infolgedessen ist jede Intensitätsdifferenz zwischen dem rechten und linken Ohr in eine Differenz der Latenzzeit der Erregungen rechts-links umgewandelt. (Nach Keidel).

a) Versuchsdurchführung (Abb. II, 24)

Von der Schlauchmitte tragen wir nach links und rechts Marken im Abstand von jeweils 1 cm ab. Die Versuchsperson steckt sich entsprechend Abb. II, 24 d jeweils ein Schlauchende in das linke und rechte Ohr. Der Versuchsleiter steht hinter der Versuchsperson. Um Nebengeräusche zu vermeiden, soll der Schlauch frei hängen und nur in der Mitte von einem Finger unterstützt werden. Klopft man vorsichtig (ein kräftiger Schlag wird wie ein Knall empfunden!) z. B. 10 cm links von der Mitte auf den Schlauch, dann hat der Schall zum linken Ohr einen 2×10 cm = 20 cm kürzeren Weg als zum rechten Ohr. Die Versuchsperson gibt an, ob der Schlag links, rechts oder in der Mitte war.

b) Ergebnisse

Die Ergebnisse werden in eine Tabelle eingetragen. Besonders sorgfältig sind die Werte zu prüfen, die sich bei einem Abstand von 0,5 bis 3 cm von der Schlauchmitte ergeben. Als richtig können Angaben gewertet werden, wenn sie mindestens 3 mal fehlerfrei gemacht wurden.

c) Auswertung

Ein Wegunterschied von 2×1 cm = 2 cm kann von vielen Versuchspersonen sicher unterschieden werden. Bei einer Schallgeschwindigkeit von $v = 360$ m/s ergibt dies eine Zeitdifferenz von 1/16 500 s, mit der der Schall das eine Ohr später erreicht als das andere.

d) Ergänzung

Um zu prüfen, ob auch Intensitätsunterschiede bei der Richtungswahrnehmung eine Rolle spielen, stecken wir entweder Watte in ein Schlauchende oder klemmen den Schlauch etwas ab. Es wird nun geprüft, ob die Versuchsperson bei einem Schlag auf die Schlauchmitte weiterhin den Richtungseindruck ‹Mitte› hat. Durch weitere Versuche wird ermittelt, an welcher Stelle des Schlauches jetzt der Eindruck ‹Mitte› empfunden wird.

e) Fehlermöglichkeiten

Nach einer Krankheit, wie z. B. einer schweren Mittelohrentzündung, kann ein Ohr einen Teil seines Hörvermögens verloren haben. Dies wirkt sich dadurch aus, daß bei dem Klopfversuch der Eindruck Mitte entsteht, wenn man näher bei dem weniger funktionsfähigen Ohr klopft. Zeitunterschied und Intensitätsunterschied sind beide bei der Richtungswahrnehmung beteiligt, wie sich schon aus dem vorangehenden Versuch erschließen ließ.

26 Ableitung eines Elektrokardiogramms (EKG) vom Frosch

Für die EKG-Ableitung verwenden wir Frösche oder Kröten, da sie sehr einfach und ohne Schaden zu nehmen narkotisiert werden können. Die feuchte, dünne Haut hat einen geringen Übergangswiderstand, so daß man auch mit relativ kleinflächigen Elektroden sehr gute Resultate erzielt.
Prinzipiell lassen sich auch beim Menschen mit einfachen Differenzverstärkern und Schuloszillographen EKG's ableiten. Die Geräte entsprechen aber nicht den Sicherheitsvorschriften. Es wird an dieser Stelle ausdrücklich darauf hingewiesen, daß beim Menschen nur EKGs mit Geräten gemacht werden dürfen, die für die Medizin zugelassen sind, da bei einem Defekt oder einer fehlerhaften Bedienung eines Gerätes ein tödlicher Unfall nicht auszuschließen ist, wenn die Geräte mit Netzstrom versorgt werden[1].

Material und Geräte

1 oder 2 Frösche (gut eignen sich auch die in Laboratorien gezüchteten Krallenfrösche)
1 Differenzverstärker
1 Kathodenstrahloszillograph mit geringer Zeitablenkung (mindestens 0,5 cm/s). Ein Speicheroszillograph ist sehr günstig, jedoch nicht erforderlich.
3 Ableitelektroden aus Kupfer- oder Silberblech
1 Polaroid-Kamera (nicht unbedingt erforderlich)
1 große Petrischale oder flache Wanne
Sandoz S 222 (0,25 g in 500 ml Wasser) (zu beziehen über Kosmos, Stuttgart oder Serva Heidelberg).

---

[1] Zur Zeit werden für Schulen von verschiedenen Firmen preiswerte, vom VDE geprüfte Differenzverstärker entwickelt, mit denen ohne Gefahr auch beim Menschen EKG's abgeleitet werden können.

EKG beim Frosch

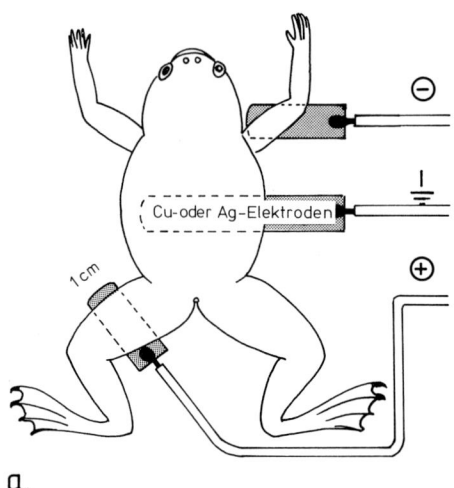

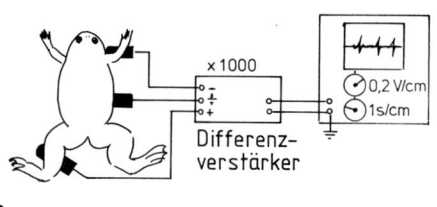

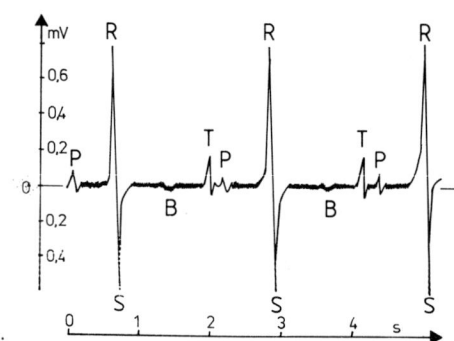

Abb. II, 26: a) Anlegen der Elektroden beim narkotisierten Frosch. Die Bezugselektrode liegt unter dem Bauch. Die Ableitung entspricht der Extremitätenableitung II nach Einthoven.
b) Schaltschema
c) EKG vom Froschherz. Im Vergleich mit einem menschlichen EKG fällt auf, daß die Q-Zacke fehlt und eine schwache B-Welle die Erregung des Bulbus cordis anzeigt. Der Bulbus cordis bildet den Übergang vom Herzen zu dem Arterienstamm.

a) Vorbereitung

Der Frosch wird in einer wässrigen Lösung von Sandoz S 222 1:2000 narkotisiert. Das Narkotikum wird durch die Haut aufgenommen, so daß nicht gespritzt werden muß, wie bei der Verwendung von Urethan.
Die Narkose beginnt nach 10 bis 15 Minuten zu wirken. Die Wanne wird etwas schräg gestellt, und wir achten darauf, daß der Kopf des Frosches aus dem Wasser herausschaut, da er sonst ertrinkt. Nach weiteren 10–15 Minuten ist der Frosch so weit betäubt, daß er für einige Minuten ruhig liegen bleibt. Gegebenenfalls kann man die Narkose weitere 10 bis 15 Minuten verlängern.

b) Durchführung

Der narkotisierte Frosch wird auf eine Styropor- oder Schaumstoffunterlage gelegt. Die besten Ergebnisse erhält man, wenn man die großflächige indifferente Bezugselektrode unter den Bauch schiebt, und die Bezugselektroden unter den rechten Vorderarm (oder Kopf) und den linken Oberschenkel legt. Diese Ableitung entspricht der Ableitung II in der Humanmedizin.
Die Ableitfläche der Elektroden sollte etwa 0,5 bis 1,0 cm² groß sein. Bei kleineren Ableitflächen nimmt ein störendes Brummen zu. Ableitungen von zu großen Körperoberflächen führen zu einem unscharfen EKG. Die Elektroden brauchen nicht besonders befestigt zu werden. Auf guten Hautkontakt muß man achten.
Die Herzfrequenz beträgt bei Zimmertemperatur beim narkotisierten Tier etwa 0,5 Hz (25 bis 35 Pulsschläge/min.). Entsprechend wählen wir am Oszillographen eine Zeitablenkung von 1,0 bis 0,5 cm/s. Die zu erwartenden Spannungsdifferenzen liegen zwischen 0,5 und 1,0 mV. Die Empfindlichkeit des Oszillographen wird unter Berücksichtigung des Verstärkerkoeffizienten gewählt (z. B. Verstärker 1000 fach, Oszillograph 0,2 V/cm).
Bei einem Speicheroszillographen kann das Bild direkt auf dem Schirm festgehalten, abgezeichnet und ausgewertet werden. Steht eine Polaroidkamera mit Distanzhalter und einer seitlichen Abblendvorrichtung zur Verfügung, dann kann das Bild photographisch aufgenommen werden. Auf dieselbe Weise kann das wandernde Bild bei einem normalen Oszillographen photographiert werden, wenn man den Verschluß der Kamera nur während der Zeit eines Durchgangs des Kathodenstrahls auf dem Bildschirm öffnet.

c) Ergebnis (Abb. II, 26)

Vorhöfe. Die Erregungsausbreitung über die Vorhofmuskulatur zeichnet sich als positive P-Zacke ab, die 0,08 bis 0,12 mV erreicht. Die Erregungsrückbildung ist nicht zu erkennen. Man vermutet, daß sie zeitlich mit dem RS-Komplex zusammenfällt und dadurch verdeckt wird.

Kammer. Der Beginn der Kammererregung wird durch die kräftig ausgebildete RS-Zacke angezeigt. (Die Q-Zacke wird beim Frosch nur selten beobachtet). Die positive R-Zacke erreicht bei Zimmertemperatur einen Wert von ca. 0,45 mV, die kleinere negative S-Zacke 0,2 mV.

Die Kammer bleibt etwa 0,5 s erregt, was sich an dem isoelektrischen Verlauf des EKGs zwischen S- und T-Zacke erkennen läßt.

Das Ende der Kammererregung läßt sich an der T-Zacke ablesen. Sie ist in ihrer Form und Größe sehr variabel. Sie kann positiv oder biphasisch sein. T- und P-Zacke liegen dicht beieinander und sind mitunter nur schwer zu unterscheiden.

Bulbus cordis. Die Kontraktion des Bulbus cordis beginnt etwa in der Mitte der Kammerkontraktion und zeichnet sich als schwache, negative B-Zacke ab. – (Der Erregungsverlauf des Sinus venosus ist im EKG nicht zu erkennen).

d) Anmerkung

Das EKG beim Frosch ist von der Temperatur, der Narkosetiefe und individuellen Eigenheiten des Versuchstieres abhängig. Die besten Ergebnisse sind bei ca 20° C und flacher Narkose zu erwarten. Da Sandoz SM 222 ein sehr schonendes Narkotikum ist, werden die Tiere nicht gefährdet. Nach beendetem Versuch setzt man die Tiere so in eine Schale mit frischem Wasser, daß sie nicht ertrinken.

Literatur

Blauer, J.: Räumliches Hören. Hirzel, Stuttgart 1974.
Clever, U.: Hormone kontrollieren Genaktivitäten in der Insektenentwicklung. Umschau 1962 (3).
Cohen, G.: Die Zelle. Der Zellstoffwechsel und seine Regulation. rororo vieweg 1975.
Cruse, H.: Einfache Anordnung für elektrophysiologische Untersuchungen. BIUZ, 8. 1978, 5, 154–158.
Drischel, H.: Einführung in die Biokybernetik. Akademieverlag, Berlin 1972
Flechtner, H. J.: Grundbegriffe der Kybernetik. 5. Aufl. Wiss. Verlagsges., Stuttgart 1975.
Gradmann, H.: Die Rückkoppelung als Urprinzip der Lebensvorgänge. Bayr.Akad.d.Wissensch., München 1963.
Hanke, W.: Vergleichende Wirkstoffphysiologie der Tiere. Fischer, Stuttgart 1973.
Hassenstein, B.: Biologische Kybernetik, 4. Aufl. Quelle u. Meyer, Heidelberg 1973.
Holst, E. v.: Die Arbeitsweise des Statolithenapparates bei Tieren. Z. Vgl. Physiol 32: 60–120, 1950.
Holst, E. v.: Aktive Leistungen der menschlichen Gesichtswahrnehmung. Studium Generale 10: 231–243, 1957
Holst, E. v., Mittelstaedt, H.: Das Reafferenzprinzip. Naturw. 37: 464–476, 1950.
Keidel, W. D.: Physiologie des Gehörs. Thieme, Stuttgart 1975.
Klinge, R.: Das Elektrokardiogramm. Thieme, Stuttgart 1978.
Kuhn, K.: Das Richtungshören als Einführung in die Sinnesphysiologie. Naturw. i. Unterr. 19 (3), 1971.
Mackensen, G.: Untersuchung der Motilität und der Binokularfunktion. In: Straub, W. (Hrsg.): Ophthalmologische Untersuchungsmethoden, Bd. 2, Enke, Stuttgart 1977.
Mittelstaedt, H.: (Hrsg.) Regelungsvorgänge in der Biologie. Oldenbourg, München 1956.
Mittelstaedt, H.: (Hrsg.) Regelungsvorgänge in lebenden Wesen Oldenbourg, München 1960.
Probst, W.: Die Pupillenreaktion – ein einführendes Beispiel für biologische Regelung. Naturw. i. Unterr. 21 (5): 212–219, 1973
Ratner, V. A.: Molekulargenetische Steuerungssysteme. G. Fischer, Stuttgart 1977.
Röhler, R.: Biologische Kybernetik. Teubner, Stuttgart 1974.
Ronacher, B./Hemminger, H.: Einführung in die Nerven- und Sinnesphysiologie. Quelle und Meyer, Heidelberg (2. Aufl.) 1978.
Sachsse, H.: Einführung in die Kybernetik. Rowohlt 1974.
Sander, K.: Beeinflussung der Kaulquappenentwicklung durch Hormone. Biologie in unserer Zeit, 4, 1974, H. 1.
Schaefer, G.: Kybernetik und Biologie. Metzlersche Verlagsbuchhandlung Stuttgart 1972.
Schmidt, R. F.: Grundriß der Neurophysiologie. Basistext Medizin. Springer, Heidelberger Tb. Bd. 96, (4. Aufl.) 1979.
Schöne, H.: Optisch gesteuerte Lageänderungen (Versuche an Dytiscindenlarven zur Verticalorientierung). Z. vgl. Physiol. 1962, 45, 590–604.
Schulz, W., Engelhardt, v. W.: Nervensystem und Hormone, DIFF, Tübingen 1973.
Tembrock, T.: Informationsübertragung im biologischen Bereich, rororo vieweg 1975.
Wiener, N.: Kybernetik. Regelung und Nachrichtenübertragung in Lebewesen und Maschine. rororo. (4. Aufl.) 1968.

Unterrichtsfilme

Institut für Film und Bild, München (Bildstellen)

Temperaturregulation, 1973.   322367.0

Institut für den wissenschaftlichen Film, Göttingen.

Erismann, Th. Die Umkehrbrille und das aufrechte Sehen. 1950, 11 min.   W 63

Kobor, J.: Die Akkommodation des Auges. 1963.   C 877

Rüdel, R.: Aufbau und Funktion des Skelettmuskels. 1977   C 1245

Zimmermann, M. Handwerker, H. O., Paal G.: Dehnungsreflex, 1973.   C 1160

Klettverlag Stuttgart

Probst, W.: Spaltöffnungen, Aufbau und Bewegung. Stuttgart 1974.   Klett-Nr. 99908

III Verhalten

A Intention

Die Verhaltensforschung oder Ethologie befaßt sich mit dem Verhalten der Tiere und schließt das Verhalten des Menschen mit ein, so daß sich Berührungen und Überschneidungen mit der Psychologie ergeben.

Die Ethologie gründet sich auf äußerlich beobachtbare Verhaltensweisen von Tieren und achtet besonders auf Bewegungen und Bewegungsabläufe, auf Körperhaltung und Körperstellung, auf Lautäußerungen, Farbänderungen und Duftzeichen. Dabei wird sowohl das Verhalten von Einzeltieren als auch das von Gruppen (Tier-Soziologie) untersucht. Die Verhaltensforschung ist bemüht, die Verhaltensweisen von Tieren und des Menschen wertfrei darzustellen und Regeln und Gesetze, die das Verhalten bestimmen, zu erkennen und zu formulieren.

Innerhalb der Ethologie haben sich verschiedene Arbeitsrichtungen herausgebildet. So befaßt sich die Verhaltensphysiologie mit den physiologischen Grundlagen des Verhaltens, wobei der Neuro-Ethologie und die Etho-Endokrinologie eine besondere Rolle spielen. Die Verhaltensontogenese und Verhaltensphylogenese beschreiben die Verhaltensweisen im Verlauf der Individual- und Stammesentwicklung. Die Verhaltensökologie spürt den Zusammenhängen zwischen dem Verhalten einer Tierart und den biotischen und abiotischen Umweltbedingungen nach.

In Europa liegt der Schwerpunkt auf der vergleichenden Verhaltensforschung und stützt sich auf die Arbeiten von K. Lorenz und N. Tinbergen, die vor allem angeborene Verhaltensweisen untersuchten. In Amerika steht die vergleichende Psychologie im Vordergrund, die von der Arbeitsrichtung der Behavioristen J. B. Watson, E. L. Thorndike und B. F. Skinner geprägt ist, bei der die Untersuchungen von Lernvorgängen im Vordergrund stehen.

In diesem Kapitel werden Versuche zusammengestellt, die Einblicke in angeborene und erlernte Verhaltensweisen sowie in das Sozialverhalten der Tiere geben. Dieser Auswahl folgt auch der theoretische Teil, der weitgehend stichwortartig zusammengestellt ist. Dies ist insofern zu vertreten, da eine umfängliche und sehr ansprechende Literatur zur Ethologie auf dem Markt angeboten wird. Bei der Versuchsauswahl wurde darauf geachtet, daß nur solche Tiere herangezogen werden, die leicht beschafft werden können und sich durch das Beobachten wenig stören lassen.

B Lernziele

1. Einfache Bewegungsabläufe von Tieren sollen analysiert werden können.
2. Es soll im Einzelfall begründet werden, ob bei den beobachteten Bewegungsabläufen Instinktbewegungen oder Instinkthandlungen vorliegen.
3. Das «psychohydraulische Denkmodell» der Motivation soll skizziert und erläutert werden können.
4. Der Begriff der endogenen Rhythmik soll je an einem Beispiel aus der Botanik und Zoologie erläutert werden können.
5. Ein Aktogramm eines Goldhamsters soll selbständig ausgewertet werden können.
6. Die in Abschnitt C 2 angeführte Definition des Lernens soll durch Definitionen, die sich in psychologischer und pädagogischer Literatur finden, ergänzt werden. Unterschiede sind herauszustellen und zu diskutieren.
7. Die Prägung als Sonderform des Lernens soll beschrieben werden können.
8. Die Unterschiede zwischen klassischer und instrumenteller Konditionierung sollen herausgestellt werden können.
9. Dressurversuche bei Fischen sollen selbständig geplant und ausgewertet werden. Insbesondere ist die Methode der Dressur zu diskutieren (Klassische oder instrumentelle Konditionierung).
10. Zeit-, Farb- und Formdressuren bei der Honigbiene sollen durchgeführt werden können.
11. Aus dem Schwänzeltanz einer Honigbiene soll die Richtung und Entfernung einer Futterquelle erschlossen werden können.
12. Drei Theorien der Aggression sollen in ihren Grundzügen dargestellt und diskutiert werden.

86 III Verhalten

13. Verhaltensweisen, die bei interspezifischen Aggressionen Beschädigungen oder Tötung des Rivalen ausschließen, sollen an Hand von Beispielen dargestellt werden können.

C Theoretische Grundlagen

1 Angeborene Verhaltensweisen

a) Reflexkettentheorie

Im einfachsten Fall reagiert ein Tier auf einen äußeren Reiz stets mit einem gleichartigen Verhalten, z. B. einer bestimmten Bewegung. Solche starren Reiz-Reaktionsbeziehungen nennt man Reflexe (vgl. Kap. II).
In den sogenannten Propriorezeptoren besitzt der Körper Sinnesorgane, die auf Reize ansprechen, die vom Körper selbst ausgehen. So registrieren z. B. die Muskelspindeln (Abb. II, 3) jede Veränderung der Muskelspannung. Dabei spielt es keine Rolle, ob ein Gelenk aktiv oder passiv bewegt wird. Es ist denkbar, daß mehrere Reflexe über Propriorezeptoren zu einer Reflexkette verknüpft werden und dadurch z. B. ein geordneter Bewegungsablauf ausgelöst wird. Lange Zeit glaubte man, daß man allein mit Hilfe der Reflexkettentheorie stereotyp ablaufende Bewegungen, wie z. B. die Schlängelbewegung eines Fisches oder die Putzbewegung eines Hundes, erklären könnte.
Von Holst trennte bei Fischen die afferenten Nervenfasern durch und verhinderte so, daß Informationen von Propriorezeptoren zum Rückenmark gelangten. Trotzdem konnten die Fische wohlkoordinierte Schwimmbewegungen ausführen. Daraus kann man schließen, daß im Zentralnervensystem bestimmte Bewegungsweisen vorprogrammiert sind. Allerdings wird nur in seltenen Fällen eine Bewegung ausschließlich zentral koordiniert. In der Regel wird ein Bewegungsablauf von Reizen, die über Propriorezeptoren und andere Sinnesorgane aufgenommen werden, mit beeinflußt.

b) Erbkoordination und Instinkthandlung

Wenn ein Hühnerküken aus dem Ei schlüpft, dann beherrscht es eine Reihe von Bewegungen, ohne daß es sie je erlernt hat. Sie sind ihm angeboren. So kann es z. B. vom ersten Tag an laufen, picken und sich putzen. K. Lorenz hat diese relativ starren und formkonstanten Bewegungen Erbkoordinationen oder Instinktbewegungen genannt. Manche Erbkoordinationen wie z. B. Balzbewegungen treten erst auf, wenn die Tiere eine bestimmte Reife erlangt haben. Nach K. Lorenz charakterisieren Erbkoordinationen ein Tier so stark wie morphologische Unterschiede. Im Einzelfall ist es oft schwierig zu entscheiden, ob eine Bewegungsfolge angeboren oder erlernt ist, da auch erlernte Bewegungsweisen sehr stereotyp sein können.
Orientierungsbewegungen (Taxien) überlagern häufig eine Erbkoordination, so daß ein Bewegungsmuster auftritt, das aus einer geordneten Folge von Erbkoordinationen besteht, die man Instinkthandlung nennt. Der Katze ist z. B. das Schleichen als Gangart angeboren. Schleicht sie zielgerichtet eine Maus an, dann beobachten wir eine Instinkthandlung.
Daß Instinktbewegungen ziellos ablaufen können, haben K. Lorenz und N. Tinbergen an der Eirollbewegung der Graugans gezeigt. Eine Gans versucht ein Ei, das außerhalb des Nestes liegt, mit dem Schnabel in das Nest zurückzurollen. Verliert sie dabei das Ei, so krümmt sie den Hals weiter und führt die Bewegung leer aus.

c) Schlüsselreize und Auslösemechanismen

Ein hochdifferenzierter Organismus wie etwa ein Wirbeltier kann unmöglich gleichzeitig auf alle Reizgrößen reagieren, die auf ihn einwirken. Er muß aus dem immensen Angebot «wichtige» Reize herausfiltern.
K. Lorenz und N. Tinbergen postulierten, daß sich im Laufe der stammesgeschichtlichen Entwicklung Mechanismen herausgebildet haben, die auf ganz bestimmte Reize hin spezifische Handlungsweisen auslösen. Man spricht deshalb von Schlüsselreizen und Auslösemechanismen (AM) und unterscheidet angeborene (AAM), durch Erfahrung ergänzte (EAAM) und erworbene (EAM) Auslösemechanismen. Wir beschränken uns auf die Darstellung von angeborenen Auslösemechanismen (AAM).
Wird ein Hühnerküken von der Gluckhenne getrennt, dann piepst es jämmerlich und durchdringend (Verlassenheitslaut). Sofort hört die Henne auf z. B. nach Futter zu scharren und beginnt so lange nach dem Küken zu suchen, bis sie es gefunden hat. Stülpt man im Versuch eine

Glasglocke über das Küken, dann sieht die Henne wohl, daß das Küken verzweifelt versucht, unter dem Glas hervorzukommen, beachtet es aber nicht. Erst wenn über ein Tonband der Verlassenheitslaut ertönt, wird die Henne auf das eingesperrte Küken aufmerksam und versucht es zu befreien. Offensichtlich wirkt nur der Verlassenheitslaut, nicht aber das Zappeln des Kükens als Schlüsselreiz auf die Henne, um bei ihr die Suche nach dem Küken auszulösen.

Dieses Verhaltensbeispiel läßt noch einen weiteren Schluß zu: Es gibt eine Verhaltenshierarchie. Die Suche nach dem vermißten Küken ist der Nahrungssuche übergeordnet. Würde die Henne jetzt von einer Katze bedroht, dann würde das Feindbild eine Verteidigung der Jungen in der Henne auslösen.

Attrappenversuche. Will man nachprüfen, welche Reize bzw. welche Reizkombination ein spezifisches Verhalten auslöst, dann werden die natürlichen Reizquellen als Attrappen nachgebildet. Es kann damit geprüft werden, inwieweit Form, Größe, Farbe, Bewegungsweise, Lautäußerungen und Geruch Schlüsselreize für bestimmte Verhaltensweisen sind. Dabei brauchen die Attrappen keineswegs naturgetreu nachgebildet zu sein, sondern können sich auf grobe Umrisse, Farben oder einzelne Laute beschränken. Reagieren unerfahrene Tiere auf Attrappen, dann kann man auf einen angeborenen Auslösemechanismus schließen. Es ist z. B. bekannt, daß viele junge Singvögel sperren, wenn man dem Nest eine schwarze Scheibe nähert. Das paarungsbereite Stichlingsmännchen wirbt um eine Attrappe mit einem dicken Bauch und greift eine Attrappe mit rotem Bauch als Rivalen heftig an (Abb. III, 1).

Erstaunlicherweise können Attrappen wirksamer sein als das natürliche, auslösende Objekt. Ein dünner, roter Stab mit drei weißen Punkten löst beim Silbermövenküken mehr Pickreaktionen pro Zeiteinheit aus als ein naturgetreuer Nachguß des Kopfes.

Übergroße Eier werden von vielen Vögeln ihren normalen Eiern gegenüber bevorzugt. Auch der Mensch reagiert auf übernormale Attrappen. In der Kleidung werden z. B. bei den Männern die breiten Schultern als sekundäre Geschlechtsmerkmale überbetont, bei den Frauen dagegen werden Busen, schlanke Taille und breite Hüften besonders hervorgehoben. In Comics und bei Puppen sind diese Merkmale teilweise bis ins Groteske übersteigert.

d) Motivation

Das Verhalten eines Tieres wird von äußeren Faktoren mitbestimmt, wie bei der starren Reiz-Reflexbeziehung und bei dem Zusammenspiel zwischen Schlüsselreiz und Auslösemechanismus dargestellt wurde. Dennoch ist ein Tier kein Automat, der auf den Einwurf einer Münze in stets gleicher Weise antwortet. Das Verhalten hängt weitgehend von der Handlungsbereitschaft (Stimmung, Drang, Motivation) eines Tieres ab. Sie wird sowohl von äußeren als auch von inneren Faktoren bestimmt. Zu letzteren rechnet man z. B. Blutdruck, Pulsfrequenz, Fül-

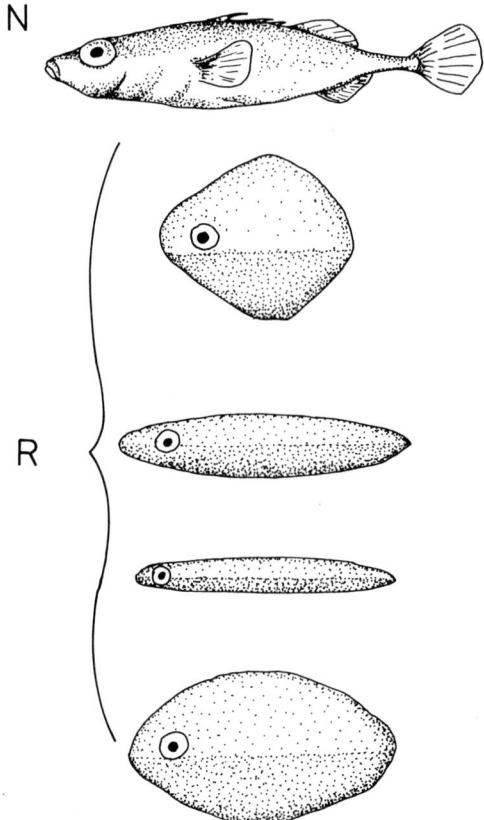

Abb. III, 1: Stichlingsattrappen. N: eine Attrappe, die einem Stichling sorgfältig form- und farbgetreu nachgebildet wurde. Sie besitzt aber keinen roten Bauch. R: vier rotbäuchige Attrappen der Serie R. Die paarungsbereiten und kampflustigen Stichlingsmännchen griffen alle die groben, aber rotbäuchigen Attrappen wesentlich heftiger an, als die Normalattrappe ohne roten Bauch. Daraus kann man schließen, daß Rot einen hohen Signalwert hat (nach Tinbergen).

88 III Verhalten

lung des Magens, Hunger, Durst und den Hormonspiegel.
Aktionsspezifische Energie. Die Handlungsbereitschaft wird durch die «Aktionsspezifische Energie» bedingt. Von K. Lorenz und E. von Holst wurde das «psychohydraulische Motivationsmodell» (Abb. III, 2) entwickelt, das die Zusammenhänge zwischen den inneren Bedingungen eines Organismus und äußeren Reizen veranschaulichen soll.
Aus einem Hahn fließt in ein Reservoir Wasser ein. Je höher der Wasserspiegel steigt, um so größer wird der Druck auf das Auslaufventil, das durch die Spannung einer Spiralfeder geschlossen ist. Erreicht der Wasserstand eine kritische Höhe, dann wird durch den Wasserdruck das Ventil geöffnet. – Der Wasserpegel wird mit dem aktionsspezifischen Potential gleichgesetzt. Es wird gespeist von endogen und automatisch erzeugten Reizen, die in unserem Modell dem zuströmenden Wasser entsprechen. Das gesamte System erreicht durch die Federspannung am Kegelventil eine bestimmte Stabilität.
Der Federspannung wirkt ein Zug von Gewichten entgegen, so daß sich bei entsprechender Belastung das Ventil schon bei niedrigem Wasser-

Das „psychohydraulische Modell"

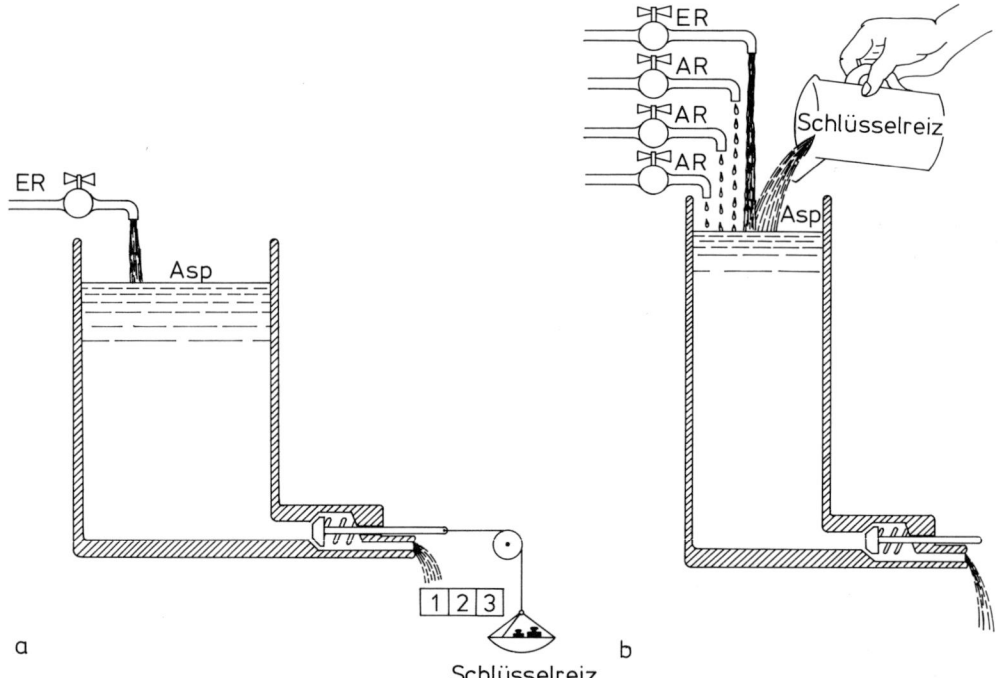

Abb. III, 2: Das «psychohydraulische» Motivationsmodell. Der Hahn ER symbolisiert die endogen-automatische Reizerzeugung, der Wassereinfluß die ansteigende Motivation, der Wasserspiegel Asp das derzeitige Aktionsspezifische Potential. Das Reservoir entspricht dem für ein Verhalten zuständiges System im Zentralnervensystem. Der Sperrmechanismus mit der Spiralfeder symbolisiert die Reizschwelle.
a) Das alte Modell, bei dem die ansteigende Motivation nur auf den Zufluß eines spezifischen endogen automatischen Reizes zurückgeht. Der Schlüsselreiz erniedrigt die Reizschwelle und setzt bei dem Modell am Ausgangsventil an. Er wirkt der Spiralfeder entgegen. Die Ziffern geben an, daß sich die Schlüsselreize in ihrer Wirkung summieren können.
b) Das neue Modell berücksichtigt, daß das aktionsspezifische Potential auch durch zusätzliche Reize erhöht werden kann (AR). Der Schlüsselreiz erhöht ebenfalls das Asp. Das Ventil wird ausschließlich durch den inneren Druck geöffnet. Die Reizschwelle bleibt konstant. Das Reservoir ist höher als bei a) und symbolisiert damit ein größeres aktionsspezifisches Potential (nach Lorenz 1978).

stand öffnet. Analog sollen Schlüsselreize die Reizschwelle erniedrigen und auf diese Weise einen Verhaltensablauf auslösen.

Beobachtungen bei den unterschiedlichsten Tiergruppen wie Fischen, Vögeln und Säugern haben ergeben, daß das Aktionsspezifische Potential nicht nur von einem Reiz gespeist wird, sondern daß auch andere, zusätzliche Reize das Potential aufbauen. Diese Beobachtungen wurden in der Reizsummenregel zusammengefaßt, die besagt, daß mehrere Schlüsselreize stärker wirken als ein Einzelreiz. Durch Attrappenversuche konnte man z. B. feststellen, daß die Auslösung der Eirollbewegung bei der Graugans von der Größe, Fleckung und Grundfärbung abhängt. Am besten wirkt eine Attrappe, die alle Merkmale aufweist. Der Begriff der Reizsummenregel ist insofern etwas mißverständlich, da sich die Reize nicht numerisch addieren lasssen, sondern sich nur verstärken, so daß der Begriff der wechselseitigen Reizverstärkung den Sachverhalt treffender beschreibt.

Auf Grund dieser Beobachtungen wurde ein neues psychohydraulisches Denkmodell entwickelt, wie es in Abb. III, 2b dargestellt ist. Das Aktionsspezifische Potential wird nun nicht mehr ausschließlich von einem einzigen endogenen Reiz, sondern zusätzlich von mehreren aufladenden Reizen aufgebaut. Dabei ist der Anteil der verschiedenen Reize unterschiedlich groß.

Das neue Modell unterscheidet sich noch in einem weiteren Punkt: Der auslösende Schlüsselreiz senkt nicht die Reizschwelle, sondern wirkt gleichsinnig wie die aufladenden Reize und unterscheidet sich von ihnen nur dadurch, daß er, dank seiner Fülle, das Aktionsspezifische Potential schlagartig erhöht, so daß die Reizschwelle überschritten wird.

Mit dem verbesserten Denkmodell lassen sich viele Verhaltensweisen erklären. Dennoch muß man sich stets klar darüber sein, daß es sich um eine Arbeitshypothese handelt, die sich zwar mannigfach bewährt hat, aber noch viele Fragen offen läßt. So weiß man z. B. bis heute nicht, wie man sich das «Reservoir» im Zentralnervensystem vorstellen soll. Ebenso liegt über dem Ursprung der endogenen automatischen und der aufladenden Reize weithin Dunkel.

e) Appetenzverhalten

Unter Appetenzverhalten versteht man ein Suchverhalten eines Tieres, das auf eine Endhandlung hinzielt, die eine Triebbefriedigung herbeiführt. Fressen und Trinken, das Erreichen eines Brutplatzes oder das Ausführen einer Kopulation sind Beispiele für Endhandlungen. Betrachtet man solche Verhaltensabläufe, dann kann man in der Regel drei Phasen unterscheiden: Das ungerichtete Suchen (ungerichtetes Appetenzverhalten), die gezielte Annäherung (gerichtetes Appetenzverhalten) und die instinktive Endhandlung. Ein Beispiel möge dies erläutern: Eine hungrige Katze wird unruhig und streift durch eine Wiese, bis sie eine Maus bemerkt. Sie hält inne, orientiert sich und schleicht sich an die Beute an, erfaßt und tötet sie. Am Ende frißt sie die Maus auf.

In das Appetenzverhalten können einfache Taxien, Erbkoordinationen, erlernte Verhaltensweisen und einsichtige Verhaltensanteile einbezogen sein.

f) Leerlaufhandlungen

Wie wir gesehen haben, hängen viele Verhaltensweisen sowohl von äußeren Reizen als auch von inneren Faktoren ab. Fehlen die äußeren Reize, dann kann das Aktionsspezifische Potential so weit ansteigen, daß es zum spontanen Ablauf einer Verhaltensweise im Leerlauf kommt. So gründeln z. B. Enten und Gänse leer, wenn sie nur an Land mit trockenem Futter ernährt werden. Junge Kälber, die aus dem Eimer gefüttert werden, saugen an Holz und Eisenketten im Stall. Säuglinge, die vom ersten Tag an in engem Hautkontakt mit der Mutter aufwachsen, sollen nicht am Daumen lutschen.

g) Umorientierte Bewegungen und Übersprungbewegungen

Vor allem beim Kampfverhalten kann man beobachten, daß ein begonnener Angriff nicht zu Ende geführt wird, wenn der Gegner zu stark erscheint. Das Tier kommt in eine Konfliktsituation zwischen Angriff und Flucht. Anstelle des Gegners kann jetzt entweder ein rangniedriger Artgenosse oder ein neutraler Gegenstand wie z. B. ein Grasbüschel angegriffen werden. Der Angriff wird umorientiert. Ähnliche Erscheinungen sind uns vom menschlichen Verhalten geläufig. Wagen wir es nicht, einen Gegner anzugreifen, dann schlagen wir mit der Faust auf den Tisch.

Sind zwei entgegengesetzt wirkende Verhaltenstendenzen wie Aggression und Flucht gleich stark, dann beobachtet man häufig, daß eine völlig unerwartete Verhaltensweise abläuft, die weder mit Aggression noch mit Flucht das geringste zu tun hat, sondern meist aus den Funktionskreisen der Nahrungsaufnahme oder Körperpflege entspringt. – Zwei sich bedrohende Hähne picken plötzlich auf den Boden und führen Freßbewegungen aus, ohne Nahrung aufzunehmen. Menschen kratzen sich in Konfliktsituationen am Kopf. In beiden Fällen lief eine Übersprungbewegung ab.

Das Übersprungverhalten läßt sich nach zwei Hypothesen deuten: Nach der «Übersprungs»-Hypothese ist das Erregungspotential so weit angestaut, daß es zu einer Endhandlung kommen muß. Da die eigentliche Handlung durch eine zweite, hemmende Tendenz blockert ist, springt die Erregung auf eine andere Bahn um und löst ein völlig unerwartetes Verhalten aus. Bis heute hat man noch keine Übersprungbewegung gefunden, die mit Sicherheit nach dieser Hypothese abläuft.

Die «Enthemmungshypothese» besagt, daß sich zwei entgegengesetzte Verhaltenstendenzen gerade aufheben und ihre Intensität dadurch gegen Null geht. Ihre hemmende Wirkung auf andere Verhaltenstendenzen entfällt, so daß jetzt die nächst stärkere Verhaltenstendenz mit der ihr eigenen Intensität abläuft. Diese Deutung kommt vielen Beobachtungen nahe, erklärt aber z. B. nicht ausreichend, warum bei vielen Tieren auf ein gehemmtes Verhalten eine genau festgelegte Übersprungbewegung folgt.

h) Endogene Rhythmik

Bei allen Organismen, von den Bakterien bis zu den Säugetieren einschließlich des Menschen, hat man beobachtet, daß Lebensfunktionen wie z. B. Stoffwechselvorgänge, Bewegungsabläufe oder Verhaltensmuster von Rhythmen bestimmt werden. Die Periodendauer ist sehr unterschiedlich und reicht von Kurzzeitrhythmen, die im Bereich von ms liegen, bis zu Langzeitrhythmen mit einer Periodendauer von Tagen, Monaten oder Jahren.

Zu den Kurzzeitrhythmen gehören z. B. Entladungen einzelner Neurone mit einer Periodendauer von ca. 0,01 s., der Puls mit einer Frequenz von 0,1 bis 1 Hz. Weiterhin zeigen der koordinierte Zilienschlag eines Pantoffeltierchens (Abb. I, 21) oder das Flimmerepithel einer Muschel (Abb. I, 22) ebenso wie das Trommeln eines Spechtes oder die kratzende Putzbewegung einer Katze einen Kurzzeitrhythmus. Kurzzeitrhythmen lassen sich in den meisten Fällen auf angeborene, endogene Prozesse eines Organismus zurückführen.

Zu den Langzeitrhythmen zählt man die tagesperiodischen Abläufe wie das Öffnen und Schließen der Blüten (Abb. I, 23), Wachen und Schlafen bei Mensch und Tier, den Gesang der Vögel am frühen Morgen. Auf den Phasenwechsel des Mondes, dem der Gezeitenwechsel folgt, haben sich viele marine Organismen eingestellt. Dem jahreszeitlichen Wechsel folgen z. B. die Blühperioden von Pflanzen, das Balz- und Brunftverhalten vieler Tiere, der Vogelzug, die Winterruhe und der Winterschlaf.

Eine amerikanische Singzikade braucht 12 Jahre für ihre Entwicklung unter der Erde. Danach kriechen gleichzeitig in einer einzigen Nacht die Larven aus dem Boden, um sich zur Imago zu häuten.

Die Frage, ob Langzeitrhythmen angeboren oder umweltbedingt sind, wurde schon von Darwin und Pfeffer gestellt. Sie konnte aber erst in den dreißiger Jahren dieses Jahrhunderts eindeutig beantwortet werden. Grundlegend waren die Arbeiten von E. Bünning. Wir wissen heute, daß es sowohl umweltbedingte als auch endogene Langzeitrhythmen gibt.

Circadiane Rhythmik. Der regelmäßige Wechsel von Hell und Dunkel im Verlauf eines Tages beeinflußt die Lebensvorgänge von Pflanzen, Tieren und Menschen sehr stark, so daß es verständlich ist, daß sich viele Organismen im Laufe der stammesgeschichtlichen Entwicklung auf diesen rhythmischen Hell-Dunkelwechsel eingestellt haben (vgl. auch Kap. I, D 17 u. 18).

Zunächst gilt es zu klären, ob ein endogener oder aber nur ein von den äußeren Zeitgebern bestimmter Rhythmus vorliegt. Um dies zu prüfen, schirmt man die Versuchsobjekte entweder von allen äußeren Zeitgebern ab, oder man bietet ihnen künstlich einen verkürzten (verlängerten) Tag von beispielsweise 16 (30) Stunden.

Als Beispiel seien hier Versuche geschildert, die mit Studenten durchgeführt wurden, die sich freiwillig bereiterklärt hatten, für einige Tage oder Wochen in einem Bunker völlig abgeschlossen von der Außenwelt zu leben. Das Ergebnis eines solchen Versuchs ist in Abb. III, 3 dargestellt. Die Versuchsperson behielt ihren Rhythmus von Wachen und Schlafen bei. Dabei zeigte sich, wie schon zuvor in vielen Pflanzen- und Tierversuchen, daß dieser Rhythmus nur in etwa einem Tagesrhythmus von 24 Stunden folgt. Man spricht deshalb von einem circadianen Rhythmus (circa diem: etwa ein Tag). Die Versuchsperson hatte einen eigenen Wach-Schlafrhythmus mit einer Periodenlänge von 25,3 Stunden, der sehr genau eingehalten wurde.

Breit angelegte Versuchsreihen haben bei den verschiedensten Untersuchungsobjekten freilaufende Rhythmen mit Periodenlängen zwischen 23 und 26 Stunden ergeben. Aschoff konnte beobachten, daß die Aktivität von tagaktiven Tieren im Dauerlicht und bei steigender Intensität zunimmt. Die Aktivitätszeit ist länger als im Dauerdunkel. Bei nachtaktiven Tieren liegen die Verhältnisse gerade umgekehrt (Aschoff'sche Regel).

Versucht man einem Hamster künstlich einen Tagesrhythmus aufzuzwingen, der von der 24-Stundenperiodik abweicht, so macht er diese Veränderung nur innerhalb enger Grenzen mit. Er stellt sich auf Tageslängen von 21–26 Stunden ein. Verkürzt (verlängert) man die Tagesperiodik auf 20 (28) Stunden, dann läuft seine eigene Rhythmik weiter. Die Tiere sind also zeitweise, entgegen ihren Lebensgewohnheiten, bei Tage wach. Genau dieselben Beobachtungen hat man bei Pflanzen, Tieren und dem Menschen gemacht. Die untere Grenze der Synchronisierbarkeit liegt bei 18-Stunden-Perioden, die obere bei 28- bis 30-Stunden-Perioden.

Phasenverschiebung der Außenrhythmik. Wird z. B. durch einen Ost-West-Flug die Tagesphase um ca. 12 Stunden verschoben, dann dauert es ungefähr eine Woche bis sich ein Mensch voll auf die neue Ortszeit eingestellt hat. Interessanterweise stellen sich die einzelnen Körperfunktionen nicht gleichzeitig um. So verharrt z. B. die Natrium-Kaliumausscheidung noch einige Zeit auf dem alten Tagesrhythmus, wenn sich der Körper schon auf den neuen Schlaf-Wach-Rhythmus eingestellt hat. Es gibt zahlreiche Untersuchungen, die zeigen, daß bei Piloten und dem Begleitpersonal von Langstreckenmaschinen Rhythmusstörungen auftreten. Dasselbe gilt für Nachtarbeiter.

Die «innere Uhr» als Hilfe zur Richtungsorientierung. Karl von Frisch und seine Schüler haben nachgewiesen, daß sich Bienen nach der Sonne orientieren. Sie müssen dabei ständig die Bewegung der Sonne bei der Berechnung der Flugrichtung miteinbeziehen. Dies ist nur möglich, wenn sie über eine innere Uhr verfügen, die ihnen genau die Zeit angibt. Dressurversuche haben gezeigt, daß sich Bienen sehr genau Zeiten merken können und sie auch über mehrere Tage hinweg nicht vergessen, wenn sie z. B. bei schlechtem Wetter nicht ausfliegen können. Sie messen die Zeit nach einer «inneren Uhr», wie man durch Versetzungsexperimente bewiesen hat.

In Paris wurden Bienen auf eine abendliche Futterzeit dressiert und dann nach New York geflogen. Sie erschienen dort nach Pariser und nicht nach New Yorker Ortszeit am Futterplatz über mehrere Tage hinweg, obwohl kein Futter mehr geboten wurde. Damit war bewiesen, daß sich die

Circadiane Periodik beim Menschen

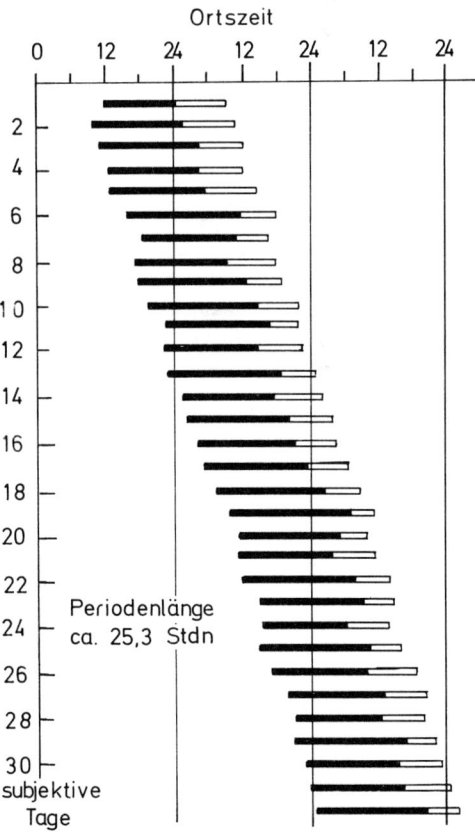

Abb. III, 3: Freilaufende circadiane Aktivitätsperiodik einer Versuchsperson, die von äußeren Zeitgebern völlig abgeschirmt war. Schwarze Balken Aktivität, weiße Balken Ruhe (aus von Sengbusch nach Wever 1971).

Bienen nach ihrer «inneren Uhr» gerichtet haben.
Inzwischen hat man bei einer Reihe von unterschiedlichen Tiergruppen wie Würmern, Krebsen, Insekten und Wirbeltieren Vertreter gefunden, die einen ausgeprägten Zeitsinn haben und sich mit seiner Hilfe nach der Sonne orientieren. So konnte z. B. nachgewiesen werden, daß sich Grasmücken auf ihrem Zug sehr genau nach Sonne und Sternen richten.

2 Lernen als erfahrungsbedingte Verhaltensänderung

Alle Tiere, von den Einzellern bis hin zu den Säugetieren, haben eine erblich vorbestimmte Lernbegabung (Lerndisposition). Die Lernfähigkeit nimmt mit der Organisationshöhe zu, und es bestehen große Unterschiede zwischen den einzelnen Tiergruppen und Tierarten hinsichtlich ihrer Lernkapazität.
Der Begriff des Lernens wurde wiederholt von Psychologen, Pädagogen und Ethologen definiert. Die unterschiedlichen Begriffsbestimmungen sind vor allem darauf zurückzuführen, daß die nervenphysiologischen Vorgänge, die dem Lernen zugrunde liegen, bis heute nur unvollkommen bekannt sind. Versucht man die verschiedenen Definitionen des Lernens auf einen Nenner zu bringen, dann kann man etwa sagen: Alles Lernen beruht auf individueller Erfahrung und verändert das Verhalten eines Organismus in der Weise, daß er den Umweltbedingungen besser angepaßt ist. Formal lassen sich verschiedene Lernformen unterscheiden wie z. B. die Prägung, die klassische Konditionierung, die instrumentelle Konditionierung und das einsichtige Lernen.

a) Die Prägung

Die Prägung stellt eine Sonderform des Lernens dar, die vor allem durch zwei Merkmale gekennzeichnet ist: Eine Prägung läuft nur während eines bestimmten Altersabschnitts (sensible Phase) in der frühen Jugend ab und ist irreversibel, daß heißt, sie kann durch Umlernen nicht mehr verändert werden.
Bei der Objektprägung werden die auslösenden Reize für eine bestimmte Reaktion festgelegt. Das bekannteste Beispiel ist die Nachfolgeprägung junger Entenküken. Die sensible Phase liegt 13–16 Stunden nach dem Schlüpfen. In dieser Zeit lernt das Küken seine Mutter kennen. Bietet man dem jungen Entchen während der sensiblen Phase einen Fußball als Mutterattrappe an, dann folgt es ihm und fühlt sich bei ihm geborgen. Dies um so mehr, wenn die Attrappe auch Laute von sich gibt (Reizsummation). Die Entenküken können aber auch auf Gänse oder den Menschen geprägt werden.
Bei der sexuellen Prägung erlernen manche jungen Vögel und Säugetiere die Merkmale ihres späteren Geschlechtspartners noch lange bevor sie die Geschlechtsreife erlangt haben. Junge Stockentenerpel lassen sich z. B. auf Graugänse prägen, wenn sie von ihnen aufgezogen werden. Sie umwerben später bevorzugt oder ausschließlich Graugänse. Weibliche Entenküken können dagegen nicht auf einen fremden Geschlechtspartner geprägt werden. Es besteht also bei den Enten ein geschlechtsspezifischer Unterschied bei der sexuellen Prägung. – Man vermutet, daß auch der Mensch sexuell prägbar ist und Fehlprägungen zu Homosexualität führen können.
Als Beispiel für eine motorische Prägung, bei der Bewegungsmuster erlernt werden, sei die Gesangsprägung bei manchen Vögeln genannt. Junge Zebrafinken erlernen den Artgesang bis zum 80. Tag nach dem Schlüpfen. Werden sie von fremden Vogeleltern, z. B. von den in Gesang und Aussehen ähnlichen Japanischen Mövchen, aufgezogen, dann erlernen sie deren Gesang und können später nicht mehr umlernen.

b) Klassische Konditionierung

In Versuch II, D 8 bei der Durchführung des Lidschlußreflexes hatten wir gesehen, daß der unbedingte Reiz (Luftstrom) durch einen neutralen, bedingten Reiz (z. B. Lichtstrahl oder Ton) ersetzt werden kann. Diese Art der Konditionierung geht auf P. Pawlow zurück, der die reflektorische Speichel- und Magensaftsekretion bei hungrigen Hunden in Verbindung mit neutralen optischen und akustischen Reizen erstmals prüfte (klassische Konditionierung).
Bei der klassischen Konditionierung ist entscheidend, daß der unbedingte und bedingte Reiz gleichzeitig geboten wird. Nach einigen Wiederholungen stellt sich eine Assoziation beider Reize ein, die zu einer neuen Verknüpfung, dem bedingten Reflex führt.
Der Lidschlagreflex läßt sich in Verbindung mit einem neutralen Reiz in einen bedingten Reflex

überführen. Beim Hund dagegen wird durch die gleichzeitige Darbietung von neutralem Reiz und Futter nicht nur die Speichel- und Magensaftabsonderung ausgelöst, sondern ein ganzes Appetenzverhalten, von dem die Speichel- und Magensaftsekretion nur eine Teilreaktion ist. Da der Hund aber in einem Geschirr festgebunden ist, können die zugehörigen Verhaltensweisen nicht beobachtet werden. Hassenstein schlägt deshalb für solche Verhaltensweisen den Begriff der bedingten Appetenz vor.

c) Instrumentelle Konditionierung

Auch die instrumentelle Konditionierung (operant conditioning) baut auf dem Erwerb bedingter Reaktionen auf. In diesem Fall wird eine neue Bewegung mit der Befriedigung eines bereits vorhandenen Bedürfnisses verknüpft. Dies soll an einem Beispiel erläutert werden: Eine hungrige Katze wird in eine Kiste eingesperrt, die sich öffnet, wenn das Tier auf einen Hebel drückt. Die Katze versucht, sich aus dem Käfig zu befreien und drückt dabei zufällig auf den Hebel, der die Türe öffnet. Sobald sich die Katze befreit hat, wird sie mit Futter belohnt. Dann wird sie in den Kasten zurückgesetzt. Mit der Zeit lernt sie aus Erfahrung, daß immer dann, wenn sie den Hebel betätigt, die Türe aufspringt und sie Futter bekommt. Das Appetenzverhalten der Katze wurde durch eine neue motorische Ausführungsweise ergänzt. Hassenstein spricht deshalb von einer bedingten Aktion.
Der Amerikaner F. B. Skinner konstruierte Standard-Versuchsanordnungen, sogenannte «Skinner-Boxen», mit denen sehr viele Experimente zur instrumentellen Konditionierung durchgeführt wurden.
Im Zusammenhang mit der instrumentellen Konditionierung wurde eine merkwürdige Beobachtung gemacht: Mehrere Tauben wurden einzeln in Skinner Boxen gesetzt. Durch Futterautomaten wurde ihnen im Abstand von 15 Sekunden jeweils ein Futterkorn geboten. Nach einiger Zeit benahmen sich die Tiere sehr verschieden. Eine Taube saß reglos auf dem Boden und wartete auf das Futter, eine zweite hüpfte von einem Fuß auf den anderen, eine dritte drehte sich im Kreis usw. Was war geschehen? Jede Taube hielt an der Bewegungsweise fest, die sie zufällig ausführte, als ein Futterkorn in ihren Käfig fiel. Die Tauben waren «abergläubisch» geworden.

Sowohl die klassische als auch die instrumentelle Konditionierung kann auch mit Strafen durchgeführt werden. Schlechte Erfahrungen führen zu bedingten Aversionen und bedingten Hemmungen. Bei einem Lernvorgang können klassische und instrumentelle Konditionierungen miteinander kombiniert sein. Vermutlich liegen beiden Lernvorgängen weitgehend gleichartige physiologische Lernprozesse zu Grunde.

d) Einsichtiges Lernen

Einsichtiges Lernen setzt die Fähigkeit zur Generalisation und Abstraktion voraus. Diese Fähigkeit ist bis zu einem gewissen Grade bereits bei den Fischen ausgebildet, die bei optischen Wählversuchen z. B. Rot als Rot und ein Dreieck als ein Dreieck erkennen. Möglicherweise sind sie zu einer averbalen Begriffsbildung fähig.
Echtes, einsichtiges Lernen konnte man mit Sicherheit bei den Affen nachweisen. W. Köhler (1921) hat gezeigt, daß Schimpansen in Gefangenschaft Stöcke zusammenstecken und Kisten aufeinandertürmen, um Bananen zu erreichen. J. van Lawick-Goodall (1968) beobachtete bei freilebenden Schimpansen, daß sie aus zerkauten Blättern Schwämme herstellen, um Wasser aus einer Baumhöhle zu tupfen, oder dünne Zweige sorgfältig so zurichten, daß sie damit Termiten aus ihren Bauten herausangeln konnten.
In neuester Zeit wurde nachgewiesen, daß sowohl Schimpansen (Gardener 1968) als auch Gorillas (Patterson 1978) zwar keine gesprochene Sprache, jedoch eine Zeichensprache erlernen können.
Die Schimpansin Washoe erlernte in vier Jahren 132 Zeichen, konnte abstrahieren und neue Begriffe bilden. Ein Radieschen nannte sie eine «Weinen-wehtun-Frucht», den ihr unbekannten Schwan einen «Wasser-Vogel». Das Gorillaweibchen Koko übertraf die Schimpansin weit. Es benutzte bis zu 650 Zeichen. Es verstand es, sich durch Lügen aus unangenehmen Situationen herauszureden, hatte Sinn für Humor und konnte ihr Selbstbewußtsein in der Zeichensprache ausdrücken.

3 Sozialverhalten

a) Übersicht über soziale Verhaltensweisen und Sozialformen

Balzverhalten. Hand in Hand mit der Entwicklung zweigeschlechtlicher Tiere entwickelten sich im Laufe der Stammesentwicklung Verhaltensformen, die garantierten, daß die Eizellen befruchtet werden. Deshalb zeigen die meisten höher entwickelten Tiere zumindest während der Fortpflanzungszeit ein Sozialverhalten. Die Geschlechtspartner müssen zusammenfinden. Bei vielen Tieren hat sich ein artspezifisches Balzverhalten entwickelt. Es gewährleistet, daß sich Geschlechtspartner derselben Art paaren, baut mögliche Aggressionen ab und synchronisiert das sexuelle Verhalten der Partner, so daß ein gemeinsames Ablaichen bzw. eine Kopulation möglich wird.

Die Balz läuft bei vielen Tieren nach einem genau festgelegten Verhaltensmuster ab. Bekannt ist z. B. die Reaktionskette des balzenden Stichlings, der vor dem erscheinenden Weibchen einen Zickzacktanz aufführt. Weist das Weibchen seinen dicken Bauch, dann wird es zum Nest geführt. Das Männchen zeigt ihm den Nesteingang. Daraufhin schwimmt das Weibchen in das Nest und legt, auf einen Schnauzentriller des Männchens gegen den Schwanz, seine Eier ab. Danach verläßt es das Nest und das Männchen besamt die Eier und vertreibt das Weibchen.

Brutpflegeverhalten. Wachsen die Nachkommen ungeschützt auf, dann ist die Sterblichkeit sehr groß. Sie läßt sich durch eine intensive Brutpflege außerordentlich stark reduzieren. Es ist deshalb nicht verwunderlich, daß wir bei vielen Tieren ein ausgeprägtes Brutpflegeverhalten beobachten. Das Gelege bzw. die Jungen werden geschützt, sauber gehalten und wenn nötig gewärmt. Die Jungen werden gefüttert, gehütet und manchmal auch erzogen.

Während der Brutpflege bilden sich Familienverbände. Bei einigen Buntbarschen, vielen Vogelarten und manchen Säugern wie z. B. den Rennmäusen, Gibbons und dem Menschen beteiligen sich Vater und Mutter an der Aufzucht der Jungen. Es gibt aber auch Mutter- oder Vaterfamilien. Bei einigen Krebsen, Skorpionen, Spinnen, bei staatenbildenden Insekten wie den Ameisen und Bienen, bei Vögeln wie z. B. den Enten und vielen Säugern wie z. B. Hamstern, Mardern, Wildschweinen übernehmen die Weibchen die Brutpflege allein. Nur selten finden wir Vaterfamilien wie beim Stichling, dem Seepferdchen und dem Vogel Strauß.

Revierverhalten. Brutpflegende Fische und die meisten Vögel grenzen während ihrer Brutpflege ihr Revier streng gegen andere Artgenossen ab und verteidigen es erbittert. Gelingt es einem Tier nicht, ein Revier zu erobern, so ist es von der Fortpflanzung ausgeschlossen.

Nach der Fortpflanzungsperiode lösen sich viele Familienverbände auf, sobald die Jungen selbständig geworden sind. Aber selbst Einzelgänger zeigen zuweilen ein ausgesprochenes Sozialverhalten. Sie halten ein Revier fest besetzt und verteidigen es gegen artgleiche Eindringlinge. Dadurch sichern sie sich einen ausreichend großen Lebensraum für ihre Ernährung. Die Reviergröße hängt vom Nahrungsbedarf und vom Futterangebot ab. Kleinen Korallenfischen reicht ein einziger Korallenstock als Revier. Der Kuckuck als Nahrungsspezialist benötigt ein Gebiet von mehreren Quadratkilometern.

Die Reviere werden Artgenossen gegenüber gekennzeichnet. Korallenfische oder brünstige Stichlingsmännchen sind leuchtend bunt gefärbt und fallen durch ihre plakative Farbe weithin auf. Vögel signalisieren durch ihren Gesang, daß sie ein Brutrevier besetzt haben. Die Reviergrenze liegt dort, wo eine bestimmte Lautgrenze den Rivalen gerade noch abschreckt. Säugetiere setzen an den Reviergrenzen Duftmarken. Sie verwenden dazu Harn, Kot oder das Sekret besonderer Duftdrüsen.

Anonyme Verbände. Den lockersten Zusammenschluß von Tieren finden wir bei den offenen, anonymen Verbänden. Zu ihnen sind Fisch- und Vogelschwärme zu rechnen, die durch einfache, stimmungsübertragende und richtende Signale zusammengehalten werden. Der Schwarm bietet für den Einzelnen einen gewissen Schutz vor Fressfeinden; denn es fällt z. B. einem jagenden Fisch schwerer aus einem Schwarm seine Beute herauszufangen, da er durch die vielen Individuen irritiert wird und viel schlechter gezielt zufassen kann. – Möwenschwärme können einen Eindringling ins Brutrevier erfolgreicher angreifen als Einzeltiere. Charakteristisch für den offenen anonymen Verband ist, daß ständig neue Individuen dazu kommen oder sich von ihm lösen können.

Bei dem geschlossenen anonymen Verband kennen sich die einzelnen Mitglieder zwar nicht persönlich, aber sie tragen einen Gruppengeruch,

der sie von fremden Gruppen unterscheidet. Fremde werden in der Gruppe nicht geduldet. Mäuse und Ratten leben in geschlossenen anonymen Verbänden. Schließt man eine Maus für einige Zeit aus der Gruppe aus, dann verliert sie den Gruppengeruch und wird später nicht mehr in ihrer Gruppe toleriert. Auch die Bienen eines Volks erkennen sich am Duft und vertreiben oder töten stockfremde Eindringlinge (Abb. III, 4).
Individualisierte Verbände. Die Mitglieder kennen sich persönlich und dulden Fremde nicht unter sich. Der kleinste Verband ist eine Ehe, wie wir sie z. B. von vielen Vögeln kennen, die während der Brutzeit eng zusammenhalten. Gänse und Schwäne schließen sogar lebenslängliche Ehen.

Bei größeren individualisierten Verbänden wie einer Hühnerschar, einem Wolfsrudel oder einer Affenschar kennen sich die einzelnen Mitglieder. Die Gruppen sind organisiert und es bildet sich eine Rangordnung heraus, die das Zusammenleben in der Gruppe streng regelt. Die Rangordnung ergibt sich aus Kämpfen, die die Gruppenmitglieder untereinander ausführen. Eine einmal erworbene Rangstellung kann ohne erneuten Kampf über lange Jahre, u. U. für die ganze Lebenszeit erhalten bleiben. Das ranghöhere Mitglied einer Gruppe braucht nur das rangniedrige Tier anzudrohen, um sich ihm gegenüber durchzusetzen. Die Führung und oft auch die Verteidigung der Gruppe wird von den ranghohen Tieren übernommen.

b) Kampfverhalten und innerartliche Aggression

In den vorangehenden Abschnitten wurde wiederholt darauf hingewiesen, daß Tiere drohen, angreifen und kämpfen. Dabei ging es um Nahrungserwerb, Vertreiben von artfremden Feinden, Verteidigung des Reviers, Kampf um ein Weibchen, Kampf um eine soziale Stellung innerhalb der Gruppe. Die Aufzählung läßt sich ergänzen: Tiere können aggressiv werden, wenn sie ein Ziel nicht erreichen, sie können sich gegen ein krankes Gruppenmitglied wenden und sich im Spiel balgen. Aus der Zusammenstellung geht hervor, daß es sehr verschiedene aggressive Handlungen gibt. Wir beschränken uns zunächst auf die innerartlichen Aggressionen, bei der Tiere derselben Art sich bedrohen oder bekämpfen.

Drohen. Stehen sich zwei Hähne gegenüber, dann drohen sie sich an, bevor sie kämpfen. Das Drohen kann so heftig sein, daß einer der Hähne aufgibt. Ähnliche Beispiele ließen sich bei vielen Fischen, Vögeln und Säugetieren finden. Das Drohen wird sehr eindrücklich, wenn es durch ein besonderes Imponiergehabe unterstützt wird, bei dem z. B. der Umriß vergrößert wird, indem Federn oder Haare gesträubt werden, der Kamm schwillt, Zähne und Hörner gezeigt werden oder gezischt, gefaucht und gebrüllt wird.

Beschädigungskampf. Innerartliche Kämpfe sind nicht auf die Vernichtung des Gegners gerichtet. Beschädigungskämpfe, bei denen mit voller Körperkraft und unter uneingeschränktem Einsatz von Zähnen, Hörnern und Klauen gekämpft wird, sind deshalb selten. Blutige Beißereien werden bei Echsen sowie Ratten und Wölfen, die verschiedenen Gruppen angehören, beobachtet. Die Gegner können sogar getötet werden.

Kommentkampf. Der Komment- oder Turnierkampf läuft nach festen Regeln ab, wobei die gefährlichen Waffen nicht oder nur in einer Weise eingesetzt werden, die den Gegner nicht ernsthaft gefährdet.

Fast immer geht einem Kommentkampf ein intensives Drohverhalten voraus. Beim anschließenden Kampf verwendet dann z. B. ein Wildschweineber nicht seine Hauer, sondern versucht den Gegner in einem Schiebekampf mit der Schulter auf die Seite zu drängen. – Oryx-Anti-

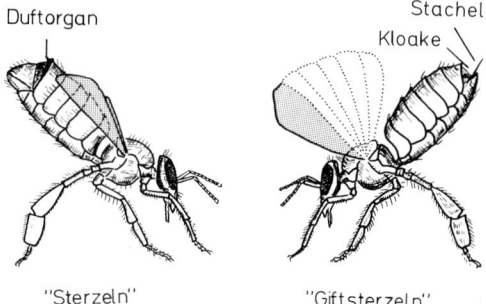

Duftmarkierung bei der Honigbiene

Duftorgan   Stachel
             Kloake

"Sterzeln"   "Giftsterzeln"

Abb. III, 4: Die Honigbiene lebt sozial. Am Stockeingang oder an einer guten Futterstelle stülpt sie zwischen dem letzten und vorletzten Segment des Hinterleibs ein Duftorgan aus, um die Artgenossen anzulocken. Sehr stark beunruhigte Bienen legen ein Polster an der Stachelbasis frei, das einen Duft absondert, der andere Bienen in Angriffsstimmung versetzt.

lopen spießen den Gegner nicht auf, wie sie es bei einem angreifenden Löwen machen würden, sondern schlagen mit ihren Hörnern seitlich gegeneinander und versuchen daraufhin, Stirn gegen Stirn, sich wegzuschieben. Ähnlich verlaufen die Brunftkämpfe der Hirsche.
Demutgebärde und Tötungshemmung. Nimmt der unterlegene Partner bei einem Kampf eine Demutstellung ein, dann wird der Kampf abgebrochen, denn sie wirkt sehr aggressionshemmend auf den Angreifer. Wölfe und Hunde bieten dem Gegner die Bauchseite und die verletzliche Kehle an und lösen damit eine Beißhemmung aus. Viele Fische signalisieren durch Farbänderung und Anlegen der Flossen ihre Unterlegenheit.

c) Hypothesen über aggressive Motivationen

Unbestritten und vielfach belegt ist die Tatsache, daß es Aggressionen gibt. Keine Einigung besteht darüber, ob es für die Aggression als solche einen angeborenen Instinkt gibt. Im Augenblick werden vor allem drei Modelle diskutiert, deren Vertreter sich z. T. äußerst aggressiv verhalten: Die Instinkttheorie, Lerntheorie und die Frustrationstheorie.
Die Instinkttheorie der Aggression. K. Lorenz geht von einem angeborenen Aggressionstrieb aus. Entsprechend dem Motivationsmodell wird endogene aktionsspezifische Energie zugeführt. Das aktionsspezifische Potential steigt an, und es kommt zu einem Triebstau. Äußere Reize lösen eine Aggressionshandlung aus. Fehlende Reize führen zu einem Suchverhalten (Appetenzverhalten). Bei genügendem Triebstau können sehr schwache Reize eine Aggression auslösen, ja, bei völlig fehlenden Reizen soll die Aggressionshandlung auch ins Leere auslaufen.
Die Lerntheorie der Aggression. Von psychologischer Seite wurde die Lerntheorie der Aggression entwickelt. J. P. Scott nimmt an, daß aggressives Verhalten stets erlernt wird. Im Sinne einer instrumentellen Konditionierung erhöht Erfolg die Aggressionsbereitschaft. Ausdrücklich wird betont, daß das Lernen auch über Vorbilder gehen kann und damit in das Sozialverhalten eingebettet ist.
Die Frustrations-Aggressions-Theorie. Der amerikanische Psychologe J. Dollard und seine Schule postulierten die Frustrations-Aggressions-Theorie. Sie nehmen an, daß ein Teil eines sogenannten Primärtriebes wie z. B. Sexualität oder Hunger in Aggression umgewandelt wird, wenn seine Befriedigung gehemmt wird.

d) Außerartliche Aggression

Außerartliche Aggression finden wir immer, wenn ein Beutetier gejagt wird. Dabei wird die ganze Kraft, die ganze Macht der Waffen oder die Wirksamkeit eines Giftes eingesetzt, um die Beute zu töten. Ebenso verteidigen viele Tiere sich und ihre Jungen sehr entschlossen, wenn sie sich in die Enge getrieben sehen. Vögel wie Möwen greifen im Schwarm einen Eindringling ins Brutgebiet an. Verschiedene Singvogelarten finden sich zusammen, um gegen eine Eule im Baum oder einen fliegenden Greifvogel mit Geschrei und Gezänk zu «hassen».

D Experimente und Beobachtungen

ERSTE VERSUCHSGRUPPE

Angeborene Verhaltensweisen

1 Die Bewegungsweise der Weinbergschnecke

Material und Geräte

Weinbergschnecken (und andere Landschnecken)
Glasplatte
Schreibpapier
Filtrierpapier
Fliegengitter
Rasierklinge

a) Beobachtungen (Abb. III, 5)

Das Schleimband. Wir lassen eine Schnecke der Reihe nach über folgende Unterlagen kriechen: Glasplatte, trockenes Schreibpapier, Fließpapier und Fliegengitter. – Vergleichen Sie die Kriechgeschwindigkeit (cm/min) und die Dicke des Schleimbandes auf den verschiedenen Unterlagen. – Hängt die Kriechgeschwindigkeit

D Experimente und Beobachtungen 97

vom Reibungswiderstand der Unterlage ab? Wieweit kriecht die Schnecke auf dem Fliegengitter?
Kriechbewegungen des Fußes. Wir setzen eine Schnecke auf eine Glasplatte. Sobald sie kriecht, drehen wir die Glasplatte um und beobachten die Bewegungen der Kriechsohle.
Überwindung scharfer Hindernisse. Vor eine Schnecke wird eine Rasierklinge senkrecht aufgestellt. Warum schneidet sich die Schnecke beim Überkriechen des Hindernisses nicht?

b) Ergebnisse

Die Schnecke kriecht auf ihrem Schleimband, auf dem sie ohne großen Reibungswiderstand dahingleitet. Auf einer glatten Unterlage kann das Schleimband hauchdünn sein, dagegen ist es auf einer rauhen Unterlage dick. Nach kurzer Zeit hört die Schnecke zu kriechen auf, da die Schleimdrüse erschöpft ist.
Die Schnecke wird durch starke Adhäsions- und Kohäsionskräfte an der Glasplatte festgehalten. (Wir bringen zwischen zwei Glasplatten etwas Wasser und legen sie aufeinander. Die Glasplatten lassen sich zwar leicht gegeneinander verschieben aber nicht abheben!). Auch beim Überkriechen der Rasierklinge haftet die Schnecke mit dem Fuß an den Seitenwänden der Rasierklinge. Die scharfe Schneide wird von dem Fuß gar nicht berührt! Die Art der Vorwärtsbewegung ergibt sich aus Abb. III, 5 b.

2 Fortbewegung bei Tetrapoden

Die Fortbewegungsweisen der Tetrapoden sind sehr mannigfaltig und teilweise schwer zu analysieren, da sie zu rasch ablaufen. Für die genaue Analyse sind bei den schnellen Gangarten Zeit-

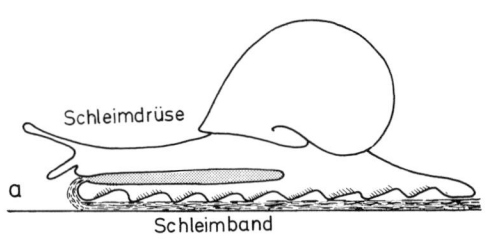
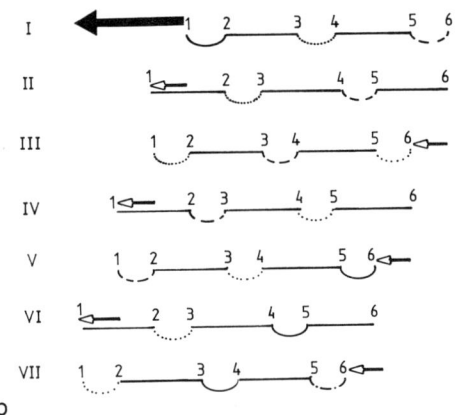
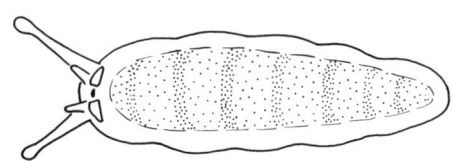
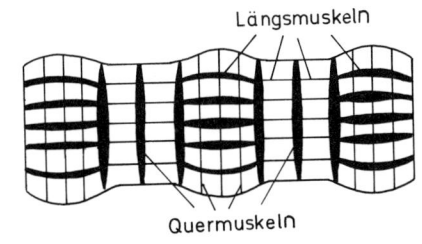

Abb. III, 5: a) Schema einer kriechenden Schnecke. Die Bewegungswellen auf der Kriechsohle sind von der Seite nicht zu sehen, da die Sohlenränder dem Boden anliegen.
b) Schema zur Vorwärtsbewegung der Lokomotionswellen an der Schneckensohle. Die Linie 1–6 gibt die Länge des Tieres an.
c) Kriechende Schnecke von unten. Im Mittelfeld der Sohle sind die Bewegungswellen zu erkennen.
d) Kontraktion der Längs- und Quermuskeln während des Vorwärtskriechens (a) nach Kilias, b), c) und d) nach Trappmann aus Kilias, verändert und ergänzt).

98 III Verhalten

lupenaufnahmen bzw. Analysen von Filmen und Filmbildern notwendig.
Wir beschränken uns hier auf die Beobachtung der Fortbewegung eines Salamanders, da die Beinbewegungen sehr langsam ablaufen, gut beobachtet und registriert werden können.

Material und Geräte

Feuer- oder Alpensalamander, eventuell Molche

Beobachtungen und Versuche

Wir lassen einen Salamander über ein Stück Papier laufen und markieren mit dem Bleistift oder einem wasserlöslichen Filzstift (keine Filzstifte mit organischen Lösungsmitteln benutzen, da die Dämpfe die Tiere irritieren können). Mit Ziffern geben wir die Reihenfolge an, in der die Beine bewegt werden.
Leiten Sie die Trittfolge und die Trittformel für die Bewegung des Salamanders entsprechend Abb. III, 6.

3 Der Insektenflug

Bestimmung der Schlagfrequenz

Material und Geräte

Lebende Insekten (Wespen, Bienen, Hummeln, Schmetterlinge, Fliegen, Bremsen und andere gute Flieger)
Insektennetz
Instrument, um Töne bestimmter Höhe zu erzeugen (1 Satz Stimmgabeln. Monochord oder im Idealfall einen Tongenerator).
Stroboskop
Uhu hart

Klebewachs (2 Teile Bienenwachs + 1 Teil Kollophonium)
eventuell Kohlensäuregas (Stahlflasche oder Sahnespender)
Stativ
Glühbirne
Ventilator (Föhn)

a) Vorversuch

Die Höhe des Summtons eines Insekts hängt direkt von der Zahl der Flügelschläge pro Sekunde ab. Wir versuchen den Ton eines fliegenden Insektes durch Vergleich mit geeichten Stimmgabeln, einem Monochord oder am besten mit einem Tongenerator zu bestimmen. Diese Methode eignet sich besonders, um die Flügelschlagfrequenz kleiner Insekten, z. B. Stechmücken zu ermitteln.

b) Vorbereitung

Die besten Ergebnisse erhält man, wenn für die Versuche frisch gefangene Insekten verwendet werden. Die meisten Insekten sind nach kurzer Flugzeit erschöpft und müssen gefüttert werden (Bienen, Hummeln, Wespen, manche Fliegen mit 40%igem Zuckerwasser).
Die Insekten werden am Thorax an einen dünnen Holz- oder Glasstab geklebt. Dabei dürfen die Flügelgelenke nicht verschmiert werden. Sehr schnell wird vorsichtig erwärmtes Klebewachs fest. Etwas länger dauert es, bis Uhu hart erhärtet. Stechende oder sehr unruhige Insekten narkotisieren wir mit Kohlensäuregas in einem kleinen Gefäß. Eine kurze CO_2-Narkose ist völlig unschädlich. Äther- und Chloroformnarkosen

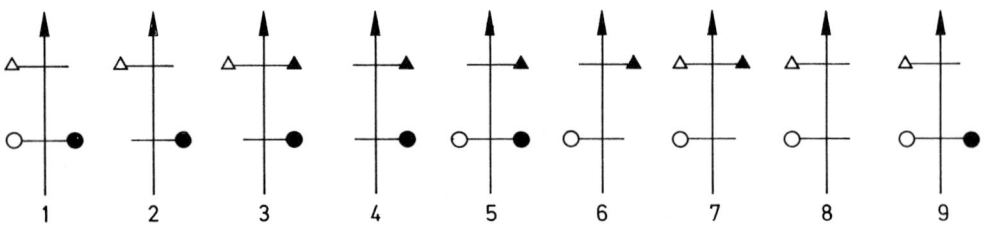

Abb. III, 6: Trittformel für den Schritt. Ein Schritt ist in acht Bewegungsphasen aufgegliedert. Es sind nur die Beine symbolisiert, die den Boden berühren (nach Müller-Schwarze aus Stokes).

sind schwer zu dosieren und schädigen die Tiere oftmals.
Der Stab mit dem Insekt wird an einem Stativ befestigt. Von unten schiebt man an das Insekt eine kalte Glühbirne, damit sich das Tier daraufsetzen und ausruhen kann. Das Stroboskop und der Föhn als Ventilator werden bereitgestellt.

c) Durchführung

Mit einem Ruck wird dem Insekt die Glühbirne weggezogen, und das Insekt beginnt zu fliegen. Wird das Tier von vorne leicht angeblasen, dann fliegt es meist länger. Wir steigern die Frequenz des Stroboskops so lange, bis die Flügel scheinbar ruhig stehen. Die Frequenz des Flügelschlags stimmt jetzt mit der des Stroboskops überein und kann an der Skala des Stroboskops abgelesen werden. Den meisten Insekten ist nach 3–4 Flugminuten eine Ruhepause zu gönnen. Es ist deshalb vorteilhaft, wenn mehrere Tiere für die Versuche vorbereitet werden. Die Schlagfrequenzen verschiedener Insektenarten werden ermittelt und mit den Werten der Tabelle III, 1 verglichen.

d) Auswertung

Tragen Sie die Körpergröße in mm (Abszisse) und die Schwingungszahl in Hz (Ordinate) in ein Koordinatensystem ein. Verwenden Sie zunächst nur die Werte der Tabelle, die mit + gekennzeichnet sind. Welche Beziehung zwischen Körpergröße und Schlagfrequenz ergibt sich? – Versuchen Sie eine Erklärung für die Werte zu geben, die aus der Reihe fallen. Wie fügen sich die von Ihnen bestimmten Flugschlagfrequenzen in die Tabelle ein?

Beobachtung der Flügelbewegung

Die Frequenz des Stroboskops wird der des Flügelschlags nahezu angeglichen. Es entsteht der Eindruck, als ob sich die Flügel im Zeitlupentempo bewegen würden. Wir achten darauf, wie sich die Flügel beim Auf- und Abschlag bewegen und dabei gedreht werden. Einige Flügelstellungen sollen skizziert werden. Es ist vorteilhaft, wenn die stroboskopischen Beobachtungen mit den Filmaufnahmen verglichen werden (s. Filmhinweise am Ende des Kapitels).

Tab. III, 1: Schwingungsfrequenzen einiger Insekten

	Frequenz in Hz	Körperlänge in mm
Eintagsfliegen und Steinfliegen	15–20	15–20
Libellen:		
+ Libellula	20	50–60
Aeschna	22–28	60–70
Agrion	29	40–50
Heuschrecken:		
+ Wanderheuschrecke	15–20	40–50
Coleoptera:		
+ Maikäfer	47	20–23
+ Marienkäfer	75–91	4–5
Hautflügler:		
+ Wespe	110	14–18
+ Biene	180–250	15–16
Schmetterlinge:		
Schwalbenschwanz	1	
+ Weißling	9–12	25
+ Taubenschwänzchen	72–85	21–24
Diptera:		
+ Kohlschnaken	44–73	15–25
+ Bremsen	96	10
+ Stubenfliege	115–330	7–8
+ Stechmücken, Weibchen	150–330	5–6
+ Stechmücken, Männchen	450–600	4–5
+ Pilzmücken	1000	4–6

4 Endogen gesteuerte Bewegungsaktivität beim Goldhamster

Von allen Versuchstieren, die uns zur Verfügung stehen, dürfte der syrische Goldhamster am robustesten und unempfindlichsten sein. Er zeigt einen sehr deutlichen tagesperiodischen Aktivitätsrhythmus.

Material und Geräte

1 Goldhamster
1 Tafelwaage
1 Hamsterkäfig mit Zubehör
1 Schreibtrommel (z. B. Barograph oder Thermograph)
1 Packung Registrierpapier für die Trommel
1 Filzschreiber für Barographen (Optikergeschäft)
1 Fahrradspeiche (bzw. schmales Stahlband)
1 Tesaband
1 Stativ mit Klammer zur Begrenzung des Waagenausschlags
1 Schreibtischlampe, 60 W
1 elektrische Zeitschaltuhr (z. B. Diehl, Multimat. Firmen für Laborbedarf.)
1 Raum, möglichst ruhig, völlig verdunkelbar mit geringen Temperaturschwankungen.

a) Aufbau der Versuchsanordnung
(Abb. III, 7)

Die Zeiten der Aktivität und der Ruhe beim Goldhamster lassen sich sehr genau mit einer normalen Tafelwaage bestimmen, die über einen Schreibarm mit einer Schreibtrommel verbunden ist. Eine solche Versuchsanordnung nennt man Aktograph.

Als Schreibarm verwenden wir eine Fahrradspeiche (oder ein federndes schmales Stahlband), die wir am Ende so flach klopfen, daß sich die Schreibspitze eines Barographen aufschieben läßt. Der Schreibarm wird an einer Seite der Waage befestigt.

Der Hamsterkäfig wird so auf die Waage gestellt, daß die beiden Waagschalen gleichmäßig belastet sind. Die Waage muß im Gleichgewicht sein und leicht spielen. Ist die Reibung zwischen Waage und Käfig zu groß, dann unterlegt man den Käfig mit einem dreikantigen Holzklotz. Der Ausschlag der Waage wird von einer Klammer begrenzt, die an einem Stativ befestigt ist, denn es muß vermieden werden, daß sich der Käfig zu sehr neigt und sich die Einrichtung verschiebt.

b) Durchführung

Ein Goldhamster wird in den Käfig gesetzt. Der Trinkapparat und die Futterschale werden in der Mitte des Käfigs befestigt, damit die Waage auch im Gleichgewicht bleibt, wenn das Tier gefressen und getrunken hat. Die Waage wird austariert und so an die Schreibtrommel herangeschoben, daß die Schreibspitze mit leichtem Druck anliegt und auf das Registrierpapier einen klaren, feinen Strich zeichnet. Auf dem Registrierpapier wird Tag und Zeit von Versuchsbeginn und Versuchsende eingetragen.

Normaltag. Am einfachsten ist es, wenn man die Aktivität des Hamsters unter normalen Bedingungen und dem natürlichen Hell-Dunkelwechsel des Tages untersucht. Die Aufzeichnungen müssen mindestens eine Woche lang registriert werden. Dabei darf der Hamster möglichst nicht gestört werden (Futter und Wasser für mehrere Tage bemessen, das Registrierpapier zu verschiedenen Zeiten wechseln, um eine unbeabsichtigte Zeitdressur zu vermeiden). Versuch in einem ruhigen Raum durchführen (Abb. III, 8).

Normaltag mit verschobenem Zyklus. Wir bieten dem Hamster weiterhin einen 24-Stundentag, verschieben aber den Beginn der Dämmerung um 12 (10, 8, 6) Stunden. Dazu muß der Raum völlig verdunkelt werden. Wir stellen die Zeitschaltuhr so ein, daß die Schreibtischlampe 12 Stunden von 18 bis 6 Uhr brennt. Die Lampe sollte mindestens 1 m vom Käfig entfernt sein. Der Versuch wird so lange fortgeführt, bis sich der Hamster auf die neuen Hell-Dunkelzeiten

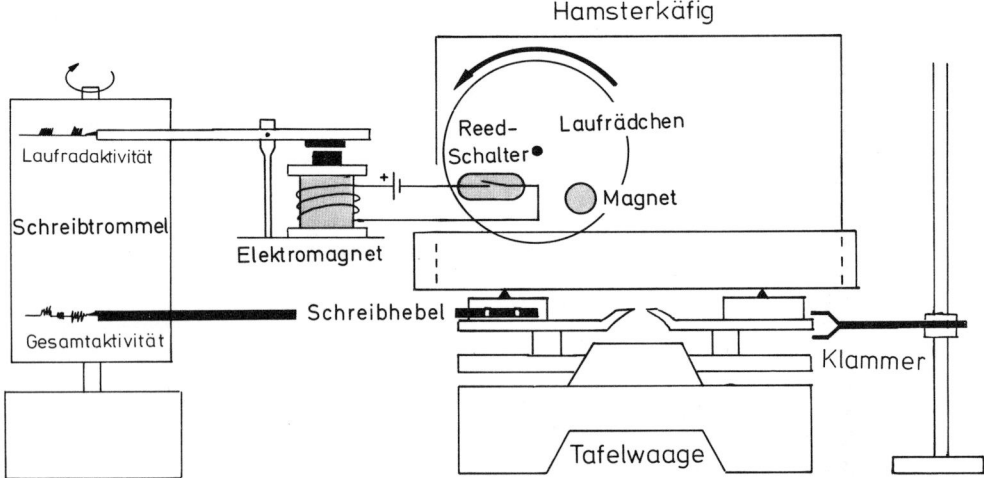

Abb. III, 7: Aktivitätswaage zum Registrieren von Ruhe- und Aktivitätszeiten bei kleinen Säugetieren wie Hamstern und Mäusen. Um die Reibung zu verringern, wurde der Käfig auf dreieckige Holzleisten gesetzt. Die Klammer dient zur Arretierung und soll zu weite Ausschläge vermeiden.

eingestellt hat. Meist reicht eine Versuchszeit von 10 Tagen.

Dauerdunkel und Dauerlicht. Um zu entscheiden, ob der Hamster seine Aktivitätszeiten nach dem Lichtwechsel ausrichtet oder ob er einen eigenen Tagesrhythmus hat, bieten wir konstante Helligkeitsbedingungen. Da der Hamster Dauerdunkel besser erträgt als Dauerlicht, lassen wir ihn zuerst 10 Tage im Dauerdunkel. Dabei muß die Waage mit dem Käfig durch einen großen, innen schwarz gestrichenen Karton abgedeckt werden, der nur einen schmalen Schlitz für den Schreibarm frei läßt, damit das Registrierpapier gewechselt werden kann, ohne daß der Hamster ein Lichtsignal erhält. Den Versuchsraum sollte man nur mit einer schwach leuchtenden Taschenlampe betreten. Der Futter- und Wasservorrat muß in völliger Dunkelheit ergänzt weren.

Um den Hamster zu zwingen im Dauerlicht zu leben, wird sein Häuschen aus dem Käfig genommen und nur soviel Streu eingegeben, daß er sich kein geschlossenes Nest bauen kann.

c) Auswertung

Da der Goldhamster ein nachtaktives Tier ist, werden die Registrierstreifen so geschnitten, daß sie links mit 18. 00 Uhr beginnen, 24.00 Uhr in der Mitte liegt und mit 6.00 Uhr aufhören.

Abb. III, 8: Aktogramme des Goldhamsters unter verschiedenen Bedingungen.
Oben: Beim normalen Hell-Dunkel-Wechsel zeigte ein Goldhamster ein Hauptmaximum der Bewegungsaktivität nach Einbruch der Dämmerung um 19 Uhr, das sich vor allem durch die starke Laufradaktivität (schwarze Balken) bemerkbar macht. Eine Nebenaktivität, während der das Laufrad benutzt wird, kann in unregelmäßigem Abstand 2 bis 6 Stunden später beobachtet werden. Daneben zeichnen sich unregelmäßig über die ganze Nacht verstreut mehr oder weniger lange Aktivitäten ab, die nur durch die Aktivitätswaage registriert werden. Während des Tages ruht der Goldhamster in der Regel. Vereinzelt erwacht er am späten Nachmittag.
Mitte: Im Dauerdunkel nimmt die Periodenlänge des Tages zu. Die Laufradaktivitäten sind vermehrt und über weitere Zeiträume gestreut. Es zeichnet sich eine durchlaufende circadiane Rhythmik ab.
Unten: Im Dauerlicht ergab sich eine völlig zeitliche Desorientierung. Das Laufrad wurde kaum noch benutzt. (Werte nach einer Versuchsreihe von W. Krieg, unveröffentlicht.)

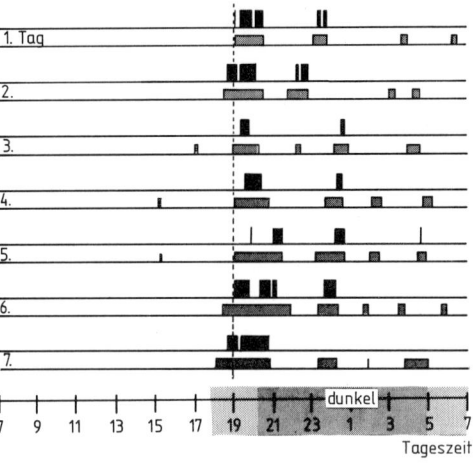
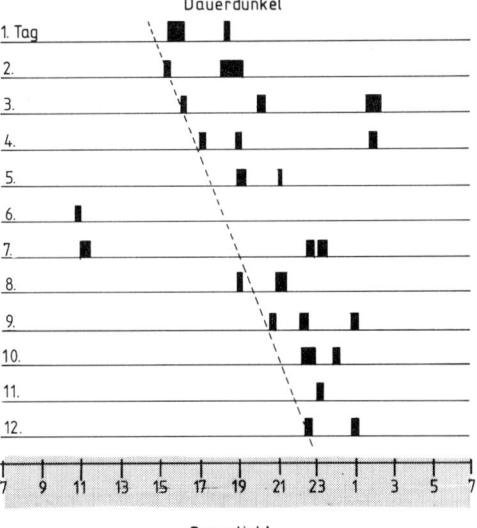
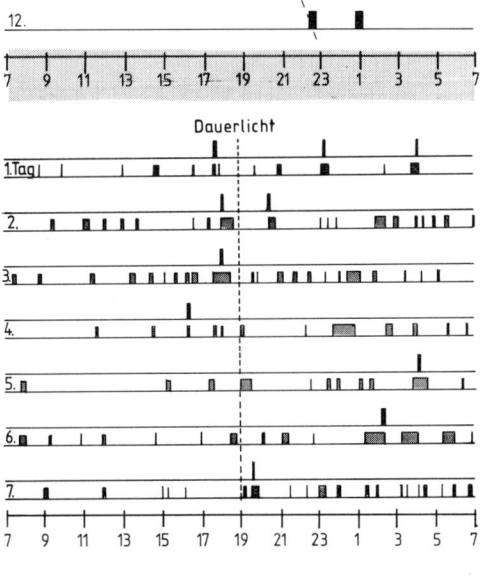

Die Registrierstreifen werden zunächst zu einem lückenlosen Band zusammengeklebt und dann in Stücke zerschnitten, die jeweils eine Zeiteinheit von 24 Stunden umfassen. Da der Hamster nachtaktiv ist, legen wir den Schnitt um 18.00 und 6.00 Uhr oder 19.00 und 7.00 Uhr. Die einzelnen Abschnitte werden untereinandergeklebt.

Schon auf den ersten Blick wird deutlich, daß der Hamster tagsüber schläft und nur nachts aktiv ist. Im typischen Fall beginnt seine Aktivitätszeit gegen 19 Uhr und dauert bis gegen 4 Uhr. Dann schließt sich eine Ruhezeit von 1–2 Stunden an. Am frühen Morgen gegen sechs wird der Hamster noch einmal für etwa 1 Stunde wach und schläft dann ohne Unterbrechung bis zum Abend (Abb. III, 8).

ZWEITE VERSUCHSGRUPPE

Erlernte Verhaltensweisen

5 Farb-Dressur bei Fischen

Dressurversuche bei Fischen lassen sich unabhängig von der Jahreszeit durchführen. Die Dressurzeit beträgt nur wenige Tage. Der Material- und Zeitaufwand ist gering.

Material und Geräte

1 Aquarienfisch (Goldfisch, Schleierschwanz, Schwertträger, Skalar u. a.).
1 Aquarium, 10–20 l, je nach Größe des Fisches
Heizer und Regler bei Warmwasserfischen
Belüftungseinrichtung (Membranpumpe, Schläuche, Sprudelstein)
Trockenfutter (z. B. Tetramin)
Tesa-Doppelband (zweiseitig klebend)
je 2 Dressurscheiben in den Farben Rot und Grün, ∅ 2–3 cm aus Metallfolie (Bastelgeschäft) oder steifer Plastikfolie (z. B. Heftordner, Bürogeschäft).
1 Pappkarton

a) Einrichten des Aquariums (Abb. III, 9 a)

Auf den Boden des Aquariums gibt man eine dünne Schicht Kies. Da die Dressurversuche nur wenige Tage dauern, sollte man auf Pflanzen verzichten, denn sie erschweren die Beobachtung und dienen manchen Fischen zusätzlich als Nahrung, was den Dressurerfolg vermindert. Das Aquarium wird durchlüftet, so daß das Wasser genügend Sauerstoff enthält. Bei Warmwasserfischen muß das Becken beheizt werden. Die Fische sollen nicht der prallen Sonne ausgesetzt werden.

Das Aquarium steht hinter einer Kartonwand, so daß die Fische den Experimentator nicht sehen. Der Fisch wird durch einen kleinen Schlitz im Karton beobachtet.

b) Eingewöhnen des Fisches

In das Versuchsaquarium wird nur ein Fisch gesetzt. Er muß sich vor Versuchsbeginn an die neue Umgebung gewöhnen und wird täglich mehrmals, aber jeweils nur mit sehr wenig Futter, versorgt. Um eine Zeitdressur auszuschließen, wird zu verschiedenen Zeiten gefüttert.

c) Blindprobe

Um zu prüfen, ob der Fisch schon von vornherein auf eine oder beide Dressurscheiben reagiert, senkt man gleichzeitig an je einem Faden die beiden Scheiben auf das Wasser herab und läßt sie auf der Oberfläche schwimmen (Abb. III 9 a und b). Der Fisch sollte die beiden Scheiben unbeachtet lassen oder höchstens eine Fluchtreaktion zeigen.

d) Durchführung der Dressur

Bei der Dressur auf Rot wird auf die rote Dressurscheibe ein Streifen Doppelklebeband angeheftet, auf den etwas Trockenfutter gestreut wird. Dann läßt man die rote und grüne Scheibe gleichzeitig auf die Wasseroberfläche herab. Nach einiger Zeit löst sich ein Teil des Futters, sinkt zu Boden, wird vom Fisch bemerkt und gefressen.

Täglich wird 2–4 mal, in Abständen von mindestens einer halben Stunde gefüttert. Der Fisch darf nicht überfüttert werden, da sonst der Dressurerfolg ausbleibt. Um eine Ortsdressur zu vermeiden, wird bei jedem Versuch an einer anderen Stelle gefüttert. Die beiden Dressurscheiben sollten immer etwa denselben Abstand voneinander haben.

Schwimmt der Fisch nach einigen Versuchen zielstrebig die rote Scheibe mit Futter an, dann führt man den ersten Test durch. Dazu verwendet man zwei neue Scheiben, um ganz sicher zu sein, daß sich der Fisch nicht nach dem Geruch orientiert. Da bei den Tests der Fisch nicht belohnt wird, dürfen sie nicht zu oft hintereinander durchgeführt werden, da sie als Negativdressur zu werten sind.

e) Protokollieren der Beobachtungen

Die Gefahr, daß sich beim Protokollieren der Beobachtungen subjektive Fehler einschleichen, ist groß. Allzuleicht wird eine Reaktion, die der Erwartung des Experimentators entspricht, schon in der Tendenz als positiv bewertet, eine Reaktion, die nicht erwartet wird, übersieht man. Deshalb werden nur eindeutige Reaktionen protokolliert. Wir beschränken uns auf drei Reaktionen, die im Protokoll festgehalten werden:
0 : Fisch kommt, wenn er das herunterfallende Futter sieht,
+ : Fisch kommt unter die Farbscheibe und frißt oder versucht zu fressen (Schnappbewegungen),
— : Fisch beachtet die Scheibe nicht.

Tabelle III, 2

Datum	Anmerkungen	Versuchs-nr.	rot Futter	grün kein Futter
10. 4. 78		1	0	
		2	0	
		3	+	+
		4	+	+
11. 4. 78		5	+	+
		6	+	+
		7	+	+
12. 4. 78		8	+	+
		9	+	+
		10	+	—
14. 4. 78		11	+	—
		12	+	—
	Test	13	+	—
		14	+	—
16. 4. 78		15	—	+
		16	+	—
		usw.		

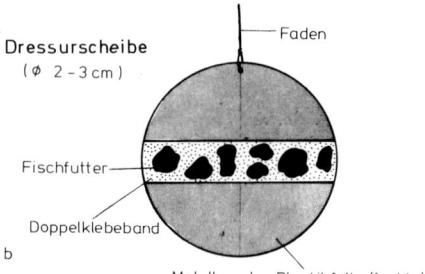

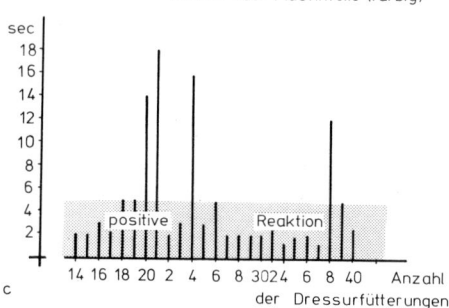

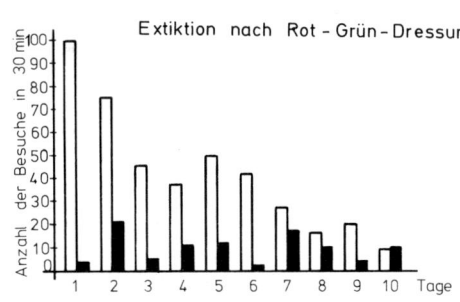

Abb. III, 9: a) Versuchsanordnung zur Dressur bei Fischen: Links mit Dressurscheiben, rechts mit Futterröhren. Bei beiden Versuchsanordnungen ist der Beobachter hinter einer Sichtblende verborgen.
b) Dressurscheibe
c) Dressur auf einen Pfiff beim Goldfisch: Bekräftigungsphase. Während der vorausgegangenen 15 Versuche reagierte der Fisch nicht auf den Pfiff (Phase der Konditionierung). Mit dem 16. Versuch zeigt sich der erste Dressurerfolg. Die Phase der Bekräftigung ist dargestellt (nach Jettkandt, unveröffentlicht).
d) Extinktion einer Rot-Grün-Dressur beim Schleierschwanz (nach Mattke, unveröffentlicht).

f) Ergebnis

In der Regel hat der Fisch schon nach 10–12 Fütterungen gelernt, auf welcher Farbe gefüttert wird. Er kann die Farben auch im Test sicher unterscheiden. Damit ist bewiesen, daß Fische Farben sehen.

g) Ergänzung

Nach erfolgreicher Dressur kann man dem Fisch auch eine Reihe verschiedener Farb- und Grauscheiben vorlegen, um zu prüfen, ob er die Farbe nicht mit einem Grauton verwechselt. Ebenso wie auf Farbe können Fische auf Formen dressiert werden (z. B. Kreuz, Kreis, Stern, Dreieck u. a.).

6 Dressur auf akustische Signale bei Fischen

Um nachzuweisen, ob Fische hören können, versucht man, sie auf einen bestimmten Ton oder ein anderes akustisches Signal anzudressieren. Die entscheidenden Versuche wurden von Karl von Frisch durchgeführt.

Material und Geräte

Wie bei der Farbdressur der Fische (Versuch III, 5 Abb. III 9 a).
Anstelle der Farbscheiben eine Trillerpfeife, Stimmgabel oder andere Klanginstrumente
1 Plastikrohr, ⌀ 2–3 cm, 10 bis 20 cm lang
1 Futterring
Futter: Tetramin und gefrorene Zuckmückenlarven.

a) Durchführung der Dressur

Die Dressur kann beginnen, sobald sich der Fisch an das Aquarium gewöhnt hat. Den besten Dressurerfolg erhält man, wenn der bedingte, neutrale Reiz (z. B. Ton) kurz vor dem unbedingten Reiz (Futter) einsetzt und während der Darbietung des unbedingten Reizes noch einige Zeit anhält. Für unsere Dressur heißt dies: Wir pfeifen 1–2 Sekunden, füttern und pfeifen weitere 2 Sekunden.
Es wird immer an derselben Stelle gefüttert (Futterring, Futterröhre), da bei diesem Versuch die akustische Konditionierung nicht mit einer optischen verknüpft werden soll.

b) Protokollieren der Beobachtungen

Bei der akustischen Dressur ist es wesentlich schwerer zu entscheiden, ob eine Reaktion als positiv oder als negativ zu beurteilen ist. Da der Fisch im Durchschnitt bei unseren Versuchen 20 Sekunden benötigte, bis er das Futter wahrgenommen hat, wurde als Maß für die Reaktion die Zeitspanne bestimmt, die vergeht, bis der Fisch zur Futterstelle kommt. Die Zeit wird von Beginn des akustischen Signals an mit der Stoppuhr gemessen. Folgende Bewertungsskala hat sich bewährt:

– : Fisch braucht mehr als 40 Sekunden bis er zur Futterstelle kommt
+ : Innerhalb einer Zeitspanne von 0–5 s. kommt der Fisch
0 : Der Fisch kommt 6–40 s nach dem akustischen Signal

Tab. III, 3: Akustische Konditionierung bei Fischen

Datum	Versuch-Nr.	Zeit in s	Bewertung 0, + oder –	Anmerkungen

7 Vergessen (Extinktion)

Fische, die auf eine bestimmte Farbe oder auf einen Ton dressiert wurden, reagieren noch nach Wochen und Monaten positiv auf die Dressurfarbe bzw. auf den Ton. Allerdings ist die Reaktion schwächer. Bietet man längere Zeit hindurch nur die leeren Futterscheiben oder belohnt ein akustisches Signal nicht, dann nimmt das Interesse ab.

Material und Geräte

Siehe Versuche III, 5 und 6

Durchführung

Farbdressur. Über mehrere Tage hindurch werden nur die leeren Dressurscheiben geboten und die Zahl der Besuche mit Freßbewegungen innerhalb einer bestimmten Zeit gezählt. Um gute Ergebnisse zu bekommen, werden die Dressurscheiben bei jedem Versuch genau gleichlang – 20 bis 30 min – angeboten. Die Ergebnisse werden protokolliert und als Säulendiagramm dargestellt (Abb. III, 9 d).
Akustische Dressur. Wie bei der Farbdressur bietet man das akustische Signal ohne Futter. Es wird die Zeit bestimmt, die vergeht, bis der Fisch zur Futterstelle kommt. Zeitspannen von mehr als 5 s werden als negativ bewertet.

8 Dressurversuche bei der Honigbiene

Dressurversuche lassen sich bei Bienen mit äußerst geringem Zeit- und Materialaufwand durchführen. Dabei können Rückschlüsse auf das Farb- und Formensehen, den Geruch- und Geschmackssinn, auf Zeitgedächtnis und Lernverhalten gezogen werden.

Voraussetzung für alle Dressurversuche ist, daß die Bienen eine künstlich angebotene Futterquelle annehmen. Bei einem reichlichen Angebot von Nektar verschmähen sie oft Zuckerwasser oder Honiglösungen. Die besten Jahreszeiten für Dressurversuche sind das zeitige Frühjahr, der Spätsommer und Herbst mit ihrem geringen Nektarangebot.

8.1 Zeitdressur

Material und Geräte

1 kleines Tischchen oder 1 Hocker (oder Photostativ mit Holzplatte 30 × 30 cm)
1 Futtergefäß (bestehend aus 1 kleinen Marmeladeglas und einer Petrischale, Abb. III, 10).
Rohrzuckerlösung, 1–2 molar (ca. 35–70%ig), oder Honiglösung 50%ig (keinen Importhonig verwenden, da die Gefahr besteht, daß der Honig mit den Erregern der bösartigen Faulbrut (Bacillus Larvae) infiziert ist, was verheerende Schäden zur Folge hat. Es darf nur mit Imkerhonig von einem gesunden Volk gefüttert werden.)

a) Anfüttern

Für viele Versuche (Zeit-, Duft-, Farb- und Formdressuren) braucht man keinen eigenen Bienenstock zu halten. Es genügt, wenn in einer Entfernung von 1 bis 2 km ein Bienenstand aufgestellt ist. Für die Versuche ist es gleichgültig, ob die Bienen von einem oder von mehreren Stöcken anfliegen.

Auf einen Hocker (Tischchen) stellen wir am frühen Morgen ein Futtergefäß mit Zucker- oder Honiglösung auf. Wir kontrollieren etwa alle halbe Stunde, ob die Futterstelle von Bienen besucht wird. Sind die ersten Bienen angeflogen, dann füttern wir noch eine Stunde weiter und nehmen dann das Futter weg. In den folgenden Tagen füttern wir genau zu denselben Zeiten jeweils eine Stunde.

Schneller und sicherer kann man Bienen anfüttern, wenn auf dem Versuchsgelände ein einziges Bienenvolk steht. In das Flugloch und auf das Abflugbrett tropft man mit der Pipette etwas Zuckerlösung und stellt das Futtergefäß unmittelbar daneben. Mit einem Papierstreifen baut man eine Brücke zum Futterschälchen, auf die Zuckerlösung getropft wird. Haben die Bienen das Futtergefäß angenommen, dann rückt man das Schälchen mit den saugenden Bienen um wenige cm weiter. Der Kontakt zum Volk darf nicht abreißen. Hat man behutsam den Abstand der Futterquelle auf 1 bis 2 m vergrößert, dann kann man die Schritte immer weiter machen und bei einer Entfernung von 100 m kann die Futterstelle auf einmal um 10 bis 20 m versetzt werden.

An besonders auffälligen Geländepunkten wie einzelstehenden Büschen, Wegen oder Mauern darf man nicht lange füttern, da sich die Bienen sonst auf diese Marken einfliegen und kaum mehr wegzubringen sind.

Hat man Schwierigkeiten mit dem Anfüttern, dann kann man die Reizwirkung des Futters durch Duft verstärken, indem man das Futterschälchen auf ein Filtrierpapier stellt, das mit wenigen Tropfen Lavendel-, Pfefferminz- oder Zitronenöl getränkt ist. Spielt später die Orientierung nach dem Duft keine Rolle, dann gibt man auf 1 Liter Zuckerlösung 1 Tropfen Lavendel- oder Pfefferminzöl.

b) Durchführung

Nachdem die Bienen 3–4 Tage angefüttert wurden, bieten wir ein leeres Futtergefäß an. Etwa 1 Stunde vor der gewohnten Fütterungszeit beginnen wir mit der Beobachtung. Der Zeitpunkt, zu dem sich eine Biene am Futtergefäß niederläßt, wird notiert. Die Beobachtung wird etwa 1 Stunde nach dem Ende der Fütterungszeit abgeschlossen.

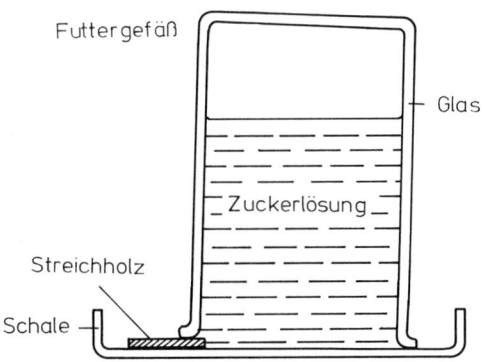

Abb. III, 10: Futtergefäß für Bienen.

c) Auswertung

Die Zahl der Anflüge pro 10 (15) Minuten wird zusammengefaßt und gegen die Zeit als Säulendiagramm aufgetragen (Abb. III, 11).

d) Diskussion der Ergebnisse

In der Regel erscheinen die ersten Suchbienen 20–30 Minuten vor der Dressurzeit, um nachzusehen, ob es Futter gibt. Die Zahl der Anflüge ist während der Futterzeit am größten. Wird kein Futter angeboten, dann nimmt die Zahl der Anflüge gegen Ende der Dressurzeit ab. Meist kommt schon 15 Minuten nach der Dressurzeit keine Biene mehr zur Futterstelle.
Für die Bienen ist ein gutes Zeitgedächtnis sehr vorteilhaft, da viele Blüten nur zu bestimmten Zeiten geöffnet sind (vgl. Blumenuhr, Kap. I, D 18).

e) Ergänzung

Die Auswertung des Versuches ist etwas unbefriedigend, da man nicht erkennen kann, ob immer wieder dieselben Bienen zur Futterstelle kommen. Um dies zu entscheiden, müssen die Bienen gekennzeichnet werden, wie dies im nächsten Versuch beschrieben wird.

8.2 Numerieren von Bienen

Material und Geräte
«Weißer» Schellack (Drogerie, Malergeschäft)
absoluter Alkohol, unvergällt
Farbpulver: weiß, gelb, hellrot, blau, grün
Schnappdeckelgläschen (10–20 ml)
5 feine Aquarellpinsel
1 Holzklotz mit Bohrungen für die Farbgläschen
(evtl. Tipp-Ex flüssig)

a) Herstellen der Farben

Nach wie vor haben sich die von Frisch empfohlenen Schellackfarben bewährt, die sehr schnell antrocknen und fest haften. In einem gut verschließbaren Glas versetzt man etwa 50 g Alkohol mit der gleichen Menge Schellack und läßt über Nacht stehen, bis sich der Schellack völlig gelöst hat. Dann gießt man in kleine Gläschen (10–20 ml) etwas Schellacklösung und rührt Farbpulver unter. Die Farbe darf nicht zu dick sein, da sie sonst nicht unter die Haare am Bienenkörper dringt und später abfällt. Die Gläschen werden mit einem Stopfen oder einem Schnappdeckel aus Plastik verschlossen.
Der Schaft des Pinsels wird durch den Stopfen (Deckel) hindurchgestochen, so daß der Pinsel bei verschlossenem Glas mit der Spitze in die Farbe taucht (Abb. III, 12). Wir wählen helle, leuchtende Farben, die sich von dem dunklen Bienenkörper gut abheben und auch bei schwachem Licht im Beobachtungskasten gut zu sehen sind.
Für den Fall, daß man nur wenige Bienen kennzeichnen will, hat sich z. B. Tipp-Ex flüssig gut bewährt. Die Farbe kann mit Tipp-Ex Verdünner oder Aceton verdünnt werden.

b) Markieren

Bienen, die an einem Futterschälchen oder Futtergefäß trinken, lassen sich mit einem Farbtupfer markieren, ohne daß sie gestört werden. Die Basis der Flügelgelenke und die Hinterleibsringe dürfen nicht mit Farbe verklebt werden (Abb. III, 12).

c) Zahlensystem

Sehr häufig reicht es aus, wenn man alle Bienen mit der gleichen Farbe kennzeichnet, die einen Futterplatz besuchen. Dann ist es am einfachsten, wenn man sie mit einem Farbpunkt am Thorax kennzeichnet.
Sollen viele Bienen unterschiedlich markiert werden, dann muß man sich ein Zahlensystem ausdenken, nach dem man numeriert. Von Frisch unterscheidet vier verschiedene Stellen der Farbtupfer am Thorax. Es bedarf aber ziemlicher

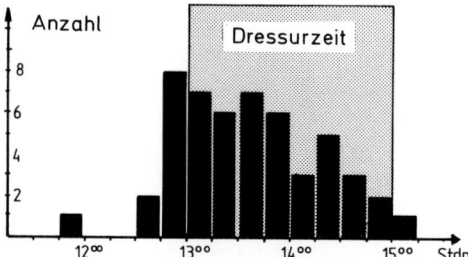

Abb. III, 11: Zeitdressur bei der Honigbiene. Die Säulenhöhe gibt die Anzahl der Besucherinnen pro 15 Minuten an.

D Experimente und Beobachtungen

Übung, bis man die Farbtupfer exakt anbringen kann. Wesentlich leichter ist es, wenn man am Thorax höchstens zwei Farbtupfer anbringt. Bezieht man noch den Hinterleib mit einem Farbtupfer in das System ein, dann hat man bei 5 verschiedenen Farben insgesamt 335 Möglichkeiten (Abb. III, 12). In den allermeisten Fällen kommt man mit 1 Punkt (10 Markierungsmöglichkeiten) oder 2 Punkten (zusätzlich 75 Markierungsmöglichkeiten) aus. Es ist sinnvoll, sich einen Farbstammbaum anzulegen und dabei die bereits verwendeten Farbkombinationen abzustreichen, damit keine Markierung doppelt vergeben wird (Abb. III, 12).

8.3 Farbdressur bei der Honigbiene

Material und Geräte
Farbpapiere in den Farben Gelb, Blau, Grün, Orange, ca. 10 × 10 cm (Aktendeckel oder mit Plaka bemalte Kartonstücke)
Graupapiere, 10 × 10 cm (in verschiedenen Grautönen mit Plaka bemalte Kartonscheiben)
2 saubere Glasplatten ca. 30 × 30 cm oder durchsichtige Plastikfolien
8 kleine Glasschälchen (Uhrgläschen, ∅ ca. 5 cm)
1 Futtergerät (bestehend aus 1 kleinen Marmeladeglas und einer Petrischale (Abb. III, 10).
1 Tischchen oder Hocker
Rohrzuckerlösung, 1–2 molar (ca. 35–70%ig) oder Honiglösung ca. 50%ig.

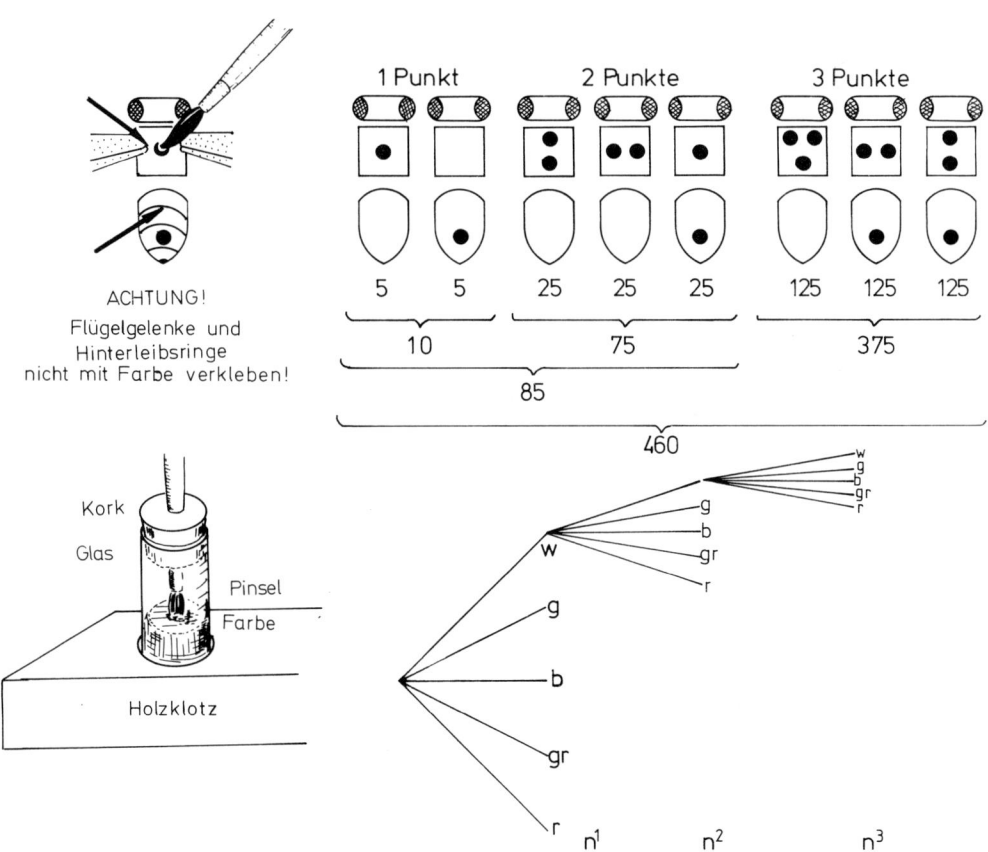

Abb. III, 12: Numerieren der Bienen. Verwendet man 5 Farben, dann kann man 10 Tiere markieren, wenn man an Thorax und Abdomen je 1 Punkt setzt. Markiert man mit 2 Punkten, dann ergeben sich weitere 75 Möglichkeiten. Die verschiedenen Kombinationsmöglichkeiten (z. B. für die Markierungsfolge: Thorax waagerecht links, Thorax waa×recht rechts, Abdomen) sind in einem Verzweigungsstammbaum dargestellt.
Es bedeuten: w = weiß, g = gelb, b = blau, gr = grün, r = rot.

a) Vorbereitung

Die Bienen werden angefüttert (s. Versuch III, 8.1). Auf den Versuchstisch legt man 1 gelbes und 1 blaues Farbpapier und deckt mit einer Glasplatte ab. Auf Gelb stellt man ein Uhrschälchen mit Zuckerwasser, auf Blau ein leeres Schälchen. Es wird etwa 30 Minuten auf Gelb gefüttert. Um eine Ortsdressur zu vermeiden, verschiebt man die Farbpapiere während der Dressurzeit mehrmals.

b) Durchführung

Die Glasplatte und die Futterschälchen werden erneuert um ganz sicher zu gehen, daß sich die Bienen nicht nach dem Duft orientieren. Beide Futterschälchen bleiben leer. Es wird gezählt, wieviele Bienen pro Zeiteinheit (z. B. 5 Minuten) den gelben bzw. blauen Karton anfliegen. Die Farbpapiere werden während des Versuchs immer wieder an eine andere Stelle geschoben (Ortsdressur!).

c) Ergebnis

Bienen unterscheiden sehr sicher Blau und Gelb

d) Ergänzung

Der Versuch kann erweitert werden, indem man unter drei oder vier Farben auswählen läßt. Um sicher zu sein, daß die Bienen sich nicht nach der Helligkeit orientieren, legt man im Test neben die Versuchsfarben Graupapiere unterschiedlicher Helligkeit in wechselnder Anordnung.

8.4 Formensehen

Material und Geräte

Siehe Versuch III, 8.3
anstelle der Farbpapiere jedoch weißer Karton mit schwarzem Kreis, Dreieck, Quadrat, Kreuz und Stern (Größe der Figuren 5–6 cm, Strichdicke ca. 1 cm)

a) Durchführung

Man verfährt wie bei Versuch III, 8.3, nur daß man anstelle der Farbpapiere 2 oder mehr Formen zur Wahl anbietet.

b) Ergebnis

Geschlossene Formen (Kreis, Quadrat, Dreieck) werden nicht sicher unterschieden. Kaum verwechselt werden offene Formen wie Kreuz und Stern, die auch den Blütenformen entsprechen.

8.5 Lernphasen bei der Farbdressur

Nach Opfinger unterscheidet man drei Hauptphasen, in denen die Bienen die Dressurfarben wahrnehmen und sehen können: Den Anflug (Phase A), die Saugtätigkeit (Phase B) und den Abflug (Phase C). Um zu entscheiden, ob alle drei Phasen gleichmäßig am Lernvorgang beteiligt sind, oder ob eine Phase dominiert, müssen etwas aufwendigere Versuche gemacht werden, da sich die Frage nur entscheiden läßt, wenn man mit Einzelbienen experimentiert.

Material und Geräte

2 Dressurtischchen
2 Holzklötzchen, ca. $20 \times 4 \times 1$ cm
10 Glasscheiben ca. 15×15 cm
5 Futterschälchen
Farbkartons 10×10 cm (z. B. blau, weiß, gelb)
Bindfaden
Zuckerwasser (40–60%ig)
Farben zum Markieren (s. Versuch III, 8.2)
1 große, stumpfe Pinzette
1 Fanggefäß (Margarinedose mit Deckel, Abb. III, 13).

a) Versuchsanordnung

Etwa 2 Meter von der Futterstelle entfernt (s. Versuch III, 8.3) stellen wir einen zweiten Tisch auf. Auf zwei Holzklötzchen legen wir eine Glasscheibe, die etwa 1 cm vom Tisch entfernt sein soll (Abb. III, 13). Unter der Glasplatte liegen übereinander die Farbkartons (z. B. in der Anordnung blau, weiß, gelb). Jeder Farbkarton ist mit einem ca. 50 cm langen Bindfaden versehen, so daß er unter der Glasscheibe hervorgezogen werden kann. Auf die Glasscheibe stellen wir ein Schälchen mit Futter.

b) Dressur

Wir füttern Bienen an unserem Futterplatz an (s. Versuch III, 8.1).
Um die Bienen an die neue Futterstelle zu bekommen, nehmen wir am Futterplatz das Zuckerwasser weg. Die Bienen suchen dann in der

näheren Umgebung und fliegen auch die neue Futterstelle an. Sobald die erste Biene die neue Futterstelle angeflogen hat, füttern wir am alten Platz weiter, um zu verhindern, daß zu viele Bienen kommen.

In dem Augenblick, in dem sich die erste Biene an dem neuen Futterplatz niedergelassen hat, ziehen wir den obersten, blauen Farbkarton weg (Ende der Anflugphase A). Die Biene beginnt bei weiß zu saugen (Phase B), Dabei wird sie markiert (s. Versuch III, 8.2). Hat die Biene genügend Zuckerwasser getrunken, dann wird sie unruhig (Ende der Saugphase B). Wir ziehen den weißen Karton weg, so daß der Biene beim Abflug der gelbe Karton dargeboten wird (Phase C.)

Sollten noch weitere Bienen die neue Futterstelle anfliegen, dann werden sie mit einer Pinzette abgefangen und so lange in ein Fanggefäß gesperrt, bis der Versuch abgeschlossen ist (Abb. III, 13).

Wenn die Futterstelle etwa 20 Meter von einem Bienenstand entfernt ist, dauert es 3 bis 5 Minuten, bis die Biene zurückkehrt. In der Zwischenzeit wechseln wir die Glasscheibe und das Futterschälchen aus, um auf jeden Fall eine Duftdressur zu vermeiden. Die Farbkartons werden wieder in der alten Weise (blau, weiß, gelb) angeordnet. Die Versuchsanordnung wird an eine andere Stelle des Dressurtischchens gerückt (Ortsdressur).

Beim Anflug sieht die Biene das Futterschälchen wieder auf blau, während des Saugens auf weiß und beim Abflug auf gelb. Die Dressur ist abgeschlossen, wenn die Biene 5 oder 6mal die Futterstelle angeflogen hat.

c) Test

Die Farbkartons werden beliebig auf dem Futtertisch angeordnet und mit einer neuen Glasscheibe abgedeckt. Es wird gezählt, wie oft sich die Biene auf dem blauen, weißen oder gelben Farbpapier innerhalb von 3 (5) Minuten niederläßt. Die Lage der Farbpapiere wird während des Tests mehrmals gewechselt.

d) Ergebnis

Die Bienen fliegen nahezu ausschließlich die Farbe an, die sie während der Anflugphase sehen. Sie haben also nur kurze Zeit, sich die Farbe einer Blüte zu merken. Die Farben während des Saugens und des Abflugs beachten die Bienen nicht.

DRITTE VERSUCHSGRUPPE

Sozialverhalten

9 Verständigung bei Bienen

Von Frisch hat als erster erkannt, daß die Bienen durch die Tänze auf der Wabe ihren Stockgenossinnen mitteilen, in welcher Entfernung und in

Lernphasen bei der Honigbiene

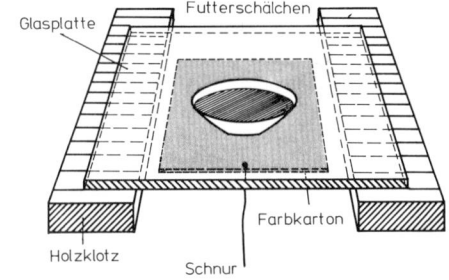

Querschnitt

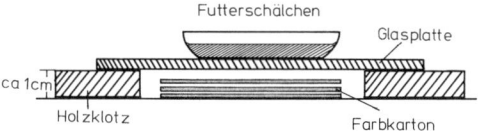

Fanggefäß

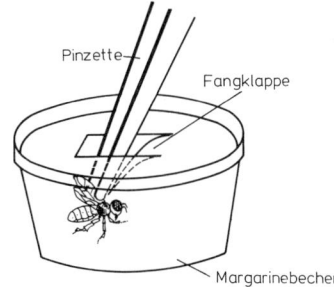

Abb. III, 13: Oben und Mitte: Versuchsordnung zur Prüfung der Lernphasen bei der Honigbiene (nach Opfinger, stark verändert).

welcher Richtung Nektar und Pollen zu finden sind. Ungestört kann man die Tänze nur in einem Bienenkasten mit einer Glasscheibe beobachten.

9.1 Bauen und Einrichten eines Beobachtungskastens

Material und Geräte

Stückliste:
Äußerer Rahmen (1)	2 Bretter	650 × 120 × 20
	2 Bretter	422 × 120 × 20
Innerer Rahmen (2)	2 Bretter	520 × 45 × 20
	2 Bretter	422 × 45 × 20
Rahmen für Glasscheibe, gefalzt (6)	4 Lättchen	518 × 35 × 10
	4 Lättchen	420 × 35 × 10
2 Abdeckplättchen mit Styroporauflage (8)	2 Tischlerplatten	518 × 420 × 15
	2 Styroporplatten	518 × 420 × 05
2 Seitenwände für Futterraum (5)	2 Bretter	422 × 50 × 20
Deckel für den Futterraum (4)	1 Brettchen	422 × 120 × 20
Flugbrettchen (9)	1 Brettchen	100 × 50 × 10
2 Glasscheiben (7)		470 × 370 × 04

4 Reiber zur Befestigung der beiden Abdeckplatten
2 Riegel zur Befestigung der beiden Rahmen mit den Glasscheiben
Nägel, Schrauben, Styroporkleber

(Beobachtungskästen werden auch im Handel angeboten. S. Anhang).

a) Konstruktion

Ein einfacher Beobachtungskasten, der für die meisten Versuche ausreicht, läßt sich mit geringem Zeitaufwand und niedrigen Kosten selbst bauen. Da die Rahmen für die Waben je nach dem verwendeten System unterschiedliche Größe haben, erkundige man sich vorher bei einem Imker, welchen Beutetyp er verwendet, damit man die Maße entsprechend abwandeln kann. Die hier genannten Maße beziehen sich auf das deutsche Normalmaß. Auf jeden Fall muß beachtet werden, daß der Innenabstand zwischen den Glasscheiben 4,6–4,8 cm beträgt. Ist der Innenraum schmäler, dann sind die Bienen beengt, ist er breiter, dann sitzen die Bienen in zwei Schichten auf der Wabe und bauen an der Scheibe neue Waben an, so daß die Beobachtung erschwert wird.
Als Holz verwendet man am besten Fichtenholz, da es atmungsaktiv ist, und sich im Bienenstock kaum Kondenswasser bildet. Alle Hölzer dürfen nicht gebeizt oder mit Holzschutzmittel imprägniert werden, da die Bienen sonst getötet werden. Manche Beizmittel wirken noch nach Monaten. Ist der Kasten fertig, kann er mit Leinöl von außen abgerieben werden, um ihn vor Witterungseinflüssen zu schützen.
Nach Abb. III, 14a wird der äußere Rahmen zusammengefügt. Dann werden in die beiden Seitenhölzer des Innenrahmens die Kerben für die Auflage des Wabenrähmchens eingeschnitten (Abb. III, 14 b). Der innere Rahmen wird durch Nägel oder Schrauben fest mit dem äußeren Rahmen verbunden. Das Flugloch und der Zugang zum Futterraum werden in den Rahmen gebohrt. Dann werden die Seitenwände des Futterraumes eingesetzt.
Die beiden Rahmen für die Glasscheiben werden zusammengefügt und die Scheiben eingepaßt. Zwei Nägel im Bodenbrett des äußeren Rahmens halten die Scheiben an der Unterseite fest. An der Oberseite wird der Glasrahmen durch einen Riegel befestigt.
Die seitlichen Abdeckplatten werden mit Styroporplatten beklebt und in den Kasten eingesetzt. Zwei Reiber am Deck- und Bodenbrett halten die Abdeckplatten. Zum Schluß wird das Flugbrettchen angeleimt und der Zugang zum Futterraum mit einem Korken verschlossen.

b) Aufstellen des Beobachtungskastens

Bevor man Bienen einsetzt, muß man sich genau überlegen, wo man den Beobachtungskasten aufstellen will, da man später im Nahbereich den Kasten nicht mehr verstellen kann. Die Bienen würden stets zum alten Standort zurückkehren und den neuen Kasten nicht annehmen, wenn er auch nur um wenige Meter verstellt ist. Ohne weiteres kann dagegen ein Volk am Abend, wenn alle Bienen zurückgekehrt sind, vier und mehr Kilometer versetzt werden, da der Flugradius selten größer als 4 Kilometer ist.
Besonders eindrucksvoll ist es, wenn der Beobachtungskasten im Zimmer aufgestellt wird. Dazu wird der Fensterrahmen durchbohrt und an dem Flugloch ein Plastikrohr (Ø ca. 3 cm) befestigt, durch das die Bienen ins Freie fliegen können. Ein kleines Flugbrett außen am Fenster erleichtert es besonders den schwer mit Tracht beladenen Bienen zu landen. Wenn möglich wird der Kasten so aufgestellt, daß das Flugloch nach

SO weist. Die Bienen sollten vor praller Mittagssonne geschützt sein. Da sich die Bienen nicht sehr gut in der Vertikalen orientieren können, sollte der Beobachtungskasten im Erdgeschoß oder im ersten Stock eines Gebäudes untergebracht werden.
Im Freien muß der Kasten trocken und etwas vom Boden weg stehen. Ein Dach schützt ihn vor praller Sonne und Regen. Der Kasten muß fest verankert werden, damit er vom Wind nicht umgeworfen wird.

c) Einsetzen eines Bienenvolkes

Will man die Bienen nur für 1–2 Wochen beobachten, dann genügt es, zwei Waben mit 500 bis 1000 Bienen ohne Königin in den Kasten einzusetzen. Der Beobachtungskasten muß mindestens 3 km vom Heimatstock entfernt sein, damit die Bienen nicht zurückfliegen. Für den Transport heften wir mit vier Reißnägeln ein Stück Fliegendraht vor das Flugloch, so daß die Bienen nicht entweichen können, aber noch genügend frische Luft erhalten. Ein vollständiges Volk erhält man vom Imker am ehesten in der Zeit von Juni bis August. Entweder setzt man ein kleines Volk mitsamt der Königin in den Kasten ein, oder man achtet darauf, daß auf einer Wabe eine Königinnenzelle angelegt ist. Nach einiger Zeit wird die Königin ausschlüpfen und nach dem Hochzeitsflug für den Fortbestand des Volkes sorgen. Sollte die Königin auf dem Hochzeitsflug verunglücken, muß eine Weiselzelle oder Königin in den Stock eingebracht werden. Hat man im Umgang mit Bienen keine Erfahrung, dann bittet man einen Imker um Rat und Hilfe.

Beobachtungskasten für Bienen

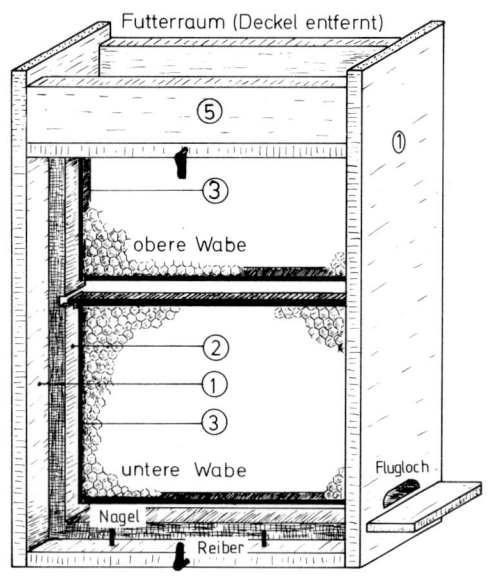

a.

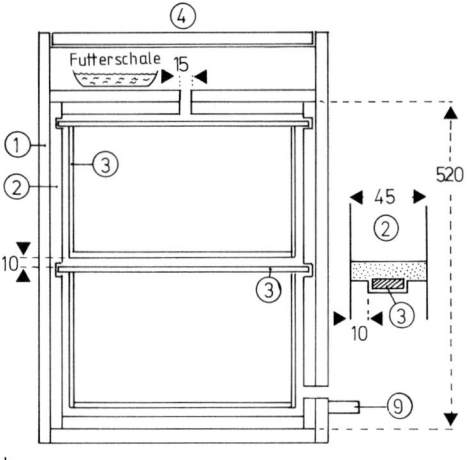

b.

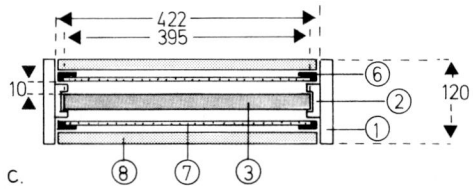

c.

Abb. III, 14: a) Gesamtansicht. Die Glasscheibe und die vordere Abdeckplatte sind herausgenommen, so daß man unmittelbar auf die beiden Waben blickt. Die Nägel im Bodenbrett dienen als Widerlager für den Rahmen mit der Glasscheibe.
b) Längsschnitt. Die Detailzeichnung zeigt das innere Rahmenholz in Aufsicht. Die Kerbe dient als Auflage für das Wabenrähmchen.
c) Querschnitt. Alle Maßangaben in mm.
Abkürzungen: (1) äußerer Rahmen, (2) innerer Rahmen, (3) Wabenrähmchen, (4) Abdeckplatte für den Futterraum, (5) Seitenwand des Futterraumes, (6) Rahmen für Glasscheibe, (7) Glasscheibe, (8) Seitenwand mit Styroporauflage, (9) Flugbrettchen.

d) Füttern und Überwintern

Bei guter Tracht brauchen die Bienen nicht gefüttert zu werden. Sind die Honigwaben nach längeren Schlechtwetterperioden fast leer, gibt man in das Schälchen im Futterraum 40–60%ige Rohrzuckerlösung (Abb. III, 14 a). Die Seitenwand kann durchbohrt werden, so daß man den Bienen das Futter mit einer Spritzflasche einfüllen kann, ohne daß der Futterraum geöffnet werden muß. Um zu sehen, ob die Futterschale voll ist, wird der Futterraum mit einer Glasscheibe abgedeckt.

Ist anfangs September nicht der größte Teil der Waben mit Honig gefüllt, dann wird gefüttert. Ende Oktober sollten die Waben mindestens zu 3/4 voll und abgedeckt sein. Dieser Honigvorrat reicht über den ganzen Winter, so daß in dieser Jahreszeit nicht gefüttert werden muß. Das Füttern im Winter kostet die Bienen Energie und schwächt das Volk. In einem leicht geheizten Zimmer überwintert ein Volk auch im Beobachtungskasten ohne Schwierigkeit.

9.2 Beobachtung von Rund- und Schwänzeltanz

Material und Geräte
Beobachtungskasten
Plastikfolie (Folie für den Tageslichtschreiber)
Filzstifte

a) Beobachtungsvoraussetzungen

Direktes Sonnenlicht, die Einstrahlung des blauen Himmels und helles Tageslicht beeinflussen und stören die Tänze der Bienen. Am besten beobachtet man die Bienen bei diffusem Dämmerlicht. Steht der Beobachtungskasten im Zimmer, dann zieht man die Vorhänge zu. Will man im Freien unverfälschte Tänze sehen, dann muß der Beobachtungskasten mit Tüchern abgedeckt oder in ein Zelt gestellt werden. Auch der Beobachter sollte keine weißen Kleider oder Hemden tragen, da sich die Bienen unter Umständen nach diesen hellen Flächen orientieren.

b) Der Rundtanz

Die Bienen tanzen meist auf der unteren Wabe in der Nähe des Flugloches im Gedränge zwischen den Stockbienen. Auf einer leeren Wabe wird nicht getanzt.

Beim Rundtanz durchläuft die Biene sehr rasch einen engen Kreis mit einem Durchmesser von 2–3 cm, so daß im Innern 1 Zelle frei bleibt (Abb. III, 15 a). Die Tänzerin wendet sich dann plötzlich um und läuft in die Gegenrichtung weiter. Eine Wende erfolgt, wenn die Biene einen halben bis zwei volle Kreisbögen durchlaufen hat. Einige Stockbienen folgen der Tänzerin und berühren sie mit den Fühlern, so daß sie auch im Dunkeln des Stockes stets Verbindung mit der Tänzerin haben. Ein Tanz kann nur wenige Sekunden oder aber auch über eine Minute dauern. Meist tanzt eine Biene 2–3 mal und gibt nach jedem Tanz an die nachfolgenden Bienen etwas Nektar ab, dann verläßt sie den Stock.

c) Der Schwänzeltanz

Die Figur des Schwänzeltanzes ist mit einem Durchmesser von 3–4 cm deutlich größer als die des Rundtanzes. Die Tänzerin läuft zuerst ein Stück geradeaus, wendet dann scharf nach links (rechts) ab und kehrt in einem Halbkreis zum Ausgangspunkt zurück. Daraufhin läuft die Tänzerin wieder geradeaus, wendet in die entgegengesetzte Richtung ab und beschreibt einen Halbkreis nach rechts (links) zum Ausgangspunkt zurück (Abb. III, 15 b), und die nächste Tanzfigur schließt sich an. Besonders auffällig ist, daß die Biene bei dem Geradeauslauf «schwänzelt», indem sie den Hinterleib so rasch hin und her bewegt, daß man mit dem Auge kaum folgen kann.

Manche Schwänzeltänze dauern über eine Minute. Bei guter Tracht tanzt eine Biene mehrmals hintereinander. Es folgen ihr bis zu acht Stockgenossinnen. In den kurzen Pausen zwischen den Tänzen füttert die Tänzerin dann und wann ihre Nachfolgerinnen mit Nektar.

Charakteristisch ist, daß die Richtung des Geradeauslaufs bei einer Biene immer dieselbe ist. Eine Tänzerin läuft z. B. stets senkrecht nach oben oder in einem Winkel von 110° zur Senkrechten nach links unten. Verschiedene Bienen haben häufig auch unterschiedliche Tanzrichtungen.

d) Aufgabe

Auf die Glasscheibe des Beobachtungskastens wird eine Plastikfolie geklebt und mit dem Filzschreiber werden mehrere Rund- und Schwänzeltänze in ihrem Verlauf möglichst naturgetreu

D Experimente und Beobachtungen 113

nachgezeichnet. Die Tanzrichtung wird durch einen Pfeil kenntlich gemacht.

9.3 Informationswert von Rund- und Schwänzeltanz

Material und Geräte
Beobachtungskasten
Futtertischchen
Futtergefäß (s. D III, 8.1)
Farben und Pinsel zum Markieren (s. D III, 8.2)
Maßband, 30 m
Stoppuhr
Kompaß
Wasserwaage
Winkelmesser
Plastikfolie
Filzschreiber
Karte des Standortes im Maßstab 1:10 000 oder 1:5000 (Flurkarte)

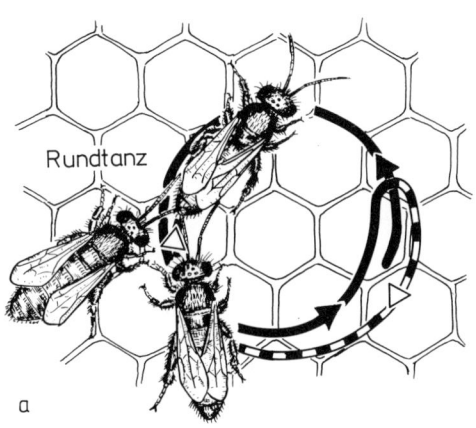
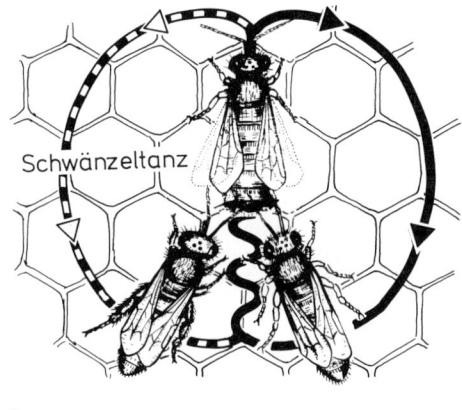
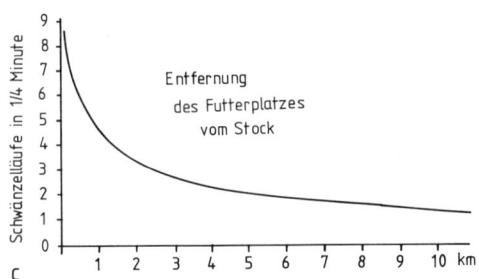
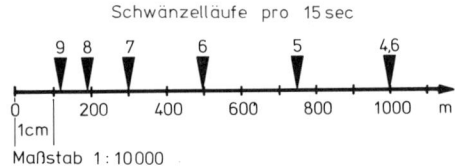
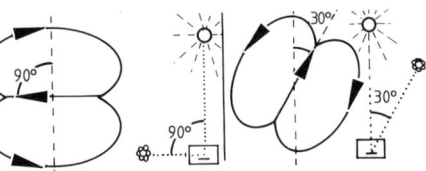

Abb. III, 15: a) und b) Zwei Stockbienen folgen einer Sammlerin beim Rund- und Schwänzeltanz auf der Wabe im Stock.
c) Diagramm zur Entfernungsberechnung zwischen Bienenstock und Futterquelle.
d) Auf dem Maßstab sind zwei Einheiten eingetragen: Anzahl der Schwänzelläufe pro 15 s und Meter. Je nach der Karte, die wir verwenden, zeichnen wir auf Folie einen entsprechenden Maßstab, der es uns ermöglicht, ohne Umrechnung die Entfernung von der Futterstelle zu bestimmen.
e) Schematische Darstellung der Figuren des Schwänzeltanzes in Beziehung zur Sonne. Der Schwänzeltanz wird auf der senkrecht stehenden Wabe durchgeführt.

a) Anfüttern

Die Bienen werden am Stock angefüttert (s. III, D 8.1) und der Futtertisch schrittweise auf mindestens 100 Meter vom Stock entfernt.
Für die Versuche benötigen wir ausschließlich Bienen aus dem Beobachtungskasten. Deshalb wird jede Biene, die an der Futterstelle saugt, numeriert. Im Kasten wird nachgeprüft, ob die markierten Bienen auch tatsächlich zurückkommen. Fremdbienen werden abgefangen und während des Versuches in ein Fanggefäß gesperrt (s. III, D. 8.5), notfalls getötet.

b) Der Übergang vom Rundtanz zum Schwänzeltanz

Bei allen Beobachtungen sollten zwei Gruppen zusammenarbeiten. Eine Gruppe beobachtet den Stock, die andere betreut den Futterplatz. Die Gruppen sollen sich durch Zeichen oder, im Idealfall mit einem Sprechfunkgerät, über An- und Abflug der numerierten Bienen verständigen können.
Das Verhalten der markierten Bienen im Stock wird bei abgeschirmtem, diffusem Licht beobachtet (s. Versuch III, 9.2): Futterübergabe, Tänze. Insbesondere wird das Tanzverhalten bei einer Entfernung der Futterstelle von 20, 40, 60, 70, 80, 100 und 150 m geprüft. Es ist zu erwarten, daß die Bienen bei einer Entfernung der Futterstelle zwischen 70 und 80 Metern vom Rund- zum Schwänzeltanz übergehen.

c) Richtungsangabe durch den Schwänzeltanz

Mit einem Klebestreifen heften wir eine Plastikfolie an die Glasscheibe des Beobachtungskastens und zeichnen mit Hilfe einer Wasserwaage (oder eines Lotes) die Lotrechte ein. Mit einem Filzschreiber und einem Lineal wird die Tanzrichtung beim Geradeauslauf als Pfeil auf die Folie gezeichnet. Von einer tanzenden Biene werden möglichst mehrere Geradeausläufe aufgezeichnet, um die Genauigkeit der Tanzrichtung einer Biene überprüfen zu können. Protokolliert wird die Nummer der Biene, die Zeit, die Stellung der Sonne (Richtung des Schattens eines senkrechten Stabes) und die Richtung der Futterquelle in bezug auf den Beobachtungsstock.
Wir bestimmen den Winkel der Tanzrichtung der Bienen zur Lotrechten und vergleichen ihn mit dem Winkel der Sonne in bezug auf die Richtung zum Futterplatz (Abb. 15 e).
Auf der Landkarte tragen wir den Standort des Beobachtungsstocks, des Futterplatzes und die Richtung der Sonne zu jeder vollen Stunde ein. Über die Landkarte legen wir die Plastikfolie und orientieren sie so, daß die Lotrechte mit der Richtung der Sonne (vom Beobachtungsstand aus gemessen) zusammenfällt.
Welche Beziehung ergibt sich zwischen der Tanzrichtung und der Lage des Futterplatzes? – Wie verändert sich der Tanzwinkel, wenn der Futterplatz unverändert bleibt, aber zu verschiedenen Zeiten (z. B. 8.00, 10.00, 12.00, 14.00, 16.00 Uhr) gefüttert wird?

d) Entfernungsangabe durch den Schwänzeltanz

Um den Zusammenhang experimentell nachzuweisen, der zwischen der Entfernung einer Futterstelle und dem Schwänzeltanz besteht, sollte das Versuchsgelände möglichst eben und gut überschaubar sein. Im Verlauf des Versuchs müssen die Futterstellen auf eine Entfernung von 100, 200, 300 . . . Meter gebracht werden. Die Futterstellen dürfen nicht an auffälligen Geländemarken aufgestellt werden (s. Versuch III, 8.1). Die Entfernungen können mit dem Maßband oder nach der Karte bestimmt werden.
Mit der Stoppuhr messen wir die Dauer eines Schwänzeltanzes und zählen die Umläufe. Als Umlauf gilt die Strecke: Geradeauslauf und Halbkreis zum Ausgangspunkt zurück. Eine vollständige Schwänzeltanzfigur setzt sich also aus zwei Umläufen zusammen (Abb., III, 15 b). Um den Meßfehler möglichst klein zu halten, werden nur Tänze ausgewertet, die mindestens 10 Sekunden dauern.
Um vergleichbare Werte zu bekommen, rechnen wir auf die Anzahl der Umläufe pro 15 Sekunden um, wie es von Frisch vorgeschlagen hat. Für jede Entfernungsmarke bilden wir den Mittelwert und bestimmen die Standardabweichung (s. Kap. IV).
Welcher Zusammenhang zwischen der Anzahl der Umläufe pro Zeiteinheit und der Entfernung der Futterstelle ergibt sich? (Vergleiche auch mit Abb. III, 15.c).
Wir bestimmen Richtung und Entfernung der Trachtquellen von nicht markierten Bienen. Die gefundenen Punkte tragen wir in eine Karte ein. Dazu fertigen wir uns einen Maßstab an, auf dem

die Entfernung in Metern und in der Anzahl der Umläufe pro 15 Sekunden angegeben ist (Abb. III, 14 d). Anschließend versuchen wir auf einem Rundgang die Trachtquellen im Gelände ausfindig zu machen.

Besonders reizvoll ist es, wenn eine Gruppe einen ihr unbekannten Futterplatz im Gelände bestimmen und aufsuchen muß. Für diese Aufgabe kann man die Bienen schon Tage vorher auf Zeit andressieren (Versuch III, 8.1). Die Bienen dieses Futterplatzes können alle einheitlich mit nur einer Farbe gekennzeichnet sein.

10 Verhaltensweisen von Ameisen

Bei den Ameisen finden wir ein hochentwickeltes Staatenwesen. Eine Reihe von Verhaltensformen wie das Eintragen der Nahrung, Füttern von Nestgenossinnen und der Königin, Abwehr- und Kampfverhalten, Säubern des Nestes, Brutpflege- und Sozialverhalten.

Die Beobachtungen werden in einfachen Formikarien gemacht und durch Freilanduntersuchungen ergänzt.

Herstellen eines einfachen Formikariums

Material und Geräte
1 Vollglasküvette (Aquarium) oder großes Einmachglas
1 Deckscheibe
1 kleiner Naturschwamm
Paraffinöl
Photokarton

a) Vorbereitung

Ein einfaches, aber dennoch sehr brauchbares Formikarium ist mit wenigen Handgriffen hergestellt. Der obere Rand der Innenwände wird auf eine Breite von ca. 5 cm sorgfältig mit Paraffinöl ausgestrichen, damit die Ameisen nicht entfliehen können. In eine Ecke legen wir einen Naturschwamm. Damit ist das Formikarium soweit fertig, daß die Ameisen eingesetzt werden können.

b) Einrichten des Formikariums

Aus einem Ameisennest entnimmt man Nestmaterial mitsamt den Ameisen und füllt es in die Formikarien ein. Es lassen sich sowohl die großen Waldameisen (Formica spec.), die kleineren Wegameisen (z. B. Lasius niger, Schwarzgraue Wegameise, sehr häufig) als auch die Knotenameisen (Myrmicinae) halten.

Bei den kleinen Arten kann man darauf achten, daß man eine oder mehrere Königinnen miteinbringt. Sie sind größer als die Arbeiterinnen. Bei den geschützten Formica-Arten sollte nur oberflächlich etwas Nestmaterial entnommen werden.

Damit die Ameisen ihre Gänge und Höhlen entlang den Glaswänden anlegen, muß man die Glaswände mit einem schwarzen Karton abdecken.

c) Füttern

Die Waldameisen werden mit toten Insekten, Würmern und kleinen Fleischstücken gefüttert. Zusätzlich bietet man noch Haferflocken, Weizenkeime, Honig und Zucker an.

Die Wegameise liebt als ständiger Gast der Blattläuse Zucker. Man vermischt etwas Eigelb mit Zucker oder Honig und spritzt es mit der Pipette direkt in das Nest ein. Auf das Nestmaterial an der Oberseite des Formikariums geben wir

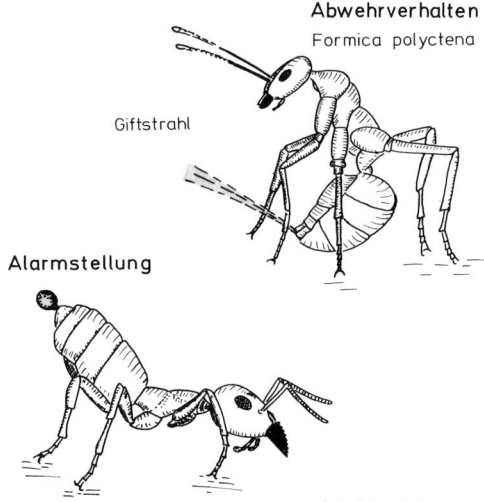

Abb. III, 16: Eine Waldameise (Gattung Formica) spritzt dem Angreifer Ameisensäure aus ihrer Giftdrüse entgegen. Die Wegameise (Gattung Lasius) sondert bei Gefahr einen Sekrettropfen am Hinterleib ab, dessen Geruch die Nestgenossen alarmiert (nach Maschwitz).

Aggressionsverhalten des Kampffisch-Männchens

Ruhehaltung

Imponierhaltung

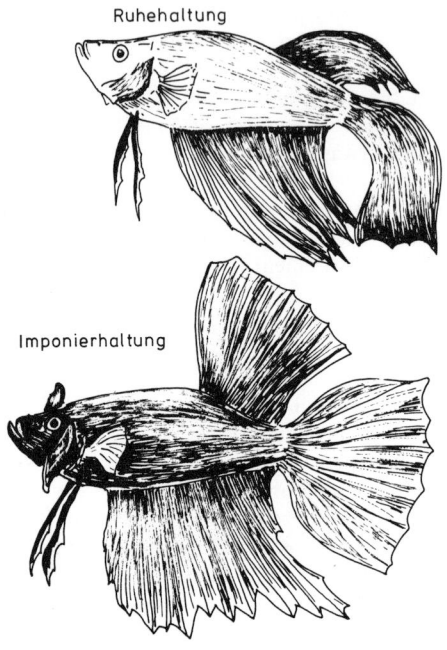

Lateralimponieren vor dem Spiegel

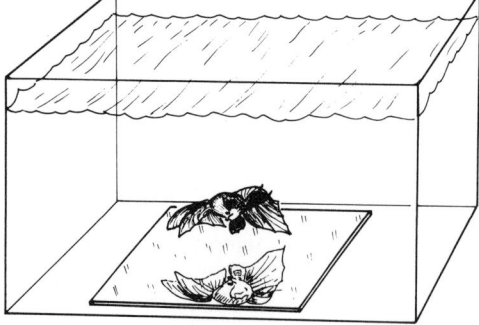

Abb. III, 17:

dann und wann tote Insekten oder kleine Stücke süßer Früchte zur Ergänzung dazu.
Die Knotenameisen werden wie die Waldameisen gefüttert.
Bei allen Formikarien muß der Schwamm feucht, aber nicht naß gehalten werden. Die Formikarien sollten nicht in der prallen Sonne stehen.

d) Beobachtungen

Wir beobachten, wie die Tiere das Nest bauen, ihre Beute auffinden, überwältigen und töten, die Nahrung stückweise oder flüssig im Kropf ins Nest transportieren, Nestgenossen füttern und sie durch Betrillern mit den Fühlern und mit Kopfstößen über die Nahrungsquelle informieren. Das Fortpflanzungsverhalten und die Brutpflege sind nicht immer zu beobachten, da sich die Königin in der Regel in der Mitte des Nestes aufhält und dort auch die Kammern für die Larven und Puppen liegen. Dagegen ist jederzeit zu sehen, wie nestfremde Artgenossen angegriffen werden (Abb. III, 16).

11 Das Aggressionsverhalten des Kampffisches (Betta splendens)[1]

Der Kampffisch gehört zur Familie der Labyrinthfische (Anabantidae), so benannt nach einem besonderen Atmungsorgan in der Kiemenhöhle, das diesen Fischen gestattet, atmosphärische Luft zu atmen. Sie können deshalb auch in sehr sauerstoffarmem Wasser leben. Regelmäßig kommen sie zum Luftschnappen an die Oberfläche. Wie bei vielen revierbildenden Arten sind auch bei den Anabatiden die Männchen recht aggressiv, insbesondere gegen männliche Artgenossen. Diese Kampfeslust von Betta splendens hat in Thailand, seiner Heimat, dazu geführt, daß Kampffisch-Männchen zu Tierkämpfen verwendet werden. Sie werden dort seit langer Zeit gezüchtet. Prächtige Flossen und besonders aggressives Verhalten zeichnen diese fast in jeder Aquarienhandlung angebotenen Fische aus.
Ebenso wie beim Kampffisch lassen sich die folgenden Beobachtungen auch am Paradiesfisch (Macropodus opercularis) durchführen.

Material und Geräte (pro Beobachtungsgruppe)

1 Kampffisch-Männchen (Betta splendens)
1 rechteckiges Plexiglasaquarium (5–10 l) + Heizstab
1 Planspiegel (von der Größe der Aquarienschmalseite)

---

[1]) teilweise nach Kasbohm, unveröffentlicht.

1 Hohlspiegel (Vergrößerungsspiegel, Rasierspiegel)
Plastilin oder Plastikfolie (rot oder blau)
Holz- oder Plastikstäbchen (zum Halten der Plastilinattrappe)

a) Vorbereitung

Mindestens ein paar Stunden vor Versuchsbeginn wird ein männlicher Kampffisch in das Beobachtungsbecken eingesetzt. Er sollte mehrere Stunden nicht in Sichtkontakt mit anderen Kampffischen treten und nicht gefüttert werden. Die Wassertemperatur sollte zwischen 24 und 26° C betragen.

b) Beobachtungen

Ruheverhalten. Zu Beginn wird etwa 10 min lang das Ruheverhalten des Kampffisches beobachtet. Achten Sie besonders auf die Haltung der Flossen und der Kiemendeckel, die Körper- und Flossenfarbe sowie die Schwimmbewegungen. Skizzieren Sie den Fisch (insbesondere Flossenhaltung und Stellung der Kiemendeckel) in Ruhehaltung.
Kampfverhalten. An die Längswand des Beobachtungsbeckens wird – wie in Abb. III, 17 dargestellt – ein Spiegel gelehnt. Beachten Sie nun die Veränderungen in der Flossenstellung, der Stellung der Kiemendeckel sowie in den Schwimmbewegungen.
Skizzieren Sie den Fisch in Imponierstellung.
Häufigkeit der verschiedenen aggressiven Verhaltensformen. Registrieren Sie mehrmals jeweils 5 min lang
(1) Häufigkeit des Lateralimponierens
(2) Zeitdauer des Flossenabspreizens
(3) Zeitdauer des Kiemenabspreizens
(4) Häufigkeit von Rammstößen gegen den Spiegel
Zwischen den einzelnen Beobachtungsphasen sollten jeweils ca. 10 min Pause eingeschoben werden.
Registrieren Sie die Häufigkeit der Verhaltensformen im 5-min-Rhythmus, während der Spiegel ununterbrochen für 30 min ins Becken gestellt wird. Können Ermüdungserscheinungen beobachtet werden?
Führen Sie denselben Versuch mit einem vergrößernden Hohlspiegel durch. Ergeben sich Unterschiede?
Hängen Sie anstelle des Spiegels eine blaue Attrappe aus Plastilin oder Folie ins Becken. Registrieren Sie die Verhaltensformen.

D Experimente und Beobachtungen 117

Orientierung beim Lateralimponieren. Wir haben schon in Kap. II erfahren, daß Fische sich bei ihrer Stellung sowohl nach Schwerkraftreizen wie nach optischen Reizen orientieren. Beim Lateralimponieren erfolgt die Lageeinstellung allein aufgrund optischer Reize. Der Körper wird genau parallel zur Breitseite des Gegners eingestellt. Sehr gut läßt sich dies demonstrieren, indem man einen Spiegel auf dem Boden des Beobachtungsbeckens bringt: Zum Lateralimponieren nimmt der Kampffisch nun eine waagrechte Haltung ein (vgl. Abb. III, 17).

12 Aggressionsverhalten des Kleibers

Bei den Versuchen ist zu bedenken, daß brütende Vögel unter Umständen von dem Nest vertrieben werden können. Diese Gefahr besteht nicht mehr, wenn die Jungen geschlüpft sind und die Alten füttern. Doch sollten auch dann die Vögel nicht allzulange beunruhigt werden. Eine Versuchsserie kann in 10–15 Minuten abgeschlossen werden. Die nächste Versuchsreihe sollte frühestens für den folgenden Tag geplant werden.

Material und Geräte

Besetzte Nesthöhle oder Nistkasten des Kleibers (oder Trauerschnäppers) mit Jungvögeln
Ausgestopfter Buntspecht
Ausgestopfter Grünspecht
Buntspechtattrappen aus Holz oder Karton
Fernglas

a) Durchführung und Beobachtung

Im Abstand von 10–20 m von der Nisthöhle warten wir, bis sich der fütternde Kleiber nähert. Dann geht der Versuchsleiter mit dem ausgestopften Buntspecht in der Hand zum Nest. Der Specht wird dabei hoch gehalten. Der Versuchsleiter bleibt zunächst in unmittelbarer Nähe des Nestes stehen. – Er hängt dann den Specht mit einem Haken unter das Flugloch der Höhle. Die Beobachter bleiben 10–20 m vom Nest entfernt und protokollieren die Verhaltensweisen des Kleibers.
Es sollen insbesondere folgende Fragen untersucht werden:
a) wird der Versuchsleiter von dem Kleiber beachtet? Wie groß ist die kritische Fluchtdistanz?

INTERSPEZIFISCHE AGGRESSION

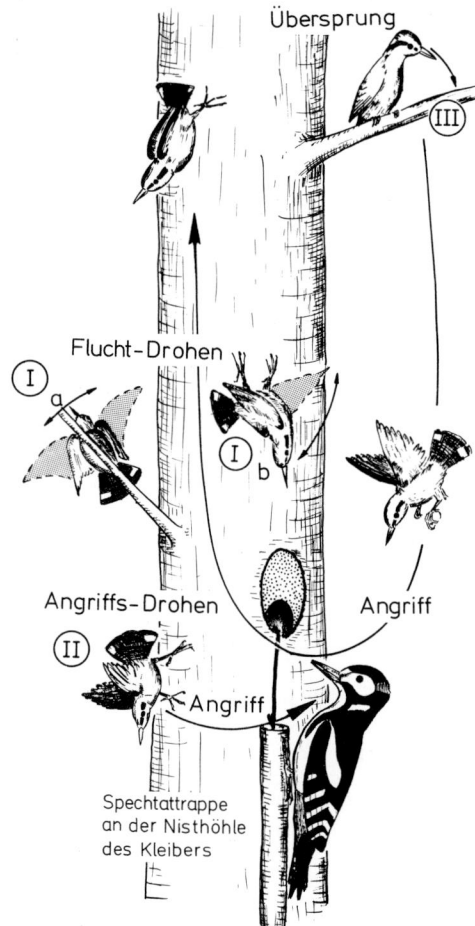

Abb. III, 18: Ein Beispiel für eine interspezifische Aggression ist das Verhalten des Kleibers gegenüber einem Buntspecht, das sich mit einer Attrappe auslösen läßt. Es lassen sich Flucht- und Angriffstendenzen erkennen:
Ia. Ängstliches Flügelschlagen – die Fluchttendenz überwiegt.
Ib. Hin-und-her-pendeln. – Gleichgewicht zwischen Angriff und Flucht.
II. Starke Angriffsneigung. – Ein Angriff ist jederzeit zu erwarten.
III. Nach einigen Angriffen geht der Kleiber auf größere Distanz. Nach einigen Übersprungshandlungen (Hacken, Rindeablösen) erfolgen aggressive Rammflüge mit Rammlauf gegen den Kopf der Attrappe (nach Blume).

b) Läuft das Verhaltensmuster immer in der ganzen Folge ab (Abb. III, 18)?
c) Welche Übersprungshandlungen treten auf?

b) Ergänzung

Verhalten gegen einen Grünspecht. Der Grünspecht ist kein Lebensraumkonkurrent des Kleibers. Wie verhält sich der Kleiber gegen einen ausgestopften Grünspecht?
Die Versuche werden wie unter a) durchgeführt.
Verhalten gegen eine Buntspechtattrappe. Aus Holz oder Karton wird ein Buntspecht ausgesägt. Die Färbung können wir durch verschiedene Papiermuster variieren, die wir mit Reißnägeln oder Tesaband an der Attrappe befestigen.
a) Wie wirkt die rote Kappe am Kopf?
b) Hat das Flügelmuster einen auslösenden Wert?
c) Überlegen und erproben Sie, ob sich eine Attrappe mit überoptimalen Auslösern anfertigen läßt?

c) Auswertung

Die Protokolle verschiedener Beobachter werden miteinander verglichen. Unterschiede in der Darstellung und Wertung einzelner Verhaltensschritte geben Anlaß zu einer Diskussion über objektive und subjektive Darstellungen in der Verhaltensforschung. Wir achten besonders auf vermenschlichende Deutungen in den Protokollen. Zur Ergänzung und Korrektur kann der Film: Blume, D: Attrappenversuche beim Kleiber. Klettverlag, Stuttgart (8 F 231) gezeigt und ausgewertet werden.

13 Hassen bei Singvögeln

Material und Geräte
1 ausgestopfter Bussard oder Waldkauz
Fernglas

a) Durchführung und Beobachtung

Zur Brutzeit wird ein ausgestopfter Bussard oder Kauz auf einen erhöhten Punkt etwa 15 m entfernt von dem Nest einer Amsel oder eines andern Singvogels gestellt. Aus guter Deckung wird mit dem Fernglas aus ca 40 m Entfernung das Verhalten des brütenden bzw. fütternden Vogelpaares beobachtet. Wie reagieren andere

Singvögel, die in der Nähe nisten? – Versuchen Sie ihre Verhaltensweisen zu analysieren und zu beschreiben. Lassen sich Tendenzen zur Aggression, Flucht und Übersprungverhalten erkennen? Versuchen Sie eine Skizze zu machen, die mit der Abb. III, 18 vergleichbar ist.

Literatur

Altmann, G.: Die Orientierung der Tiere im Raum. Ziemsen Verlag, Wittenberg Lutherstadt, 1966.
Apfelbach, R., Döhl, J.: Verhaltensforschung. UTB 210 Fischer, Stuttgart 2. Aufl. 1978
Berck, K. H.: Tier- und Humanpsychologie – eine methodische Anleitung für den Unterricht. Quelle und Meyer, Heidelberg 1968.
Blume, D.: So verhalten sich die Vögel. Franckh, Stuttgart, 1971.
Buchholtz, Ch.: Das Lernen bei Tieren. Fischer, Stuttgart, 1973
Bünning, E.: Die physiologische Uhr. Springer, Berlin, Heidelberg, New York. 3. Auf. 1977.
Bunk, B. und Tausch, J.: Grundlagen der Verhaltenslehre. Westermann, Braunschweig 5. Aufl. 1979.
Daumer, K.: Blumenfarben, wie sie die Bienen sehen. Z. vergl. Physiol. Berlin, 41, 49–110, 1958.
Dylla, K.: Verhaltensforschung. Ihre Behandlung im biologischen Unterricht. Quelle und Meyer, Heidelberg, 5. Aufl. 1977.
Eibel-Eibesfeldt, I.: Grundriß der vergleichenden Verhaltenslehre. Piper München, 5. Aufl. 1978.
Ewert, J.-P.: Neuro-Ethologie. Springer, Berlin, Heidelberg, New York. 1976.
Frisch, K. von: Aus dem Leben der Bienen. Springer, Berlin, Göttingen, Heidelberg, 9. Aufl. 1977.
Frisch, K. von: Tanzsprache und Orientierung der Bienen. Springer, Berlin, Heidelberg, New York. 1976.
Gardner, R. A. und Gardner B. T.: Teaching sign language to a chimpanzee. Science 165, 664–672, 1969.
Hassenstein, B.: Verhaltensbiologie des Kindes. Piper München 3. Aufl. 1978.
Hassenstein, B.: Verhaltensbiologie, Piper, München 1979.
Hinde, R.: Das Verhalten der Tiere. 2 Bände. Suhrkamp, Frankfurt. 1972.
Holst, E. von: Zur Verhaltensphysiologie bei Tieren und Menschen. 2 Bände. Piper, München. 1969 und 1970.
Immelmann, K.: Wörterbuch der Verhaltensforschung. Kindler, Zürich, München. 1975.
Immelmann, K.: Verhaltensforschung. Kindler, München. 1975.
Immelmann, K.: Einführung in die Verhaltensforschung. Parey, Berlin und Hamburg. 2. Aufl. 1979.
Kriston, I.: Zum Problem des Lernverhaltens von Apis mellifica gegenüber verschiedenen Duftstoffen. Z. vergl. Phys. Berlin, 74, 169–189 (1971).
Lamprecht, J.: Verhalten. Herder, Freiburg. 7. Aufl. 1977.
Langhanke, W. D.: Experimente zur klassischen und instrumentellen Konditionierung. Natw. i. Unterr., H. 2, 54 ff., 27. Jg. 1979.
Laudien, H.: Untersuchungen über das Kampfverhalten der Männchen von Betta splendens Regen (Anabantidae, Pisces). Z. wiss. Zool. 172, 134–178 (1965)
Lindauer, M.: Verständigung im Bienenstaat. Fischer, Stuttgart. 1975.
Lorenz, K.: Über tierisches und menschliches Verhalten. 2 Bände. Piper, München 17. u. 11. Aufl. 1974.
Lorenz, K.: Vergleichende Verhaltensforschung. Springer, Wien, New York, 1978.
Menzel, R.: Untersuchungen zum Erlernen von Spektralfarben durch die Honigbiene (Apis mellifica). Z. vergl. Physiol. Berlin 56, 22–62 1967.
Menzel, R.: Das Gedächtnis der Honigbiene für Spektralfarben. II. Umlernen und Mehrfachlernen. Z. vergl. Physiol. Berlin, 63, 290–309 (1969).
Opfinger, E.: Über die Orientierung der Bienen an der Futterquelle. Z. vergl. Physiol. 15, 431–487 (1931).
Patterson, F., Cohn, R. H.: Conversations With a Gorilla. National Geographic 154, Nr. 4, 438–465, 1978.
Pawlow, J. P.: Die bedingten Reflexe. Kindler, München. 1972.
Pilz, G./Moesch, H.: Der Mensch und die Graugans Umschau
Rensch, B.: Gedächtnis, Begriffsbildung und Planhandlung bei Tieren. Parey, Berlin, Hamburg. 1973.
Rensing, L.: Biologische Rhythmen und Regulation. Fischer, Stuttgart. 1973.
Sehnke, A., Wagner, Ch.: Reizbewegungen bei Mimosa pudica. Pr. d. Natw. H. 2, 45–49, 28. Jg. 1979.
Skrzipek, K. H.: Praktikum der Verhaltenskunde. Teubner, Stuttgart. 1978.
Sossinka, R.: Ethologie. Diesterweg Salle, Frankfurt 1979.
Stokes, A. W. und Immelmann, K.: Praktikum der Verhaltensforschung. Fischer, Stuttgart, New York. 2. Aufl. 1978.
Tembrock, G.: Grundriß der Verhaltenswissenschaften. Fischer, Stuttgart, 2. Aufl. 1973.
Tembrock, G.: Grundlagen der Tierpsychologie. ro-roro-vieweg. 1975.
Tinbergen, N.: Das Tier in seiner Welt. Bd. 1 Freilandstudien, Piper, München. 1977.
Tinbergen, N.: Das Tier in seiner Welt. Bd. 2: Laborversuche und Schriften zur Ethologie. Piper, München 1978.
Tinbergen, N.: Instinktlehre. Parey, Berlin, Hamburg. 6. Aufl. 1979.
Wickler, W., Seibt U.: Vergleichende Verhaltensforschung. Hoffmann und Campe, Hamburg 1973.

Unterrichtsfilme

Institut für Film und Bild, München (Bildstellen)

Attrappenversuche beim Kleiber. 1970.	360231.0
Die Amsel. 1968.	322049.0
Die Honigbiene. 1972.	322346.0
Tänze der Bienen. 1950.	300352.0
Auf einem Hühnerhof. 1962.	320622.0
Schlüsselreize beim Maulbrüter. 1963.	320641.0
Der Stichling und sein Nest. 1955.	300461.0
Schlüsselreize beim Stichling. 1963.	320640.0
Was Tiere können und was sie lernen müssen. 1963	320653.0
Rote Waldameisen – Gründung neuer Staaten. 1954.	300423.0
Rote Waldameisen: Bilder aus ihrem Leben. 1954.	300422.0
Die Weinbergschnecke. 1943.	300303.0

Institut für Weltkunde in Bildung und Forschung, Hamburg (Bildstellen).

Balz- und Revierverhalten beim Haubentaucher: Schlüsselreize und ihre Beantwortung.

Institut für den Wissenschaftlichen Film, Göttingen

Brändle, K.: Laufkoordination operativ erzeugter sechsbeiner Axolotel (Amblystoma mexicanum). 1973.   C 1077

Döhl, J.: Gedächtnis- und Intelligenzprüfungen an einem Schimpansen. 1977.   C 1256

Frisch, K. von, Lindauer, M.: Nachweis des Farbensehens bei der Honigbiene. 1977.   C 1263

Gardner A. und Gardner B.: Teaching Sign Language to the Chimpanzee Washoe. 1973.   W 1365

Herter, K.: Dressur der Elritze (Phoxinus Laevis) auf verschieden große optische Signale, Cyprinidae. 1937.   C 178

Holst, E. v.: Flugbewegungen bei Insekten, 1950.   C 575

Kefuss, J.: Apis mellifera (Apidae) Flight Behavior and Wing Movements. 1974.   E 1900

Leyhausen, P.: Salamandra maculosa – Laufen. Salamandridae; Feuersalamander. 1956.   E 88

Lorenz, K.: Balz und Paarbildung bei der Stockente. 1952.   C 626

Nachtigall, W.: Phormia regina (Larvaevoridae) Flügelbewegung beim Flug. 1974.   E 2060

Schutz, F.: Prägung bei Entenküken – Nachfolgereaktion. Anas platyrhynchos (Anatidae); Stockente, Attrappenversuche. 1969.   C 987

Sielmann, H.: Sitta europaea (Sittidae) – Balz und Kopulation. Kleiber. 1978.   E 2230

Smith, B.: Miss Goodall and the Wild Chimpanzees. 1965.   W 1232

Walker, B. W.: Fish, Moon and Tides – The Grunion Story.   W 791

Klettverlag, Stuttgart

Blume, D.: Attrappenversuche beim Kleiber   8F 231

IV Genetik

A Intention

Als selbständige Disziplin entstand die Genetik um die Jahrhundertwende mit der Wiederentdeckung der Mendelschen Regeln. Seither hat sich das Wissen in dieser Wissenschaft lawinenartig vermehrt. Die klassische Genetik lieferte die Grundlage für eine planmäßige Pflanzen- und Tierzüchtung, ohne deren Erfolge die heutige Weltbevölkerung nicht ernährt werden könnte.

Die Molekulargenetik begann im Jahre 1944 mit der Entdeckung Averys, daß Nucleinsäuren die Träger genetischer Information sind. Sie lieferte grundlegende Einsichten über Steuerung und Regelung des gesamten Stoffwechsels. In den letzten Jahren gewann die molekulare Genetik erneut an Aktualität, da sich die Möglichkeit abzeichnet, gezielt in das Erbgefüge von Viren, Bakterien und auch höher differenzierter Organismen einzugreifen. Genchirurgie und Menschenzüchtung, genetische Manipulation und Gene aus der Retorte sind Schlagworte, unter denen mit mehr oder weniger Sachlichkeit die Frage diskutiert wird, ob wir das Recht haben, eventuell auch das Erbgut des Menschen durch gezielte Eingriffe zu verändern.

Die Ergebnisse der klassischen und molekularen Genetik werden nur so weit dargestellt, wie sie für das Verständnis der beschriebenen Versuche notwendig sind.

Die Versuche wurden so ausgewählt, daß sie mit einfachen Methoden und vertretbarem Zeitaufwand durchgeführt werden können. Bei den Versuchen zur klassischen Genetik haben wir uns auf Drosophila als einziges Versuchsobjekt beschränkt, um den Zeit- und Materialbedarf in erträglichen Grenzen zu halten. Es ist selbstverständlich, daß die verwendeten Viren- und Bakterienstämme für den Menschen völlig harmlos sind. Nicht zuletzt haben wir so weit wie möglich Untersuchungsmaterial ausgewählt, das jederzeit über den Lehrmittelhandel oder die Deutsche Sammlung von Mikroorganismen bezogen werden kann (s. Anhang).

B Lernziele

1. Es soll mindestens ein Beispiel für eine Gen-, Chromosomen- und Genommutation genannt werden können.
2. Die Wirkungsweise mutagener Substanzen und Strahlen sollen an beliebigen Beispielen erläutert werden können.
3. Die Genübertragung bei Bakterien durch parasexuelle Vorgänge und ihre Bedeutung für die Genetik und die Medizin sollen beschrieben werden können. Die Möglichkeiten, die sich für eine «Genmanipulation» ergeben, sollen kritisch erörtert werden können.
4. Die Mendelschen Regeln sollen an einfachen Erbgängen abgeleitet werden können.
5. Der klassische Genbegriff soll definiert werden können.
6. Kreuzungsergebnisse einfacher Erbgänge sollen ausgewertet und auf ihre statistische Zuverlässigkeit überprüft werden können.
7. Die Parallelen, die sich aus der Genetik und der Cytologie ergaben, und die zur Chromosomentheorie der Vererbung führten, sollen an Beispielen abgeleitet werden können.
8. Die Einschränkung der Mendelschen Regeln durch die Kopplungsgruppen soll erklärt werden können. Die Möglichkeiten eines Genaustausches durch Einfach- und Mehrfach-Crossover soll an Hand einer Skizze erklärt werden können.
9. Die Vorteile der Sexualität gegenüber der vegetativen Vermehrung sollen erläutert werden können.
10. Der Verlauf eines geschlechtsgebundenen Erbgangs (XY-Typ) soll an einem Beispiel der Human- oder Drosophila-Genetik abgeleitet werden können.

C Theoretische Grundlagen

1 Mutation und Gen

a) Veränderungen des Erbguts

In einer großen Population einer Art findet man immer wieder Individuen, die sich mehr oder weniger stark von den andern unterscheiden, die «aus der Art» schlagen. Bekannt sind die Albinos, die fast bei allen Säugetieren beobachtet wurden. Dem Genetiker sind Fruchtfliegen, die an Stelle roter Augen weiße Augen haben oder Bakterien, die gegen Penicillin resistent sind, vertraut. Solche «abartigen» Individuen sind auf Veränderungen des Erbguts, Mutationen, zurückzuführen. Durch das Auftreten einer Mutation läßt sich ein Gen erkennen. Deshalb sind die Genetiker bemüht, möglichst viele Mutanten aufzuspüren.

b) Mutantenauslese bei Bakterien

Das Darmbakterium Escherichia coli (E. coli) ist für den Menschen völlig harmlos und wird deshalb häufig für Erbversuche verwendet.
E. coli vermehrt sich außerordentlich rasch. Eine Bakterienzelle teilt sich unter günstigen Kulturbedingungen alle 20 Minuten. Aus einer einzigen Zelle ist nach 10 Stunden eine Population von $2^{30} = 10^9$ Individuen hervorgegangen. Eine Population, die sich durch vegetative Vermehrung aus einem Individuum entwickelt hat, nennt man einen Klon.
Es ist zu erwarten, daß sich alle Individuen eines Klons völlig gleichen. Durch geeignete Selektionsmittel kann man jedoch nachweisen, daß in einer Population von 10^9 Individuen, stets einige sind, die sich durch Mutation in ihrem Erbgut verändert haben (vgl. Tab. V, 4 S. 189).

Resistenz-Mutanten. Setzt man einer Nähragarplatte ein Antibiotikum als Bakteriengift zu und streicht etwa 10^8 Bakterien auf der Platte aus, dann werden nur die Individuen überleben und Kolonien bilden, die gegen das Gift resistent sind.

Mangelmutanten. Der Wildstamm von E. coli kann auf einem Minimalmedium, dem nur einige Salze und Zucker als Energiequelle zugesetzt sind, alle 20 Aminosäuren selbst aufbauen. Es gibt aber Mutanten, die die Fähigkeit zur Synthese einer Aminosäure verloren haben. Diese Mangelmutanten konnte Lederberg mit Hilfe eines Tricks auslesen.

Eine Bakterienpopulation wird der mutagenen Wirkung einer Bestrahlung oder bestimmter Chemikalien ausgesetzt, um die Mutationsrate zu erhöhen. Dann pipettiert man einen Teil der Population in eine Minimallösung, die keine der 20 Aminosäuren, aber Penicillin enthält. Das Penicillin hat die Eigenschaft, ausschließlich Zellen abzutöten, die sich teilen. Da in dem Minimalmedium nur der Wildtyp heranwachsen kann,

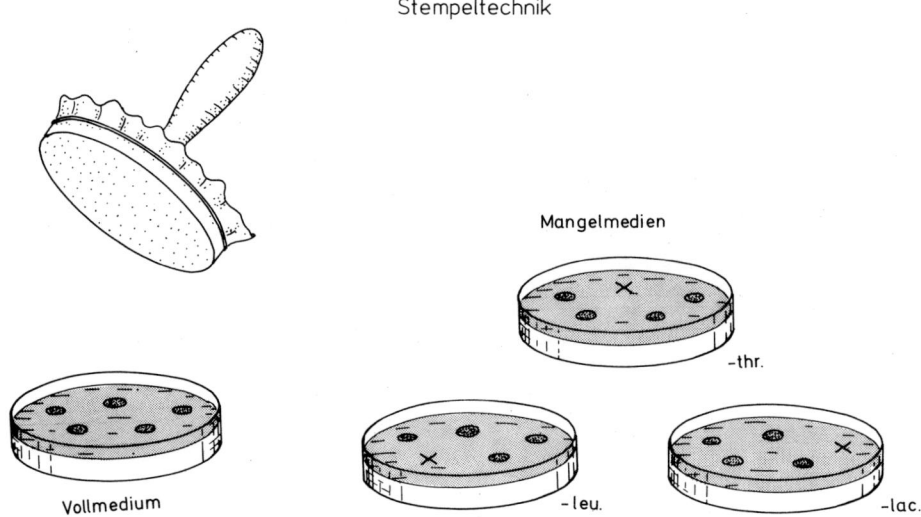

Abb. IV, 1: Auslesen von Mangelmutanten mit Hilfe der Stempeltechnik.

werden alle Zellen dieses Typs abgetötet. Die Mangelmutanten wachsen nicht und bleiben deshalb vom Penicillin verschont.

Das Penicillin wird sorgfältig ausgewaschen und die überlebenden Zellen auf eine Agarplatte mit allen 20 Aminosäuren (Vollmedium) ausplattiert. Nach 24-stündiger Bebrütung hat sich aus jeder Bakterienzelle eine Kolonie einer Mangelmutante gebildet.

Um herauszufinden, welche Mutante vorliegt, stellt man sich eine Reihe von 20 Agarplatten her, denen jeweils eine andere Aminosäure fehlt. Ein Stempel, der genau in eine Petrischale hineinpaßt, wird mit einem sterilen Samttuch überzogen, in die Platte mit dem Vollmedium eingedrückt und auf die andern 20 Minimalplatten überstempelt. (Abb. IV, 1). Auf einer Platte, auf der z. B. die Aminosäure Leucin fehlt, bilden sich keine Kolonien, die die Fähigkeit zur Leucinsynthese verloren haben. Beim Vergleich mit der Ausgangsplatte zeigt sich, daß eine oder mehrere Kolonien fehlen. Wir können jetzt von der Ausgangsplatte die Leucin-Mangelmutante abimpfen und unter Zugabe von Leucin weitervermehren. Mit den andern Mutanten verfährt man ebenso.

c) Mutantenauslese bei Drosophila

Die Auslese von Mutanten ist bei Drosophila wesentlich mühsamer als bei Bakterien, da man hier nicht mit Gift aus riesigen Populationen in kürzester Zeit selektionieren kann. Unzählige Individuen mußten unter dem Binokular und Mikroskop auf Veränderungen von körperlichen Merkmalen wie Augen- und Körperfarbe, Behaarung und Ausgestaltung der Flügel und Beine untersucht werden (Abb. IV, 2). Jede Mutante wurde isoliert und weitergezüchtet. Heute ist Drosophila das am besten untersuchte Tier; es sind etwa 1000 Mutanten bekannt.

d) Mechanismen der Mutation

Mutationen können bei allen Organismen vorkommen. Bei Organismen, die sich vegetativ durch Zellteilung vermehren, werden die Mutationen von Zelle zu Zelle weitergegeben. Bei sexueller Fortpflanzung werden Mutationen nur weitervererbt, wenn sie in den Keimzellen oder deren Vorläufern stattgefunden hat. Mutationen von Körperzellen (somatische Mutation) während der Keimesentwicklung kann zu größeren Zellverbänden mit abweichenden Eigenschaften (Mosaiken) führen. Bei höherdifferenzierten Tieren werden somatische Mutationen in der Regel durch das Immunsystem (s. Kap. VI) eliminiert.

Genmutationen

Wird ein Gen durch eine Mutation verändert, dann tritt es in zwei Formen, zwei Allelen auf: dem Wildallel und dem mutierten Allel. In einem haploiden Organismus kommt stets nur ein Allel vor. In diploiden Organismen finden wir immer zwei Allele eines Gens auf den homologen Chromosomen. Sind die beiden Allele gleich, dann ist der Organismus homozygot in bezug auf dieses Gen. Sind die beiden Allele verschieden, dann ist der Organismus heterozygot.

Mutationen können «spontan» auftreten. Die Wahrscheinlichkeit, mit der innerhalb einer Generationsfolge ein bestimmtes Allel a^+ (der Wildtyp wird durch das hochgestellte $^+$ gekennzeichnet) nach a mutiert, nennt man seine Mutationsrate. Sie liegt je nach Art des Gens zwischen 10^{-5} und 10^{-8}. Diese Mutationsrate kann durch verschiedene Faktoren um das 100-fache oder mehr erhöht werden.

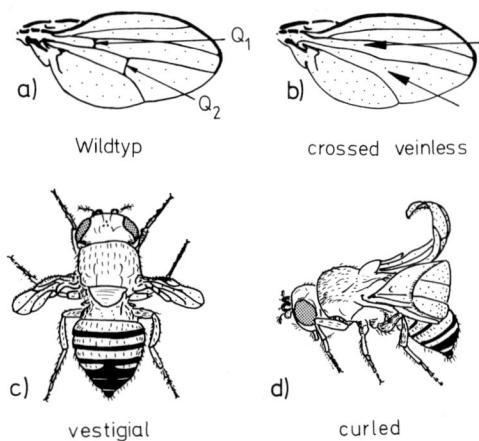

FLUGELMUTANTEN von DROSOPHILA

a) Wildtyp
b) crossed veinless
c) vestigial
d) curled

Abb. IV, 2: a) Normaler Flügel.
b) Die beiden Queradern Q_1 und Q_2 fehlen.
c) Die Flügel sind stummelartig verkümmert. Das Tier ist flugunfähig.
d) Die Flügel sind nach oben gebogen. Das Tier ist flugunfähig.

124 IV Genetik

α-, β- und Röntgenstrahlen wirken ionisierend auf die getroffenen Moleküle. Längerwellige Strahlen von etwa 100 bis 1000 nm Wellenlänge bewirken – je nach Struktur des getroffenen Moleküls – eine Veränderung der Elektronenhülle. Auch diese elektronische Anregung erhöht die Reaktionsfähigkeit des Moleküls. Für die genetische Substanz (Nucleinsäuren) liegt der Absorptionsgipfel und damit die maximale Wirksamkeit der Strahlung im UV-Bereich (λ = 250 bis 280 nm).

Jeder Treffer, das heißt jede Absorption eines Energiequants, führt zu einer Veränderung des getroffenen Moleküls, die in den meisten Fällen zu einer chemischen Reaktion führt. Bei den Nucleinsäuren kann eine solche chemische Reaktion gleichbedeutend mit einer Mutation sein.

Je stärker die Strahlenbelastung, desto größer ist die Wahrscheinlichkeit für einen Treffer und damit für eine (nachteilige) genetische Veränderung. Jede zusätzliche Strahlenbelastung erhöht also die Mutationsrate und damit die Wahrscheinlichkeit von Mißbildungen in zukünftigen Generationen. Eine Toleranzgrenze für Strahlenbelastung gibt es eigentlich nicht. «Abgesehen davon, daß das heute vorliegende Versuchsmaterial zwar eindeutig Erzeugung schädlicher Mutationen durch Strahlen beweist, aber für quantitative Angaben, den Menschen betreffend, noch recht unvollkommen ist, müßte für eine

Tabakmosaikvirus

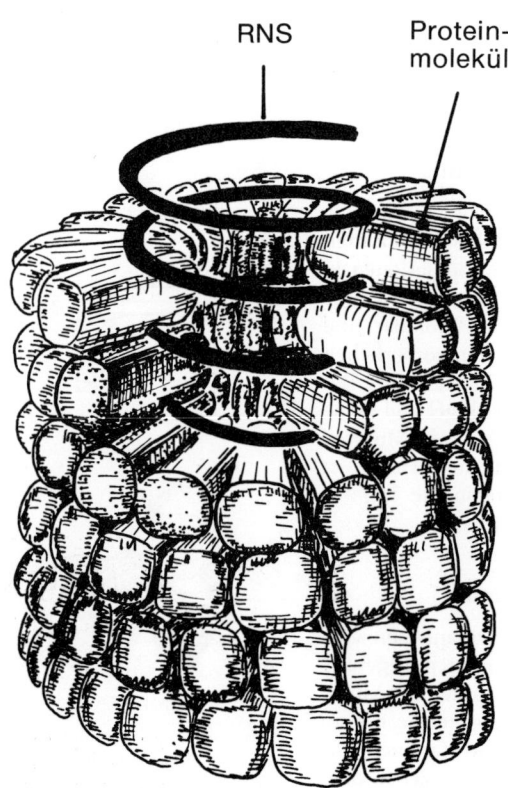

Abb. IV, 3: Modell des Tabakmosaikvirus. Ausschnitt. Die Proteinhülle besteht aus 2130 gleichen Eiweißmolekülen. Jedes Eiweißmolekül ist aus 158 Aminosäuren aufgebaut. Das RNS-Molekül ist spiralig gewunden und liegt zwischen den Eiweißpaketen.

solche Antwort (betreffend einer Toleranzgrenze) festgelegt sein, ob wir eine Steigerung von 1%, von 10%, eine Verdoppelung, Verzehnfachung oder Verhundertfachung der heute auftretenden Fehlgeburten, Mißbildungen und Erbkrankheiten für tragbar halten» (C. Bresch, Hausmann 1972).

Mutationsauslösung durch Chemikalien

Desaminierung. Eine Mutationsauslösung durch Chemikalien (chemische Mutagenese) wurde durch die bahnbrechenden Untersuchungen von Mundry und Gierer (1958) mit Salpetriger Säure als mutagenem Agens aufgeklärt. Diese Forscher führten ihre Untersuchungen am Tabakmosaikvirus (TMV) durch: Es besteht aus einer zentralen RNS-Spirale mit etwa 6500 Nucleotiden, an die von außen 2130 hantelförmige, identische Proteinmoleküle angelagert sind. (Abb. IV, 3). Jedes dieser Moleküle wird von 158 Aminosäuren gebildet, deren Sequenz 1963 entschlüsselt wurde.

Man kann die Reaktionsbedingungen (Konzentration, Temperatur, Zeit) der salpetrigen Säure so wählen, daß im Mittel nur eine Base pro RNS-Strang verändert wird. Durch die salpetrige Säure wird Adenin zu Hypoxanthin verwandelt, das wie Guanin paart. Cytosin wird zu Uracil (Abb. IV, 4).

Die einzelnen Mutanten konnten als Klone weitervermehrt werden. Bei der Untersuchung der Aminosäuresequenz der Hülleiweiße zeigte sich, daß meist nur eine Aminosäure verändert war, niemals aber zwei nebeneinanderliegende Aminosäuren ausgetauscht waren. Beobachtet wurde der Austausch von Prolin durch Leucin oder Serin und von Thyrosin durch Methionin oder Isoleucin. Dadurch konnte nachgewiesen werden, daß der genetische Code (s. Band I, Kap. III) nicht überlappend ist, denn sonst müßte ein Mutationsschritt z. B. von C nach U drei aufeinanderfolgende Tripletts verändern:

```
A T C C T A ...        Mutation
    ↓
A T U C T A ...
                       1. Triplett
                       2. Triplett
                       3. Triplett
```

Ähnlich wie salpetrige Säure wirken andere desaminierende Substanzen: Senfgas, Urethan, Hydoxylamin u. a., die alle an den ruhenden Nucleinsäuresträngen mutagene Veränderungen hervorrufen.

Basenanaloga. Es gibt «künstliche» Purin- und Pyrimidinbasen, die den natürlichen Basen sehr ähnlich sind und statt diesen in ein Chromosom eingebaut werden, wenn man sie bei Bakterien der Nährlösung zufügt. Der Einbau falscher Basen führt zu Fehlern bei der Replikation.

Acridinfarbstoffe. Ein Farbstoffmolekül lagert sich zwischen zwei Nucleotide eines DNS-Stranges ein und verdoppelt den Abstand zweier Mononucleotide. Bei der Replikation kann am Schwesterstrang ein zusätzliches Nucleotid eingebaut werden, was zu einem Fehler beim Ablesevorgang führt.

Chromosomenmutationen

Neben den «Kleinmutationen», die keine mikroskopisch beobachtbaren Veränderungen am Genom hervorrufen, gibt es solche, bei denen strukturelle Änderungen an den Chromosomen sichtbar werden. Solche Mutationen werden vor

Abb. IV, 4: Durch Behandlung mit salpetriger Säure werden die Basen Adenin, Guanin und Cytosin verändert, was zu Genmutationen führt.

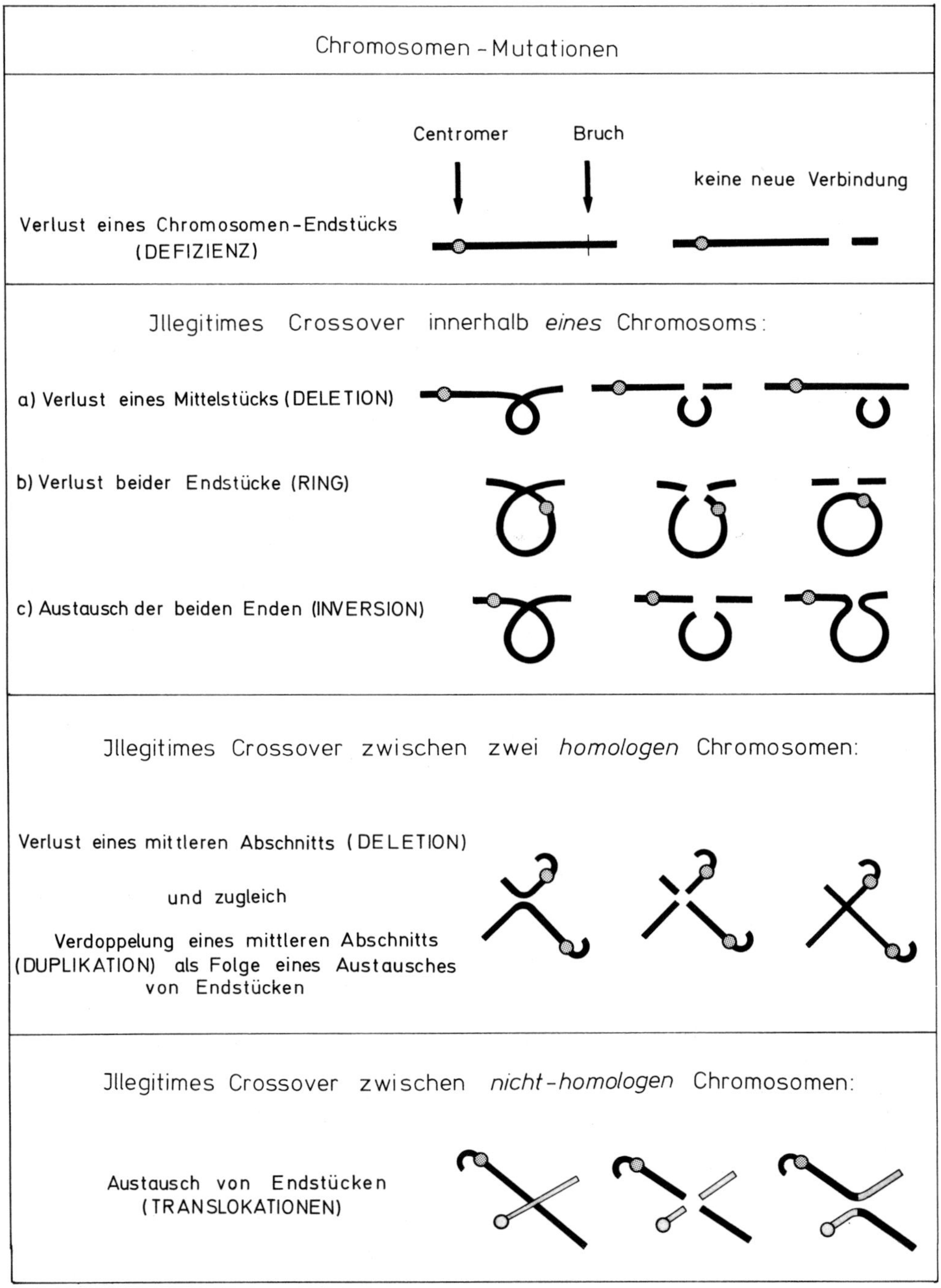

Chromosomen-Mutationen

Verlust eines Chromosomen-Endstücks (DEFIZIENZ)

Centromer   Bruch

keine neue Verbindung

Jllegitimes Crossover innerhalb *eines* Chromosoms:

a) Verlust eines Mittelstücks (DELETION)

b) Verlust beider Endstücke (RING)

c) Austausch der beiden Enden (INVERSION)

Jllegitimes Crossover zwischen zwei *homologen* Chromosomen:

Verlust eines mittleren Abschnitts (DELETION)

und zugleich

Verdoppelung eines mittleren Abschnitts (DUPLIKATION) als Folge eines Austausches von Endstücken

Jllegitimes Crossover zwischen *nicht-homologen* Chromosomen:

Austausch von Endstücken (TRANSLOKATIONEN)

Abb. IV, 5: Vereinfachtes Schema zur Entstehung von Chromosomen-Aberrationen (aus Bresch-Hausmann).

allem durch harte Bestrahlung hervorgerufen, sie können jedoch auch spontan (bzw. unter Wirkung etwa der kosmischen Strahlung) auftreten. Chromosomenmutationen wurden speziell bei Drosophila und beim Mais näher untersucht. Ihre Entstehung kann vor allem durch falsches («illegitimes») Crossover, d. h. Crossover an nicht homologen Stellen, erklärt werden. Zur Unterscheidung dieser Chromosomen – Aberrationen s. Abb. IV, 5.

Genommutationen

Im Gegensatz zur strukturellen Veränderung der Chromosomen versteht man hierunter numerische Veränderung der Chromosomen oder des ganzen Chromosomensatzes.
Die Struktur und die Gene der Einzelchromosomen bleiben unverändert.
Für die Evolution der Pflanzen hat diese Art der mutativen Erbanlagenveränderung eine sehr große Rolle gespielt (vgl. Bd. I, III C. 4). Bei Tieren (einschließlich des Menschen) führt Chromosomenverdopplung oft zu starken Schädigungen, die ihre Träger von einer weiteren Vermehrung ausschließt.
Euploidie. Man versteht hierunter eine Vervielfachung des kompletten Chromosomensatzes in allen Zellen des Organismus. Durch fehlerhafte Meiose (etwa künstlich unter Colchicineinfluß) können auto(poly)ploide Organismen entstehen.
Durch Bastardisierung und anschließende fehlerhafte Meiose kann es zur Bildung eines allo(poly)ploiden, fertilen Bastards kommen: So ist zum Beispiel die Zwetschge (Prunus domestica 2n = 48) ein alloploider Bastard von Schwarzdorn (Prunus spinosa 2n = 32) und Kirschpflaume (Prunus cerasifera 2n = 16).
Aneuploidie. Hier ist nur die Zahl einzelner Chromosomen abweichend. Fehlt ein Chromosom ganz, so spricht man von Nullisomie, ist es nur einfach vorhanden von Monosomie. Beide Mutanten sind meist letal. Relativ häufig kommt Trisomie vor (Trisomie im Chromosom 21 des Menschen führt zum Down-Syndrom = Mongoloide Idiotie[1]). Auch doppelte Trisomie (2 Chromosomen je einmal zuviel) kommt ab und zu vor.

---

[1] Die Verwendung dieses Begriffes stellt eine Diskriminierung der mongoliden Rasse dar und sollte deshalb nicht verwendet werden.

Endoploide. In besonders stoffwechselaktiven Geweben kann es zur somatischen Polyploidie kommen.

2 Genübertragung bei Bakterien (Parasexualität)

Bei Bakterien, die sich vegetativ durch Zweiteilung vermehren und bei denen keine Befruchtungsvorgänge mit der Bildung diploider Zygoten bekannt waren, erwarte man keine Genübertragung. Erst die Arbeiten von Griffith (1929) und Avery (1944) gaben Hinweise auf parasexuelle Vorgänge bei Bakterien mit Genübertragung. Es sind dies die Transformation, Konjugation und Transduktion.

a) Transformation (Abb. IV, 6)

Von den Erregern der Lungenentzündung (Diplococcus pneumoniae) gibt es zwei Typen, die sich morphologisch unterscheiden und unterschiedliche Reaktionen bei Mäusen hervorrufen:
Stamm S (smooth): Die Bakterien sind von einer Hülle aus Polysacchariden umgeben, die sie gegen zelluläre Abwehrmechanismen schützen. Auf Agarplatten bilden sich schleimige, glatte (smooth) Kolonien. Der Stamm S ist virulent und führt bei Mäusen nach einer Injektion zum Tod.
Stamm R (rough): Die Polysaccharidhülle fehlt, es bilden sich rauhe (rough) Kolonien. Der Stamm ist avirulent. Eine Injektion wird ohne Schaden überstanden.
Griffith (1928) tötete Bakterien des virulenten Stammes S durch Erhitzen ab und injizierte sie Mäusen. Sie erkrankten nicht. Um so überraschender war, daß eine Infektion tödlich verlief, wenn die Mäuse gleichzeitig mit dem abgetöteten Typ S und lebenden Erregern des avirulenten Typs R infiziert wurden. In einem Blutausstrich auf Agar fand man neben rauhen auch glatte Kolonien. Griffith nahm an, daß aus den abgetöteten S-Zellen ein «transformierendes Prinzip» in die lebenden R-Zellen gelangt, das diese wieder in den pathogenen Wildstamm zurückverwandelt. Die Ergebnisse wurden zunächst als bakteriologische Kuriosität gewertet und nicht beachtet.
Avery (1944) nahm die Versuche wieder auf, tötete die Zellen des Typs S ab, brach sie auf und

isolierte die DNS. Er konnte nachweisen, daß die Transformation auch im Reagenzglas gelingt, wenn man hochgereinigte DNS zu lebenden Zellen des Typs R gibt. Damit war bewiesen, daß nicht Eiweiß, sondern die DNS Träger der Erbinformation ist (Abb. IV, 7).

Die Transformation gelingt nicht bei allen Bakterienarten. Sie konnte z. B. bei E. coli nicht nachgewiesen werden. Voraussetzung ist, daß die Empfängerzellen eine «Kompetenz» zur Aufnahme der DNS haben. Bei Pneumococcus besteht diese Kompetenz nur kurze Zeit am Ende der Wachstumsphase. Man nimmt an, daß an der Oberfläche der Zellmembran ein Kompetenzfak-

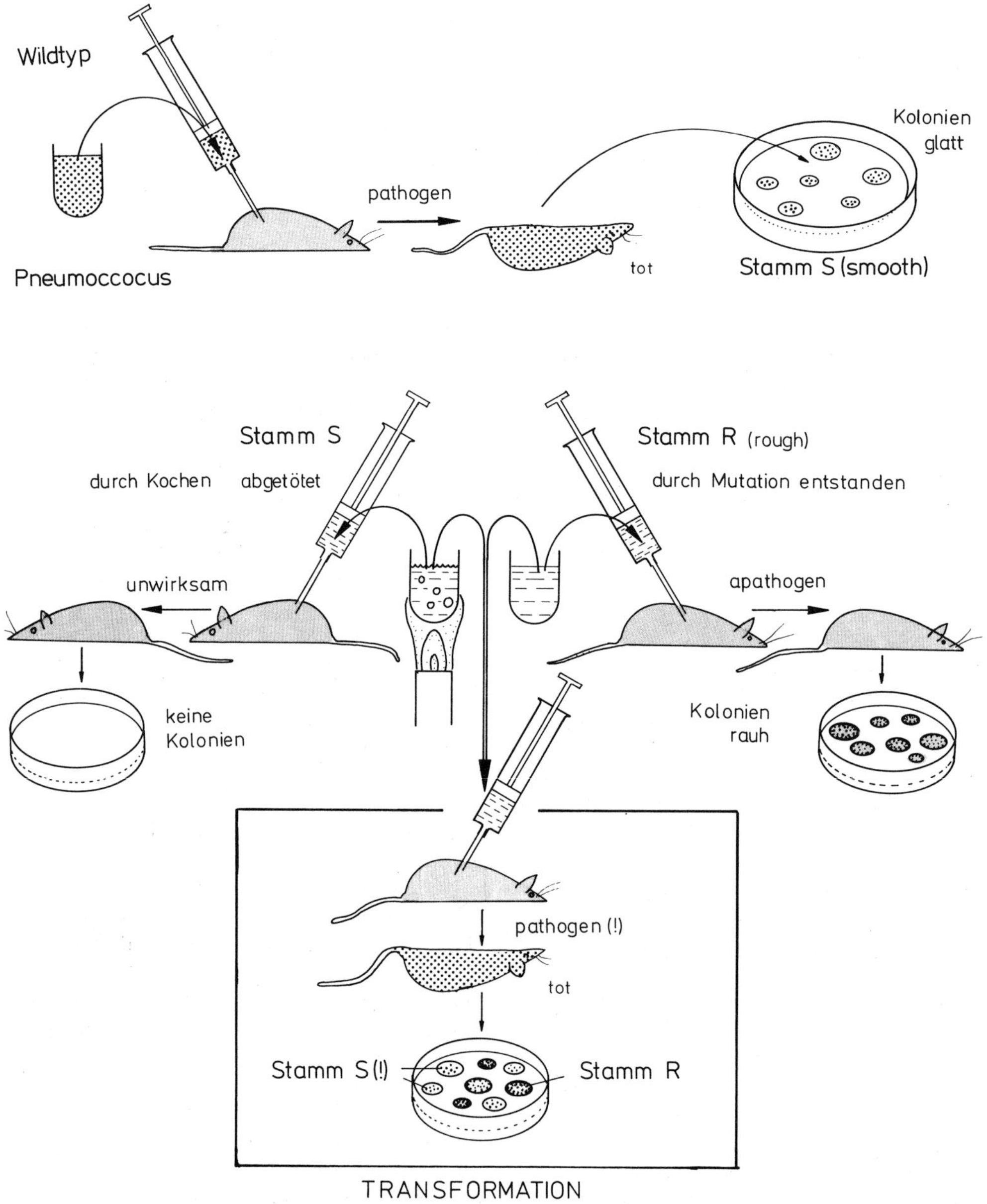

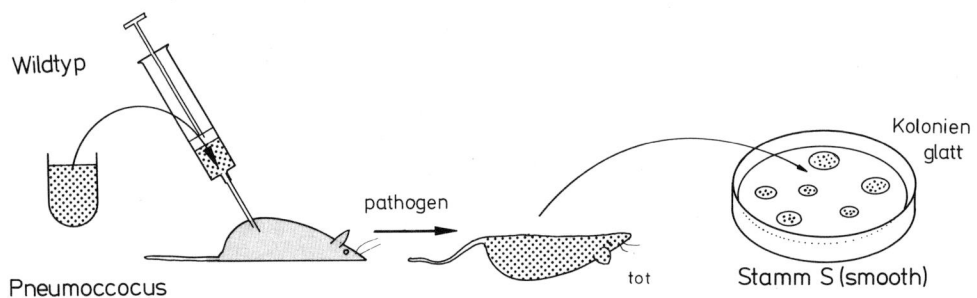

Abb. IV, 6: Schematische Darstellung des klassischen Transformationsversuchs von Griffith.

tor synthetisiert wird, der dafür verantwortlich ist, daß die DNS-Stücke an der Oberfläche unter Energieverbrauch in die Zelle aufgenommen werden (Abb. IV, 8).

b) Konjugation

Tatum und Lederberg (1946) untersuchten die Frage, ob es bei Bakterien Rekombinationsvorgänge, d. h. einen Austausch homologer Genorte gibt. Bekannt war, daß bei Bakterien Rückmutationen mit einer Wahrscheinlichkeit von $1:10^8$ vorkommen. Deshalb wurden Doppelmutanten zu den Versuchen herangezogen. Die Mutationsrate zurück zum Wildtyp beträgt dann 10^{-16}. Der Wildtyp wurde aber mit einer Häufigkeit von 10^{-5} gefunden. Er mußte also durch Rekombination nach Abb. IV, 9 entstanden sein.

Aufbauend auf den Arbeiten von Lederberg und Tatum kam man zu folgenden Ergebnissen:
- Es gibt einen Genaustausch durch Rekombination bei Bakterien.
- Es gibt Stämme, die sich untereinander kreuzen lassen. Sie haben eine positive Fertilität (F^+).
- Es gibt Stämme, die sich untereinander nicht kreuzen lassen. Sie haben eine negative Fertilität (F^-).

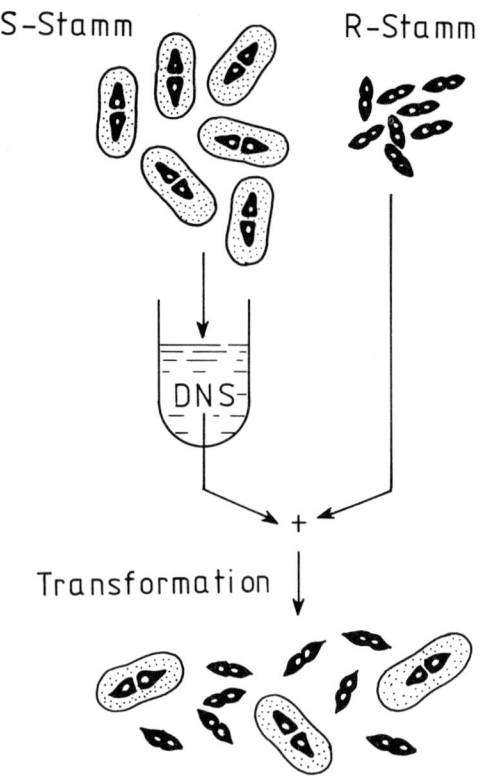

Abb. IV, 7: Nachweis der Transformation durch Avery (nach Kaudewitz)

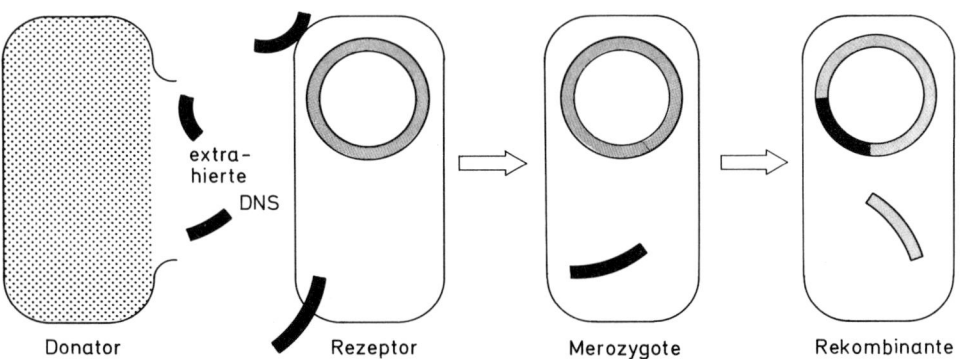

Abb. IV, 8: Die DNS der Donatorzelle ist schwarz, die der Rezeptorzelle grau gezeichnet. Die Rezeptorzelle nimmt einen Teil der Donatorzellen-DNS auf und wird zur Merozygote (Teilzygote). Durch Paarung der homologen Genomabschnitte und Stückaustausch (Rekombination), entsteht die Rekombinante.

- F⁻-Stämme lassen sich mit F⁺-Stämmen kreuzen.
- F⁻ und F⁺-Stämme sind nicht gleichwertig, wie aus folgender Kreuzung (nach Hayes) hervorgeht:

[F⁻] thr⁻ leu⁻ bio⁺ str^r
x [F⁺] thr⁺ leu⁺ bio⁻ str^s

und

[F⁻] thr⁻ leu⁻ bio⁺ str^s
x [F⁺] thr⁺ leu⁺ bio⁻ str^r

Die Kreuzungsergebnisse wurden überprüft, indem man auf streptomycinhaltigen Nährböden ausplattierte. Die erwarteten Rekombinanten traten aber nur auf, wenn der F⁻-Stamm streptomycinresistent (str^r) war. Waren die F⁺-Stämme gegen Streptomycin unempfindlich (streptomycinresistent, str^r), dann wurde niemals eine Rekombinante gefunden. Der Genaustausch erfolgte offenbar nur in eine von zwei möglichen Richtungen. Die F⁺-Zellen sind die Spender-Zellen (Donator-Zellen, «männliche» Zellen), die F⁻-Zellen sind die Empfänger-Zellen (Rezeptor-Zellen, «weibliche» Zellen). Man spricht von einem assymmetrischen Genaustausch (Abb. IV, 11).

F-Faktor. F⁻-Zellen und F⁺-Zellen unterscheiden sich nicht nur in ihrem sexuellen Verhalten, sondern auch in ihren Chromosomen. Die F⁺-Zellen besitzen neben dem normalen, ringförmigen Chromosom mit ca. 3×10^6 Nucleotidpaaren und 3×10^3 Genorten kleine Ringchromosomen, die mit 2×10^5 Nucleotidpaaren nur 200–250 Gene tragen. Man nennt sie F-Episomen. Da sie nur in den «männlichen» F⁺-Zellen vorkommen, könnte man sie als «Geschlechtschromosomen» bezeichnen (Abb. IV, 10).

Die F-Episomen vermehren sich unabhängig von dem normalen Chromosom. Sie veranlassen die Zelle zur Bildung von winzigen Proteinröhrchen, sogenannten Pili, durch die F⁺-Zellen mit F⁻-Zellen Kontakt aufnehmen. Die Pili sind zunächst ziemlich lang, verkürzen sich dann, bringen die beiden Partner näher zusammen, so daß sich eine Plasmabrücke bildet (Abb. IV, 11).

Das Episom besitzt eine vorbestimmte Bruch-

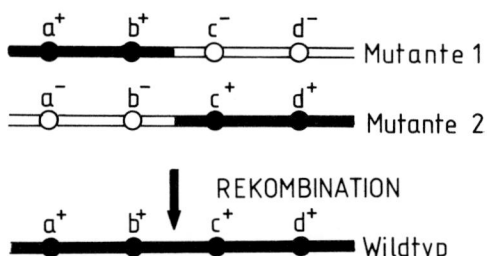

Abb. IV, 9: Rekombination bei Bakterien nach den Versuchen von Lederberg und Tatum. Aus zwei Mangelmutanten bildet sich der Wildtyp zurück.

Fertilitätsfaktor bei Bakterien

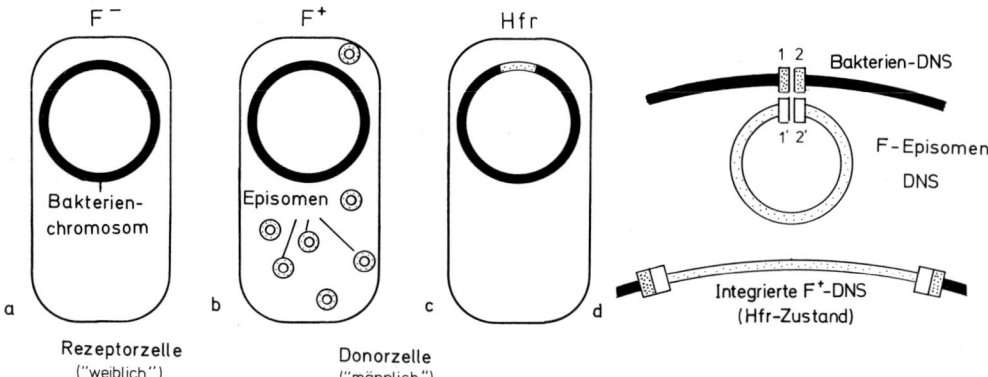

Abb. IV, 10: a) Bakterienzelle ohne Fertilitätsfaktor.
b) Bakterienzelle mit mehreren, ringförmigen Fertilitätsfaktoren im Plasma (F-Episomen).
c) Bakterienzelle mit integriertem F-Faktor. Die Zellen zeigen eine hohe sexuelle Bereitschaft (Hfr-Zellen).
d) Integration des F-Episoms in das Bakterienchromosom. Die Bakterien-DNS und die Episomen-DNS haben Stellen mit einer homologen Nukleotid-Sequenz (1 und 1' bzw. 2 und 2'), an denen eine Basenpaarung erfolgt. (d nach Kaudewitz).

stelle, an der das DNS-Ringmolekül aufbricht. Ein DNS-Einzelstrang schiebt sich dann durch den Pilus in die Akzeptorzelle. Er dient dort als Matrize für die Synthese eines neuen DNS-Doppelstrangs, der sich dann wieder zum Ring schließt.

In der Donorzelle wird der zurückgebliebene Einzelstrang ebenfalls wieder zum Doppelstrang komplettiert, so daß nach beendetem Konjugationsvorgang beide Zellen ein F-Episom enthalten. Eine ganze F-Population kann innerhalb kurzer Zeit zu einer F^+-Population umgewandelt werden, wenn sie mit F^+-Zellen infiziert wurde. Man könnte sagen, daß bei Bakterien das männliche Geschlecht ansteckend ist. Mit den F-Episomen werden keine andern Gene auf die F^--Zellen übertragen (Abb. IV, 11).

Genübertragung durch Hfr-Zellen. Zu einer Genübertragung kommt es erst, wenn in einer Bakterienzelle das F-Episom in das Bakterienchromosom eingebaut wird (Abb. IV, 10). Aus den F^+-Zellen wurden Zellen mit hoher Rekombinationswahrscheinlichkeit (High frequency of recombination). Diese Hfr-Zellen treten in einer Population von F^+-Zellen mit einer Wahrscheinlichkeit von 10^{-5} auf, was den niedrigen Anteil der Rekombinanten in den Versuchen von Lederberg und Tatum erklärt. Hfr-Zellen haben jedoch eine Rekombinationshäufigkeit bis zu 50%. Unter sich vermehren sich Hfr-Stämme normal. Gelegentlich kommt es vor, daß das Episom verlorengeht und ein Hfr-Stamm wieder zu einem F^--Stamm wird. Ähnlich wie das F-Episom wird auch das ringförmige Bakterienchromosom von einer Zelle zur andern weitergegeben. Zuerst wird der DNS-Strang verdoppelt. Der neu synthetisierte Transferstrang bricht an einer der beiden Nahtstellen mit dem F-Episom auf und wird als lineares Chromosom bei der Konjugation durch den Sexualpilus in die Rezeptorzelle geschoben. Stets wandert das freie Ende des Chromosoms voraus (Abb. IV, 11). Das Episom am hinteren Ende schiebt gleichsam das Chromosom durch den Pilus.

Der Chromosomentransfer dauert etwa 90 Minuten. Nur selten gelangt das ganze Chromosom in die Empfängerzelle. Die Konjugation wird fast immer vorher unterbrochen, so daß ein Hfr-Exkonjugant mit dem restlichen Chromosomenstück und dem Episom zurückbleibt. Die Rezeptorzelle wird zu einer Teil-Zygote (Mero-Zygote), bei der sich an den Gentransfer die genetische Rekombination anschließt. Das ausgetauschte Chromosomenstück der Rezeptorzelle geht verloren (Abb. IV, 11).

Episomen und Plasmide

Außer den F-Episomen gibt es andere ringförmige Chromosomen, die im Plasma von Bakte-

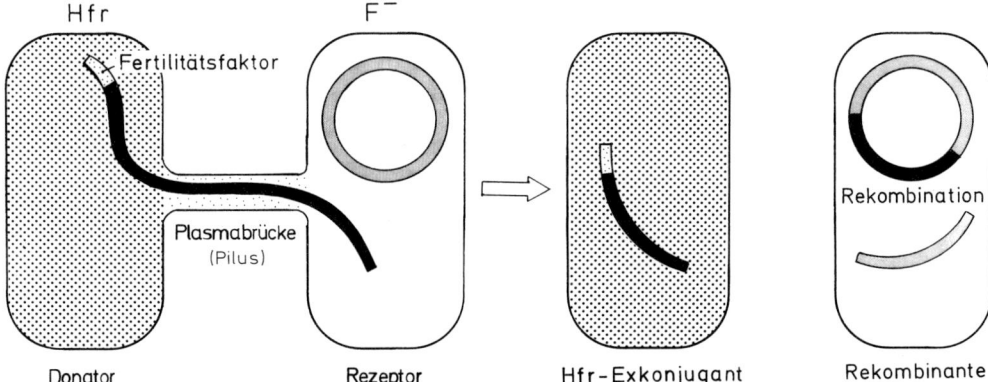

Abb. IV, 11: Über eine Zytoplasmabrücke wird von der Donatorzelle genetisches Material in die Rezeptorzelle übertragen. Meist reißt die Brücke ab, bevor das ganze Genom hindurchgewandert ist. Durch Paarung der homologen Genomabschnitte und Stückaustausch bildet sich die Rekombinante. In der Donatorzelle und im Exkonjuganten ist das Ringchromosom, das als Matrize für den Transferstrang diente, nicht gezeichnet.

rien vorkommen. Im Unterschied von den Episomen, die zumindest zeitweilig in das Bakterienchromosom integriert werden, nannte man Episomen, die nur im Plasma gefunden wurden, Plasmide. Da aber die Unterschiede von Plasmid und Episom nicht zu fassen sind, neigt man heute dazu, einheitlich die Bezeichnung Episom zu verwenden.

Medizinisch bedeutsam sind Episomen geworfen, die Gene zur Resistenz gegen Antibiotika und Sulfonamide tragen (Resistance-Transfer-Faktor). Zum ersten Mal brach in Japan (1957) eine Bakterienruhr aus, der man mit den herkömmlichen Antibiotika und Sulfonamiden nicht beikommen konnte. Der Grund war, daß sich Plasmide, die mehrere Resistenzfaktoren trugen, schlagartig über die ganze Erregerpopulation ausbreiteten. Besorgniserregend ist, daß die Plasmide nicht artspezifisch sind, sondern auch zwischen Bakterien verschiedener Arten übertragen werden. So können durch häufige Antibiotika-Zufuhr Resistenzfaktoren in harmlosen Colibakterien herangezüchtet und selektiert werden, die im Krankheitsfalle dann auf pathogene Keime übergehen und die pharmakologische Behandlung der Krankheit sehr erschweren. Auch die Problematik der Antibiotikazusätze zum Viehfutter hängt damit zusammen: Es ist zu fordern, daß für Futtermittel andere Antibiotika verwendet werden als in der Humanmedizin. Dasselbe gilt für Antibiotikazusätze zu menschlichen Nahrungsmitteln etwa Tiefkühlkonserven.

c) Transduktion

Auf die dritte Möglichkeit parasexueller Vorgänge bei Bakterien sei nur kurz hingewiesen, da wir uns mit der Genetik von Viren, die sich auf Bakterien spezialisiert haben (Bakteriophagen), nicht näher befassen. Es soll nur erwähnt werden, daß Bakteriophagen unter bestimmten Bedingungen in der Lage sind, von ihrem Wirt (Donator) einen Teil des Chromosoms, zusammen mit ihrem eigenen, in eine Empfängerzelle zu übertragen. Diesen Vorgang nennt man Transduktion.

d) Genmanipulation

Erst in allerjüngster Zeit ist es durch geschickte Versuchsanordnungen gelungen, gezielt Teilstücke genetischer Information von einer Art auf eine andere zu übertragen. Jackson a.al. (1972) vereinigte das Gesamtchromosom eines tierischen Virus mit einem Bruchstück eines Bakteriophagen und baute dadurch einen neuen, vermehrungsfähigen DNS-Ring auf. Wansik a.al. (1974). übertrug Bruchstücke eines Drosophila-Chromosoms in Bakterienzellen. Die isolierten Gene der Fliege konnten in den Bakterien beliebig vermehrt werden. Es gelang auch, die in den Bakterien produzierte DNS wieder in ein Drosophila-Chromsom einzubauen. Auch vom Krallenfrosch konnten Gene in Bakterienzellen transferiert werden.

Es zeichnen sich Möglichkeiten ab, Gene zu isolieren und Gene zu synthetisieren und diese dann gezielt in Genome einzubauen. Es ist nicht auszuschließen, daß man auf diese Weise völlig neue Organismen schafft. Man spricht von einer Genmanipulation. Da dieser Ausdruck von vornherein emotionsbeladen ist, sollte er durch den neutralen Ausdruck Gentechnologie ersetzt werden, der dem englischen «genetic engeneering» am nächsten kommt.

Die Gefahren, die aus der Gentechnologie erwachsen können, hat man erkannt, so daß sich 1975 die Genetiker in Amerika einer sehr strengen Selbstkontrolle unterworfen haben. Auch bei uns wird eine solche Kontrolle diskutiert.

3 Genübertragung bei Diplonten

a) Diploide Chromosomensätze

Bei den Diplonten verläuft der ganze Lebenszyklus in der Diplophase, d. h. alle Körperzellen haben einen doppelten (diploiden) Chromosomensatz (Band I, Kap. III). Das bedeutet, daß in einem Zellkern jedes Gen doppelt vorhanden ist. Eine Reduktion des Chromosomensatzes auf die Hälfte findet erst in der Meiose bei der Bildung der Keimzellen statt.

Sind die beiden sich entsprechenden Allele gleich, dann ist der Organismus homozygot (gleicherbig, reinerbig), sind die beiden Allele verschieden, dann ist der Organismus heterozygot (verschiedenerbig, mischerbig).

Bei Diplonten unterscheidet man zwei Fälle der Merkmalsausbildung

(1) eines der beiden Allele ist für die Merkmalsausbildung allein entscheidend, es ist *dominant*, das andere Allel wirkt sich auf das Phän nicht aus, es ist *rezessiv*.

(2) Beide Allele tragen in etwa gleicher Weise zur Merkmalsbildung bei, das Merkmal ist intermediär.
Zwischenstufen und Übergänge zwischen beiden Formen sind möglich.
Einen Erbgang, bei dem dominante und rezessive Gene (Allele) beteiligt sind, nennt man *dominant – rezessiv*. Die dominanten Gene werden in der Regel mit Großbuchstaben, die rezessiven mit Kleinbuchstaben symbolisiert. Rezessive Mutanten sind häufiger als dominante.
Beispiel:
Bar (B)   abweichende Augenform bei Drosophila, dominant über B^+
vestigal (vg)   Stummelflügeligkeit bei Drosophila, rezessiv gegenüber vg^+

b) Einfaktorenkreuzungen

Bei allen hier angeführten Beispielen gehen wir von den relativ seltenen Fällen aus, daß ein Merkmal ausschließlich von einem einzigen Gen geprägt wird.

Beispiel 1: Dominantrezessiver Erbgang

Blütenfarbe der Erbse (eines von Mendels Kreuzungsexperimenten, 1865)

	Phäne		
P	Rot	x	weiß
F_1	Rot		
F_2	Rot	:	weiß
	wie		
	3	:	1

	Gene			
P	Rot Rot	x	weiß weiß	
F_1	Rot weiß			
F_2	Rot Rot	:	Rot weiß	: weiß weiß
		wie		
	1	:	2	: 1

Beispiel 2: Intermediärer Erbgang

Blütenfarbe von Mirabilis jalapa, der Wunderblume (Nyctinaginaceae), ein von Correns durchgeführtes Experiment

	Phäne		
P	rot	×	weiß
F_1	rosa		
F_2	rot	:	rosa : weiß
	wie		
	1	:	2 : 1

	Gene			
P	rot rot	x	weiß weiß	
F_1	rot weiß			
F_2	rot rot	:	rot weiß	: weiß weiß
		wie		
	1	:	2	: 1

Genotyp und Phänotyp. Bei haploiden Organismen wird ein Merkmal von nur einem Gen geprägt und tritt deshalb auch deutlich in Erscheinung: Der Genotyp entspricht dem Phänotyp. Bei einem diploiden Organismus wirken aber zwei Allele an der Ausbildung eines Merkmals mit, und deshalb muß der Phänotyp nicht dem Genotyp entsprechen.
Bei einem dominant-rezessiven Erbgang (s. Beispiel 1) gleichen sich dem Aussehen nach alle Individuen, die das dominante Merkmal in einfacher oder doppelter Zahl tragen. Wir können also phänotypisch homozygote Individuen nicht von heterozygoten unterscheiden. Tritt dagegen das rezessive Merkmal in Erscheinung, dann kann man mit Sicherheit auf den Genotyp schließen, der homozygot sein muß.
Bei den relativ seltenen intermediären Erbgängen entspricht der Phänotyp dem Genotyp. (Dasselbe gilt für die wenigen Fälle von Kodominanz. Hier prägen beiden Allele den Genotyp ohne sich gegenseitig zu beeinflussen. Ein Beispiel dafür ist die Vererbung der Blutgruppeneigenschaften A und B beim Menschen. Heterozygote Individuen haben die Blutgruppe AB. Das Allel für die Blutgruppe 0 (Null) ist dagegen rezessiv gegenüber den beiden Allelen A und B. Das Gen für das ABO-System tritt in drei verschiedenen Allelen auf: multiple Allelie).

Rückkreuzungen (Testkreuzungen)

Um zu entscheiden, ob ein diploider Organismus, der phänotypisch ein dominantes Merkmal trägt, reinerbig ist, muß man eine Testkreuzung durchführen. Man kreuzt mit einem reinerbigen, rezessiven Elter. War das zu testende Individuum reinerbig, dann sind in der folgenden R-Generation alle Nachkommen phänotypisch gleich und zeigen das dominante Merkmal. Bei einem mischerbigen Testpartner spaltet die R-Generation auf. Dominante und rezessive Erbmalsträger sind im Verhältnis 1:1 zu erwarten.

Tabelle IV, 1 (nach Kühn)

Gen-paare	Gameten-sorten	Anzahl der Gametenkombinationen in F_2	Verschiedene Genotypen in F_2	Phänotypenzahl in F_2	Häufigkeit der F_2-Phänotypen
1	$2^1 = 2$	$4^1 = 4$	$3^1 = 3$	$2^1 = 2$	$(3+1)^1 = 3+1$
2	$2^2 = 4$	$4^2 = 16$	$3^2 = 9$	$2^2 = 4$	$(3+1)^2 = 9+3+3+1$
3	$2^3 = 8$	$4^3 = 64$	$3^3 = 27$	$2^3 = 8$	$(3+1)^3 = 27+9+9+9+3+3+1$
4	$2^4 = 16$	$4^4 = 256$	$3^4 = 81$	$2^4 = 16$	$(3+1)^4 = 3^4 + 4 \cdot 3^3 + 6 \cdot 3^2 + 4 \cdot 3 + 1$
usw.					

Beispiel 3: Rückkreuzung

a)
    Phäne
   Rot x weiß
R   Rot

    Gene
  Rot Rot x weiß weiß
R   Rot weiß

Der zu prüfende Partner war homozygot.

b)
    Phäne
   Rot x weiß
R   Rot : weiß wie 1:1

    Gene
  Rot weiß x weiß weiß
R Rot weiß : weiß weiß wie 1:1

Der zu prüfende Partner war heterozygot.

c) Mehrfaktorenkreuzungen

Für Züchtungsversuche waren Mehrfaktorenkreuzungen besonders wichtig, da man mehrere gewünschte Eigenschaften, die bisher nur einzeln bei verschiedenen Rassen vorkamen, zu einer neuen Rasse vereinigen konnte.

Beispiel 4: Zweifaktorenkreuzung

Form und Farbe der Erbsenfrüchte (Mendel, 1865)

P gelb/glatt × grün/runzlig
   (AABB)   (aabb)

Gen für «gelb»: A Gen für «glatt»: B
Gen für «grün»: a Gen für «runzlig»: b

F_1 gelb/glatt
     (AaBb)

F_2 gelb : grün : gelb : grün
  glatt runzlig runzlig glatt
       wie
  9 : 1 : 3 : 3

Elternkombinationen Rekombinanten

Die zu erwartenden Zahlenverhältnisse der F_2-Generation und die zu erwartenden Genotypenhäufigkeiten erhält man mit Hilfe der Wahrscheinlichkeitsrechnung:

Von den Individuen der F_1-Generation können folgende Gameten gebildet werden:

AB, aB, Ab, ab (Abb. IV, 12).

Die Wahrscheinlichkeit, daß sich ein Gamet mit einem dieser Genotypen bildet, also z. B. mit dem Genotyp AB oder aB usw., ist 1/4. Bei einer Befruchtung treffen nun immer zwei solcher Gameten zusammen. Die Wahrscheinlichkeit für eine bestimmte Gametenkombination ist dann gleich dem Produkt der Einzelwahrscheinlichkeit (Produktregel), also gleich 1/16 (Tab. IV, 1).

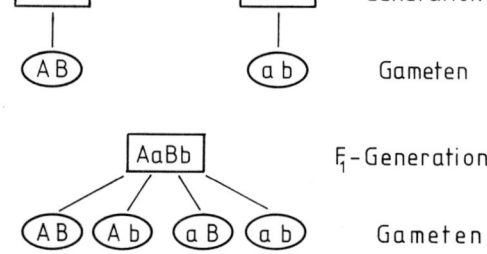

Abb. IV, 12: Schema der Gametenbildung in der P- und F_1-Generation bei einem dihybriden Erbgang.

Am übersichtlichsten lassen sich die zu erwartenden Geno- und Phänotypen mit Hilfe eines Kombinationsquadrats der Gameten ermitteln:

Tabelle IV, 2

		\multicolumn{4}{c}{G a m e t e n}
		AB	Ab	aB	ab
G	AB	AABB	AABb	AaBB	AaBb
a	Ab	AABb	AAbb	AaBb	Aabb
m	aB	AaBB	AaBb	aaBB	aaBb
e t e n	ab	AaBb	Aabb	aaBb	aabb

Auf der Diagonalen des Kombinationsquadrats liegen die reinerbigen Rekombinanten. Neben den beiden Elterntypen (AABB und aabb) finden wir zwei neue reinerbige Rekombinanten (AAbb und aaBB). Sie müssen durch Rückkreuzung ausgelesen werden.

d) Mendelsche Regeln

Gregor Mendel kreuzte sorgfältig verschiedene Erbsenrassen, die sich in Form und Farbe ihrer Samen und Blüten unterscheiden. Er führte 355 künstliche Befruchtungen durch und zog 130 000 Bastardpflanzen groß. Seine Versuchsergebnisse faßte er in den nach ihm benannten Regeln zusammen:
1. Mendelsche Regel: Uniformitätsregel. Kreuzt man zwei reinerbige Eltern, die sich in einem oder mehreren Merkmalen unterscheiden, dann sind ihre Nachkommen (F_1-Generation) unter sich alle gleich. Das heißt, daß für die Übertragung der Erbfaktoren männliche und weibliche Gameten gleichwertig sind.
2. Mendelsche Regel: Spaltungsregel. Kreuzt man die Individuen der F_1-Generation untereinander, dann spalten sich in der folgenden Generation (F_2-Generation) verschiedene Erscheinungsformen heraus, bei denen die Merkmale der Elternrassen stets in bestimmten Zahlenverhältnissen zu erwarten sind. Bei einer Einfaktorenkreuzung mit dominant-rezessivem Erbgang tritt das dominante Merkmal zum rezessiven im Verhältnis 3:1 auf. Bei einem intermediären Erbgang treten neben den beiden homozygoten Elterntypen die heterozygoten Bastarde in Erscheinung. Es ergibt sich folgendes Typenverhältnis: dominanter Elter : Bastard : rezessivem Elter wie 1:2:1.

3. Mendelsche Regel: Unabhängigkeitsregel. Aus Mehrfaktorenkreuzungen kann man ableiten, daß jedes einzelne Genpaar unabhängig von einem anderen vererbt wird. (Diese Regel findet in den Kopplungsgruppen der Gene eine gewisse Einschränkung).
Genbegriff. Aus den Mendelschen Regeln läßt sich der Genbegriff ableiten, obwohl ihn Mendel noch nicht verwendet hat. Er wurde durch Johannsen 1903 eingeführt. Ein Gen steuert die Ausbildung eines Merkmals und ist deshalb die Einheit der Funktion. Gene lassen sich neu ordnen. Sie sind die Einheiten der Rekombination. Schließlich kann ein Gen in verschiedenen Zuständen auftreten, so daß Gene die Einheiten der Mutation sind. Dieser klassische Genbegriff hat durch die Molekulargenetik eine Differenzierung erfahren.

4 Chromosomentheorie der Vererbung

Aufgrund der Parallelität zwischen dem geforderten Verhalten der Erbanlagen und dem beobachteten Verhalten der Chromosomen bei der Meiose wurden von Correns schon 1900 die Chromosomen als die Träger der Erbanlagen angesehen. Sutton und Boveri (1903) formulierten unabhängig voneinander die Chromosomentheorie der Vererbung.
Durch diese Theorie wurden zwei bis dahin völlig getrennte Forschungsrichtungen der Biologie, die Cytologie und die Genetik miteinander verknüpft (Tab. IV, 3).

5 Genkopplung und Genaustausch

a) Kopplungsgruppen

Zur Aufstellung seiner Vererbungsregeln verwendete Mendel 7 Merkmale der Erbse, deren Gene auf 7 verschiedenen Chromosomen liegen (Pisum sativum 2n = 14). Für diese 7 Gene trifft die Regel der freien Kombinierbarkeit (Unabhängigkeitsregel) zu. Cytologisch ist dies leicht zu erklären, da auch die väterlichen und mütterlichen Chromosomen bei der Meiose unabhängig voneinander verteilt werden.
Wie sieht es nun aber mit Erbanlagen aus, die auf demselben Chromosom liegen? Morgan konnte 50 Jahre nach Mendel bei Drosophila sogenannte Kopplungsgruppen von Genen nachweisen. Bei

IV Genetik

Tab. IV, 3 (n. Lindner) Ergebnisse der Chromosomenforschung	Ergebnisse der Erbversuche
Die Chromosomen sind selbständige Einheiten, die als solche weitergegeben werden.	Die Erbanlagen (Gene) sind selbständige Einheiten, die nicht vermischt oder aufgeteilt, sondern als Ganzes weitergegeben werden.
Die Chromosomen treten in den Körperzellen paarweise auf und bilden in ihrer Gesamtheit einen doppelten Satz.	Alle Erbanlagen sind in den Körperzellen paarweise vorhanden und bilden in ihrer Gesamtheit einen doppelten Satz.
Durch die Reduktionsteilung gelangt von jedem Chromosomenpaar ein Paarling in die Geschlechtszellen. Diese enthalten einen einfachen, aber vollständigen Chromosomensatz.	Die Geschlechtszellen erhalten von jedem Anlagenpaar eine Anlage; sie enthalten einen einfachen Anlagensatz (Spaltungsregel, Reinheit der Gameten).
Bei der Reduktionsteilung werden die Paarlinge väterlicher und mütterlicher Herkunft unabhängig voneinander nach Gesetzen der Wahrscheinlichkeit in freier Kombination auf die Geschlechtszellen verteilt. Dadurch erfolgt die Herstellung des einfachen Satzes.	Von den Anlagenpaaren werden bei der Bildung der Geschlechtszellen die einzelnen Anlagen unabhängig voneinander verteilt, so daß eine freie Kombination der Erbanlagen in den Geschlechtszellen stattfindet (Unabhängigkeitsregel, freie Kombination der Gene).

Drosophila kennt man 4 solcher Kopplungsgruppen, was der haploiden Chromosomenzahl entspricht. (Abb. IV, 22)
Dieser Befund wäre sehr zufriedenstellend, wenn es zwischen den Genen einer Kopplungsgruppe überhaupt keine Rekombinanten geben würde. Tatsächlich kann die Kopplung der Gene jedoch auch innerhalb von Kopplungsgruppen durchbrochen werden und zwar verschieden häufig für verschiedene Paare gekoppelter Gene.
Kopplungsgruppen findet man sowohl bei Haplonten als auch bei Diplonten. Bei Haplonten zeigen sie sich schon in der F_1-Generation, bei Diplonten lassen sie sich erst fassen, wenn man die F_1-Generation rückkreuzt. Wir wollen den Nachweis für Kopplungsgruppen bei Drosophila ähnlich Versuch IV, 18 einführen.
Kreuzt man z. B. die Doppelmutante vg bw (vg = vestigial : verkümmerte Flügel, bw = brown: braune Augenfarbe) mit dem Wildtyp, dann erhalten wir in der F_1-Generation eine einheitliche Population, die phänotypisch dem Wildtyp gleicht. Das ist nach der ersten Mendelschen Regel zu erwarten, wenn beide Merkmale rezessiv sind.
Die Bastarde der F_1-Generation bilden vier verschiedene Gametentypen:

$vg^+ bw^+$; $vg^+ bw$; $vg bw^+$ und $vg bw$,

die aus der Rückkreuzung zu erschließen sind (Abb. IV, 13)

	Gameten der F_1-Generation			
	vg^+bw^+	vg^+bw	$vg bw^+$	$vg bw$
vg bw	$\dfrac{vg^+ bw^+}{vg\ bw}$	$\dfrac{vg^+ bw}{vg\ bw}$	$\dfrac{vg\ bw^+}{vg\ bw}$	$\dfrac{vg\ bw}{vg\ bw}$

Abb. IV, 13: Gametenkombination bei der Rückkreuzung eines dihybriden Erbgangs.

Bei freier Kombination der Gene sind die vier Gametentypen mit gleicher Wahrscheinlichkeit im Verhältnis 1:1:1:1 zu erwarten. Tatsächlich treten aber folgende Gruppen auf:

Tabelle IV, 4

Elterntypen
$vg^+\ bw^+$ 35% $\Big\}$ 70%
$vg\ bw$ 35%

Rekombinanten
$vg^+\ bw$ 15% $\Big\}$ 30%
$vg\ bw^+$ 15%

Die beiden Elterntypen treten mit 70% weit häufiger auf als erwartet (50%). Entsprechend seltener sind die Rekombinanten. Das heißt, daß bei der Meiose der Bastarde die Gene vg und bw weniger häufig getrennt werden, wie es bei einer freien Kombination der Gene zu fordern wäre. Es liegt also eine Kopplung vor. Tatsächlich liegen beide Gene auf demselben Chromosom.

b) Chiasmata und Crossing-over

Der Rekombination von Genen, die auf demselben Chromosom lokalisiert sind, muß ein reziproker Chromosomen-Stückaustausch («Crossing-over») zugrundeliegen. Dieser Stückaustausch kann nur stattfinden, wenn die väterlichen und mütterlichen homologen Chromosomen während der Prophase I der Meiose gepaart sind (vgl. Bd. I, III). Tatsächlich kann man während des Diplotän beobachten, daß sich die Chromatiden aus väterlichem und mütterlichem Chromosom umeinanderwinden und daß dabei Überkreuzungen, sogenannte Chiasmata (sing. Chiasma, griech. «Überkreuzung») auftreten (Abb. IV, 14).

Nach der klassischen Vorstellung kommt es an dieser Überkreuzungsstelle von Nichtschwester-Chromatiden zum Bruch und zur reziproken Wiedervereinigung («Bruch-Fusionsmodell»). Schwer vorstellbar ist, daß bei einem solchen Bruch- und Wiedervereinigungsmechanismus keine Fehler bzw. Nucleotid-Verluste auftreten. Nach anderen Vorstellungen versuchte man deshalb, das Crossing-over durch einen Matrizenwechsel während der Replikation der DNS-Doppelstränge zu erklären («coppy-choice-modell»). Wahrscheinlich liegt eine Kombination beider Vorgänge vor, bei der sich im molekularen Bereich folgende Einzelmechanismen abspielen (Abb. IV, 5):

(1) Einzelstrangbrüche in den DNS-Helices zweier Chromatiden an identischen oder geringfügig gegeneinander versetzten Stellen.
(2) Trennung der Komplementärstränge voneinander
(3) Paarung zwischen ursprünglich nicht zusammengehörenden Einzelsträngen (Hybridbildung)
(4) Herausschneiden von Einzelstrangstücken aus nicht komplementären Bereichen eines Hybridmoleküls
(5) Ergänzung einsträngiger Abschnitte zu Doppelhelices.

6 Sexualität

a) Bedeutung geschlechtlicher Fortpflanzung

Der genetische Effekt der normalen geschlechtlichen Fortpflanzung besteht darin, daß in jeder Generation eine vollständig neue Kombination von Erbanlagen geschaffen werden kann. Auch bei genetischer Konstanz der Gesamtpopulation kann trotzdem eine fast unendliche Vielfalt von Genotypen gebildet werden.

Bei Organismen, die sich nur auf ungeschlechtlichem Wege fortpflanzen, kommt es zu keiner Rekombination und damit kann die Variabilität nur durch Mutation und durch Zuwanderung neuer Typen aufrecht erhalten werden.

Nimmt man für einen Genort nur ein System von zwei Allelen an, so gibt es drei verschiedene

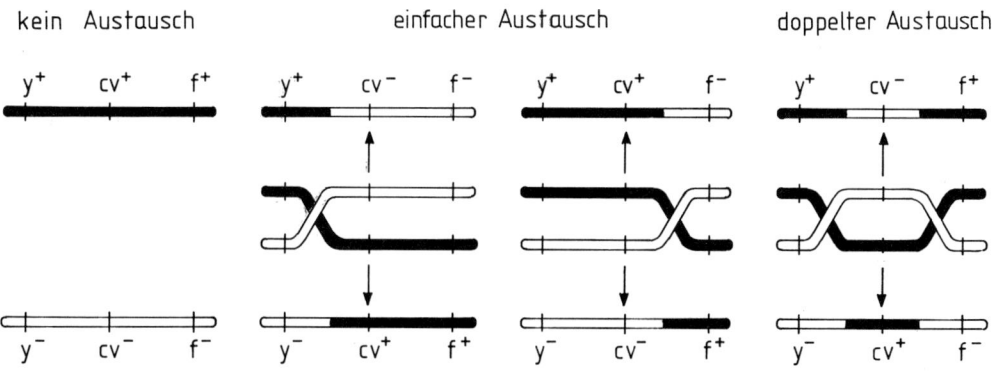

Abb. IV, 14

Genotypen: AA, Aa und aa. Kommt ein zweiter Genort mit zwei Allelen hinzu, so sind 3^2 verschiedene Kombinationen möglich:

Tabelle V, 5

	AA	Aa	aa
BB	AABB	AaBB	aaBB
Bb	AABb	AaBb	aaBb
bb	AAbb	Aabb	aabb

Die Anzahl möglicher diploider Genotypen mit n solchen Genorten ist 3^n.
Normalerweise gibt es natürlich für jeden Genort eine Vielzahl – und nicht nur zwei – verschiedene Allele. Bei 3 Allelen gibt es 6 verschiedene Genotypen (a_1a_1, a_2a_2, a_3a_3, a_1a_2, a_1a_3, a_2a_3). Bei 4 Allelen sind es schon 10. Bei n Allelen sind es: $n_2-(1+2..+[n-1])$.
Man weiß, daß es z. B. bei Drosophila melanogaster mindestens 10000 Genorte gibt. Nimmt man an, daß für jeden dieser Genorte nur vier verschiedene Allele möglich sind, so erhält man 10^{10000} verschiedene mögliche Genotypen. Diese Zahl ist so hoch, daß sie die Anzahl sämtlicher Atome im Universum übersteigt.
Die Quellen genetischer Vielfalt sind also bei diploiden, sich sexuell fortpflanzenden Organismen praktisch unendlich hoch, auch wenn es keine Mutation geben würde.
Durch den Geschlechtsvorgang wird in jeder Generation der Umwelt eine neue Auswahl von Genotypen angeboten. Das führt dazu, daß Organismen mit geschlechtlicher Fortpflanzung eine weitaus größere Anpassungsfähigkeit an veränderte Umweltbedingungen besitzen als solche mit ungeschlechtlicher Fortpflanzung. Sicherlich ist dies der Grund dafür, daß sich die Sexualität in der einen oder anderen Form im gesamten Organismenreich nachweisen läßt. Nur bei wenigen Organismengruppen wurde sie sekundär aufgegeben. So kann zum Beispiel ungeschlechtliche Vermehrung von größerem Vorteil sein, wenn es um eine rasche Besiedelung eines neuen Biotops geht.
Bei vielen Prokaryonten und niederen Eukaryonten sind Sexualität und Vermehrung zwei getrennte Vorgänge. Bei höheren Pflanzen und Tieren liegt allerdings in der Regel eine Kopplung beider Lebensvorgänge vor. Dies hat zur Folge, daß nun jeder Nachkomme ein neuer, individueller Erbtyp ist. Erst durch diese Kopplung erhält das Individuum seine genetische Individualität.

b) Geschlechtsgebundene Vererbung

Beim Menschen, bei Drosophila, bei der Lichtnelke und bei vielen anderen höheren Tieren und Pflanzen besitzen die weiblichen Organismen zwei identische Geschlechtschromosomen, zwei X-Chromosomen, die männlichen Organismen zwei verschiedene Geschlechtschromosomen, ein X- und ein Y-Chromosom. Die Weibchen bilden nur eine Sorte von Gameten mit je einem X-Chromosom. Sie sind homogametisch. Die Männchen bilden Gameten mit X- und solche mit Y-Chromosomen. Sie sind heterogametisch (XY-Typ).
Die Geschlechtschromosomen, vor allem das X-Chromosom, beherbergen beim Menschen und bei allen untersuchten Tieren mit chromosomaler Geschlechtsbestimmung nicht nur Gene, die für die Ausbildung des Geschlechts entscheidend sind, sondern auch Gene, die für andere Eigenschaften verantwortlich sind, wie z. B.:

Homo sapiens: *Drosophila*

Schuppenhaut
  (Ichthyosis vulg.)
Augenalbinismus   weiße Augenfarbe   (w)
Grünschwäche   längl. Augenform   (B)
Rotschwäche   gegabelte Haare   (f)
Totale Farbenblindheit   Zwergwuchs   (m)
Bluterkrankheit
Augenzittern
u. a.

Dies führt zu spezifischen Erbgängen: Da die X-Chromosomen im männlichen Geschlecht nur in einfacher Anzahl vorliegen, sind auch alle Genorte dieser X-Chromosomen nur mit einem Allel besetzt und dies bedeutet, daß sich im männlichen Geschlecht auch rezessive Allele bei der Merkmalsausbildung durchsetzen (Abb. IV, 23, 24).
Holandrische Vererbung. Eigenschaften, die nur bei Männern auftreten und nur von Männern vererbt werden, sind ebenfalls bekannt: z. B. die Zehenverwachsung. Das Gen hierfür liegt wahrscheinlich auf dem Y-Chromosom.

7 Die Häufigkeit von Allelen in Populationen

Bei Mendels Kreuzungsexperimenten stand das Individuum im Vordergrund. Die Kreuzungsergebnisse wurden zwar statistisch ermittelt, aber es ging um die Analyse von ganz bestimmten, zwischen zwei Individuen durchgeführten Kreuzungen. Um jedoch voraussagen zu können, was auf lange Sicht mit einzelnen Genen geschieht, muß man alle Individuen betrachten, die miteinander im Genaustausch stehen. Solche Gruppen von potentiell inzüchtenden Individuen einer Art werden nach Johannsen (1903) Populationen genannt. Der Gesamtallelbesitz einer solchen Population ist ihr Genpool. Wenn sich die Vererbung in einer solchen Gruppe gemäß den Mendelschen Regeln abspielt, dann spricht man von einer Mendel-Population. Es muß also eine Population von Diplonten mit sexueller Fortpflanzung sein.

Ähnlich wie die Verteilung der Gene in der Tochtergeneration von den Genen der Eltern abhängt, hängt auch die Verteilung der Gene der ganzen Tochterpopulation von den Genen der gesamten Elternpopulation ab. Allerdings wird hier nicht ein bestimmtes Gen vererbt, sondern es werden Genhäufigkeiten (oder Allel-Häufigkeiten) vererbt.

Hardy und Weinberg (1908) fanden unabhängig voneinander die Gesetzmäßigkeiten, nach denen die Genhäufigkeiten von Generation zu Generation weitergegeben werden. Sie gingen dabei von einem Modell, einer «idealen Population» aus, für die folgende Voraussetzungen gelten (vgl. Kap. V, C, 3 Evolution):

(1) Es treten keine Mutationen auf.
(2) Die Reproduktionsrate aller Individuen ist gleich groß.
(3) Die Population besteht aus unendlich vielen Individuen.
(4) Es findet keine Einkreuzung aus fremden Populationen statt.
(5) Die Paarungschance ist für jedes mögliche Paar gleichgroß.

Wir greifen hier den einfachsten Fall heraus und untersuchen die Verteilung eines einzigen Gens, das nur in zwei Allelen A und a auftritt. Dabei ist:

p = Häufigkeit von A in der Population
q = Häufigkeit von a in der Population

Da das Gen entweder als A oder a vorliegen muß, gilt:

$$p + q = 1 \quad (1)$$

Die Werte für p und q werden als Dezimalbruch angegeben.

Nehmen wir an, das Allel A habe die Häufigkeit p = 0,9, dann hat das Allel a die Häufigkeit q = 0,1. Das heißt: 90% der Gameten tragen das Allel A und 10% das Allel a.

Die Wahrscheinlichkeit, daß zwei Gameten mit den Allelen A zusammenfinden, ist wesentlich größer, als daß zwei Gameten mit a sich vereinigen. Die Kombinationswahrscheinlichkeit ergibt sich aus dem Produkt der Einzelwahrscheinlichkeiten:

Tabelle IV, 6: Häufigkeiten der Genotypen:

Genotyp	allgemein	Zahlenbeispiel
AA	$p \times p = p^2$	$0,9 \times 0,9 = 0,81$
Aa	$p \times q$	$0,9 \times 0,1 = 0,09$
aA	$q \times p$	$0,1 \times 0,9 = 0,09$
aa	$q \times q = q^2$	$0,1 \times 0,1 = 0,01$
		Summe $= 1,00$

Allgemein ergibt sich folgende Häufigkeitsverteilung, die als Hardy-Weinberg-Regel bekannt ist:

$$\boxed{\begin{array}{c} AA : Aa : aa \\ \text{wie} \\ p^2 : 2pq : q^2 \end{array}} \quad (2)$$

Mit Hilfe der Hardy-Weinberg-Regel läßt sich in einer Mendelpopulation auch bei einem dominant-rezessiven Erbgang die Verteilung der Genotypen berechnen, wenn die Häufigkeit der homozygoten, rezessiven Individuen bekannt ist. Wir formen dazu Gleichung (2) um:

Nach (1) ist:

$$p = 1 - q \quad (3)$$

Durch Einsetzen von (3) in (2) erhält man:

$$\boxed{\begin{array}{c} AA : Aa : aa \\ \text{wie} \\ (1-q)^2 : 2(1-q)q : q^2 \end{array}} \quad (4)$$

140 IV Genetik

Wir haben damit einen Ausdruck mit nur einer Unbekannten.
Die Phenylketonurie ist eine Stoffwechselkrankheit, die auf das rezessive Gen k zurückzuführen ist. Sie tritt nur homozygot in Erscheinung. Sie wird unter 150000 Menschen etwa einmal beobachtet. Es gilt also:

$$q^2 = \frac{1}{15000} = 0{,}00006$$

$$q = 0{,}000816$$

$$2(1-q)q = 2(0{,}99184) \cdot 0{,}00816 = 0{,}016$$

Daraus folgt, daß 1,6% der Bevölkerung heterozygote Träger des Gens k für Phenylketonurie sind. Solche Schlüsse können für genetische Familienberatungen von großer Bedeutung sein. Aus der Hardy-Weinberg-Regel läßt sich weiter ableiten, daß sich die Allelhäufigkeit nicht ändert, sondern daß sie von Generation zu Generation gleichbleibt. Unter der Voraussetzung, daß alle 3 Genotypen auch phänotypisch unterscheidbar sind, kann man nachprüfen, ob ein Gleichgewicht der Genhäufigkeiten nach Hardy-Weinberg in einer Population vorliegt, denn es gilt folgende Beziehung:

$$\frac{2\,pq}{\sqrt{p^2 \cdot q^2}} = 2 \qquad (5)$$

Bei einem primitiven Roggen fand man im Iran folgende Häufigkeiten (nach Kranz aus Wricke):

Sommertyp	(A_1A_1)	35
Zwischentyp	(A_1A_2)	92
Wintertyp	(A_2A_2)	50
Summe		*177*

Nach (5) ergibt sich:

$$\frac{2 \cdot 92}{\sqrt{35 \cdot 50}} = 2{,}2$$

Dies zeigt, daß die Population sich in bezug auf das untersuchte Allelpaar in einem Hardy-Weinberg-Gleichgewicht befindet. Die Abweichung liegt noch innerhalb der Fehlergrenzen.

D Experimente und Beobachtungen

ERSTE VERSUCHSGRUPPE

Bakteriengenetik

Die Bakteriengenetik hat, wie die ganze Mikrobengenetik, gegenüber der klassischen Genetik eine Reihe von Vorteilen.
1. Die Mikroben sind allesamt Haplonten, so daß der Genotyp stets dem Phänotyp entspricht.
2. Die Generationszeit ist sehr kurz und dauert bei vielen Bakterien und Viren nur 20–30 Minuten, so daß in kurzer Zeit eine große Generationsfolge heranwächst.
3. Die Individuen sind außerordentlich klein. In einem cm^3 Nährlösung wachsen über Nacht ca. 10^8 Bakterien heran.
4. Nicht zuletzt sind die Kulturen sehr einfach anzusetzen. Bakterien- und Virenstämme, die nicht mehr gebraucht werden, können Wochen und Monate im Kühlschrank unbeschadet überstehen.
Allen diesen Vorgängen steht nur eine Schwierigkeit gegenüber, wenn man Bakteriengenetik in ein Praktikum einführen will: es muß absolut sauber und steril gearbeitet werden.
Methodisch gesehen, haben die Bakterien den Vorteil, daß es sehr leicht ist, Mutationen auszulesen und das Ergebnis einer Kreuzung ohne Umwege zu erfassen.

1 Einrichtungen und Geräte

Versuche zur Bakterien- und Phagengenetik sind ohne eine bestimmte Grundausstattung an Geräten und Chemikalien nicht durchführbar. Die hier gemachten Angaben beziehen sich auf ein Praktikum, an dem etwa 20 Teilnehmer in 5 Gruppen mitarbeiten.

Material und Geräte

Laborgeräte
1 Trockenschrank zum Sterilisieren
1 Brutschrank zum Brüten der Kulturen und Agarplatten

D Experimente und Beobachtungen   141

1 Dampfdruckkochtopf 8 Liter (Haushaltsgeschäft) zum Sterilisieren der Nährmedien
1 Heizplatte
1 elektrische Zeitschaltuhr (z. B. Diehl Multimat)
1 bis 3 Wasserbäder (Aquarien mit Thermostat und Heizer, Baby-Flaschenwärmer)
1 Kühlschrank
1 Aquarienpumpe

Kleingeräte
ca. 150 Reagenzgläser mit glattem Rand
ca. 10 große Reagenzgläser (∅ ca 2 cm) zum Ansetzen der Kulturen
1–2 Reagenzglasständer aus Edelstahl für normale Reagenzgläser
1 Reagenzglasständer aus Edelstahl für große Reagenzgläser
7 Reagenzglasständer, Normalausführung
6 Pipettenbüchsen (Alu oder Edelstahl)
je 60 Pipetten à 10 ml, 1 ml und 0,1 ml
5 Plastikeimer für gebrauchte Pipetten
2 Erlenmeyerkolben, 1000 ml, zum Kochen der Nährmedien
Mehrere «Meplatflaschen» (Arzneiflaschen mit sechseckiger Grundfläche und Schraubverschluß)
mehrere Erlenmeyerkolben verschiedener Größe
100 Petrischalen
5 Impfösen aus Platin mit Halter
10 Drigalskispatel (in den folgenden Versuchen einfach als Spatel bezeichnet)

Verbrauchsmaterial und Chemikalien
1 Rolle Alu-Folie
Filzstifte, wasserunlöslich
Papiertücher
Standard I-Nährbouillon (Merk Nr. 7882)
Standard I-Näragar (Merk Nr. 7881)
Kochsalz (NaCl)
dest. Wasser

Die hier zusammengestellten Geräte und Materialien werden bei den folgenden Versuchen nicht mehr besonders aufgeführt.

2 Arbeitstechniken

a) Sterilisieren

Die trockene Sterilisation erfolgt im Trockenschrank bei 150° C. Man erhitzt mindestens 3 Stunden lang. Um Spannungen im Glas zu vermeiden, läßt man langsam abkühlen. Kann man am Trockenschrank die Heizzeit nicht einstellen, dann schaltet man eine elektrische Zeitschaltuhr zwischen Steckdose und Trockenschrank, damit man auch über Nacht sterilisieren kann.
Folgende Arbeitsregeln sind zu beachten:

Alle Geräte müssen sorgfältig gesäubert sein, da organische Reste (Nährbouillon und Agar in den Pipetten!) einbrennen. Feuchte Geräte dürfen nur in den kalten Trockenschrank eingelegt werden.
Alle offenen Gefäße (Reagenzgläser, Erlenmeyerkolben, Becherglüser) sind mit einer Kappe aus Alu-Folie zu verschließen.
Die Pipetten werden in den locker verschlossenen Pipettenbüchsen in den Trockenschrank eingelegt.
Glaspetrischalen legt man mit verschlossenem Deckel ein.
Die Verschlüsse der Meplats dürfen nur locker aufgeschraubt sein. Sie werden erst nach dem Erkalten festgezogen.
Ein Stoß Alu-Folie verschiedener Größen (ca 6×6 cm und 10×10 cm) zum Verschließen von Reagenzgläsern und Erlenmeyerkolben sterilisiert man in einer verschlossenen Petrischale.
Spatel und andere Kleingeräte werden in einer verschlossenen, nichtlackierten Blechdose oder in einem Einmachglas mit aufgelegtem Deckel sterilisiert.
Die Sterilisation der Nährmedien führt man im Dampfdrucktopf aus, wie er auch in der Küche verwendet wird. Ein Dampfdruckkochtopf erreicht einen Überdruck von ca. 1 atü und eine Temperatur von ca 118° C (z. B. Sicomatic: 1. Ring des Ventils 0,5 atü und 110° C, 2. Ring ca. 1 atü und 118° C). Es genügt, die Nährmedien 30 Minuten auf 118° C zu erhitzen.
Will man schonend sterilisieren (manche Zucker zersetzen sich bei Temperaturen über 100° C) oder steht nur ein gewöhnlicher Kochtopf zur Verfügung, dann erhitzt man die Nährmedien im strömenden Dampf bei 100° C. Am nächsten Tag wiederholt man die Sterilisation, um Keime abzutöten, die eventuell in der Zwischenzeit aus Sporen ausgekeimt sind, die die erste Erhitzung unbeschadet überstanden hatten (fraktionierte Sterilisation).

b) Herstellen von Nährmedien

Ansatz der Nährmedien. Um ein Überschäumen beim Sterilisieren zu vermeiden, füllt man den 1 Liter-Erlenmeyerkolben nur zur Hälfte mit 500 ml kaltem dest. Wasser und fügt 30 g Näragrarpulver bzw. 12,5 g Bouillonpulver zu (vgl. die Angaben des Herstellers). Man schüttelt bis das Pulver gleichmäßig aufgeschwemmt ist. Der Erlenmeyerkolben wird beschriftet und mit einer

Kappe aus Alufolie verschlossen und dann sterilisiert.

Gießen der Agarplatten. Die sterilen Petrischalen stellt man auf den Tisch, hebt den Deckel etwas an und gießt eine Schicht von 2–3 mm heißem Agar (ca. 70° C) ein. Es ist zweckmäßig, den Erlenmeyerkolben mit einem Handtuch zu umwickeln.

Die Petrischalen läßt man mit verschlossenem Deckel etwa 1 Stunde stehen, bis der Agar erstarrt ist. Um zu vermeiden, daß Kondenswasser vom Deckel auf den Agar abtropft, legt man die Petrischalen mit dem Deckel nach unten in den Wärmeschrank bei 30–37° C ein. Zeigen sich nach 1–2 Tagen keine Bakterienkolonien, dann ist man sicher, daß die Agarplatten steril sind. Ihre Oberfläche ist dann auch so weit angetrocknet, daß man sie für Versuche verwenden kann. Ohne Schaden kann man Agarplatten bis zu ihrer Verwendung zwei Wochen lang im Kühlschrank lagern.

c) Vermehrungskulturen von Bakterien und Phagen

Es ist selbstverständlich, daß in diesen und allen folgenden Arbeiten nur mit sterilen Geräten und Nährlösungen gearbeitet wird. Impfösen werden in der blau brennenden Bunsenbrennerflamme ausgeglüht. Dabei wird auch der Halteransatz abgeflammt, soweit er in die Reagenzglasröhrchen gesteckt wird. Glasspatel taucht man vor der Benutzung in hochprozentigen Alkohol (Methanol, Propanol, Spiritus) und flammt sie ab. Eine Pipette, die man versehentlich an der Spitze angefaßt hat, steckt man sofort in den Eimer für gebrauchte Pipetten. Füllt man den Eimer mit Wasser und einem Schuß Spülmittel, dann lassen sich die Pipetten später leichter reinigen.

Bakterien. Beim Ansatz einer Bakterienkultur verfährt man wie folgt (Abb. IV, 15 a):
- Ein Reagenzglas wird höchstens bis zu einem Drittel mit Nährbouillon gefüllt. Da-

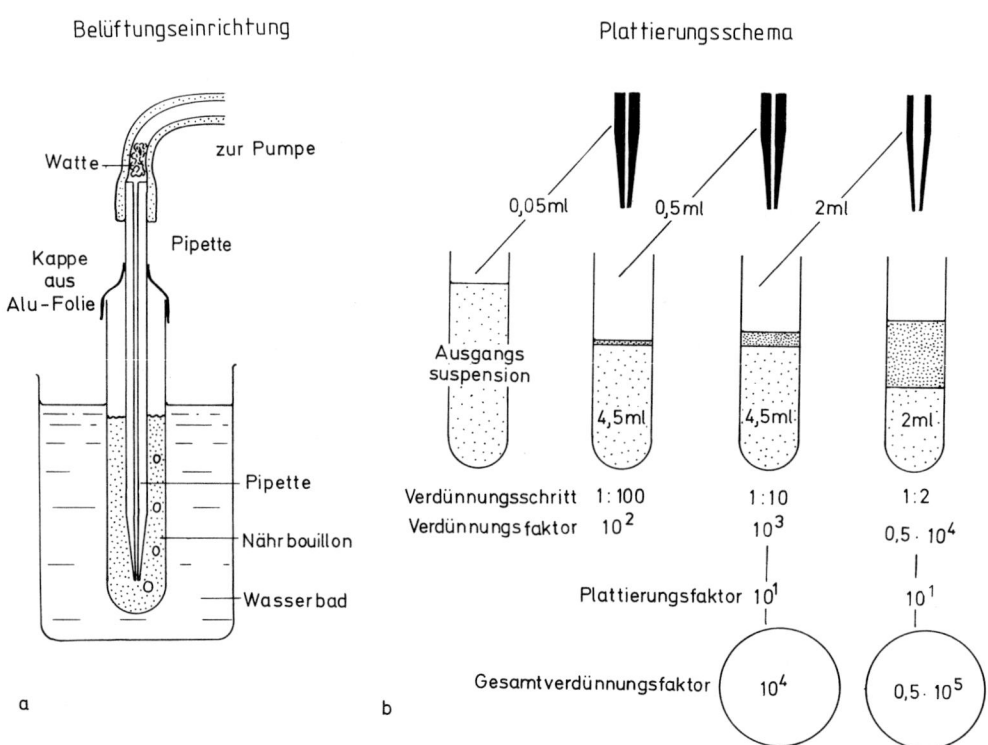

Abb. IV, 15: a) Belüftungseinrichtung für eine Bakterienkultur. b) Häufig verwendete Plattierungsschritte.

durch wird vermieden, daß der Inhalt beim späteren Belüften überschäumt. Für Vermehrungskulturen verwendet man große Reagenzgläser.
- Mit einer Impföse streicht man von der Oberfläche einer Schrägagarkultur sehr wenig von dem Bakterienrasen ab und überträgt ihn in das Reagenzglas oder man gibt von einer Bakteriensuspension (vorher aufschütteln) 1 bis 2 Tropfen in die neue Nährlösung.
- Das Reagenzglas wird mit einem Stück Alu-Folie verschlossen (nur an den Rändern anfassen!) und ins Wasserbad bei 37° C gestellt.
- Mit einer 0,1 ml Pipette durchstoßen wir die Alu-Folie und befestigen die Pipette so an einem Stativ, daß die Spitze wenige Millimeter über dem Boden des Reagenzglases steht. Zum Schutz gegen eindringenden Staub legen wir um die Pipette am Reagenzglasrand eine Manschette aus Alu-Folie.
- Die Pipette wird an den Schlauch der Aquarienpumpe angeschlossen. Damit kein Staub in die Bakterienkultur hereingeblasen wird, schieben wir einen kleinen Wattepropf als Filter in den Schlauch.
- Mit dem Regulierventil wird der Luftstrom so weit gedrosselt, daß die Luftblasen langsam, in gleichmäßigen Abständen durch die Nährlösung perlen.

Schaltet man zwischen die Aquarienpumpe einige T-Stücke, dann kann man gleichzeitig mehr als ein Dutzend Reagenzgläser belüften.
- Die Bakterienkultur benötigt ca. 10 Stunden zu ihrer Entwicklung. Da man die Vermehrungskulturen häufig am Abend ansetzt, hat sich der Ausdruck Übernachtkultur (ÜK) eingebürgert. Eine gesättigte Bakterienkultur ist kräftig trübe. Bei einem Titer von ca. $3 \cdot 10^9$ Bakterien ist die Vermehrungsgrenze erreicht.
- Die Übernachtkulturen können im Kühlschrank ohne Schaden mindestens 2 Wochen lang aufbewahrt werden. Für Versuche sollte man stets frische Kulturen ansetzen, um ein gleichmäßiges Wachsen aller Versuchsansätze zu garantieren.

Phagen. Viele Bakteriophagen sind auf ihre Wirte spezialisiert und vermögen oft nur einen ganz bestimmten Bakterienstamm zu infizieren. Deshalb ist bei allen Versuchen darauf zu achten, daß man die Bakteriophagen mit einem entsprechenden Bakterienstamm versetzt.

Beim Ansatz einer Phagenkultur verfährt man wie folgt:
- Eine Vermehrungskultur des Bakterienstammes wird angesetzt. Nach 4–5 Stunden haben sich die Bakterien so weit vermehrt, daß die Kultur deutlich trüb ist.
- Die wachsende Bakterienkultur impft man mit einem Tropfen Phagenlysat. Nach 4 bis 6 Stunden ist das Lysat klar.
- In das Reagenzglas gibt man 5–6 Tropfen Chloroform, um überlebende Bakterien abzutöten. Man schüttelt gut durch und läßt das Reagenzglas 20–30 Minuten ruhig stehen, bis sich das Chloroform mit den Zellresten der Bakterien abgesetzt hat. Der Überstand wird mit einer Pipette in ein neues Reagenzglas übertragen. Die gesamte Prozedur wird nocheinmal wiederholt. Da die Trennung des Lysats nicht vollständig ist, erhält man schwankende Phagentiter. Sie sind aber stets so hoch, daß sie für unsere Versuche ausreichen.
- Das Phagenlysat kann über einigen Tropfen Chloroform in einem verschlossenen Reagenzglas monatelang im Kühlschrank aufbewahrt werden.

3 Bestimmung der Keimzahl mit Hilfe der Plattierungstechnik

Der Titer einer Bakterienkultur wurde bereits in Kapitel IV des ersten Bandes bestimmt. Es soll hier noch einmal die Titerbestimmung mit Hilfe der Plattierungstechnik durchgeführt werden, da dies zu den grundlegenden Arbeitsmethoden der Bakteriengenetik gehört.

Material und Geräte
Escherichia coli B, ÜN
6 Nähragarplatten pro Praktikantengruppe
Verdünnungsmedium (9,5 g NaCl auf 1000 ml H_2O)

a) Durchführung

Es ist am günstigsten, wenn zwei Teilnehmer zusammenarbeiten. Eine Gruppe mit mehr als 4 Teilnehmern ist nicht mehr arbeitsfähig.

Verdünnungsreihe

Da der Bakterientiter einer Übernachtkultur mit ca. 3×10^9 Bakterien pro ml sehr hoch ist, muß die Suspension verdünnt werden. Gesucht ist ein Endtiter von ca. 10^2 Bakterien, da dann nach dem Ausplattieren ca. 10 Bakterien auf einer Agarplatte zu erwarten sind. Die sich heranbildenden Kolonien können leicht ausgezählt werden. Den gesuchten Titer findet man mit Hilfe einer Verdünnungsreihe (Abb. IV, 15 b). Folgende Regeln sollten beachtet werden:

- **Aufstellen eines Verdünnungsplans.** Wir überlegen, wieviele Verdünnungsschritte notwendig sind, um von einem Titer von 10^9 auf einen Titer von 10^2 zu kommen. Bei einem hohen Titer beginnt man zunächst mit großen Schritten und stuft feiner ab, wenn man den Endtiter in der Größenordnung erreicht hat. Für unser Beispiel bietet sich folgendes Vorgehen an:

Tabelle IV, 7

Titer	ca. 10^9	10^7	10^5	10^3	10^2	10^1
VS		1:100	1:100	1:100	1:10	1:10
VF		10^2	10^4	10^6	10^7	10^8
RG Nr	ÜN	1	2	3	4	5

Plattieren (Plattierungsfaktor 10)
VS = Verdünnungsschritt
VF = Verdünnungsfaktor

- **Arbeitstechnik** In unserem Beispiel werden 5 Reagenzgläser durchnumeriert. In jedes Reagenzglas pipettiert man 4,5 ml Verdünnungsmedium ein. Beim Hunderter-Schritt gibt man mit der 0,1 ml-Pipette 0,045 ml Bakteriensuspension in 4,5 ml Verdünnungsmedium. (Dabei macht man einen kleinen Fehler, denn genau genommen müßte man 1 Teil Bakteriensuspension (0,045 ml) in 99 Teile Verdünnungsmedium (4,455 ml) geben. Der Fehler ist aber so gering, daß er noch innerhalb der Meßgenauigkeit der 10er-Pipette liegt und deshalb vernachlässigt werden kann). Beim Zehnerschritt geben wir 1 Anteil Bakteriensuspension (0,5 ml) zu 9 Teilen Verdünnungsmedium (4,5 ml).

Die Bakteriensuspension muß sehr gut mit dem Verdünnungsmedium vermischt werden, da man sonst beim Weiterpipettieren einen großen Fehler macht. Entweder schüttelt man das Reagenzglas kräftig durch oder bläst sehr vorsichtig etwas Luft durch die Flüssigkeit. Für jeden Verdünnungsschritt nimmt man eine neue Pipette, um zu vermeiden, daß Bakterien von einem Reagenzglas in das andere verschleppt werden.

- **Plattieren**

Da wir den Ausgangstiter nur geschätzt haben, plattieren wir von den drei letzten Reagenzgläsern auf die Agarplatten aus. Damit ist die Gewähr gegeben, daß wir zumindest mit einer Serie von Platten in einem für die spätere Auswertung günstigen Bereich liegen.

Mit der Pipette entnimmt man 0,1 ml Bakteriensuspension und streicht sie mit der Pipettenspitze gleichmäßig über die ganze Agarplatte aus, ohne die Oberfläche zu verletzen. Von jedem der drei Reagenzgläser machen wir drei Platten. Auf die Deckel der Petrischalen schreiben wir das Datum und den Verdünnungsfaktor. Dabei wird berücksichtigt, daß wir beim Ausplattieren nicht 1 ml, sondern nur 0,1 ml entnommen haben. Das entspricht einer weiteren Verdünnung um den Faktor 10 (vgl. Abb. IV, 15 b).

Die Platten werden 24–48 Stunden bei 37° C bebrütet. Sollen die Platten erst später ausgewertet werden, dann bewahrt man sie im Kühlschrank auf.

b) Auswertung

Aus jedem Bakterium ist eine Kolonie herangewachsen, die als linsengroßes Häufchen leicht erkennbar ist. Wir suchen die Gruppe von Platten heraus, auf der sich die Bakterienkolonie leicht zählen lassen. Wir halten die Platte gegen das Licht und markieren mit einem Filzstift auf der Unterseite der Petrischale die Lage der Kolonien.

Die Anzahl der Kolonien auf den jeweils zusammengehörenden Platten wird in gewissen Grenzen schwanken, da wir nur eine Stichprobe entnommen haben. Um den Fehler zu verringern, errechnen wir den Mittelwert. Anschließend multiplizieren wir mit dem Verdünnungsfaktor und erhalten so den Titer der Ausgangssuspension.

4 Spontanmutationen vom Typ E. coli B/4

Material und Geräte
E. coli B, Übernachtkultur (ÜN)
Phage T/4, Lysat
4 Nähragarplatten

a) Durchführung

Mit einem Filzstift teilen wir die Rückseite der Petrischale mit dem Nähragar in zwei gleiche Teile auf. Die eine Hälfte bezeichnen wir mit + T/4, die andere mit – T/4. Dann geben wir auf die mit + T/4 bezeichnete Seite des Nähragars 3–4 Tropfen verdünntes Phagenlysat (ca. 1:10) und streichen es mit einem Glasspatel auf der halben Agarplatte aus. Wir lassen das Lysat im Brutschrank etwa 30 Minuten lang eintrocknen. Danach streicht man 0,1 ml der Übernachtkultur von E. coli B über die ganze Platte aus. Man bebrütet 2 bis 3 Tage. Zur Kontrolle werden vier Parallelansätze gemacht.

b) Ergebnis

Auf der unbehandelten Hälfte sind die Bakterien zu einem geschlossenen Rasen herangewachsen, während die Phagen das Bakterienwachstum weitgehend verhindert haben. Es konnten sich nur wenige Kolonien phagenresistenter Mutanten entwickeln. Sie gehören dem Typ E. coli B/4 an, da sie gegen den Phagen T/4 resistent sind. Die resistenten Bakterien können abgeimpft und in Nährbouillon vermehrt werden. Auf einer weiteren Phagenplatte werden sie auf ihre Reinheit geprüft.

5 Rückmutation von E. coli B lac

Material und Geräte
E. coli B lac⁻, Übernachtkultur
EMB-Agar (Merck 1342)

a) Vorbereitung

Mindestens 2 Tage vor Versuchsbeginn stellt man sich ca. 30 Platten mit einem Eosin-Methylenblau-Agar (EMB-Agar) her. Die Zubereitung erfolgt entsprechend der Anleitung von Versuch IV, 2. Überschüssige Platten können für die Versuche IV, 6 u. 8 verwendet werden.

b) Durchführung

Auf eine EMB-Platte streicht man 0,1 ml einer ÜN von E. coli lac⁻ aus und brütet 2–3 Tage.

c) Ergebnis

Auf dem EMB-Agar heben sich kleine, aber sehr deutlich dunkelviolett gefärbte Kolonien des Wildstammes E. coli B lac⁺ ab, die in der Lage sind, Milchzucker abzubauen. Dabei entstehen als Zwischenprodukte Verbindungen mit Aldehydgruppen, die den Farbumschlag bedingen. Die Mutante E. coli lac⁻ bildet einen blaßrosa Rasen. Auf diese einfache Weise kann man sehr leicht die Mutanten von der Wildform unterscheiden.

6 Bestimmung der Mutationsrate

Material und Geräte
E. coli B, ÜN
Phage T/4, Lysat
ergänzend:
Streptomycin-Sulfat-Lösung (Merck 10117), (1 ml einer 10%igen Lösung in 1 Liter Wasser!)
E. coli B lac⁻
EMB-Platten (s. Versuch IV, 5)

a) Durchführung (Abb. IV, 16)

Auf drei Agarplatten gibt man jeweils 0,1 ml des unverdünnten Lysats und streicht mit dem Spatel sorgfältig und gleichmäßig aus, so daß die Phagen über die ganze Oberfläche ausgebreitet sind (vgl. Versuch IV, 3) und läßt im Brutschrank etwa 30 Minuten lang antrocknen.
In der Zwischenzeit verdünnt man die Übernachtkultur im Verhältnis $1:10^6$, 10^7 und 10^8 und plattiert entsprechend Versuch IV, 3 aus, um den Titer der Ausgangssuspension zu bestimmen. Die Platten kommen in den Brutschrank.
Jetzt gibt man auf die mit Phagen behandelten Platten je 0,1 ml unverdünnte ÜN von E. coli B. Vorsichtshalber streichen wir nicht ganz bis zum Rand der Platte aus, sondern lassen ringsum 3–4 mm frei. Die Platten werden 3–4 Tage bebrütet.

Bestimmung der Mutationsrate

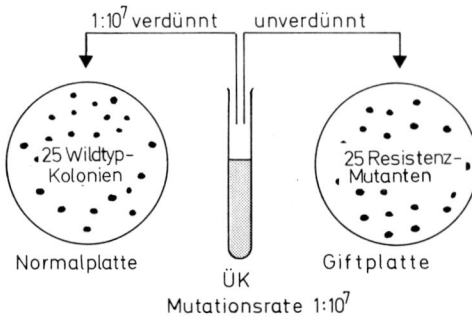

Abb. IV, 16: Schema zur Bestimmung der Mutationsrate bei Bakterien. In diesem Beispiel wird angenommen, daß sich auf der Normalplatte nach einer Verdünnung von 1:10⁷ gleich viele Wildtypkolonien bilden wie auf der Giftplatte, auf die aber unverdünnt ausplattiert wurde. Es ergibt sich dann eine Mutationsrate von 1:10⁷ (nach Daumer, verändert).

b) Ergebnis

Wie erwartet, hatte die ÜN einen Titer von ca. 3×10^9. Die Kolonien auf den Phagenplatten sind auf resistente Bakterien zurückzuführen. Pro Platte sind zwischen 20 und 40 Kolonien zu erwarten. Aus dem Verhältnis der Mutanten zum Ausgangstiter läßt sich die Mutationsrate bestimmen. Hatten wir als Mittelwert einen Titer von $8,5 \times 10^8$ und 95 Mutanten bestimmt, dann ergibt sich folgende Mutationsrate m:

$$m = 9,5 \times 10 : 8,5 \times 10^8 = 1,81 \times 10^{-7}.$$

Eine Mutationsrate in der Größenordnung von 10^{-7} ist zu erwarten.

c) Ergänzungen

Mit derselben Methode läßt sich die Mutationsrate auf Resistenz gegen ein Antibiotikum bestimmen. An Stelle der Phagen streicht man z. B. 0,1 ml einer Streptomycin-Sulfat-Lösung (100 µg/ml) aus. Die Mutationsrate liegt bei 10^{-7}.

Will man die Rate für die Rückmutation für E. coli lac⁻ bestimmen, dann muß man die ÜN im Verhältnis 1:10, 1:100 und 1:1000 verdünnen, da die Mutationsrate verhältnismäßig groß ist.

7 Bakterienkreuzung – Strichtest

Kreuzungen mit Bakterien lassen sich sehr einfach demonstrieren, indem man einen Kreuztest durchführt. Dieser Test dient gleichzeitig dazu, zu überprüfen, ob unsere Bakterienstämme noch in Ordnung sind (s. u.).

Material und Geräte
E. coli K Hfr lac⁺ Smˢ, ÜN
E. coli K F⁻ lac⁻ Smʳ, ÜN
3 EMB-Agar-Platten
Streptomycin-Sulfat-Lösung (Merck 10117), (s. Versuch IV, 6).

a) Durchführung

Auf die EMB-Platten spateln wir je 0,1 ml Streptomycin Sulfat aus und lassen ca. 30. Minuten eintrocknen. Dann legen wir eine Testplatte auf die Elternstämme an (Abb. IV, 17). Die Rückseite der Platte bezeichnen wir mit F⁻ und Hfr. Dann entnehmen wir mit der Impföse eine Probe des F⁻-Stammes und streichen sie in einer Wellenlinie aus. Mit dem Hfr-Stamm verfahren wir in der gleichen Weise.
Den Kreuztest können wir auf zwei Arten durchführen (Abb. IV, 17). Entweder wir ziehen mit der Impföse durch die Mitte der Platte einen breiten, geraden Strich mit dem F⁻-Stamm (Donator-Stamm) und streichen senkrecht dazu den Hfr-Stamm (Rezeptor-Stamm) aus, oder wir plattieren den F⁻-Stamm in der Mitte der Platte aus, lassen aber einen Rand von ca. 1,5 cm und streichen den Hfr-Stamm vom Rand zur Mitte hin aus. Bei der zweiten Methode kann man gleichzeitig mehrere Stämme prüfen. Auf keinen Fall dürfen wir vergessen, das Kreuzungsmuster auf der Unterseite der Petrischale aufzuzeichnen, da wir sonst das Ergebnis der Testkreuzung nicht auswerten können.

b) Ergebnis

Elternstämme. Auf der Testplatte der Elternstämme darf nur der streptomycinresistente F⁻-Stamm zu einer blaßroten Ausstrichkultur herangewachsen sein. Sollten sich dunkelviolette Kolonien in dem Ausstrich zeigen, dann ist der Stamm verunreinigt (eventuell Rückmutation, vgl. Versuch IV, 5). In diesem Fall müssen wir die Testkultur nach entsprechender Verdünnung auf eine EMB-Streptomycinplatte ausstreichen und

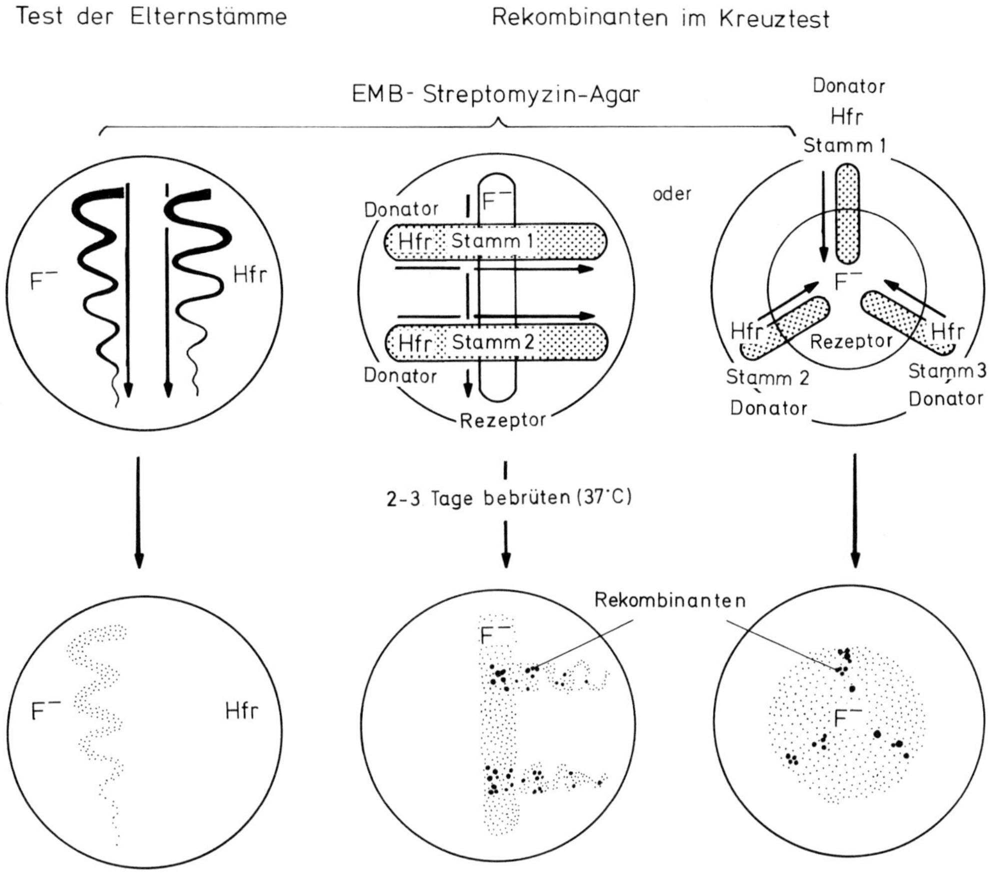

Test der Elternstämme

Rekombinanten im Kreuztest

Abb. IV, 17: Links: Test zweier Bakterienstämme auf Reinheit.
Rechts: Zwei verschiedene Möglichkeiten zur Durchführung eines Kreuztests. Die Pfeile innerhalb der Petrischalen geben die Richtung an, in der die Bakteriensuspension mit der Impföse ausgestrichen wird.

von einer hellrosa Einzelkolonie eine neue Stammkultur (Übernachtkultur) anlegen.
Von dem streptomycinsensitiven Stamm darf sich keine Kolonie auf dem EMB-Streptomycin-Agar entwickelt haben. Sollte dies doch der Fall sein, dann müssen wir auch von diesem Stamm eine neue Kultur anlegen. Dabei gehen wir so vor, daß wir auf eine normale EMB-Platte ausplattieren und von den dunkelvioletten Einzelkolonien mehrere Übernachtkulturen ansetzen und in einem darauffolgenden Test auf ihre Streptomycinsensitivität prüfen. (Eine elegantere Methode ist die «Stempeltechnik», die hier aber nicht in die Praxis eingeführt werden soll, da sie einen zusätzlichen Geräteaufwand erfordert.)

Kreuztest. Auf allen Platten sollen sich blaßrosa Ausstrichkulturen des F^--Stammes entwickelt haben. An den Stellen, an denen sich der F^-- mit dem Hfr-Stamm vermischt hat, sind einige dunkelviolette Kolonien zu erwarten. Sie sind auf eine Kreuzung der beiden Stämme entsprechend Abb. IV. 18 zurückzuführen. Sichtbar wird auf der Testplatte nur eine der beiden Rekombinanten: Sm^r lac^+ (Abb. IV, 17).

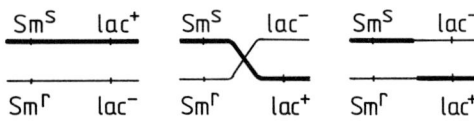

Abb. IV, 18: Kreuzung von zwei Bakterienmutanten.

8 Bestimmung der Rekombinationsrate einer Einfaktorenkreuzung

Der Einwand, die bei der Kreuzung entstandenen Wildtypen seien durch Rückmutation entstanden, läßt sich durch einen quantitativen Versuch entkräften, bei dem gezeigt wird, daß die Rekombinationsrate weit größer als die Mutationsrate ist.

Material und Geräte

E. coli K Hfr lac$^+$ Sm^s, ÜN
E. coli K F$^-$ lac$^-$ Sm^r, ÜN
EMB-Streptomycin-Agarplatten
Streptomycin-Sulfat (Merck 10117), 1%ig

a) *Vorbereitung*

Da bei dem folgenden Versuch pro Gruppe mindestens 9 Streptomycin-Platten benötigt werden, lohnt es sich, die Platten im Gießverfahren herzustellen. Es werden 500 ml EMB-Agar in der gewohnten Weise sterilisiert. In die kochendheiße Lösung gießt man 2,5 ml der 10%igen Streptomycin-Sulfat-Lösung, rührt gut durch und erhitzt 30 Minuten im strömenden Dampf (nicht im Drucktopf, da das Streptomycin sonst zerfällt). Dann gießt man die Platten aus.

b) *Durchführung* (Abb. IV, 19)

Man setzt gleichzeitig folgende Kulturen an:
a) 5 ml der Übernachtkultur des F$^-$-Stamms werden mit der gleichen Menge Nährbouillon versetzt und nicht belüftet.
b) 1 ml der Übernachtkultur des Hfr-Stammes wird mit 9 ml Nährbouillon vermischt und belüftet.

Beide Ansätze werden 90 Minuten lang im Wasserbad bei 37° C bebrütet.
Nach der Bebrütung gibt man in ein Reagenzglas mit 4,5 ml Nährbouillon 4 ml der Suspension mit dem F$^-$-Stamm und 2 ml des Hfr Stammes. Man mischt den Ansatz vorsichtig durch und läßt ihn ruhig stehen, damit die Konjugation nicht unterbrochen wird. Nach ca. 30 Minuten plattiert man nach dem Schema der Abb. IV, 15 b aus (Gesamtverdünnungsfaktor 10^5, 10^6, 10^7) und bebrütet die Platten 3 bis 4 Tage.

c) *Auswertung*

Wir zählen die Bakterienkolonien auf den Platten mit dem Verdünnungsfaktor 10^7, bilden den Mittelwert und rechnen auf den Titer der Ausgangssuspension zurück. (Daß wir nur Individuen des streptomycinresistenten Stammes er-

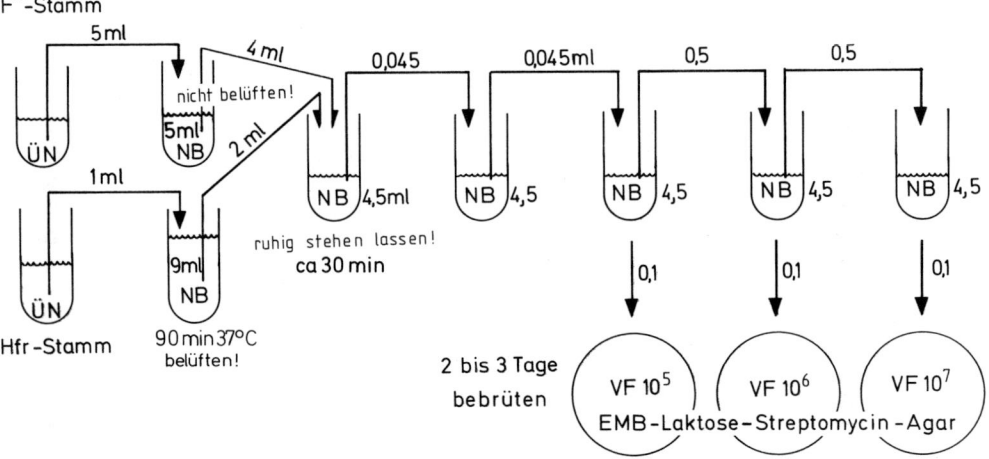

Abb. IV, 19: Verlaufsdiagramm für eine Einfaktorenkreuzung mit Bakterien.

faßt haben, kann hier unberücksichtigt bleiben, da auch bei den Mutanten nur die streptomycinresistenten erkannt werden können.)
Es ist unwahrscheinlich, daß bei den Platten mit dem Verdünnungsfaktor 10^7 dunkelviolettgefärbte Rekombinanten zu finden sind. Sie sind mit Sicherheit auf den Platten mit dem Verdünnungsfaktor 10^5, vielleicht auch mit dem Faktor 10^6 zu finden. Daneben finden wir einen dichten Rasen von Bakterien der lac^--Mutante.
Wir multiplizieren die Zahl der gefundenen Rekombinanten mit dem Verdünnungsfaktor und erhalten damit den Titer der streptomycinresistenten Rekombinanten in der Ausgangssuspension. Die Rekombinationsrate ergibt sich aus folgender Beziehung:

$$\text{Rekombinationsrate} = \frac{\text{Titer der Rekombinanten}}{\text{Gesamttiter}}$$

d) Ergebnis

Die Rekombinationsrate liegt im Bereich von 10^{-2} und ist damit um 5 Zehnerpotenzen höher als die der Mutationsrate (vgl. Versuch IV, 6).

ZWEITE VERSUCHSGRUPPE

Drosophilagenetik

9   Herstellen eines Futterbreis

Drosophila und deren Larven können mit einem Brei aus Maisgrieß, Zucker und Hefe ernährt werden. Für die Herstellung des Futterbreies gibt es mehrere Anleitungen. Das hier ausgewählte Rezept hat sich sehr bewährt.

Material und Geräte

Maisgrieß (Reformhaus)
Agar-Agar als Pulver
Zucker
30 g Bäckerhefe oder 10 g Trockenhefe
Nipagin (Apotheke, Merck Nr. 6757)
Äthylalkohol, 96%ig
Propion- oder Milchsäure
1 Kochtopf
1 Kochplatte
1 Schneebesen oder Rührlöffel

1 Tasse oder Becherglas zum Anrühren der Hefe
1 großes Becherglas (500–1000 ml) oder entsprechende Schüssel
1 Pipette, 10 ml
20 Erlenmeyer-Weithalskolben 100 ml mit Schaumstoffstopfen oder 20 Plastikgefäße mit Stopfen (Firma Greiner, s. Anhang)
1 Petrischale ⌀ 11–12 cm
1 Packung Rundfilter ⌀ ca. 10 cm

a) Vorbereitung (Abb. IV, 20)

140 g Maisgrieß und 180 g Zucker werden mit 300 ml kaltem Wasser angerührt. Der Grieß soll etwa 15 min. lang quellen.
30 g Bäckerhefe oder 10 g Trockenhefe werden mit 100 ml kaltem Wasser angerührt.
10 g Nipagin werden in 90 g 96%igem Äthylalkohol gelöst.

b) Kochen

In 1200 ml kaltes (!) Wasser rührt man 35 g Agar-Agar ohne Knollenbildung ein und kocht bei mäßiger Hitze und ständigem Rühren 2–3 Minuten auf. Dann fügt man die Mais- und Hefeaufschwemmung dazu und kocht 15–20 Minuten weiter (rühren!). Nach dieser Zeit ist der Brei fertig und die Hefe abgetötet. Der Topf wird vom Feuer gezogen.

c) Einfüllen

In den heißen Brei rührt man 10 ml 10%ige alkoholische Nipaginlösung und 2 Tropfen Propion- oder Milchsäure unter, um vorzubeugen, daß der Futterbrei später schimmelt oder gärt. Der heiße Futterbrei wird 3–4 cm hoch in die Weithals-Erlenmeyerkolben, bzw. 2 cm hoch in die aus Plastik, eingefüllt. Die Seitenwände sollen nicht verschmiert werden.

d) Einlegen der Filter

In einer Petrischale wird ein Stoß Rundfilter mit 10%iger Nipaginlösung getränkt und anschließend an der Luft getrocknet. Aus den Filtern faltet man kleine Tütchen und steckt je eines in den erhärtenden Futterbrei. Die Filter saugen überschüssiges Wasser auf, dienen den Fliegen als Sitzplatz und verhindern, daß narkotisierte Fliegen auf den klebrigen Futterbrei fallen.
Die Futtergläser werden sofort mit einem luft-

HERSTELLEN eines NAHRUNGSBREIES für DROSOPHILA

a) Vorbereitung

Maisgrieß 140 g
Zucker 180 g
kaltes Wasser 300 ml
15 min qellen

Hefe 30 g
Wasser 100 ml

Nipagin 10 g
Alkohol 96%ig 90 g

b) Kochen

Agar-Agar 35 g
Wasser 1200 ml
kaltes(!) Wasser
2-3 min kochen
15-20 min kochen

c) Einfüllen

Nipagin 10%ig   Propionsäure
10 ml   2 Tr
70-80°C

2 cm Kreuzungsglas
4 cm Vermehrungsgefäß

d) Einlegen der Filter

Kunststoffstopfen
Filter trocknen
Filter
Filtrierpapier in 10%iger Nipaginlösung
Futterbrei

Abb. IV, 20

durchlässigen Schaumstoffstopfen (oder mit einem gazeumhüllten Wattestopfen) verschlossen. Es muß auf jeden Fall verhindert werden, daß eine frei fliegende Drosophila ihre Eier in ein Zuchtgefäß ablegt! Nach 1 bis 2 Tagen können Fliegen in die Vermehrungs- und Kreuzungsgefäße eingesetzt werden. Kondenswasser, das sich an den Gefäßwänden niedergeschlagen hat, wird mit einem Papiertuch abgewischt. Die Behälter können bis zu ihrer Vermehrung 1 bis 2 Wochen im Kühlschrank aufbewahrt werden.

10 Stammkulturen

Zu Beginn des Praktikums mit Drosophila muß man sich über das Ziel klar sein, denn je nach Art der Fragestellung wird sich die Auswahl der Mutanten-Stämme richten.
Die Zahl der Mutantenstämme kann reduziert werden, wenn man Doppel- oder Mehrfachmutanten verwendet. Denn mit einer Doppelmutante kann man sowohl einen monohybriden als auch einen dihybriden Erbgang durchführen. Beim monohybriden Erbgang wird das 2. Merkmal einfach nicht berücksichtigt.
In einer Übersicht sind die Ziele und die zur Erreichung des Zieles notwendigen Stämme zusammengestellt (Tab. IV, 8).
Im Idealfall besorgt man sich folgende Stämme:
Wildstamm (für alle Versuche notwendig)
Doppelmutante ebony · vestigial (e vg) (die Merkmale liegen auf verschiedenen Chromosomen)
Einfachmutante white (w) (das Merkmal liegt auf dem X-Chromosom)
Dreifachmutante yellow · crossed veinless · forked (y cv f) (alle Merkmale liegen auf dem X-Chromosom)
Die Einfachmutante white kann durch die Dreifachmutante y cv f ersetzt werden. Man nimmt dabei den kleinen Nachteil in Kauf, daß keines der drei Merkmale so leicht zu erkennen ist wie die weiße Augenfarbe bei der Mutante w.
Kann man die Doppelmutante e · vg nicht bekommen, dann kreuzt man die Stämme e und vg und liest in der F_2-Generation die jungfräulichen Doppelmutanten aus und setzt eine Stammkultur für die weiteren Versuche an.
Zuweilen wird empfohlen, die Mutante w (bzw. y · cv · f) für die Ableitung der beiden ersten Mendelschen Regeln zu verwenden. Dies ist möglich, wenn man bei der Parentalgeneration

Tabelle IV, 8

Ziel	Erbgang	Mutantenstämme	
Uniformitätsregel	1-Faktorenkreuzung	e bzw. vg	oder e vg
Spaltungsregel	1-Faktorenkreuzung	e bzw. vg	oder e vg
freie Kombination der Gene	2-Faktorenkreuzung		e vg
Geschlechtsgebundene Vererbung	1-Faktorenkreuzung	w	(oder y cv f)
Kopplungsgruppen	2-Faktorenkreuzung		y cv f
Genkarte	3-Faktorenkreuzung		y cv f

auf eine reziproke Kreuzung verzichtet und in der F_2-Generation die Verteilung der Merkmale auf das Geschlecht außer Acht läßt. Bei der P-Generation geht man von folgendem Ansatz aus:

$$\frac{w^+}{w^+} \times \frac{w}{\rightarrow}$$

Bei der Verwendung dieses Ansatzes ergibt sich der methodische Nachteil, daß die geschlechtschromosomengebundene Vererbung noch nicht bekannt ist, wenn über die Mendelschen Regeln in die Drosophila-Genetik eingeführt wird. Es ist den Praktikanten zu diesem Zeitpunkt noch nicht einsichtig zu machen, warum man nicht reziprok kreuzen darf.

Material und Geräte

Drosophila, Wildtyp und verschiedene Mutantenstämme (z. B. ebony, white und ebony · vestigial als Doppelmutante). Die Stämme sind meist von Zoologischen oder Genetischen Instituten kostenlos zu bekommen. Sonst sind sie über die Firma Phywe zu beziehen. Zuchtgefäße zur Aufnahme der Elterntiere (Versuch IV, 9.)
Bäckerhefe
Pinsel, Pulvertrichter

a) Ansatz

In die Zuchtgefäße bringt man mit einem sauberen Pinsel einen Tropfen einer dicken Hefesuspension auf den Nährboden. Die Hefe dient den Larven als Nahrung und vermindert die Gefahr der Schimmelbildung.
Die Fliegen werden meist als Maden in kleinen Zuchtgefäßen verschickt. Man läßt die Gefäße bei Zimmertemperatur oder im Thermostat bei 25° C stehen und wartet, bis in den Gefäßen je 20–30 Fliegen ausgeschlüpft sind.
Zum Umsetzen schlägt man mit der flachen Hand gegen den Boden des Zuchtgefäßes, so daß die Fliegen nach unten fallen. Dann entfernt man rasch den Verschlußstopfen und stülpt das leere Zuchtgefäß mit der Öffnung über das Gefäß mit den Fliegen. Das untere Gefäß wird mit der Hand verdunkelt, so daß die Fliegen dem Licht nach in das obere Gefäß streben. Sollte das nicht gelingen, dann dreht man die Gefäße um und schüttelt die Fliegen in das leere Glas. Haben die Zuchtgefäße verschieden große Öffnungen, dann schaltet man einen Trichter mit weiter Öffnung (Substanzentrichter) dazwischen. Danach werden beide Gefäße rasch mit einem Stopfen verschlossen. Auf das neue Kulturgefäß schreibt man den Namen des Stammes und das Datum. Entflohene Fliegen werden abgefangen und in Alkohol oder Xylol abgetötet.

b) Zuchtbedingungen und Fortpflanzung

Die optimale Zuchttemperatur für Drosophila ist 25° C. Die Entwicklungsdauer beträgt etwa 10 Tage (12 Tage bei 22° C und 16 Tage bei 18° C). Eine hohe Luftfeuchtigkeit ist notwendig, da sonst der Nährboden austrocknet.
Frisch geschlüpfte Weibchen legen vom 3. Tag an täglich 3–6 Eier ab. Ein Weibchen kann vier Wochen lang Eier legen. Die stiftförmigen Eier sind 0,5 mm lang und ragen mit zwei Anhängseln am Vorderende aus dem Nahrungsbrei heraus. Sie sind mit bloßem Auge zu erkennen.
Nach einem Tag schlüpfen aus den Eiern die Maden. Sie häuten sich drei Mal. Die verpuppungsreifen Maden kriechen an der Wand des Kulturgefäßes oder an dem Filterpapier hinauf und verpuppen sich dort. Nach 3 bis 4-tägiger Puppenruhe schlüpfen die Fliegen aus.
Hat man sich vergewissert, daß genügend Eier abgelegt sind, dann entfernt man nach 5–8 Tagen die Elterntiere, indem man sie in einen leeren Erlenmeyerkolben fliegen läßt und mit Alkohol oder Xylol abtötet. So verhindert man, daß die Zuchtgefäße überbesetzt werden.

c) Gefährdung der Kulturen

Schimmelbildung. Am häufigsten werden die Zuchten von Schimmel befallen. Trotzdem sollen die Nipaginzugaben nicht erhöht werden, da sie sonst die Entwicklung der Fliegen hemmen. Man entfernt die verschimmelten Gläser. Alle Geräte werden entweder 1 Stunde im Dampftopf oder 30 Minuten im Thermostat bei 150° C sterilisiert. Der Futterbrei wird neu gekocht. Nur im Notfall setzen wir aus verschimmelten Gläsern Tiere in die neuen Kulturgefäße um. Um die Gefahr einer erneuten Schimmelbildung zu verhindern, wechseln wir die Zuchtgefäße nach 2 Tagen noch einmal.

Verflüssigung des Nährbodens. Hat man zu wenig Propion- oder Milchsäure in den Futterbrei gegeben, so daß das Milieu alkalisch war, dann kann es sein, daß der Nährboden durch Bakterien zersetzt und verflüssigt wird. Die Larven entwickeln sich aber in der Regel gut weiter. Allerdings hat man beim Umsetzen Schwierigkeiten (Tiere in Richtung des Lichtes in das neue Glas laufen lassen!). In Zukunft gibt man mehr Milchsäure zu dem Futterbrei.

Milben. Im Herbst können durch wilde, freifliegende Drosophiliden Milben auf die Stopfen der Kulturgefäße übertragen werden. Die Milben wandern durch die Stopfen in die Zuchtgläser ein. Sollten an den Beinen der Fliegen Milben beobachtet werden, dann ist es am besten, die gesamten befallenen Kulturen zu vernichten. Der Arbeitsplatz und die Arbeitsgeräte werden mit einer Sagrotanlösung abgewaschen.

11 Unterscheidung der Geschlechter

Kreuzungsexperimente mit Drosophila sind nur möglich, wenn Männchen und Weibchen sicher unterschieden werden können. Es empfiehlt sich deshalb vor Beginn der eigentlichen Experimente sich zu üben, die beiden Geschlechter rasch und sicher zu unterscheiden. Sollen die narkotisierten Fliegen nach Geschlecht oder genetischen Merkmalen sortiert werden, dann dürfen jeweils nur wenige Fliegen (ca. 10) betäubt werden. Man muß sich bemühen, zügig zu arbeiten, damit man die narkotisierten Fliegen in ihre Zuchtgefässe zurückbringen kann, bevor sie erwachen.

Material und Geräte

Kulturgefäß mit Drosophila
Äther (oder Kohlensäure aus Stahlflaschen)
Narkoseglas (Erlenmeyerkolben mit durchbohrtem Stopfen und eingesetztem Trichter)
Pipette
Petrischale
feine Pinzette
feiner Haarpinsel
Petrischale
Binokulare Lupe

a) Narkotisieren der Fliegen (Abb. IV, 21)

In das Narkoseglas gibt man nur wenige Tropfen Äther mit der Pipette (je nach Gefäßgröße 5–15 Tropfen). Man wartet bis der Äther vollständig verdunstet ist. (Fliegen sterben sofort, wenn sie mit flüssigem Äther in Berührung kommen!).

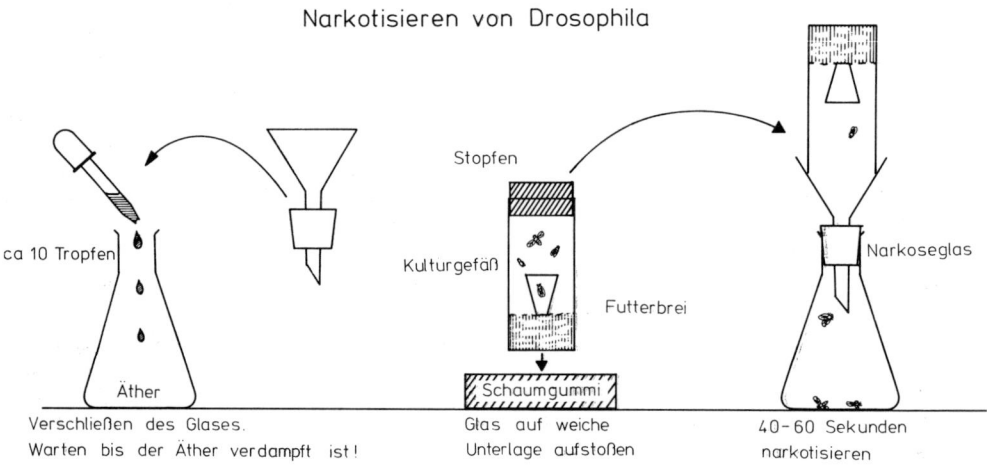

Abb. IV, 21

GESCHLECHTSUNTERSCHIEDE bei DROSOPHILA

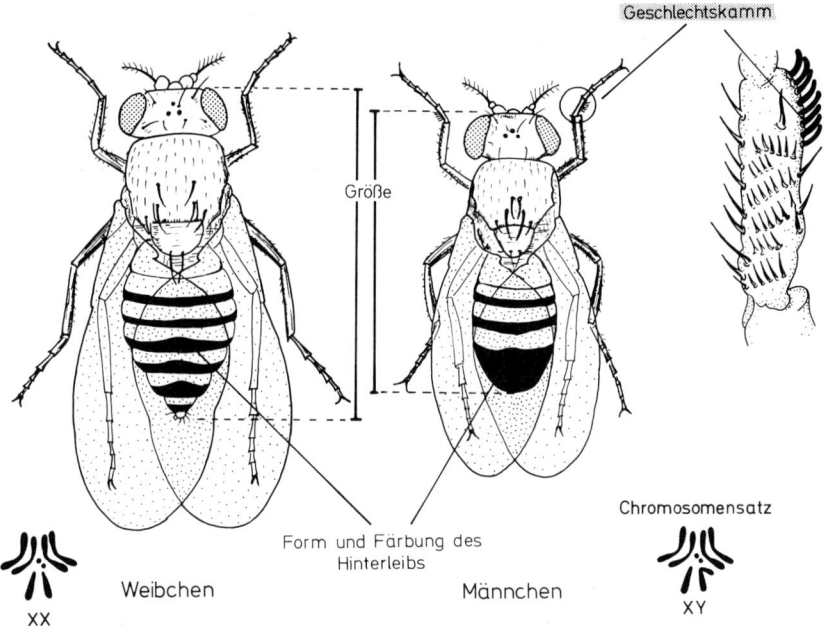

Abb. IV, 22

Der Boden des Kulturgefäßes wird auf die Handfläche oder eine weiche Unterlage (Schaumgummi) gestoßen, damit die Fliegen vom Stopfen und von der Gefäßwand herabfallen. Der Stopfen wird entfernt und das Kulturgefäß rasch in den Trichter des Narkoseglases gestülpt. Die Fliegen fallen in das Narkoseglas. Spätestens nach 1 min. sind sie betäubt und werden in eine Petrischale oder ein neues Zuchtgefäß geschüttet. Liegen die Fliegen mit nach oben geklappten Flügeln bewegungslos da, dann war die Narkose zu stark und die Tiere sind tot.

Erwachen die Tiere zu früh, dann gibt man sie noch einmal in das Narkoseglas zurück. Im Einzelfall kann eine Fliege betäubt werden, indem man einen mit Äther getränkten kleinen Wattebausch über das Tier hält.

Anmerkung: Ätherdämpfe sind brennbar und explosiv! Es darf auf keinen Fall im Raum eine offene Flamme brennen oder geraucht werden.

b) Untersuchung der Tiere

Die narkotisierten Tiere können unter dem Binokular auf ihr Geschlecht bzw. genetische Körpermerkmale hin untersucht werden (Tab. IV, 9; Abb. IV, 22 und IV, 2). Mit einem feinen Pinsel sortiert man Männchen und Weibchen auseinander. Mit der Pinzette dreht man die Fliegen so,

Tabelle IV, 9: Unterscheidungsmerkmale

Weibchen	Männchen
etwas größer als Männchen	etwas kleiner als Weibchen
Abdomen spitz zulaufend	Abdomen rundlich
Analplatte deutlich abgesetzt	Ohne abgesetzte Analplatte
Die dunklen Ringe am Hinterleib bis zum letzten Segment getrennt	Die dunklen Ringe der letzten Segmente des Hinterleibs zu einem breiten Band verschmolzen
Kein Geschlechtskamm am Metatarsalglied des 1. Beinpaares	*Geschlechtskamm* aus etwa 10 kräftigen gebogenen Borsten am Metatarsalglied des 1. Beinpaars ausgebildet.

daß die einzelnen Merkmale gut zu erkennen sind. Männchen und Weibchen gibt man in verschiedene Gefäße.
Als sicheres Unterscheidungsmerkmal gilt der Geschlechtskamm (Abb. IV, 22). Bei frisch geschlüpften Tieren fehlt die charakteristische Färbung des Abdomens, die Formunterschiede sind noch undeutlich und die abgesetzte Analplatte beim Weibchen ist nur mit Übung deutlich zu unterscheiden.

12 Mutanten der Taufliege (Drosophila melanogaster)

Material und Geräte
Einfach- und/oder Mehrfachmutanten von Drosophila (z. B. w, e, vg, y · v · f und andere)
Sonst wie bei Versuch IV, 12

a) Unterscheidung der Mutanten
(Abb. IV, 2)

Tiere von bekannten Stämmen werden narkotisiert oder abgetötet und unter der bionokularen Lupe auf Mutantenmerkmale untersucht.

Phänotypisch leicht erkennbare Mutanten von Drosophila

(Die Zahlen in Klammern geben die Nummer des Chromosoms und den Locus des Gens an).

Chromosom I oder X-Chromosom

y yellow (1–0,0)
Körperfarbe gelb; Haare und Borsten braun mit gelben Spitzen. Haare und Adern der Flügel gelb.

w white (1–1,5)
Augen rein weiß. Ocellen farblos. Das Wildtypallel ist nicht vollkommen dominant über w. $w \cdot w^+$ hat weniger rotes Augenpigment als $w^+ \cdot w^+$.

cv crossed-veinless (1–13,7)
Queradern der Flügel fehlen oder sind nur noch in Andeutungen vorhanden (Abb. IV, 2b).

v vermilion (1–33,0)
Augenfarbe hellscharlachrot, Ocellen farblos.

m miniature (1–36,1)
Flügelgröße reduziert, nur wenig länger als der Hinterleib, normal proportioniert. Flügel dunkelgrau und weniger durchscheinend als normal.

f forked (1–56,7)
Borsten verkürzt, knotig und verkrümmt. Die Enden sind gespalten oder scharf umgeknickt. Haare ähnlich gestaltet, aber nur bei starker Vergrößerung erkennbar.

B Bar (1–57,0)
Augen zu einem schmalen, senkrechten Band reduziert mit ca. 90 Facetten beim Männchen (+/+ 740) und ca. 70 Facetten beim Weibchen (+/+ ca. 780). B/+ Weibchen haben ca. 360 Facetten, das Auge ist nach vorne ausgerandet und nierenförmig.

Chromosom II

b black (2–48,5)
Körper, Tarsen und Flügel entlang den Adern schwarz gefärbt, dunkelt im Alter nach.

vg vestigial (2–67,0)
Flügel zu Stummeln reduziert, die gewöhnlich rechtwinklig zum Körper gehalten werden. Flügeladern noch sichtbar. Schwingkölbchen (Halteren) ebenfalls reduziert. Vitalität etwas vermindert (Abb. IV, 2c)

c curved (2–75,5)
Flügel dünn, abstehend und der ganzen Länge nach nach unten gebogen.

Chromosom III

st scarlet (3–44,0)
Augen leuchtend karminrot, mit dem Alter nachdunkelnd. Ocellen (Punktaugen) farblos in allen Altersstadien.

cu curled (3–50,0)
Flügel über die ganze Länge nach oben gebogen und leicht abstehend. Körper dunkel gefärbt (Abb. IV, 2d).

e ebony (3–70,7)
Körper leuchtend schwarz. Vitalität vermindert (nur etwa 80% des Wildtyps). Heterozygote etwas dunkler gefärbt als der Wildtyp.

13 Aufstellen eines Zeitplans

Da von der Anzucht der Elternstämme bei einer Temperatur von 22–25° C bis zum Ausschlüpfen der F_2-Generation 6–7 Wochen vergehen, ist es sinnvoll, sich einen Zeitplan auszuarbeiten. Sollen in einem Praktikum in Gruppenarbeit gleichzeitig verschiedene Kreuzungen durchgeführt werden, dann ist zu bedenken, daß man genügend Zuchtgefäße mit dem Wildstamm ansetzt, da er für alle Kreuzungen benötigt wird. Oft ist es günstig, die verschiedenen Versuche mit einem Zeitunterschied von 1 Woche anzusetzen.

Tabelle IV, 10

Zeitraum vor (–) bzw. nach (+) der Kreuzung	Durchzuführende Arbeiten
– 14 Tage	Anzucht der Elternstämme
– 2–6 Tage	Vorbereiten der neuen Kreuzungsgläser
– 6 Stunden (!)	Alle Tiere aus den Elterngläsern entfernen
± 0 Stunden	Durchführung der Kreuzung: P × P
+ 6 Tage	Elterntiere der F_1-Generation entfernen
+ 10–14 Tage	Schlüpfen der Generation. Sichtkontrolle. In weitere Zuchtgläser überführen ($F_1 \times F_1$).
+ 18 Tage	Elterntiere der F_2-Generation entfernen
+ ab 20. bis 28. Tag	Schlüpfen der F_2-Generation Abfangen der Tiere und Auswerten
+ ab 30. Tage	Schlüpfen der F_3-Generation möglich. Entstehung einer Mischpopulation von F_2 und F_3.

14 Einfaktorenkreuzung

Die übersichtlichsten Kreuzungsergebnisse erhält man bei Einfaktorenkreuzungen. Die Uniformitäts- und die Spaltungsregel kann abgeleitet werden.

Material und Geräte
Drosophila, Wildstamm und ein Stamm einer Einfachmutanten (z. B. vg/vg oder e/e)
Fertige Kreuzungsgläser
Narkoseglas
Pipette
Filtrierpapier
feine Pinsel
binokulare Lupe

a) Vorbereitung

Weibchen von Drosophila paaren sich frühestens 8 Stunden nachdem sie geschlüpft sind. Entsprechend dem Zeitplan von Versuch IV, 13 werden alle Tiere 6 Stunden vor Versuchsbeginn entfernt. Dabei ist besonders darauf zu achten, daß wir auch die Tiere finden, die eventuell zwischen den Falten des Filtrierpapiertrichters sitzen. Für die Kreuzungen werden nur die frisch geschlüpften, höchstens 6 Stunden alten Tiere verwendet. Stellt sich heraus, daß die Stämme schwach sind und nicht so viele Tiere schlüpfen, wie wir erwartet hatten, dann kann man auch jungfräuliche Weibchen und junge Männchen verwenden, die man ein oder zwei Tage vor Versuchsbeginn abgefangen und so lange in getrennten Zuchtgläsern verwahrt hat.
Wir gehen hier, wie bei den folgenden Kreuzungsversuchen, davon aus, daß genügend Tiere zur Verfügung stehen.

b) Genetische Schreibweise

Ein Gen wird als Teilstück der Erbinformation nur erkennbar, wenn es durch eine Mutation verändert wird. Ein Gen kann also in zwei (oder mehr) verschiedenen Ausprägungen oder Allelen vorkommen. Durch Mutation wird ein Allel in ein anderes umgewandelt. Das bei den Wildformen eines Organismus in der Regel vorkommende Allel wird als Wildallel bezeichnet.
Gen und Allel tragen denselben Namen. So bedeutet z. B. zunächst «ebony», daß es ein Gen gibt, das für die leuchtend schwarze Farbe des Körpers verantwortlich ist. Das Wildallel dieses Gens wird durch ein hochgestelltes $^+$ beim Namen gekennzeichnet (ebony$^+$ oder abgekürzt e$^+$). Das mutierte Gen wird ohne besondere Kennzeichnung geschrieben (ebony oder e).
Im Erbgut von Drosophila ist, wie bei jedem diploiden Organismus, jedes Gen doppelt vorhanden, z. B.:

$$\frac{e^+}{e^+} \quad \text{oder} \quad \frac{e^+}{e} \quad \text{oder} \quad \frac{e}{e}$$

Wildtyp   heterozygot   Mutante
homozygot   homozygot

Da bei Drosophila (und anderen Diplonten) eines der Geschlechtschromosomen, das sogenannte Y-Chromosom, genleer ist, wird es stets durch einen querliegenden Haken symbolisiert. Bei Drosophila sind die Weibchen in bezug auf die Geschlechtschromosomen homozygot (XX-Typ) die Männchen heterozygot (XY-Typ). Da z. B. das Gen für white auf dem Geschlechtschromosom liegt, schreiben wir:

$$\underbrace{\frac{w^+}{w^+} \text{ oder } \frac{w^+}{w} \text{ oder } \frac{w}{w}}_{\text{Weibchen}} \text{ und } \underbrace{\frac{w^+}{\neg} \text{ oder } \frac{w}{\neg}}_{\text{Männchen}}$$

Die Elterngeneration (Parental-Generation) wird mit P, die Nachkommengeneration (Filial-Generationen) werden mit F($F_1, F_2, \ldots$ usw.) bezeichnet.
Bei einer Kreuzung gilt die Regel: «ladies first». Es wird also zuerst der weibliche und dann der männliche Kreuzungspartner geschrieben:

$$\frac{w}{e} \times \frac{w^+}{\neg} \quad \text{bzw.} \quad \frac{e^+}{e} \times \frac{e^+}{e}$$

Weibchen Männchen   Weibchen Männchen

Wird das Geschlecht der Eltern vertauscht, dann spricht man von einer reziproken Kreuzung, z. B.:

$$\frac{e^+}{e^+} \times \frac{e}{e} \quad \text{und} \quad \frac{e}{e} \times \frac{e^+}{e^+}$$

oder:

$$\frac{w^+}{w^+} \times \frac{w}{\neg} \quad \text{und} \quad \frac{w}{w} \times \frac{w^+}{\neg}$$

Auf den Kreuzungsgläsern wird vermerkt:
1. Das Datum   z. B.:   11. 9. 78
2. Die Generation   P
3. Die angesetzte Kreuzung (und nicht die erwartete Generation) e/e × e^+/e^+
4. Name des Protokollanten   Kuhn/Probst

c) Durchführung

Jeweils etwa 10 Fliegen des 1. Elternstammes (z. B. e^+/e^+) werden narkotisiert (Versuch IV, 11a) und auf ein Stück Filterpapier geschüttet. Unter dem Binokular sortiert man die Tiere mit einem feinen Pinsel nach Männchen und Weibchen. In die vorbereiteten Kreuzungsgläser schüttet man die betäubten Männchen bzw. Weibchen auf die eingesteckten Filtrierpapiertütchen. Wir vermeiden dadurch, daß bei den narkotisierten Tieren die Flügel an dem feuchten Nahrungsbrei festkleben. Die Kreuzungsgläser werden beschriftet (ladies first!). Mit dem zweiten Elternstamm verfährt man ebenso. Es wird darauf geachtet, daß in jedem Kreuzungsglas etwa 10–15 Männchen und Weibchen vorhanden sind.
Achtung, bei allen Arbeiten müssen die Kreuzungs- und Zuchtgläser sorgfältig verschlossen bleiben, damit keine freigewordene Fliege in ein falsches Glas kommt und dort ihre Eier ablegt. Sobald die ersten Puppen erscheinen (etwa nach 6 Tagen) entfernt man die Elterntiere, damit sich die F_1-Generation nicht mit der P-Generation vermischt. Ab dem 10. Tag schlüpft die F_1-Generation. Es genügt, wenn man sie mit dem bloßen Auge auf ihre phänotypische Gleichförmigkeit prüft. Es werden jeweils 20–30 Tiere in neue Kreuzungsgläser übergesetzt. Etwa 6 Tage später sind die Puppen der F_2-Generation zu erwarten. Man entfernt die Imagines der F_1-Generation und hat frühestens 20 Tage nach Versuchsbeginn die ersten Fliegen der F_2-Generation, die für die Auswertung besonders wichtig sind. Auf den Kreuzungsgläsern wird vermerkt, wann die ersten Tiere der F_2-Generation geschlüpft sind. Alle Tiere, die innerhalb von 8 Tagen ausschlüpfen, werden abgefangen, getötet und unmittelbar danach auf ihren Phänotyp untersucht. Da sich die Mutanten häufig langsamer als der Wildtyp entwickeln, müssen alle Individuen, die innerhalb von 8 Tagen ausschlüpfen, berücksichtigt werden. Tiere, die nach dem 9. Tag geschlüpft sind, dürfen nicht mehr verwendet werden, da die Gefahr besteht, daß bereits Fliegen der F_3-Generation geschlüpft sind (vgl. Zeitplan, Versuch IV, 13).

d) Auswertung

Die Auswertung wird wesentlich erleichtert, wenn man sich für jede Kreuzung eine Protokollkarte anfertigt (Tab. IV, 11).
Die F_1-Generation wird nicht ausgezählt, sondern nur auf den Phänotyp überprüft. Da das Merkmal ebony leicht mit dem bloßen Auge erkannt wird, genügt eine Sichtkontrolle, ohne die Tiere zu narkotisieren. In einer Stichprobe wird

Tabelle IV, 11

Protokollkarte

Name: ....

Kreuzung: Datum:
P×P   e/e × e^+/e^+ ....
$F_1 \times F_1$ e/e^+ × e/e^+ ....

Auswertung:

Generation	Datum	Gesamtzahl	Phänotyp wild	Phänotyp ebony
F_1		–	+	–
F_2 Glas 1		162	136	26
F_2 Glas 2		188	124	64
F_2 Glas 3		126	108	18
F_2 Gesamt		476	368	108
F_2 in %		100	77,3	22,7
Erwartung in %			75	25
Abweichung			+2,3	–2,3

Mittlerer Fehler: m = 1,9
Dreifacher mittlerer Fehler: 3m = 5,7
Abweichung 2,3 < 3m

Ergebnis statistisch gesichert: ja ⊗
                                            nein ○

untersucht, in welchem Verhältnis Männchen und Weibchen vorkommen.

In der F_2-Generation treten Fliegen des Wildtyps und solche mit dem Merkmal der Mutanten auf. Da ebony rezessiv gegenüber dem Wildallel ist, ist nach dem Kombinationsquadrat der Gameten folgendes Verhältnis der Phänotypen zu erwarten:

Wildtyp : ebony = 3 : 1

Wir bestimmen den Prozentsatz des Wildtyps und der Mutanten, in dem wir die Einzelergebnisse einer Kreuzung zusammenfassen. In unserem Beispiel (Tab. IV, 11) hatten wir unter insgesamt 476 ausgezählten Tieren der F_2-Generation 368 des Wildtyps (77,3%) gegen 108 (22,7%) ebony. Erwartet wurden 75 bzw. 25%. Die Abweichung von der Erwartung beträgt ± 2,3%.

Um zu entscheiden, ob unser Ergebnis statistisch gesichert ist, bestimmen wir den mittleren Fehler:

$$m = \pm \sqrt{\frac{p(100-p)}{n}}$$

m: mittlerer Fehler
p: Prozentsatz einer Merkmalgruppe
n: Gesamtzahl der untersuchten Individuen

Für die Mutante (E) gilt:

$$p = \frac{100 \cdot 108}{476} \% = 22,7\%$$

$$n = 476$$

$$m = \pm \sqrt{\frac{22,7(100-22,7)}{476}} = 1,9\%$$

Da die Abweichung von der Erwartung (2,3%) geringer ist als der dreifache mittlere Fehler (5,7), kann man das Ergebnis als statistisch gesichert ansehen.

Am Schluß der Auswertung überprüfen wir, ob sich bei der reziproken Kreuzung Unterschiede im Erbgang finden.

e) Ergebnis

Die Tiere der F_1-Generation sind phänotypisch alle gleich und entsprechen dem Wildtyp. Dies ist nach der ersten Mendelschen Regel zu erwarten, wenn die Eltern reinerbig waren und das Wildallel dominant über das mutierte Allel ist. Um zu überprüfen, ob es sich bei der F_1-Generation um Bastarde handelt, auf die durch die männlichen und weiblichen Gameten je ein gleichwertiger Mendelscher Erbfaktor übertragen wurde, muß eine Testkreuzung (Rückkreuzung) mit einem rezessiven Elter durchgeführt werden (Versuch IV, 15).

Da die reziproken Kreuzungen das selbe Ergebnis liefern, ist der Nachweis erbracht, daß die Erbfaktoren geschlechtsunabhängig sind. Männliche und weibliche Gameten sind in bezug auf das untersuchte Merkmal gleichwertig.

Die Aufspaltung in der F_2-Generation bestätigt die zweite Mendelsche Regel (Spaltungsregel), nach der die Individuen der F_2-Generation phänotypisch unterschiedlich sind. Der Phänotyp der Elterntiere tritt stets in einem bestimmten Zahlenverhältnis auf. Bei einem dominant-rezessiven Erbgang mit nur einem Merkmal ist ein Verhältnis von dominant:rezessiv wie 3:1 zu erwarten. Dies läßt sich damit erklären, daß jeder Gamet eines Elters nur 1 Allel für eine Merkmalsausprägung mitbrachte. Die Gameten sind also in bezug auf diese Merkmalsausprägung «rein» («Gesetz der Reinheit der Gameten»).

Die dritte Mendelsche Regel von der Neukombination der Gene kann von einem monohybriden Erbgang nicht abgeleitet werden.

15 Testkreuzung (Rückkreuzung)

Bei einem dominant-rezessiven Erbgang kann man in der F_1- und F_2-Generation phänotypisch gleiche aber genetisch verschiedene Individuen nicht unterscheiden. Dies gelingt nur, wenn man die zu überprüfenden Individuen mit einem homozygoten, rezessiven Elterntyp kreuzt.

Material und Geräte

Drosophila, F_1- oder F_2-Generation eines dominant-rezessiven Erbgangs, z. B. ebony oder vestigial und dem entsprechenden homozygoten, rezessiven Stamm. sonst wie bei Versuch IV, 14.

a) Durchführung

Wir kreuzen die F_1- (F_2-)Generation mit dem rezessiven, homozygoten Elterntyp, z. B.:

$e/e^+ \times e/e$ und $e/e \times e/e^+$

Die daraus resultierende Generation wird auf den Phänotyp untersucht. Bei einem Erbgang mit nur 1 Merkmal reicht es aus, wenn man 2 Kreuzungsgläser ansetzt.

b) Auswertung

Die Protokollkarte (Tabelle IV, 11) vereinfacht sich dadurch, daß wir an Stelle der F_1- und F_2-Generation nur die Rückkreuzungsgeneration R zu prüfen haben. Die Anzahl der Individuen, die dem Wildtyp bzw. dem rezessiven Mutantentyp entsprechen, wird bestimmt und das Verhältnis Wildtyp : Mutantentyp errechnet, der mittlere Fehler ermittelt und die statistische Zuverlässigkeit geprüft.

c) Ergebnis

Testet man die F_1-Generation, dann spaltet sie bei der Rückkreuzung im Verhältnis 1:1 auf, was nach dem Kombinationsquadrat der Gameten zu erwarten ist. Durch die Paarung mit dem rezessiven Elternstamm wird der Gametentyp der untersuchten Population sichtbar. Über diesen Umweg läßt sich auch bei Diplonten der Genotyp bestimmen. (Bei haploiden Organismen tritt der Genotyp zwangsläufig in Erscheinung).

d) Aufgabe

Welches Zahlenverhältnis ist bei der Testkreuzung mit der F_2-Generation zu erwarten? Ist es sinnvoll, die phänotypisch dunkel gefärbten Individuen der F_2-Generation in den Test miteinzubeziehen?

16 Geschlechtschromosomen-gebundene Vererbung

Untersucht man den Erbgang von Merkmalen, die auf dem Geschlechtschromosom (X–Chromosom) von Drosophila liegen, dann ergibt sich eine Abweichung von den Mendelschen Regeln, die sich jedoch erklären läßt, wenn man berücksichtigt, daß das Y-Chromosom nahezu genleer ist.

Material und Geräte

Drosophila, wild und white, sonst wie bei Versuch IV, 14.

a) Durchführung (Abb. IV, 23, 24)

Zur Klärung der geschlechtschromosomen-gebundenen Vererbung müssen unbedingt die reziproken Kreuzungen durchgeführt werden:

Kreuzung A	Kreuzung B
$\dfrac{w^+}{w^+} \times \dfrac{w}{\leftrightarrows}$	$\dfrac{w}{w} \times \dfrac{w^+}{\leftrightarrows}$

Um zuverlässige Ergebnisse zu erhalten, setzen wir von der Kreuzung A mindestens zwei, von der Kreuzung B vier Kreuzungsgläser an.

b) Auswertung

Bei der Auswertung muß der Zusammenhang zwischen Phänotyp und Geschlecht in der F_1- und F_2-Generation berücksichtigt werden. Wir ergänzen die Protokollkarte nach folgendem Muster:

Tabelle IV, 12

	Phänotyp			
	rotäugig ♀	rotäugig ♂	weißäugig ♀	weißäugig ♂
F_1				
F_2				

Sobald die Puppen der F_2-Generation erscheinen (ca. 18 Tage nach der Kreuzung), fängt man die Elterntiere (F_1-Generation) ab. Sie werden getötet, nach Männchen und Weibchen sortiert und der Phänotyp bestimmt. Die Ergebnisse trägt man in die Protokollkarten ein. Das Verhältnis von weißäugig : rotäugig innerhalb der gesamten Population wird errechnet. Darüber hinaus wird das Verhältnis von weißäugig weibl. : weißäugig männl. : rotäugig weibl. : rotäugig männl. bei den reziproken Kreuzungen A und B bestimmt. Mit der F_2-Generation verfährt man ebenso.

c) Ergebnis

$$\text{Kreuzung A:} \quad \frac{w^+}{w^+} \times \frac{w}{\male}$$

Das Ergebnis entspricht weitgehend der Kreuzung $e^+/e \times e/e$ von Versuch IV, 14. Die F_1-Generation ist durchgehend rotäugig (Wildtyp), wie wir es nach der Uniformitätsregel erwarten. Sie spaltet in der F_2-Generation im Verhältnis 3:1 auf. Dabei fällt aber auf, daß alle weißäugigen Tiere Männchen sind. Die Erklärung für diesen merkwürdigen Sachverhalt ergibt sich unmittelbar aus dem Schema der Abb. IV, 23.

$$\text{Kreuzung B:} \quad \frac{w}{w} \times \frac{w^+}{\male}$$

Auf den ersten Blick fällt auf, daß die erste Mendelsche Regel durchbrochen ist, denn in der F_1-Generation finden wir 50% weißäugige und 50% rotäugige Individuen. Bei genauerem Hinsehen zeigt sich, daß alle Weibchen rotäugig und alle Männchen weißäugig sind.
In der F_2-Generation haben wir eine Aufspaltung von rotäugig : weißäugig wie 1:1. Dabei ist die Rot- und Weißäugigkeit unter den Männchen und Weibchen gleichmäßig verteilt. Die Erklärung für diese Erscheinung ergibt sich wiederum aus dem Schema der Abb. IV, 24.
Zusammenfassend kann man sagen: Führt eine reziproke Kreuzung zu unterschiedlichen Ergebnissen in der F_1- und F_2-Generation, dann liegt ein geschlechtsgebundener Erbgang vor, der sich dadurch erklären läßt, daß die Mehrzahl der Gene des X-Chromosoms kein Äquivalent auf dem Y-Chromosom hat. Dennoch ist das Y-Chromosom nicht völlig genleer.

d) Aufgabe

Für die reziproke Kreuzung wird jeweils ein Kombinationsquadrat der Gameten erstellt und die theoretisch zu erwartende geschlechtsgebundene Merkmalsverteilung abgeleitet.

17 Unabhängige Zweifaktorenkreuzung

Die dritte Mendelsche Regel, die freie Kombinierbarkeit der Gene, kann nur an einem di- oder polyhybriden Erbgang abgeleitet werden. Die grundsätzlichen Einsichten können an einem dihybriden Erbgang gewonnen werden. Die Auswertung von polyhybriden Erbgängen ist aufwendig und zeitraubend.

Material und Geräte

Drosophila, Wildstamm und eine Doppelmutante, deren Gene auf verschiedenen Autosomen liegen, z. B. ebony vestigial, sonst wie bei Versuch IV, 14

a) Durchführung

Die reziproken Kreuzungen der Doppelmutante werden angesetzt. Es empfiehlt sich, von jeder Kreuzung zwei Ansätze zu machen.

b) Auswertung

Bei einem dihybriden, dominant-rezessiven Erbgang sind 4 verschiedene Phänotypen zu erwarten (wild, e, vg, und e·vg), (Abb. IV, 25).

Geschlechtsgebundene Vererbung

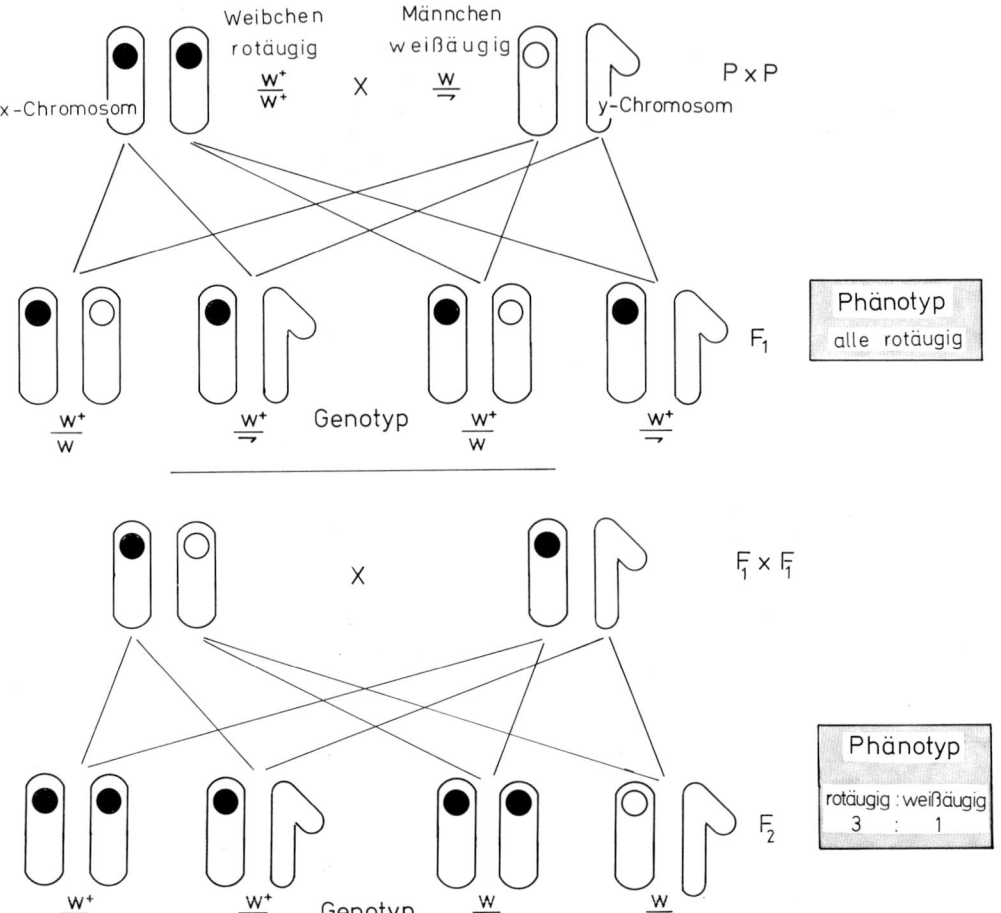

Abb. IV, 23: Schema der Geschlechtschromosomen-gebundenen Vererbung der weißen Augenfarbe bei Drosophila.

Die Uniformität der F_1-Generation wird durch eine Sichtkontrolle überprüft.
Die Anzahl der vier Phänotypen wird bestimmt und die Werte werden in die Protokollkarte eingetragen. (Tabelle IV, 13).
Chi²-Test. Voraussetzungen für eine Aufspaltung entsprechend der 3. Mendelschen Regel sind:
1. Bei der Bildung der Gameten ist keine Gametensorte bevorzugt oder benachteiligt. Die Bedingungen sind für alle möglichen Gametsorten gleich.

2. Die Chance, zu einer Befruchtung zu gelangen ist für alle Gameten-Typen gleich groß.
3. Die Entwicklung aller Genotypen verläuft gleichartig. Die Mutanten dürfen z. B. keine längeren Entwicklungszeiten oder höheren Sterberaten als die Wildtypen haben.
Die gefundenen Phänotypen-Verhältnisse der F_2-Generation weichen mehr oder weniger stark von den erwarteten Werten ab. Wir müssen nun herausbekommen, ob diese Abweichungen noch innerhalb der zufälligen Variabilität liegen (ob es sich um Stichprobenfehler handelt), oder ob sie

Geschlechtsgebundene Vererbung
Reziproke Kreuzung

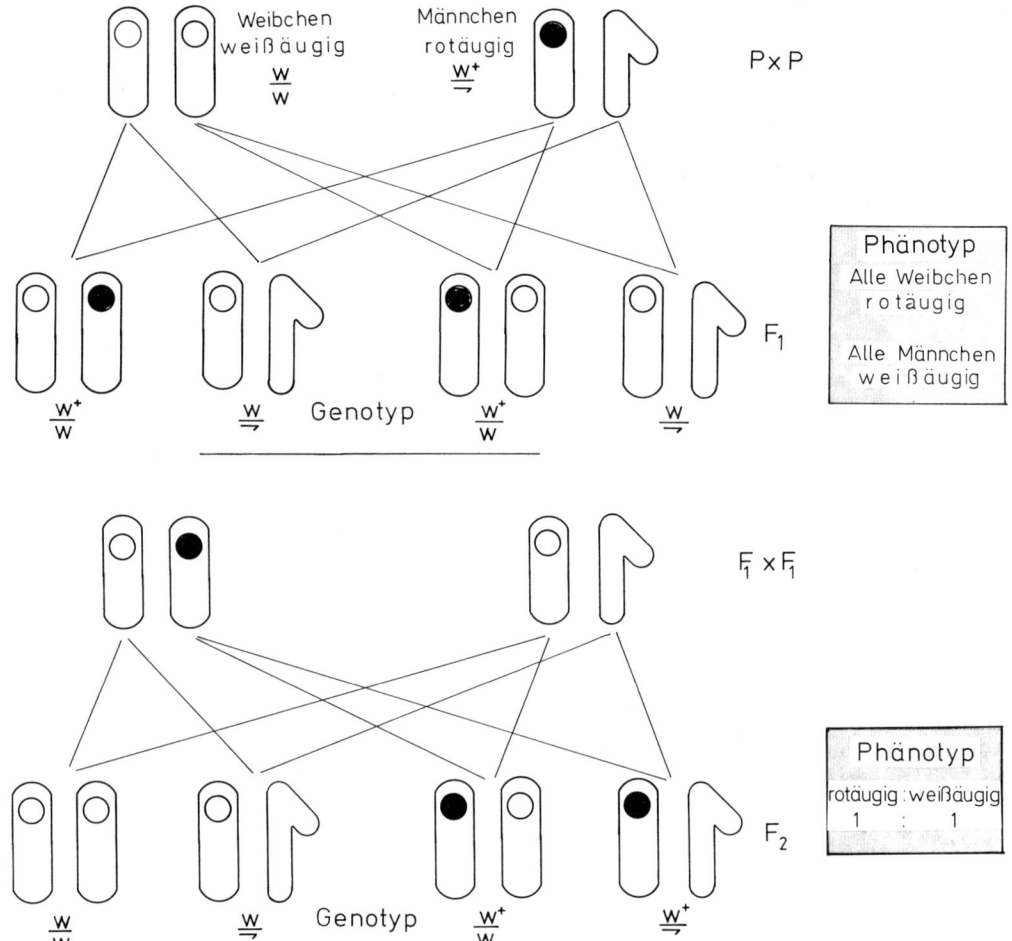

Abb. IV, 24: Reziproke Vererbung der weißen Augenfarbe bei Drosophila.

«signifikant» sind, das heißt ob sie auf falschen Annahmen oder falscher Versuchsdurchführung beruhen.

Mit Hilfe des Mittleren Fehlers läßt sich prüfen, ob die Abweichung von einer erwarteten Prozenthäufigkeit zufällig ist (vgl. D 14). Sollen wie in unserem Beispiel – gleich mehrere Prozenthäufigkeiten geprüft werden, so verwendet man den Chi²-Test. Die Berechnung von Chi² erfolgt nach der Formel:

$$\chi^2 = \frac{\text{Summe der Abweichungsquadrate}}{\text{Mittelwert}}$$

$$= \frac{(B_1-E_1)^2}{E_1} + \frac{(B_2-E_2)^2}{E_2} + \frac{(B_3-E_3)^2}{E_3} + \ldots\ldots$$

dabei sind

$B_1, B_2, \ldots$ gefundene Werte der Spaltzahlen

$E_1, E_2, \ldots$ die für jede Spaltzahl erwarteten Werte bei der Gesamtzahl der untersuchten Individuen.

Kombinationsquadrat der Gameten

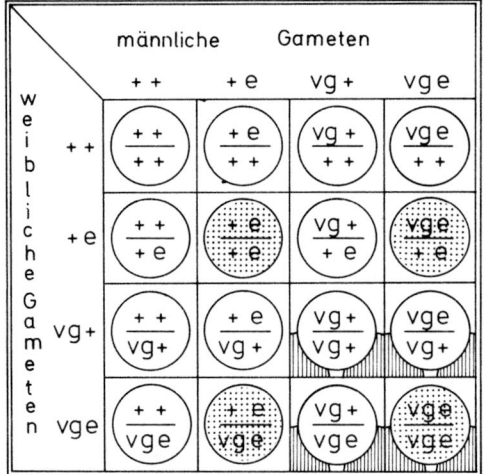

Abb. IV, 25: Kombinationsquadrat eines dihybriden Erbgangs bei Drosophila. Das Verhältnis der zu erwartenden Phänotypen ist unten angegeben.

Aus der Definition folgt:

$$B_1 + B_2 + B_3 = E_1 + E_2 + E_3 = n$$

dabei ist

n Gesamtzahl der untersuchten Individuen

Die Werte für Chi^2 werden im Durchschnitt umso größer, je mehr die gefundenen Spaltzahlen der F_2-Generation von den erwarteten Werten abweichen. Stimmen gefundene und erwartete Werte überein, (B = E) so wird $\chi^2 = 0$. Aus Tabellen läßt sich ablesen, mit welcher Wahrscheinlichkeit – Übereinstimmung von gefundenen und erwarteten Werten vorausgesetzt – ein bestimmter Chi^2-Wert auftritt. Liegt die Wahrscheinlichkeit zwischen 1 und 0,1%, so ist die Übereinstimmung fraglich, liegt die Wahrscheinlichkeit unter 0,1%, so gilt der Unterschied als «signifikant». Eine Übereinstimmung von gefundenen Zahlen und erwarteten Werten kann nicht mehr angenommen werden. In diesem Falle gilt es dann zu ermitteln, welche besonderen Bedingungen oder Versuchsfehler die Abweichungen hervorgerufen haben. (Tab. IV, 15).

Die Durchführung des Chi^2-Tests soll an einem Beispiel erläutert werden: Wir verwenden dabei die in Tab. IV, 13 zusammengestellten Werte eines Kreuzungsexperiments. Um dem gefundenen Chi^2-Wert die richtige Wahrscheinlichkeit zuordnen zu können, müssen wir noch die Anzahl der Freiheitsgrade des Systems kennen. In unserem Falle läßt sie sich direkt aus der Anzahl der zu untersuchenden Phänotypen ableiten.

Tabelle IV, 13

Zweifaktorenkreuzung: $\dfrac{vg\ e}{vg\ e} \times \dfrac{vg^+e^+}{vg^+e^+}$

	Gesamt-zahl	Phänotypen der F_2-Generation			
		Elterntypen		Rekombinanten	
		e^+vg^+	e vg	e^+vg	e vg^+
Glas 1	365	201	23	72	69
Glas 2	127	69	11	21	26
Glas 3	130	73	5	38	14
Gesamt	622	343	39	131	109
Erwartet		350	38,9	116,6	116,6

Erwartetes Verhältnis:
   $e^+vg^+ : e^+vg : e\ vg^+ : e\ vg = 9 : 3 : 3 : 1$

Gefundenes Verhältnis:
   $e^+vg^+ : e^+vg : e\ vg^+ : e\ vg = 8,9 : 3,4 : 2,8 : 1$

Tabelle IV, 14

Phäno-typen	B	E	B−E	(B−E)²	$\frac{(B-E)^2}{E}$
e^+vg^+	347	350	−7,0	49	0,14
$e\ vg$	39	38,9	0,1	0,01	0,00
e^+vg	131	116,6	14,4	207,3	1,78
$e\ vg^+$	109	116,6	−7,6	57,8	0,50

$$\chi^2 = \frac{\text{Summe der Abweichungsquadrate}}{\text{Mittelwert}} = 2,42$$

Können 4 verschiedene Phänotypen auftreten, so ergibt sich die Zahl der Freiheitsgrade als $4-1=3$.

Wir schauen also in Tabelle IV, 15 nach, welcher Irrtumswahrscheinlichkeit $\chi^2 = 2,42$ zuzuordnen ist. Der nächstliegende Wert ist bei 2,37 mit einer Irrtumswahrscheinlichkeit von 50%. Dieser Wert liegt voll im abgesicherten Bereich. Das heißt, daß die Abweichungen der Spaltzahlen von den erwarteten Werten zufallsbedingt sind. Unsere Ergebnisse sind statistisch gesichert.

c) Ergebnis

Bei der dihybriden Kreuzung traten in der F_2-Generation neben den beiden Elterntypen zwei weitere Rekombinanten auf. Die statistische Auswertung ergab, daß die Verteilung der Gene rein zufällig erfolgte. Dies entspricht der dritten Mendelschen Regel von der Neukombination der Gene verschiedener Genpaare. Das heißt aber auch, daß die Erbveranlagung eines Individuums nicht ein unteilbares Ganzes ist, sondern aus einzelnen Erbfaktoren zusammengesetzt ist. Die Verteilung der Genotypen ist aus dem Kombinationsquadrat der Gameten zu erschließen (Abb. IV, 25).

18 Kopplungsgruppen

Liegen die Gene von zwei oder mehr zu untersuchenden Merkmalen auf ein- und demselben Chromosom, dann ist die freie Kombinierbarkeit der Gene eingeschränkt. Diese Gene werden bevorzugt gruppenweise vererbt, die Gene sind zu

Tabelle IV, 15

Zahl der Freiheits-grade	Chi² – Signifikanzschwellen (n. E. Weber)								
	Irrtumswahrscheinlichkeit[1]								
	95%	80%	70%	50%	30%	20%	5%	1%	0,1%
1	0,004	0,06	0,15	0,46	1,07	1,64	3,84	6,62	10,8
2	0,10	0,45	0,71	1,39	2,14	3,22	5,99	9,21	13,8
3	0,35	1,01	1,42	2,37	3,67	4,64	7,82	11,35	16,3
4	0,71	1,65	2,20	3,36	4,88	5,99	9,49	13,28	18,5
5	1,15	2,34	3,00	4,35	6,06	7,29	11,07	15,09	20,5

abgesicherter Bereich

Warngrenze

Widerspruchs-grenze

---

[1] Es besteht zwischen empirischer und theoretischer Verteilung kein Unterschied, wenn die zu dem berechneten χ^2 gehörende Wahrscheinlichkeit die vorher festgelegte «Irrtumswahrscheinlichkeit» (z. B. 5% od. 1%) nicht unterschreitet.

Kopplungsgruppen verbunden. Es gibt so viele Kopplungsgruppen, wie es Chromosomen im haploiden Satz gibt. Bei Drosophila sind es vier. Allerdings ist die Kopplung nicht starr. Bei der Keimzellenbildung kann durch «Crossing-over» ein Genaustausch zwischen den homologen Chromosomen stattfinden.

Wir beschränken uns hier darauf, in einem dihybriden Erbgang eine Kopplung zweier Gene nachzuweisen. Wir verzichten aber auf die Durchführung einer Kreuzung mit 3 oder 4 Merkmalen und deren quantitativer Auswertung, die eine Aussage über die Lage der Gene auf dem Chromosom ermöglichen würde (Chromosomenkarte). Bei einer 3-Faktorenkreuzung müssen neben den beiden Elterntypen 6 Austauschklassen berücksichtigt werden, was in einem Praktikum kaum möglich ist.

Die Materialbeschaffung ist schwierig, da über den Lehrmittelhandel meist keine geeigneten Mutanten zu erhalten sind.

Material und Geräte

Drosophila, Wildtyp und Doppelmutante, deren Gene auf einem Chromosom, wenn möglich auf dem X-Chromosom liegen, z. B. cv f (oder die Vierfachmutante y cv v f)
sonst wie bei Versuch IV, 14

a) Durchführung

Liegen die zu untersuchenden Gene auf einem Autosom, dann wird die Rückkreuzung ausgewertet. Bei einem geschlechtsgebundenen Erbgang kreuzt man die homozygoten, rezessiven Weibchen mit Männchen des Wildtyps:

$$\text{z. B.:} \quad \frac{y\ cv}{y\ cv} \times \frac{y^+ cv}{\rightarrow}$$

In der F$_2$-Generation zeigt sich, ob ein Genaustausch bei der Gametenbildung der Weibchen der F$_1$-Generation stattgefunden hat. Die reziproke Kreuzung führt zu keinem verwertbaren Ergebnis.

b) Auswertung

Es soll hier beispielhaft die Auswertung eines dihybriden, geschlechtsgebundenen Erbgangs gegeben werden. Die Auswertung einer Rückkreuzung eines gekoppelten, autosomalen Erbgangs geschieht in der gleichen Weise.

In der F$_2$-Generation wurden folgende Phänotypen gefunden, die dem Gametentyp der Weibchen aus der F$_1$-Generation entsprechen: (Tabelle IV, 16)

c) Ergebnis

Bei einer freien Kombination der Gene wären 50% Elterntypen und 50% Rekombinanten zu erwarten (vgl. Versuch IV, 15). Da aber die Rekombinanten wesentlich seltener sind als die Elterntypen, muß man darauf schließen, daß die beiden Genpaare auf demselben Chromosom liegen und gekoppelt sind. Dies wird in diesem Fall dadurch bestätigt, daß es sich um einen geschlechtsgebundenen Erbgang handelt.

d) Aufgabe

Prüfen Sie nach, ob die in dem obigen Beispiel genannten Werte statistisch abgesichert sind.
Betrachtet man die beiden Merkmale y und cv getrennt, dann ist folgende Aufspaltung zu erwarten:

$$y : y^+ = 1 : 1 \text{ und } cv : cv^+ = 1 : 1$$

Prüfen Sie nach, ob dies für das angegebene Beispiel zutrifft. Liegt die Abweichung vom erwarteten Wert noch in vertretbaren Grenzen?

19 Aufstellen einer Chromosomenkarte

Je größer der Abstand zwischen zwei Genen auf einem Chromosom ist, um so wahrscheinlicher ist ein Genaustausch zwischen den beiden Genen

Tabelle IV, 16

		Anzahl	Summe	%	erwartet nach Literatur
Elterntypen:	1. y cv 2. y$^+$cv$^+$	49 61	110	86,6%	80,7
Rekombinanten:	3. y$^+$cv 4. y cv$^+$	8 9	17	13,4%	19,3

durch ein Cross-over. Die Lage der Gene auf dem Chromosom läßt sich aus Drei- und Vierfaktorenkreuzungen erschließen.

Material und Geräte

Drosophila, Wildtyp.
Dreifachmutante, z. B. yellow (y), crossed veinless (cv), forked (f)
8 Petrischalen pro Gruppe
sonst wie bei Versuch IV, 14

a) Durchführung

Da es sich hier um einen geschlechtsgebundenen Erbgang handelt, müssen die Weibchen der P-Generation die Mutanten sein (Bei reziproker Kreuzung nur Männchen der F_2 auszählen!):

$$\frac{y\ cv\ f}{y\ cv\ f} \times \frac{y^+\ cv^+\ f^+}{\rightarrow}$$

Für die Auswertung der F_2-Generation sollten 6–10 Kreuzungsgläser zur Verfügung stehen.

b) Auswertung

Die Auswertung verlangt Sorgfalt und Geduld, denn wir müssen außer den beiden Elterntypen noch sechs Rekombinanten unterscheiden. Um Verwechslungen auszuschließen, bereiten wir acht Petrischalen vor und legen in jede Schale ein Stück Papier, auf das wir schematisch den gesuchten Phänotyp aufzeichnen (Abb. IV, 26). Zusätzlich geben wir den Phänotyp in genetischer Schreibweise an. Da die Reihenfolge der Gene für uns noch nicht festliegen soll, ordnen wir die Gene beliebig an und schreiben z. B. y^+ cv^+ f^+.

Die abgetöteten Fliegen der F_2-Generation werden auf ihren Phänotyp untersucht und entsprechend ihrer Zugehörigkeit auf die einzelnen Petrischalen verteilt. Zum Schluß bestimmen wir die Anzahl der Fliegen eines jeden Phänotyps. Wir ordnen die Phänotypen entsprechend Tabelle IV, 17 an und fassen in vier Gruppen zusammen: Eine Elterngruppe und drei Rekombinantengruppen. Für die beiden Phänotypen

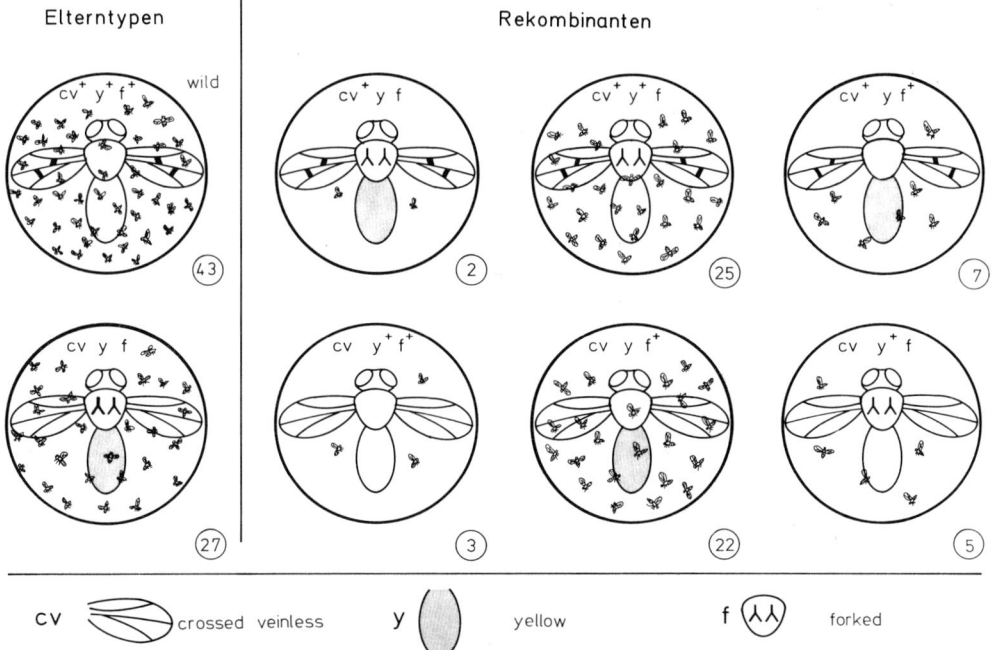

Abb. IV, 26: Schema zur Auswertung einer Dreifaktorenkreuzung. Auf ein Stück Papier werden die zu erwartenden Phänotypen gezeichnet und jeweils in eine Petrischale gelegt. Die Fliegen sortiert man entsprechend aus. Die in den Kreisen stehenden Zahlen repräsentieren Werte, die bei einem Praktikumsversuch gewonnen wurden.

einer jeden Gruppe (z. B. die beiden Eltern), sind gleich große Anzahlen zu erwarten, da die Wahrscheinlichkeit eines Genaustauschs für jeden Typ bei der Gametenbildung der Weibchen in der F_1-Generation gleich groß ist. Differierende Werte sind zufallsbedingt. Zum Schluß wird der prozentuale Anteil einer jeden Gruppe errechnet.

Auf den ersten Blick geht hervor, daß es sich bei dem vorliegenden Erbgang um eine Genkopplung handelt, denn bei einer freien Kombination der Gene müßten wir jeden Phänotyp in gleicher Häufigkeit antreffen.

Für die weitere Auswertung spielt die Elterngruppe keine Rolle, da bei ihr kein Genaustausch stattgefunden hat. Es wird nun die prozentuale Häufigkeit eines Austausches zwischen je zwei Genen (cv/y, cv/f und y/f) errechnet. Aus Tabelle IV, 17 geht her or, daß z. B. zwischen cv und y bei den Phänotypen Nr. 3, 4, 7 und 8 Genaustausch stattgefunden hat. Die prozentuale Austauschhäufigkeit ergibt sich durch Addition der Prozentzahlen. Für cv/ y erhalten wir den Wert (3,7% + 9,0%) von 12,7%. Die Werte für die Austauschhäufigkeit von cv/f und f/y werden analog errechnet.

Eine Austauschhäufigkeit von 1% nennt man eine Morgan-Einheit (1 Mo). Mit Hilfe der Austauschhäufigkeiten läßt sich graphisch die Lage der Gene auf dem Chromosom feststellen (Abb. IV, 27).

Wir wählen folgenden Maßstab: 10 Mo $\triangleq$ 1 cm. Dann greifen wir eines der Gene heraus, z. B. das Gen cv und setzen seine Lage auf einer Geraden willkürlich fest. Da wir nicht wissen, ob der Punkt für y links oder rechts von cv liegt, tragen wir die Strecke $\overline{cvy}$ = 12,7 Mo = 1,27 cm nach beiden Seiten ab und erhalten die Punkte für y und y'.

Als Zweites tragen wir die Strecke $\overline{cvf}$ = 38,8 Mo = 3,9 cm auf der Geraden in beliebiger Richtung ab und erhalten den Punkt für f.

Als Drittes tragen wir die Strecke $\overline{fy}$ von dem Punkt von f aus ab und erhalten y''. Im Idealfall deckt sich dann y'' mit y oder y', da die Summe der Austauschhäufigkeiten von cv/y und cv/f (12,7 Mo + 38,8 Mo = 51,5 Mo) gleich der Austauschhäufigkeit von y/f sein müßte. Da die statistisch ermittelten Werte stets um einen gewissen Betrag von dem genauen Wert abweichen, wird sich eine Differenz ergeben. Liegen die einzelnen Gene sehr weit voneinander entfernt, wie in unserem Beispiel, dann führen Doppel-Crossover zwischen dem 1. und 2. Gen

Tabelle IV, 17

Genotyp der Mutter $\dfrac{cv\ \ y\ \ f}{cv^+\ y^+\ f^+}$ (Reihenfolge der Gene willkürlich)

Nr.	Phänotyp	Anzahl	Summe	%	Gruppe	
1	$cv^+\ y^+\ f^+$	43 }	70	52,2	ohne Austausch	Eltern-typen
2	cv y f	27 }				
3	$cv^+\ y\ \ f$	2 }	5	3,7	(doppelter Austausch)	Rekom-binan-ten
4	cv $y^+\ f^+$	3 }				
5	$cv^+\ y^+\ f$	25 }	47	35,1	(einfacher Austausch)	
6	cv y f^+	22 }				
7	$cv^+\ y\ \ f^+$	7 }	12	9,0	(einfacher Austausch)	
8	cv $y^+\ f$	5 }				
	Summe	134	134	100,0		

Austausch zwischen den Genen (Tabellen-Nr.)		Austauschhäufigkeit in %		
		im Versuch ermittelt		Literaturwert
cv y	(3/4+7/8)	12,7	} f/y durch	13,7
cv f	(3/4+5/6)	38,8	} Addition 51,5	43,0
f y	(5/6+7/8)	43,9		56,7

(y und cv; cv und f) zu Werten, die zu niedrig sind, da sich ein Doppel-Crossover zwischen zwei Genen nicht erfassen läßt.
Trotz dieser Ungenauigkeiten läßt sich die Reihenfolge der Gene eindeutig bestimmen. Da die Strecke $\overline{cvf}$ kleiner als die Strecke $\overline{yf}$ ist, ergibt sich die Reihenfolge y cv f. (Wäre $\overline{cvf} > \overline{yf}$, dann hätte sich die Reihenfolge cv y f ergeben und y' wäre der gesuchte Punkt gewesen).

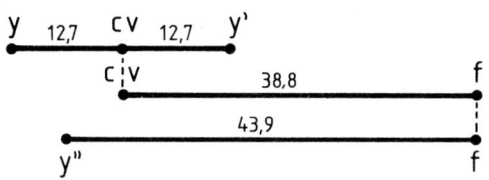

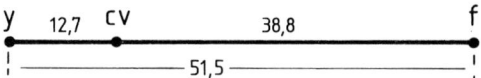

Abb. IV, 27: Schema zur Aufstellung einer Chromosomenkarte nach einer Dreifaktorenkreuzung bei Drosophila.

c) Ergebnis

Nachdem die Lage der Gene auf dem Chromsom bestimmt ist, können wir erschließen, daß bei den Gruppen der Phänotypen 5/6 und 7/8 (Tab. IV, 17) ein einfacher und bei den Phänotypen 3/4 ein doppelter Genaustausch stattfand. Dies war auch nach der geringen Häufigkeit der Austauschgruppe 3/4 zu erwarten, da ein Doppel-Crossover seltener ist als ein Einfach-Crossover.

d) Aufgabe

Wir nehmen an, die Gene a^+/a, f^+/f und u^+/u lägen auf dem X-Chromosom von Drosophila. Stellen Sie eine Genkarte für die genannten Merkmale auf, wenn sich bei einer Dreifaktorenkreuzung entsprechend Versuch 19a in der F_2-Generation die in Tabelle IV, 18 zusammengestellten Werte ergeben hätten.

Elterntypen	Anzahl	Rekombinanten	Anzahl
1. a^+ f^+ u^+	325	3. a^+ f^+ u	50
2. a f u	320	4. a f u^+	52
		5. a f^+ u^+	17
		6. a^+ f u	19
		7. a^+ f u^+	112
		8. a f^+ u	103

DRITTE VERSUCHSGRUPPE

Populationsgenetik

20 Hardy-Weinberg-Verteilung eines rezessiven Merkmals innerhalb einer menschlichen Population

Rezessive Erbkrankheiten des Menschen können in einem Praktikum nicht erfaßt werden, da sie einerseits zu selten sind und andererseits die Betroffenen entweder so sehr geschädigt sind, daß sie von vornherein an einem Praktikum gar nicht teilnehmen können oder aber von ihrem Leiden nicht reden wollen (z. B. Phenylketonurie). Es gibt aber eine Reihe von Merkmalen, die häufig in menschlichen Populationen vorkommen, für uns völlig bedeutungslos sind und deshalb nicht der Selektion unterstehen und streng nach der Hardy-Weinberg-Regel von Population zu Population weitergegeben werden. Es bieten sich folgende Merkmalspaare mehr oder weniger zur Untersuchung an: Die Fähigkeit/Unfähigkeit Phenylthioharnstoff zu schmecken (PTC-Test); die Fähigkeit/Unfähigkeit Asparaginsäure abzubauen und die Fähigkeit/Unfähigkeit die Zunge zu rollen.
Da Phenylthioharnstoff giftig ist (bei Ratten $LD_{50} = 3$ mg/kg; d. h.: die angegebene Substanzmenge führt bei der Hälfte der Versuchstiere zum Tode), wurde er in einigen Bundesländern für den Unterricht verboten und wird hier nicht angeführt, obwohl der PTC-Test sehr instruktiv ist. Der Test auf Asparaginsäureabbau setzt ein Spargelessen voraus. Bei etwa 25% der Bevölkerung tritt danach im Harn ein intensiver Geruch nach Methylmerkaptan auf. – Es bleibt noch der Zungenrolltest. Er läßt sich leicht durchführen, hat aber methodisch gesehen, den Nachteil, daß dieses Merkmal vermutlich von mehreren Genen geprägt wird. Wir gehen vereinfachend von der Annahme aus, die Fähigkeit/Unfähigkeit die Zunge rollen zu können, gehe von den Allelen R (Roller) und r (Nichtroller) aus.

Material und Geräte

Taschenrechner

a) Durchführung

Die Praktikanten werden aufgefordert, die Zunge herauszustrecken und nach oben einzurollen. Die Anzahl der Roller und Nichtroller wird bestimmt. Es ist zu erwarten, daß etwa ein Drittel die Zunge nicht rollen kann. Ein Versuch ergab in einer Gruppe z. B.: 46 Roller und 24 Nichtroller.

b) Auswertung

Nach der Hardy-Weinberg-Regel berechnen wir die Häufigkeit des Allels r für die Zungenroller in der untersuchten Population.

Literatur

Botsch, W.: Genetik. CVK Biologie-Kolleg. Berlin 1977.
Bresch, C., Hausmann, R.: Klassische und molekulare Genetik. Springer, Berlin, Heidelberg, New York. 3. Aufl. 1972.
Dawid, W.: Experimentelle Mikrobiologie. Quelle und Meyer, Heidelberg, 3. Aufl. 1975.
Daumer, K.: Genetik. Aulis, Köln 1977.
Demereck, M.: Biology of Drosophila. New York 1950.
Drews, G.: Mikrobiol. Prakt. für Naturwissenschaftler. Springer 3. Aufl. 1976.
Günther, E.: Grundriß d. Genetik. Fischer, Stuttgart 3. Aufl. 1978.
Hess, D.: Genetik. Herder, Freiburg, Basel, Wien 6. Aufl. 1977.
Kaudewitz, F.: Molekular- und Mikrobengenetik. Springer Berlin, Heidelberg, New York, 1973.
Klingmüller, W.: Genmanipulation und Gentherapie. Springer. Berlin, Heidelberg, New York 1976.
Knippers, R.: Molekulare Genetik. Thieme, Stuttgart 1971.
Kollmann, A.: Einführung in die Genetik. Grundlagen und einfache Experimente. Diesterweg, Salle, Sauerländer, Frankfurt, Berlin, München 1977.
Kühn, A.: Grundriß der Vererbungslehre. Quelle u. Meyer, Heidelberg 7. Aufl. 1979.
Kull, U., Knodel, H.: Genetik und Molekularbiologie. Metzler, Stuttgart 1975.
Lindsley, D. L. , Grell: Drosophila Handbook. Genetik Variations of Drosophila melanogaster. Washington, 2. Aufl. 1972.
Mainx, F.: Das kleine Drosophila-Praktikum, Springer, Wien 1949.
Näreke, R., Tepper, K.-P.: Einführung in die mikrobiologischen Arbeitsmethoden (mit Praktikumsaufgaben). G. Fischer, Stuttgart 1979.
Nigon, V., Sueken, W.: Vererbung. Fischer, Stuttgart 1976.
Prévost, G.: Genetik. Vieweg, Braunschweig 1974.
Schlösser, K.: Experimentelle Genetik. Quelle und Meyer, Heidelberg, 2. Aufl. 1976.
Stahl, F. W.: Mechanismen der Vererbung. G. Fischer, Stuttgart 1969.
Straub, M. Humangenetik. bsv München 1976.
Strickberger, W.: Experiments in genetics with Drosophila. Wiley, New York/London 3. Aufl. 1965.
Vogel, F.: Lehrbuch der allgemeinen Humangenetik. Springer, Berlin, Heidelberg, New York 1965.
Winkler, Rüger, Wackernagel; Bakterien, Phagen- und Molekulargenetik. Springer, Berlin 1972.
Watson, J. D.: Die Doppelhelix. rororo Taschenbuchausgabe Hamburg 1973.

Unterrichtsfilme

Institut für Film und Bild, München (Bildstellen)

Gregor Mendel und sein Werk	32 0678.0
Spaltungsregel und Rückkreuzung. 1969	36 0097.0
Unabhängigkeitsregel der Erbanlagen. 1969	36 0098.0
Uniformitätsregel. 1969	36 0096.0
Natürliche und künstliche Bestäubung der Erbsenblüte. 1969	36 0095.0

V Evolution

A Intention

«Es gibt kaum ein Gebiet der Biologie und wenige Fragen aus den Bereichen menschlichen Geisteslebens ohne Wechselwirkungen mit Evolutionsanschauungen» (W. Zimmermann, 1953).
Die Abstammungslehre Darwins hatte für die Begründung der modernen Biologie ähnliche Wirkungen, wie die Lehren Newtons für die Physik. Das menschliche Weltbild und Selbstverständnis wurde durch die Abstammungslehre ebenso stark verändert wie durch die Erkenntnisse von Kopernikus und Kepler.
Die sog. «Soziobiologie», die in jüngster Zeit für Schlagzeilen in der Weltpresse sorgt, die Theorie von den Lebewesen als «Überlebensmaschinen der Gene», ist das jüngste Kind der Evolutionstheorie. Hier wird versucht, konsequent auch das tierische (und menschliche) Verhalten evolutionistisch zu erklären.
Immer wieder wird von modernen Biologie-Didaktikern, in Präambeln zu Lehrplänen und Curricula usw. auf die Notwendigkeit eines «gesellschaftsbezogenen» Biologieunterrichts hingewiesen. Die Abstammungslehre muß ein Teil eines solchen Biologieunterrichts sein. Nicht nur, weil sie ein Eckpfeiler unseres derzeitigen wissenschaftlichen Weltbildes ist, sondern auch, weil die Erforschung der Ursachen der Evolution wichtige Entscheidungshilfen für die menschliche Zukunftsplanung liefern kann.
Dieser letzte Aspekt hat uns veranlaßt, dem «Ursachenproblem» einen relativ breiten Raum zuzumessen. Dagegen haben wir bewußt darauf verzichtet, die große Zahl der Indizien, die für die Richtigkeit der Evolutionstheorie als solcher sprechen, hier noch einmal auszubreiten. Die «Tatsache» der Evolution wird von wissenschaftlicher Seite heute nicht mehr bezweifelt.
Versuche und Arbeitsaufgaben zur Untersuchung der Evolutionsfaktoren sind, will man sie an realen Populationen durchführen, für Schul- und Hochschulpraktika nicht gut geeignet. Wir haben uns deshalb dazu entschlossen, einige Simulationsmodelle und -spiele zur Wirkungsweise der verschiedenen Evolutionsfaktoren vorzustellen.

B Lernziele

1. Die grundlegenden Fragestellungen der Evolutionstheorie sollen genannt und erläutert werden können (Tatsachenproblem, Stammbaumproblem, Faktorenproblem).
2. Der mögliche Ablauf der chemischen Evolution auf der Früherde soll beschrieben und einige Laborexperimente, die diese Hypothesen unterstützen, sollen erläutert werden können (Uratmosphäre, Energiequellen auf der Früherde, erste Hydrosphäre, abiogene Bildung organischer Stoffe, abiogene Bildung von Bio-Polymeren, Coazervate, Membranbläschen, Praebionten).
3. Eine Hypothese zur Entstehung erster Lebewesen soll formuliert werden können (Grundfunktionen des Lebendigen: Stoffwechsel, Wachstum, Vermehrung, Vererbung, Mutabilität; Wahrscheinlichkeit für Lebensentstehung auf der Erde, gemeinsame Abstammung der Lebewesen).
4. Die Höherentwicklung der ersten Lebewesen soll am Beispiel des Vermehrungsapparates und des Stoffwechsels aufgezeigt werden können.
5. Beispiele für älteste Fossilien sollen genannt werden können (Onverwacht – 3,2 Mrd. J., Fig-Tree – 3,2 Mrd. J., Soudan-Iron – 2,7 Mrd. J., Bulawayo – 2,7 Mrd. J., Gun-Flint – 1,9 Mrd. J.).
6. Es soll erklärt werden können, wie man sich die Entstehung der Eukaryonten nach der Endosymbiontenhypothese vorstellt.
7. Es soll ein Überblick über die Phylogenie der Pflanzen gegeben werden können (die drei großen Gruppen: Rhodophyta, Chromophyta, Chlorophyta; Eroberung des Landes, Organisationsstufen, Elementarprozesse bei der Höherentwicklung).
8. Es soll ein Überblick über die Phylogenie der Tiere gegeben werden können (Entstehung der Metazoen: Gastraea-Hypothese, Plakula-Hypothese; Protostomier und Deuterostomier; die Entwicklung der Wirbeltiere vom Silur bis zur Gegenwart).
9. Die Abstammung des Menschen soll in den Grundzügen erläutert werden können (Gemeinsamkeiten mit Menschenaffen, biochemische

Verwandtschaft; Fossiliengeschichte: Miozän: Dryopithecus, Pliozän: Ramapithecus, Pliozän: Australopithecus (Afrika); Spaltung der Hominiden in Australopithecus und Homo im frühen Pleistozän; Homo habilis, Homo erectus, Homo sapiens)

10. Die Wirkungsweisen der Evolutionsfaktoren Mutabilität, Anpassungsselektion, Zufallsselektion, Migration (Genfluß) und Isolation sollen beschrieben und erklärt werden können:
- Genommutation, Chromosomenmutation, Genmutation, Mutationsrate (mit einigen Beispielen), Rekombination, Haploidie, Diploidie und Polyploidie und ihre Auswirkung auf die Speicherung von Mutanten.
- Verschiedene Typen der Anpassungsselektion: stabilisierende Selektion, gerichtete Selektion (Konvergenz, Schutzanpassung, Warntracht, Mimikry, disruptive Selektion).
- Die Bedeutung des Zufalls.
- Die Bedeutung des Genflusses zwischen Populationen und Arten.
- Artenbildung und biologischer Artbegriff, reproduktive Isolation (geographische Isolation, ökologische Isolation, fortpflanzungs-biologische Isolation).

11. Besondere Ablaufformen der transspezifischen Evolution sollen am Beispiel der Stammesgeschichte der Wirbeltiere beschrieben und erklärt werden können. (Allogenese = adaptive Radiation, Arogenese, Stasigenese)

12. Am Beispiel des menschlichen Sichlergens soll das Phänomen des balancierten Polymorphismus erklärt werden können.

13. Es soll diskutiert werden können, inwieweit die Entstehung von Exzessivorganen mit einer nach dem Kausalitätsprinzip ablaufenden Evolution in Einklang gebracht werden kann (Beispiel: Geweihe, Pfauenschwanz, erstes Brustsegment bei Buckelzirpen, riesige Mandibeln bei verschiedenen Käfern – Bedeutung geschlechtlicher Selektion).

14. Die Begriffe Orthoselektion und Orthoevolution sollen erläutert werden können (Einengung der genetischen Potenzen durch fortschreitende Anpassung, mit zunehmendem Alter zunehmende Polygenie der Merkmale).

15. Arbeitsweise und theoretischer Hintergrund der «phylogenetischen Systematik» sollen kurz beschrieben werden können.

16. Der Millersche Versuch (AS-Synthese in der Uratmosphäre) soll im Schullabor durchgeführt werden können.

17. Der Begriff «Homologie» soll am Beispiel verschiedener, an unterschiedliche Funktionen angepaßter Insektenbeine erläutert werden können.

18. Auf Grund des Vergleichs rezenter Arten sollen deren Verwandtschaftsverhältnisse aufgeklärt werden können (Beispiel: Rosengewächse).

19. Es sollen verschiedene Modellspiele zur Wirkungsweise der Evolutionsfaktoren beschrieben und durchgeführt werden können.

C Theoretische Grundlagen

1 Einleitung

Die heute lebenden Pflanzen- und Tierarten haben sich in langsamer, steter Abwandlung aus früher lebenden entwickelt. Am Anfang dieser Entwicklung standen ganz einfach gebaute Formen, diese wiederum sind aus anorganischen Vorstufen des Lebens entstanden. Zwischen allen Lebewesen besteht ein genealogischer Zusammenhang, eine echte Verwandtschaft. Die Entfaltung, Differenzierung und Höherentwicklung der Lebewesen im Laufe der Erdgeschichte wird «Evolution» genannt.

Bei der wissenschaftlichen Beschäftigung mit der «Evolution der Organismen» kann man drei Problemkreise unterscheiden:

(1) Haben sich die heute lebenden Arten aus früher lebenden durch allmähliche Abwandlung entwickelt? (Tatsachenproblem).

(2) Wie ist die Evolution abgelaufen? (Stammbaumproblem).

(3) Welche Ursachen liegen der Evolution zugrunde? (Faktorenproblem).

Die Tatsache der Evolution wird heute kaum noch ernsthaft in Frage gestellt. Viele Indizien fügen sich sehr gut in diese Theorie ein: die gradweise abgestufte Ähnlichkeit der Organismen, die Ausbildung «sinnloser», rudimentärer Organe, die Keimesentwicklung, die Paläontologie, die geographischen Verbreitungsmuster der Arten und die Ergebnisse der Tier- und Pflanzenzüchtung. Neuere Erkenntnisse der Bioche-

mie und Molekularbiologie bestätigen, daß sich die abgestufte Ähnlichkeit der Organismen bis in den molekularen Bereich erstreckt, etwa bei der Aminosäure-Sequenz von Proteinmolekülen («Eiweißverwandtschaften», vgl. Abb. V, 1).
Der Schwerpunkt der heutigen Evolutionsforschung liegt auf dem Faktorenproblem und dem Stammbaumproblem. Wir geben im folgenden einen kurzen Abriß über die «Geschichte des Lebens auf der Erde» und werden dann etwas ausführlicher auf die Ursachen der Evolution eingehen. In einem abschließenden Kapitel werden die Prinzipien der «phylogenetischen Systematik» dargelegt.

2 Chemische Evolution

Will man für die Entstehung des Lebens auf der Erde eine kausale Erklärung finden, so wird die Suche nach möglichen Wegen erleichtert, wenn man erst einmal unmögliche Wege ausschließt. Unmöglich ist, daß Leben zufällig, ohne vorherige Entstehung hochmolekularer organischer Substanzen, entstanden ist. Selbst die zufällige Bildung nur eines spezifischen Proteinmoleküls aus 20 verschiedenen Aminosäuren ist äußerst gering (bei 1 t Aminosäuren und einem Zeitraum von 1 Mrd. Jahre nur 10^{-1360}!). Haldane und Oparin forderten deshalb schon 1929, daß der biologischen Evolution eine chemische Evolution vorausgegangen sein mußte.

a) Erdentstehung und Bildung der ersten Atmosphäre

Die Aggregation der Erde aus Gas, Staub und größeren Brocken interstellarer Materie erfolgte nach heutigen Vorstellungen vor etwa 4,5 Mrd. Jahren. Vermutlich verlief dieser Kondensationsvorgang, von der zunehmenden Massengravitation angetrieben, sehr rasch – innerhalb einiger 100 oder 1000 Jahre.
Dabei stieg die Temperatur so stark an, daß die Urerde zunächst ein glühend flüssiger Ball war. Durch die starke Wärmeabstrahlung an den Weltraum entstand jedoch bald eine oberflächliche Erstarrungskruste.

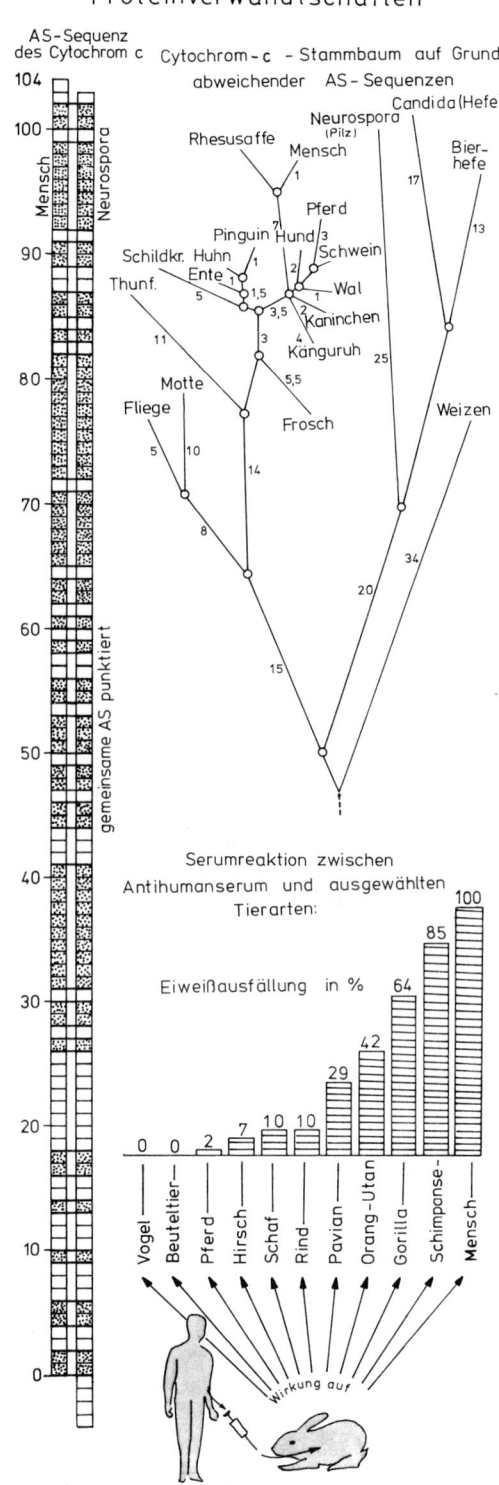

Abb. V, 1: Proteinverwandtschaften (nach Kaudewitz, Hadorn und Wehner, Vogel und Angermann).

172 V Evolution

Die häufigsten Elemente des Sonnensystems sind (in der genannten Reihenfolge): H, He, C, N, O. Diese Elemente waren sicher auch die häufigsten Stoffe, die durch Vulkanismus und Gaseruptionen durch die eben verfestigte Erdkruste nach außen gelangen konnten. H und He waren zu leicht, um von der Erdanziehung festgehalten zu werden. Da jedoch Wasserstoff im Status nascendi (H), als Atom, ein sehr reaktionsfähiges Element ist, hat es sich sicherlich mit den nächsthäufigsten Elementen C, N und O zu CH_4, NH_3 und H_2O verbunden. Das ebenfalls reichlich gebildete H_2 diffundierte laufend in den Weltraum.

Durch Kondensation des Wasserdampfes bildete sich auf der abgekühlten Erdkruste schon frühzeitig die erste Hydrosphäre. Vor 4 Mrd. Jahren dürfte sie nur ungefähr $1/10$ der Wassermenge der heutigen Ozeane besessen haben. Dieser Urozean war salzärmer als das heutige Weltmeer. Wegen der Bildung von Ammoniumionen aus der NH_3-haltigen Uratmosphäre ist eine alkalische Reaktion des Urozeans wahrscheinlich, doch dürfte der pH-Wert wegen der Pufferung durch die in der Gesteinsunterlage reichlich vorhandenen Aluminosilikate nicht wesentlich höher als 8 gewesen sein.

Die wichtigste Energiequelle war damals wie heute die Sonne. Da die schützende Ozonschicht in der äußeren Atmosphäre noch fehlte, konnte kurzwelliges UV-Licht bis zur Erdoberfläche vordringen. Weitere Energiequellen waren: elektrische Entladungen bei Gewittern, kosmische Strahlen, radioaktive Strahlen der Erdkruste, Vulkanausbrüche und Meteoriteneinschläge (Abb. V, 2).

b) Schritte der chemischen Evolution

Urey und sein Schüler Miller versuchten 1953 zum ersten Male die chemische Evolution experimentell aufzuklären: Sie wiesen nach, daß bei elektrischen Entladungen in einer künstlichen «Uratmosphäre» aus Ammoniak, Methan, Wasserdampf und wenig Schwefelwasserstoff Aminosäuren und verschiedene Zucker entstehen.

Ähnliche Experimente wurden in den folgenden Jahren oft wiederholt, und es konnten für die verschiedensten «organischen Moleküle» die mögliche abiotische Synthese bei «Urerde-Bedingungen» nachgewiesen werden (Tab. V, 1, Versuch V, D 1).

Tabelle V, 1

Übersicht zur abiogenen Synthese wichtiger organischer Verbindungen bei Simulationsexperimenten zur chemischen Evolution (nach Rahmann).

Ausgangsstoffe:

Wasser (H_2O), Methan (CH_4), Ammoniak (NH_3), Wasserstoff (H_2), Schwefelwasserstoff (H_2S), Cyanwasserstoff (HCN) und in Spuren: Kohlenmonoxid (CO), Kohlendioxid (CO_2), Formaldehyd (HCHO), Glykol ($HO-CH_2-CH_2-OH$), verschiedene Mineralien, Ionen.

Energiequellen:

Wärme (Vulkantätigkeit, Geisire); elektrische Entladungen; Licht; UV-, Röntgen- und ionisierende Strahlungen; Radioaktivität; Ultraschall.

Endprodukte:

Organische Säuren:
 Ameisensäure, Essigsäure, Bernsteinsäure, Milchsäure, Iminoacetat-Propionsäure, Propionsäure, Hydroxybuttersäure, Iminodiacetsäure u. a.

Aminosäuren:
 Glycin, Alanin, Valin, Leucin, Isoleucin, Serin, Threonin, Tyrosin, Phenylalanin, Tryptophan, Asparaginsäure, Glutaminsäure, Lysin, Arginin, Histidin, Cystein, Methionin, Asparagin ($AspNH_2$), Glutamin ($GluNH_2$), Prolin.

Zucker:
 Glucose, Mannose, Fructose, Ribose, Desoxyribose u. a.

Purin-Derivate:
 Adenin, Guanin, Xanthin, Hypoxanthin, Harnsäure

Pyrimidin-Derivate:
 Uracil, Thymin, Cytosin.

ferner:
 Harnstoff, Thioharnstoff, Isoprene und Porphyrine

Vermutlich bildeten sich unter Absorption von kurzwelligem UV-Licht zunächst gasförmige Stoffe wie Cyanwasserstoff, Acetylen, Äthylen, Äthan, Formaldehyd u. a.

Daraus konnten bei Energiezufuhr weitere Stoffe synthetisiert werden, die sich zusammen mit den obengenannten Gasen und den Gasen der Uratmosphäre im Urozean lösten. So entstanden in Wasserpfützen, Tümpeln, Seen, Lagunen usw. «Reaktionsgefäße» (Kaplan), in denen sich Harnstoff, Aminosäuren, Aldehyde, Ketone, Alkohole, Zucker, Carbonsäuren, Purine, Pyrimidine und schließlich auch Nucleoside und Nucleotide bilden konnten. Damit waren die wichtigsten Bausteine für die Zusammensetzung von Bio-Polymeren vorhanden.

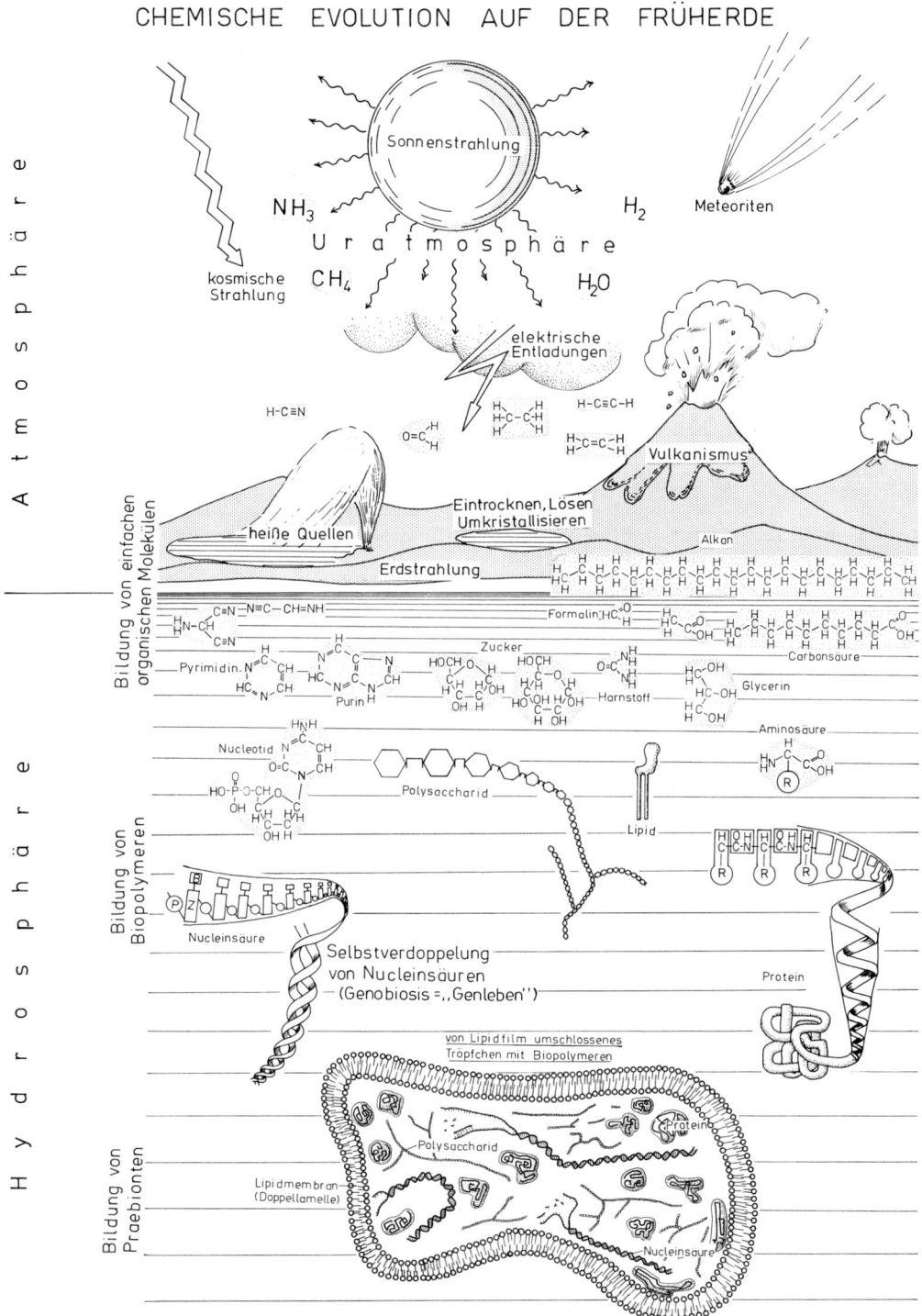

Abb. V, 2: Zusammenfassende Darstellung der chemischen Evolution auf der Früherde während des Bestehens einer reduzierenden Atmosphäre

Nucleotide entstanden bei allen Simulationsexperimenten nur in sehr geringem Umfange. Möglicherweise stellte die abiotische Synthese dieser Bausteine bei der Biogenese den begrenzenden Faktor dar.

Ein nächster Schritt war dann die Bildung von Bio-Polymeren. So konnten zum Beispiel im Simulationsexperiment durch Erwärmen eines Ammoniak-Cyanwasserstoffgemisches in Gegenwart von Tonmineralien niedermolekulare Polypeptide gebildet werden. Polynucleotide kann man im Experiment durch trockene Erwärmung von Nucleotiden mit Polyphosphaten auf 65° C sowie durch Reaktionen von Nucleotiden in wässriger Lösung von Imidazol oder Histidin und Phosphat erreichen.

Die identische Selbstreduplikation von Biopolymeren kommt vermutlich nur für Polynucleotide in Frage. Nach den Überlegungen und Untersuchungen von M. Eigen könnten solche «Urgene» ähnlich den heutigen t-RNS-Molekülen gebaut gewesen sein. Bestimmte Symmetrie- und Stabilitätsforderungen sowie der Sequenzvergleich rezenter Bakterien-RNAs führte zur Rekonstruktion eines solchen Urgens. Seine häufigsten Triplett-Codonen sind GGC (Glycin), GCC (Alanin) und GAC (Asparaginsäure), gerade die Codewörter, die unter Urerde-Bedingungen am leichtesten abiogen gewonnen werden können und die in Spuren auch im organischen Material von Meteoriten gefunden wurden.

c) Bildung von Praebionten (Vor-Lebewesen)

Jeder Organismus ist eine abgegrenzte Einheit, ein Individuum. Erst durch diese Abgrenzung wird gewährleistet, daß die für biologische Reaktionen notwendigen Komponenten nah beieinander gehalten werden und daß ein «darwinistischer Wettbewerb» zwischen getrennten Individuen stattfinden kann. Die Biogeneseforschung hat sich deshalb schon früh mit der Möglichkeit der abiotischen Bildung abgegrenzter, supermolekularer Strukturen beschäftigt, als erster der sowjetische Biogeneseforscher Oparin vor rund 50 Jahren.

An der Bildung der heutigen Biomembranen (Grenzmembranen) sind einerseits Lipide, und andererseits Proteine beteiligt. Auch künstlich lassen sich – sowohl aus Protenoiden als auch aus Lipidfilmen – abgeschlossene Kügelchen herstellen, die allerdings geringere Stabilität als die Membransäckchen echter Lebewesen besitzen. Wenn nun in solchen abiotisch entstandenen Membranbläschen des Urozeans bestimmte Makromoleküle (Proteine, Nucleinsäuren, Polysaccharide) eingeschlossen wurden, so war dies ein weiterer Schritt in Richtung Lebensentstehung. Man spricht von solchen Bildungen auch als «Praebionten» oder «Vorlebewesen».

3. Biologische Evolution

a) Die Entstehung der ersten Lebewesen (Protobiontengenese)

Damit aus einem Praebionten ein Protobiont, ein echtes «Urlebewesen» entstehen konnte, mußten sich die richtigen Biopolymere in einem Membranbläschen zusammenfinden:
(1) mindestens ein funktionsfähiges Protein
(2) mindestens ein, dieses Protein codierendes, Nucleinsäuremolekül
(3) ein Codierungsapparat aus Proteinen und Nucleinsäuren

Die Wahrscheinlichkeit für die Entstehung eines solchen Lebenskeimes ergibt sich aus:
(1) der Menge der vorhandenen Proteine und der Wahrscheinlichkeit für die Bildung eines «funktionellen Proteins»
(2) der Menge der vorhandenen Nucleinsäuren und der Wahrscheinlichkeit für die Bildung eines «funktionellen Nucleinsäuremoleküls»
(3) dem Mechanismus des Codierungsapparats und der sich daraus ableitenden Wahrscheinlichkeit für die Bildung eines solchen Apparates
(4) der Protobiontengröße

Ob die Protobiontensynthese auf der Früherde einen äußerst glücklichen Zufall darstellte, wie dies zum Beispiel Monod vermutet, oder ob sie «mit Sicherheit viele Tausend Mal» stattgefunden hat, wie dies Kaplan annimmt, läßt sich bis jetzt nicht entscheiden.

Definition des Lebens. Überlegt man sich die Schritte, die zur Biogenese führten, so muß man sich zwangsläufig auch damit auseinandersetzen, was nun eigentlich die Kriterien für «Leben» und «Lebewesen» sind. Diese Definition konnte man lange Zeit nicht geben. Man nahm eine besondere, allen Lebewesen innewohnende «Lebenskraft» an, die sich nicht materiell erklären läßt (daher auch die Trennung in «organische» und «anorganische» Chemie).

Erst nachdem die Biologie einen breiten Über-

blick über die Vielfalt der Lebewesen und ihrer Physiologie erarbeitet hatte, konnte das ihnen Gemeinsame als Leben definiert werden (Abb. V, 3).
Grundstruktur des Lebens sind – wie schon erwähnt – membranumschlossene, das heißt deutlich begrenzte Funktionseinheiten, sog. Zellen.
Grundfunktionen der Lebewesen sind:
(1) Stoffwechsel
(2) Wachstum
(3) Vermehrung
(4) Vererbung
(5) Mutabilität

Auch die Fähigkeit, auf Umwelteinflüsse sinnvoll zu reagieren, ist typisch für Lebewesen:
(6) Reizbarkeit und
(7) Anpassungsfähigkeit

Außerdem ist Leben, wie wir es kennen, auch durch seinen chemischen Aufbau charakterisiert. Von den Elementen, die die anorganische Materie aufbauen, kommt nur ein Bruchteil in Lebewesen vor: C, O, H, N, P, S und einige andere. Das wichtigste Element für den Aufbau aller Biomoleküle ist der Kohlenstoff.

Stammen alle Lebewesen von demselben Protobionten ab? Diese Frage ist schwer zu beantworten. Eine Reihe von Indizien sprechen allerdings dafür, so etwa die «Allgemeinverständlichkeit» des genetischen Codes, die ausschließliche Verwendung bestimmter optischer Isomere (nur Aminosäuren des L-Typs und Zucker des D-Typs kommen in Lebewesen vor) sowie die beschränkte Zahl der in Lebewesen vorkommenden Aminosäuren (20) und Nukleotide (5) sind wichtige Indizien für einen gemeinsamen Ursprung allen Lebens auf der Erde.

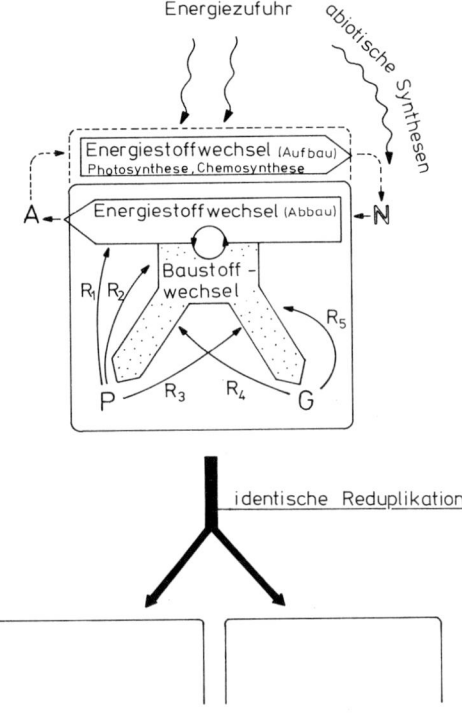

Abb. V, 3: Funktionsschema eines einfachen Lebewesens mit:
1. Stoff- und Energiewechsel
2. Fähigkeit zur identischen Reduplikation
N Energiereiche Nährstoffe (z. B. Kohlenhydrate, Eiweiße, Fette)
A Energiearme End-(Ausscheidungs-)produkte (z. B. Wasser, Kohlendioxid)
P (1) Stoffe, die die Struktur des Organismus bestimmen: Baustoffe (Proteine, Lipide, Kohlenhydrate)
(2) Stoffe, die Reaktionsabläufe im Organismus regulieren: Enzyme (Proteine)
(3) Hormone, Duftstoffe, Pigmente usw. (verschiedene Stoffklassen)
G Träger der genetischen Information (Nucleinsäuren)
R Rückkoppelungen (der Stoffwechsel funktioniert nur, wenn die Möglichkeit der Selbstregulation gegeben ist)
R_1 Enzyme des Energiestoffwechsels
R_2 Enzyme des Baustoffwechsels
R_3 Enzyme bei der Synthese von DNS und RNS
R_4 Translation, Proteinsynthese
R_5 Replikation der DNS, Transkription der RNS

b) Von den ersten Lebewesen bis zu den Eukaryonten

Der auf der natürlichen Selektion beruhende Vorgang der Bioevolution begann jeweils mit der Entstehung protobiontischer Individuen, die auf Grund ihrer Vermehrungsgeschwindigkeit miteinander in Wettbewerb traten. Der entscheidende Selektionsvorteil dürfte zunächst die höhere Vermehrungsrate gewesen sein. Neben dem Funktionieren des Replikationsapparates ist hierfür auch das Funktionieren des Stoffwechsels bedeutsam. Beide Funktionen dürften sich deshalb parallel entwickelt haben.
Die Stufen, die bei der Evolution der Vermehrung (Abb. V, 4) durchlaufen wurden, können gekennzeichnet werden durch
– Genkopplung
– Entwicklung der regelmäßigen Zweiteilung (keine toten Nachkommen mehr)

176   V Evolution

Protobiontenstufe

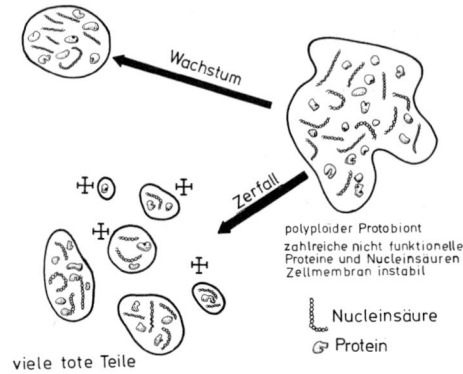

Eobiontenstufe

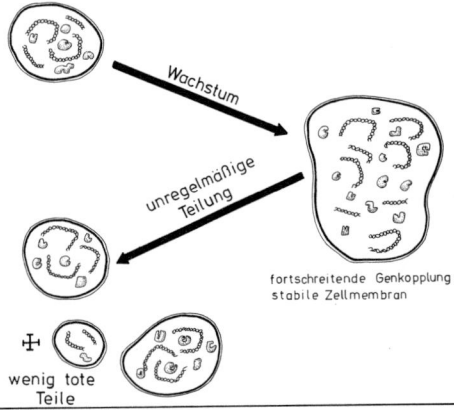

Prokaryontenstufe

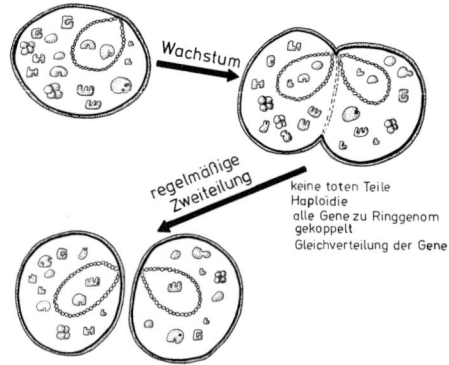

Abb. V, 4: Evolution der Vermehrung vom Protobionten bis zum Prokaryonten (nach Kaplan, verändert).

- Herausbildung eines Ringgenoms
- Differenzierung von DNS und m-RNS
- Vervollkommnung des Genom-Verteilungsapparates

Beim Stoffwechsel war vermutlich hochgradige Heterotrophie der Primitivzustand. Immer, wenn im Substrat bestimmte Stoffe zur Mangelware wurden, fand Selektion auf Selbstsynthese dieser Stoffe statt. Folgende Schritte könnte man vermuten:
- Eigensynthese von Nucleotid-Triphosphaten
- Übertragung von Phosphatgruppen
- Gärungen

Je größer die Menge der Lebewesen in der «Ursuppe» der Hydrosphäre wurde, desto mehr organische Stoffe wurden verbraucht. Außerdem änderte sich im Laufe der ersten Milliarde Jahre durch den ständigen Einfluß des Sonnen-UV-Lichtes (Spaltung der Moleküle CH_4, NH_3, H_2O, H_2S und Diffusion von H_2 in den Weltraum) die Zusammensetzung der Uratmosphäre: Sie wurde immer wasserstoffärmer und war vor etwa 3 Milliarden Jahren vorwiegend aus CO_2 und N_2 zusammengesetzt. Dadurch war die anorganische Neubildung von Biomolekülen praktisch unmöglich geworden. Die Lebewesen mußten nun, wollten sie nicht zugrunde gehen, selbst für Nachschub sorgen. So entwickelten sie die Fähigkeit zur

(1) CO_2-Assimilation
(2) anaeroben Atmung
(3) Lithotrophie
(4) Photosynthese

und als die Atmosphäre – vermutlich durch den Einfluß photosynthetisch aktiver Lebewesen immer mehr Sauerstoff (O_2) enthielt – schließlich die

(5) aerobe Atmung.

Vergleicht man alle heute lebenden Organismengruppen miteinander, so ergibt sich ein einschneidender Unterschied zwischen Bakterien und Blaualgen einerseits und allen übrigen Organismen andererseits. Erstere besitzen einfach organisierte Zellen ohne Zellkern und Zellorganelle. Viele Indizien sprechen dafür, daß Plastiden, Mitochondrien und Geißeln der Eukaryonten aus endosymbiontischen Prokaryonten hervorgegangen sind, daß also die ersten Eukaryonten durch ein symbiontisches Zusammenleben verschiedener Prokaryonten entstanden sind (Endosymbiontenhypothese, vgl. Bd. I, Abb. II, 4).

Geschichte der frühen Lebensentwicklung.
Genaue Daten zu den Prozessen der Lebensent-

stehung und der frühen biotischen Evolution sind schwer zu erhalten. Immerhin existieren eine Reihe von frühen Fossilienfunden, die wichtige Schlüsse zulassen (vgl. Tab. V, 2, Abb. V, 11).

Die ersten Lebewesen dürften also schon in der ersten Milliarde Jahre der Erdgeschichte entstanden sein. Biotische und chemische Evolution sind dann mindestens bis vor 3 Milliarden Jahren nebeneinander her gelaufen. Eukaryontenfossilien kennt man erstmals aus den mindestens 1,9 Mrd. Jahre alten Gunflint-Schichten Nordamerikas.

Tabelle V, 2: Älteste Fossilien auf der Erde (nach Rahmann).

Alter in Milliarden Jahren	Formen	Fundort und Formationen:
0,57–0,5 (Kambrium)	alle Tierstämme außer Vertebraten	ubiquitäre Verbreitung
1	Algen (Corycium enigmaticum); Pilzreste	Nonesuch-Shale (Michigan/USA)
1,2	Kalkablagerungen aus Algenstoffwechsel	Belt-Serie (Montana/USA)
1,9	Blaualgen, Flagellaten, Eisenbakterien	Gun Flint-Iron-Formation (Lake superior, Canada)
2,7	Algenähnliche Organismen aus Kalkgestein	Bulawayo (Südrhodesien)
2,7	Blaualgen und Bakterien	Soudan-Iron-Formation (Minnesota/USA) (Australien)
2,7	Archaeospaeroides barbertonensis	Fig-Tree-Serie, Swaziland-System (Transvaal/Afrika)
3,1	Eobacterium isolatum	Fig-Tree-Serie (s. o.)
3,2	«Kugel-Typ B»-Formen	Fig-Tree-Serie (s. o.)
3,2	sphäroide, fädige, kohlenstoffhaltige Strukturen	Onverwacht-Serie, Swaziland-System, 10 000 m Tiefe unterhalb der Schichten der Fig-Tree-Serie

c) Der Stammbaum der Pflanzen

Polyphyletischer Ursprung

Die verschiedenen Pflanzengruppen haben sich wahrscheinlich parallel aus verschiedenen Flagellatengruppen oder sogar aus verschiedenen Prokaryontengruppen entwickelt.

Wenn man die heterotrophen Pilze, die vermutlich mehrfach aus autotrophen Algen entstanden sind, ausnimmt, dann kann man 3 Großgruppen unterscheiden, die sich vor allem biochemisch (Pigmente, Speicherstoffe) grundlegend unterscheiden (vgl. Tab. V, 3): (s. S. 179)
Rotalgen (Rhodophyta)
Braungelbe Algen (Chromophyta)
Grünalgen (Chlorophyta)

Am isoliertesten stehen die Rotalgen. Durch das völlige Fehlen begeißelter Stadien weichen sie auch morphologisch deutlich von den anderen beiden Gruppen ab.

Alle drei Gruppen waren schon als Einzeller isoliert, der Übergang zu vielzelligen Stadien hat sich also parallel in allen drei Gruppen vollzogen. Dabei sind in jedem Stamm – oft sogar mehrfach parallel – ähnliche Entwicklungsstufen durchlaufen worden (vgl. Abb. V, 5).

Zimmermann unterscheidet 5 *Elementarprozesse* der Thallus-Höherentwicklung (Abb. V, 6):
– Zellverkettung
– Meristemdifferenzierung (Scheitelwachstum)
– Achsendrehung (flächige und räumliche «Gewebe»)
– Verschiebung der Kernphasen (Generationswechsel)
– Gewebedifferenzierung

Die Eroberung des Landes

Nur einer der drei Großgruppen ist die Eroberung der terrestrischen Lebensräume gelungen, den Chlorophyta. Vermutlich haben sich die ersten Landpflanzen aus tangähnlichen Grünalgen entwickelt, die – ähnlich wie die heutigen Braunalgentange – in den Gezeitenzonen lebten und damit regelmäßig der Trockenheit ausgesetzt waren.

Voraussetzungen für die Eroberung des Festlandes konnten schon in diesem Lebensraum entwickelt werden:

178 V Evolution

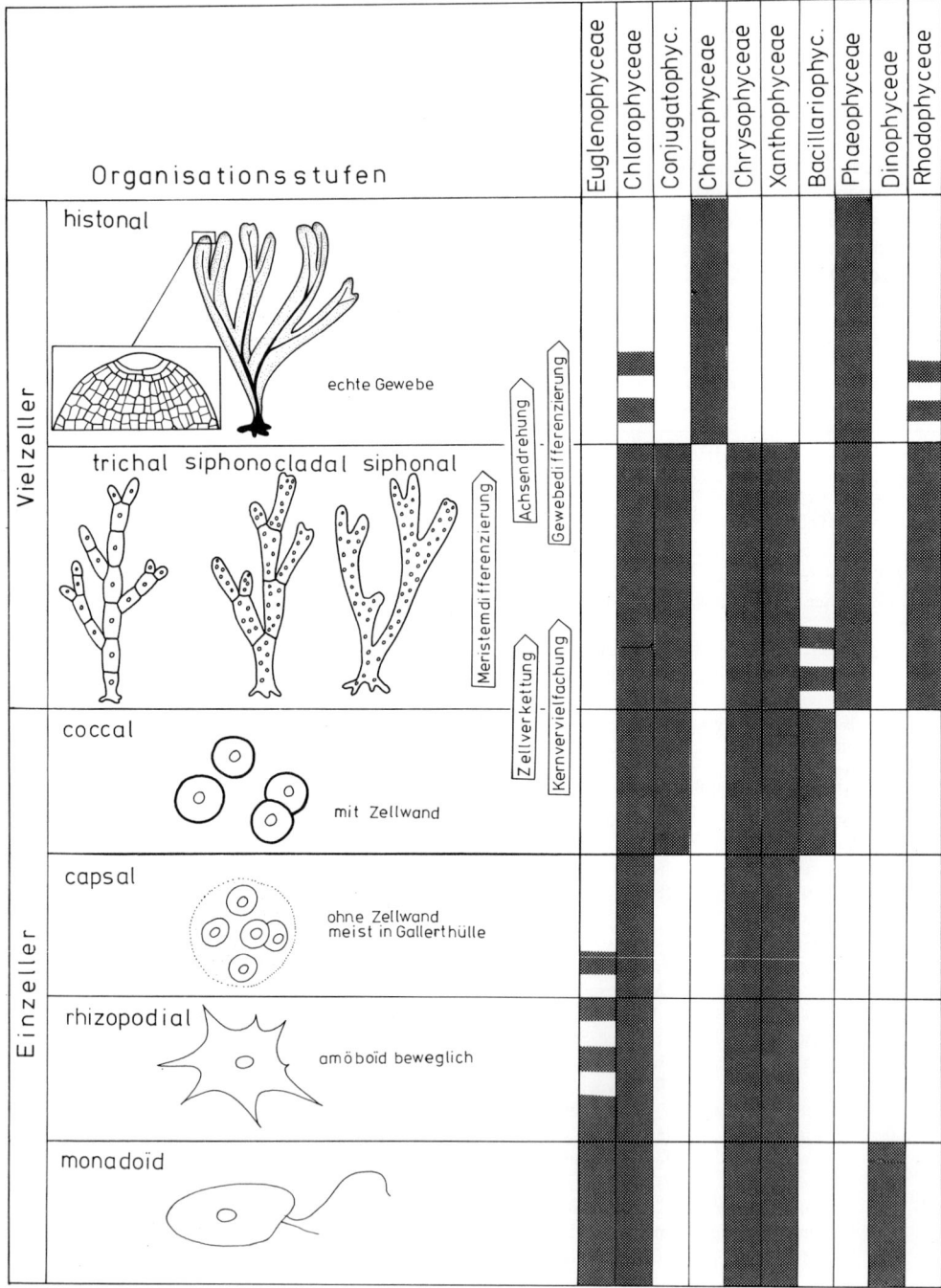

Abb. V, 5: Organisationsstufen der Algen

Tabelle V, 3: Die chemischen Charakteristika der wichtigsten Algengruppen (verändert nach Mägdefrau)

	Chlorophyta Grünalgen	*Rhodophyta* Rotalgen	*Chromophyta* *Chrysophyceae,* u. a. Kieselalgen	*Phaeophyceae* Braunalgen
Chlorophylle	a, b	a, d	a, c	a, c
Phycobiliproteide	—	+	—	—
Fucoxanthin	—	—	+	+
Reserve-Polysaccharide	Stärke; (bei *Dasycladales:* Inulinartige Polyfruktane)	«Florideen»-Stärke	Chrysolaminarin: 1,3-β-D-Polyglukan	Laminarin: 1,3-β-D-Polyglukan und Mannitreste: Laminarit
Zellwand-Polysaccharide	Pektine; Polyglykane, insbesondere echte Zellulose	Pektine; Polyglykane, insbesondere saure Schleime (Polygalaktane als H_2SO_4-Ester)	Pektine; Polyglykane	Pektine; Polyglykane, insbesondere saure Schleime (Alginsäure und Fucoidin)

Elementarprozesse bei der Thallus-Höherentwicklung

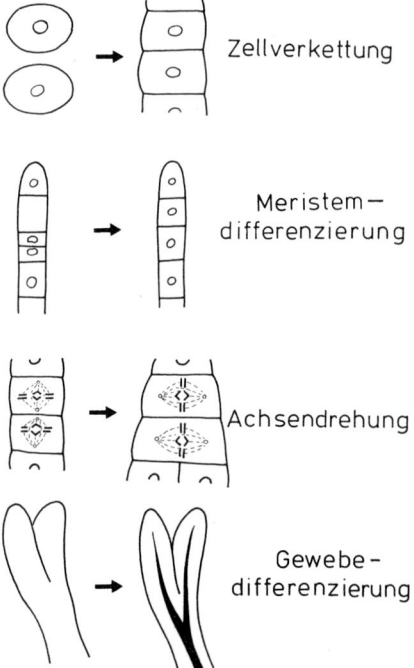

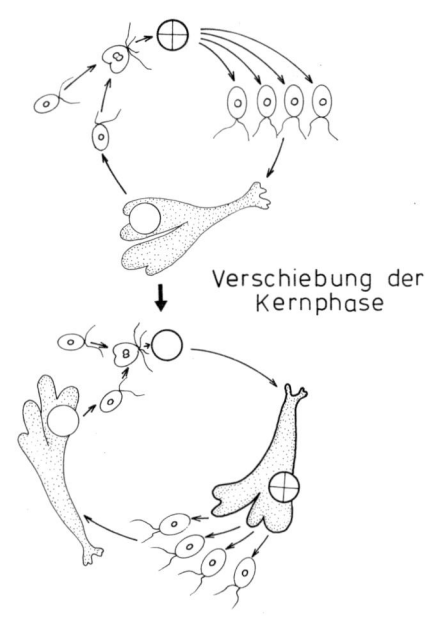

Verschiebung der Kernphase

Abb. V, 6: Elementarprozesse bei der Höherentwicklung der Algen (nach Zimmermann).

Urfarnpflanzen (Psilophytatae):

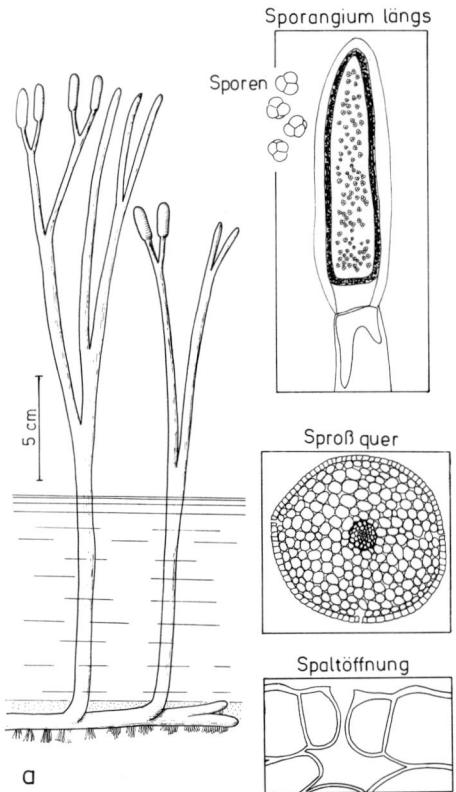

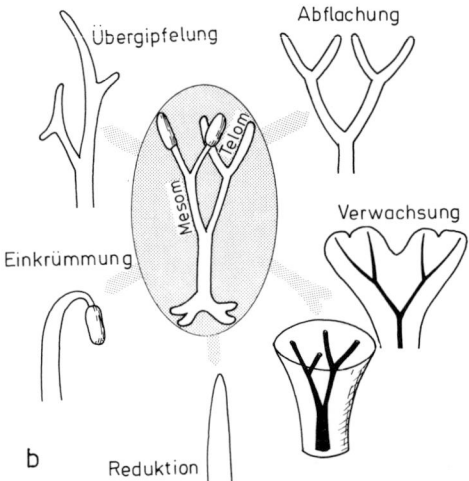

- Schutzeinrichtungen vor zu großer Transpiration (mit Kutin abgedichtete Epidermis)
- Spaltöffnungen zur Regulation des Gasaustausches und der Transpiration
- Leitungsgewebe für den Wassertransport
- Versteifungsgewebe für die Stabilisation der Lufttriebe

Fossil kennt man die ersten Landpflanzen mit Kutikula und Spaltöffnungen aus dem obersten Silur (ca. – 400 Mill. Jahren). Die für die «Höheren Pflanzen» typische Gliederung des Vegetationskörpers in Wurzel, Sproßachse und Blätter war bei diesen ältesten Formen, den sogenannten «Urfarnen» oder «Nacktfarnen» (Klasse Psilophytatae) noch nicht deutlich (Abb. V, 7a).

Die Nacktfarne sind die basale Gruppe aller höheren Landpflanzen. Aus ihnen haben sich die Echten Farnpflanzen, die Bärlapp-Farnpflanzen, die Schachtelhalm-Farnpflanzen und die Samenpflanzen parallel schon im Laufe des Devons entwickelt. Auch bei den Gefäßpflanzen läßt sich die Höherentwicklung des Vegetationskörpers ausgehend von dem gabelteiligen Telomsystem einer Rhynia-ähnlichen «Urlandpflanze» auf wenige «Elementarprozesse» zurückführen (Abb. V, 7b). Im Devon und Karbon herrschten in den terrestrischen Lebensräumen die Farnpflanzen vor, mit der Klimaänderung im Perm – es entstanden große Trockengebiete – gewannen die Samenpflanzen die Oberhand. Die Bedecktsamer sind fossil erst aus der Unterkreide belegt. Wahrscheinlich sind sie schon früher entstanden, doch besteht hierüber noch keine Klarheit. In der Oberkreide gewannen sie die Oberhand und zu Beginn des Tertiärs besaß die Vegetation der Erde schon große Ähnlichkeit mit dem heutigen Zustande, wenn auch die Vegetationszonen damals eine ganz andere Verteilung zeigten.

Abb. V, 7a: Die «Urlandpflanze» Rhynia maior, Rhyniales, Klasse Psilophytatae, aus dem Mitteldevon von Rhynie, Schottland (nach Mägdefrau, Zimmermann, verändert)

Abb. V, 7b: Elementarprozesse bei der Höherentwicklung der Sproßpflanzen (nach Zimmermann)

d) Der Stammbaum der Tiere

Entstehung aus Flagellaten

Ebenso wie die Pflanzen dürften sich auch die Tiere aus einzelligen, begeißelten Eukaryonten entwickelt haben. Die Flagellaten stellen die basale Gruppe aller vielzelligen Lebewesen dar. Während jedoch diese einzelligen begeißelten Formen, soweit sie autotroph sind, in die verschiedensten systematischen Gruppen des Pflanzenreiches eingeordnet werden, kennt die zoologische Systematik nur eine Klasse (oder einen Stamm) Flagellata, in der alle «Geißeltierchen» zusammengefaßt sind. Dieser Unterschied ist keine reine Willkür, er beruht auf der gesicherten Erkenntnis, daß die Pflanzen polyphyletisch, die vielzelligen Tiere aber monophyletisch entstanden sind. Die Hauptgruppen der Pflanzen lassen sich schon auf der Organisationsstufe der Einzeller unterscheiden, die Tiere stammen wahrscheinlich von einem gemeinsamen «Urflagellaten» ab.

Während bei den Algen der Weg zum Vielzeller über die lineare Verkettung von Einzelzellen zu Zellfäden voranschritt, dürften die ersten vielzelligen Tiere flächige oder sogar kugelige Zellkolonien gewesen sein, wie etwa Volvox oder die Choanoflagellatenkolonie Protospongia haeckeli.

Auch zweischichtige, bodenbewohnende Organismen, wie die rezente Trichoplax adhaerens, mit einer deutlichen Differenzierung in Unter- und Oberseite werden als mögliche Übergangsformen vom Einzeller zum Vielzeller diskutiert (vgl. Abb. V, 8).

Die weitere Höherentwicklung der Tiere brachte – im Gegensatz zu den Pflanzen – eine immer weitergehende Differenzierung «nach innen» mit sich:

Eine innere Körperschicht (Entoderm) wurde zum Darmrohr, die primäre Leibeshöhle zwischen Darm und Außenschicht (Ektoderm) wurde durch eine zusätzliche Zwischenschicht (Mesoderm) weiter aufgegliedert. Die vom Mesoderm umschlossene Höhle wird Cölom oder sekundäre Leibeshöhle genannt.

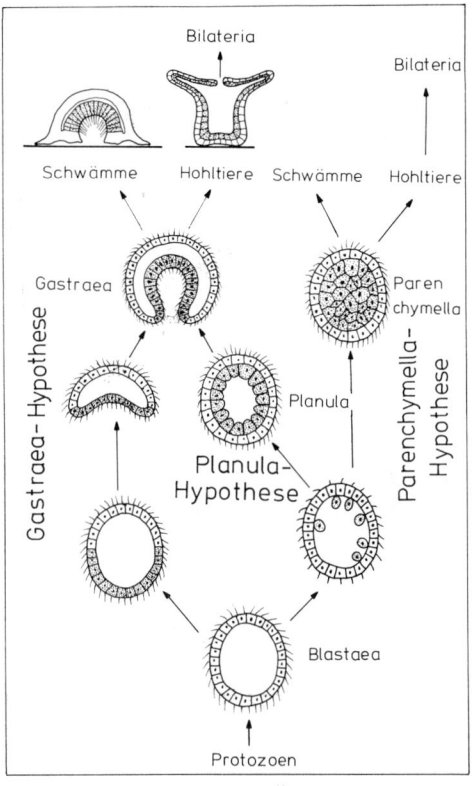

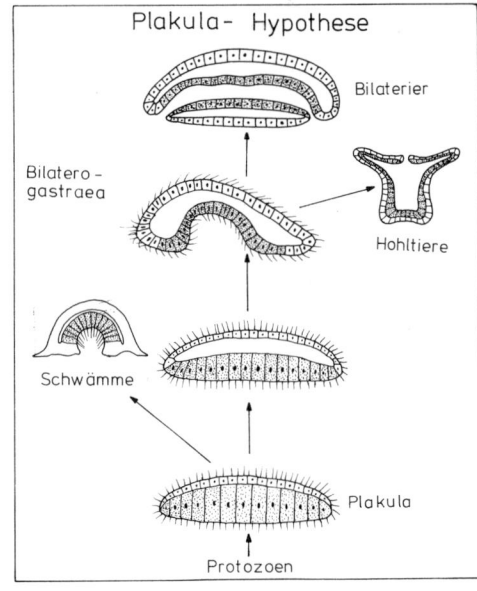

Abb. V, 8: Hypothesen zur Entstehung vielzelliger Tiere. Gastraea-Hypothese: Ernst Haeckel; Planula-Hypothese: E. Ray-Lancester; Parenchymelle-Hypothese: E. Metschnikoff; Plakula-Hypothese: O. Bütschli (nach Grell, verändert).

Weitere Differenzierungen sind:
(1) Ausscheidungssystem (Verbindung von Cölom und Außenmedium)
(2) Blutgefäßsystem (Stofftransport)
(3) Nervensystem (Signalübertragung und Steuerung) und Zentralisierung des Nervensystems.

Die Schwämme sind die primitivste rezente Vielzellergruppe. Zwischen der Außenschicht (Ektoderm) und dem Darmhohlraum (Entoderm) ist ein Bindegewebe (Mesogloea) ausgebildet, das jedoch keinem mittleren Keimblatt entspricht. Ebenso fehlt auch den Hohltieren (Nesseltiere und Rippenquallen) ein echtes Mesoderm und damit eine sekundäre Leibeshöhle (Cölom).

Bei allen übrigen Tiergruppen wird als drittes Keimblatt das Mesoderm angelegt, das als Cölomepithel die sekundäre Leibeshöhle auskleidet. Sie werden deshalb zu den *Coelomata* zusammengefaßt.

Protostomier und Deuterostomier

Bei den Coelomaten kann man grundsätzlich zwei unterschiedliche Organisationsformen unterscheiden, für die wir stellvertretend einen Ringelwurm und einen Fisch betrachten wollen: (vgl. Abb. V, 9).

Ringelwurm: Bei der Keimesentwicklung verlängert sich der Blastoporus in der Längsachse des Keimes, später schließt sich dieser Längsspalt vom Hinterende beginnend durch Verwachsung der Seitenränder. Am Vorderende der Larve bleibt die Mundöffnung als Rest des Urmundspaltes erhalten. Der After stellt eine Neubildung dar. Die Zellen der Urmundränder wuchern sehr stark und bilden ein Paar Ganglienketten auf der Bauchseite (Bauchmark).

Fisch: Der Urmund wird vom zukünftigen Vorderende des Embryos her geschlossen. So bleibt sein Rest als After erhalten, der Mund wird neu gebildet. Auf der Rückseite des Keimes wird eine «Neuralrinne» gebildet, die sich später zum Neuralrohr abschnürt und aus der sich das Rückenmark bildet.

Der Ringelwurm ist also ein «Urmünder» oder «Protostomier», der Fisch ein «Neumünder» oder «Deuterostomier».

Zu den Protostomiern gehören die Plattwürmer und die Rundwürmer, die Ringelwürmer und Gliedertiere sowie die mit den Gliedertieren näher verwandten Mollusken.

Zu den Deuterostomiern gehören neben einigen kleineren Stämmen vor allem die Stachelhäuter und die Chordatiere (ein Unterstamm der Chordaten sind die Wirbeltiere).

Vergleichende Untersuchungen, insbesondere der Embryonalentwicklung und Larvalentwicklung sowie die Biochemie (AS-Sequenzanalysen von Proteinen, Serodiagnostik), haben einen deutlichen Hinweis auf die gemeinsame Abstammung aller Deuterostomier bzw. Protostomier gegeben.

Bereits aus dem Kambrium, der ältesten Formation des Erdaltertums, die vor über 500 Mill. Jahren gebildet wurde, sind alle Tierstämme mit Ausnahme der Chordatiere bekannt (Abb. V, 11).

Evolution der Wirbeltiere

Die ersten Wirbeltiere traten im Untersilur (- 500 Mill. J.) (Ordovizium) auf: sie gehörten zur Gruppe der Ostracodermen, gepanzerten, fischähnlichen Bodenbewohnern. Bereits im Devon (- 400 Mill. J.) sind diese kieferlosen Wirbeltiere wieder ausgestorben, die rezenten Neunaugen, die ebenfalls keine Kieferbögen besitzen, werden als mögliche Verwandte dieser primitivsten Wirbeltiere angesehen.

Schon aus dem Silur kennt man daneben aber auch Formen, bei denen sich der erste Kiemenbogen zu einem Beißorgan umgebildet hat: diese Panzerfische (Placodermata) lösten die Ostracodermen im Devon ab.

Seit dem Devon sind Fischformen bekannt, deren Kieferapparat aus zwei Kiemenbögen aufgebaut war: dem eigentlichen Kieferbogen und dem

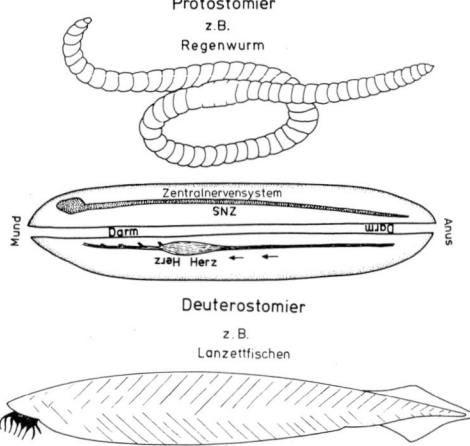

Abb. V, 9: Anordnung von Darm, Zentralnervensystem und Herz bei Deuterostomiern und Protostomiern (für letztere Abb. um 180° drehen).

Zungenbeinbogen, der den Kieferbogen gelenkig mit dem Gehirnschädel verbindet. Hierher sind die Knorpelfische und die Knochenfische zu rechnen.

Im Oberdevon haben sich aus einem Seitenzweig der Knochenfische, den Quastenflossern, die ersten amphibischen Landtetrapoden entwickelt.

Das Devon und vor allem das Karbon waren die Zeitalter der «Übergangsorganismen» vom Wasser- zum Landleben: bei den Pflanzen der Farne und bei den Tieren der Amphibien. Ebenso, wie im Karbon schon eine ganze Reihe von Samenpflanzen entstanden sind, kennt man aus dieser Zeit auch schon die ersten Reptilien. Der Durchbruch dieser modernen Gruppen kam jedoch erst in der trockeneren Periode des Perm. Dasselbe gilt für die Insekten. Im Erdmittelalter (Trias, Jura, Kreide) erlebten die Reptilien den Höhepunkt ihrer Entfaltung. In dieser Zeit haben sich aus Seitenzweigen der Reptilien auch die Vögel und die Säugetiere als letzte Klassen der Wirbeltiere entwickelt (Abb. V, 11).

e) Die Stammesentwicklung des Menschen

«Verwandte» des Menschen

Die meisten Ordnungen der Säugetiere, auch die Primaten («Herrentiere») kennt man schon aus dem Alttertiär.

Auf Grund vieler Übereinstimmungen und Ähnlichkeiten ist offensichtlich, daß die Menschenaffen – Gorilla, Schimpanse und Orang-Utan – die nächsten rezenten Verwandten des Menschen sind. Mensch und Menschenaffen werden heute im allgemeinen in zwei getrennte Familien (Hominidae und Pongidae) gestellt, obwohl die Unterscheidungsmerkmale diese weite Trennung eigentlich nicht rechtfertigen.

So unterscheidet sich das Hämoglobin des Gorilla nur in einer Aminosäure vom Hämoglobin des Menschen, Schimpansen-DNS paart sich vollkommen mit menschlicher DNS und serologisch zeigen Menschenaffen und Menschen nur ganz geringfügige Unterschiede.

Fossilfunde und Rekonstruktion der menschlichen Stammesgeschichte (Abb. V, 10)

Zu Darwins und Haeckels Zeiten waren Aussagen zur menschlichen Stammesgeschichte noch weitgehend spekulativ, da da fast keine Fossilbelege bekannt waren. Mittlerweile sind zahlreiche Funde hinzugekommen, so daß sich schon ein recht gut gesichertes Bild der menschlichen Phylogenese rekonstruieren läßt:

Die Linie der Menschenähnlichen (Überfamilie Hominoidea) hat sich vermutlich schon an der Wende vom Eozän zum Oligozän (vor 30–40 Mill. Jahren) von den übrigen Schmalnasenaffen (Überfamilie Cercopithecoidea) abgespalten, was durch Funde aus der oberägyptischen Oase El Rayum belegt werden kann.

Im Oligozän dürften sich die Hylobatidae (Gibbons) und die heute ausgestorbenen Oreopithecidae von den übrigen Hominoidea getrennt haben, eine Aufspaltung in Pongiden («Menschenaffen») und Hominiden («Menschenartige») dürfte sich erst im Miozän vollzogen haben: die miozänen Funde aus dem Dryopithecus-Formenkreis (früher auch «Proconsul» genannt) lassen noch keine eindeutige Zuordnung zu einer der beiden Familien zu. Ramapithecus aus dem Pliozän Nordindiens stellt vermutlich schon einen Hominiden dar. Sicherlich den Hominiden zuzuordnen sind jedoch die mittlerweile recht zahlreichen plio- und pleistozänen Funde der Gattung Australopithecus, die (vollständig?) auf Afrika beschränkt sind.

Die Spaltung der Hominiden in die Gattungen Homo und Australopithecus dürfte sich etwa vor 3 Mill. Jahren vollzogen haben. Aus dem Frühpleistozän Ostafrikas kennt man einen grazileren, evoluierteren Hominidentyp, der von einigen Autoren bereits als Homo (Homo habilis) angesehen wird.

Vom Unterpleistozän an kennt man Hominidenformen mit einem Homo sapiens weitgehend gleichen Extremitätenskelett und einer gegenüber Australopithecus deutlich erhöhten Gehirnkapazität, die heute alle der Art Homo erectus zugeordnet werden (frühere Namen: Pithecanthropus, Sinanthropus).

Durch Fossilfunde ist belegt, daß sich die Gattung Australopithecus in Afrika auch noch nach dem Auftreten der Gattung Homo bis ins Pleistozän hinein halten konnte.

Die fossilen Homo-erectus-Funde lassen heute eine Untergliederung in mehrere Unterarten zu. Vom Mittelpleistozän an kennt man Funde, die eine Überschneidung von Homo-erectus- und Homo-sapiens-Merkmalen erkennen lassen. Der mittelpleistozäne Homo-Fund aus Steinheim («Homo sapiens steinheimensis») ist mit großer Wahrscheinlichkeit bereits der Art Homo sapiens zuzuordnen (Alter 200000–230000 Jahre). Der früher als eigene Art angesehene «Neander-

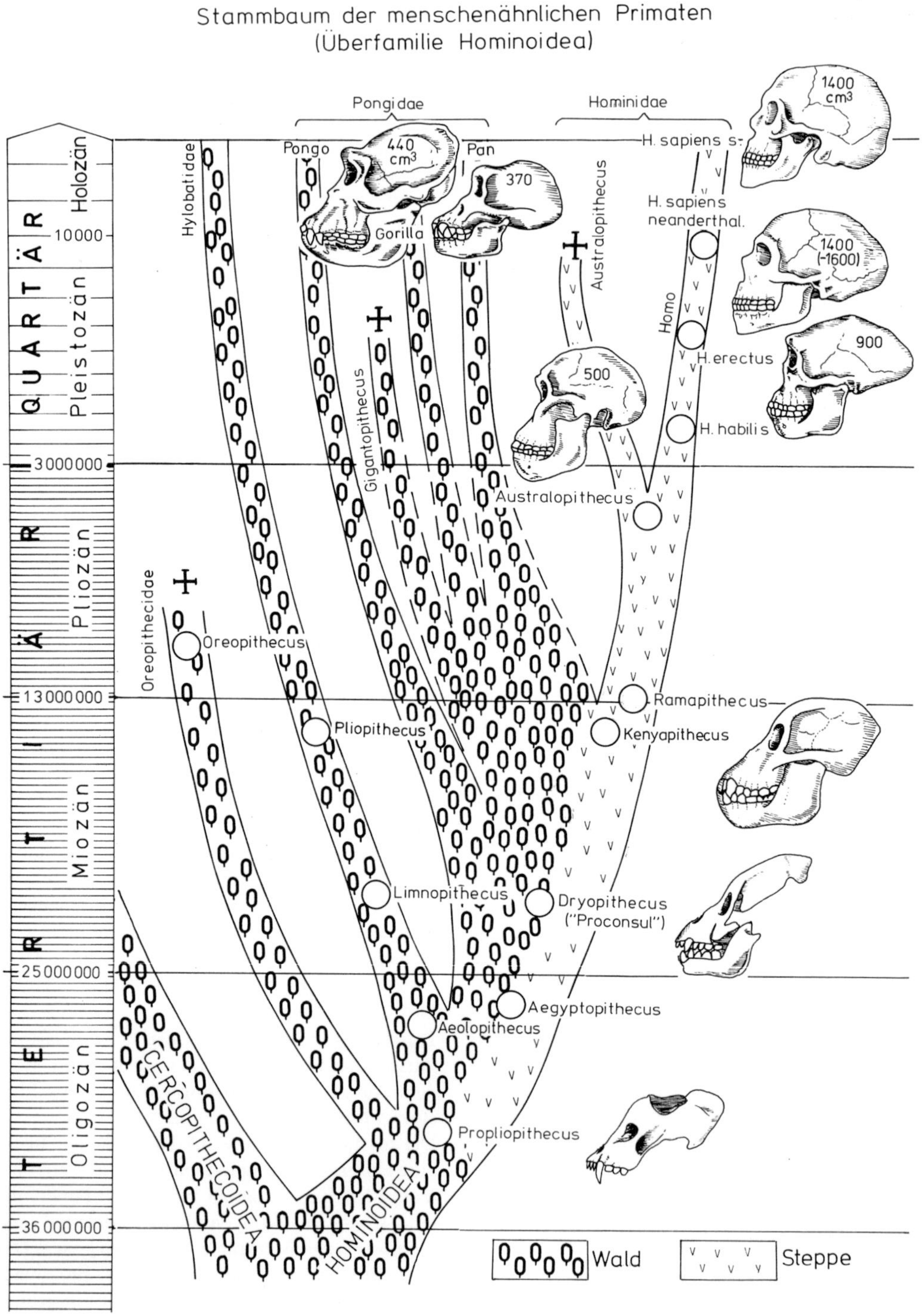

Abb. V, 10: Abstammung des Menschen. Die Zahlen in den Schädeln geben das Gehirnvolumen in cm³ an, (in Anlehnung an Heberer, Henke, Rothe).

thaler» dürfte ebenfalls eine Subspezies von Homo sapiens sein (Funde zwischen − 100000 und ca. − 70000 Jahren und dann in typischer Form aus dem Würm-Glazial West- und Mitteleuropas, bis − 35000 Jahre).
Die Fossilfunde zeigen, daß im Jungpleistozän bereits eine große Formenvielfalt der Art Homo sapiens existierte. Das erste Auftreten der rezenten Unterart Homo sapiens sapiens im Würm vor etwa 34000 Jahren fällt zusammen mit dem Verschwinden des klassischen Neanderthalers.
Über die letzte Entwicklung der Homo-sapiens-Populationen seit dem Jungpleistozän und die Entwicklung der heutigen Menschenrassen liegen bisher keine ausreichenden Daten für eine eindeutige, populationsgenetisch begründete Theorie vor.
Einen Überblick über den Stammbaum der Lebewesen und damit eine Zusammenfassung dieses Kapitels gibt Abb. V, 11.

4 Evolutionsfaktoren

a) Überblick

Charles Darwin und Alfred Russel Wallace haben 1858 die richtungslose Variabilität der Organismen und die Anpassungsselektion als die Kausalfaktoren der Evolution angesehen. Die moderne «synthetische Theorie», die auf den Erkenntnissen der Populationsgenetik aufbaut, fügt diesen Evolutionsfaktoren noch einige weitere hinzu.
Die Hardy-Weinberg-Regel (vgl. Kap. IV. C 7 Genetik) besagt, daß in «idealen Populationen» die Genfrequenzen sich nicht verändern können: Der Genpool der Population bleibt über unendlich viele Generationen konstant, Evolution findet nicht statt.
Für eine solche «ideale Population», für die die Hardy-Weinberg-Regel formuliert wurde, gilt:
(1) Es treten keine Mutationen auf
(2) Die Reproduktionsrate aller Individuen ist gleichgroß
(3) Die Population besteht aus unendlich vielen Individuen
(4) Es findet keine Einkreuzung aus fremden Populationen statt
(5) Die Paarungschance ist für jedes mögliche Paar gleichgroß.
Wenn eine dieser Voraussetzungen nicht erfüllt ist, dann gilt auch das Hardy-Weinberg-Gesetz nicht mehr, d. h. also, dann treten innerhalb der Population von Generation zu Generation Veränderungen auf. Es findet Evolution statt.
Damit ergeben sich als Evolutionsfaktoren (vgl. Abb. V, 12):
(1) Es treten Mutationen auf
(2) Die Reproduktionsraten sind unterschiedlich (Selektion)
(3) Die Population besteht aus einer endlichen Zahl von Individuen (Zufall, Gendrift)
(4) Es findet Einkreuzung aus fremden Populationen statt (Genfluß, Migration)
(5) Die Paarungschancen für die verschiedenen möglichen Paare sind unterschiedlich (Isolation).
Die Faktoren 1–4 bewirken eine genetische Veränderung innerhalb der Population. Damit ist die Chance zur weiteren Entwicklung und Höherentwicklung gegeben.
Der 5. Faktor führt zur Aufspaltung der Population und damit zur Artbildung. Die Artbildung ist der Elementarprozeß, der für die Entstehung der Formenvielfalt der Organismen verantwortlich ist.

b) Genetische Veränderungen in Populationen

(1) Mutationen

Als Mutationen bezeichnet man spontan oder auf Grund bestimmter physikalischer oder chemischer Einwirkungen auftretende Veränderungen im Genom. Man unterscheidet je nach Form der Änderung

- **Genom − oder Ploidie − Mutationen:** Abänderungen der Chromosomenzahl, z. B. Verdoppelung einzelner oder aller Chromosomen durch fehlerhafte Meiose.
- **Chromosomenmutationen:** Lageveränderungen und Umkehrungen der Gene innerhalb der Chromosomen, Verdoppelung von Chromosomenstückchen, Verlust von Chromosomenstückchen.
- **Genmutationen:** Veränderungen innerhalb eines Gens, meist Austausch einer Base innerhalb der DNS-Kette (vgl. Kap. IV. Genetik).

Die Wahrscheinlichkeit für eine bestimmte Mutation im Laufe einer Generation nennt man Mutationsrate. Sie ist immer sehr niedrig, kann jedoch durch bestimmte Chemikalien («Mutagene») oder physikalische Einwirkungen (Wärme, UV-Licht, radioaktive Strahlen, insbesondere Röntgen, α- und γ-Strahlen) heraufgesetzt werden. Da das Genom eines Organismus

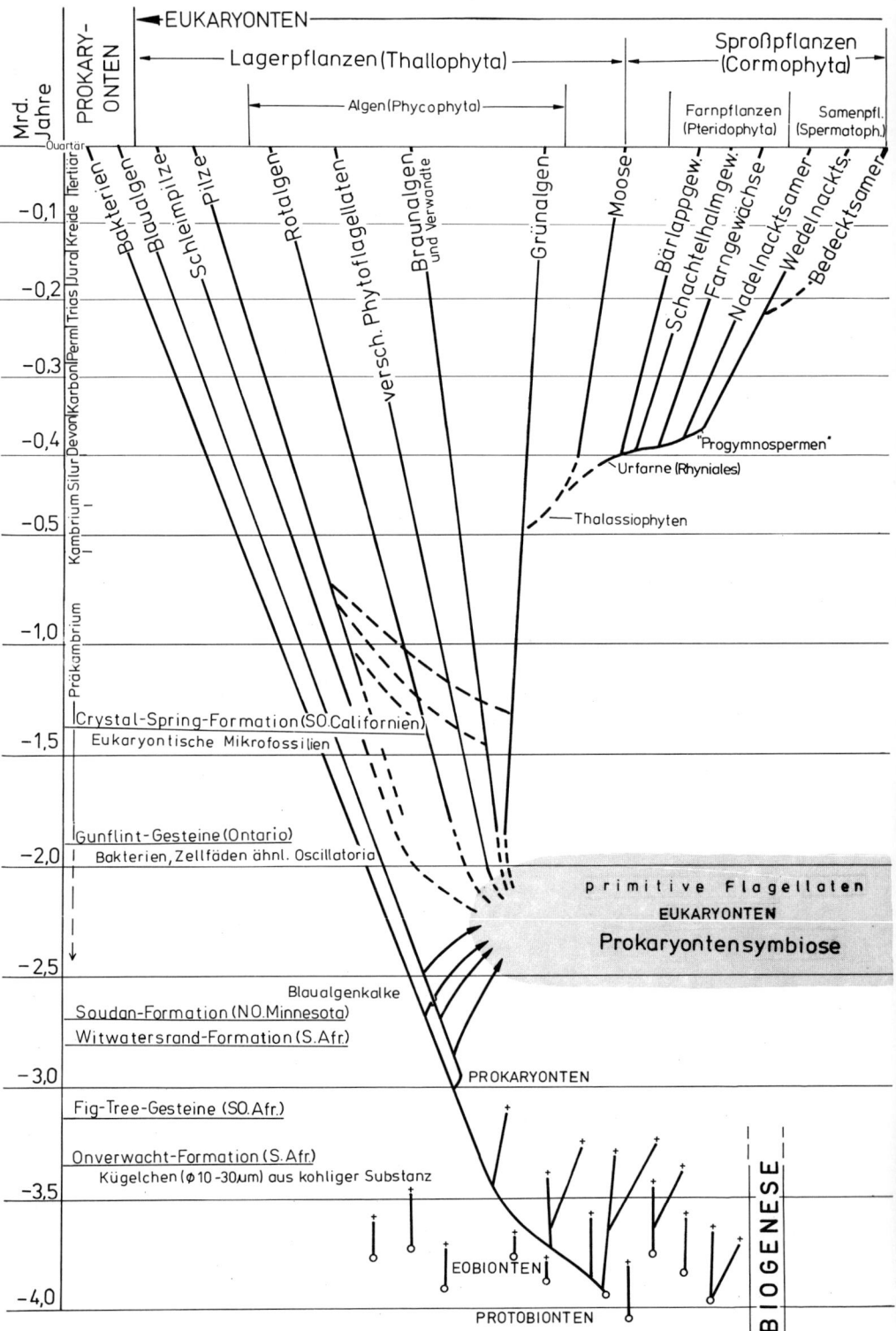

Abb. V, 11: Der Stammbaum der Lebewesen (kombiniert und verändert nach Kaplan, Zimmermann, Ehrendorfer, Remane, Storch, Welsch und anderen).

C Theoretische Grundlagen 187

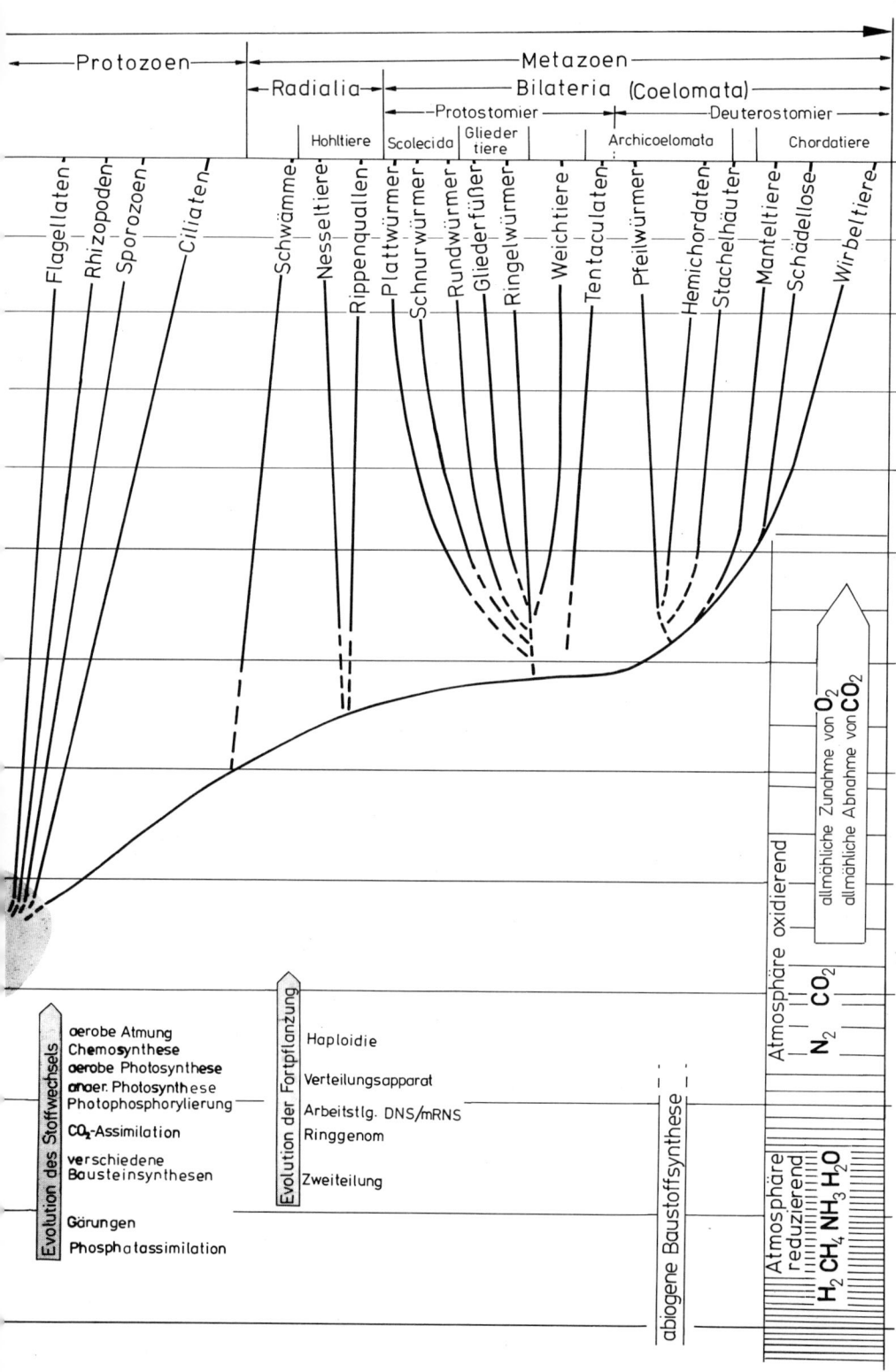

Evolutionsfaktoren

Mutation

Anpassungsselektion

Zufallsselektion

Migration

Isolation

eine sehr große Zahl von Genen enthält, ist der Gesamtanteil der Gameten mit mutierten Genotypen hoch, wahrscheinlich meist über 10%. Da außerdem die Zahl der Individuen innerhalb einer Population ziemlich hoch ist, geht die Zahl der durch Mutation entstandenen neuen Genotypen innerhalb einer Generation meist in die Tausende bis Hunderttausende.

Aus verschiedenen experimentellen Befunden läßt sich ableiten, daß etwa eine unter 1000 Mutationen «nützlich» ist, das heißt von evolutivem Wert für die Art. Nimmt man für eine Art eine Gesamtindividuenzahl von 100 Millionen pro Generation und eine stammesgeschichtliche Lebensdauer von 50000 Generationen an, so könnten sich nach dieser Schätzung 500 Millionen nützliche Mutationen in dieser Lebensspanne der Art ereignen. Nimmt man nun weiter an, daß durchschnittlich 500 Mutationen notwendig sind, um eine Art in eine andere umzuwandeln (im Einzelfall können es sicherlich sehr viel weniger oder auch sehr viel mehr sein) so würde es ausreichen, wenn sich eine von einer Million nützlicher Mutationen in der Art durchsetzen würde, um die beobachteten Evolutionsraten aus genetischer Sicht möglich zu machen.

Wie man bei Drosophila nachweisen konnte, unterliegen die Mutationsraten selbst einer genetischen Kontrolle: Sie werden von sogenannten Mutator-Genen beeinflußt. Solche Gene scheinen für gelegentlich auftretende sehr hohe Mutationsraten verantwortlich zu sein.

Phänotypische Konsequenzen der Mutationen. Eine Mutante kann nur erkannt werden, wenn sie sich auch im Phänotyp von der Ausgangsform (dem «Wildtyp») unterscheidet (vgl. Kap. IV, Genetik). Häufig beobachtete, mutationsbedingte Änderungen betreffen den strukturellen Bereich: Vermehrung der Zahl von Strukturen (z. B. Sechsfingerigkeit beim Menschen, Vierzähligkeit bei der Tulpenblüte), Reduktionen (z. B. Stummelflügeligkeit bei Drosophila), Verwachsungen («Einhuferschwein» mit verwachsenen Mittelzehen). Ausdehnungen oder Verschiebungen eines Organbezirks (z. B. Blütenkronblätter auf Kosten der Staubblätter bei «gefüllten Blüten»), Symmetrieänderungen (Wechsel von Rechts-Linkswindung bei Schnecken, Übergang von monosymmetrischen zu polysymmetrischen Blüten beim Löwenmäulchen).

Abb. V, 12: Evolutionsfaktoren.

Tabelle V, 4: Beispiele für spontane Mutationsraten bei verschiedenen Organismen (nach Sager und Ryan, 1961 aus Wilson und Bossert, 1973).

Organismen/Mutationstyp	Mutationsrate	
Bakteriophagen (T 2)		
Lyse-Hemmung	1×10^{-8}	pro Replikation
Wirtsspezifität	3×10^{-9}	
Bakterien (E. coli)		
Lactosefermentation	2×10^{-7}	pro Teilung
Histidinbedarf	4×10^{-8}	pro Teilung
Streptomycinempfindlichkeit: Hinmutation	1×10^{-9}	pro Teilung
Rückmutation	1×10^{-8}	pro Teilung
Algen (Chlamydomonas reinhardii)		
Streptomycinempfindlichkeit	1×10^{-6}	pro Teilung
Pilze (Neurospora crassa)		
Inosit-Bedarf	8×10^{-8}	bei asexueller Sporenbildung
Adeninbedarf	4×10^{-8}	
Mais (Zea mays)		
geschrumpfte Samen	1×10^{-5}	pro Gamet und pro Generation
Körner purpurn	1×10^{-6}	pro Gamet und pro Generation
Fruchtfliege (Drosophila melanogaster)		
gelber Körper (Männchen)	1×10^{-4}	pro Gamet und pro Generation
gelber Körper (Weibchen)	1×10^{-5}	pro Gamet und pro Generation
weißes Auge	4×10^{-5}	pro Gamet und pro Generation
Maus (Mus domesticus)		
buntes Fell	3×10^{-5}	pro Gamet und pro Generation
abgeschwächte Fellfarbe	3×10^{-5}	pro Gamet und pro Generation
Mensch (Homo sapiens)		
Bluterkrankheit	3×10^{-5}	pro Gamet und pro Generation
Albinismus	3×10^{-5}	pro Gamet und pro Generation

Besonders gut untersucht sind Mutationen, die den Stoffwechsel bei Mikroorganismen beeinflussen: Mangelmutanten können bestimmte Aminosäuren, Saccharide oder Nucleotide nicht selbst synthetisieren und gedeihen deshalb auf Minimalmedien nicht. Resistenzmutanten haben eine höhere Resistenz gegen Antibiotika als der Wildtyp, was praktisch vor allem bei der Bekämpfung von Krankheitserregern eine Rolle spielt (vgl. Kap. IV, Genetik).

Mutationsrate und Evolution. Die Mutationen wirken in zweifacher Weise auf die Evolution:
– sie schaffen neues genetisches Material, das dann den Einwirkungen der anderen Evolutionsfaktoren unterliegt,
– sie verändern die Häufigkeiten bestimmter Allele im Genpool der Population.

Im Normalfall gibt es für ein bestimmtes Allel sowohl eine feste Rate für die Hin- als auch für die Rückmutation.
In diesem Falle gibt es einen Wert für die Häufigkeit des mutierten Allels bzw. des Wildallels, bei dem keine Änderung der Allelfrequenz mehr eintritt, weil sich Hin- und Rückmutation die Waage halten.

Auf lange Sicht wird also durch Mutationen allein keine genetische Veränderung innerhalb einer Population erreicht werden.

Rekombination. Wenn auch die Zahl der Mutanten pro Generation innerhalb einer größeren Population recht hoch ist, so ist doch die Zahl der günstigen Mutanten sehr gering. Noch viel unwahrscheinlicher ist es, daß mehrere günstige Mutationen bei einem Individuum auftreten. Durch die Rekombination von genetischem Material bei sexuellen Vorgängen wird die Wahrscheinlichkeit der Häufung solcher günstiger Mutationen erhöht.

Der am weitesten verbreitete Rekombinationsmechanismus ist die Zell- und Kernverschmelzung («Befruchtung»). Bei Bakterien und Einzellern gibt es aber noch eine Reihe von anderen Mechanismen, die denselben Effekt haben («Parasexualität», vgl. Kap. IV, Genetik). Rekombination ist nur sinnvoll, wenn sie zwischen unterschiedlichen Genomen stattfindet. Hierfür sorgen morphologische Differenzierungen in verschiedene «Geschlechter», physiologische Differenzierungen in «Paarungstypen», Unverträglichkeitsfaktoren zwischen Individuen gleicher Erblinien und andere Einrichtungen.

Sexualität und Vermehrung sind bei vielen niederen Eukaryonten und bei Prokaryonten getrennte Vorgänge. Bei höheren Pflanzen und Tieren sind beide Vorgänge in der Regel gekoppelt. Dies hat den Vorteil, daß nun jeder Nachkomme ein neuer, individueller Erbtyp sein kann. Erst durch diese Kopplung erhält das Einzellebewesen seine Individualität.

Haploidie, Diploidie, Polyploidie. Bei haploiden Organismen wirkt sich jede Mutation gleich auf den Phänotyp aus. Besitzt ein Organismus von jedem Gen zwei oder mehr identische Ausgaben (Allele), so wirkt sich eine Mutation unter Umständen (insbesondere bei «Mangelmutanten») erst voll aus, wenn sie bei allen Allelen stattgefunden hat. Auf diese Weise können zahlreiche Mutanten und insbesondere neue Rekombinanten «gespeichert» werden: sie sind zunächst noch nicht der vollen Selektion ausgesetzt (s. u.).

(2) Anpassungsselektion

Die Anpassungsselektion bewirkt, daß bestimmte Individuen einer Population auf Grund ihrer besseren «Tauglichkeit» mehr Nachkommen haben, die wieder stärker bevorzugt zur Fortpflanzung gelangen, als andere. Die unterschiedliche Tauglichkeit der Phänotypen kann sich zum Beispiel auswirken beim Nahrungserwerb, bei der Flucht vor Räubern, bei der Resistenz gegen Parasiten und Krankheitserregern, bei der Resistenz gegen verschiedene Umweltfaktoren, beim Wettbewerb um einen Geschlechtspartner, beim Brutpflegeverhalten usw.

Fitness. Haben die Genotypen AA, Aa und aa unterschiedliche Fortpflanzungschancen, dann unterscheiden sie sich in ihrer «Fitness». Man setzt die Fitness W des Genotyps gleich 1, der die besten Chancen hat. Wir nehmen an, daß von je 100 Individuen des Genotyps AA und Aa alle zur Fortpflanzung kommen. Von 100 Individuen des Genotyps aa kommen nur 20 zur Fortpflanzung. Die Genotypen AA und Aa haben dann die Fitness 1, der Genotyp aa die Fitness 0,2.

Selektionskoeffizient. Für die Berechnung der Verteilung der Genhäufigkeit wird an Stelle der Fitness oft der Selektionskoeffizient s eingeführt. Für die Genotypen AA und Aa ist s_{AA} und $s_{Aa} = 0$, da sie alle zur Fortpflanzung kommen. Für den Genotyp aa ist $s_{aa} = 0,8$, da von 100 Individuen 80 nicht zur Fortpflanzung kommen. Allgemein gilt die Beziehung:

$$W = 1 - s$$

Wir nehmen an, daß in der Ausgangspopulation die Häufigkeit der beiden Allele gleich groß ist. Sie beträgt also für A und a je 0,5. Die Veränderung der Häufigkeit von a in der folgenden Generation ergibt sich aus Tab. V, 5, S. 191.

Kennt man den Selektionskoeffizienten s und die Häufigkeit q_0 der Ausgangspopulation, dann kann man die Häufigkeit von q_1 in der folgenden Generation berechnen:

$$q_1 = \frac{q_0 (1 - sq_0)}{1 - sq_0}$$

In unserem Beispiel war $q_0 = 0,5$ und $s = 0,8$. Es ergibt sich für q_1:

$$q_1 = \frac{0,5 (1 - 0,8 \cdot 0,5)}{1 - 0,8 \cdot 0,5^2} = 0,375$$

Auf diese Weise läßt sich die Häufigkeit von q für jede folgende Generation berechnen.

Abschließend wollen wir untersuchen, wie sich die Häufigkeit eines letalen Gens im Laufe von mehreren Generationen ändert. Bei Drosophila gibt es eine dominante Mutation (Curly), die sich durch gebogene Flügel auszeichnet. Homozygote Tiere sterben ab. Der Einfachheit halber nennen wir die beiden Allele wieder A und a. Kreuzen wir eine rein heterozygote Population, dann ist die Häufigkeit der beiden Allele gleich groß und beträgt je 0,5. Die Genotypen AA und Aa haben die Fitness 1 und entsprechend den Selektionskoeffizienten 0. Umgekehrt hat der Genotyp aa die Fitness 0 und den Selektionskoeffizienten 1. Es ergibt sich nach 2 Generationen folgende Häufigkeit q_2:

$$q_1 = \frac{0,5 (1 - 1 \cdot 0,5)}{1 - 1 \cdot 0,5^2} = 0,33$$

$$q_2 = \frac{0,33 (1 - 1 \cdot 0,33)}{1 - 1 \cdot 0,33^2} = 0,25$$

Wir sehen, daß selbst bei einem Letalfaktor erst nach zwei Generationen das letale Gen auf die Hälfte reduziert wird. Je geringer die Häufigkeit

Tabelle V, 5 (aus Sperlich, Populationsgenetik)

			Zahlenbeispiel				Allgemein			
			Für die Häufigkeit des Allels a wurde q=0,5 und als Selektionsnachteil der aa-Individuen s=0,8 angenommen.				$q_0 = 0,5$, $p_0 = 1 - q_0 = 0,5$ $s = 0,8$			
Vor der Selektion	q_0	Häufigk. von a Genotypen	50%				q_0			
			AA	Aa	aa	Gesamt	AA	Aa	aa	Gesamt
		Fitness	100%	100%	20%	—	1	1	1−s	—
		Anzahl bzw. Häufigkeit	25	50	25	100	p_0^2	$2p_0q_0$	q_0^2	1,0
			S E L E K T I O N							
Nach der Selektion	q_1	Anzahl bzw. Häufigkeit	25	50	5	100−20 =80	p_0^2	$2p_0q_0$	$q_0^2(1-s)$	$1-sq_0^2$
		Neue Häufigkeit von a (q_1)	$q_1 = \dfrac{\frac{50}{2}+5}{80} = 0,375$				$q_1 = \dfrac{\frac{2p_0q_0}{2}+q_0^2(1-s)}{1-sq_0^2} =$ $= \dfrac{(1-q_0)\cdot q_0 + q_0^2 - sq_0^2}{1-sq_0^2} =$ $= \dfrac{q_0 - q_0^2 + q_0^2 - sq_0^2}{1-sq_0^2} =$ $\boxed{\dfrac{q_0(1-sq_0)}{1-sq_0^2}}$			

Es kann eingesetzt werden: $p_0 = (1-q_0)$

Einsetzen von $q = 0,5$ und $s = 0,8$ in die Formel ergibt:
$$q_1 = \frac{0,5(1-0,8\cdot 0,5)}{1-0,8\cdot 0,5^2} = 0,375$$

des Gens ist, um so weniger wirkt sich aber die Selektion aus. Um die Genhäufigkeit z. B. von 0,02 (2%) auf 0,01 (1%) zu senken, benötigt man 50 Generationen. Will man die Genhäufigkeit noch einmal halbieren, dann sind weitere 100 Generationen notwendig. Daraus kann man ersehen, daß bei rezessiven Erbleiden (z. B. Phenylketonurie) eugenische Maßnahmen nicht sehr wirkungsvoll sind: Schließt man die homozygoten, rezessiven Merkmalsträger von der Fortpflanzung aus, so führt dies in absehbarer Zeit zu keiner merklichen Häufigkeitsabnahme des Erbleidens. Veränderungen durch eine Erhöhung der Mutationsrate sind gefährlicher.

Für die evolutive Höherentwicklung der Lebewesen, für die Zielstrebigkeit, mit der die Evolution fortschreitet, ist die Anpassungsselektion der entscheidende Faktor.

Ihre große Potenz wird deutlich, wenn man sich vor Augen hält, welche Möglichkeiten der Veränderungen in der gezielten Auslese durch den Menschen, der Tier- und Pflanzenzüchtung, stecken. Die verschiedenen Rassen des Haushundes (Canis lupus familiaris), die alle von der einen Stammform Canis lupus lupus (Wolf) abstammen, sind ein Beispiel, das schon Darwin anführte. Ebenso eindrucksvoll sind die verschiedenen Sorten des Gemüsekohls, die deutlich machen, daß praktisch jeder Teil des Vegetationskörpers züchterisch stark verändert und hervorgehoben werden kann, ganz nach den Nutzungsbedürfnissen.

Auswirkungen unterschiedlicher Eignung. Eine selektive Kraft kann die Veränderung einer Population auf drei verschiedene Art und Weisen beeinflussen: durch «stabilisierende» Selektion, durch «gerichtete» Selektion oder durch «disruptive» Selektion (vgl. Abb. V, 13).

Stabilisierende Selektion. Bei konstanter Umwelt werden durch Selektion vor allem die Extreme eliminiert. Dadurch wird die Variation der Genotypen vermindert, die Selektion wirkt der Veränderung entgegen.

Viele Biotope haben sich im Laufe von Jahrmillionen nur wenig oder gar nicht verändert. Die besiedelnden Arten sind deshalb meistens sehr gut an die entsprechenden Umwelten angepaßt. Die Chance, daß durch zufällige Veränderungen (Mutation und Neurekombination) besser angepaßte Formen entstehen, wird immer geringer,

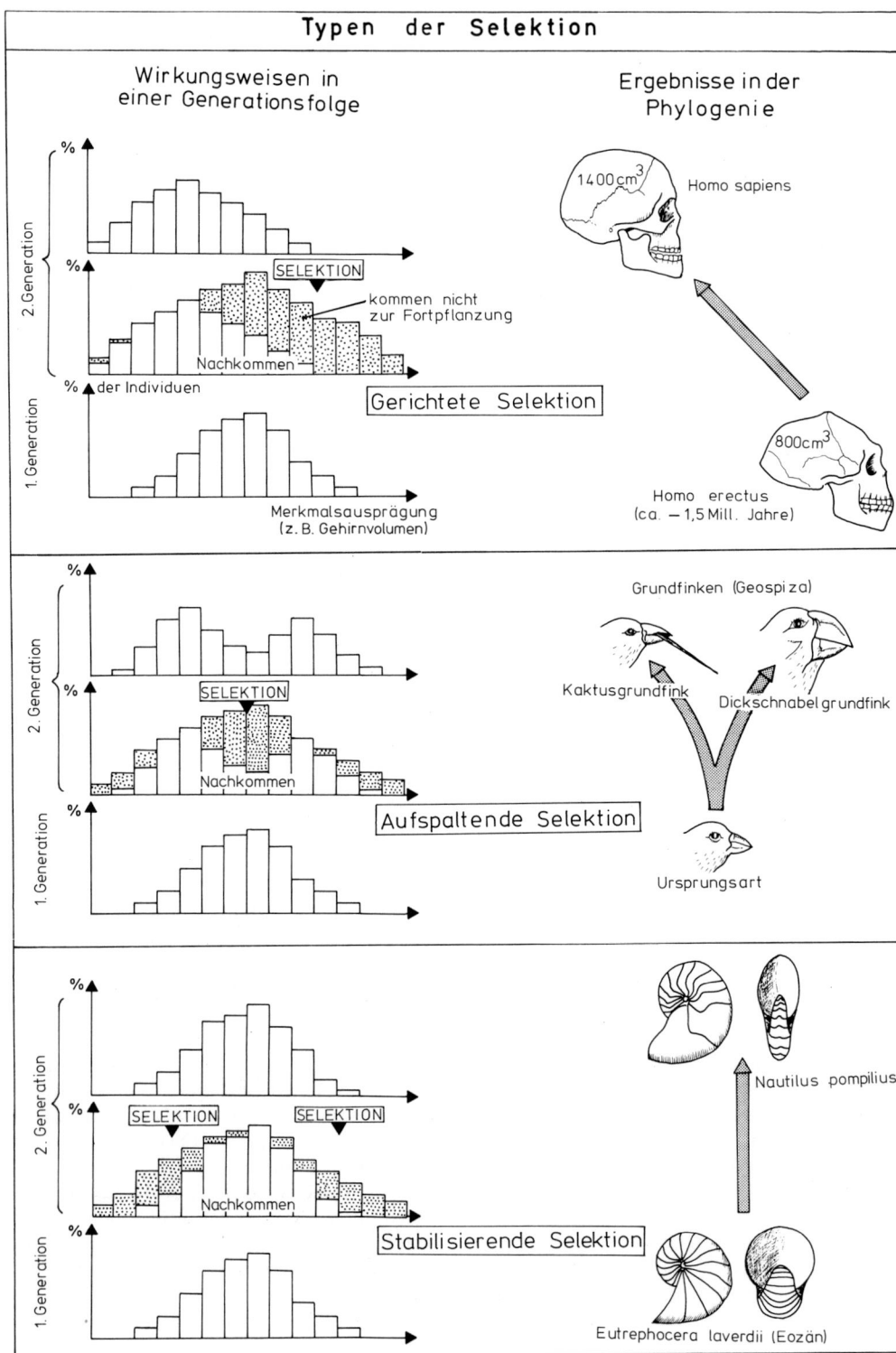

immer größer wird die Wahrscheinlichkeit, daß solche Veränderungen zu einer schlechteren Eignung führen. Die natürliche Auslese wirkt deshalb in erster Linie beschränkend: die Polymorphie und damit auch die Vielseitigkeit des Genpools wird verringert.

Unter unnatürlichen Bedingungen kann diese stabilisierende Selektion wegfallen. Eine große Uneinheitlichkeit ist die Folge: Die Fellfarbe von wilden Säugetieren etwa ist meist innerhalb einer Art bis auf Kleinigkeiten identisch, während bei Haustierrassen oft eine große Mannigfaltigkeit in der Färbung und Musterung der verschiedenen Individuen herrscht. Dieses starke Variieren ist besonders für relativ ursprüngliche Domestifikationsformen typisch (z. B. auch für «Landsorten» der Nutzpflanzen!). Starke züchterische Auslese kann dann wieder zu einer Vereinheitlichung führen.

In diesem Zusammenhang seien auch die sogenannten «Lebenden Fossilien» erwähnt. So bezeichnet man Überlebende aus Verwandtschaftskreisen, von denen die meisten Arten schon seit langer Zeit ausgestorben sind. Meistens bewohnen sie heute nur noch sehr kleine Areale (als Reliktendemiten), in denen offensichtlich so stabile Umweltbedingungen herrschen oder anderweitig wirkende Selektionsdrücke ausgeschaltet sind, daß sich diese Formen – infolge stabilisierender Selektion fast unverändert – über Hunderte von Jahrmillionen erhalten konnten (Beispiele: Zungenmuschel Lingula, Pfeilschwanzkrebs Limulus, Ginkgobaum Ginkgo biloba).

Gerichtete Selektion. Ändert sich die Umwelt einer Population, so bewirkt die Selektion eine Verschiebung der Phänotypen- und Genotypen-Häufigkeiten. Ein Indiz für die Wirksamkeit der gerichteten Selektion sind die großen Übereinstimmungen in Bau und Funktion, die unter dem Selektionsdruck derselben Umwelt oft parallel von Vertretern ganz unterschiedlicher Verwandtschaftsgruppen erworben wurden:

(1) Bei den verschiedensten Pflanzenfamilien wurde die «Kakteenform» (Stammsukkulenz, Reduktion der Blätter zu Dornen) in Anpassung an eine wüstenhafte Umwelt entwickelt (Abb. V, 14)

(2) Häufig wird der stärkste Selektionsdruck von Räubern ausgeübt. Eine «kryptische» Form und Zeichnung, die den Räubern das Ausmachen der Beute erschwert, hat sich deshalb bei vielen Tieren durch «Räuberselektion» herausgebildet (Mimese, vgl. Abb. V, 15c). Bei den Pflanzen zeigen die «Lebenden Steine» (Mesembryanthemaceae, vgl. Abb. VII, 18) eine ähnliche Tarntracht, die sie vor Herbivoren schützt. Bei Räubern kann eine solche Tarnung umgekehrt auch wieder einen Vorteil beim Beuteerwerb bedeuten (vgl. Abb. V, 15d).

(3) Eine besondere Form der Schutzanpassung wird «Mimikry» genannt. Entweder ahmen harmlose bzw. genießbare Arten ungenießbare bzw. für den Räuber gefährliche Arten nach (Batessche Mimikry, vgl. Abb. V, 15e, f) oder verschiedene giftige, ungenießbare oder gefährliche Arten besitzen dieselbe Warntracht und profitieren damit alle vom einmaligen Lernvorgang des Räubers (Müllersche Mimikry).

(4) Auch besondere Warn- oder Schreckfärbungen und Muster – etwa die Augenmuster von Schmetterlingen und Raupen, die dem Räuber plötzlich präsentiert werden und den Kopf eines großen Tieres vortäuschen – müssen durch gerichtete Selektion entstanden sein. Sie stellen für den Räuber eine Feind-Attrappe dar und schrecken ihn ab (vgl. Abb. V, 15a, b).

Durch das Wirken der gerichteten Selektion über Millionen von Generationen wurden die erstaunlichsten Anpassungen möglich, die genannten Beispiele sind nur ein ganz bescheidener Ausschnitt. Besonders eindrucksvoll sind vor allem die wechselseitigen Anpassungen von verschiedenen Organismengruppen, etwa von Blüten und bestäubenden Insekten oder Vögeln.

Disruptive Selektion. Die disruptive Selektion führt zu der sog. «Einnischung» (Annidation), die Ludwig (1950) als eigenen Evolutionsfaktor herausgestellt hat: Eine Variante, die in der Stammpopulation keine Entwicklungschance hat, da dort ihre Eignung geringer ist, kann in einer ökologischen «Nische» fitter sein. Während bei der gerichteten Selektion die zeitliche Änderung der Umwelt entscheidend ist, tritt hier die räumliche Umweltänderung in den Vordergrund.

Geraten, z. B. bei Arealvergrößerung, Teile einer

Abb. V, 13: Typen der Selektion mit Beispielen (in Anlehnung an Wilson und Bossert, Nautilus-Eutrephocera nach Miller aus Grassé).

Konvergenz als Folge gleichgerichteter Anpassungsselektion: Stammsukkulenz

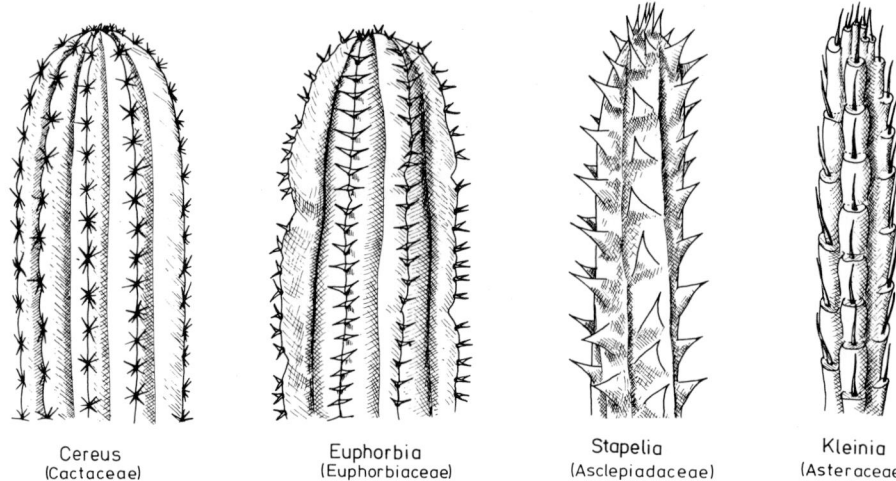

Abb. V, 14: Cereus mixtecenis (nach einer Fotografie aus Kupper, das Kakteenbuch), Euphorbia baumieriana, Stapelia variegata, Kleinia stapeliiformis (nach Denffer).

Population unter neue, ökologische Bedingungen, so werden sie dort durch scharfe Selektion dezimiert oder sogar vernichtet. Einige Individuen können jedoch bestimmte Eigenschaften besitzen, die in dieser neuen Umgebung von Vorteil sind. Sie sind «praeadaptiert» für diese neue Umwelt. Auch wenn sie in der Hauptpopulation unterlegen sind, werden sich diese Typen erhalten, da sie in einer Nische eine höhere Eignung besitzen.

Alle natürlichen Areale bestehen aus einer mehr oder weniger großen Zahl ökologischer Nischen, so daß auf die Gesamtpopulation unterschiedliche Selektionsbedingungen einwirken. Die graphische Darstellung eines durch disruptive Selektion beeinflußten Merkmalskomplexes ergibt eine Kurve mit zwei oder mehr Maxima, jedes Maximum entspricht einer Nische (Abb. V, 13, Mitte).

Tritt bei dieser Form der Selektion auch noch eine bevorzugte Paarung zwischen Individuen desselben Genotyps hinzu, so leitet sie über zur «ökologischen Isolation» (siehe unten).

(3) Zufall («Gendrift»)

Die Hardy-Weinberg-Regel macht Wahrscheinlichkeitsaussagen. Wie alle «Gesetze» der Statistik trifft es genau nur für unendlich viele Ereignisse, d. h. also: unendlich große Populationen, zu.

Zur Verdeutlichung dieses Problems: Wenn wir eine Serie von Würfen mit einer Münze machen, so ist die Wahrscheinlichkeit für einen bestimmten Wurf (Zahl oder Wappen) jedesmal 0,5 (50%). Bei unendlich vielen Würfen müßten wir danach genau 50% Würfe mit Zahl und 50% Würfe mit Wappen erhalten. Bei 10 Würfen wird man aber nur selten zu diesem Verhältnis kommen. Dagegen wird bei 1000 Würfen die Abweichung von diesem Erwartungswert nur gering sein.

Zurück zu den Populationen. Je kleiner eine Population, desto größer ist bei der Verteilung der Gene auf die Tochterpopulation der Einfluß des Zufalls. Natürliche Populationen sind oft Größenschwankungen ausgesetzt. Oft überwintern zum Beispiel nur wenige Individuen, die dann im nächsten Jahr die neue Population aufbauen. Die Auswahl dieser «Stammväter» ist meistens mehr von Zufällen als von «Anpassungsselektion» abhängig. Ein wichtiger Ansatzpunkt für zufällige Selektion sei noch vermerkt: Da sowohl im weiblichen, als vor allem auch im männlichen Geschlecht immer viel mehr Keimzellen gebildet werden, als zur Befruchtung benötigt werden, kommt es hierbei schon zu einer ersten, weitgehend zufälligen «Auslese».

Besonders einschneidend kann die Zufallsauslese weiterhin bei der Neubesiedelung isolierter Territorien sein. Es kann hier vorkommen, daß eine neue Population (etwa auf einer neuentstandenen Vulkaninsel) nur von einem eingewanderten trächtigen Weibchen ausgeht. Die zufällige Zusammensetzung von dessen Genom bestimmt dann erst einmal die Genverteilung in der neuen Population, so kann schon zum Startzeitpunkt der Genpool dieser Tochterpopulation sehr stark vom Genpool der Ausgangspopulation abweichen, obwohl noch keinerlei Anpassungsselektion stattgefunden hat.

(4) Genfluß (Migration)

Bedeutende Änderungen der Genfrequenz können schließlich auch durch Abwanderung oder Zuwanderung von Individuen zu einer oder von einer Population erreicht werden. Man unterscheidet *infraspezifischen Genfluß* zwischen (geographisch oder ökologisch) getrennten Populationen derselben Art und interspezifischen Genfluß (Bastardierung). Der zweite Fall ist zwar seltener, seine Auswirkungen sind aber besonders drastisch. Vor allem bei der Evolution höherer Pflanzen dürfte Bastardierung bei der Bildung neuer Arten eine wichtige Rolle spielen.

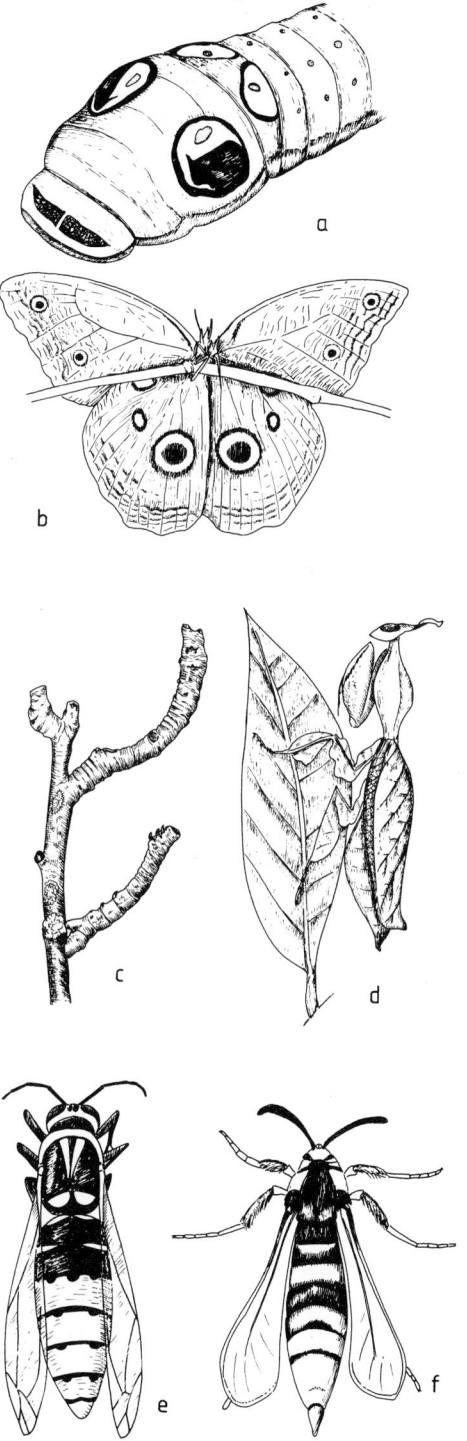

Abb. V, 15: Ergebnisse der Anpassungsselektion
a) Raupe des Nordamerikanischen Schwalbenschwanzes (Papilio trolius); b) Caligo spec. (engl. «Owl Butterfly»): die großen Augen auf der Unterseite der Hinterflügel sollen dem Kopf einer Eule gleichen; mindestens schrecken sie bei plötzlichem Entfalten der Hinterflügel einen möglichen Räuber ab; c) Spannerraupe in typischer Ruhestellung: die Raupe hält sich nur mit dem letzten, am Körperende sitzenden Beinpaar fest und streckt den dünnen langen Körper völlig steif von der Unterlage weg, so daß sie einem kleinen Zweig täuschend ähnlich sieht; d) Fangheuschrecke aus Madagaskar in Lauerstellung; solche Blattimitationen treten auch bei Heuschrecken, Schmetterlingen, Wanzen auf; e) Hornisse (Vespa crabro), Ordnung Hautflügler: die schwarzgelbe Ringelung des Hinterleibs ist typisch für viele stechende Hautflügler (Müllersche Mimikry); f) Hornissenschwärmer (Aegeria apiformis), Ordnung Schmetterlinge: ein harmloses Tier, daß aus der Nachahmung der Hornissenwarntracht Gewinn zieht (Batessche Mimikry).
(a, c, und f nach Fotografien in A. und B. Klots, Knaurs Tierreich in Farben, Insekten; b, d nach Fotografien in R. Moore, Evolution).

Beispiele: Die beiden häufigsten Nelkenwurz-Arten in Europa, Geum urbanum (Echte N.) und Geum rivale (Bach-N.), sind morphologisch sehr deutlich unterschieden und normalerweise hinsichtlich ihrer ökologischen Ansprüche so verschieden, daß sie selten nebeneinander vorkommen. G. urbanum ist vor allem im Flachland in den von Menschen bearbeiteten Baumhecken- und Wegrandgesellschaften zu Hause, G. rivale wächst meist an feuchten, schattigen Plätzen und bevorzugt Mittelgebirgslagen. In Wäldern und Gestrüpp, wo beide Arten zusammen vorkommen, kommt es aber zur Ausbildung von Bastardpopulationen.
Insbesondere in feuchten Erlen-Eschenwäldern Westeuropas und der Britischen Inseln sind solche Bastardpopulationen verbreitet. Diese morphologisch und ökologisch intermediären Populationen sind fertil, also eine echte biologische Art (Geum intermedium).
1848 waren nur 7 Crataegus-Arten (Weißdorn) aus Nordamerika bekannt, 1950 zählte man bereits 866! Dieser enorme Unterschied läßt sich nicht nur mit der besseren Untersuchung des Gebietes und mit der verfeinerten Artauffassung moderner Systematiker begründen. Die entscheidende Ursache dürfte sein, daß nach der Abholzung weiter Gebiete Nordamerikas die vorher gut getrennten Crataegus-Artpopulationen in den neuentstandenen Biotopen zahlreiche Bastardpopulationen aufbauten.

c) Spaltung von Populationen durch Isolation (Artbildung)

Während die unter 4.b genannten Evolutionsfaktoren in den meisten Fällen (Bastardierungen und Genommutationen bei Pflanzen ausgenommen) nur zu einer Veränderung innerhalb der Population führen, ist die *Isolation* der Faktor, der zur Auftrennung der Arten und damit letztlich zur Formenmannigfaltigkeit der Lebewesen führt.

(1) Biologischer Artbegriff

Eine natürliche biologische Art umfaßt alle Populationen oder Individuen, die einer (potentiellen) Fortpflanzungsgemeinschaft angehören. Sie ist auf Grund der gemeinsamen Herkunft ihrer Individuen morphologisch, physiologisch, ökologisch usw. von allen anderen Fortpflanzungsgemeinschaften unterschieden. Diese Unterschiede beruhen auf einer genetischen Isolierung («Reproduktive Isolation»). Arten sind somit geschlossene genetische Systeme.
Wenn von vielen Biologen betont wird, daß Arten objektive Realitäten seien, so muß dies allerdings auf Grund der fließenden Übergänge von unvollständig isolierten Teilpopulationen bis zu echten Arten eingeschränkt werden. Eindeutig ist nur die theoretische Definition, praktisch sind Arten in den allermeisten Fällen sehr subjektiv verstandene Einheiten.
In welche Schwierigkeiten man mit dem biologischen Artbegriff schon bei ganz kommunen, bereits von Linné aufgestellten Arten kommen kann, zeigt obiges Beispiel der Nelkenwurz-Arten Geum urbanum und Geum rivale. Handelt es sich tatsächlich um zwei Arten, oder nur um zwei fast getrennte Teilpopulationen («Rassen») einer Art?
Hinzu kommt eine weitere Schwierigkeit: Der biologische Artbegriff kann nur für sich sexuell fortpflanzende Populationen verwendet werden, die sich nicht – oder wenigstens nicht ausschließlich – selbst befruchten.
Gerade bei «Arten» der Blütenpflanzen sind jedoch Autogamie (Selbstbefruchtung) und Apomixis (ungeschlechtliche Fortpflanzung) sehr verbreitet. In solchen Gruppen gibt es eigentlich keine «Arten», sondern nur «Klone», d. h. einheitliche Abkömmlinge eines Individuums. Jedes Individuum ist genetisch isoliert und jede Mutation führt – streng genommen – zu einem genetisch neuen Klon.

(2) Formen der reproduktiven Isolation

Geographische (= räumliche) Isolation. Die geographische Aufspaltung einer Population kann durch Gebirgsbildungen, Vorstoß von Meeresarmen, Absenkung von Festländern unter Meeresniveau, vulkanischen Inselbildungen oder Klimaveränderungen bewirkt werden. Besonders auffällig ist die geographische Isolation auf Inselarchipelen oder Gebirgsstöcken. Hier kommt es vielfach zur Rassen- und Artbildung. (Beispiel: Darwin-Finken auf Galapagos, Kleidervögel auf Hawai, Sonnenblume Scalesia auf Galapagos, Steinböcke in den eurasiatischen Tertiärgebirgen, vgl. Abb. V, 16).
Ökologische Isolation: Ökologische Isolation kann durch disruptive Selektion (s. o.) eingeleitet werden. Es entstehen polymorphe Populationen mit Anpassungen an unterschiedliche ökologische Nischen. Paaren sich die Individuen

einer Nischen-Population bevorzugt untereinander, so beginnt die ökologische Isolation.
Beispiel: Die Hainschnirkelschnecke (Cepaea nemoralis) bildet drei ökologische Rassen, die leicht an ihrer Gehäusefärbung zu erkennen sind: Das Haus der Waldrasse ist rötlich, das der Wiesenrasse gelblich, die Heckenrasse hat ein stark gebändertes Haus.
Bei Parasiten kann die Artbildung bei Wirten eine genetische Schranke bedeuten. Die Artbildung läuft dann bei Wirten und Parasiten parallel.
Fortpflanzungsbiologische Isolation. Die erfolgreiche Paarung zwischen Individuen einer Population kann durch verschiedene Mechanismen eingeschränkt werden:
(1) durch verschiedne Lage der Paarungszeit (mögliche Folge einer vorherigen ökologischen Isolation)
(2) durch verschiedene Kontaktstoffe, Farbmuster, Balzverhalten
(3) durch Behinderung des Weges der männlichen Keimzellen zu den Eizellen
(4) durch Schwierigkeiten bei der Kopulation (Differenzen in den Begattungsorganen, Größendifferenzen)
(5) durch genetische Inkompatibilität (Unverträglichkeit).

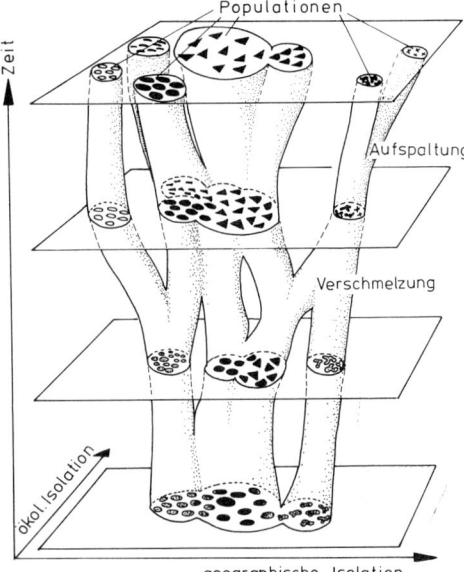

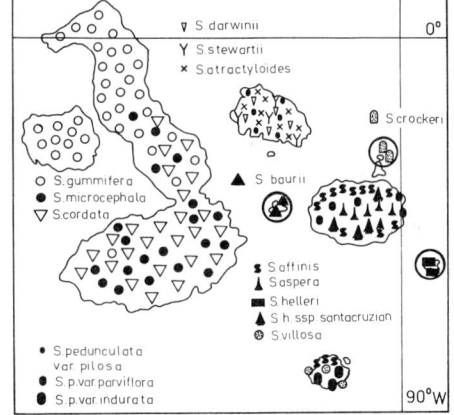

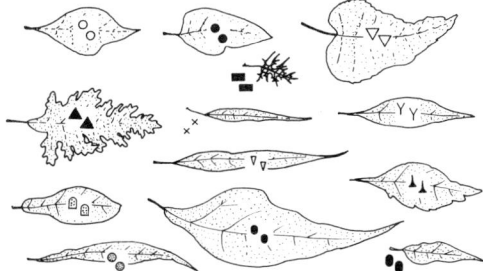

Abb. V, 16: a) Schematische Darstellung der Mikroevolution einer Populationsgruppe: Die Einzelzeichen in den vier Zeitebenen markieren Individuen; ihre unterschiedliche Farbe und Form stehen für unterschiedliche physiologische, morphologische und genetische Konstitution der Einzelindividuen. Räumliche oder ökologische Isolation von Teilpopulationen führt zur Aufspaltung, getrennte Tochterpopulationen können jedoch auch wieder hybridisieren (Verschmelzung). Hierbei können durch Alloploidie spontan neue Sippen entstehen (Aufspaltung) (teilweise in Anlehnung an Ehrendorfer).
b) Die Gattung Scalesia (Sonnenblume mit verholztem Stengel) hat sich auf dem Galapagos-Archipel sehr stark aufgespalten. Geographische Isolation führte zu einer starken morphologischen Differenzierung (Blätter!), aber auch zu genetischen Barrieren, die eine Hybridisierung zwischen den verschiedenen Sippen erschweren oder unmöglich machen (aus Briggs und Walters nach Cronquist, verändert).

(3) Transspezifische Evolution

Die Evolutionsprozesse, die sich auf dem Niveau der Populationen abspielen und die letztlich zur Artbildung führen, werden auch Mikroevolution genannt.

Die Kausalität dieser Prozesse wird, wie oben dargelegt, heute weitgehend verstanden, wenn auch Fragen des Zusammenwirkens verschiedener Evolutionsfaktoren häufig noch strittig sind.

Anders ist es mit dem Evolutionsgeschehen, das die Herausbildung höherer taxonomischer Einheiten und die stammesgeschichtliche Entwicklung ganzer Organismengruppen betrifft. Bis heute ist nicht endgültig geklärt, ob im Bereich dieser Makroevolution außer den genannten Evolutionsfaktoren noch weitere hinzutreten.

Oberhalb der Artbildung kann man drei Typen des Evolutionsablaufs erkennen:

(1) Die Entstehung zahlreicher nachstehender Formen, die voneinander etwa denselben evolutiven Abstand haben. Diese Aufspaltung gleichen Maßstabs erfolgt innerhalb eines Anpassungsbereichs, einer adaptiven Zone. Sie wird deshalb auch adaptive Radiation oder Allogenese genannt. (Andere Namen, die denselben Vorgang bezeichnen, sind Allomorphose, Kladogenese und Idioadaptation.)

Ein Beispiel wäre die Allogenese der Fische im limnischen und marinen Pelagial (vgl. Abb. V, 17).

(2) Während die Allogenese den Normalfall des Evolutionsablaufs darstellt, kommt es in seltenen Ausnahmefällen dazu, daß evolutive Veränderungen einer kleinen Gruppe von Arten oder nur einer Art den Übertritt aus einer adaptiven Zone in eine andere gestatten. Dieser Übertritt erfolgt gewöhnlich relativ schnell, wobei viele Gruppen in den «interzonalen Räumen» untergehen können, ohne die neue adaptive Zone zu erreichen. Sobald jedoch einer Gruppe dieser Sprung gelungen ist, tritt eine neue adaptive Aufspaltung ein. Wir wollen diese zweite, seltenere Ablaufform der Evolution nach Takhtajan und Rensch Arogenese nennen.

(3) Als dritte Form des Evolutionsablaufs kann man die lange andauernde Evolution einer wenig aufspaltenden Linie unterscheiden, die nicht zu einer neuen adaptiven Zone führt (Stasigenese). In Abb. V, 17 sind diese verschiedenen Ablaufformen der Evolution am Beispiel eines (im einzelnen fiktiven) Stammbaumes der Wirbeltiere dargestellt.

d) Besonderheiten

(1) Balancierter Polymorphismus

Es gibt Fälle, in denen Heterozygote einen Selektionsvorteil gegenüber beiden Sorten von Homozygoten besitzen. In diesen Fällen bleibt der Polymorphismus innerhalb der Population immer bestehen.

Das klassische Beispiel ist die sog. Sichelzellenanämie beim Menschen: Der Genotyp SS hat normales Hämoglobin, beim Genotyp ss ist bei der Protein-Kette an der 6. Stelle der AS-Sequenz statt Glutaminsäure Valin eingefügt. Dies hat zur Folge, daß der O_2-Transport der roten Blutkörperchen so stark verschlechtert ist, daß die homozygoten «Sichler»[1] in der Regel nicht lebensfähig sind. Trotzdem kann das Gen s lokal, etwa in Äquatorialafrika, bis zu 20% Häufigkeit in der Bevölkerung erlangen. Dies hängt damit zusammen, daß die lebensfähigen heterozygoten Sichler (Ss) resistent gegen Malaria sind. In Malariagebieten besitzen sie deshalb einen Selektionsvorteil (vgl. Abb. V, 18, 19).

(2) Exzessivorgane und geschlechtliche Selektion

Als Argument gegen die Wirksamkeit der Anpassungsauslese wird oft vorgebracht, daß es sehr viele «sinnlose» Formen und Organe gibt, die ihren Trägern im «Kampf ums Dasein» keinen Vorteil oder sogar Nachteile bringen (vgl. Abb. V, 20):

– die gewaltigen Geweihe der Hirsche werden, was eine schwere Belastung des Gesamtstoffwechsels darstellt, jedes Jahr neu gebildet. Ihr enormes Gewicht verlangt eine überdimensionierte Nackenmuskulatur und macht ihre Träger schwerfällig.

– die Schwanzfedern des männlichen Pfaus sind beim Flug hinderlich, da zu lang

– exzessive Vergrößerungen des ersten Brustsegments bei zikadenartigen Insekten (Fam. Membracidae – Buckelzirpen) behindern diese Insekten bei der Fortbewegung

---

[1] In Blutausstrichen nehmen die roten Blutkörperchen vom ss-Genotyp Sichelform an.

C Theoretische Grundlagen 199

Makroevolution

Beispiel: Phylogenie der Wirbeltiere

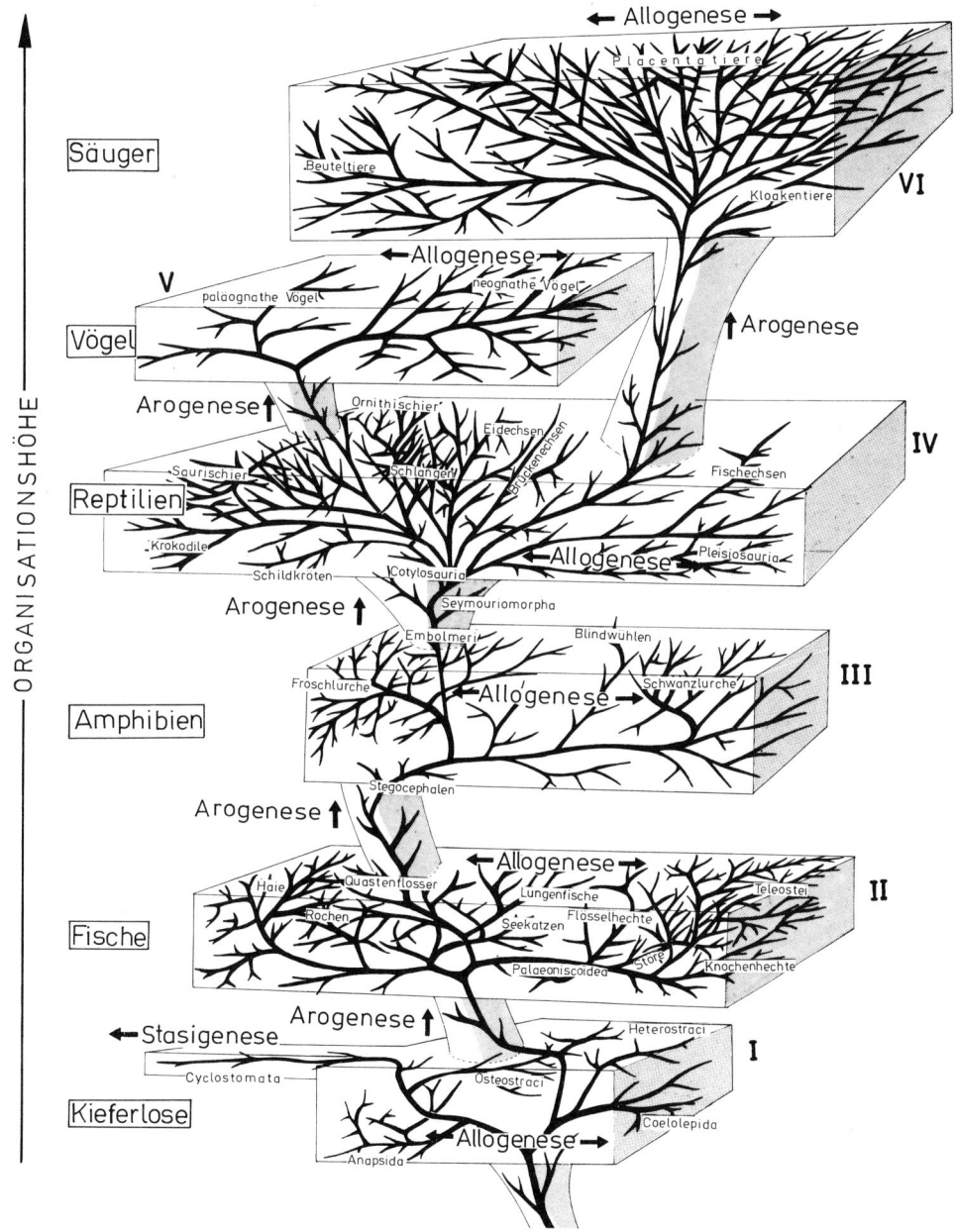

Abb. V, 17: Ablaufformen der Makroevolution am Beispiel des Wirbeltierstammbaums (schematisiert und vereinfacht). Jeder Kasten entspricht einer adaptiven Zone. Der Übertritt von der einen in die andere adaptive Zone wird jeweils von seltenen evolutiven Neubildungen ermöglicht (I–II: Kieferbogen, II–III: Lungen, Beine, III–IV: Eihüllen; IV–V: Warmblütigkeit, Federkleid; IV–VI: Warmblütigkeit, sek. Kiefergelenk, Haarkleid, Milchdrüsen).

Sichelzellenanämie

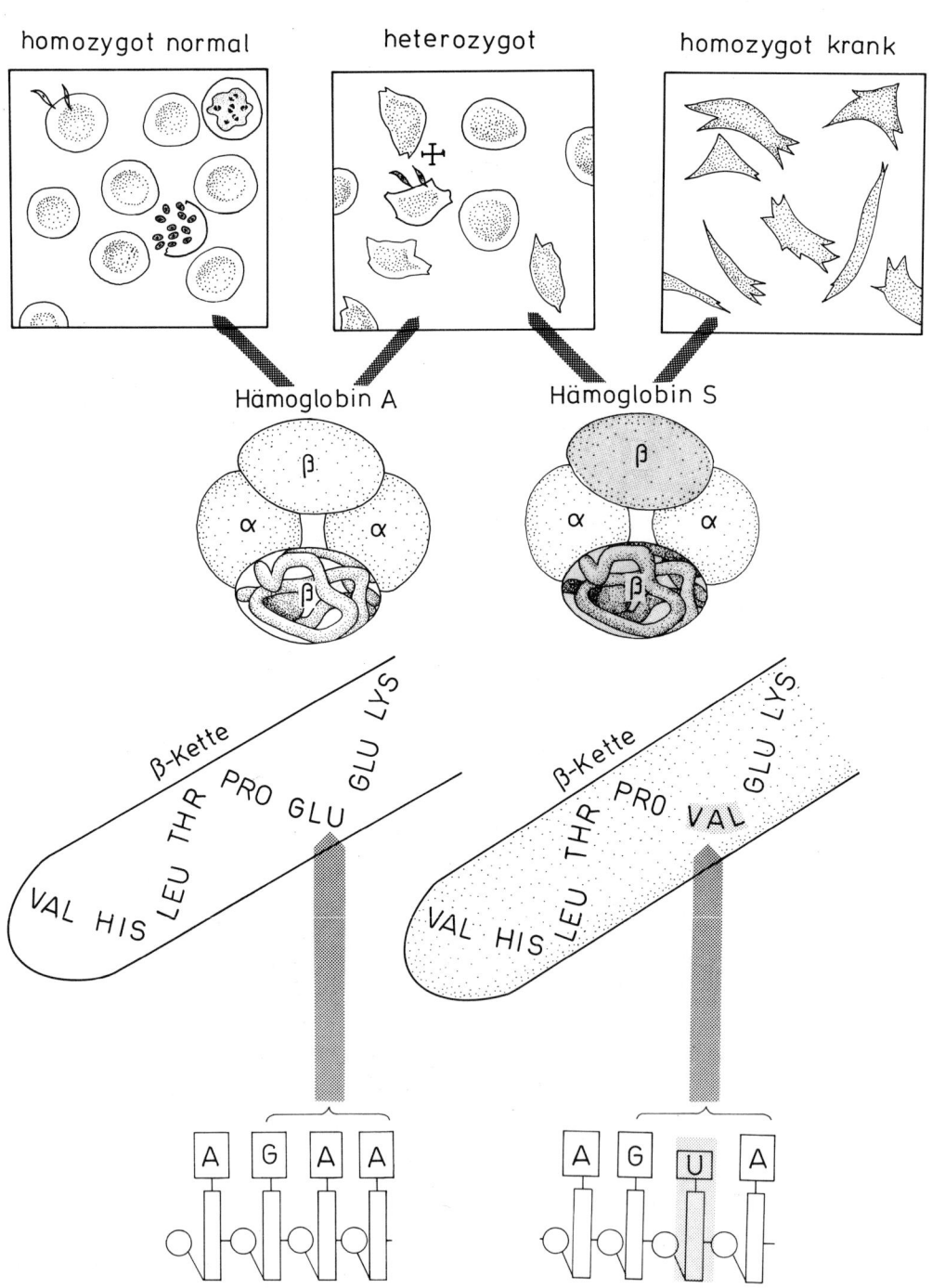

Ausschnitt aus der entsprechenden m-RNS

Häufigkeit des Sichlergens in Afrika

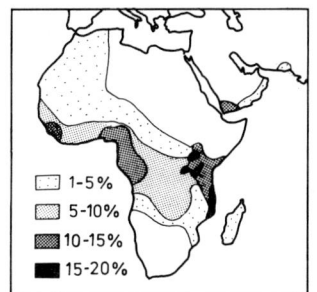

Malariagebiete

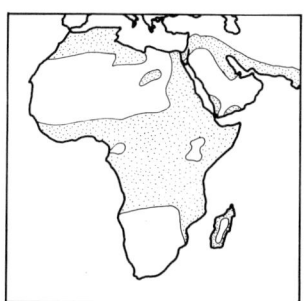

Abb. V, 19: Übereinstimmung von Malariagebieten und Häufigkeitszentren des Sichlergens in Afrika (nach De Beer).

– die riesigen, geweihförmigen Mandibeln männlicher Hirschkäfer stellen eine «Materialverschwendung» und eine «unnötige» Behinderung für ihre Träger dar.

Diese Liste ließe sich noch lange fortsetzen.

Viele solcher Exzessivorgane sind auf männliche Tiere beschränkt. Bei der Konkurrenz um den Geschlechtspartner schneiden die Männchen mit den auffälligsten Farbmustern, dem größten Geweih usw. am besten ab. Sie haben die besten «Auslöser» für das Paarungsverhalten der Weibchen (vgl. Kap. III, Verhalten). Für alle Exzessivorgane, die auf das männliche Geschlecht beschränkt sind, dürfte diese «geschlechtliche Zuchtwahl», die schon Darwin als die Ursache des weitverbreiteten geschlechtlichen Dimorphismus erkannte, entscheidend sein.

4) Orthoevolution

Betrachtet man das paläontologische Material, so läßt sich die Tatsache nicht leugnen, daß viele Stammeslinien Jahrmillionen hindurch immer unverändert denselben Entwicklungstendenzen folgten: bestimmte Merkmalskomplexe wurden immer weiter ausgebaut, wobei die Grundtendenz der Merkmalsveränderung gleich blieb.

So verlief zum Beispiel die paläontologisch ausgezeichnet untersuchte Entwicklung der Unpaarhufer ausgesprochen orthoevolutiv: das gilt sowohl für die Herausbildung eines einzigen Fußes als auch für die stetige Größenzunahme. Gibt es für die Orthoevolution kausale Erklärungsmöglichkeiten oder ist sie Ausdruck einer den Lebewesen, der Materie oder dem ganzen Kosmos innewohnenden Finalität? Über diese Frage wurde und wird viel diskutiert.

Eine Erklärungsmöglichkeit ist die «Orthoselektion»: Wirken gleichgerichtete Umwelteinflüsse sehr lange auf eine Population ein, so ist das Ergebnis der daraus resultierenden Anpassungsselektion eine «gerichtete» orthoevolutive Entwicklung.

Daneben dürften jedoch auch noch andere Faktoren eine Rolle spielen: Jede Art ist das Ergebnis einer langen stammesgeschichtlichen Entwicklung. Diese vorausgehende Stammesgeschichte hat nur eine begrenzte Menge an Genen bzw. Allelen übrig gelassen. Jede «Anpassung» bedeutet ein «Hinauswerfen» nicht «angepaßter» Gene und damit eine Einschränkung des genetisch verankerten Formenpotentials. Je weiter die Spezialisation fortschreitet, desto mehr wird die «evolutive Bandbreite» (H. K. Erben, 1975) eingeschränkt. Es besteht also eine positive Rückkopplung zwischen Anpassung und weiterer Spezialisation in derselben Richtung.

Ein weiterer Effekt, der eine Rolle bei der Or-

Abb. V, 18: Sichelzellenanämie beim Menschen. Der Austausch eines Nucleotids führt zum Einbau von Valin statt Glutaminsäure in Position 6 der β-Kette des Hämoglobins. Die Sauerstoffkapazität dieses so veränderten Hämoglobin S ist viel schlechter, als die des normalen Hämoglobin A. Homozygote Sichler sind deshalb nicht lebensfähig. Heterozygote Sichler haben jedoch einen Selektionsvorteil in Malariagebieten: Dank ihres geringeren Blut-Sauerstoffgehaltes können die Erreger in diesem Blut nicht leben.

Exzessivorgane

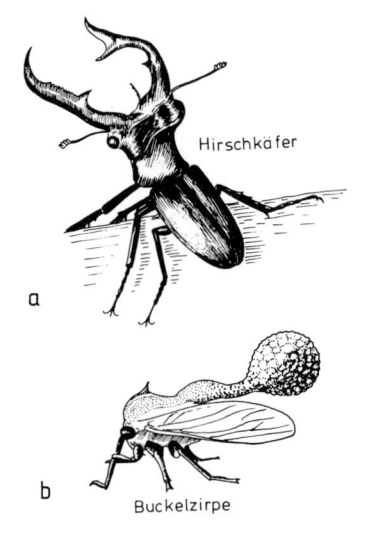
a Hirschkäfer

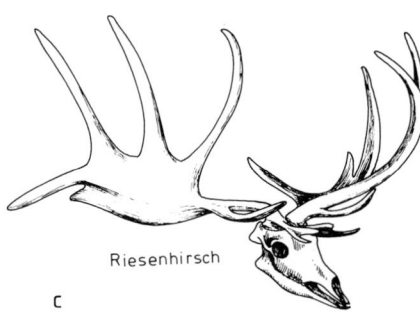
b Buckelzirpe

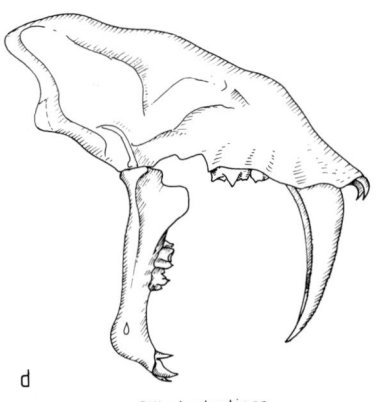
c Riesenhirsch

d Säbelzahntiger

thoevolution spielen dürfte, ist die offensichtlich mit zunehmendem Alter zunehmende Polygenie der Merkmale. Die Chance für eine evolutive Änderung in eine ganz andere Richtung wird umso geringer, je mehr Gene ein Merkmal bestimmen.

5 Evolution und System

a) Phylogenetische Systematik

Durch die Abstammungslehre Darwins bekam die Systematik eine neue Dimension: die Zeit. Die abgestufte Ähnlichkeit der Organismen ließ sich nun als genealogische («realhistorische») Verwandtschaft erklären, die systematische Einheit der Art konnte biologisch als Fortpflanzungsgemeinschaft von Individuen mit einem gemeinsamen Genvorrat definiert werden (s. o.).

Seither ist es – von einigen Ausnahmen und Außenseitern abgesehen – das Ziel der Systematiker, ein natürliches, das heißt der natürlichen genetischen Verwandtschaft entsprechendes System der Lebewesen aufzustellen.

b) Stammbäume

Je mehr gemeinsame Ahnen zwei Arten besitzen, desto enger ist ihre Verwandtschaft. In einem natürlichen System muß deshalb auch die ge-

---

Abb. V, 20: Exzessivorgane
a) Nordamerikanischer Riesenhirschkäfer (Lucanus elaphus), Männchen, b) Buckelzirpe (Fam. Membracidae, Heteronotus glanduliger) aus Peru; Vertreter dieser Familie haben oft ein sehr stark vergrößertes, bizarr geformtes Pronotum, für dessen biologische Funktion bisher keine einleuchtende Erklärung gegeben werden konnte; die Fortsätze sollen reich an Sinnesorganen sein, so daß schon angenommen wurde, daß die vergrößerte Oberfläche nur der Unterbringung von möglichst vielen Sinnesorganen dient. c) Schädel und Geweih des Riesenhirsches (Megaceros hibernicus): das stärkste, bekannt gewordene Geweih besitzt eine Auslage von 3,69 m und wiegt fast 40 kg! d) Säbelzahntiger (Smilodon californicus): die riesigen oberen Eckzähne dienten möglicherweise dazu, große grasfressende Säuger mit einem Genickbiß zu töten.
(a nach einer Fotografie aus A. und E. Klots, Knaurs Tierreich in Farben, Insekten; b nach einer Fotografie von K. B. Sandved, International Wildlife 7 (2): 46, 1977, c nach Tschumi; d nach Grassé).

meinsame systematische Einheit, der sie beide angehören, umso rangniedriger sein. Je größer die Zahl der gemeinsamen Vorfahren, desto kürzer ist auch die eigenständige Entwicklung der beiden Arten.

Wir wollen uns dies an dem Artenpaar Mensch (Homo sapiens) und Pferd (Equus caballus) verdeutlichen (Tab. V, 6).

Tabelle V, 6

	Mensch	Pferd
Art	Homo sapiens	Equus caballus
Gattung	Homo	Equus
Familie	Hominidae	Equidae
Ordnung	Primates	Perissodactyla
Unterklasse		Placentalia
Klasse		Mammalia
Unterstamm		Vertebrata
Stamm		Chordata
Unterreich		Vielzeller

Führt man diese Betrachtung für viele Arten oder für viele andere systematische Kategorien durch, so erhält man für diese einen Stammbaum. Ein solcher Stammbaum ist die graphische Darstellung eines hierarchischen Systems (vgl. Abb. V, 21).

Für die Aufstellung eines solchen natürlichen Systems benötigt man bestimmte Kriterien:

c) Der Nachweis des Verwandtschaftsgrades verschiedener Arten

Um herauszufinden, welches Paar von drei Arten oder drei anderen gleichrangigen Taxa näher miteinander verwandt ist, bedient sich der Systematiker des Merkmalsvergleiches. Dabei können neben morphologischen auch physiologische, biochemische, verhaltensbiologische usw. Merkmale herangezogen werden.

Abb. V, 21: Artbildung, stammesgeschichtliche Verwandtschaft und System.
Oben: Hierarchisch gegliederte Verwandtschaftsgruppe; die Verwandtschaft von zwei Arten ist umso enger, je mehr gemeinsame Vorfahren diese beiden Arten besitzen.
Unten: Ausschnitt aus der oberen Darstellung (gerasterter Bereich). Das Bild zeigt schematisch die genetischen Beziehungen in einer bisexuellen Population und die Aufspaltung in zwei Tochterpopulationen (2 Tochterarten) durch reproduktive Isolation.

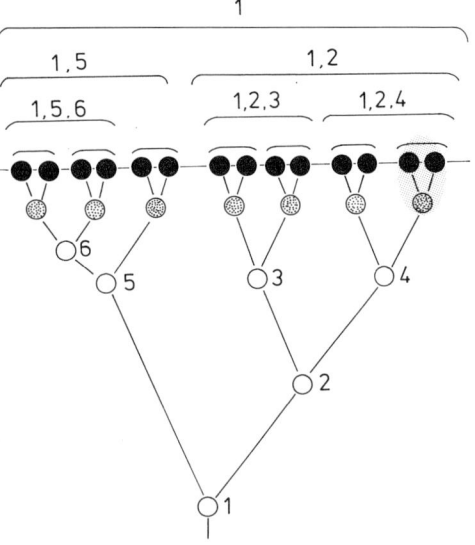

Stammesgeschichtliche Verwandtschaft und hierarchisches System

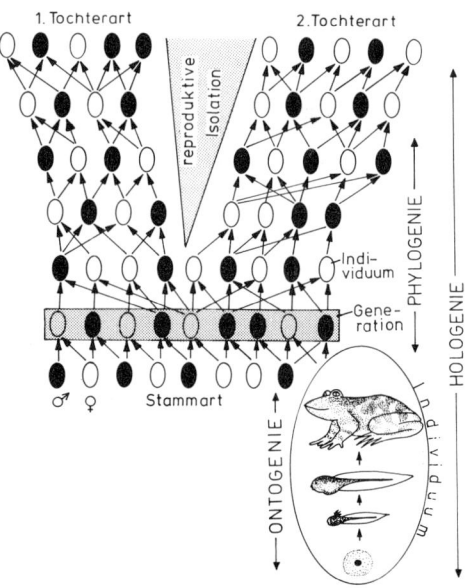

Artbildung als Elementarprozeß der Phylogenie

Argumentationsweise der phylogenetischen Systematik

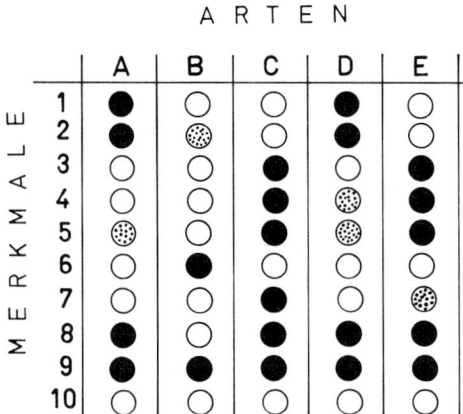

Gemeinsame abgeleitete Merkmale

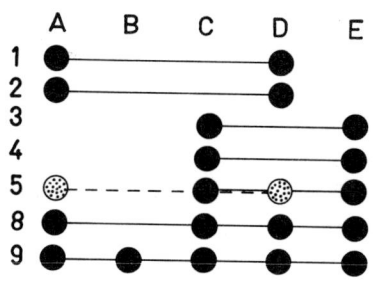

Phylogenetische Beziehungen

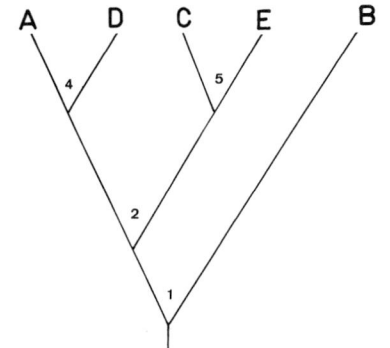

Bei diesem Vergleich muß unterschieden werden zwischen;

(1) Merkmalsausprägungen, die in einer monophyletischen Gruppe ursprünglich vorhanden sind und die innerhalb der Gruppe abgewandelt werden können

(2) abgeleiteten Merkmalsausprägungen

(3) gemeinsam bei verschiedenen Arten (o. a. Taxa) auftretenden ursprünglichen Merkmalsausprägungen

(4) gemeinsam bei verschiedenen Arten (o. a. Taxa) auftretenden abgeleiteten Merkmalsausprägungen

Nur der gemeinsame Besitz abgeleiteter Merkmale bei verschiedenen Arten ist ein Beweis für deren nähere Verwandtschaft. Gemeinsames Auftreten ursprünglicher Merkmale sagt nichts über die Verwandtschaft aus und kann daher bei der Aufstellung eines natürlichen Systems nicht als Kriterium herangezogen werden (Abb. V, 22).

Beispiel: Der gemeinsame Besitz einer fünfstrahligen Vorderextremität bei Menschen und Mäusen ist kein Argument dafür, daß beide näher miteinander verwandt sind als z. B. Mensch und Pferd. Der gemeinsame Besitz der für die Säugetiere als abgeleitet nachgewiesenen zweistrahligen Extremität bei Ziege und Rind ist jedoch ein Argument dafür, daß diese beiden Arten näher miteinander verwandt sind als z. B. Rind und Mensch.

Soll man nach diesen Kriterien für eine Gruppe von Arten ein natürliches System aufstellen, so können eine Reihe von Schwierigkeiten auftreten:

(1) Wie kann man erkennen, welche Merkmale verschiedener Arten als abgeleitet von ein und demselben ursprünglichen Merkmal gelten können? (Homologieproblem)

Homologiekriterien nach Remane sind:
– Gleichheit der Lage (innerhalb des Bauplans)
– Vorhandensein von Zwischenformen
– Kriterium der «speziellen Qualität» der Strukturen»

Abb. V, 22: Erforschung der phylogenetischen Verwandtschaft durch Merkmalsvergleich. Oben: Merkmalstabelle, Mitte: Verbindung der Arten mit gemeinsamen abgeleiteten Merkmalen, unten: daraus entwickelter Stammbaum; die Zahlen geben die gemeinsamen abgeleiteten Merkmale an.

(2) Wie erkennt man, welches das abgeleitete, welches das ursprüngliche Merkmal ist?
Immer, wenn man eine merkmalsphyletische Reihe aufstellt, muß man entscheiden, in welcher Richtung sie zu lesen ist. Fossilfunde, aber auch Vergleiche mit Arten aus benachbarten Verwandtschaftsgruppen, die das Merkmal in ursprünglicher Form besitzen, können hier weiterhelfen.

(3) Kann die Merkmalsphylogenie nur in eine Richtung fortschreiten oder ist eine Rückkehr zum Ausgangspunkt möglich?
In der Regel ist dies von der Komplexität des fraglichen Merkmals abhängig, je polygener ein Merkmal ist, desto unwahrscheinlicher wird eine «Umkehr der Evolution». Für komplexere Strukturen und Organe ist eine Umkehr praktisch unmöglich (Dollosche Regel).

(4) Können bestimmte abgeleitete Merkmale nur durch einmalige Transformation eines primitiven Merkmals entstanden sein oder ist eine mehrmalige Entstehung aus bestimmten Ursprungsbedingungen möglich? (Parallelismus-Problem).
Dies läßt sich im Einzelfall nur entscheiden, wenn man möglichst viele verschiedene Merkmalskomplexe vergleichen kann. Parallelismus dürfte die häufigste Ursache für die falsche systematische Einordnung einer Gruppe sein.

(5) Kann ein scheinbar abgeleitetes Merkmal auch durch Transformation eines anderen Merkmals entstanden sein? (Konvergenz-Problem).
Dieses Problem deckt sich mit (1). Die Gefahr, daß Konvergenz nicht entdeckt wird, ist vor allem groß, wenn nur wenige Zwischenformen bekannt sind.

Um Aussagen über Verwandtschaftsgrade machen zu können, reichen unter Umständen rezente Formen aus.
Um Aussagen über den zeitlichen Ablauf der Evolution zu bekommen, ist man jedoch auf Fossilien angewiesen. Nur durch geeignete Fossilfunde können die Gabelstellen im Stammbaum zeitlich eingeordnet werden.

D Experimente und Beobachtungen

ERSTE VERSUCHSGRUPPE:

Chemoevolution

1 Darstellung von Aminosäuren in einer künstlichen Uratmosphäre (Millerscher Versuch)

Der Millersche Versuch gehört zu den grundlegenden Versuchen in der Biologie und ist so eindrucksvoll, daß sich der verhältnismäßig große Zeit- und Materialaufwand zur Vorbereitung und Durchführung des Versuchs rechtfertigen läßt.

Material und Geräte

1 Rundkolben, 1000 ml, vierfach tubuliert, dazu passend:
2 Teflonstopfen, nicht durchbohrt
2 Teflonstopfen, durchbohrt
2 Glasrohre mit Einweghahn
2 Stahlstricknadeln
Feines Schmirgelpapier
ca. 10 cm Silikonschlauch ⌀ 4–5 mm
ca. 5 cm Silikonschlauch ⌀ 2–3 mm (Kanülenschlauch)
1 Stativ mit Muffen und Halteklammern
1 Meßzylinder
2 schwerschmelzbare Reagenzgläser mit durchbohrtem Stopfen und gebogenem Glasrohr
1 Bunsenbrenner
1 Gasometer
1 Erlenmeyerkolben, 500 ml
1 Saugflasche mit Büchnerfilter
1 Wasserstrahlpumpe
1 Kolbenprober, 500 oder 200 ml
1 Becherglas, 100 ml
1 Funkeninduktor, Schlagweite möglichst 100 mm, mindestens 60 mm, elektronischer Unterbrecher vorteilhaft
1 Pinzette
1 Trichter mit Faltenfilter
7 Bechergläser, 100 ml
10 Mikropipetten, 2 μl (Desaga, Heidelberg, Nr. 120194 oder feine Kapillaren)
1 Kammer für Dünnschichtchromatographie
DC-Fertigplatten Cellulose F, 10 × 20 oder 20 × 20 cm, Merck 5728 bzw. 5718
1 Föhn
1 Trockenschrank

206 V Evolution

MILLER'scher VERSUCH

Einsetzen der Elektroden

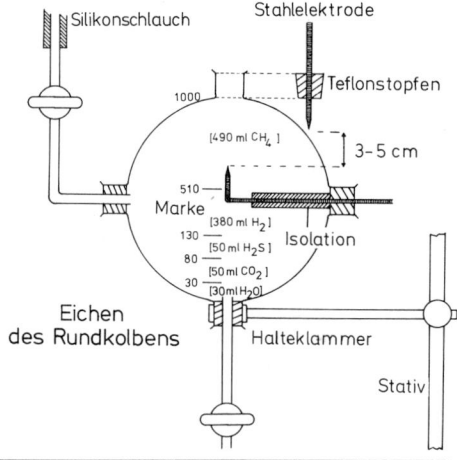

Darstellung von H₂S

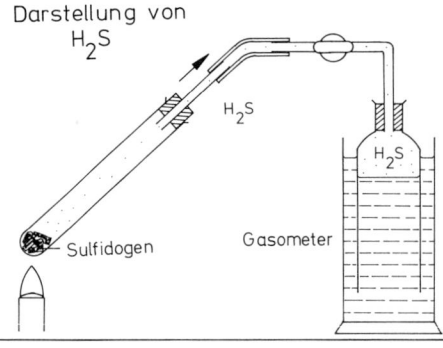

Darstellung von FeS

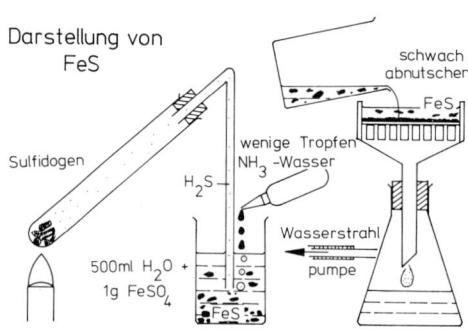

Abb. V, 23: Millerscher Versuch, Vorbereitung.

Chemikalien
Alkohol oder Äther zum Reinigen der Geräte
3–4 l Aqua dest.
Eisen(II)sulfat, ($FeSO_4$)
NH_3-Wasser, konz.
Methan (CH_4), (ist Methan nicht in einer Stahlflasche vorrätig, dann kann es aus Aluminiumcarbid [Al_4C_3] und verdünnter Salzsäure im Kippschen Gasentwicklungsgerät hergestellt werden. Knallgasprobe).
Wasserstoff (Stahlflasche)
Schwefelwasserstoff (aus Sulfidogen, Merck 7992)
Kohlendioxid (Stahlflasche)
Aminosäuren für chromatographische Vergleichszwecke:
 Kollektion A, Merck 8003:
 DL-Alanin, L-Glutaminsäure, Glycin, L-Leucin
 DL-Methionin, DL-Serin, DL-Threonin, DL-Valin
 eventuell
 Kollektion B, Merck 8004:
 L-Argininmonohydrochlorid
 L-Asparaginsäure
 L-Histidinmonohydrochlorid
 L-Lysinmonohydrochlorid
 L-Prolin
 L-Tyrosin
Ninhydrin (0,1% Sprühreagenz) Merck 6758

a) Vorbereitung (Abb. V, 23)

Bei dem Versuch entstehen nur geringe Mengen verschiedener Aminosäuren, die mit Ninhydrin nachgewiesen werden können. Die Ninhydrinreaktion ist außerordentlich empfindlich, so daß manche Aminosäuren noch in einer Verdünnung von 1 : 10^3 nachgewiesen werden können. Das heißt aber auch, daß bei diesem Versuch äußerst sauber gearbeitet werden muß. Vor dem Zusammenbau der Geräte muß jedes Einzelteil sorgfältig mit Alkohol oder Äther gereinigt werden, wie auch alle verwendeten Geräte peinlich sauber zu halten sind, da bereits ein Fingerabdruck so viel Aminosäuren enthält, daß das Versuchsergebnis verfälscht werden kann. Auf jeden Fall muß vor Versuchsbeginn eine Blindprobe entnommen werden, die dann auf dem Chromatogramm mit aufzutragen ist und die keine Reaktion zeigen darf.

Einsetzen der Elektroden und Eichen des Rundkolbens

Zwei Stahlstricknadeln werden, wenn nötig, mit Schmirgelpapier blank gerieben. Dann wird das Ende einer Stricknadel rechtwinkelig gebogen. Über das lange Ende wird ein dünner Silikonschlauch geschoben, der zur Isolation der Elektrode dient. Wird die Elektrode nicht abisoliert, dann kann es sein, daß der Funken durchschlägt und an der Wand des Glaskolbens entlang läuft. Ist der Silikonschlauch aufgezogen, dann wird ein Teflonstopfen mit der Stricknadel durchstochen und so an den Silikonschlauch herangeschoben, daß Stopfen und Schlauch dicht aneinander stoßen.

Um die Gase der künstlichen Uratmosphäre im richtigen Verhältnis mischen zu können, ist es vorteilhaft, wenn der Kolben entsprechend markiert wird. Die gebogene Elektrode und die beiden Glasrohre mit Hahn werden in den Kolben eingesetzt. Der Kolben wird an einem Stativ befestigt. Der untere Hahn wird geschlossen, der seitliche geöffnet. Der Kolben wird mit einem Meßbecher gefüllt und sein Gesamtvolumen bestimmt. Faßt der Kolben deutlich mehr oder weniger als 1000 ml, dann müssen die angegebenen Werte abgeändert werden. Da das angegebene Volumenverhältnis nur in der Größenordnung stimmen muß, kann man Differenzen bis zu 50 ml mit einer Änderung des Volumenanteils für Methan ausgleichen.

Der Kolben wird entleert. Mit dem Meßbecher werden nacheinander 30, 50, 50, 380 und 490 ml Wasser eingefüllt. Der jeweilige Wasserstand wird mit einem Filzschreiber am Kolben markiert.

Darstellung von Schwefelwasserstoff und Eisensulfid

In ein schwer schmelzbares Reagenzglas füllt man etwa 1 cm hoch Sulfidogen ein. Das Reagenzglas wird mit einem durchbohrten Stopfen verschlossen und mit einem Gasometer verbunden. Das Sulfidogen wird erhitzt und das entstehende Gas (H_2S) in das Gasometer eingeleitet. Es werden etwa 100 ml H_2S abgefangen.

Um das Eisensulfid zu gewinnen, löst man eine Spatelspitze Eisensulfat ($FeSO_4$) in ca. 200 ml Aqua dest. und fügt einige Tropfen NH_3-Wasser dazu. Dann wird H_2S eingeleitet. Der kräftige, schwarze Niederschlag wird vorsichtig über einem Büchner-Trichter abgenutscht, so daß der Rückstand noch feucht und schlammig bleibt. Schwefelwasserstoff ist giftig und riecht sehr unangenehm. Es ist dringend geboten, unter dem Abzug zu arbeiten.

Füllen des Kolbens (Abb. V, 24)

Aus dem vom Eichen her mit dest. Wasser gefüllten Kolben lassen wir etwa 100 ml ab, fügen 50 ml NH_3-Wasser konz. und eine Spatelspitze FeS dazu. Mit einem Glasstab rühren wir sorgfältig um. Nun wird der Kolben bis zum Rande mit dest. Wasser aufgefüllt. Der Hahn an dem seitlichen Glasrohr bleibt geöffnet, und der Stopfen mit der kurzen, geraden Elektrode wird eingeführt. Es ist darauf zu achten, daß in dem ganzen Reaktionsgefäß keine Luftblase übrig bleibt. Das seitliche Glasrohr wird bis zum Rand mit Wasser gefüllt.

Das Ende des Auslaufrohrs an der Unterseite des Kolbens wird in ein großes Becherglas (2000 ml) geführt, das etwa 2 cm hoch mit dest. Wasser gefüllt ist. Das Auslaufrohr muß ins Wasser tauchen.

In den Kolben werden nacheinander Methan (490 ml), Wasserstoff (380 ml), Schwefelwasserstoff (50 ml) und Kohlendioxid (50 ml) eingeleitet. Dabei wird zuerst der obere, dann der untere Hahn geöffnet. Das Schließen geschieht in umgekehrter Reihenfolge. Soweit die Gase in Stahlflaschen vorrätig sind, können sie direkt in den Kolben eingeleitet werden. Schwefelwasserstoff (und evtl. Methan) wird mit dem Kolbenprober dem Gasometer entnommen und in den Versuchskolben eingepreßt.

Aus dem Überlaufgefäß wird eine kleine Menge entnommen und in einem sauberen Gefäß verschlossen als Blindprobe aufbewahrt.

b) Versuchsdurchführung (Abb. V, 24)

Der Versuchskolben wird um 180° gedreht, so daß jetzt die kurze Elektrode unten ist. Sie wird so eingestellt, daß ihre Spitze ca. 1 mm unter der Wasseroberfläche steht. Der Sitz der Stopfen wird nachgeprüft.

Der Funkeninduktor wird an eine Gleichspannungsquelle angeschlossen (Spannung der Anleitung entnehmen) und auf die größtmögliche Funkenstrecke eingestellt. Das Gerät wird ausgeschaltet und die Elektroden werden mit den beiden Polen des Funkeninduktors verbunden. Da die Versuchsanordnung erstens unter Hochspannung steht und zweitens die Möglichkeit besteht, daß ein Stopfen oder Hahn undicht ist und sich Knallgas bildet, wird der Versuch hinter einer Schutzscheibe durchgeführt. Sind alle Vorbereitungen getroffen, dann wird der Fun-

208 V Evolution

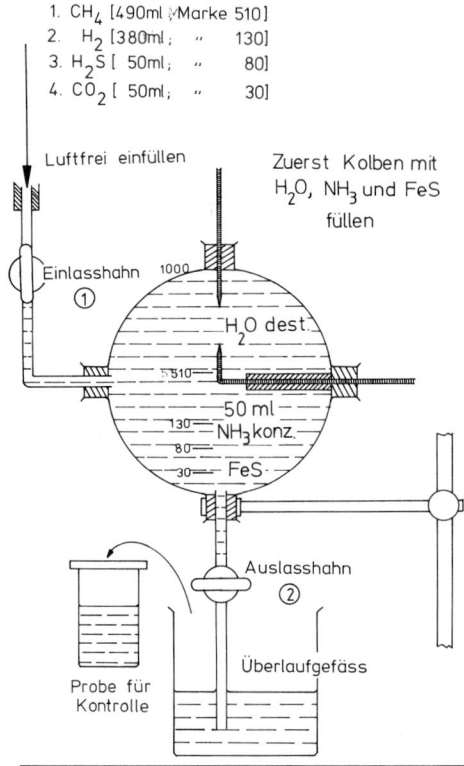

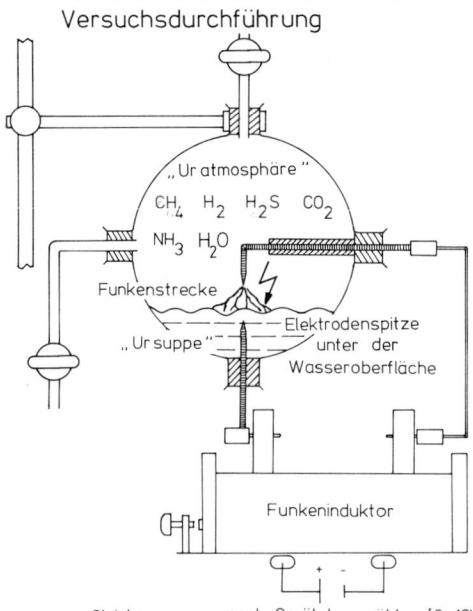

Abb. V, 24: Millerscher Versuch, Durchführung.

keninduktor eingeschaltet. Der Funken sollte von der gebogenen Elektrode gefächert in das Wasser schlagen (u. U. umpolen). Kommt kein Funke zustande, dann wird die Spannung bis zur zulässigen Grenze erhöht. Bringt auch dies keinen Erfolg, wird der Induktor abgeschaltet. Auf die gleiche Weise wie die Gase eingefüllt wurden, wird etwas Wasser durch das Auslaufrohr in den Kolben gefüllt, um den Abstand der Funkenstrecke zu verringern.
Um ein gutes Ergebnis zu erhalten, sollte der Versuch 5 bis 7 Stunden laufen. Steht kein elektronischer Unterbrecher zur Verfügung, müssen von Zeit zu Zeit die Kontakte am Induktor nachgestellt werden.

c) *Auswertung* (Abb. V, 25)

Ist der Versuch beendet, wird der Auslaufhahn geöffnet und die «Ursuppe» in einen Faltenfilter (nur mit einer Pinzette, nicht mit den Fingern anfassen!!) gegeben. Zum Vergleich stellt man 0,01%ige Lösungen verschiedener Aminosäuren bereit (z. B. Glykokoll, Alanin, Valin, Leucin, Asparaginsäure, Asparagin, Serin, Threonin, Cystein). Die Blindprobe, Ursuppe und Aminosäurelösungen werden durchnumeriert.
In die Kammer für die DC-Chromatographie füllen wir das Laufmittel (n-Butanol: Aceton: Eisessig: Wasser: = 3,5 : 3,5 : 10 : 20, Angaben in Volumanteilen) etwa 0,5 cm hoch ein. Die Kammer wird verschlossen und bleibt 1–2 Stunden stehen, damit sich die Luft mit den Dämpfen des Laufmittels sättigt.
Auf der DC-Celluloseplatte ziehen wir im Abstand von etwa 1,5 cm vom unteren Rand mit einem weichen Bleistift einen waagerechten Strich und markieren im Abstand von etwa 1 cm die Auftragspunkte für die zu prüfenden Lösungen ohne den Belag der Platte zu verletzen. Mit einer sauberen Mikropipette (Kapillare) geben wir je 1 µl der Blindprobe, des Filtrats der «Ursuppe» und der Aminosäuren auf die DC-Platte. Man läßt die Proben antrocknen und stellt dann die DC-Platte in die Trennkammer mit dem Laufmittel. Die Trennkammer muß während der Laufzeit verschlossen bleiben, da sonst die Trennung ungleichmäßig wird. Die Trennung ist beendet, wenn die Front des Laufmittels ca. 15 cm hoch gestiegen ist, was 1 bis 2 Stunden dauert. Nach beendeter Laufzeit werden die DC-Platten herausgenommen und mit dem Föhn getrocknet. Die Platten werden gleichmäßig mit Ninhydrin-

lösung besprüht (unter dem Abzug oder im Freien arbeiten! Da das Reagenz sehr stark färbt, keine Personen oder Gegenstände besprühen!) und in den Trockenschrank bei einer Temperatur von mindestens 85 und höchstens 100 °C gebracht. Bei dieser Temperatur bildet Ninhydrin mit den Aminosäuren einen Farbkomplex, der je nach der Konzentration der Aminosäuren nach 1–10 Stunden sichtbar wird.

Durch Vergleich mit den reinen Aminosäuren lassen sich die Aminosäuren identifizieren, die sich in der «Ursuppe» angesammelt haben. Asparaginsäure, Glycin und Alanin können meist gut erkannt werden. Die anderen in der Versuchsbeschreibung angeführten Aminosäuren trennen sich nicht immer klar. Zumindest aber kann man aus den Farbflecken erschließen, daß noch weitere Aminosäuren entstanden sein müssen.

d) Fehlerquellen

(1) In dem Filtrat der «Ursuppe» lassen sich keine Aminosäuren nachweisen.

Es ist möglich, daß der Versuch nicht lange genug gelaufen ist oder die Blitzentladungen zu schwach waren, so daß die Aminosäurekonzentration so gering war, daß sich mit Ninhydrin kein Farbkomplex bilden konnte. Das Filtrat wird im Vakuum bei 30–40 °C eingeengt und zusammen mit den Aminosäuren auf eine neue DC-Platte aufgetragen. Treten auch jetzt keine Farbflecken auf, ist der Versuch entweder zu kurz gelaufen oder wurde eines der Gase bzw. die Ammoniaklösung nicht in das Reaktionsgefäß gegeben.

2) Die Blindprobe enthält Aminosäuren.

In diesem Fall wurde unsauber gearbeitet. Man prüfe das dest. Wasser. Im Licht können sich an hellen Flaschen Algen bilden und das Wasser verunreinigen. Um dies zu prüfen, tragen wir einen Tropfen dest. Wasser auf eine DC-Platte auf, trocknen sie und führen die Ninhydrinprobe durch. Die Platte wird 1–10 Stunden in den Thermostat bei ca. 90 °C gelegt.
War das dest. Wasser rein, dann war irgend ein Geräteteil verschmutzt, und der Versuch muß wiederholt werden.

(3) Auf den DC-Platten zeigen auch die reinen Aminosäuren keine Reaktion.

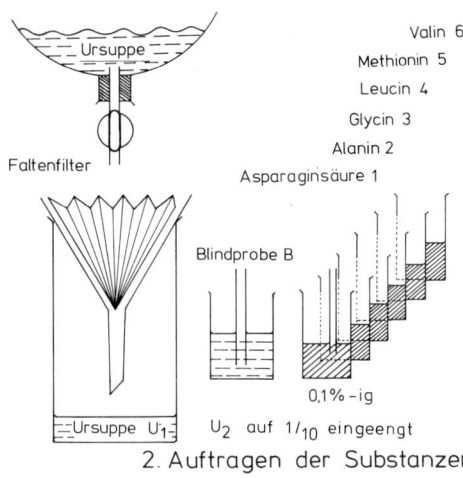

1. Abfiltrieren

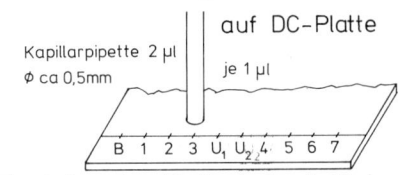

2. Auftragen der Substanzen auf DC-Platte

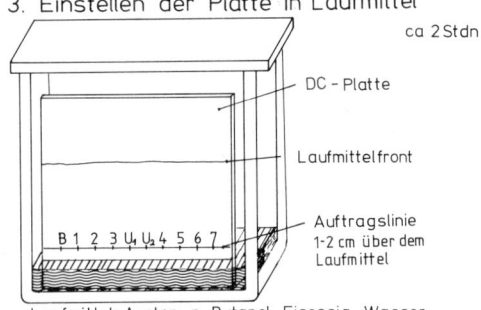

3. Einstellen der Platte in Laufmittel

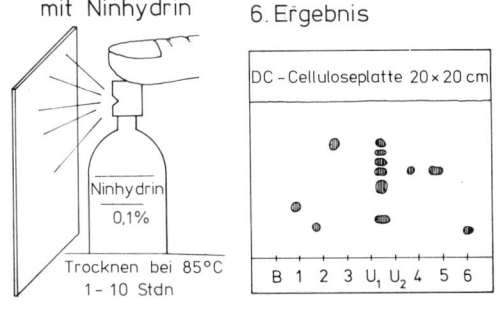

4. Trocknen der Platte mit Föhn
5. Besprühen mit Ninhydrin
6. Ergebnis

Abb. V, 25: Millerscher Versuch, Auswertung.

210 V Evolution

Die Temperatur im Trockenschrank war zu niedrig, so daß sich der Farbkomplex nicht bilden konnte oder aber sie war zu hoch, so daß sich das Ninhydrin zersetzt hat. Es kann aber auch sein, daß bei einer selbst angesetzten Ninhydrinlösung die Zusammensetzung nicht gestimmt hat.

ZWEITE VERSUCHSGRUPPE:

Merkmalsphylogenie

2 Die adaptive Abänderung eines homologen Organs: Insektenbeine

Material und Geräte

Verschiedene Insekten (ein Tier reicht für mindestens 2 Praktikanten aus; Alkoholmaterial oder frisch mit Essigsäureäthylester im Tötungsglas getötete, noch nicht gehärtete Tiere)
Küchenschabe oder Stabheuschrecke (Schreitbein)
Heuschrecke (beliebige Feld- oder Laubheuschrecke: Springbein)
Honigbiene (Sammelbein und Putzbein)
Rückenschwimmer (Schwimmbein)
Wasserskorpion (Fangbein)
Maulwurfsgrille (Grabbein)
Blockschälchen
   möglichst spitze Pinzetten
Binokular und Zubehör
Bouinsches Gemisch (15 ml wäßrige, gesättige Pikrinsäure + 1 ml Eisessig + 5 ml Formol frisch mischen).

a) Problemstellung

Bei der Vielzahl unterschiedlicher Lebensräume, die von Insekten besiedelt werden, ist es verständlich, daß ihre Extremitäten – entsprechend den ganz verschiedenen Aufgaben, die sie erfüllen müssen – große morphologische Differenzen zeigen. Trotz dieser großen Vielfalt weisen jedoch alle denselben Grundbauplan auf: Sie bestehen aus fünf gelenkig miteinander verbundenen Gliedern: Coxa (Hüfte), Trochanter (Schenkelring), Femur (Schenkel), Tibia (Schiene) und dem in sich oft weiter gegliederten Tarsus (Fuß). Diese Glieder können durch entsprechende Muskeln gegeneinander bewegt werden (Abb. I, 20).

Stammesgeschichtlich hat sich die Arthropodenextremität aus einer ungegliederten Körperausstülpung (Parapodium) entwickelt, wie sie heute noch bei Anneliden vorkommt. Die nächste Entwicklungsstufe wird durch das Lobopodium charakterisiert, wie es rezent zum Beispiel bei den Tardigraden verwirklicht ist.

Die fünfgliedrige Extremität ist für Insekten charakteristisch. Ihr Grundbauplan wurde im Laufe der Allogenese (vgl. Abb. V, 17) dieser Gruppe durch das Spiel von Mutation und Selektion vielfach variiert, ist jedoch auch bei stark abgewandelten Formen immer noch nachzuweisen (Abb. V, 26).

Schon Darwin hat die Bedeutung solcher «Variationen eines Grundbauplans» als Indiz für die Richtigkeit seiner Theorie angeführt: «Was kann es Sonderbareres geben, als daß die Greifhand des Menschen, der Grabfuß des Maulwurfs, das Rennbein des Pferdes, die Ruderflosse der Seeschildkröte und der Flügel der Fledermaus sämtliche nach demselben Modell gebaut sind? ... Wenn wir annehmen, daß ein alter Vorfahre oder Urtypus aller Säugetiere, Vögel und Reptilien Beine besaß, welche nach dem vorhandenen allgemeinen Plane gebildet waren, so werden wir sofort die klare Bedeutung der homologen Bildung der Beine in der ganzen Klasse begreifen» (Darwin, Entstehung der Arten).

b) Aufgabe

Eine grobe Skizze des jeweiligen Insekts soll die Lage des näher untersuchten Beins erkennen lassen. Dann wird das Bein mit zwei spitzen Pinzetten einschließlich des Hüftgliedes abpräpariert und zur Beobachtung in ein Blockschälchen mit Wasser oder 70%igem Alkohol überführt.

Von den verschiedenen Beintypen werden möglichst exakte Zeichnungen angefertigt. Die homologen Glieder werden durch gleiche Signatur oder Farbgebung gekennzeichnet.

Abb. V, 26: Die adaptive Abänderung homologer Organe:
Oben: Wirbeltier-Extremitäten
Unten: Insektenbeine
Die homologen Teile sind durch gleiche Rasterung gekennzeichnet, in der Mitte ist jeweils der Grundbauplan schematisch dargestellt.

D Experimente und Beobachtungen 211

Die Abänderung homologer Organe

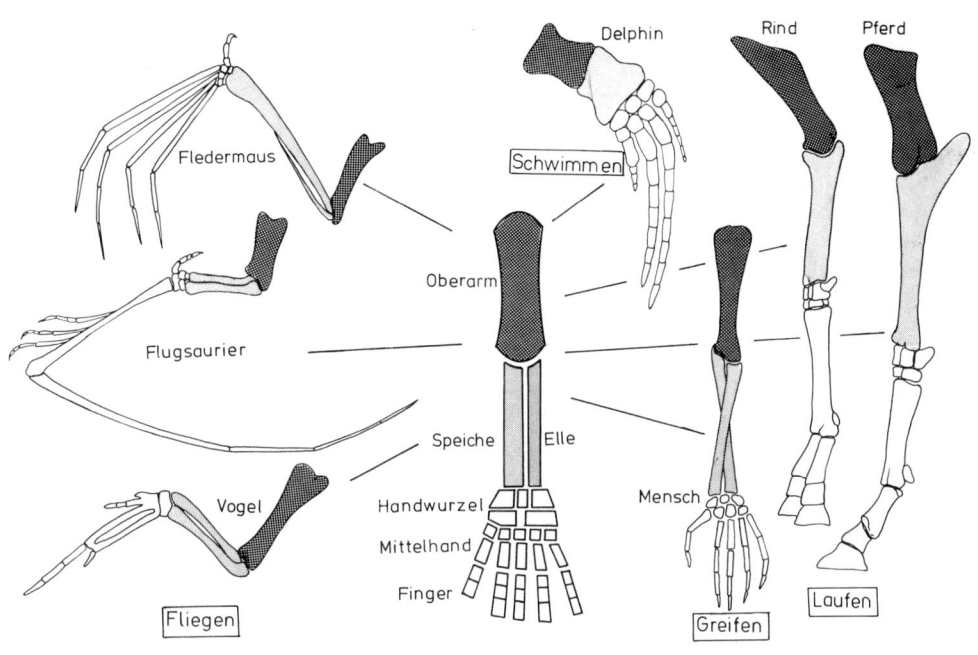

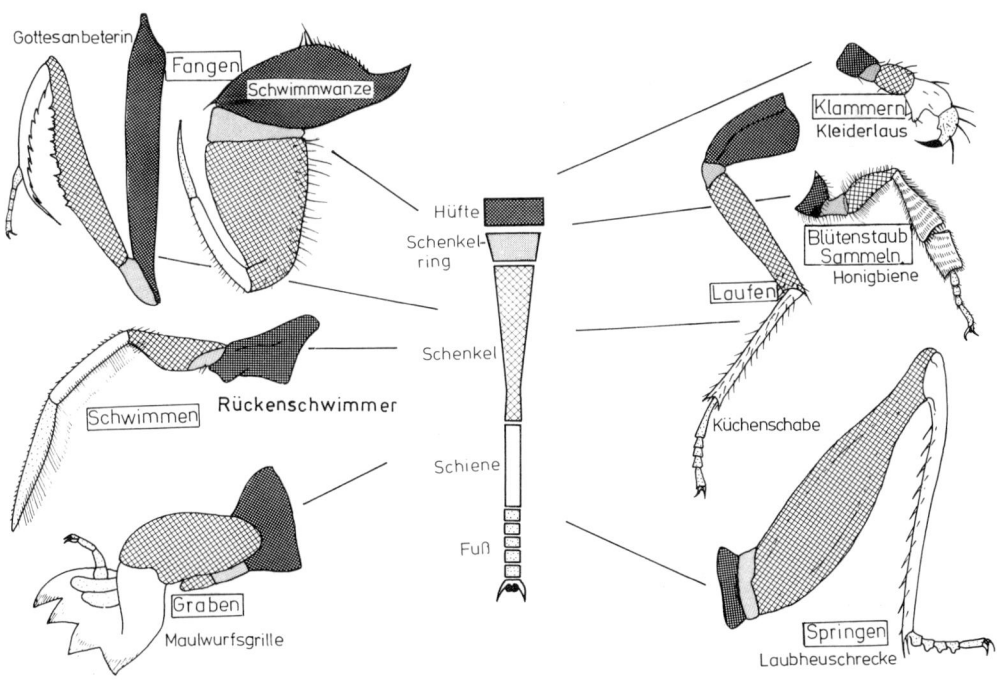

c) Erläuterungen zu Bau und Funktion verschiedener Insekten-Beine

Schreitbein (Küchenschabe). Die langgliederigen Extremitäten der Schaben sind «Schreitbeine». Sie ermöglichen den Tieren eine sehr schnelle Fortbewegung. Besondere Hafteinrichtungen am Praetarsus und an den Tarsalgliedern (Krallen und Haftpolster) gestatten die Fortbewegung auf glattem Untergrund, insbesondere aber an Wänden und Decken. Ähnlich gut geeignet, um den Grundtypus erkennen zu lassen, sind die vorderen und mittleren Beine von Heuschrecken oder die Beine von Stabheuschrecken.

Sprungbein (Heuschrecke). Das Hinterbein einer Heuschrecke ist im Prinzip dem Schabenbein sehr ähnlich. Wichtigster Unterschied ist der stark vergrößerte, dicke Femur. Er wird zu $2/3$ ausgefüllt vom Levatormuskel der Tibia, der den Heuschrecken ihre gewaltigen Sprünge ermöglicht. Auch der antagonistische Depressor ist beachtlich groß. (Abb. I, 20).
Fixiert man in Bouinschem Gemisch, so kann man die durch die Pikrinsäure gelb gefärbten Beinmuskeln gut erkennen.

Sammelbein (Honigbiene). Die Hinterbeine der Bienenarbeiterinnen besitzen besondere Einrichtungen zum Sammeln des Pollens. Auf der Außenseite der Tibia liegt eine Vertiefung, die an ihrem Vorderrand von langen, rückwärtsgebogenen Haaren umschlossen wird. In dieses «Körbchen» gelangt der Blütenstaub, den sich die Biene mit der Innenseite des großen ersten Tarsalgliedes («Metatarsusbürste») aus dem behaarten Abdomen bürstet oder – von den Vorderbeinen zu Kugeln geformt – nach hinten durchreicht. Durch alternierendes Beugen und Strecken des Metatarsusgliedes wird er durch den Pollenkamm, einen Dornenkranz am Grunde der Tibia, hindurchgepreßt und dann auf der Außenseite bei jeder Streckung des Metatarsus in das Körbchen geschoben.

Putzbein (Honigbiene). Die Vorderbeine der Honigbienen erfüllen eine andere Aufgabe. Die Tibia ist klein, Tibia und Metatarsus fehlt der starke Haarbesatz. Dafür besitzt der äußere Vorderrand der Tibia einen unbeweglichen, bernsteinfarbenen Fortsatz. Diesem gegenüber liegt im Metatarsus eine Scharte, die mit kleinen Haaren ausgekleidet ist. Die «Putzscharte» dient zum Säubern der Antennen: Die Fühlerbasis wird dazu in die Scharte gelegt, durch Schwenken des Metatarsus wird die Scharte abgeschlossen, und dann wird der Fühler durchgezogen und so von anhaftendem Schmutz befreit.

Schwimmbein (Rückenschwimmer). Rückenschwimmer sind in stehenden Gewässern auch kleinsten Ausmaßes sehr verbreitet. Die Tiere hängen gewöhnlich mit dem Bauch nach oben an der Unterseite des Wasserspiegels. Sie überwältigen vor allem Insekten, die ins Wasser gefallen sind und auf der Oberfläche treiben. *Vorsicht* beim Fang der Tiere, sie können mit ihrem Stechrüssel schmerzhafte Stiche zufügen.
Die Hinterbeine des Rückenschwimmers dienen als Schwimmruder. Die Tibia und der ungegliederte Tarsus sind als Ruderblätter ausgebildet. Ihre Fläche wird durch eine dichte Reihe gleichlanger Haare vergrößert. Beim antreibenden Rückwärtsschlag wird die Haarreihe rechtwinklig aufgestellt, beim Vorwärtsschlag wird nicht nur durch Anlegen der Haare der Widerstand verringert, sondern auch noch durch Einwinkeln des Femur-Tibia-Gelenkes der Hebel verkürzt.

Fangbein (Wasserskorpion). Wasserskorpione gehören – wie der Rückenschwimmer – zu den Raubwanzen. Sie sind in langsam fließenden, schlammigen Gewässern ziemlich verbreitet. Die Vorderbeine sind zu Fangscheren umgebildet, die waagerecht getragen werden und deshalb an Skorpionsscheren erinnern. Der Tarsus ist stark verkürzt, die Tibia kann gegen den scharfen Rand des Femur eingeklappt werden. In dieser Zange kann die Beute festgehalten werden.
Auch die Schwimmwanze (Naucoris) besitzt zu Zangen umgebildete Vorderbeine.

Grabbein (Maulwurfsgrille). Maulwurfsgrillen leben in etwa fingerdicken unterirdischen Gängen im Garten- und Ackerboden. Sie fressen vorwiegend Würmer, Insektenlarven usw., können bei Massenvorkommen jedoch auch Pflanzenwurzeln beschädigen und gelten deshalb als Pflanzenschädlinge.
Die Vorderextremität ist zu einem Graborgan entwickelt: als Schaufelorgan dient die stark verbreiterte, flächige Tibia. Ihr ventraler Rand läuft in vier etwa gleichgroße, breite Chitinzähne aus, mit denen auch harter Boden aufgerissen werden kann. Beim Graben werden die normalerweise nach vorne gerichteten Schaufelbeine nach hinten geschwenkt. Der Tarsus, der hier als Rudiment angesehen werden kann, sitzt der Innenseite der Tibia an.

3 Verwandtschaftsgruppen der Rosengewächse

Material und Geräte

Früchte und möglichst auch Blüten verschiedener Rosengewächse, wie Spierstrauch, Großer Odermennig, Echtes Mädesüß, Fingerkraut-Art, Nelkenwurz-Art, Walderdbeere (oder Gartenerdbeere), Himbeere (oder Brombeer-Art), Heckenrosen-Art, Süßkirsche (oder Zwetschge, Pfirsich, Schlehe), Quitte, Apfel, Mispel, Speierling (oder andere Mehlbeeren-Art), Weißdorn-Art
Küchenmesser oder größeres Taschenmesser
Petrischalen
Binokular mit Zubehör
Präparierbesteck
Arbeitsblatt, auf dem für jede Art die Chromosomenzahlen des einfachen Satzes und der Gehalt an Sorbit bzw. Amygdalin (+ oder −) vermerkt sind (vgl. Abb. V, 28).
Falls die Zahl der Chromosomen – wenigstens an einigen Beispielarten – selbständig ermittelt werden soll, benötigt man Keimlinge. Die Wurzelspitzen werden, wie in Band I, Kap. III. D 2 beschrieben, verarbeitet. Zum Auszählen der Chromosomen benötigt man ein gut auflösendes Mikroskop mit Ölimmersionsobjektiv (100 x).

a) Problemstellung

Die phylogenetische Systematik strebt eine Klassifizierung der Organismen auf Grund ihrer stammesgeschichtlichen Verwandtschaft an. Bei den heute lebenden Organismen überwiegt die bisexuelle Fortpflanzung. Das hat zur Folge, daß viele Individuen eine Gruppe bilden, die auf Grund ständig stattfindender Rekombinationen über einen gemeinsamen Genvorrat («Genpool») verfügt und deren einzelne Individuen sich deshalb meistens recht ähnlich sind. Mehrere solche «Arten» stehen – wie dies Abb. V, 21 zeigt – in einer hierarchischen Verwandtschaftsbeziehung zu einander. Als natürliches Ordnungssystem für diese Arten eignet sich deshalb am besten ein hierarchisches System.

Wie kann man nun eine Gruppe rezenter Arten nach einem solchen System ordnen? Hierzu geht man von der Voraussetzung aus, daß zwei Arten einer Verwandtschaftsgruppe umso näher miteinander verwandt sind, je mehr gemeinsame abgeleitete Merkmale sie besitzen (vgl. Abb. V, 22). Immer, wenn es gelingt, sicher festzustellen, welche Ausprägung eines Merkmals «primitiv» und welche «abgeleitet» ist, dann ist es relativ einfach, sich die daraus ergebenden phylogenetischen Beziehungen rezenter Arten abzuleiten.

In vielen Fällen ist allerdings die Frage des Primitivzustandes noch nicht eindeutig geklärt.

Beispiel: Lange Zeit nahm man an, daß für Blütenpflanzen (Klasse Magnoliatae) ein Spaltöffnungsapparat ohne Nebenzellen primitiv ist (Haller 1908 und andere). Demgegenüber haben neuere Untersuchungen wahrscheinlich gemacht, daß die ersten bedecktsamigen Blütenpflanzen Stomata mit zwei parallel liegenden «mesogenen» Nebenzellen besaßen, wie man sie heute noch bei vielen Magnoliales findet (Takhtajan 1966, 1973).

Dasselbe Merkmal kann in unterschiedlichen systematischen Gruppen einmal primitiv, das andere Mal abgeleitet sein.

Beispiel: Hahnenfuß (Ranunculus) und Fingerkraut (Potentilla) haben beide eine große Zahl von Staubblättern. Man könnte nun zunächst annehmen, daß es sich hier – da ja für die Be-

---

Abb. V, 27: Die Früchte der Rosengewächse
Am ursprünglichsten sind die vielsamigen Balgfrüchte der Spiraeen. Bei den Maloideen sind die einzelnen Fruchtblätter zum Teil noch vielsamig (z. B. Cydonia-Quitte, sie sind jedoch total von Achsengewebe (locker punktiert) eingehüllt und so zu einem «Kernhaus» geworden. Das Achsengewebe um das Kernhaus kann mehr oder weniger verhärtet sein durch die Einlagerung von Steinzellen (Steinapfel von Crataegus-Weißdorn).
Die Fruchtblätter der Rosoideen sind immer einsamige Schließfrüchtchen, meist Nüßchen, seltener Steinfrüchtchen (z. B. Rubus). Das Achsengewebe kann sehr unterschiedlich gestaltet sein: bei der Gattung Potentilla nur wenig verbreitert, bei Fragaria sehr stark fleischig vergrößert, bei Rosa krugförmig eingesenkt, bei Agrimonia zu einer kleinen «Klette» umgewandelt. Sehr einheitlich und stark abgeleitet ist der Fruchtbau der Prunoideen: Der Fruchtknoten besteht aus nur einem Fruchtblatt, das sich zu einer einsamigen Steinfrucht entwickelt.
Die meisten Früchte zeigen Anpassungen an die Tierverbreitung (Zoochorie). Entweder locken sie durch saftiges Fruchtfleisch (Prunioideae) oder Achsengewebe (Maloideae, Fragaria, Rosa), oder es sind besondere Klettorgane ausgebildet, die im Fell oder Gefieder haften und so verbreitet werden (Agrimonia, Geum). Lediglich die Spiraeen streuen ihre Samen aus und sind auf Windverbreitung angewiesen.

214 V Evolution

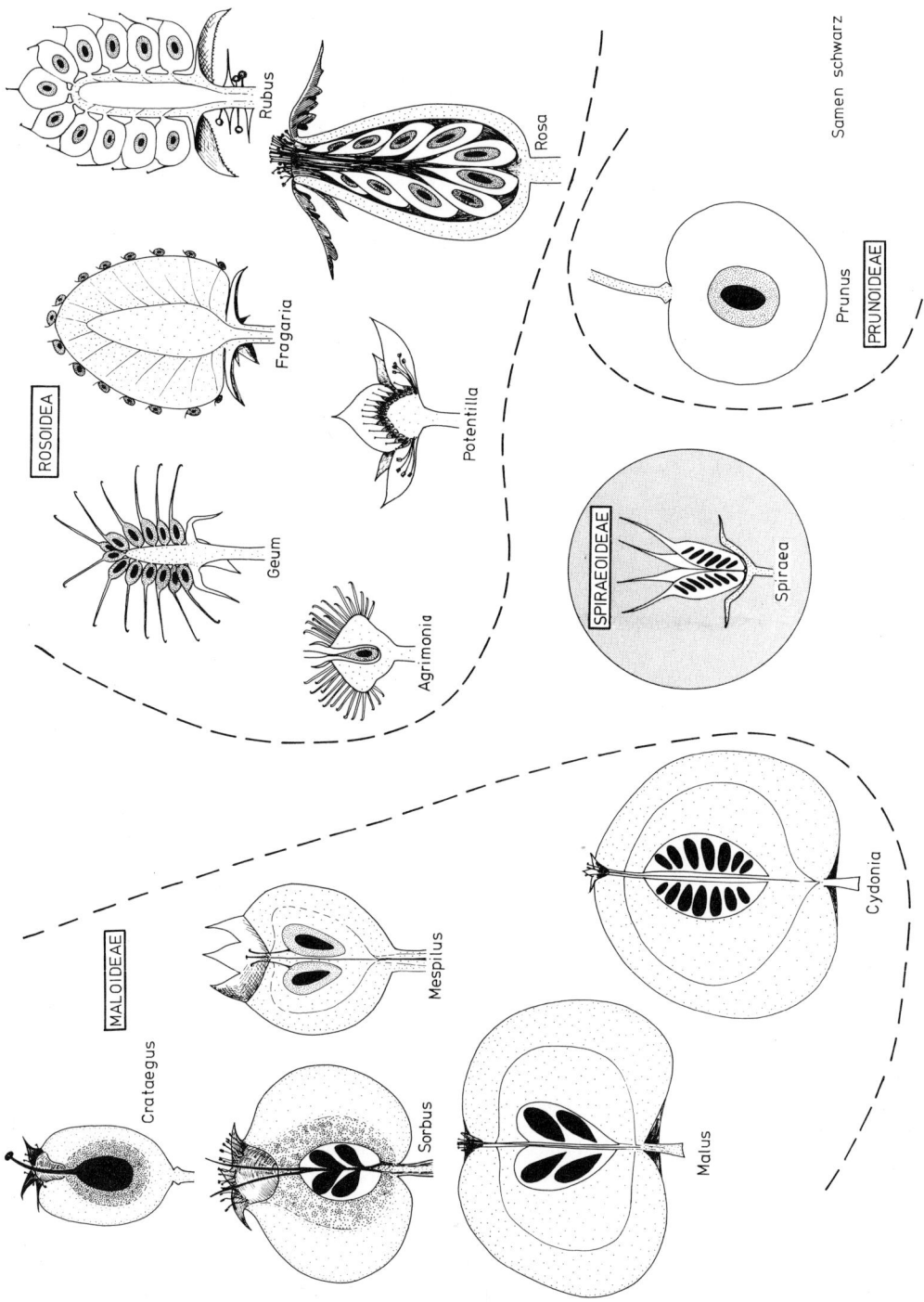

Rosaceen: Merkmalsvergleich

	Agrimonia Odermennig	Crataegus Weißdorn	Cydonia Quitte	Fragaria Erdbeere	Geum Nelkenwurz	Malus Apfel	Mespilus Mispel	Potentilla Fingerkraut	Prunus Pflaume,Kirsche,Pfirsich	Rosa Rose	Rubus Brombeere	Sorbus Vogelbeere,Mehlbeere
Zahl d. Samanlagen pro Fruchtblatt												
Zahl d. Fruchtbl.												
Ausgestaltung der Frucht												
Blütenachse												
Sorbit i.d. Früchten	−	+	+	−	−	+	+	−	+	−	−	+
Amygdalin i.d. Samen	−	+	+	−	−	+	+	−	+	−	−	−
Chromosomenzahl (2n)	28 (56)	34	34	14	42 (28)	34	34	28 (14,42)	32 (16,48 144)	35 (14,28,42, 56)	28 (14)	18 (36,10)

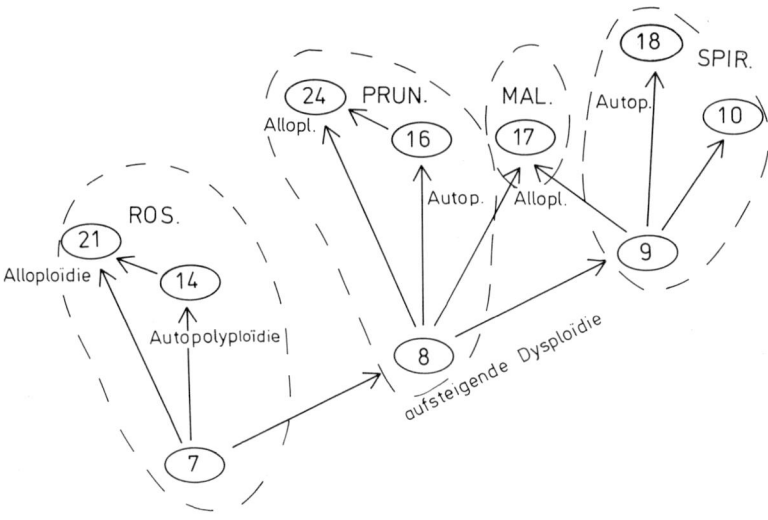

Chromosomenzahlen der Rosaceen (1n)

Abb. V, 28: Oben: Tabelle zur vergleichenden Untersuchung der Rosengewächse
Unten: Hypothetischer «Chromosomenstammbaum» der Rosaceen.

decktsamer insgesamt die Vielzahl der einzelnen Blütenteile ein Primitivzustand ist – um ein gemeinsames ursprüngliches Merkmal handelt. Auf Grund weitgespannter, vergleichender Untersuchungen weiß man jedoch heute mit Sicherheit, daß dieses Merkmal zwar in der Unterklasse der Magnoliidae primitiv ist, daß jedoch in der Unterklasse der Rosidae zwei fünfzählige Staubblatt-Wirtel den Primitivzustand darstellen. Eine höhere Staubblattzahl, wie sie häufig bei Rosengewächsen auftritt, geht auf eine sekundäre Vermehrung (zentripetales Dedoublement) der Staubblattanlagen zurück und ist abgeleitet.

b) Morphologischer Vergleich der Rosaceen-Früchte (Abb. V, 29)

Aus einem morphologischen Vergleich der Früchte verschiedener Rosaceen wollen wir Rückschlüsse auf die stammesgeschichtliche Verwandtschaft ziehen. Folgende Merkmale wollen wir besonders berücksichtigen:
(1) Zahl der Samenanlagen pro Fruchtblatt
(2) Zahl der Fruchtblätter pro Blüte
(3) Ausgestaltung der Frucht (Sammelbalgfrucht, Sammelsteinfrucht, Steinfrucht usw.)
(4) Ausgestaltung der Blütenachse

Zur Ermittlung dieser Merkmale fertigt man jeweils einen Quer- und einen Längsschnitt durch die Frucht an. Details und kleine Früchte werden mit dem Binokular betrachtet. In manchen Fällen ist es nötig, den exakten Aufbau mit Hilfe eines Dünnschnitts im Mikroskop zu klären.
Es wird jeweils eine Skizze der Frucht im Längs- und Querschnitt angefertigt und sorgfältig beschriftet. Besonders ist darauf zu achten, welche Rolle die Blütenachse beim Aufbau der Gesamtfrucht spielt.

c) Zusätzliche Merkmale

Für die Auswertung können zusätzlich die Chromosomenzahlen und das Auftreten oder Fehlen von Amygdalin in den Samen und Sorbit in den Früchten verwendet werden (vgl. Abb. V, 28)

d) Aufstellen merkmalsphyletischer Reihen

Die unter b) und c) genannten Merkmalskomplexe werden nun bei den einzelnen Arten verglichen. Wir versuchen, in jedem Falle festzulegen, welches die ursprüngliche Merkmalsausprägung ist und in welcher Richtung sich das Merkmal im Laufe der Stammesgeschichte entwickelt hat.
Beispiel: «Viele Samenanlagen pro Fruchtblatt» ist bei Bedecktsamern ein ursprüngliches Merkmal, «zwei Samen pro Fruchtblatt» ist abgeleitet, steht aber dem Primitivzustand noch näher als «ein Same pro Fruchtblatt».

e) Auswertung

In einem Dendrogramm werden nun alle Arten verbunden, die ein gemeinsames abgeleitetes Merkmal besitzen. Das wird für alle 7 Merkmalskomplexe durchgeführt. Dabei sollten sich möglichst widerspruchsfreie Verwandtschaftsbeziehungen ergeben. Sie werden in einem Stammbaumschema dargestellt (vgl. Abb. VI, 22).
Es sollte sich dabei ergeben, daß die Arten einer Unterfamilie miteinander näher verwandt sind, also mehr gemeinsame Vorfahren besitzen als die Arten aus verschiedenen Unterfamilien.

DRITTE VERSUCHSGRUPPE:

Modellspiele zur Wirkungsweise von Evolutionsfaktoren

4 «Zufall und Notwendigkeit»
(Vgl. Abb. V, 29)

Material und Geräte (pro Spielgruppe aus 4 Spielern)

3 unterschiedlich aussehende oder gekennzeichnete Würfel
1 Farbwürfel
je 36 Spielmarken 6 verschiedener Farben (gut eignen sich Plastikchips, wie sie für «Floh-Spiele» verwendet werden.)
Spielfeld aus weißem Karton mit 36 Feldern
evtl.: Tetraeder-Würfel, Octaederwürfel
Spielfeld mit 4, 8, 16, 24 Feldern

a) Das Problem: Zufallsselektion und Anpassungsselektion

In jeder Population endlicher Größe werden mehr Nachkommen erzeugt, als später zur Fortpflanzung gelangen. «Es gibt keine Ausnahme von der Regel, daß jedes organische Wesen sich auf natürliche Weise in einem so hohen Maße vermehrt, daß, wenn nicht Zerstörung einträte, die Erde bald von der Nachkommenschaft eines einzigen Paares bedeckt wäre» (Darwin). Von Generation zu Generation ist also nach jedem Vermehrungsvorgang ein Ausleseprozeß eingeschaltet.

Darwin postulierte, daß es sich bei dieser Auslese um eine «Anpassungsauslese» handelt: jeweils die «Geeignetsten» überleben, d. h. «kommen wieder zur Fortpflanzung», die weniger angepaßten kommen nicht zur Fortpflanzung oder jedenfalls ist ihre Reproduktionsrate nicht gleich hoch, wie die der Angepaßten.

Anpassungsauslese führt dazu, daß die Evolution in eine bestimmte Richtung läuft. Aber auch reine «Zufallsauslese» führt zu einer Evolution in dem Sinne, daß der Genpool einer Population verändert wird.

In dem Modellspiel werden verschiedene Gene einer Population durch verschiedenfarbige Spielmarken symbolisiert. In der ersten Spielvariante kann gezeigt werden, daß auch reine Zufallsselektion zu einer Veränderung der genetischen Zusammensetzung, letzten Endes sogar zu irreversiblen Veränderungen, führen kann. Solche Veränderungen können umso rascher auftreten, je kleiner die Population ist.

In einer zweiten Variante soll das Zusammenwirken von Zufallsselektion und Mutation ausprobiert werden, und in einer dritten Variante wird durch eine modifizierte Spielregel Anpassungsselektion simuliert. In der vierten Spielvariante schließlich soll gezeigt werden, wie durch Zusammenwirken von Mutation und Anpassungsselektion «neue» Gene sich durchsetzen können.

b) Zufallsselektion

Von vier Spielern werden jeweils 9 Chips seiner Farbe beliebig auf dem Spielfeld verteilt, bis jedes Feld besetzt ist. Das Spiel kann auch von einer Einzelperson gespielt werden, etwas anregender ist jedoch die Teilnahme mehrerer Spieler.

Nun wird der Reihe nach mit zwei Würfeln gewürfelt.

Die beiden erwürfelten Zahlen geben jeweils die Koordinaten eines bestimmten Feldes an (zum Beispiel: grüner Würfel – grüne Zahlen der Abszisse, roter Würfel – rote Zahlen der Ordinate).

Man geht nun nach folgender Strategie vor:
(1) bei vollem Spielfeld wird der erwürfelte Chip entfernt (Auslese)
(2) enthält das Spielfeld eine Lücke, so wird der erwürfelte Chip vermehrt, d. h., ein Chip gleicher Farbe wird auf das leere Feld gebracht (Vermehrung). Wird zufällig ein leeres Feld erwürfelt, so muß der Wurf wiederholt werden.

Obwohl die Chancen für alle Farben gleich sind, wird es sehr starke Schwankungen in der Farbhäufigkeit (= Genhäufigkeit) geben. Bei 36 Spielfeldern dauert es allerdings recht lange, bis einmal eine Farbe ganz ausgeschaltet wird. Damit hat sich dann aber die «genetische Zusammensetzung» irreversibel geändert.

Man kann durch Variation der Spielfeldgröße in diesem Modellspiel sehr anschaulich zeigen, daß der Zufall umso wirksamer und schneller verändert, je kleiner eine Population ist (Spielfeldgröße 4, 8, 16, 24 Felder; Ermittlung der Koordinaten durch Tetraederwürfel, Octaederwürfel, Kombinationen verschiedener Würfel.).

Selektionsspiel
Zufall und Anpassung

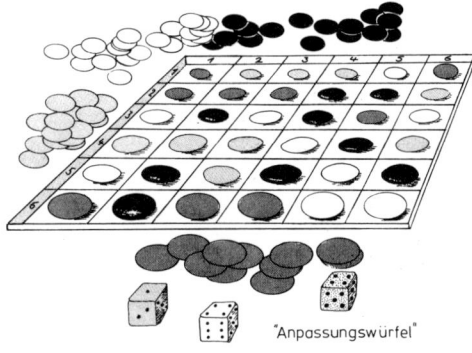

Abb. V, 29: Selektionsspiel: Zufall und Anpassung.

c) Zufallsselektion und Mutation

Die Spielstrategie entspricht der unter b geschilderten. Bei der Vemehrungsphase wird zusätzlich mit einem Mutationswürfel gewürfelt, womit man die Mutationsrate festlegt. So kann man zum Beispiel bei den Zahlen «1» – «5» normal reproduzieren, bei «6» mutieren (Mutationsrate $1/6$). Will man schneller zu signifikanten Ergebnissen kommen, empfiehlt es sich, die Mutationsrate höher zu wählen ($1/3$ oder $1/2$).

Die Mutation selbst kann unterschiedlich modelliert werden:

(1) Aus einem Vorratsgefäß wird eine der vier Farben, die schon auf der Spielfläche sind, zufällig gezogen. Dies führt prinzipiell zu keinem anderen Ergebnis, wie die Zufallsselektion alleine mit Ausnahme dessen, daß nun keine Farbe mehr endgültig vom Spielbrett verschwinden kann. Diese Art von Mutation führt also zu einer Erhaltung der Vielfalt. So gesehen wirkt sie der Zufallsselektion entgegen.

Will man diesen Effekt noch deutlicher machen, so kann man nach der Regel verfahren, daß immer die Farbe durch Mutation eingeführt wird, die auf dem Spielbrett mit den wenigsten Spielmarken vertreten ist.

(2) Mit einem Farbwürfel wird bestimmt, in welcher Farbe mutiert werden soll. Es kann zwischen 6 Farben (4 bereits vorhandenen und 2 zusätzlichen) gewählt werden. Auf diese Art und Weise erhöht sich durch Mutation allmählich die Vielfalt der Gene in der Population.

(3) Bei «Mutation» wird immer eine neue Farbe eingeführt. Bei dieser Variante steht der Aspekt, daß durch Mutation spontan etwas ganz neues entsteht, im Vordergrund. Läßt man nur eine «Mutationsfarbe» zu, so nimmt diese allmählich immer mehr zu und nimmt schließlich das ganze Spielfeld ein.

d) Anpassungsselektion

Auch hier entspricht die Strategie grundsätzlich den vorigen Spielvarianten. Gleichzeitig mit den Koordinatenwürfeln wird jedoch ein «Wertigkeitswürfel» eingesetzt. Die Chance von Vermehrung bzw. Auslese wird – für die verschiedenen Farben unterschiedlich – durch die Punktzahl des Wertigkeitswürfels bestimmt. Nur wenn der Wertigkeitswürfel eine der entsprechenden Punktzahlen zeigt, wird verdoppelt bzw. ausgelesen. Dadurch wird jeder Farbe eine bestimmte Sterberate und eine bestimmte Vermehrungsrate gegeben, die Eignung ergibt sich aus Vermehrungsrate weniger Sterberate (Tab. V, 7).

Bei der Kombination Blau/6 kann also nichts unternommen werden. Es muß immer solange gewürfelt werden, bis eine erlaubte Kombination zustande kommt. Dabei ist immer auf die strenge Alternation zwischen Auslesephase und Vermehrungsphase zu achten.

e) Anpassungsselektion und Mutation

Die Strategie entspricht d, hinzu kommt die Möglichkeit der Mutation. Es wird – wie bei c – zusätzlich mit einem Mutationswürfel gewürfelt, wodurch die Mutationsrate auf $1/6$, $1/3$ usw. festgelegt werden kann. Insgesamt wird also bei jedem Wurf mit 4 Würfeln gearbeitet; zwei farblich unterschiedliche Koordinatenwürfel, ein Wertigkeitswürfel und ein Mutationswürfel.

Je nach Art, in der die Mutation durchgeführt wird, läßt sich mit dieser Spielvariante verschiedenes verdeutlichen:

(1) Mutiert wird immer zu der Farbe, die durch Auslese am stärksten benachteiligt wird (im obigen Beispiel Gelb): Es stellt sich dann ein Gleichgewicht zwischen Selektion und Mutation ein, wie es auch für die Genhäufigkeit vieler natürlicher Populationen charakteristisch ist.

Tabelle V, 7

	Auslese bei	Sterberate (s)	Verdoppelung bei	Vermehrungs- rate (v)	Eignung (v–s)
Rot	1	1/6	1, 2, 3, 4, 5, 6	6/6	5/6
Blau	1, 2	2/6	1, 2, 3	3/6	1/6
Grün	1, 2, 3	3/6	1, 2	2/6	–1/6
Gelb	1, 2, 3, 4, 5, 6	6/6	1	1/6	–5/6

(2) Mutiert wird in der Farbe, die ohnehin durch Auslese begünstigt ist. In diesem Falle verstärken sich Mutation und Anpassungsselektion.
(3) Durch Mutation wird eine neue Farbe ins Spiel gebracht, die durch Selektion begünstigt wird (Tab. V, 8).

Tabelle V, 8

	Auslese bei	Verdoppe-lung bei	Eignung
Rot	1, 2	1, 2, 3, 4	1/3
Blau	1, 2, 3	1, 2, 3	0
Grün	1, 2, 3, 4	1, 2	–1/3
Gelb	1, 2, 3, 4, 5, 6	1	–5/6
Weiß (durch Mutation)	1	1, 2, 3, 4, 5, 6	5/6

Diese Anregungen mögen genügen. Beim Spielen ergeben sich von alleine neue Möglichkeiten und Varianten.

5 Das Räuberspiel

Material und Geräte

Spielmarken (je 50 Marken von 20 verschiedenen Farben oder Mustern; sie werden aus verschiedenfarbigen Plakatkartons oder aus Pappkartons, die mit gemusterten Tapeten beklebt worden sind, ausgeschnitten; Größe ca. 1 cm²; am schnellsten geht es, wenn man sich die Quadrate mit einer Papierschneidemaschine zuschneidet).
Spielflächen («Biotope»): DIN-A 1 Kartons, die mit verschieden gemusterten Tapeten bezogen werden (z. B. ein Biotop mit vorwiegend grünlichem Muster, ein Karton mit vorwiegend bräunlichem Muster, ein Karton mit kräftigen Kontrasten, ein Karton einfarbig). große Becher
Tapetenkleister
Klebestift
Protokollbögen (vgl. Abb. V, 30)

a) Grundschema des Spiels (nach Schilke)

Grundlage dieses Spiels ist die Räuber-Beute-Beziehung. Das «Fressen und Gefressenwerden» in der Natur ist ein wichtiger Ansatzpunkt für die Anpassungsauslese und dies wird durch das Spiel simuliert.
Viele Beutetiere sind zum Schutz vor ihren Räubern mehr oder weniger gut getarnt: farbliche Anpassung, Tarnmuster, kryptische Formen sind weit verbreitete Eigenschaften, die dem Räuber das Auffinden der Beute erschweren. Solche Anpassungen sind eine Folge der Selektion.
Ein gutes und vielzitiertes Beispiel, das die Herausbildung einer solchen Anpassung in geschichtlicher Zeit zeigt, ist der «Industriemelanismus» von Birkenspannern (Biston betularia), der sich in bestimmten Industriegebieten, z. B. um Manchester, zeigte. Innerhalb eines Jahrhunderts wechselte die Färbung der Tiere von überwiegend weiß zu überwiegend schwarz. Die schwarzen Falter haben an flechtenlosen, oft auch noch dunkel berußten Borken in Industriegebieten – wie dies Kettlewell 1956 experimentell zeigen konnte – eine deutlich höhere Fitness als die hellen.
Im Räuberspiel sind die Spieler die Räuber, die Beutetiere werden durch verschiedenfarbige Spielmarken symbolisiert. Als Spielmarken dienen Quadrate mit ca. 1 cm Kantenlänge, die aus verschiedenfarbigem Plakatkarton geschnitten werden. Als Biotop dient ein DIN-A 1 Karton, der einfarbig oder gemustert sein kann. Als Hintergrund eignen sich zum Beispiel viele Tapetenmuster, man kann sich das Biotop aber auch selbst mit Tuschfarben, Wachskreiden, Klebefolien usw. herstellen. Dies ist besonders dann zu empfehlen, wenn man eine ganz bestimmte Fragestellung hat (z. B. Verhalten einer Population im Feld eines linearen Umweltgradienten). Das Spiel läuft nun nach folgendem Grundmuster ab: Je nach Größe des Biotop-Kartons setzen sich 3–6 Spieler so um den Tisch mit diesem Spielfeld, daß sie ohne große Mühe alle Punkte der Spielfläche mit der Hand erreichen können. Vor Beginn des Spiels werden vom Spielleiter 100 (200) Spielmarken verschiedener Farben beliebig auf der Spielfläche verteilt. Während dieser Verteilung – wie auch während des ganzen Spiels – wenden die Spieler der Spielfläche den Rücken zu, so daß sie die Verteilung der Marken nicht beobachten können. Danach ruft der Spielleiter nacheinander die Namen der Spieler auf, der aufgerufene Spieler dreht sich um und nimmt schnellstmöglich eine Spielmarke auf, danach wendet er sich sofort wieder ab und legt die «geräuberte» Spielmarke in ein Sammelgefäß. Diese Auslesephase wird solange gespielt, bis die Hälfte oder ²/₃, ³/₄ usw. der Beutetiere geräubert worden sind.
Die übrig gebliebenen Spielmarken (= Beutetiere) werden nun nach Farben getrennt ausge-

Protokollbogen zum „Räuberspiel"

Farb-varianten	■	■	▦	■	▩	▨	▥	▤	□
Startpop.	10	10	10	10	10	10	10	10	10
nach Selektion	1	4	5	2	2	2	2	1	6
Vermehrung	3	12	15	6	6	6	6	3	18
F_1	4	16	20	8	8	8	8	4	24
nach Selektion		1	4	3	1	2	2		12
Vermehrung		3	12	9	3	6	6		36
F_2		4	16	12	4	8	8		48
nach Selektion			7	2	1		2		13
Vermehrung			21	6	3		6		39
F_3			28	8	4		8		52
nach Selektion			9	1	1		1		13
Vermehrung			27	3	3		3		39
F_4			36	4	4		4		52
nach Selektion			10				1		14
Vermehrung			30				3		42
F_5			40				4		56

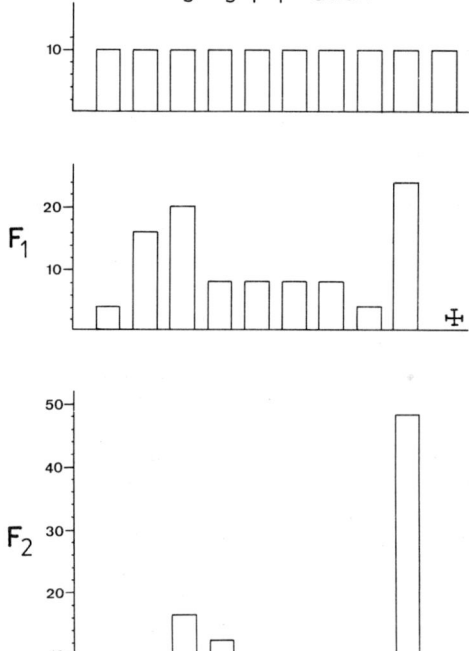

Veränderungen durch Anpassungsselektion in 5 Generationen

Abb. V, 30: Das Räuberspiel I.

zählt. In der anschließenden Vermehrungsphase wird jede übrige Marke um soviele gleichfarbige Marken vermehrt, daß die Gesamtzahl wieder 100 (200) beträgt (bei einer Auslese auf 25 (50) Marken müssen also für jede Restmarke 3 neue aufgenommen werden.).
Diese F_1-Generation wird nun vom Spielleiter wieder beliebig über das Spielfeld verteilt und die zweite Selektionsphase kann beginnen.
Wichtig ist, daß die aufgerufenen Spieler sehr schnell reagieren: sie sollen ihre Beute nicht lange suchen und auswählen, andererseits soll das Beutetier auf alle Fälle visuell und nicht durch Ertasten gefunden werden.
Die Ergebnisse jedes Durchganges werden in einen vorbereiteten Protokollbogen eingetragen (vgl. Abb. V, 30).
Nach diesem Grundschema lassen sich verschiedene Spielvarianten durchführen, die jeweils unterschiedliche Evolutionsfaktoren simulieren.

b) Anpassungsselektion

Das Spiel wird – möglichst parallel in verschiedenen Spielgruppen – mit unterschiedlichen «Biotopen» aber mit gleichen Startpopulationen gespielt.
Beispiel:
1 einfarbig grüner Karton
2 Kartons mit relativ einheitlichen, aber voneinander deutlich unterschiedenen Mustern (z. B. vorherrschend braun und gelb und vorherrschend grau und blau)
1 Karton mit sehr kontrastreichem, großflächigem Muster
Als Startpopulation werden je 10 Spielmarken 10 (20) verschiedener Farben oder Muster, also insgesamt 100 (200) Individuen, zufällig über das Spielfeld verteilt.
Nun werden 75 (150) Spielmarken in der oben geschilderten Weise geräubert.
Anschließend werden die übriggebliebenen Marken nach Farben sortiert und gezählt (Ergebnis in Protokollbogen). Jeder Überlebende wird nun um drei identische Marken vermehrt. Die Zusammensetzung dieser «F_1-Generation» wird ebenfalls protokolliert.
Dann folgt der zweite Durchgang, der mit der Bildung der F_2-Generation endet und so fort. Um signifikante Ergebnisse zu erhalten, reichen bereits 2 bis 3 Spieldurchgänge aus.
Das Endresultat wird – für jedes Biotop getrennt – in einem Säulendiagramm dargestellt (vgl. Abb. V, 30, 31).

c) Zufallsselektion

Wie man schon bei der ersten Variante des Räuberspiels sehen kann, spielt bei der Selektion immer auch der Zufall eine Rolle. Deutlich wird dies zum Beispiel, wenn man mit derselben Ausgangspopulation und demselben Biotop zwei oder mehr Gruppen parallel spielen läßt: Die Endpopulationen können dann trotzdem recht beachtliche Unterschiede zeigen. In der Natur ist zum Beispiel das zufällige räumliche und zeitliche Zusammentreffen von Räuber und Beute eine wichtige Voraussetzung, die von den Eigenschaften des Beutetieres meist ganz unabhängig ist.

Um zeigen zu können, welche Veränderungen innerhalb einer Population allein durch Zufallsauslese zustande kommen können, spielen wir dieses Spiel genauso wie bei (a), nur daß sich nun die Spieler beim Beutemachen nicht umdrehen dürfen. Sie müssen die Spielmarken ertasten und damit ist die Farbanpassung als Evolutionsfaktor und Auslesemechanismus ausgeschaltet.

Das Spiel wird in mehreren Gruppen parallel gespielt, wobei die Zahl der Restspielmarken nach einer Räuberphase unterschiedlich groß sein soll:
1. Gruppe: 50 Marken werden erbeutet, 50 bleiben übrig
2. Gruppe: 75 Marken werden erbeutet, 25 bleiben übrig
3. Gruppe: 90 Marken werden erbeutet, 10 bleiben übrig
In der Vermehrungsphase muß dann in Gruppe 1 verdoppelt, in Gruppe 2 vervierfacht und in Gruppe 3 verzehnfacht werden.

Es zeigt sich, daß die durch Zufallsselektion bewirkten Veränderungen umso größer sind, je kleiner die auftretenden Zwischenpopulationen sind.

In der Natur ist die Rolle des Zufalls besonders dann groß, wenn durch Naturkatastrophen wie Brände, Überschwemmungen oder auch harte Winter große Teile einer Population vernichtet werden. Die kleine Restpopulation ist dann der Ausgangspunkt für eine neue Tochterpopulation, deren Genpool weitgehend durch zufällige Auslese zustande gekommen ist.

Schilke (1976) schlägt eine andere Variante dieses Spiels vor, die ebenfalls die Wirkung des Zufalls in kleinen Populationen simuliert und gleichzeitig die besonderen Verhältnisse darstellt, die in Mendel-Populationen herrschen:

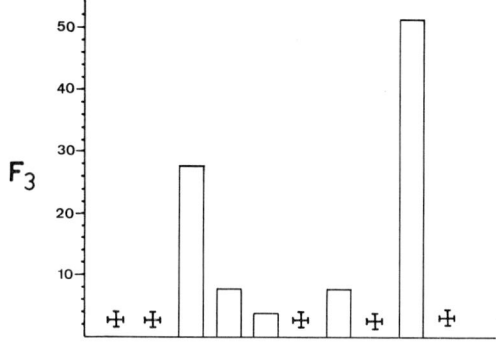

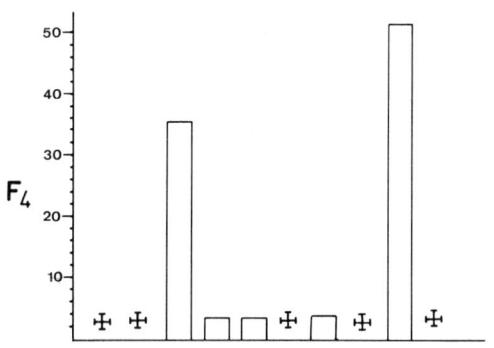

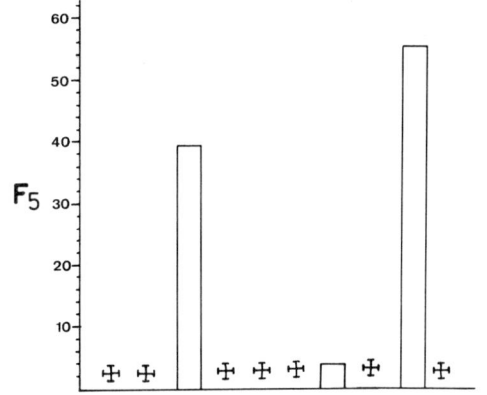

Abb. V, 31: Das Räuberspiel II.

Bei dieser Spielvariante wird berücksichtigt, daß bei bisexuellen Diplonten-Populationen Rekombination möglich ist.

Man spielt am besten in Dreiergruppen: Ein Spielleiter und 2 Spieler. Auf ein möglichst neutrales Spielfeld werden Marken so verteilt, daß sie alle etwa mit gleicher Wahrscheinlichkeit erbeutet werden können. Auf die Rückseite der Spielmarken wird ein bestimmtes Genom aufgeschrieben (z. B. AA, Aa oder aa). Man kann nun zum Beispiel mit folgenden Anfangsverteilungen starten:

(1) 5 AA + 5 Aa
Anteile: $q_A = 0{,}75$ $p_a = 0{,}25$
(2) 4 AA + 6 Aa
Anteile: $q_A = 0{,}70$ $p_a = 0{,}30$
(3) 3 AA + 7 Aa
Anteile: $q_A = 0{,}65$ $p_a = 0{,}35$
(4) 2 AA + 8 Aa
Anteile: $q_A = 0{,}60$ $p_a = 0{,}40$
(5) 1 AA + 9 Aa
Anteile: $q_A = 0{,}55$ $p_a = 0{,}45$
(6) 10 Aa
Anteile: $q_A = 0{,}50$ $p_a = 0{,}50$

Die beiden Spieler jeder Spielgruppe entfernen nun – wie in (a) geschildert – 8 Spielmarken, so daß 2 Marken übrig bleiben. Sie dienen als Elternpaar für die nächste Generation: Die Marken werden umgedreht und auf Grund des vorgefundenen Genoms wird die genetische Zusammensetzung der F_1-Generation bestimmt. Außerdem wird der Anteil der Allele A und a in der Tochtergeneration bestimmt. Es werden 5 bis 10 Durchgänge gespielt. Wenn ein Allel ausgemerzt wurde, wird das Spiel abgebrochen (vgl. Abb. V, 30, 31).

d) Mutation

Gespielt wird wie in (a), nur daß man mit weniger verschiedenen Farben startet. Dafür treten bei der Vermehrung Mutationen auf.

Ausgangspopulationen: je 20 Chips in 5 verschiedenen Farben. Für jede Farbe wird vorher eine Mutantenreihe festgelegt (Beispiel: rot – rotbraun – braun – dunkelbraun – schwarz). Insgesamt sollten unter diesen Mutanten noch besser angepaßte und schlechter angepaßte sein.

e) Isolation

In einen großen Becher (Joghurt-Becher 0,5 l) werden 250 Spielmarken 50 verschiedener Farben und Muster gefüllt. Durch Schütteln wird diese «Stammpopulation» gut gemischt, dann werden von jeder Spielgruppe 10 Marken gezogen.

Diese 10 Marken kommen nun jeweils auf ein neues Territorium. Sie werden auf 100 vermehrt, und es werden zwei Runden des Selektionsspiels (a) gespielt.

Die entstandenen Populationen werden dann untereinander und mit der Ausgangspopulation verglichen.

f) Migration, Genfluß

Gespielt wird das Selektionsspiel (a). Bei der Vermehrungsphase nach Dezimierung auf $1/4$ wird jedoch jeweils die 3. Spielmarke nicht ins eigene Spielfeld, sondern ins Spielfeld der Nachbargruppe gesetzt.

Man beginnt in jeder Gruppe mit anderen Farben und richtet es so ein, daß die für das Biotop günstigsten Farben jeweils nur in den Nachbargruppen zu finden sind.

g) Warnfärbung und Mimikry

Neben Organismen, die sich durch Anpassung an die Umgebung vor dem Zugriff ihrer Räuber schützen, gibt es zahlreiche giftige oder ungenießbare Arten, die eine besondere Warntracht besitzen, die die Räuber abschreckt. Ein Beispiel sind die gelbgeringelten Wespen und Bienen oder die Marienkäfer mit ihren auffällig gefärbten Deckflügeln.

Im Räuberspiel können wir solche Beziehungen nachahmen, indem wir den Spielmarken unterschiedliche Wertigkeiten zuordnen, die auf die Rückseite geschrieben werden. Je höher die Punktzahl auf der Rückseite, umso «wertvoller» ist das Beutetier für den Räuber. Niedrige Punktzahl symbolisiert «schlechten Geschmack» oder «geringen Nährwert». «Nieten» sind ungenießbare (giftige) Arten.

Das Spiel wird anschließend als Kampfspiel durchgeführt, das heißt, jeder Spieler bemüht sich, Marken mit möglichst hoher Punktzahl zu erbeuten. Dadurch kann ein zweites Selektionskriterium ins Spiel gebracht werden und das Modell wird realistischer. Gleichzeitig läßt sich auf diese Weise auch die «Warntracht» gut simulieren, indem man einer auffälligen, an sich leicht zu erbeutenden Farbe 0 Punkte zuteilt.

Bringt man außerdem sehr ähnlich oder identisch gefärbte Marken mit hoher Punktzahl ins Spiel, so ahmt man damit Batessches Mimikry nach; sind mehrere ähnliche, auffällig gefärbte Markensorten mit 0 Punkten im Spiel, so wird damit Müllersche Mimikry simuliert.

6 Das Genpool-Spiel

Material und Geräte (pro Spieler oder Spielgruppe)

Schublade (z. B. vom Labortisch)
200 rote und 200 schwarze kleine Kunststoffperlen (zwei andere, gut unterscheidbare Farben sind ebenso geeignet)
Pinzette
Taschenrechner oder Rechenstab

a) Prinzip (Abb. V, 32)

Der Genpool einer Population wird durch verschiedenfarbige Perlen symbolisiert. Jede Perle entspricht einem Gen oder einem Allel.
Wir wollen unser Spiel auf 2 Allele eines Gens beschränken um den Verlauf möglichst einfach und übersichtlich zu gestalten. Wir benötigen also nur zwei verschiedene Perlenfarben. Im Prinzip läßt sich das Spiel natürlich auch mit mehreren konkurrierenden Allelen, also 3, 4, 5 usw. verschiedenen Perlenfarben spielen.
Als Startbedingungen wird ein bestimmtes Allelverhältnis vorgegeben (z. B. Anteil der roten Perlen p = 0,8, Anteil der schwarzen Perlen q = 0,2).
Wir modellieren eine Mendelpopulation: Die Gameten sind haploid, sie besitzen jeweils nur ein Allel, die Individuen sind diploid, sie besitzen jeweils 2 Allele.
Die Gametenbildung wird dadurch symbolisiert, daß durch Schütteln und Hin- und Herneigen der Schublade alle Perlen einzeln und unabhängig voneinander herumrollen.
Neigt man nun die Schublade nach einer Seite, so reihen sich die Perlen an einer Schubladenkante auf. Man schüttelt solange hin und her, bis die Perlen nirgends mehr übereinander liegen, sondern eine einzeilige Reihe bilden.

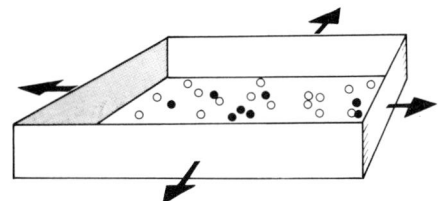

Perlenspiel "Genpool"

Zufallspaarung: Schütteln....

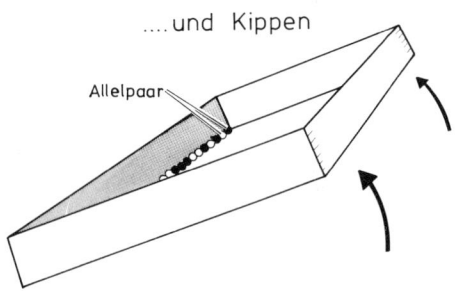

....und Kippen

Allelpaar

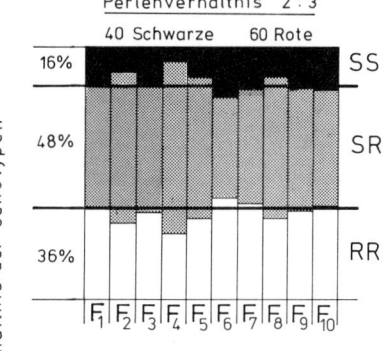

Simulation der HARDY-WEINBERG Regel

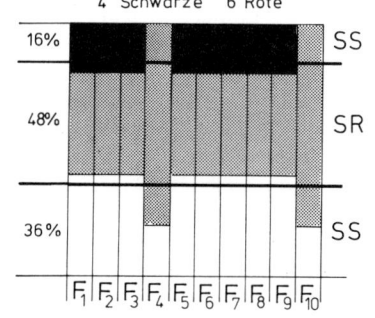

Abb. V, 32: Das Perlenspiel «Genpool» I.
Oben: Spielgerät.
Unten: Zahlenbeispiel für Genotypenschwankungen bei konstanten Genfrequenzen und unterschiedlicher Populationsgröße.

224 V Evolution

Immer zwei benachbarte Perlen sollen nun die durch den Befruchtungsvorgang gepaarten Allele in einer Zygote darstellen. Wir zählen die Allelpaare von links nach rechts aus: Ein Spieler zählt mit Hilfe der Pinzette, ein zweiter Spieler führt eine Strichliste.

Im Gegensatz zu den oben erwähnten Spielen wird also bei diesem Kugelspiel der Vorgang der Rekombination miteinbezogen.

b) Die Hardy-Weinberg-Regel

Wir spielen parallel oder nacheinander mit folgenden Allel-Zahlen:
(1) 120 schwarze Perlen
    80 rote Perlen
(2) 60 schwarze Perlen
     40 rote Perlen
(3) 12 schwarze Perlen
      8 rote Perlen

Man beginnt jeweils mit einer Schüttelphase und zählt dann die Genotypen der F_1-Generation aus. Dann wiederholt man dieses Spiel mehrfach. In jeder Generation (F_1, F_2, F_3 usw.) werden die Genotypen ausgezählt und die Verhältnisse von rr : rs : ss errechnet. Die Ergebnisse werden in einem Diagramm zusammengestellt (vgl. Abb. V, 32 unten).

Es zeigt sich, daß die Abweichungen vom Erwartungswert und die Schwankungsbreiten umso größer sind, je kleiner die Population ist.

c) Selektion

In (a) sind wir von einer konstanten Populationsgröße ausgegangen. Jedes diploide Individuum trug mit zwei Gameten zur Neubildung zweier Tochterindividuen bei. Durch Auslese und anschließende Vermehrung wollen wir nun Dynamik in das Allelverhältnis bringen: Je nach der festgelegten Eignung eines Genotyps wird ein mehr oder weniger großer Anteil der Individuen entfernt. Die restlichen Individuen vermehren sich anteilmäßig wieder auf die Ausgangsgröße der Population. Im Spielablauf folgen also (1) Schütteln und Paaren, (2) Auszählen, (3) Auslesen, (4) Vermehren. Alle Werte werden in ein vorbereitetes Protokollblatt eingetragen (vgl. Abb. V, 33 oben). Zur schnellen Ermittlung benötigt man einen Taschenrechner oder einen Rechenstab. Bei Zwischenwerten wird ab ,5 aufgerundet.

Auch hier bleibt also die Populationsgröße von Generation zu Generation konstant, Sterblichkeit und Vermehrungsrate der verschiedenen Genotypen sind jedoch unterschiedlich.

Vorschläge für Selektionsbedingungen:

(1) **Eignung der Genotypen:** rr 0, rs 1, ss 1
Beispiel: Die Ausgangspopulation besteht aus 50 heterozygoten Individuen, die Anteile von r (p) und s (q) sind also jeweils 0,5. Wir geben also 50 rote und 50 schwarze Perlen in die Schublade. In der F_1 erhalten wir nun folgendes Verhältnis der Genotypen: 12 rr, 26 rs, 12 ss. Es bleiben also 38 vermehrungsfähige Individuen übrig. Sind rs und ss gleich geeignet, so muß man, will man wieder auf 100 Gameten kommen

$$\frac{26 \times 12}{38} = 8 \text{ rs und } \frac{12 \times 12}{38} = 4 \text{ ss}$$

zufügen. Es müssen also 24 rote Kugeln entfernt und anschließend wieder 8 zugefügt werden. Der Einfachheit halber entfernt man gleich die Differenz von 16 roten Kugeln und fügt dafür 16 schwarze hinzu. Nun können wir die Paarung zur Bildung der F_2-Generation durchführen. In Abb. V, 33 unten sind die Zahlen für 15 aufeinanderfolgende Generationen dargestellt.

(2) **Eignung der Genotypen:** rr 0, rs 0,8 ss 1
Diese Werte sind etwas realistischer. Sie berücksichtigen einmal, daß auch die homozygot Roten eine gewisse Vermehrungschance besitzen, zum anderen wird der häufige Fall angenommen, daß die Eignung der Heterozygoten zwischen den Werten für die beiden Homozygoten liegt.

(3) **Eignung der Genotypen:** rr 0 rs 1 ss 0,5
Hier wird der interessante, aber in der Natur nur relativ seltene Fall modelliert, daß die Heterozygoten geeigneter sind als beide Homozygoten (Beispiel: Sichelzellenanämie, vgl. C, 4a). In diesem Falle verschwindet kein Gen, auch nicht, wenn man das Spiel über unendlich viele Generationen ausdehnt.

d) Die Kosten der Selektion

Nach obigem Spielschema lassen sich die «Kosten» der Selektion, das heißt die Zahl der Todesfälle durch Selektion, die zum Austausch eines Gens notwendig sind, experimentell ermitteln. Es spielen mindestens zwei Spielgruppen. Jede Gruppe beginnt mit 180 roten und 20 schwarzen Perlen. Die Gruppen nehmen jedoch verschie-

dene Werte für die Eignung der jeweiligen Genotypen an:
- (1) rr 0,6 rs 0,8 ss 1,0
- (2) rr 0,2 rs 0,6 ss 1,0
- (3) rr 0,8 rs 0,9 ss 1,0

Der Fortschritt der Selektion (Anteil p der schwarzen Perlen am Gesamtgenpool) wird jeweils von Generation zu Generation notiert und in ein Diagramm eingetragen. Außerdem wird in jeder Generation jeweils die Zahl der nicht zur Fortpflanzung kommenden (= selektionierten) Individuen notiert. Das Spiel wird solange gespielt, bis sich die Perlen-(= Gen)-Zahlen gerade umgekehrt verhalten (180 schwarze zu 20 roten Perlen).

Wieviele Generationen waren bei den verschiedenen angenommenen Eignungswerten nötig? Wie verhält sich die Zahl der ausgelesenen Individuen bei unterschiedlicher Selektionsstärke?

7 Das t-RNS-Spiel
(nach Eigen und Winkler, 1975, Abb. V, 34)

Material (pro Spieler oder Spielgruppe)

Tesakrepp-Klebeband
Schere
je 60 Holz- oder Kunststoffperlen in 4 verschiedenen Farben
Tetraeder-Farbwürfel

Auch Molekülstrukturen sind – ebenso wie Merkmale der Körperfarbe und Form – der Ausleseselektion unterworfen. Die t-RNS-Moleküle bestehen aus 80 bis 90 Nucleotiden. Die Sequenz dieser Nucleotide entscheidet über die Stabilität des Moleküls und damit über seine biologische «Eignung».

a) Spielregeln und Spielablauf

Jeder Spieler (bzw. jede Spielgruppe) erhält eine Perlenkette aus 85 Perlen vier verschiedener Farben.
Die Perlen sollten etwa 1 cm Durchmesser besitzen. Sie werden in zufälliger Reihenfolge auf einen schmalen Tesakrepp-Streifen aufgeklebt. Sie sollten so dicht geklebt werden, daß die Kette gerade noch gut biegbar ist.
Die Kette soll ein t-RNS-Molekül symbolisieren. Jede Perle der Kette steht für ein Nucleotid. Zwei Farbenpaare (z. B. blau-gelb und rot-grün) bezeichnen jeweils Nucleotide mit komplementä-

Perlenspiel "Genpool": Selektion
Protokolltabelle

		Eignung		
		1,0 ○○	0,8 ○●	0,6 ●●
P	Ind.	1	8	41	50
	Gene	10		90	100
F_1	Ind.	10	40		50
	Selektion	2	16		18
	Ind.	8	24		32
	Vermehrg.	5	13		18
	Ind.	13	37		50
	Gene	13		87	100
F_2	Ind.	2	9	39	50
	Selektion	2	16		18
	Ind.	2	7	23	32
	Vermehrg.	1	4	13	18
	Ind.	3	11	36	50
	Gene	17		83	100
F_3	Ind.	2	13	35	50
	Selektion	3	14		17
	Ind.	2	10	21	33
	Vermehrg.	1	5	11	17
	Ind.	3	15	32	50
	Gene	21		79	100
F_4	Ind.	1	19	30	50

u. s. w.

Veränderung der Allel-Häufigkeit

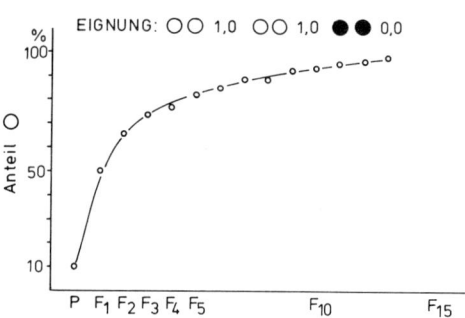

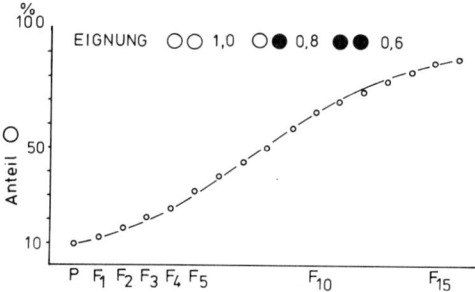

Abb. V, 33: Das Perlenspiel «Genpool» II: Selektion

226 V Evolution

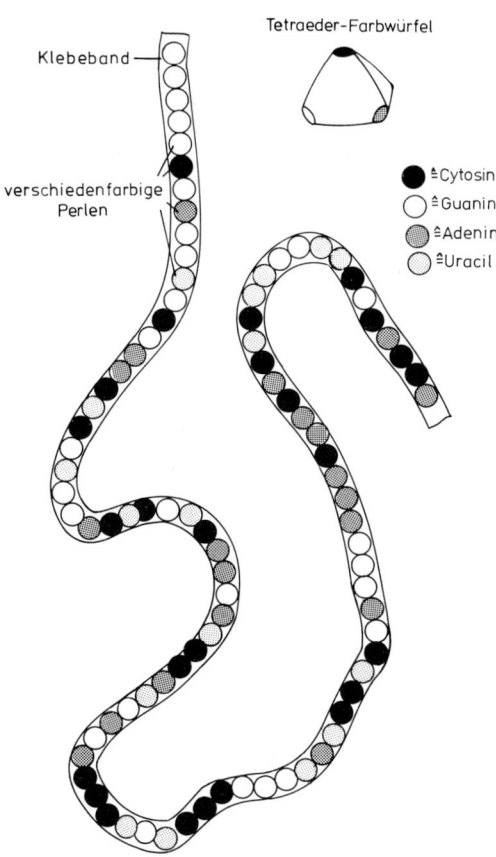

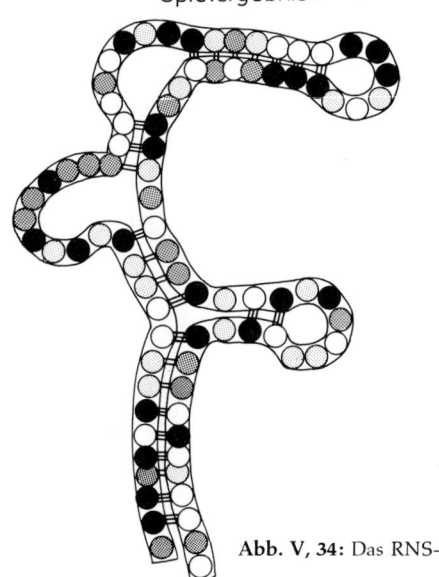

Abb. V, 34: Das RNS-Spiel.

ren Basen, die sich in der Natur auf Grund von Wasserstoffbrückenbindungen bevorzugt paaren.

Ziel des Spiels ist es, aus einer Zufallsanordnung möglichst schnell eine ebene Faltstruktur herzustellen, die sich durch eine maximale Zahl von Komplementärpaaren auszeichnet.

Hierbei müssen folgende Regeln beachtet werden:

(1) Die Ausbildung von Paaren zwischen verschiedenen Regionen einer Sequenz kann nur durch Faltung der Kette in der Ebene bewirkt werden, wobei notwendigerweise Schlaufen gebildet werden müssen. Aus sterischen Gründen dürfen mindestens 5 Perlen innerhalb einer solchen Schlaufe untereinander keine Paarbindung eingehen (Sterische Regel).

(2) Wenn in der gefalteten Kette zwei Perlen mit komplementären Farben sich gegenüber liegen und gleichzeitig die dritte Regel erfüllt ist, gelten sie als Paar und werden (z. B. durch einen kleinen Tesakrepp-Streifen) verbunden (Komplementaritätsregel).

(3) Die Verkoppelung zweier komplementärer Perlen (= Basen) darf erst dann erfolgen, wenn in ununterbrochener Reihenfolge mindestens
– 4 rot-grüne oder
– 2 blau-gelbe oder
– 2 rot-grüne Paare und ein blau-gelbes Paar auftreten. Das rot-grüne Paar soll das Basenpaar Adenin-Uracil darstellen, das durch 2 Wasserstoffbrückenbindungen gekoppelt ist, das blau-gelbe Paar soll das Basenpaar Cytosin-Guanin darstellen, dessen Kopplung mit 3 Wasserstoffbrückenbindungen erfolgt. Entsprechend ist das zweitgenannte Paar doppelt so stabil wie das erste und eine Sequenz von zwei solchen Paaren ist bereits stabil, während im anderen Falle 4 Paare nebeneinander nötig sind (Kooperativitätsregel).

Die Grundsequenz der Kette wird durch Würfeln mit einem Tetraeder-Farbwürfel oder durch Ziehen der Perlen aus einem großen Vorratsgefäß festgelegt.

Spielt ein Spieler pro Kette, so versucht er zunächst, die günstigste Struktur seiner Kette durch Probieren herauszufinden. Hat er die sterische Anordnung der Perlen gefunden, bei der die meisten Paarungen möglich sind, so beginnen die Mutationen. Pro Runde darf nun jeder Spieler bei seiner Kette eine Base durch «Mutation» austauschen. Hierzu wählt er eine Perle aus, entfernt sie aus der Kette und ermittelt durch Würfeln mit dem Farbwürfel die mutierte Perle, die in die Lücke eingefügt wird.

Das Spiel endet nach einer vorgeschriebenen Zahl von Runden (z. B. 10 Runden). Gewinner ist, wer die höchste Punktzahl erreicht. Jedes rot-grüne Paar ergibt einen, jedes blau-gelbe Paar zwei Punkte. Es zählen dabei nur die Kombinationen, die sich in kooperativen Regionen befinden.

Spielt mit jeder Kette eine Spielergruppe, so wird zunächst durch Würfeln, Knobeln oder ähnliches der Beginner ermittelt. Dieser hat zwei Minuten Zeit, um mit der Kette eine möglichst große Kooperationsgruppe von Basenpaaren zu bilden. Die folgenden Spieler der Gruppe haben jeweils ebenfalls zwei Minuten Zeit, um eine weitere Kooperationsgruppe zu finden. Die Basenpaare werden mit Tesakrepp-Streifen verbunden und jedem Spieler werden für «seine» Paare die Punktzahlen gutgeschrieben. In der zweiten Runde beginnen die Mutationen. Der Spieler, der an der Reihe ist, löst eine von ihm gewählte Perle aus der Kette und erwürfelt dafür eine neue. Kommen dadurch neue stabile Basenpaare zustande, so erhält er die entsprechenden Punkte dafür.

Nach einer bestimmten, in allen Spielgruppen gleichen Anzahl von Runden wird das Spiel abgebrochen. In jeder Gruppe wird der Spieler mit der höchsten Punktzahl als Sieger ermittelt. Ein Vergleich, der in den parallel spielenden Gruppen zustande gekommenen «t-RNS-Moleküle» gestattet außerdem die Ermittlung einer Siegergruppe: Gewonnen hat die Gruppe mit dem «stabilsten Molekül», d. h. also, mit der Kette, die die meisten Basenpaarungen aufweist.

b) Auswertung

Zur biologischen Auswertung der Spielergebnisse werden die erhaltenen t-RNS-Sequenzen und Moleküle mit realen t-RNS-Molekülen verglichen.

Die meisten möglichen Paare können bei einer Haarnadelform der Kette gebildet werden. Wegen der Begrenzung der Mutationsschritte und der Konkurrenz der anderen Spieler bzw. Spielgruppen kommt es jedoch nicht nur auf die maximal mögliche Zahl von Paaren, sondern auch darauf an, so schnell wie möglich viele Paare zu bilden. So zeigt sich schnell, daß Muster mit mehreren Schleifen (bei 85 Perlen 3–4) für die Erreichung einer optimalen Ausgangsposition besonders günstig sind.

Ganz ähnlich wie in diesem Spiel werden auch in der Natur nicht die absolut stabilsten Molekülstrukturen gebildet, vielmehr kommt es ebenso darauf an, durch Versuch und Irrtum möglichst rasch einigermaßen günstige Strukturen zu erreichen. Es ist deshalb nicht verwunderlich, daß Spiel und Wirklichkeit beim t-RNS-Spiel meistens sehr gut übereinstimmen.

Literatur

Avers, Ch.: Evolution. Harper u. Row, New York 1974.

Beer, G. de: Bildatlas der Evolution. BLV, München 1966.

Boschke, F. L.: Die Herkunft des Lebens. Fischer-Taschenbuch 6178. Frankfurt 1972.

Bresch, C.: Zwischenstufe Leben. Piper, München 2. Aufl. 1978.

Campell, B. G.: Evolution zum Menschen. UTB 170, 6. Fischer, Stuttgart 2. Aufl. 1979.

Colbert, E. H.: Die Evolution der Wirbeltiere. G. Fischer, Stuttgart 1965.

Darwin, Ch.: Die Entstehung der Arten durch natürliche Zuchtwahl. Reclams Universal-Bibliothek 3071–80. Stuttgart 1963.

Die Evolution der Organismen. Ergebnisse und Probleme der Abstammungslehre. Hrsg. G. Hebererer. G. Fischer, Stuttgart, 3. Aufl. ab 1967.

Diehl, M.: Abstammungslehre, Biol. Arbeitsbücher Bd. 17, Quelle u. Meyer, Heidelberg 1977.

Dzwillo, M.: Prinzipien der Evolution. Phylogenetik und Systematik. Teubner, Stuttgart 1978.

Eigen, M./Winkler, R.: Das Spiel. Naturgesetze steuern den Zufall. Piper, München/Zürich 2. Aufl. 1976.

Erben, H. K.: Die Entwicklung der Lebewesen. Spielregeln der Evolution. Piper, München/Zürich 2. Aufl. 1976.

Grassé, P. P.: Allgemeine Biologie, Bd. 5: Evolution. G. Fischer, Stuttgart 1973.

Heberer, G./Henke, W./Rothe, H.: Der Ursprung des Menschen. G. Fischer, Stuttgart, 5. Aufl. 1979.

Hennig, W.: Phylogenetic Systematics. Univ. Illinois Press, 1966.

Hölder, H.: Naturgeschichte des Lebens von seinen Anfängen bis zum Menschen. Verständliche Wissenschaft Bd. 93. Springer, Heidelberg/Berlin/New York 1968.

Huxley, J.: Evolution. The modern Synthesis. G. Allen & Unwin. Oxford, 3 ed. 1974.

Kaplan, R. W.: Der Ursprung des Lebens. Thieme-dtv 4106. Stuttgart 2. Aufl. 1978.

Kattmann, U.: Evolutionsbiologie. Aulis, Köln 1979.
Kull, U.: Evolution. Studienreihe Biologie, Bd. 3. Metzler, Stuttgart 1977.
Kull, U.: Evolution des Menschen. Studienreihe Biologie, Bd. 4, Metzler, Stuttgart 1979.
MacArthur, R. H./Conell, J. H.: Biologie der Populationen. BLV, München 1970.
Mägdefrau, K.: Paläobiologie der Pflanzen, G. Fischer, Stuttgart, 4. Aufl. 1968.
Mayr, E.: Artbegriff und Evolution. Parey, Berlin 1967.
Monod, J.: Zufall und Notwendigkeit. Piper, München/Zürich, 5. Aufl. 1973.
Moore, R.: Die Evolution. (Life, Wunder der Natur), Time-Life International, Amsterdam 1964.
Oparin, A. J.: Genesis and evolutionary development of life. Academic Press, New York 1968.
Osche, G.: Evolution. Herder Studio-visuell, Freiburg 8. Aufl. 1977.
Osche, G.: Evolutionstheorie – Mechanismen der Artbildung. In: Funkkolleg Biologie, Studienbegleitbrief 2. Diff, Tübingen 1973.
Querner, H./Hölder, H./Egelhaaf, A./Jacobs, J./Heberer, G.: Vom Ursprung der Arten. ro-ro-ro-tele, Hamburg 1969.
Rahmann, H.: Die Entstehung des Lebendigen. G. Fischer, Stuttgart, 2. Aufl. 1979.
Remane, A./Storch, V./Welsch, U.: Evolution. Tatsachen und Probleme der Abstammungslehre. Thieme-dtv 4234, Stuttgart 1973.
Rensch, B.: Neuere Probleme der Abstammungslehre. Enke, Stuttgart 3. Aufl. 1972.
Savage, J. M.: Evolution. BLV, München 2. Aufl. 1973.
Siewing, R. (Hrsg.): Evolution. UTB 748, 6. Fischer Stuttgart 1978.
Simpson, G. G.: Leben der Vorzeit. Einführung in die Paläontologie. Enke, Stuttgart 1972.
Simpson, G. G.: Zeitmaße und Ablaufformen der Evolution. Musterschmidt, Göttingen 1951.
Sperlich, D.: Populationsgenetik. G. Fischer, Stuttgart 1973.
Stebbins, L.: Evolutionsprozesse. Fischer, Stuttgart, 2. Aufl. 1979.
Takhtajan, A.: Evolution und Ausbreitung der Blütenpflanzen. G. Fischer, Stuttgart 1973.
Thenius, E.: Lebende Fossilien. Zeugen vergangener Welten. Kosmos-Bibl. Bd. 246, Franckh, Stuttgart 1965.
Timofeeff-Resovsky, N. V./Voroncov, N. N./Jablolov, A. V.: Kurzer Grundriß der Evolutionstheorie. In: Genetik – Grundlagen, Ergebnisse und Probleme in Einzeldarstellungen. Bd. 7 (Hrsg. H. Stubbe), 6. Fischer, Jena 1975.
Wahlert, G. v./Wahlert, H. v.: Was Darwin noch nicht wissen konnte. DVA Stuttgart 1977.
Wallace, B./SRB, A.: Leben und Überleben. Die Anpassung der Organismen. Kosmos-Studienbuch, Franckh, Stuttgart 1966.
Woll, E.: Evolution. CVK-Biologie-Kolleg. CVK, Bielefeld 1978.
Zimmermann, W.: Evolution. Die Geschichte ihrer Probleme und Erkenntnisse. Alber, Freiburg i. Br./München 1953.
Zimmermann, W.: Geschichte der Pflanzen. Eine Übersicht. dtv-Thieme, München/Stuttgart 2. Aufl. 1968.

Zeitschriften

Der Biologieunterricht, Klett, Stuttgart
Jahrg. 4 (Heft 2) 1968
Jahrg. 13 (Heft 1) 1977
Unterricht Biologie, Friedrich, Velber
Heft 3, Nov. 1976
Scientific American 239, September 1978

Unterrichtsfilme und Diareihen

Institut für Film und Bild München (Bildstellen):

16 mm Filme
Auf den Spuren Darwins, Farbe, 14 min. (1962)
320593.0
Im Land des Känguruhs, Farbe, 19 mm. (1965)
320810.0

Super 8 mm
Werkzeuggebrauch bei Darwinfinken, Schwarz-weiß, 3 min. (1969) 360060.0

Diareihen
Aus der Stammesgeschichte der Vögel 11 (schwarz-w.) (1954) 100237.0
Entstehung einer Kulturpflanze: Mais und Lupine (Farbe) 14 (1968) 102021.0
Formen des Zusammenlebens bei Insekten (Farbe) 17 (1972) 102237.0
Hunderassen (Farbe) 22 (1965) 100815.0
Mutationen im Pflanzenbereich (Farbe) 16 (1967)
100979.0
Tarnen und Warnen im Tierreich (Farbe) 24 (1974)
102267.0
Tierwelt Australiens (Farbe) 19 (1968) 102017.0
Von der Wildform zur Kulturform des Weizens (Farbe) 13 (1968) 102020.0
Wie entsteht eine neue Pflanzensorte (Farbe) 23 (1970)
102193.0

VI Immunbiologie

A Intention

Bis zum Beginn der 50er Jahre war die Immunologie im wesentlichen eine medizinische Disziplin, die sich vor allem mit der Abwehr von Infektionskrankheiten und der Unverträglichkeit bestimmter Blutgruppen bei Blutübertragungen befaßte. Es schien, als ob die wesentlichen Fragen der Immunologie gelöst wären. Doch mit der Einführung biochemischer Methoden ergaben sich schlagartig neue Gesichtspunkte. Die Immunologie wurde zur Immunbiologie. Man erkannte, daß das Immunsystem vor allem die Aufgabe hat, den Körper vor «entarteten» Zellen zu schützen, die spontan bei der Vermehrung von Körperzellen entstehen (somatische Mutation). Solche «somatischen Mutationen» können Keimzentren für Krebs sein. Sie werden in der Regel vom Immunsystem als körperfremd erkannt und vernichtet. Dadurch wird gewährleistet, daß bei den Wirbeltieren der Körper eines jeden Individuums aus genetisch einheitlichen Zellen aufgebaut ist.

Bei Organtransplantationen wendet sich das Immunsystem gegen die körperfremden Organe, und es bedarf einer massiven Unterdrückung des Immunsystems, um eine Abstoßung der Transplantate zu vermeiden.

In zweiter Linie wehrt das Immunsystem Fremdstoffe ab, die von außen den Körper bedrohen wie z. B. die Krankheitserreger. Reaktionen gegen an sich harmlose Stoffe werden als Allergien bezeichnet. Hier zeigt sich, daß das Immunsystem nicht speziell auf die Abwehr von Krankheiten ausgerichtet ist, sondern daß es darauf hinarbeitet, den Körper frei von allen Fremdstoffen zu halten. Dies kann bei schweren Allergien Krankheit und sogar Tod des Individuums bedeuten.

Die Fähigkeit des Immunsystems zwischen fremden und körpereigenen Stoffen zu unterscheiden, kann teilweise verloren gehen oder fehlgesteuert werden. Die Autoimmunität ist eine Fehlleistung des Immunsystems, bei der körpereigene Zellen und Organe angegriffen werden. Ein Beispiel ist die hämolytische Anämie, bei der die eigenen roten Blutkörperchen zerstört werden. Angriffe des Immunsystems gegen die Schilddrüse oder gegen Organe des Verdauungssystems sind als Krankheitsbilder bekannt.

Bei den theoretischen Grundlagen werden besonders die Aspekte betont, die sich auf biologische Vorgänge beziehen. Es werden folgende Themenkreise berücksichtigt: Phylogenetische und ontogenetische Entwicklung des Immunsystems, Struktur von Antigen und Antikörper, zelluläre und humorale Immunität, immunologisches Gedächtnis und klonale Selektionstheorie. Die Schutzimpfungen werden nur am Rande erwähnt. Auf den Zusammenhang zwischen Krebs und Immunsystem wird hingewiesen.

Im praktischen Teil wird so weit wie möglich auf standardisierte Nachweise zurückgegriffen, da die erprobten Verfahren einen sicheren Erfolg versprechen und sich die Experimente mit einem vertretbaren Kostenaufwand durchführen lassen. Der apparative Aufwand zur Durchführung der Immunelektrophorese ist verhältnismäßig groß, zeigt aber sehr anschaulich die Vielzahl der Eiweißstoffe im Serum und gibt einen Eindruck von der Präzision moderner Trenn- und Nachweisverfahren.

B Lernziele

1. Die phylogenetische und ontogenetische Entwicklung des Immunsystems sollen in einer Übersicht skizziert werden können.
2. Der Ablauf einer Immunreaktion (humorale, zelluläre Immunität) soll an Hand konkreter Beispiele (Blutgruppenzugehörigkeit, immunologischer Schwangerschaftstest, Serumpräzipitation, Transplantatabstoßung) beschrieben werden können.
3. Der Grundbauplan eines Antikörpermoleküls soll erläutert und die Spezifität einer Immunreaktion an einem Beispiel aufgezeigt werden können.
4. Die klonale Selektionstheorie soll in den Grundzügen dargestellt werden können.
5. Die Entwicklung und Differenzierung von Lymphocyten und die Aufgaben einiger Typen

230 VI Immunbiologie

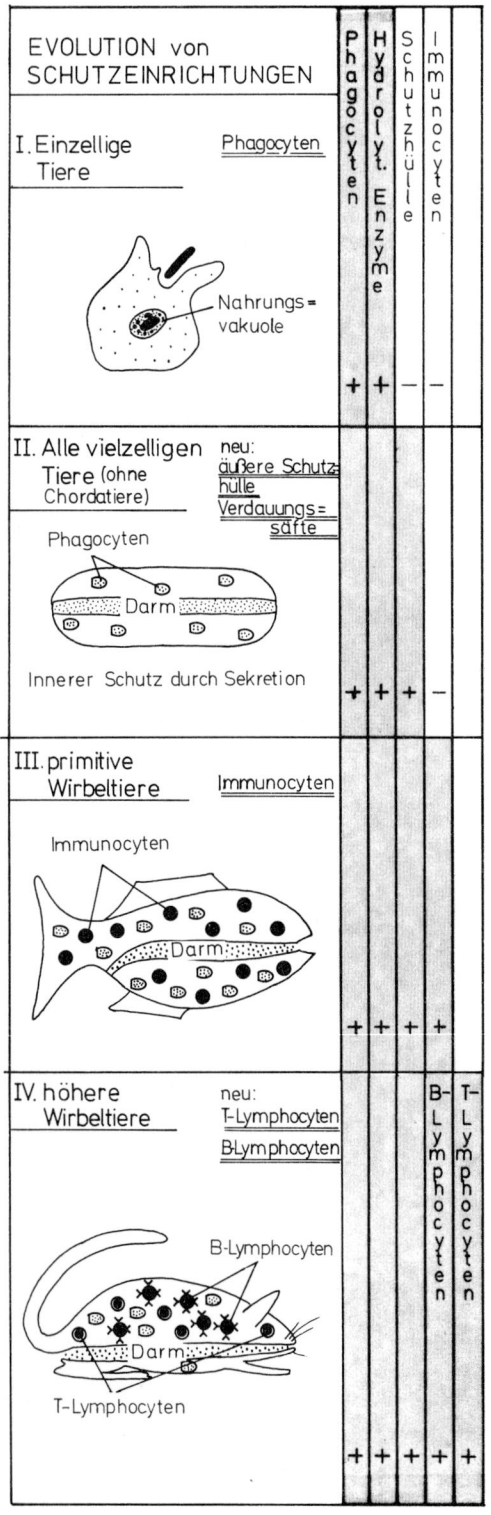

weißer Blutkörperchen sollen beschrieben werden können.
6. Die Grundregeln zur Vermeidung von Infektionen bei einer Blutentnahme müssen bekannt sein.
7. Das Prinzip der Immunodiffusion und Immunoelektrophorese sollen beschrieben werden können.

C Theoretische Grundlagen

1 Die Evolution immunologischer Schutzeinrichtungen

Alle Organismen leben in einer mehr oder weniger feindlichen Umwelt. Im Verlauf der Evolution des Tierreiches haben sich verschiedene Schutzeinrichtungen gegen Krankheitserreger, Parasiten und körperfremde Stoffe herausgebildet (Abb. VI, 1).
Phagocyten. Eine Zelle, die feste Stoffe wie z. B. Bakterien oder Hefezellen mit ihrem Zellplasma umfließt und in sich aufnimmt, nennt man Phagocyte. Der Vorgang selbst heißt entsprechend Phagocytose (Bd. I, Kap. II; VIII). Die aufgenommenen Stoffe werden in einer Nahrungsvakuole verdaut.
Phagocyten finden wir von den Protozoen an durch das ganze Tierreich hindurch bis hinauf zu den Säugetieren.
Ein klassisches Beispiel einer Phagocyte bietet die Amöbe. Die Phagocytose dient bei ihr, wie bei vielen Protozoen, vor allem der Nahrungsaufnahme (Bd. I, Kap. VIII). Die Abwehr von Krankheitserregern und schädlichen Parasiten spielt bei den Protozoen keine oder höchstens eine untergeordnete Rolle.
Bei den höherentwickelten, vielzelligen Tieren übernehmen Phagocyten immer mehr die Aufgabe, Krankheitserreger und andere Fremdstoffe aus dem Organismus zu entfernen. Metschnikoff hat diesen Zusammenhang als erster erkannt. Er hat z. B. häufig im Darm des Wasserflohs (Daphnia) Sporen eines niederen Pilzes (Monospora) beobachtet, die durch die Darmwand in die

Abb. VI, 1: Übersicht über die phylogenetische Entwicklung immunologischer Schutzeinrichtungen bei Tieren.

Bauchhöhle eindringen können. Die Sporen werden in der Regel durch Zellen phagocytiert, die in der Körperflüssigkeit (Haemolymphe) schwimmen und amöboid beweglich sind. Ist die Widerstandsfähigkeit der Daphnia geschwächt, dann bleibt die Phagocytose aus, der Pilz vermehrt sich so stark, daß die Daphnien sterben.
Werden Ringelwürmer, Insekten und andere Invertebraten mit Fremdkörpern oder Bakterien infiziert, dann werden diese Stoffe von Phagocyten aufgenommen, die sich im Blut oder der Haemolymphe befinden, oder es treten entzündliche Prozesse auf, bei denen die Krankheitserreger phagocytiert werden.
Bei den Chordaten, zu denen auch die Wirbeltiere gehören, gibt es unter den weißen Blutzellen (Leucocyten) spezialisierte Zellen, die Bakterien, Krankheitserreger und Zelltrümmer phagocytieren. Bei den Säugetieren fallen die Freßzellen durch ihre Größe auf und werden Makrophagen genannt.

Äußere Schutzhülle. Als sehr wirksamen Schutz gegen das Eindringen von Fremdstoffen und Krankheitserregern haben sich bei den vielzelligen Organismen äußere Hüllen entwickelt, wie z. B. die einschichtige Epidermis beim Regenwurm, die mit einer dünnen Cuticula abschließt und von einem schleimigen Sekret überzogen ist, das von besonderen Drüsenzellen abgesondert wird. Krebse und Insekten schützen sich durch einen festen Panzer, Fische durch ein Schuppenkleid, Reptilien durch eine verhornte Haut.
Vielzellige Tiere haben in der Regel einen ausgebildeten Verdauungskanal (Darm), in dem Verdauungssäfte Krankheitserreger abtöten.

Humorale und zelluläre Immunität. Im Vergleich zu den Invertebraten sind die Wirbeltiere langlebig, haben eine lange Generationendauer, bringen z. T. nur wenige Nachkommen zur Welt und besitzen mitunter riesige Körper, die aus einer Unzahl von Zellen aufgebaut sind. Es liegt auf der Hand, daß die Wirbeltiere besonders gefährdet sind. Entsprechend finden wir bei den Säugetieren auch das bestentwickelte Abwehrsystem gegen Fremdkörper, das sogenannte Immunsystem. Dabei haben sich zwei Formen der Abwehr entwickelt: die humorale und zelluläre Immunität.
Bei der humoralen Immunität werden chemische Waffen gegen Fremdkörper und Fremdstoffe verwendet. Es sind spezifische Eiweiße, die Antikörper, die die Fremdstoffe, die sogenannten Antigene, binden und unschädlich machen. Produziert werden die Antikörper von bestimmten weißen Blutzellen, den Immunocyten bei den (primitiven) Fischen, bzw. den B-Lymphocyten bei den höheren Wirbeltieren.
Die zelluläre Immunität ist an die Entwicklung der Thymusdrüse gebunden. In der Thymusdrüse differenzieren sich bestimmte weiße Blutzellen zu T-Lymphocyten aus, die als «Killerzellen» körperfremde Zellen angreifen (Abb. VI, 7).
Im Gegensatz zu den Chordaten fehlt den Invertebraten ein Immunsystem, was man daraus schließen kann, daß keine Antikörper gebildet werden. (Nur bei wenigen Tiergruppen wurden Abwehrstoffe nachgewiesen, die aber mit dem Bau der Antikörper nicht vergleichbar sind und keine hohe Spezifität haben.) Weiterhin wachsen bei den Invertebraten bei Gewebs- und Organverpflanzungen Fremdtransplantate problemlos ein.
Innerhalb der Chordaten hat sich das Immunsystem schrittweise entwickelt. Die Rundmäuler (Cyclostomaten) sind eine niedere Unterklasse der Fische. Ihr primitivster Vertreter ist das Flußneunauge (Petromyzon). Es ist zwar resistent gegen viele Infektionen, bildet aber keine Antikörper, es hat weiße Blutzellen, die als Vorläufer der Lymphocyten gedeutet werden können. Demgegenüber bildet das Meerneunauge globuläre Eiweiße mit Antikörpereigenschaften. Es werden nur wenige Antikörpertypen mit geringer Spezifität gebildet. Unter den weißen Blutkörperchen lassen sich Immunocyten nachweisen. Körperfremde Transplantate werden abgestoßen, was auf eine zelluläre Immunität hinweist, die in Verbindung mit der primitiven Thymusdrüse stehen kann.
Die Zahl der Antikörper nimmt bei den Knochen- und Knorpelfischen zu. Es lassen sich entsprechend viele Immunreaktionen auf Fremdstoffe nachweisen.
Bei den höheren Wirbeltieren werden im roten Knochenmark nicht nur rote Blutzellen gebildet, sondern es entsteht dort auch ein bestimmter Typ weißer Blutzellen, die Lymphocyten (Abb. VI, 2). Aus undifferenzierten Stammzellen entwickeln sich entweder B-Zellen, die bei einer späteren Immunreaktion Antikörper absondern (humorale Immunität) oder T-Zellen, die vor allem bei Transplantatabstoßungen als Killerzellen das fremde Gewebe angreifen (zelluläre Immunität) (Abb. VI, 7).

232 VI Immunbiologie

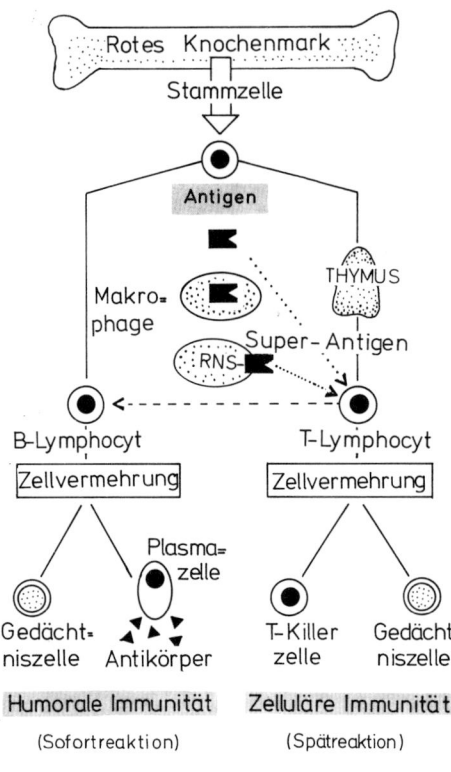

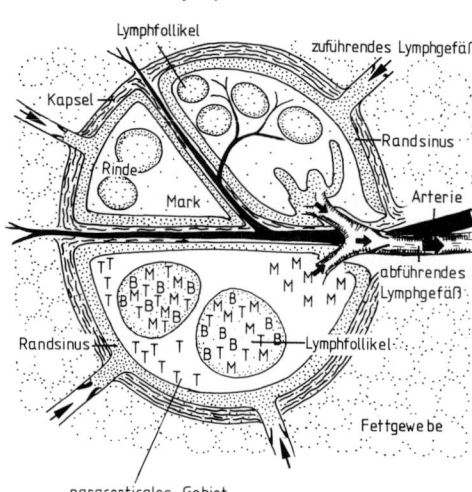

B-Lymphozyten. Die Stammzellen teilen sich wiederholt. Im Verlauf mehrerer Zellteilungen differenzieren sich die B-Lymphocyten auf eine noch unbekannte Weise zu Zellen aus, die die Fähigkeit haben, einen bestimmten Antikörpertyp zu produzieren (vgl. Theorien der Antikörperbildung). Am Ende des Vermehrungszyklus treten zwei Zellsorten auf: Plasmazellen und Gedächtniszellen (Abb. VI, 2).

Die Plasmazellen sind kurzlebig. Sie stellen Antikörper her und geben sie nach außen ab. Die Gedächtniszellen sind langlebig. Beim Menschen können sie Jahrzehnte überdauern. Bei einem späteren Kontakt mit dem spezifischen Antigen werden sie zu einer raschen Folge von Teilungen angeregt, so daß der Körper innerhalb kürzester Zeit eine große Menge Antikörper bilden kann (immunologisches Gedächtnis). Sind die Antikörper gegen Krankheitserreger gerichtet, dann wird die Krankheit abgewehrt, bevor sie einen bedrohlichen Verlauf nehmen kann. Der Körper ist immun gegen eine bestimmte Krankheit geworden. Um sich schon die erste Krankheit zu ersparen, kann man mit abgetöteten oder abgeschwächten Erregern impfen, die aber noch die gleichen Antigene haben wie die virulenten Erreger, und dementsprechend werden auch spezifische Antikörper und Gedächtniszellen produziert (aktive Schutzimpfung).

Die Vermehrung und Differenzierung der B-Lymphocyten erfolgt im Blut und in den lymphatischen Organen. Die B-Zellen findet man in großer Zahl in den Lymphfollikeln der Lymphknoten (Abb. VI, 2).

T-Lymphocyten. Der zweite Teil der Stammzellen gelangt in die Thymusdrüse (T-Zellen). Dort machen sie eine Reifung durch, die die Voraussetzung für ihre weitere Differenzierung ist. Unter der Einwirkung eines Antigens entwickeln sich spezifische T-Zellen. Diese Differenzierung

Abb. VI, 2: Oben: Aus den Stammzellen des Knochenmarks bilden sich entweder B- oder T-Zellen. Antigene stimulieren die Vermehrung der T-Lymphozyten, die wiederum die B-Zellen zu Zellteilungen anregen.

Unten: Schematischer Schnitt durch einen Lymphknoten. Die T-Zellen findet man vor allem in den paracorticalen Bereichen. Die B-Zellen besiedeln vorwiegend die Randgebiete der Follikel, während die Markregion vor allem Makrophagen (M) beherbergt. In den Follikeln selbst sind alle drei Lymphocytentypen anzutreffen.

kann durch einen weiteren Typ weißer Blutzellen, die Makrophagen, wesentlich verstärkt werden. Die Makrophagen fressen Bakterien auf, an deren Oberfläche Antigene sitzen. Die Bakterien werden zum größten Teil verdaut. Die Antigene aber werden an kleine RNS-Moleküle gebunden, die dann als «Super-Antigen» wirken (Abb. VI, 2).
Ähnlich wie die B-Lymphocyten vermehren sich die T-Lymphocyten. Sie entwickeln sich zu aktiven T-Killer-Zellen und zu T-Gedächtniszellen (Abb. VI, 2). Die T-Zellen sind vor allem für die Abstoßung körperfremder Zellen verantwortlich. Als körperfremd gelten Transplantate von Geweben fremder Individuen derselben oder einer anderen Art (Abb. VI, 7). Als körperfremd müssen aber auch Tumorzellen angesehen werden. Sie entstehen, wenn in einer Körperzelle spontan eine Mutation auftritt (somatische Mutation). Eine solche «entartete» Zelle unterscheidet sich sowohl nach ihrem Erbgut als auch nach ihrem Bau und der Funktion von den körpereigenen Zellen und muß unbedingt entfernt werden, wenn es zu keiner Fehlentwicklung kommen soll (Krebs).
Die Gefahr, daß eine somatische Mutation entsteht, ist bei Organismen mit einer langen Lebensdauer und einer großen Zahl von Zellen besonders hoch. So besteht z. B. der Körper des Menschen aus etwa $6 \cdot 10^{13}$ Zellen (vgl. Bd. I, Kap. II). Da die mittlere Mutationswahrscheinlichkeit bei 10^{-7} liegt, bedeutet dies, daß ohne Selektion etwa $6 \cdot 10^6$ Zellen durch somatische Mutation verändert sein müßten.
Die Fähigkeit zur somatischen Mutation liefert auch den Schlüssel zum Verständnis für die Ausbildung einer fast endlosen Zahl hochspezialisierter Lymphocyten, wie im Kapitel zur Theorie der Antigenbildung dargestellt wird.

2 Ontogenese des Immunsystems

Das Immunsystem entwickelt sich im Laufe der Embryonal- und Kindheitsentwicklung. Die Ausbildung des Immunsystems ist abhängig von der Organentwicklung. So treten z. B. beim menschlichen Embryo im 2. Schwangerschaftsmonat die ersten Blutbildungsherde mit phagocytierenden Leucocyten auf. Die Thymusdrüse wird etwa zur gleichen Zeit angelegt. Im 5. Monat bildet sich rotes Knochenmark, in dem lymphocytäre Stammzellen entstehen. Erstmals können zu dieser Zeit in der Milz Lymphocyten beobachtet werden. Damit ist die Fähigkeit zur Antikörperbildung gegeben. In der Regel bildet der Embryo zu diesem Zeitpunkt aber noch keine eigenen Antikörper, da er von mütterlichen Antikörpern gegen die meisten Krankheiten geschützt ist. Wieweit die zelluläre Immunität ausgebildet ist, ist nicht sicher. Insgesamt entspricht die Entwicklung des Immunsystems bei einem 5 Monate alten Embryo etwa dem eines primitiven Fisches (Meerneunauge). Die volle Differenzierung hat das Immunsystem etwa bei der Geburt erreicht. Im Verlauf der ersten 6 Säuglingsmonate nimmt der Schutz durch die mütterlichen Antikörper ab, und der kindliche Organismus bildet selbst Antikörper. Das Immunsystem bleibt während des weiteren Lebens voll intakt und wird erst im Alter langsam wieder abgebaut.

3 Die Immunreaktion

Antigen. In der Immunbiologie steht der Antigenbegriff an zentraler Stelle. Er wird in einem doppelten Sinne angewendet. Einerseits faßt man alle Stoffe als Antigene zusammen, die in einem Organismus eine Immunreaktion hervorrufen. Diese Substanzen sind immunogen. Krankheitserreger, körperfremde Eiweiße und eine Unzahl hochmolekularer Stoffe sind Antigene. Die Immunogenität eines Stoffes hängt auch von der Empfänglichkeit des Wirtes ab. Ein Grippevirus z. B. löst zwar beim Menschen, nicht jedoch beim Kaninchen, eine Immunreaktion aus. – Andererseits bezeichnet man Stoffe als Antigene, die mit Antikörpern spezifisch reagieren (Antigen-Antikörper-Reaktion).
Sowohl die Immunogenität als auch die antigene Spezifität sind an bestimmte molekulare Oberflächenmuster des Antigens gebunden. Der Teil des Antigens, der eine Reaktion auslöst, heißt Determinante. So können z. B. einige Zuckermoleküle in einer ganz bestimmten Anordnung auf der Oberfläche eines Bakteriums als Determinante wirken. Eine Immunreaktion wird aber nur ausgelöst, wenn die Determinante an einen makromolekularen Träger, z. B. ein Eiweiß, gebunden ist. Auf der Oberfläche eines Bakteriums finden wir sehr viele Molekülmuster, die als Determinanten wirken. Deshalb kann eine einzige Bakterienart viele Immunreaktionen hervorrufen.

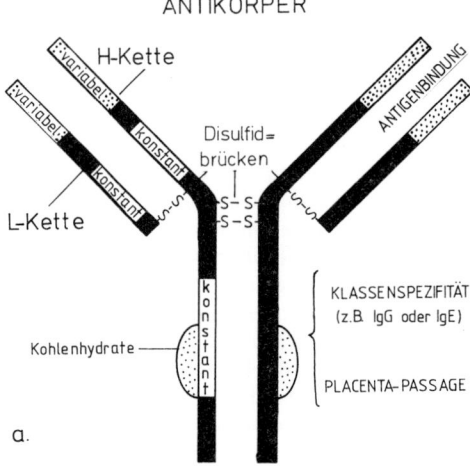
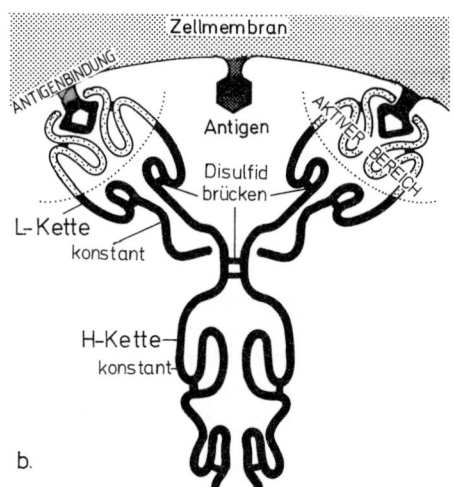
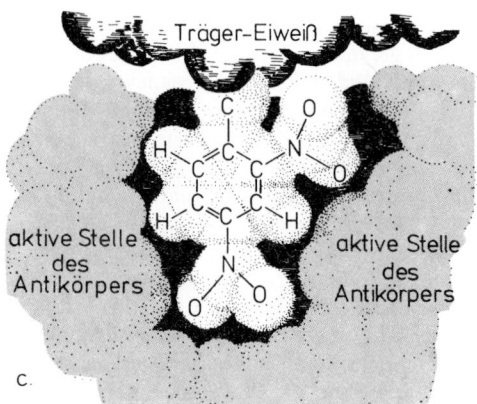

Antikörper. Antikörper sind Eiweiße, die im Blut und der Lymphflüssigkeit gelöst vorkommen. Da die Gestalt der Moleküle der Antikörper nicht langgestreckt sondern mehr kugelig ist, rechnet man sie zu der Eiweißgruppe der Globuline. Sie werden unter der Sammelbezeichnung Immunglobuline (Ig) zusammengefaßt. Man unterscheidet 5 verschiedene Klassen (IgG, IgA, IgM, IgD und IgE), die sich sowohl in ihren Molekulargewichten als auch in ihren Eigenschaften unterscheiden. Das IgG ist bei den Säugetieren und beim Menschen am weitesten verbreitet und in seiner Struktur am besten untersucht. Wir wollen uns auf seine Darstellung beschränken.
Das IgG-Molekül hat ein Molekulargewicht von ca. 155 000. Es ist aus etwa 1330 Aminosäuren aufgebaut. Das IgG-Molekül wird von 4 Peptidketten gebildet, wobei jeweils zwei die genau gleiche Aminosäuresequenz haben (Abb. VI, 3). Die beiden Peptidkettenpaare unterscheiden sich durch ihre Länge und damit auch durch ihr Gewicht. Die beiden leichten Ketten haben ein Molekulargewicht von 22 555 (214 Aminosäuren), die schweren Ketten sind etwa doppelt so lang (440 Aminosäuren) und haben ein Molekulargewicht von 55 000.
Das IgG-Molekül ist so groß, daß man im Elektronenmikroskop seine Y-förmige Gestalt sichtbar machen kann. Weitere Untersuchungen haben ergeben, daß das Molekül völlig spiegelsymmetrisch aufgebaut ist. Die beiden schweren Ketten verlaufen bis etwa zur Mitte parallel zueinander und sind dort durch eine Disulfidbrücke miteinander verknüpft. Die zweite Hälfte der beiden Ketten bilden die freien Schenkel des Y. An jeden Schenkel ist, ebenfalls durch eine S-S-Brücke, eine kurze Kette angelagert (Abb. VI, 3b).
Das JgG-molekül hat zwei reaktive Teile, die Bindungsstellen. Sie liegen jeweils am Ende eines freien Armes. Die Zweibindigkeit des Moleküls ist die Voraussetzung dafür, daß ein Antikörper-

---

Abb. VI, 3: Bau eines Antikörpermoleküls.
a) Schematische Anordnung der Proteinketten. Die schweren H- und die leichten L-Ketten sind durch Disulfidbrücken zu einem Molekül verbunden.
b) Die Faltung der Peptidketen zur Sekundärstruktur ist angedeutet. Die aktive Stelle kennzeichnet den Bereich, in dem das Antigen gebunden wird.
c) Die Determinante ist die reaktive Molekülgruppe eines Antigens. Determinante und Antikörper passen wie Schlüssel und Schloß zusammen.

molekül zwei Antigenmoleküle verknüpfen kann. Da in der Regel die Antigene mehrere oder viele reaktionsfähige Stellen (Determinanten) besitzen, entsteht ein Netzwerk von Antigen-Antikörpermolekülen. Die Vernetzung von zellulären Antikörpern wie z. B. Bakterien oder roten Blutzellen, nennt man Agglutination (Abb. VI, 4). Gelöste Antigene werden durch Vernetzung zu großen Molekülkomplexen verbunden, die als Niederschlag ausfallen, den man Präzipitat nennt.

Spezifität. Eine Immunreaktion tritt nur ein, wenn Antigen und Antikörper einander entsprechen: Genauer gesagt, wenn die Determinante des Antigens wie ein Schlüssel in das Schloß der aktiven Antikörperstelle paßt (Abb. VI, 3c). Es genügt, die reaktiven Stellen eines Antigens chemisch geringfügig zu verändern, um die Immunreaktion wesentlich abzuschwächen oder völlig zu unterdrücken. Da es sehr viele Antigene gibt, muß es ebensoviele verschiedene Antikörperarten geben, die sich in ihrer reaktiven Stelle unterscheiden.

Die Peptidketten eines Antikörpermoleküls sind linear aufgebaut (Primärstruktur eines Eiweißes). Sie werden von 20 verschiedenen Aminosäuren gebildet. Nimmt man an, daß jede Aminosäure einem Buchstaben des Alphabets entspricht, dann kann im variablen Teil der leichten und schweren Kette im Bereich der Antigenbindung (Abb. VI, 3a, b) die Information für die Bindung einer großen Zahl von Antigenen gespeichert sein. Betrachten wir einen einfachen Modellfall und setzen an die Stelle von drei verschiedenen L-Ketten die Wörter

STUPID**ITÄT**
STERIL**ITÄT**
STABIL**ITÄT**

dann sehen wir, daß wir drei Wörter mit jeweils 10 Buchstaben gebildet haben. Die ersten 6 Buchstaben stellen den variablen Teil der Wörter dar, die 4 letzten bilden den konstanten Teil. Doch auch innerhalb des variablen Bereichs gibt es Unterschiede. So sind die 1., 2. und 5. Stelle mit den Buchstaben S, T und I invariant. Bei der 6. Stelle ist die Varianz eingeschränkt, da zwei Buchstaben gleich sind. Nur bei der 3. und 4. Stelle sind alle 3 Buchstaben verschieden. Fügen wir unserem Beispiel noch die Wörter

SPEZIF**ITÄT**
und
SERVIL**ITÄT**

bei, so ändert sich im Prinzip nichts, die 1. und 5. Stelle bleibt invariant, volle Varianz herrscht nur in der 4. Stelle.

Der variable Bereich eines Antikörpermoleküls umfaßt etwa 100 Aminosäuren. Aber auch der größte Teil dieser 100 AS des variablen Bereichs ist invariant. Varianz konnte nur an wenigen Stellen nachgewiesen werden, die insgesamt von 15 Aminosäuren besetzt sind. Bei 20 verschiedenen Aminosäuren ergeben sich bei linearer Anordnung und bei voller Austauschbarkeit $20^{15} \approx 3 \cdot 10^{19}$ Kombinationsmöglichkeiten. Dies sind weit mehr, als man für die 10^6 Antigene braucht, auf die ein menschlicher Organismus schätzungsweise reagiert.

Die Aminosäuresequenz der Proteinketten konnte dadurch aufgeklärt werden, daß bei Patienten mit einer bestimmten krebsartigen Erkrankung entweder nur leichte oder schwere Ketten eines einzigen Antikörpers in großer Menge gebildet und im Harn ausgeschieden wurden. Diese Proteine konnten gereinigt und untersucht werden. Es ergab sich, daß der unpaare Teil des Y-förmigen Moleküls die Klassenzugehörigkeit der Immunoglobuline, die Durchlässigkeit durch die Placenta und eine Reihe weiterer physiologischer Eigenschaften bestimmt.

IgM- und IgA-Moleküle haben ein Molekulargewicht von ca. 900000. Sie sind aus mehreren Grundeinheiten Y-förmiger Moleküle zusammengesetzt, wie wir sie beim IgG-Typ kennengelernt haben (vgl. Abb. VI, 4).

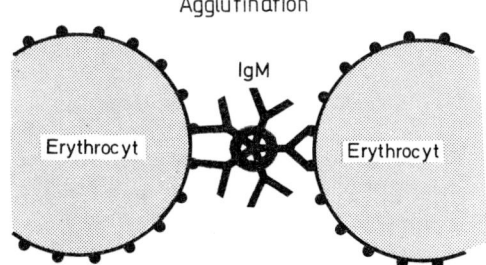

Abb. VI, 4: Schema der Agglutination zweier Erythrocyten durch IgM-Molekül. Die Erythrocyten tragen spezifische Antigene an der Oberfläche. Im Verhältnis zu den Erythrocyten ist das JgM-Molekül viel zu groß dargestellt. In Wirklichkeit sind mehrere JgM-Moleküle bei der Agglutination beteiligt.

KLONALE SELEKTIONSTHEORIE

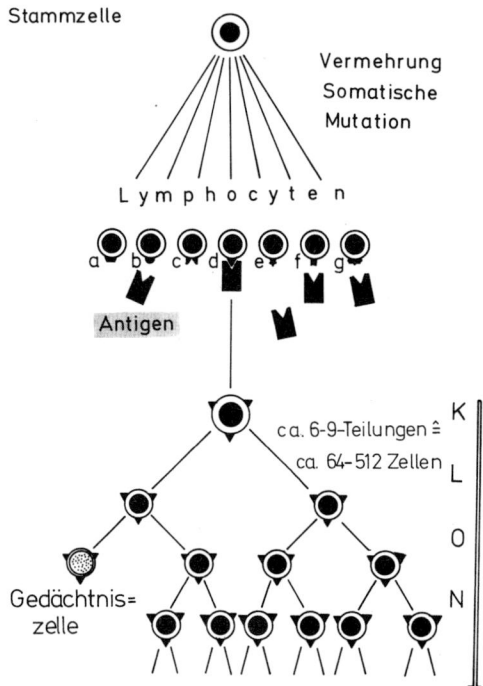

Abb. VI, 5: Die Lymphocyten a-g sind durch somatische Mutation aus Stammzellen entstanden. Sie unterscheiden sich durch die Antikörper, die an ihrer Oberfläche gebunden sind. Ein spezifisches Antigen veranlaßt den entsprechenden Lymphocyt zur Zellteilung, in deren Verlauf sich Plasmazellen und Gedächtniszellen herausbilden. Aus einer Zelle hat sich eine Population genetisch gleicher Zellen entwickelt – ein Klon ist entstanden.

4 Theorie der Antikörperbildung

Die Frage, wie ein Antigen eine spezifische Immunantwort auslöst, ist bis heute noch nicht gelöst. Es wurden eine Reihe von Theorien aufgestellt, von der die klonale Selektionstheorie (Burnet und Jerne 1957) zur Zeit die Beobachtungen am besten erklärt. Die klonale Selektionstheorie geht von der begründeten Annahme aus, daß auch in einem unstimulierten Säugetier ein Grundspiegel aller möglichen Immunglobuline synthetisiert wird. Es wird weiterhin die Annahme gemacht, daß ein Lymphocyt nur einen bestimmten Antikörper synthetisiert. Da es unwahrscheinlich ist, daß in den Erbanlagen die Gene für etwa 10^6 verschiedene Antigene vorhanden sind, geht die klonale Selektionstheorie von der Überlegung aus, daß eine solche Vielzahl unterschiedlicher Zellen auch durch somatische Mutation entstehen könnte. Dies um so mehr, wenn die Mutanten einen Selektionsvorteil hätten (Abb. VI, 5).

Aus vielen genetischen Untersuchungen kann man schließen, daß die Mutationsrate für ein Gen bei 10^{-6} pro Zellteilung und Basenpaar liegt. Da der variable Teil des Antikörpermoleküls aus 330 Nukleotiden aufgebaut ist, muß in diesem Bereich mit einer Mutationswahrscheinlichkeit von 10^{-4} pro Zellgeneration gerechnet werden. Da täglich etwa 10^8 Lymphocyten entstehen, wären 10^4 Mutanten zu erwarten. Selbst wenn man annimmt, daß etwa 90% nicht lebensfähige «Unsinnmutanten» sind, würden täglich etwa 1000 Mutanten übrigbleiben, so daß nach 3 Monaten etwa 10^6 verschiedene Lymphocyten vorhanden wären.

Gelangt nun ein bestimmtes Antigen in den Organismus, dann wird es mit einer Vielzahl von Lymphocyten unterschiedlicher Spezifität konfrontiert. Es reagiert jedoch nur mit einer Zelle, die an ihrer Oberfläche den entsprechenden Antikörper trägt. Der Kontakt führt zur Vermehrung dieser speziellen Lymphocyten, so daß eine Population genetisch gleichartiger Zellen, ein Klon, entsteht. Ein Teil der Zellen aus diesen Klonen differenziert sich zu antikörperbildenden B-Zellen (Plasmazellen), einige werden zu langlebigen «Gedächtniszellen» (Abb. VI, 5).

5 Beispiele für Immunreaktionen

Blutgruppen. Bei einer Bluttransfusion von Mensch zu Mensch kann es zu einer Verklumpung der roten Blutkörperchen (Agglutination) kommen, was für den Patienten den Tod bedeutet. Landsteiner entdeckte im Jahr 1900, daß es vier verschiedene Typen von Erythrocyten gibt. Sie unterscheiden sich durch die Antigene, die als Glykoproteide an ihrer Oberfläche gebunden sind (Abb. IV, 4). Die wichtigsten Blutgruppenantigene sind das Antigen-A und Antigen-B. Von den beiden Antigenen kann entweder je eines, beide oder keines an den Erythrocyten eines Menschen vorhanden sein. Man unterscheidet die Blutgruppen A, B, AB und 0 (Null) (Abb. VI, 9). Sie sind angeboren. Außer dem AB0-System kennt man heute 13 weitere Blutgruppensysteme mit über 60 verschiedenen Blutgruppenfaktoren.

Im Plasma können Antikörper gelöst sein. Sie werden als Anti-A (α) und Anti-B (β) bezeichnet. Im Blut eines Menschen sind immer nur die Antikörper vorhanden, die die eigenen Erythrozyten nicht verklumpen.

Tabelle VI, 1

Blutgruppe (Erythrocyten-eigenschaft)	Antikörper im Plasma	Häufigkeit für Europäer
A	Anti-B	43%
B	Anti-A	8%
AB	–	3%
0	Anti-A Anti-B	46%

Bei einer Bluttransfusion müssen die Blutgruppen von Spender und Empfänger übereinstimmen. Notfalls kann Blut der Gruppe 0 (Universalspender) auf einen Patienten mit unbekannter Blutgruppe übertragen werden, da keine Antigene an den Erythrocyten vorhanden sind. Da das Spenderblut sehr stark verdünnt wird, kommt es bei ihm nur zu einer geringen Agglutination. – Umgekehrt sind Menschen mit der Blutgruppe AB Universalempfänger.

Die Plasma-Antikörper werden ohne Antigene spontan ab dem 3. Lebensmonat gebildet. Da die Blutgruppenzugehörigkeit streng nach den Mendelschen Regeln vererbt wird, werden sie beim Vaterschaftsnachweis herangezogen. Auch in der Gerichtsmedizin werden Blutgruppenbestimmungen verwendet, da sich die Blutgruppe auch aus Schweiß- und Spermaresten bestimmen läßt.

Reaktionsmechanismus. Die roten Blutkörperchen sind negativ geladen und stoßen sich auf Grund der gleichen elektrischen Ladungsverhältnisse ab. Der Mindestabstand, den zwei Erythrocyten einhalten, beträgt etwa 30 nm. Anti-A und Anti-B sind Immunglobuline der Klasse M (IgM) mit einem hohen Molekulargewicht. Jedes Molekül ist aus 5 Bausteinen zusammengesetzt, von denen jeder etwa einem IgG-Molekül entspricht, so daß jedes Molekül 10 Antigenbindungsstellen hat. Das rosettenförmige Molekül vermag einen Zwischenraum von 35–42 nm zu überbrücken und damit auch zwei Blutkörperchen zu agglutinieren (Abb. VI, 4). Um ein Erythrocytenpaar zu verkoppeln reichen 3–4 IgM-Moleküle aus.

Immunologischer Schwangerschaftstest. Bis zum Jahre 1960 wurde ausschließlich der Schwangerschaftstest nach Aschheim-Zondek (1928) verwendet. Weiblichen Kröten, Fröschen oder jungen Mäusen wurde Harn von Frauen eingespritzt, bei denen Verdacht auf eine Schwangerschaft bestand. Lag eine Schwangerschaft vor, dann vergrößerten sich unter dem Einfluß der Schwangerschaftshormone (Gonadotropine) die Ovarien bei den weiblichen Versuchstieren. Um den Zustand der Ovarien kontrollieren zu können, mußten die Tiere etwa 5 Tage nach Versuchsbeginn getötet und präpariert werden. In dieser Hinsicht brachte der Test mit männlichen Fröschen oder Kröten Vorteile. Sie geben schon wenige Stunden nach Injektion von Schwangerenharn Spermien ab, was mikroskopisch leicht nachweisbar ist. Der Nachteil beider Verfahren ist, daß man Tage oder Stunden auf das Ergebnis warten muß, der technische Aufwand groß ist, und daß eine sichere Aussage erst 6 bis 12 Wochen nach dem Ausbleiben der letzten Menstruation gemacht werden kann.

Dem Aschheim-Zondek-Test gegenüber bietet der immunologische Schwangerschaftstest viele Vorteile: Das Untersuchungsergebnis liegt nach 10–15 Minuten vor, der technische Aufwand ist äußerst gering, und eine Schwangerschaft kann schon 4 bis 12 Tage nach dem Ausbleiben der Menstruation mit 98%iger Sicherheit festgestellt werden.

Der erste immunologische Schwangerschaftstest wurde 1960 (Wide und Gemzell) entwickelt. Er beruht auf einer Antigen-Antikörper-Reaktion eines Schwangerschaftshormons, des Humanchoriongonadotropins (HCG). HCG ist ein Glucoproteid. Wird es einem Säuger (z. B. Kaninchen) in die Blutbahn eingespritzt, dann wirkt das Fremdeiweiß als Antigen. Das Versuchstier bildet spezifische Antikörper aus. Da die Antikörper unverzweigt sind, lösen sie keine Agglutination aus. Durch einen Kunstgriff gelang es, viele Antikörper an kleine Latexkügelchen anzulagern. Gibt man zu den mit HCG-Antikörpern beladenen Latexpartikeln Schwangerenharn, dann vernetzt das Antigen-Antikörper-System und agglutiniert (Abb. VI, 6). Da eine Schwangerschaft durch eine positive Reaktion des Tests angezeigt wird, spricht man von einem direkten

HCG – SCHWANGERSCHAFTSTEST

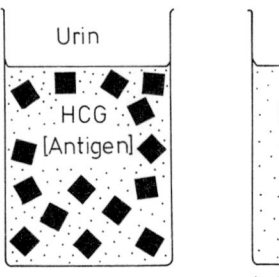
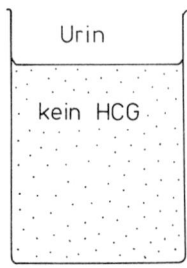

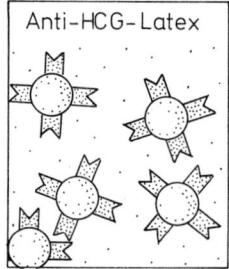

○ Latex = Trägersubstanz für Antikörper
⊠ Antikörper gegen HCG

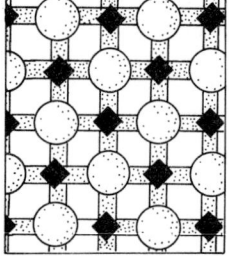
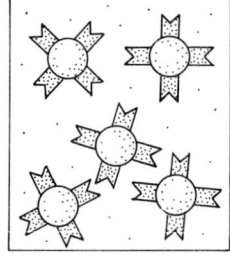

Agglutination — keine Agglutination

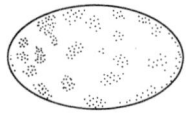
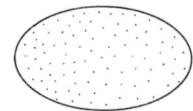

Test positiv — Test negativ
Schwangerschaft — keine Schwangerschaft

HCG-Test. (Beim indirekten Test ist HCG an Latex gebunden. Vermischt man eine Suspension von Anti-HCG mit Schwangerenharn, dann werden die freien Bindungen abgesättigt, so daß bei einer nachträglichen Zugabe von HCG-Latex keine Agglutination stattfindet – indirekter HCG-Test. Der indirekte Test wird heute immer weniger verwendet, da er zu Fehlinterpretationen führte.)

Transplantatabstoßung. Ein Fremdtransplantat wächst häufig zunächst an, wird aber nach wenigen Tagen abgestoßen. Diese Spätreaktion ist auf die zelluläre Immunität zurückzuführen (Abb. VI, 7).
Bei einer Spätreaktion laufen folgende Vorgänge ab:
Erkennungsphase. Wanderlymphocyten vom T-Typ tragen an ihrer Oberfläche Antikörper, die als Rezeptoren dienen, mit denen sie auf die entsprechenden Antigene des Transplantats reagieren. Die T-Lymphocyten werden aktiviert.
Differenzierungsphase. Über die Lymphbahnen werden die aktivierten Wanderzellen zu den Lymphknoten transportiert. Sie lösen dort vor allem bei den T-Lymphocyten eine explosionsartige Vermehrung aus. Es entstehen T-Zellen, die spezifisch auf das Transplantat reagieren. Am Ende der Vermehrungsphase differenzieren sie sich zu Gedächtniszellen und Killerzellen (Abb. VI, 2).
Effektorphase. Über die Lymphbahnen und die Blutgefäße gelangen die Killerzellen zu dem Transplantat. Sie heften sich an die fremde Zelle an und zerstören sie (Abb. VI, 7). Körpereigenes Gewebe wird nicht angegriffen. Ein zweiter Typ von T-Zellen ist nur indirekt an der Transplantatabstoßung beteiligt. Der Lymphocyt erkennt das Fremdgewebe und heftet sich in einer Antigen-Antikörperreaktion an das Transplantat an. Daraufhin scheidet er einen Stoff aus, der benachbarte Makrophagen zu Killerzellen umstimuliert (Abb. VI, 7).
Kooperation. Nicht nur T-Lymphocyten und Makrophagen, sondern auch T- und B-Lymphocyten kooperieren bei einer Immunreaktion. So sind es T-Zellen, die bei einer humoralen Reak-

Abb. VI, 6: Schema zum Ablauf eines immunologischen Schwangerschaftstests. Die linke Seite zeigt die Agglutination der Latexkügelchen, die mit Antikörpern beladen sind. Das Schwangerschaftshormon HCG wirkt als Antigen. Ohne HCG tritt keine Agglutination ein (rechte Spalte).

tion lösliche Stoffe in die interzelluläre Flüssigkeit abgeben, die die Produktion von IgG bei den B-Zellen auslösen.

Entsprechend ihrem engen funktionellen Zusammenwirken sind B-Lymphocyten, T-Lymphocyten und Makrophagen in den Follikeln der Lymphknoten in engem Kontakt (Abb. VI, 2). Die Lymphfollikel sind die reaktiven Zentren des Immunsystems.

Der Embryo als «Transplantat». Ein Embryo entwickelt sich aus einer befruchteten Eizelle, in der sich mütterliches und väterliches Erbgut vereinigt haben. Seine Zellen unterscheiden sich also wesentlich von denen der Mutter. Dennoch nistet sich der Keim in die Schleimhaut des Uterus ein, ohne daß er abgestoßen wird. Dies ist nur deshalb möglich, weil die Uterusschleimhaut unter dem Einfluß von Sexualhormonen tolerant gegen Fremdgewebe ist und z. B. auch Hauttransplantate nicht abstößt. Die Art und Weise wie die Sexualhormone eine Immunreaktion unterdrücken, ist bisher nicht bekannt.

Da in der Placenta der mütterliche und kindliche Kreislauf streng getrennt sind, können mütterliche Lymphocyten nicht in den Embryo eindringen, so daß eine Immunreaktion ausbleibt. Möglicherweise werden am Ende der Schwangerschaft doch Antikörper und Killerzellen gegen die Placenta gebildet, die die Ablösung der Placenta vom Uterus bewirken.

In bestimmten Fällen kann der mütterliche Organismus auch Antikörper gegen den Embryo bilden. Dies ist der Fall, wenn ein bestimmter Blutgruppenfaktor, der Rhesusfaktor, von Mutter und Kind nicht zusammenpassen.

6 Krebs und Immunbiologie

Verändern sich Körperzellen durch eine somatische Mutation, dann werden sie vom Immunsystem als fremd erkannt und wie ein Transplantat entfernt. Es gibt aber Zellen, deren Oberfläche keine Fremdantigene besitzen und deshalb vom Immunsystem nicht erkannt werden. Diese Zellen können sich ungestört vermehren und «bösartige» Geschwulste (Krebs) bilden. Ebenso kann sich Krebs bei einem geschwächten Immunsystem bilden, das nicht mehr in der Lage ist, die «entarteten» Zellen zu vernichten.

7 Immunologische Toleranz

Fehlt einem Organismus die Fähigkeit, auf ein Antigen zu reagieren, dann spricht man von Immuntoleranz. Sie kann sich auf ein bestimmtes Antigen beschränken oder aber viele Antigene umfassen. Jeder Organismus ist tolerant gegen eigene Körperstoffe und gegen die eigenen Zellen. Er kann also zwischen selbst und nichtselbst unterscheiden. Da sich das Immunsystem im wesentlichen erst nach der Geburt entwickelt, zeigen Neugeborene eine hohe Immuntoleranz. Die natürliche Toleranz läßt sich zur Zeit schwer erklären. Es wurde daran gedacht, daß Lymphocyten, die körpereigene Stoffe als Antigen erkennen, eliminiert werden. Dies wäre ein Selektionsvorteil für mutierte Lymphocyten (vgl. Klon-Selektionstheorie). Es wäre aber auch möglich, daß Supressorzellen die spezifischen Lymphocyten blockieren. Künstlich kann man eine Toleranz unter anderem durch eine hohe Strahlendosis hervorrufen, die die Vermehrung von Lymphocyten unterdrückt. In ähnlicher Weise wirken Cytostatika. Im Tierversuch kann man eine immunologische Toleranz durch Entfernen der Lymphdrüse erzwingen. Die Unterdrückung einer Immunreaktion ist bis heute ein Problem bei allen Organtransplantationen geblieben.

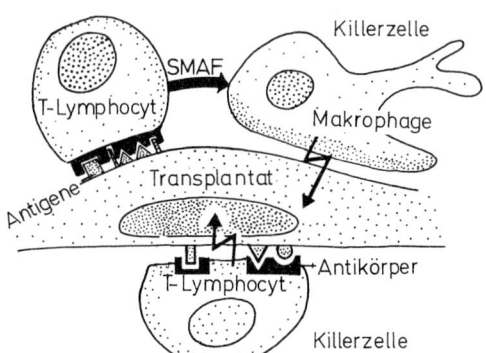

Abb. VI, 7: Oben: Kooperation eines T-Lymphocyten mit einem A-Makrophagen. Der sensibilisierte T-Lymphocyt erkennt über spezifische Rezeptoren die Antigene der Transplantatzelle. Sie sondert einen Faktor (SMAF) ab, der den Makrophagen zur Killerzelle macht.
Unten: Der T-Lymphocyt wirkt selbst als Killerzelle (nach Weckerle und Fischer, verändert und ergänzt).

D Praktischer Teil

ERSTE VERSUCHSGRUPPE

Leukocytenbestimmung und Agglutinationsreaktionen

1 Untersuchung von Leukocyten

Eine Immunantwort geht stets von den weißen Blutzellen, den Leukocyten aus. Der Name Leukocyten leitet sich von einer dünnen, weißen Schicht ab, die sich zwischen dem Blutplasma und den roten Blutzellen bildet, wenn man entfibrinisiertes Blut längere Zeit stehen läßt. Leukocyten kommen vor allem in den lymphatischen Organen (Thymus, Milz, Lymphdrüsen) und im Blut vor. Die Anzahl der Leukocyten und das Spektrum der verschiedenen Leukocytentypen geben dem Arzt Hinweise auf viele Erkrankungen.

Material und Geräte
Mikroskop
Hämostiletten
Äther-Alkohol
sterile Verbandwatte oder Tupfer
Pflaster
Citratblut vom Rind bzw. Schwein aus dem Schlachthof
Testsimplets (Boehringer, aus der Apotheke)

a) Durchführung

Am einfachsten ist eine Untersuchung von tierischem Blut. Bei einer Blutentnahme aus der Fingerbeere des Menschen sind die gleichen Vorsichtsmaßnahmen geboten, wie sie bei Versuch VI, 2 (Blutgruppenbestimmung) beschrieben sind.
Den geringsten Aufwand macht eine Blutuntersuchung, wenn man gebrauchsfertige, farbbeschichtete Objektträger (Testsimplets) verwendet. Man erspart sich ein umständliches Färbeverfahren und erhält innerhalb von 15 Minuten sehr gute, standardisierte Färbungen der Leukocyten.
Mit einem Deckglas nimmt man einen etwa streichholzkopfgroßen Blutstropfen ab. Größere Blutmengen ergeben eine schlechte Färbung, da dann die Farbstoffe zu sehr verdünnt werden. Das Deckglas wird auf das Farbfeld des Objektträgers aufgelegt. Sollte sich das Blut schlecht verteilen, dann drückt man mit der Spitze eines Bleistifts auf die Mitte des Deckglases und streicht nach außen.
Nach 15 Minuten ist das Präparat gefärbt und kann bei 400–1000facher Vergrößerung untersucht werden.

b) Ergebnis

Die Kerne der Leukocyten sind stark gefärbt und heben sich von den kernlosen, ungefärbten roten Blutkörperchen scharf ab. Eine Übersicht zeigt, daß wesentlich mehr rote als weiße Blutzellen vorhanden sind (Erythrocyten: 4–6 Mill./mm^3, Leukocyten 4000–10000/mm^3).

c) Auswertung

Folgende Leukocytentypen (Abb. VI, 8) können unterschieden werden und werden gezeichnet:
Lymphocyten: Kleine runde Zellen mit wenig Plasma und großem, kugelförmigem Kern. Sie sind etwas größer als die roten Blutkörperchen. Sie machen 20–45% der Gesamtzahl der Leukocyten aus.
Die Lymphocyten sind für die primäre Erkennung eines Antigens verantwortlich. Viele Untersuchungen sprechen dafür, daß die Lymphocyten Träger der immunologischen Information sind und als «Gedächtniszellen» fungieren.
Polymorphkernige Leukocyten: Größer als die Lymphocyten mit vielfach gelapptem Kern. Nach der Anfärbbarkeit von cytoplasmatischen Einschlüssen (Granulae) unterscheidet man Neutrophile (Granulae blaß rosa), Eosinophile (Granulae rot) und Basophile (Granulae blau). Die Neutrophilen enthalten hydrolytische Enzyme und wandern schnell zu Entzündungsherden und phagocytieren Zelltrümmer und Krankheitserreger. Sie sind für eine Entzündung charakteristisch. Im Blut sind sie mit 50–75% der Leukocyten vertreten.
Die Eosinophilen haben einen hohen Gehalt an hydrolytischen Enzymen. Ihre Funktion ist noch unklar. Ihr Anteil beträgt 3–4%.
Die Basophilen enthalten neben hydrolytischen Enzymen Heparin, Histamin und Serotonin. Da diese Substanzen auf die glatte Muskulatur, wie

sie auch in den Kapillarwänden vorkommt, einwirken, liegt der Verdacht nahe, daß die Basophilen an allergischen Reaktionen beteiligt sind. Ihr Anteil beträgt 0,1–1%.
Makrophagen (Monocyten): Größte Leukocyten mit zentralem, meist 2 lappigem, oft nierenförmigen Kern. Die Makrophagen sind phagocytierende Zellen. Sie wandern vermutlich durch die Kapillaren in das Gewebe und werden dort zu Histiocyten. Der Anteil der Makrophagen macht 3–8% aus.
Plasmazellen: Etwas größer als Lymphocyten, mit kleinem Kern, der seitlich an der Zellwand liegt. Plasmazellen haben Immunoglobuline gespeichert. Sie kommen vor allem in der Milz und in den Lymphknoten vor und treten im Blut nur bei Infektionen auf.

2 Blutgruppenbestimmung

In manchen Bundesländern sind Blutgruppenbestimmungen in der Schule verboten, da bei unsachgemäßem und unsauberem Arbeiten Infektionen (Hepatitis!) von einer Person auf die andere übertragen werden können. Will man in der Schule auf eine Blutgruppenbestimmung nicht verzichten, dann muß entweder sehr teures Testblut aus der Apotheke oder Citratblut aus der Blutbank eines Krankenhauses verwendet werden, wenn nicht der Lehrer selbst einen Tropfen seines eigenen Blutes zur Verfügung stellt.
Um eine Infektion in einem Praktikum zu vermeiden, sind folgende Regeln zu beachten:
– Zur Blutentnahme werden nur neue, sterile Hämostiletten verwendet (keine Schnepper! Sie sind kaum steril zu halten).
– Die Entnahmestelle ist vor dem Einstich mit Äther-Alkohol zu reinigen.
– Nach der Blutentnahme wird sofort auf die kleine Wunde ein steriles Pflaster geklebt.
– Jeder Praktikant arbeitet nur mit der eigenen Blutprobe.
– Der Arbeitsplatz wird peinlich sauber gehalten. Die mit Blut befleckten Hämostiletten und Verbandswatte werden sofort in einen Plastikbeutel gegeben und nach Abschluß des Praktikums beseitigt.

Material und Geräte
Testserum (verschiedene Firmen, über Apotheken zu beziehen) oder Eldonkarten (Nordin-Serum GmbH, 208 Pinneberg bei Hamburg)
Hämostiletten (Apotheke)
sterile Verbandswatte oder Tupfer
Äther-Alkohol (Äther und Alkohol 70%ig zu gleichen Teilen)
Objektträger
Glasstäbe
Filzschreiber
Durchsichtiges Klebeband, ca. 2 cm breit

a) Durchführung mit Testseren
(Abb. VI, 9)

Spezielle Testplättchen mit drei flachen Vertiefungen können durch Objektträger ersetzt werden. Um eine Verwechslung zu vermeiden, werden auf der Unterseite die Auftragsstellen mit «Anti-A», «Anti-B» und «Anti-AB» gekennzeichnet.
Auf den Objektträger bringt man je 2 Tropfen der verschieden gefärbten Testseren (Verschluß-

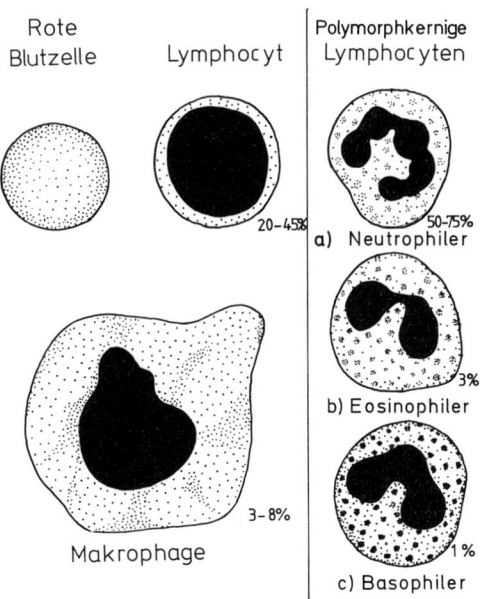

Abb. VI, 8: Erythrocyt und Leukocyten des menschlichen Blutes im gleichen Maßstab dargestellt. Die Zellkerne sind schwarz gezeichnet. Die polymorphkernigen Leukocyten enthalten wesentlich mehr Granulae, als in der Zeichnung dargestellt sind. Die Prozentzahlen geben den Anteil der verschiedenen Leukocyten an.

Blutgruppenbestimmung

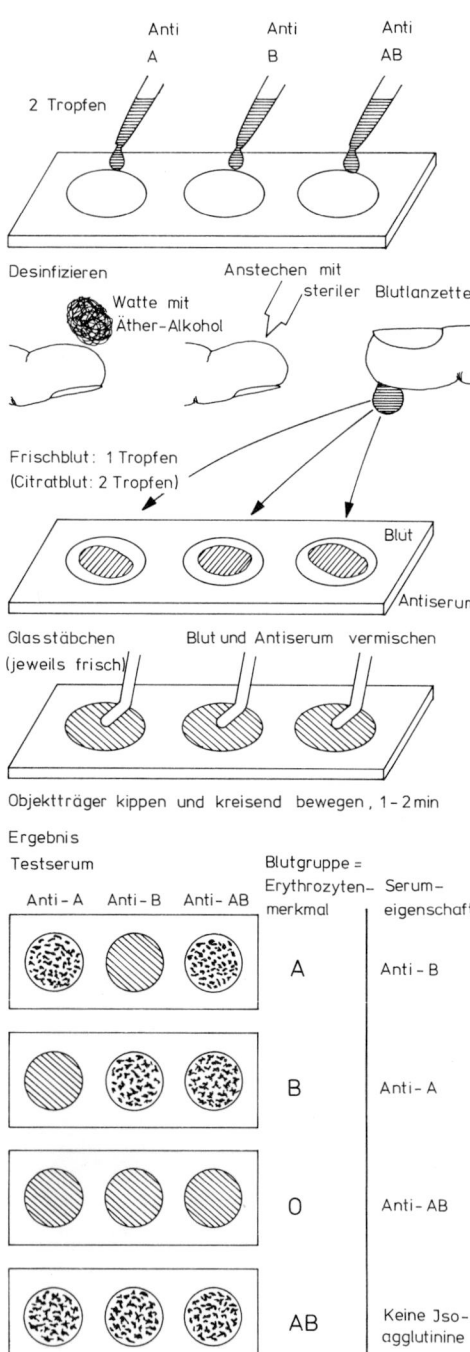

Abb. VI, 9: Blutgruppenbestimmung mit Testseren.

kappen der Fläschchen nicht verwechseln, da sonst die Seren unbrauchbar sind!).
Zur Reinigung und besseren Durchblutung wird die Fingerkuppe (oder das Ohrläppchen) mit einem Alkohol-Äther-Tupfer abgerieben und mit einer sterilen Hämostilette angestochen.
Der erste Tropfen Blut wird verworfen. Mit einem jeweils neuen Glasstäbchen bringt man 1 Tropfen Blut zu den Seren (rasch arbeiten, damit die Gerinnung nicht vorzeitig einsetzt!). Blut und Serum werden auf einer etwa 10-Pfennig großen Fläche vermischt. Für jede Probe ist ein frischer Glasstab zu verwenden. Anschließend wird der Objektträger etwas kreisend gekippt. Die Agglutination tritt beim AB0-System nach etwa 1–2 Minuten ein. (Der Test auf den Rhesusfaktor dauert etwa 3–4 Minuten.)

b) Durchführung mit Eldonkarten

Am einfachsten kann eine Blutgruppenbestimmung auf den Eldonkarten durchgeführt werden. Die Karten eignen sich besonders dann, wenn nur ein einziger Test demonstriert werden soll. Die Eldonkarten können im Kühlschrank mindestens 1 Jahr lang aufbewahrt werden.
Die Eldonkarten sind mit einem Zellulosefilm überzogen, auf dem die Testreagenzien (Anti-A, Anti-B, Anti-Rh$_a$) aufgetrocknet sind. Mit einem Tropfen Wasser wird das Serum gelöst. Der Test wird so durchgeführt, wie er oben beschrieben wurde.
Nach dem Test läßt man die Seren mit dem Blut eintrocknen und überklebt die Karte mit einem breiten Streifen Tesafilm, um sie so für Jahre haltbar zu machen.

c) Auswertung

Jeder Praktikant liest mit Hilfe des Schemas in Abb. VI, 9 seine Blutgruppe ab. Anschließend wird die Häufigkeit der einzelnen Blutgruppen ermittelt und mit den Literaturwerten verglichen. Je weniger Untersuchungsergebnisse vorliegen, um so größer können die Abweichungen von den theoretisch zu erwartenden Werten sein.

d) Anmerkung

Im AB0-System werden eine Reihe von Untergruppen unterschieden, und es ist möglich, daß zuweilen keine eindeutige Reaktion auftritt. Deshalb darf auf keinen Fall eine Blutgruppenbestimmung, die im Praktikum durchgeführt wurde, einer Bluttransfusion zugrunde gelegt werden.

3 Schwangerschaftstest

In der klinischen Diagnostik hat sich der immunologische Schwangerschaftsschnelltest durchgesetzt, da eine Schwangerschaft schon sehr früh mit großer Sicherheit erkannt werden kann. Der Test gibt ein gutes Beispiel für eine Agglutinationsreaktion, die jederzeit im Unterricht durchgeführt werden kann. Bedenken, wie sie bei der Blutgruppenbestimmung genannt wurden, bestehen hier nicht.

Material und Geräte
1 Packung eines direkten Schwangerschaftsschnelltests für 10–20 Tests (z. B. Gonavislide, Fa. Molter; DAP-Makro, Fa. Byk-Mallinckrodt u. a. Die Tests sind über die Apotheken zu beziehen. Die Preise sind relativ hoch.)
Urin einer schwangeren Frau (Klinik)

a) Vorbereitung

Geprüft wird der Urin einer schwangeren Frau. Die Schwangerschaft sollte innerhalb der ersten 8 Schwangerschaftswochen liegen, da später der HCG-Spiegel im Urin sinkt und der Nachweis unsicher wird. Schwangerenharn besorgt man sich von einem Krankenhaus oder einer Frauenklinik. Für die Versuche reichen 100 ml gut aus. Der Harn kann tiefgefroren über Wochen aufbewahrt werden. Eine mögliche Trübung beim Auftauen vermindert die Wirksamkeit des HCG nicht. Zum Vergleich verwendet man Urin einer nicht schwangeren Frau.

b) Durchführung des Tests
   (Abb. VI, 10)

Die hier gegebene Anleitung bezieht sich auf den Gonavislide-Test. Die Tests anderer Herstellerfirmen werden entsprechend durchgeführt, gegebenenfalls sind die den Testpackungen beigefügten Anleitungen zu beachten.
Sämtliche Geräte müssen mit klarem Wasser sauber gewaschen sein. Detergentien dürfen zur Reinigung nicht verwendet werden, da sie unter Umständen die Agglutination verhindern.

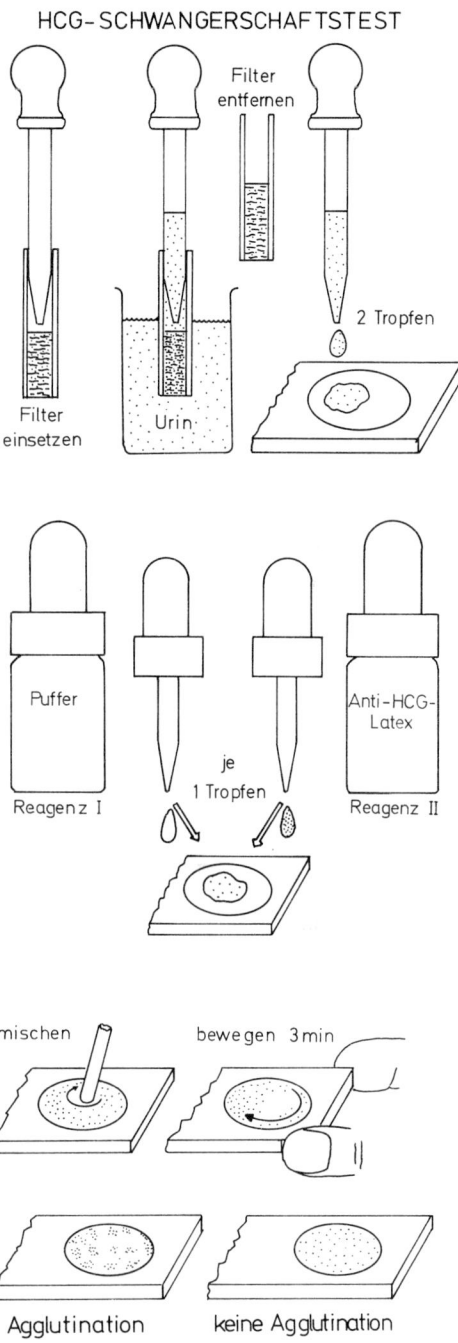

Abb. VI, 10: Verlaufsskizze zum Schwangerschaftstest.

Arbeitsschritte (vgl. Abb. VI, 10).
- Klarfiltern des Urins mit Faltenfilter oder Filterpipette, je nach Testpräparat
- 2 Tropfen Urin mit Pipette auf den gereinigten Objektträger geben.
- 1 Tropfen Pufferlösung (Reagenz I) und
- 1 Tropfen Latex-Antikörpersuspension (Reagenz II) zufügen und gut mit dem Harn mischen
- Objektträger ca. 3 Minuten rotierend bewegen.
- Auf Agglutination überprüfen.

ZWEITE VERSUCHSGRUPPE

Trennung von Immunpräzipitaten

In der theoretischen Einführung wurde wiederholt darauf hingewiesen, daß lösliche Antigene mit Antikörpern unlösliche Präzipitate bilden. Im Reagenzglas rufen Serum und Antiserum eine Trübung hervor. Dieser Test hat den Nachteil, daß er eine große Menge der meist sehr teuren Substanzen verbraucht und man nicht unterscheiden kann, ob ein einheitliches Präzipitat entstanden ist, oder ob sich mehrere verschiedene Präzipitate gebildet haben.

Es gibt jedoch eine Reihe von Methoden, die es erlauben, mit kleinsten Substanzmengen zu arbeiten und zwischen verschiedenen Präzipitaten zu unterscheiden. Es sind dies die Doppeldiffusionstechnik und die Immunelektrophorese.

4 Doppeldiffusion nach Ouchterlony

Das Prinzip der Doppeldiffusion (Ouchterlony 1948) besteht darin, daß auf einen Träger (Folie, Gel) an zwei verschiedenen Stellen Antigen und Antikörper aufgetragen werden. Durch Diffusion wandern die beiden Stoffe aufeinander zu und bilden ringförmige oder mondförmige Präzipitationslinien (Abb. VI, 11 b). Liegt ein Gemisch von mehreren Antigenen und Antikörpern vor, dann bilden sich infolge verschiedener Diffusionsgeschwindigkeiten der einzelnen Substanzen mehrere Präzipitationslinien aus. Um mit kleinsten Substanzmengen arbeiten zu können, wird die Immunodiffusion auf Objektträ-

gern durchgeführt, die mit Agargel beschichtet wurden. Da wir auch bei der Immunoelektrophorese Agargel als Träger verwenden (Versuch VI, 5) verzichten wir auf die Darstellung der Immunodiffusion auf Acetatfolie, obwohl sie rascher Ergebnisse mit schärferen Präzipitationslinien liefert.

Material und Geräte

Anti-Human-Serum, polyspezifisch (nur wenige Wochen im Kühlschrank haltbar) ∅ RCO 04 (Behring)
Humanserum (nur wenige Wochen im Kühlschrank haltbar) ∅ RHD 04 (Behring)
Als Vergleichssubstanzen können ergänzend verwendet werden:
    Human Immunoglobulin (IgG) ∅ RHA 04 (Behring)
    Humanalbumin ∅ RDP 02 (Behring)
    Rinderalbumin ∅ TRA 06 (Behring)
Agar purum oder Agarose (Behring, Difco)
Thiocid
Michaelispuffer p_H 8,2
    (Herstellung des Puffers: 13,38 g Natrium-diäthylbarbiturat und 8,83 g Natriumacetat-trihydrat werden in 1,5 l dest. Wasser. gelöst. Mit ca. 180 ml 0,1 N HCl wird der p_H-Wert von 8,2 mit Hilfe eines p_H-Meters genau eingestellt.)
Kochsalzlösung 0,9%ig
Amidoschwarz 10 B, 0,5%ig in Methanol-Eisessig (9 + 1).
Entfärber: 7,5%ige Essigsäure oder besser Methanol-Eisessig (9 + 1).
Glasröhrchen, zu Kapillaren ausgezogen.
Teflonschlauch, ca. 20 cm lang, für die Glasröhrchen passend.
Objektträger, fettfrei (mit Äther-Alkohol oder notfalls mit Chrom-Schwefelsäure reinigen. Vorsicht! Äußerst ätzend! Nur mit Handschuhen und Pinzette arbeiten. Objektträger mit dest. Wasser gut abspülen).
Erlenmeyerkolben, 500 ml
Wasserbad
Pipette, 10 ml

a) Vorbereitung

Im Wasserbad werden bei 90–100 °C 2 g Agar in 50 ml Pufferlösung und 50 ml Aqua dest. unter gelegentlichem Schütteln gelöst. Der klaren Lösung fügt man 10 mg des Konservierungsmittels Thiocid zu. Dann werden mit einer vorgewärmten Pipette je 3 ml des heißen Agars auf die entfetteten Objektträger aufgebracht. Die Objektträger müssen völlig waagerecht liegen (Abb. VI, 13).
Nach etwa 30 Minuten ist der Agar erstarrt.

Dann legt man den Objektträger auf die Schablone für Immunodiffusion (Abb. VI, 11 a) und stanzt mit einer Kapillaren, die waagerecht abgeschnitten sein muß, um ein zentrales Loch 6 weitere Löcher mit einem Durchmesser von 1–2 mm heraus. Die kleinen Agarpröpfchen werden mit einem Schlauch mit dem Mund abgesaugt (Abb. VI, 13) (notfalls kann an die Wasserstrahlpumpe angeschlossen werden). Die beschichteten Objektträger können in einer feuchten Kammer im Kühlschrank bis zu drei Tagen aufbewahrt werden.

b) Durchführung

Einfüllen der Lösungen. In das mittlere Loch der Agarplatte füllt man mit einer zu einer feinen Kapillare ausgezogenen Pipette bis zum Rand 1–2 µl Antiserum ein. Dabei achtet man darauf, daß am Boden des Loches keine Luftblase bleibt. Entsprechend werden in den Kranz äußerer Löcher verschiedene Seren als Antigene gegeben. Für jede Substanz muß eine neue Kapillare verwendet werden.

Um die Antigene später eindeutig erkennen zu können, schneidet man am unteren, rechten Ende des Objektträgers ein Stück Agar ab. Auf dem Protokollblatt werden die rosettenförmig angeordneten Löcher entsprechend Abb. VI, 11 a durchnumeriert und die Antigene eingefüllt. Es ist zu erproben, ob die unverdünnten oder verdünnten Substanzen zu besseren Resultaten führen.

Interessante Ergebnisse erhält man z. B. bei folgender Kombination:

Mitte: Antihumanserum vom Kaninchen oder Rind, unverdünnt oder 1:1 mit 0,9%iger NaCl-Lösung verdünnt

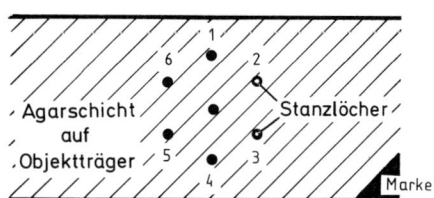

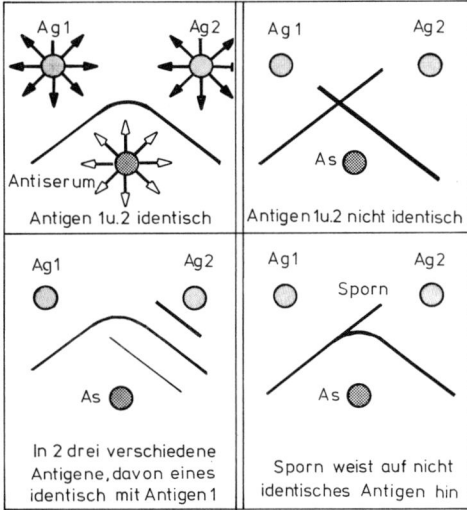

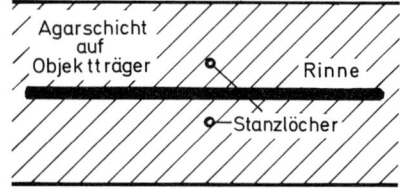

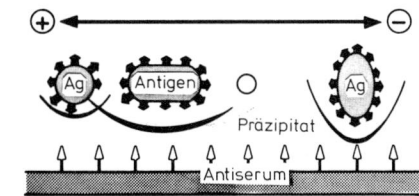

Abb. VI, 11: a) Schablone zum Ausstanzen der Löcher aus dem Agar für die Immunodiffusion im Maßstab 1:1.
b) Mögliche Präzipitationsmuster verschiedener Antigene (Ag) gegen ein polyspezifisches Antiserum, das in das zentrale Loch bei der Immunodiffusion eingebracht wurde.
c) Für die Elektrophorese werden zuerst die beiden Löcher für die Antigenlösung ausgestanzt. Danach wird die Rinne zur Aufnahme des Antiserums ausgehoben.
d) Die Antigene diffundieren radial, das Antiserum in gerader Front. An ihrer Berührungsstelle bilden sich mondförmige Präzipitate.

Außen: (1) Rinderalbumin, 1%ig oder 0,1%ig in 0,9%iger NaCl-Lösung
(2) Humanalbumin, 1%ig oder 0,1%ig in 0,9%iger NaCl-Lösung
(3) Humanserum, unverdünnt oder 1:1 mit 0,9%iger NaCl-Lösung
(4) Human IgG, unverdünnt oder 1:1 mit 0,9%iger NaCl-Lösung

Immunodiffusion. Die Objektträger werden bei Zimmertemperatur für 12 bis 24 Stunden in eine feuchte Kammer gelegt. Nach dieser Zeit sind Antiserum und Antigen durch Diffusion aufeinanderzu gewandert und haben an ihren Berührungsstellen gerade oder mondförmige Präzipitatslinien gebildet. Bedingt durch die unterschiedliche Diffusionsgeschwindigkeit verschiedener Antigene und Antikörper bilden sich mehrere, spezifische Präzipitationslinien aus (Abb. VI, 11 b).
Um zu vermeiden, daß kapillar Feuchtigkeit vom Boden in den Agar einzieht und dadurch die gleichmäßige Diffusion gestört wird, legt man die Objektträger auf zwei Glasstäbe (vgl. Abb. VI, 13). Soll das Präparat gefärbt werden, muß man es zuvor sorgfältig auswaschen.
Waschen. Der Objektträger wird für 1–2 Tage in 0,9%ige NaCl-Lösung gelegt, die mehrmals gewechselt wird. Die nicht präzipierten Serenreste müssen vollständig entfernt werden, da sich sonst bei der Färbung unerwünschte Flecken und Schlieren ergeben. Löst sich die Agarschicht, dann wird sie vorsichtig mit einem Spatel auf den Objektträger zurückgeschoben.
Trocknen. Vor dem Färben wird das Präzipitat 1 Stunde lang in dest. Wasser gewaschen (Wasser 3–4 mal wechseln). Darauf werden die Objektträger herausgenommen und mit Filtrierpapier bedeckt. Im Trockenschrank läßt man die Agarschicht bei einer Temperatur von etwa 38°C völlig eintrocknen. Das Filtrierpapier wird abgenommen. Anhaftende Papierfasern werden abgewischt, oder kurz unter Wasser abgewaschen.
Färben. Die Objektträger werden für 6–10 Minuten in das Färbebad gelegt. Dann wird in 7,5%iger Essigsäure (besser noch in Methanol-Eisessig [9 + 1]) mehrmals ausgewaschen (Abb. VI, 13). Als Ergebnis erhält man intensiv gefärbte Präzipitate.
Die Objektträger werden mit einem Streifen Filtrierpapier abgedeckt. Die Agargelschicht läßt man an der Luft völlig trocknen. Die Präparate können jahrelang aufbewahrt werden. Die Transparenz und die Haltbarkeit werden erhöht, wenn das Präparat mit Caedax oder Eukitt eingekittet und mit einem Deckgläschen geschützt wird.

c) Ergebnis

Wir betrachten das Ergebnis bei schwacher Vergrößerung unter dem Mikroskop. Es lassen sich zwischen folgenden Proben Präzipitate erkennen:

Antihumanserum und Humanalbumin
Antihumanserum und Standard-Human-Serum
Antihumanserum und Human IgG

Keine Präzipitation fand statt zwischen

Antihumanserum und Rinderalbumin

Daraus können wir den Schluß ziehen, daß das Antihumanserum spezifisch auf menschliche Eiweiße reagiert.
Betrachten wir die einzelnen Präzipitationen genauer, dann ergibt sich:
Bei der Anti-Human-Serum- und Humanalbuminpräzipitation ist nur eine scharfe Präzipitationslinie zu erwarten, was einem reinen Präparat entspräche. Tatsächlich finden wir noch eine zweite, schwache Linie, die näher bei der Auftragsstelle zum Albumin liegt. Die Präzipitation rührt von einem polymeren Albumin her, bei dem sich zwei Albuminmoleküle zu einem größeren Molekül zusammengelagert haben. Die großen Moleküle diffundierten langsamer als das Albumin.
Das Standard-Human-Serum ergibt eine Reihe von gut ausgebildeten Präzipitaten. Die Albuminfraktion ist als erste Linie sehr deutlich zu erkennen. Sie ist mit einem Bogen mit der Präzipitation des reinen Albumins verbunden. Diese Verbindung zweier Präzipitationslinien beweist, daß es sich um ein und denselben Stoff handelt. – Die anderen Präzipitate lassen sich zunächst nicht bestimmen.
Das Human IgG ergibt mindestens drei gut getrennte Präzipitate, die in günstigen Fällen mit den entsprechenden Präzipitaten des Standard-Human-Serums verbunden sind.
Eine bessere Auftrennung der einzelnen Eiweißkomponenten des Serums erhält man, wenn man die Immunodiffusion mit der Elektrophorese kombiniert (vgl. Versuch VI, 5).

5 Immunoelektrophorese

Bei der Immunoelektrophorese werden zwei Methoden kombiniert. Die zu untersuchende Substanz wird zuerst elektrophoretisch aufgetrennt. In einem zweiten Schritt wird eine zweidimensionale Immunodiffusion durchgeführt, bei der spezifische Präzipitate ausfallen.

Der apparative und zeitliche Aufwand zur Durchführung einer Immunoelektrophorese ist groß. Er läßt sich nur dadurch rechtfertigen, daß in einem Praktikum gezeigt werden kann, wie aus der Kombination von zwei Untersuchungsmethoden eine Technik entwickelt wurde, mit deren Hilfe es möglich ist, kleinste Substanzmengen aus einem Stoffgemisch zu trennen und zu identifizieren. Als zweites kann demonstriert werden, daß im menschlichen Blutserum etwa 30 verschiedene Eiweiße nachgewiesen werden können. Da die Präparate über Jahre aufbewahrt werden können, kann man sich im Laufe der Zeit verschiedene Kombinationen von Antigenen (Sera) und Antikörpern (Antisera) zusammenstellen. Die Präparate werden in einem Praktikum ausgewertet.

Material und Geräte

Elektrophoresekammer mit Stromversorgungsgerät (z. B. Boskamp, Bender & Hobein, Beckmann)
Reagenzien (wie bei Versuch VI, 4)

a) *Vorbereitung* (Abb. VI, 13)

Als Träger für die Elektrophorese und die anschließende Doppeldiffusion wird Agargel verwendet. Man geht wie bei Versuch VI, 4 vor.
Aus der erstarrten Agargelschicht werden in der Mitte des Objektträgers zwei Löcher im Abstand von 6–7 mm herausgestanzt (Agar eventuell mit Wasserstrahlpumpe absaugen) (Abb. VI, 11c und 13). Die vorbereiten Objektträger können in einer feuchten Kammer 2–3 Tage aufbewahrt werden.

b) *Durchführung*

Elektrophorese. Um Kriechströme in der Kammer zu vermeiden, muß vor Beginn der Elektrophorese der Deckel getrocknet werden. Die Tröge sind mit Pufferlösung zu füllen. Der Puffer sollte nicht mehr als eine Woche alt sein. Wenn man

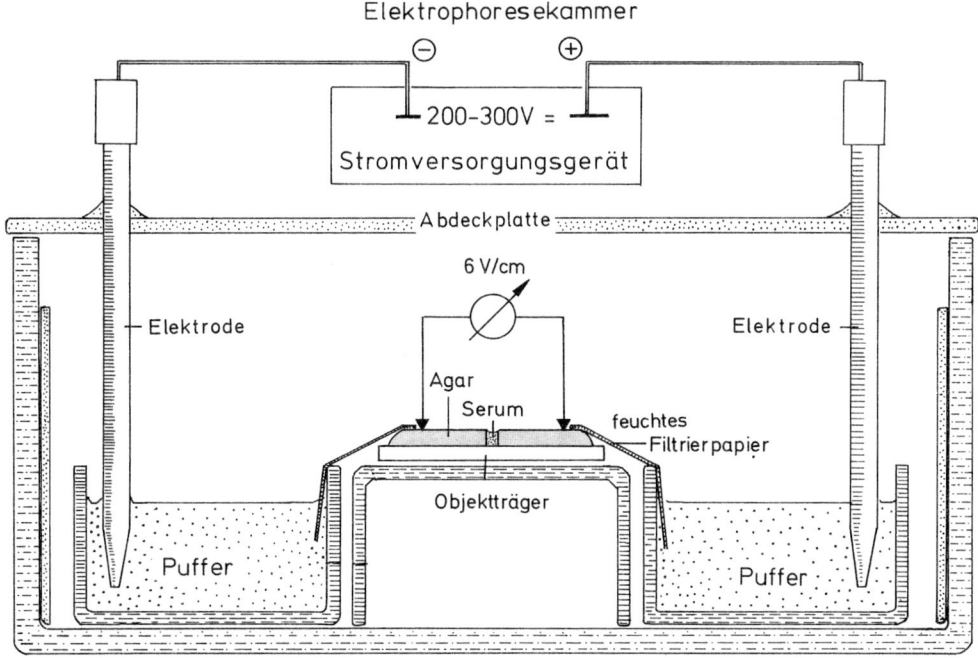

Abb. VI, 12: Schematische Darstellung einer Elektrophoresekammer.

VI Immunbiologie

Immunoelektrophorese

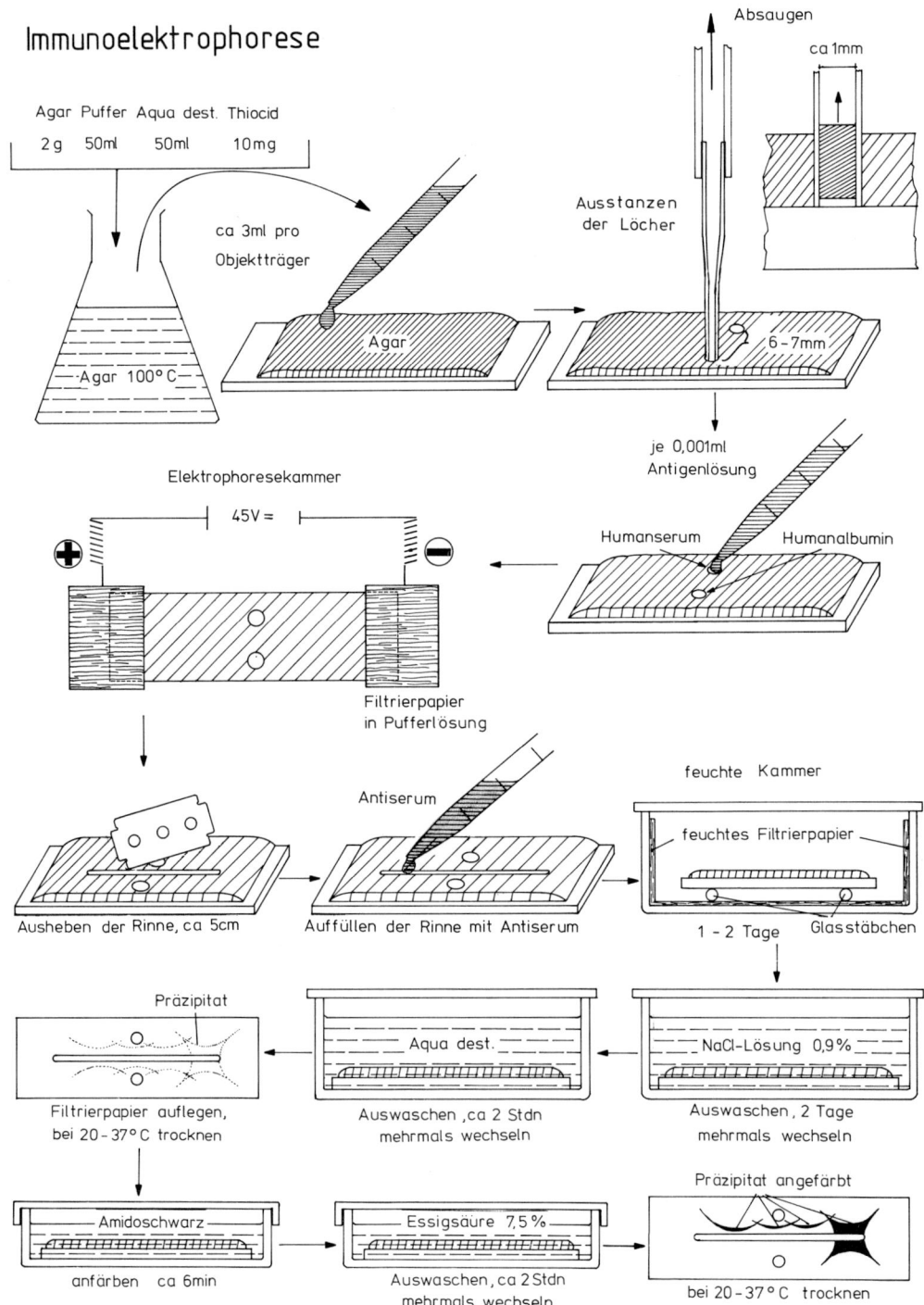

Abb. VI, 13: Verlaufsskizze zur Immunoelektrophorese.

nach jeder Elektrophorese umpolt, dann wird die Haltbarkeit des Puffers erhöht. Die Spannung zwischen den Objektträgerenden sollte etwa 45 Volt betragen, was ca. 6 Volt/cm entspricht. (Die Spannung kann eventuell mit zwei Stichelektroden und einem Voltmeter nachgemessen werden. Vorsicht, wenn bei geöffneter Elektrophoresekammer gearbeitet wird!) Da der Widerstand des Filtrierpapiers mitberücksichtigt werden muß, setzt dies am Stromversorgungsgerät eine Spannung von 200–250 V voraus, wenn gleichzeitig 6 Objektträger in der Kammer liegen (Abb. VI, 12).

In die beiden ausgestanzten Löcher gibt man die zu prüfenden Antigene, z. B. Humanserum oder Humanalbumin (Abb. VI, 13). Die Agarschicht darf dabei nicht antrocknen. Danach wird der Objektträger in die Elektrophoresekammer eingelegt. Zwei breite Filtrierpapierstreifen werden mit Pufferlösung befeuchtet. Jeweils ein Ende wird auf den Agar aufgelegt, das andere taucht in die Pufferlösung ein. Es ist darauf zu achten, daß ein guter Kontakt zwischen Agargel und Filtrierpapier hergestellt wird, da sonst an dieser Stelle ein zu hoher Widerstand auftritt, und dann das Serum schlecht aufgetrennt wird.

Die Elektrophoresezeit dauert bei Zimmertemperatur je nach Spannung und Konsistenz des Agars zwischen 45 und 90 Minuten. Es empfiehlt sich die Objektträger nach verschiedenen Elektrophoresezeiten herauszunehmen.

Nach der Elektrophorese legt man den Objektträger auf die Schablone für Immunoelektrophorese (Abb. VI, 11c). Mit einer Rasierklinge werden zwischen den beiden Löchern zwei etwa 5 cm lange parallele Schnitte im Abstand von 1–2 mm geführt. Mit einer spitzen Pinzette wird der Agarstreifen herausgenommen, so daß eine Rinne entsteht.

Immunodiffusion. Die Rinne wird mit einer zur Kapillare ausgezogenen Pipette mit 10–15 µl Antiserum aufgefüllt. Der Objektträger kommt für 1–2 Tage in eine feuchte Kammer. Man verfährt dabei wie im Versuch VI, 4. Dasselbe gilt für das sich anschließende Waschen, Trocknen und Färben des Präparats (vgl. auch Abb. VI, 13).

c) Ergebnis

In dem hier beschriebenen Beispiel wurden gleichzeitig Humanalbumin und Humanserum auf den Objektträger aufgebracht. Das Serum wurde in eine Reihe von bogenförmigen Präzipitatslinien aufgetrennt, während das Albumin nur einen Bogen bildet. Die Albuminpräzipitation kann durch Vergleich mit dem reinen Stoff im Serum gut identifiziert werden (Abb. VI, 13).

Im günstigen Fall können bei einer Immunelektrophorese bis zu 30 Präzipitate unterschieden werden. Das Präzipitat wird mit den Präzipitatslinien auf Abb. VI, 14 verglichen.

d) Fehlermöglichkeiten

Bei der Immunoelektrophorese können eine Reihe von Fehlern auftreten, von denen die wichtigsten hier aufgeführt werden:
(1) Nur frische Sera verwenden. Autolytische Zersetzung oder bakterieller Befall können zu völlig veränderten Ergebnissen führen.
(2) Die Spannung zwischen den Objektträgern muß geprüft werden. Der Richtwert von 6 V/cm (bezogen auf die Länge der Elektrophoresestrecke) muß eingehalten werden.
(3) Die vorbereiteten Agarplatten sollten nicht älter als 3 Tage sein. Der Agar verändert seine Struktur durch lange Lagerung.
(4) Nur mit frischen Pufferlösungen arbeiten; Lösungen auf den angegebenen pH-Wert prüfen.

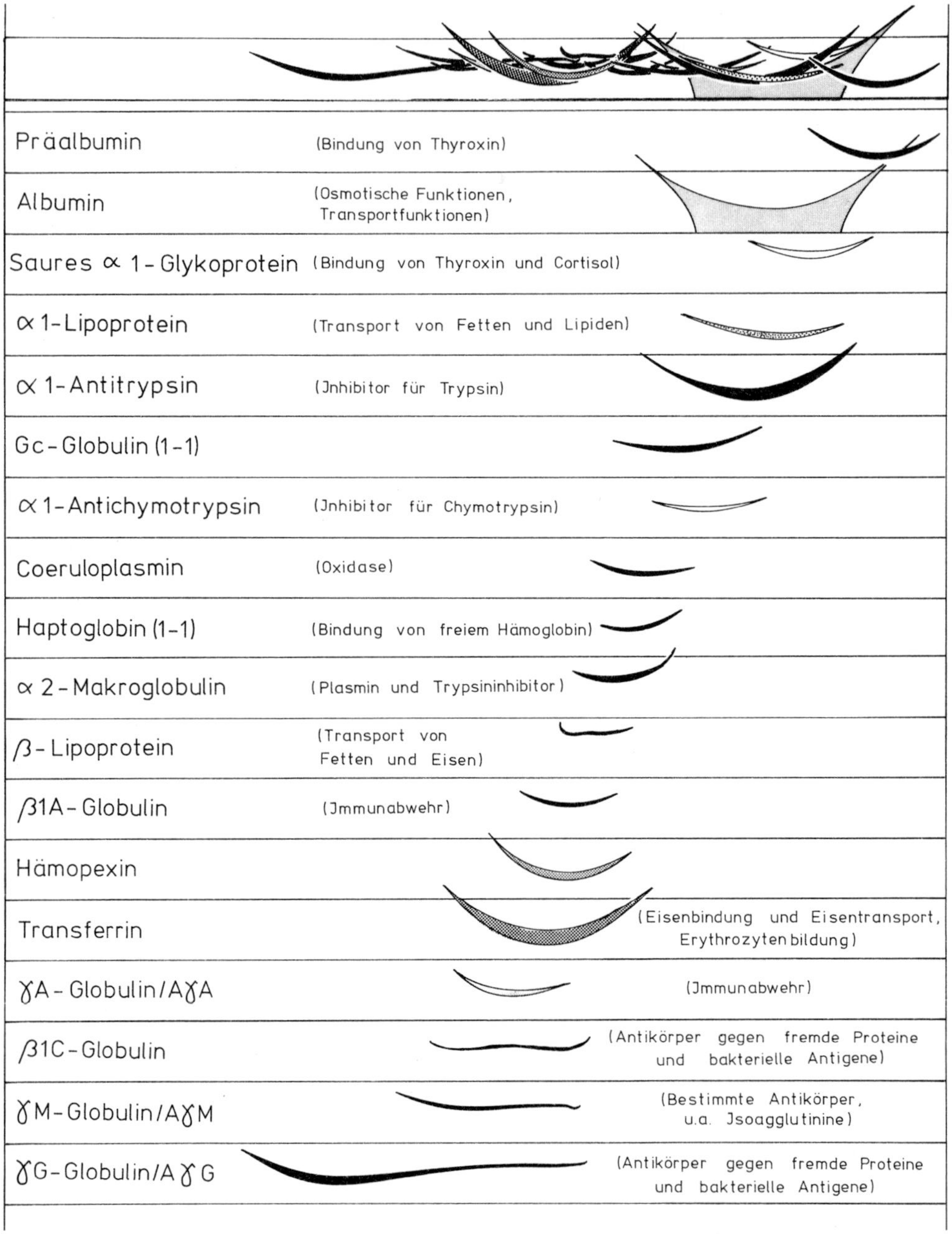

250　VI Immunbiologie

Protein	Funktion
Präalbumin	(Bindung von Thyroxin)
Albumin	(Osmotische Funktionen, Transportfunktionen)
Saures α 1-Glykoprotein	(Bindung von Thyroxin und Cortisol)
α 1-Lipoprotein	(Transport von Fetten und Lipiden)
α 1-Antitrypsin	(Inhibitor für Trypsin)
Gc-Globulin (1-1)	
α 1-Antichymotrypsin	(Inhibitor für Chymotrypsin)
Coeruloplasmin	(Oxidase)
Haptoglobin (1-1)	(Bindung von freiem Hämoglobin)
α 2-Makroglobulin	(Plasmin und Trypsininhibitor)
β-Lipoprotein	(Transport von Fetten und Eisen)
β1A-Globulin	(Immunabwehr)
Hämopexin	
Transferrin	(Eisenbindung und Eisentransport, Erythrozytenbildung)
γA-Globulin/AγA	(Immunabwehr)
β1C-Globulin	(Antikörper gegen fremde Proteine und bakterielle Antigene)
γM-Globulin/AγM	(Bestimmte Antikörper, u.a. Isoagglutinine)
γG-Globulin/AγG	(Antikörper gegen fremde Proteine und bakterielle Antigene)

Abb. VI, 14: Immunoelektrophoretische Verteilung der Plasmaproteine (aus Sartorius Membranfilter, Handbuch SM 10 1974).

Literatur

Backhausz, R.: Immunodiffusion und Immunoelektrophorese, VEB. G. Fischer, Jena 1967
Blaich, R.: Analytische Elektrophoreseverfahren. Thieme, Stuttgart 1978..
Brandis, H. (Hrsg.): Einführung in die Immunologie. G. Fischer, Stuttgart 1972.
Bundschuh, G., Schneeweiß, B.: Immunologie. G. Fischer, Stuttgart 1976.
Burnet, F. M.: Körpereigene und körperfremde Substanzen bei Immunprozessen. Thieme, Stuttgart 1973.
Edelmann, G. M.: The structure and function of antibodies. Sci. Am. 223 (2), 1970.
Fellenberg, R. von: Kompendium der allgemeinen Immunbiologie. Parey, Berlin–Hamburg 1978.
Friemel, H. u. Brock, J.: Grundlagen der Immunologie. Verlag Chemie, Weinheim 2. Aufl. 1974.
Fritze, E.: Einführung in die klinische Hämatologie. Stuttgart, Enke 1969.
Günther, O.: Einführung in die Immunbiologie. Stuttgart, Hippokrates, 3. Aufl. 1974.
Handbuch SM 10: Membranfolien zur Elektrophorese. Sartorius Membranfilter, 1974.
Hegmann, G.: Regulation der humoralen Immunantwort durch Antigen und Antikörper. Stuttgart, G. Fischer, 1974.
Hepp, H., Richter, R.: Untersuchungen mit einem neuen immunologischen Schwangerschaftstest. Med. Klin. 68, 1973.
Hobart, M. J. u. Mac Connell, J.: The immune system. Blackwell, Oxford 1975.
Hudson, L. u. Hay, F. C.: Practical Immunology. Oxford, Blackwell 1976.
Humphrey, J. H. u. White, G. R.: Kurzes Lehrbuch der Immunologie für Mediziner und Naturwissenschaftler. Deutsche Übers. Hrsg. E. Macher, Stuttgart, Thieme 2. Aufl. 1972.
Jerne, N. K.: Towards a Network Theory of the Immune System. Ann. Immunol. (Inst. Pasteur) 1974, 125, 373–389.
Kabat, Elvin: Einführung in die Immunchemie und Immunologie. Heidelberg, Springer 1974, Heidelberger Taschenbücher Bd. 79.
Keller, R.: Immunologie und Immunpathologie. Thieme, Stuttgart 1978.
Neuhoff, V.: Immunpräzipitation mit kleinsten Substanzmengen. Biol. in unserer Zeit H. 3, 26–29, 1971.
Ouchterlony, Ö.: Diffusion-in-gel methods for immunological analysis; Progr. Allergy. 1962.
Richtlinien mit Informationen zur Blutgruppenbestimmung und Bluttransfusion; Köln–Berlin, Deutscher Ärzte-Verlag 1968, Bundesärztekammer Wissenschaftliche Schriftenreihe Bd. 1.
Schwick, H. G., Störiko, K. u. Becker, W.: Laboratoriumsblätter für die medizinische Diagnostik; Behring Werke, H. 3, 1971.
Sell, S.: Immunologie, Immunpathologie und Immunität. Verlag Chemie Weinheim 1977.
Steward, M. W.: Immunchemie. G. Fischer, Stuttgart 1975.
Stöss, B., Pettenkofer, H. J. u. Pichel, H.: Bestimmung der Gc-Merkmale durch Objektträger-Immunelektrophorese. Zbl. f. Bakteriologie, I. Abt. Originale, Bd. 197, 1–15, 1965.
Weckerle, H. u. Fischer, H.: Immunbiologie. In Funk-Kolleg Biologie 1, Hrsg. Todt, D., Fischer Taschenbuchverlag, Frankfurt 1976.
Weir: Handbook of experimental immunology. Blackwell, Oxford 1973.
Zwilling, R.: Immunologisches Praktikum; G. Fischer, Stuttgart 1977.

Unterrichtsfilme

Institut für den wissenschaftlichen Film, Göttingen.

Ward, D.: Grundprinzipien der Immunisierung; Wellcome Foundation Ltd. London, 1961   W 1086
Bonacker, Deicher, H., Störiko, K.: Serumproteine – Immunologische Bestimmung und diagnostische Bedeutung; Farbwerke Hoechst AG, Frankfurt a. M.   W 1124
Weinmann, S.: The Structure of Globular Proteins; Le Service du Film Recherche Scientifique, Paris. (Ton engl.) 1972   W 1273
Dahr, P., Fischer, K.: Agglutination, Praecipitation, Haemolyse am menschlichen Blut, 1954   C 676
Dahr, P.: Blutgruppen- und Rh-Bestimmung, 1952   C 850
Engel, H. J., Zerbst, E., Schütz, Regina: Die Butzellen im Vitalpräparat, 1962   C 851
Engel, H. J.: Leukozyten (Homo sapiens) – Phagozytose von Bakterien, 1962   E 449

VII Ökologie

A Intention

Die Ökologie geht in ihrer Bedeutung weit über den rein biologischen Aspekt hinaus. Viele ökonomische, soziale und politische Probleme der modernen Welt sind auf Fehlentscheidungen zurückzuführen, die aus Unkenntnis ökologischer Zusammenhänge getroffen wurden. Die vom Menschen immer weiter getriebene Manipulation seiner Umwelt kann nur funktionieren, wenn die Wirkungsgefüge natürlicher und künstlicher Ökosysteme dabei berücksichtigt werden.

Zwar steht man in den meisten Fällen mit der Kausalanalyse solcher Wirkungsgefüge erst am Anfang, doch ist der Informationsmangel an bereits verfügbaren Daten bei den Entscheidungsgremien trotzdem auffallend groß.

Ökologie und Umweltbiologie sind deshalb auch zentrale Themen für die Biologie-Didaktik.

Für das Verständnis ökologischer Fragestellungen und für Einsichten in Ökosysteme ist es unbedingt notwendig, sich «vor Ort» mit den entsprechenden Lebensgemeinschaften zu beschäftigen. Dies gilt insbesondere auch für den Schulunterricht. Vorschläge zur Freilandarbeit stehen deshalb im Vordergrund des praktischen Teils.

Die Auswahl der Aufgaben richtet sich dabei vorwiegend nach den guten Erfahrungen, die die Verfasser gerade mit diesen Arbeiten gemacht haben und auf die Einsicht, daß Untersuchungen, die mit minimalem apparativem Aufwand durchgeführt werden können, den Vorzug bekommen müssen. Dabei stehen botanisch-vegetationskundliche Untersuchungen im Vordergrund: Eine größere Unabhängigkeit von Jahreszeit und Ort sowie eine leichtere Beherrschbarkeit der Formen, gute Daten zum Zeigerwert einzelner Arten (vgl. Ellenberg, 1974, 1978) und die methodisch einfachere quantitative und qualitative Erfassung von Pflanzenbeständen sprechen dafür, der Pflanzenökologie in einem Grundkurs den Vorrang zu geben. Darüber hinaus ist der Arten- und Individuenbestand der Primärproduzenten, also der grünen Pflanzen, für Struktur und Wirkungsgefüge eines Ökosystems von besonderer Bedeutung.

Es gibt natürlich eine Fülle weiterer, für einen einführenden Kurs ebenso geeigneter Untersuchungsmöglichkeiten. Wir wollen in diesem Zusammenhang auf das instruktive Praktikumsbuch von Lewis und Taylor aufmerksam machen. Der Schwerpunkt von Mühlenberg, Freilandökologie, liegt auf synökologischen Untersuchungen an Tierpopulationen. In dem Standardwerk von L. Steubing (Pflanzenökologisches Praktikum) stehen Versuche und Apparate zur Analyse von Standortfaktoren im Vordergrund.

Die Integration der verschiedenen biologischen Teildisziplinen bei der Lehrerausbildung war ein Hauptanliegen bei der Konzeption dieses «Grundpraktikums». Am Beispiel der Ökologie wird besonders deutlich, wie wichtig eine solche Kooperation und Integration verschiedener Fachrichtungen auch in der Forschung sein kann. Wir haben dieses Kapitel deshalb an den Schluß unseres kurzen Lehr- und Praktikumsbuches gestellt.

B Lernziele

1. Es soll erläutert werden können, mit welchen Fragestellungen sich die Ökologie beschäftigt (Definitionen, Gliederung in Teilgebiete).
2. Der Begriff «Biosphäre» soll definiert werden können. Ihre Ausdehnung und Gliederung soll beschrieben werden können (Ökosysteme, Biome, Zonobiome).
3. Es soll definiert werden können, was man unter einem Ökosystem versteht (Lebensgemeinschaft, Biozönose, Umweltbedingungen, Produzenten, Konsumenten, Reduzenten).
4. Der Energiefluß in einem Ökosystem soll beschrieben werden können. Dabei sollen auch quantitative Aussagen zur Nettoprimärproduktion verschiedener Ökosysteme und zum Energieverlust von Glied zu Glied einer Nahrungskette gemacht werden können (Brutto- und Nettoprimärproduktion, Atmungs- und Wärmeverluste, trophische Niveaus, Nahrungskette, Nahrungspyramide).
5. Es soll erklärt werden können, was man unter «Standortfaktor» versteht.

6. Es soll jeweils an einigen Beispielen erläutert werden können, welche Bedeutung den Standortfaktoren Wärme, Licht, Wasser, Boden, mechanische Faktoren für ein Ökosystem zukommt.
7. Die Stellung des Menschen in seiner Umwelt soll kritisch dargelegt werden können («natürliche» und «künstliche» Ökosysteme, Überbevölkerung, Rohstoffverknappung, Produktionsökosysteme, Umweltbelastungen durch den Menschen).
8. Es soll begründet werden können, warum die Ökologie für die Zukunftsplanung große Bedeutung hat.
9. Das Lebensformspektrum einer Pflanzengemeinschaft soll aufgenommen und graphisch dargestellt werden können.
10. Ein Vegetationstransekt (Leitertransekt) soll aufgenommen werden können.
11. Am Beispiel von Häufigkeitsdaten aus einem Vegetationstransekt soll die Korrelation von Artenpaaren analysiert werden können.
12. Artenvergesellschaftungen in Pflanzengemeinschaften sollen statistisch erfaßt werden können.
13. Der Begriff «Einnischung» soll am Beispiel von Neuroterus-Arten (Linsengallenbildner auf Eichenblättern) erläutert werden können.
14. Die Varianzanalyse soll als Methode für den Vergleich mehrerer Mittelwerte angewandt werden können.
15. Funktionsmorphologische Besonderheiten von Xerophyten und Hygrophyten sollen verglichen werden können.
16. Der besondere Photosynthese-Mechanismus – einschließlich der funktionsmorphologischen Besonderheiten – der C_4-Pflanzen («Hochleistungspflanzen») soll beschrieben werden können.
17. Die morphologischen Besonderheiten der Sukkulenten sollen erläutert werden können.
18. Der diurnale Säurerhythmus der sukkulenten Pflanzen soll als physiologische Anpassung an Trockenheit erklärt werden können.
19. Es sollen verschiedene Methoden zur Bestimmung der Individuenzahl tierischer Populationen durchgeführt werden können (Absammeln von Probeflächen, Probenentnahme und Hochrechnung, Fang- und Wiederfang-Methode).

C Theoretische Grundlagen

1 Fragestellung und Bedeutung der Ökologie

Die Ökologie befaßt sich mit allen Formen der Wechselwirkungen zwischen den verschiedenen Lebewesen und ihrer Umwelt, einschließlich der besonderen Anpassungen an diese Umwelt. Sie untersucht Stoffkreisläufe und Energieflüsse in der belebten Welt und sie bemüht sich schließlich um eine Kausalanalyse der geographischen Verteilung und Häufigkeit der Arten und Individuen. So kann man sie zusammenfassend als die Wissenschaft vom «Haushalt der Natur» bezeichnen (oikòs: griech. Haus, Hausstand, Haushalt).
Alle Disziplinen der Biologie befassen sich mit besonderen Struktureinheiten des Lebendigen: Bei der Molekularbiologie stehen Biomoleküle im Vordergrund. Die Cytologie hat die Strukturen der Zelle und des Protoplasmas zum Forschungsgegenstand. Dagegen beschäftigt sich die Ökologie vor allem mit den höheren Struktureinheiten des Lebendigen, mit Organismen, Populationen (Individuen einer Art) und Populationsgemeinschaften (Lebensgemeinschaften, Individuen verschiedener Arten, Tab. VII, 1)

Tabelle VII, 1: Struktureinheiten des Lebendigen

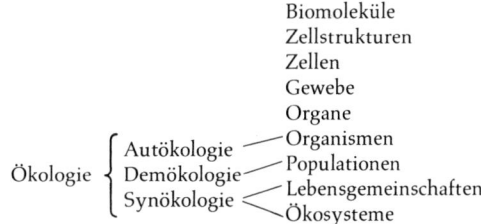

Je nachdem, welche Struktureinheiten im Vordergrund stehen, kann man die Ökologie einteilen in *Autökologie, Synökologie* und *Demökologie*.
Autökologie. Diese Teildisziplin beschäftigt sich vor allem mit den Wechselwirkungen zwischen den einzelnen Organismen einer Art und ihrer Umwelt. Welche Anpassungen befähigen eine bestimmte Pflanzenart, an einem Standort mit sehr geringer Wasserzufuhr zu existieren? Welche Bedeutung haben bestimmte Farben und Formen von Insekten für deren Überlebenschan-

cen (Tarnung, Mimikry)? Die Einrichtungen einer Pflanzenart, die ihre Bestäubung sichern, die gegenseitige Anpassung von Blume und Bestäuber (Blütenökologie), die Verbreitungseinrichtungen von Samen und Früchten oder die besonderen Schwebeeinrichtungen der Planktonorganismen können gleichermaßen Gegenstand autökologischer Untersuchungen sein.

Synökologie. Die Synökologie beschäftigt sich dagegen mit Systemen, an denen viele Arten beteiligt sind. Das Verhalten ganzer Lebensgemeinschaften, Rückkopplungsprozesse und Regulationsmechanismen werden untersucht. Wichtige Teilgebiete dieses Zweiges sind etwa die Limnologie, die Meeresökologie und die Ökologie terrestrischer Systeme sowie die Umweltforschung.

Demökologie. Zwischen Synökologie und Autökologie wird noch der Zweig der Ökologie abgetrennt, der sich mit dem Verhalten einzelner Populationen beschäftigt. Populationsschwankungen in Abhängigkeit von Umweltfaktoren, die evolutive Veränderung von Populationen und die Erforschung von Isolationsmechanismen sind Themen der Populationsbiologie und zeigen, daß Ökologie, Evolutionsforschung und Genetik sich auf diesem Gebiet häufig überschneiden.

2 Die Biosphäre

Die Schicht der Erdoberfläche, in der Leben auftritt, wird als Biosphäre[1] bezeichnet. Sie umfaßt den untersten Bereich der Atmosphäre, die gesamte Hydrosphäre und die obersten Schichten der Lithosphäre. Dabei beschränkt sich üppiges Leben auf einen relativ schmalen, meist weniger als 100 m breiten Bereich. Dies schließt jedoch nicht aus, daß in den Ozeanen auf dem Grund über 10 km tiefer Gräben auch noch Lebewesen vorkommen.

Die Biosphäre ist ein «offenes thermodynamisches System» (vgl. Bd I, Kap. IX). Dem System wird von «außen» laufend Energie zugeführt, im wesentlichen Strahlungsenergie der Sonne, nach «innen» wird laufend Energie in Form von mehr oder weniger energiereichen Sedimenten abgegeben (z. B. Kohle, Öl, Kalkstein). Die Hauptmenge der zugeführten Energie wird schließlich als Wärmestrahlung wieder an die Umgebung abgeführt.

Unter den Organismen der Biosphäre kommt den grünen Pflanzen eine hervorragende Rolle zu. Einmal stellen sie rund 99% der auf 10^{12} t geschätzten Biomasse der Erde[1]. Zum anderen sind sie alleine dazu in der Lage, durch die Photosynthese (vgl. Bd. I, Kap. X) einen Teil der Sonnenstrahlung «einzufangen» und chemisch festzulegen. Wenn auch durch die Pflanzen weit weniger als 1% des eingestrahlten Sonnenlichts auf diese Weise genutzt wird, so verdankt die Biosphäre ihre Lebensfreundlichkeit doch ausschließlich dieser Energiebindung durch die Photosynthese.

Die Organismen der Biosphäre sind durch vielfältige Wechselbeziehungen strukturell und funktionell miteinander verbunden. Insgesamt führen diese Wechselbeziehungen zu einem Stoffkreislauf, der vor allem durch das Zusammenspiel von Photosynthese und Atmung aufrecht erhalten wird (vgl. Bd. I, Kap. IX).

a) Die Gliederung der Biosphäre

Der Energiefluß und der Stoffkreislauf in der Biosphäre spielt sich nicht in einer gleichmäßigen Wechselwirkung aller Organismen ab, vielmehr kann man bestimmte, räumlich benachbarte Organismengruppen abgrenzen, die untereinander besonders zahlreiche Verflechtungen und Wechselwirkungen zeigen, deren Gemeinschaft aber nach außen nur wenige Verbindungen besitzt. Solche räumlich begrenzten Organismengemeinschaften zusammen mit ihrer unbelebten Umwelt werden *Ökosysteme* oder *Biogeozönosen*[2] genannt.

$$\text{Ökosystem} = \frac{\text{Organismengemeinschaft}}{+} \\ \text{Umweltbedingungen}$$

---

[1] Der Begriff wurde von E. Suess 1875 geprägt («Das Antlitz der Erde»). Eine genaue Definition und eine ausführliche Bearbeitung verdanken wir Vernadskij (1926: Die Biosphäre).

[1] Schätzungen sind nicht ganz einheitlich, früher wurden höhere Werte angenommen.
[2] Der Begriff «Biogeozönose» wurde von V. N. Sukachev geprägt, der Begriff «Ökosystem» geht auf R. Woltereck und A. G. Tansley zurück.

Großökosysteme Europas ("Zonobiome" und ihre Übergangszonen)

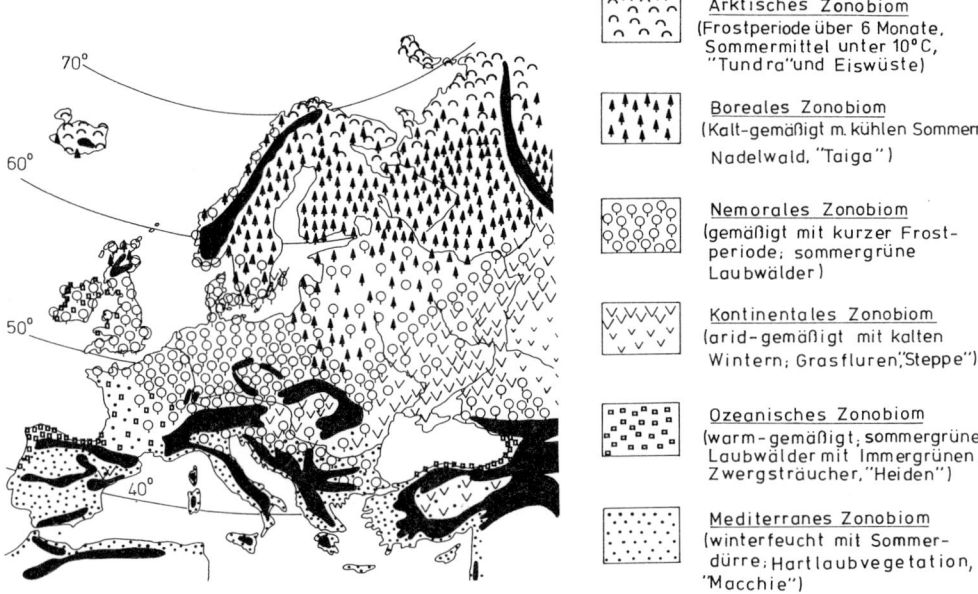

Abb. VII, 1: *Die Zonobiome Europas* (nach H. Walter). Die Biosphäre gliedert sich in eine hierarchische Abfolge von Ökosystemen. Für eine erste Unterteilung der Biosphäre benutzt H. Walter das vorherrschende Großklima, das ja weitgehend für die Ausbildung der breitenabhängigen Vegetationszonen verantwortlich ist. Den 9 ökologischen Klimazonen der Erde entsprechen 9 Zonobiome. Da die Klimazonen niemals scharf voneinander abgegrenzt sind, gehen auch die Zonobiome allmählich ineinander über. In der Abbildung werden diese Übergangsbereiche durch Mischsignaturen dargestellt. Die Hochgebirgsräume, die völlig aus dem Rahmen der zonalen Vegetation herausfallen, sind durch schwarze Flächen gekennzeichnet. Die dort auftretenden Ökosysteme nennt Walter zusammenfassend «Orobiome».

Ein solches Ökosystem kann ein eng begrenzter Waldbestand, ein kleines Moor, ein Dorfteich oder eine Felskuppe sein. Aber auch viel größere Einheiten, etwa einen großen See (z. B. den Bodensee) oder einen Meeresteil (etwa die Ostsee), ein riesiges Waldgebiet wie das Amazonasbecken oder sogar die Gesamtheit der Ozeane kann man als Ökosysteme bezeichnen. Es wurde deshalb schon mehrfach der Versuch unternommen, die Ökosysteme der Biosphäre systematisch zu gliedern, in eine gewisse Rangordnung zu bringen. H. Walter (1967) gliedert die Biosphäre nach den die Umwelt bestimmenden *Großklimata* in 9 «*Zonobiome*»[1]:

Äquatoriales Zonobiom mit Tageszeitenklima	(ZB I)
Tropisches Zonobiom mit Sommerregen	(ZB II)
Subtropisches, arides Zonobiom (Wüstenklima)	(ZB III)
Winterfeuchtes Zonobiom mit Sommerdürre (mediterran)	(ZB IV)
Warmtemperiertes Zonobiom (ozeanisch)	(ZB V)
Typisch gemäßigtes Zonobiom mit kurzer Frostperiode (nemoral)	(ZB VI)
Arid-gemäßigtes Zonobiom mit kalten Wintern (kontinental)	(ZB VII)
Kalt-gemäßigtes Zonobiom mit kühlen Sommern (boreal)	(ZB VIII)
Arktisch-antarktisches Zonobiom (vgl. Abb. VII, 1)	(ZB IX)

---

[1] Der Begriff «Biom» für eine ökologische Einheit, die Lebensgemeinschaft und Umwelt einschließt, stammt aus Nordamerika (vgl. z. B. Whittaker, 1975). H. Walter (1976) hat diesen Begriff übernommen und schärfer definiert. Ökosysteme höchster Rangstufe sind Zonobiome, weiter werden Orobiome (in den Gebirgen) und Pedobiome (besondere Böden, z. B. Salzböden, Dünen) unterschieden. Die Grundeinheit und unterste Rangstufe in der Hierarchie der Ökosysteme wird von Walter «Biom» genannt.

256 VII Ökologie

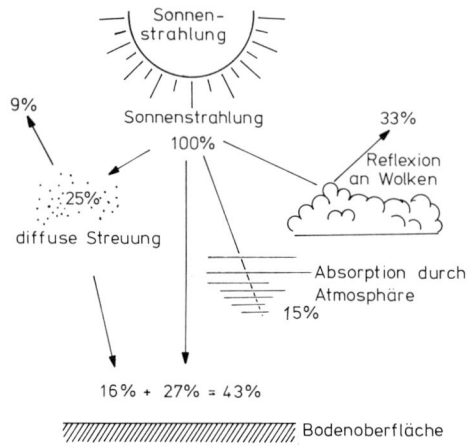

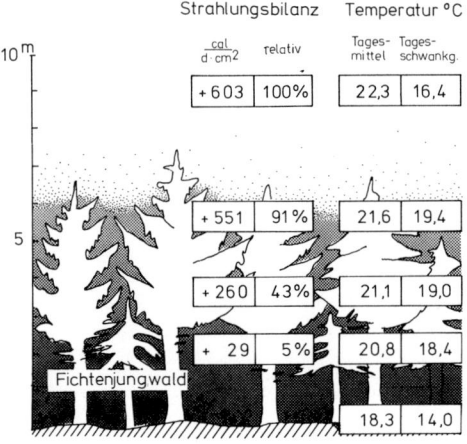

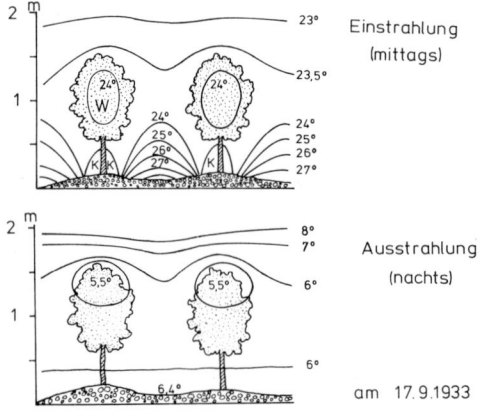

3 Die Umweltfaktoren (Ökotop, Standort)

Die Gesamtheit der Umweltfaktoren, von denen die Entwicklung einer bestimmten Lebensgemeinschaft pflanzlicher und tierischer Organismen abhängt, bezeichnet man als ihren Standort oder ihr Ökotop. Man kann dabei zwischen leicht meßbaren, primären Faktoren wie Wärme, Wasser, Licht, chemischen und mechanischen Faktoren und komplexen, sekundären Faktoren wie Klima, Relief, Boden unterscheiden.

Die Standortfaktoren sind in hohem Maße auch von den diesen Standort besiedelnden Lebewesen abhängig, so etwa der Lichtfaktor in der Krautschicht von den beschattenden Bäumen. Zu den mechanischen Faktoren, die auf die Vegetation einwirken, zählt z. B. der Viehverbiß.

a) Der Wärmefaktor

Aktives Leben ist an einen sehr engen Temperaturbereich gebunden. Während die Körpertemperatur der wechselwarmen Organismen weitgehend vom physikalischen Energieumsatz der Umwelt bestimmt wird, können die eigenwarmen Organismen (Säugetiere, Vögel, bestimmte Fluginsekten) Stoffwechselenergie zur Wärmeproduktion nutzen. Durch Abstimmung von Wärmeproduktion und Wärmeabfuhr kann die Körpertemperatur der gleichwarmen Tiere sehr exakt reguliert werden.

Für die Temperaturverhältnisse an einem bestimmten Standort ist in erster Linie die Bilanz zwischen eingestrahlter Sonnenenergie und wieder ausgestrahlter Energie entscheidend.
Abb. VII, 2 zeigt langfristige Durchschnittswerte für die Nordhemisphäre.

Abb. VII, 2: Oben: Der Wärmeumsatz an der Erdoberfläche um die Mittagszeit (nach H. Walter). 100% Sonnenstrahlung entspricht einer Bestrahlungsstärke von ca. 2 cal oder 8,1 J pro cm² und min. Werte gelten für die gemäßigte Zone der Nordhemisphäre. Mittelwert über Tages- u. Jahreszeiten für gesamte Erdoberfläche: 2 J/cm² und min.
Mitte: Strahlungsbilanz und Lufttemperatur (Tagesmittel und Tagesschwankungen) über und in einem dichten Fichten-Jungwald während einer hochsommerlichen Schönwetterperiode (nach Baumgartner aus Geiger, umgezeichnet).
Unten: Temperaturverteilung in einem Weinberg (nach Sonntag aus Geiger).

Tabelle VII, 2: Direkte Sonneneinstrahlung auf der Nordhemisphäre in Kcal/cm² bzw. kJ/cm² (nach Ivanoff aus Walter, Allgemeine Geobotanik)

	4 Sommermon.		Jahr	
	kcal	kJ	kcal	kJ
Arktische Zone (ZB IX) 80° nördl. Br.	13,6	56,9	16,8	70,3
Boreale Zone (ZB VIII) 60° nördl. Br.	30,0	125,6	43,6	182,5
Gemäßigte Zone (ZB VI) 50° nördl. Br.	36,5	152,8	54,7	228,7
Südliche Zone (ZB IV) 40° nördl. Br.	40,9	171,2	81,9	342,8

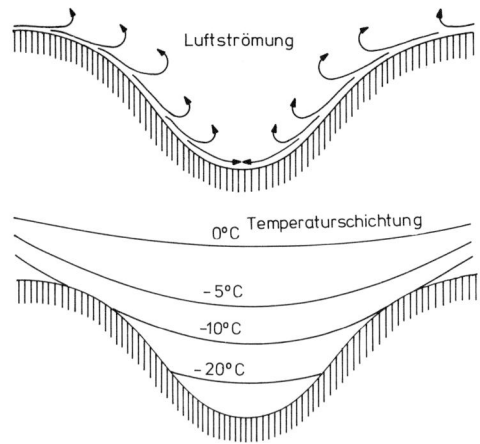

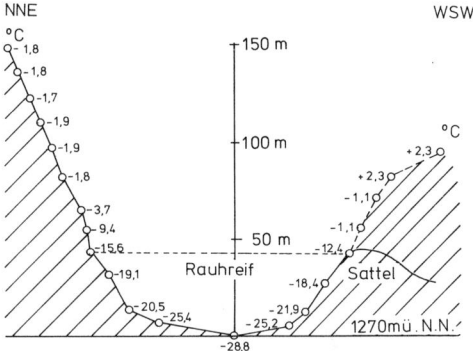

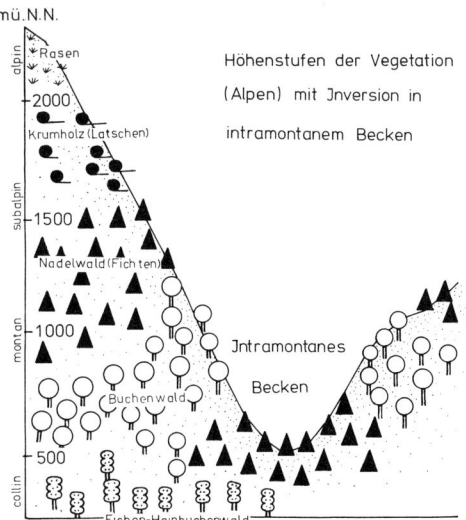

Je nach geographischer Breite eines Ortes (Sonnenhöhe), nach Meereshöhe, Geländegestaltung und Häufigkeit der Bewölkung ergeben sich große regionale Unterschiede im Stahlungshaushalt. Nicht nur für die globale (breitenabhängige) ökologische Großgliederung der Biosphäre (vgl. Tab. VII, 2), sondern auch für die vorwiegend reliefabhängige Feingliederung ist der Wärmehaushalt eines Standortes von entscheidender Bedeutung:

Im Elbsandsteingebirge hat Schade 1910–1917 die mittleren Temperaturmaxima in Moosrasen an schattigen Felswänden in Nordost-Exposition und – 50 m davon entfernt – an vollbesonnter Süd-Exposition gemessen. In NO-Exposition betrug das mittlere Jahresmaximum 15,9° C, in Südexposition dagegen 52,6° C.

Solche expositionsbedingten Unterschiede sind in polnahen Gebieten besonders groß, dem Äquator zu nehmen sie immer mehr ab. In den Gebirgen werden Expositionsunterschiede mit zunehmender Höhe immer deutlicher, da sowohl Einstrahlung als auch Ausstrahlung in der Höhe zunehmen.

Der Strahlungsabfall in einem Pflanzenbestand hängt vor allem von der Dichte der Belaubung ab. Abb. VII, 2, zeigt die Werte, die in einem jungen Fichtenwald im Sommer gemessen wurden.

Tagsüber erwärmt sich die bodennahe Luft am meisten, nachts kühlt sie sich jedoch infolge der Ausstrahlung der Bodenoberfläche auch am stärksten ab (vgl. VII, 2). Diese kalte, am

Abb. VII, 3: Oben: nach Geiger, verändert
Mitte: nach W. Schmid aus Walter
Unten: in Anlehnung an Knapp

258 VII Ökologie

Boden liegende Luft ist schwerer als die darüber liegende Warmluft und hat in unebenem Gelände das Bestreben, abwärts zu fließen. In klaren Nächten füllen sich Geländemulden mit Kaltluft, wodurch erhebliche Temperaturunterschiede zwischen Höhen- und Tiefenlagen zustande kommen können (vgl. Abb. VII, 3).

Ein großer «Kältesee» bildet sich oft in der Baar (700–800 m ü. NN), dem Becken zwischen Schwarzwald und Alb, in dessen Frostlöchern im Jahre 1949 nur 12 frostfreie Tage gemessen wurden, während es in Hanglagen 170 waren. Auch der Kältepol der Erde, zwischen Oimekon und Werchojansk in Nordostsibirien, ist ein von Bergketten rings umgebenes Hochbecken.

In Abb. VII, 3 sind diese Verhältnisse und ihre Auswirkungen auf die Vegetation an einem schematischen Vegetationsprofil durch ein Gebirge der nördlichen gemäßigten Zone dargestellt.

Wegen der besonderen physikalischen Eigenschaften des Wassers bietet der Wärmefaktor in Seen einige Besonderheiten, die hier kurz angesprochen werden sollen: Wasser hat bei $+4°$ C seine größte Dichte. Kälteres Wasser wird wieder leichter. Im Sommer erwärmt sich der See vor allem durch direkte Strahlungsabsorption. Seen mit vielen Schwebeteilchen erwärmen sich besonders schnell. Mit der Tiefe nimmt die durchgelassene Strahlungsmenge exponentiell ab. Das führt zu einer Temperaturschichtung, die wegen der geringen Wärmeleitfähigkeit des Wassers relativ konstant bleibt. Der Gradient ist umso

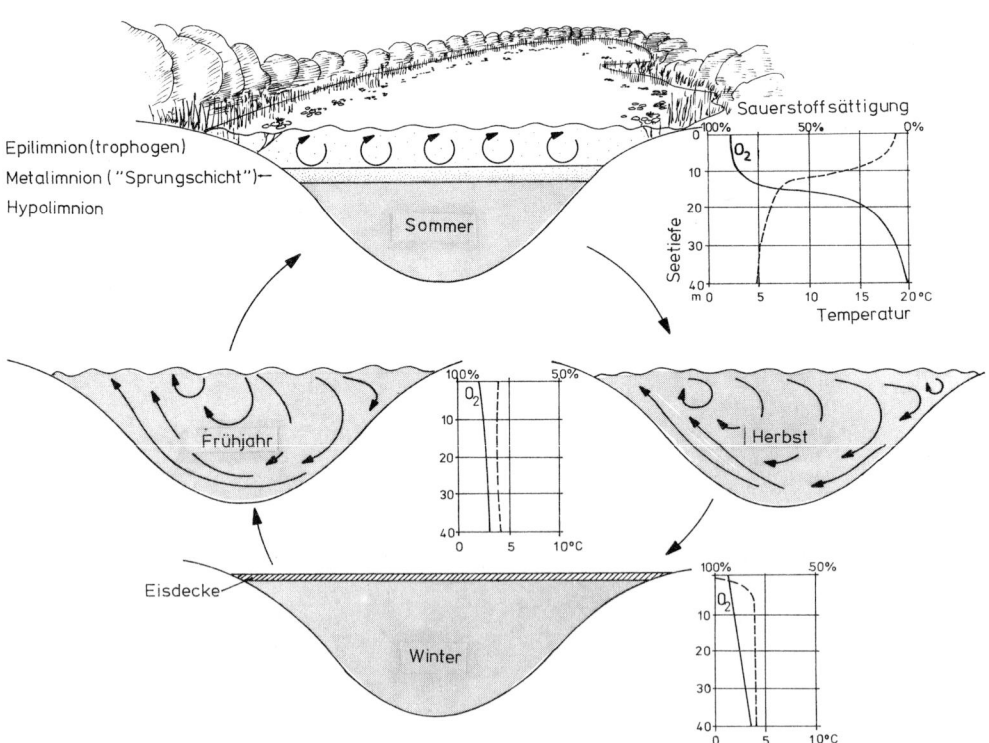

Abb. VII, 4: Sommer: ausgeprägte Schichtung («Sommerstagnation»).
Herbst: Zirkulation durch Absinken des abgekühlten Oberflächenwassers.
Winter: Invers geschichtetes, stagnierendes Wasser.
Frühjahr: Zirkulation durch Absinken des erwärmten, vorher unter $4°$ C kalten Wassers.
(nach Whittaker, 1970, und E. Schmidt, 1978, verändert).

C Theoretische Grundlagen 259

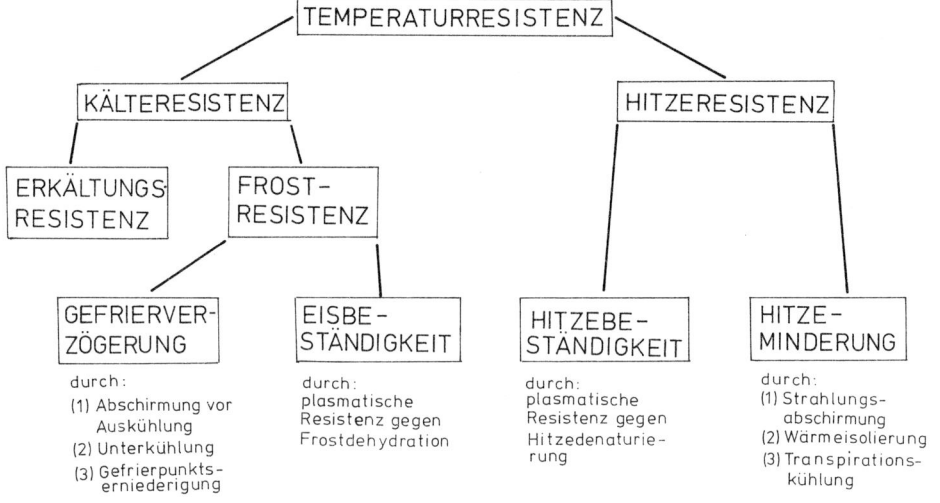

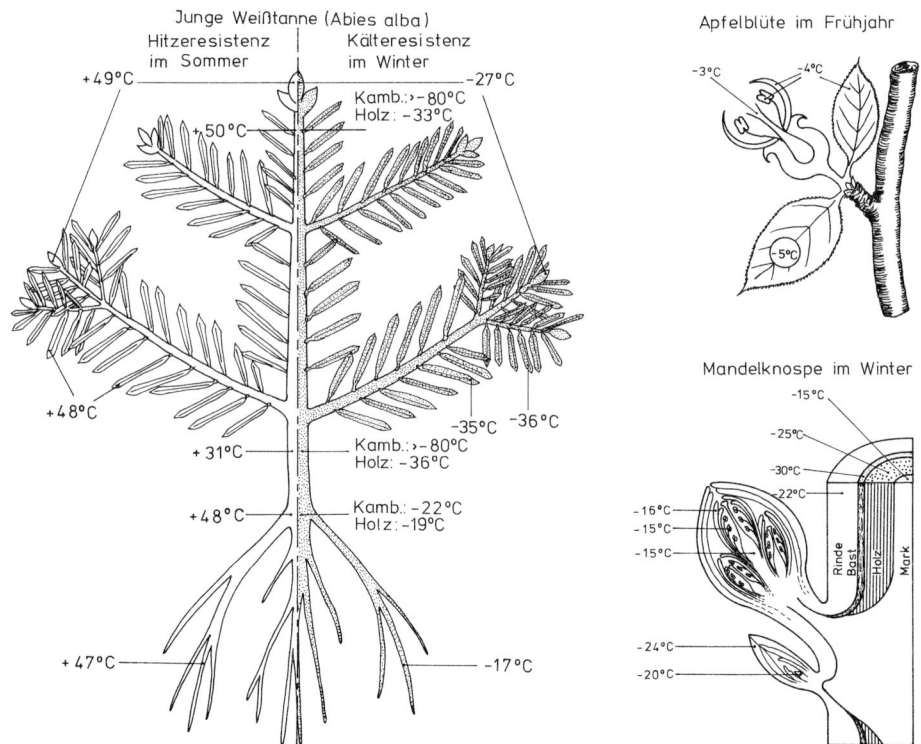

Abb. VII, 5: oben: Die verschiedenen Möglichkeiten der Temperaturresistenz bei Pflanzen (nach Levitt aus Larcher, 1973).
unten: Beispiele für Hitze- bzw. Kälteresistenz verschiedener Pflanzenteile zu verschiedenen Jahreszeiten (nach Larcher, 1973).

steiler, je mehr Schwebeteilchen im Wasser vorhanden sind. Durch die Wellenbewegung an der Wasseroberfläche wird eine mehr oder weniger tiefe Schicht des Seewassers gut durchmischt. Sie ist nahezu gleichwarm (Epilimnion). Von dem kühleren, unbewegten Tiefenwasser (Hypolimnion) ist diese Schicht durch eine Sprungzone (Metalimnion) getrennt. Häufig liegt die Sprungschicht etwa in der Ebene, in der die Strahlungsintensität einen Grenzwert für pflanzliches Leben erreicht. In diesem Fall ist nur die erwärmte obere Schicht nährstofferzeugend (trophogen) und sauerstoffreich. Im Hypolimnion wird nur Sauerstoff verbraucht, so daß sich im Laufe des Sommers ein nahezu anaerober, mit organischen Abfällen angereicherter Tiefenbereich entwickeln kann. Erst die herbstliche Abkühlung des Oberflächenwassers leitet in der Regel eine tiefergreifende Wasserzirkulation und damit einen Stoffausgleich im See ein (vgl. Abb. VII, 4)

Die Erwärmung der Bodenoberfläche durch Sonneneinstrahlung führt sofort zu einer Wärmeabgabe
- durch Wärmeableitung in den Boden
- durch Rückstrahlung in die Atmosphäre
- durch Wärmeaustausch mit den angrenzenden Luftschichten
- als Verdunstungswärme (bei feuchtem Boden).

Ist der Boden von einer Pflanzendecke bewachsen, so hat dies großen Einfluß auf den Wärmehaushalt. Die Reflexionszahl (Albedo) wird verringert, durch pflanzliche Transpiration wird viel Verdunstungswärme verbraucht. Der größte Teil der Strahlung wird nun nicht mehr von der Bodenfläche, sondern von der Oberfläche der Pflanzenteile absorbiert. Da sich die Wärme viel stärker verteilt, werden nicht so extreme Temperaturen erreicht wie bei einer vegetationslosen Bodenoberfläche. Die Temperatur innerhalb des Pflanzenbestandes ist meistens ziemlich konstant, sie ist in der Regel höher als die Temperatur der darüber liegenden Luftschichten. Dies ist vor allem für die Pflanzenbestände polarer Regionen oder der alpinen Stufe der Hochgebirge von Bedeutung.

Für ökologische Aussagen ist es notwendig, folgende Temperaturansprüche und Beanspruchbarkeitsgrenzen der verschiedenen Pflanzenarten zu kennen (vgl. Abb. VII, 5):

(1) Temperaturgrenzen des Lebens (absolute Maxima und Minima; sie sind in der Regel für verschiedene Pflanzenteile und verschiedene Entwicklungsstufen einer Art unterschiedlich, auch liegen jahresperiodische Schwankungen vor).
(2) Die Temperaturspanne, in der eine positive Stoffbilanz möglich ist (diese Spanne entscheidet vor allem über das mögliche Vorkommen einer Pflanzenart an einem bestimmten Standort).
(3) Die Temperaturgrenzen und der Wärmebedarf für reproduktive Vorgänge.

In Klimagebieten mit kalten Wintern haben die Pflanzen verschiedene Überwinterungsformen ausgebildet. Da die Temperaturschwankungen umso größer werden, je höher man sich von der meist durch eine isolierende Schneedecke geschützten Bodenoberfläche entfernt, ist für diese Überwinterung die Lage der Erneuerungsknospen entscheidend. Nach Raunkiaer unterscheidet man hiernach folgende *Lebensformen* (vgl. Abb. VII, 6):

Phanerophyten («Luftpflanzen,» Bäume und Sträucher) sind der Frosteinwirkung völlig ungeschützt ausgesetzt.

Chamaephyten (Zwergsträucher), deren Knospen entscheidend. Nach Raunkiaer unterscheisind in schneereichen Lagen (alpine und subalpine Stufe der Hochgebirge) gut geschützt.

Hemikryptophyten (Erdschürfpflanzen) sind Stauden, bei denen die Erneuerungsknospen unmittelbar an der Erdoberfläche sitzen. Die oberirdischen Sprosse sterben ganz ab.

Kryptophyten (Erdpflanzen) sind Pflanzen, die während der ungünstigen Jahreszeit ganz in die Erde einziehen. Ihre Erneuerungsknospen liegen in einer bestimmten Tiefe im Boden (*Geophyten*: Zwiebel-, Knollen- und Rhizompflanzen) oder unter Wasser, wie bei den Sumpf- und Wasserpflanzen (Helo- und Hydrophyten). Häufig speichern die unterirdischen Überwinterungsorgane Nährstoffe.

Therophyten oder annuelle (einjährige) Arten sterben während der ungünstigen Jahreszeit ganz ab und überwintern nur als Samen.

Wärmeregulation. Die gesamte Wärmebilanz eines Organismus ergibt sich aus dem Gleichgewicht zwischen absorbierter Wärme, durch den Stoffwechsel erzeugte Wärme und gespeicherte Wärme einerseits und durch Wärmeleitung und

Konvektion, durch Ausstrahlung und durch Transpiration abgegebene Wärme andererseits.
Bei Pflanzen wird vor allem durch Transpiration die Temperatur herabgesetzt, durch intensive Atmung kann die Temperatur bei manchen Arten oder bei bestimmten Pflanzenteilen über die Umgebungstemperatur erhöht werden (z. B. Aronstab-Blütenstand).
Viele Tiere regulieren ihre Körpertemperatur durch Ausnützung der Sonneneinstrahlung (helioregulatorischer Typ), dies gilt z. B. für viele Reptilien und Insekten. Der chemoregulatorische Typ ist in der Lage, durch Muskeltätigkeit die Körpertemperatur zu erhöhen (z. B. viele flugfähige Insekten wie Bienen, Hummeln, Schmetterlinge). Die gleichwarmen (homoiothermen) Tiere weisen eine nahezu konstante Körpertemperatur auf (Säugetiere meist zwischen 36 und 37° C, Vögel um 40° C). Die hohe Konstanz der Körpertemperatur wird durch zusätzliche, sehr exakt regulierte Wärmeproduktion im Stoffwechsel und durch Isolation der Körperoberfläche (Haar- bzw. Federkleid, Fettpolster) erreicht. Diese Verminderung der Wärmeabgabe ist vor allem wichtig, um Perioden niederer Außentemperatur und geringen Nahrungsangebotes überdauern zu können.

b) Lichtfaktor

Als Licht bezeichnen wir für das menschliche Auge sichtbare elektromagnetische Wellen der Wellenlänge 365–750 nm. Erweitert man den Bereich auf rund 300–800 nm, so ist das Spektrum erfaßt, das bei Tieren und Pflanzen zu spezifischen (meist von photochemischen Prozessen eingeleiteten) Reaktionen führt. Für die Pflanzen hat das Licht eine besondere Bedeutung, da es über die Photosynthese ihrer direkten Energie-

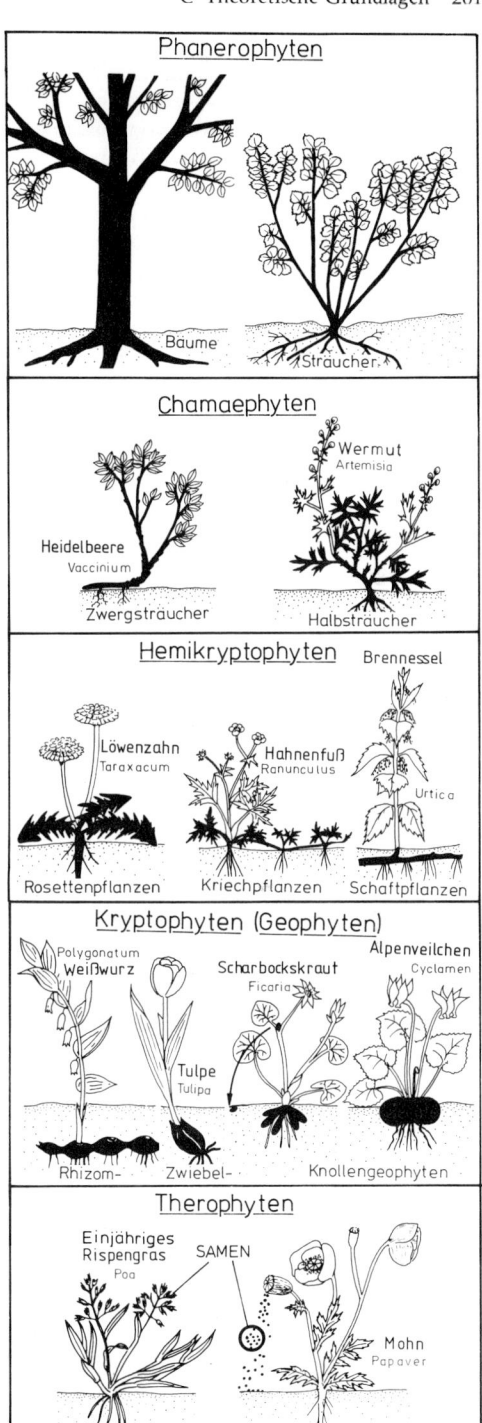

Abb. VII, 6: Die Lebensformen (Gestalttypen) der Pflanzen nach Raunkiaer: Phanerophyten (Luftpflanzen) mit Bäumen (Megaphanerophyten) und Sträuchern (Nanophanerophyten); Chamaephyten (Zwergpflanzen); Hemikryptophyten mit Rosettenpflanzen und Schaftpflanzen; Krytophyten mit Erdpflanzen (Geophyten), die unterirdisch mit Knollen, Zwiebeln, Rhizomen usw. überwintern und den hier nicht dargestellten Sumpf- und Wasserpflanzen (Helo- und Hydrophyten), die submers überwintern; Therophyten (Annuelle, Einjährige), bei denen nur die Samen überwintern.
Die überwinternden Teile sind schwarz ausgemalt.

versorgung dient (Bd. I, Kap. X). Außerdem wird die pflanzliche Entwicklung durch Licht gesteuert und geregelt (Photoperiodismus, Photomorphosen, Photonastie und Phototropismus vgl. Kap. I und II). Neben solchen, auch im Tierreich häufigen Erscheinungen, ist das Licht für Tiere mit Lichtsinnesorganen sowohl für ihr Verhalten als auch ihre räumliche Orientierung entscheidend.

Im Gegensatz zu anderen Standortfaktoren ist Licht relativ gleichmäßig über die verschiedenen Zonen der Erde verteilt. Es gibt z. B. keine Region auf der Erdoberfläche, wo das Gedeihen der Pflanzen aus Lichtmangel nicht möglich wäre. Für die globale Verteilung und Gliederung der Vegetation spielt Licht deshalb keine große Rolle. Umso bedeutender jedoch ist sein Einfluß auf kleinräumige Musterbildung. Gegenseitige Lichtkonkurrenz ist für die Zusammensetzung einer bestimmten Pflanzengemeinschaft von entscheidender Bedeutung.

Je nach Bewölkung, Tageszeit und Jahreszeit ist die absolute Beleuchtungsstärke eines bestimmten Standorts sehr starken Schwankungen unterworfen. Für die ökologische Felduntersuchung hat deshalb J. v. Wiesner (1900) den sogenannten relativen Lichtgenuß als Maß eingeführt. Er gibt an, wieviel Prozent des Außenlichtes an einer bestimmten Stelle eines Pflanzenbestandes vorhanden sind. Dieser Prozentsatz kann – unabhängig von der absoluten Beleuchtungsstärke – bei gleichzeitiger Belichtungsmessung unter freiem Himmel und an dem betreffenden Standort jederzeit ermittelt werden. Am günstigsten ist allerdings leicht bedeckter Himmel, da sich sonst die direkten Sonnenstrahlen je nach Tageszeit unterschiedlich auswirken.

Bei Lichtpflanzen (z. B. Brunnenkresse) wird die maximale Photosyntheserate erst bei fast 100%-igem Lichtgenuß erreicht, bei 2% halten sich Photosynthese und Atmung die Waage (Kompensationspunkt). Bei Schattenpflanzen (z. B. Wald-Sauerklee) wird die maximale Photosyntheserate schon bei 10% Lichtgenuß erreicht, der Kompensationspunkt liegt bei ca. 0,5% (vgl. Abb. VII, 7). Walter unterscheidet bezüglich der Anpassung an bestimmte Lichtverhältnisse drei Gruppen von Pflanzen:

1. Gruppe:
Pflanzen, die ausschließlich im vollen Tageslicht gedeihen (Wüsten-, Steppen- und Hochgebirgspflanzen).

2. Gruppe:
Pflanzenarten, die eine gewisse Beschattung vertragen (Wiesenpflanzen wie Wiesensalbei, 100–20% Lichtgenuß, Ruderalpflanzen und Unkräuter wie Strahlenlose Kamille 100–48% Lichtgenuß).

3. Gruppe:
Pflanzenarten, die in der Natur niemals dem vollen Tageslicht ausgesetzt sind (z. B. Hohler Lerchensporn 50–25%, Buschwindröschen 40–20%, Knoblauchsrauke 33–9%, Hasenkohl 10–5%).

Mit den geringsten Lichtmengen kommen Pflanzen aus, die keine chlorophyllfreien, nur atmende Zellen besitzen. Je höher spezialisiert die Pflanzen sind, desto mehr chlorophyllfreie Zellen besitzen sie und desto größer ist ihr minimaler Lichtbedarf. Sehr deutlich wird dies, wenn man die Pflanzenzonierung an Höhleneingängen untersucht (Abb. VII, 8). Am weitesten dringen Algen und Moosprotonemen vor, es folgen Moose und Farnprothallien, sterile Farnsporophyten, fertile Farnsporophyten, sterile Blütenpflanzen, fertile Blütenpflanzen.

Optimale Lichtausnutzung wird von einer Vegetationsdecke dadurch erreicht, daß sie ein Mehrfaches der Bodenfläche an Blattfläche ausbildet. Das Verhältnis von gesamter Blattfläche zur Bodenfläche wird als Blattflächenindex (BFI, engl. LAI = leaf area index) bezeichnet. In der Regel liegt der BFI bei krautigen Beständen zwischen 4 und 7, in den geschlossenen laubabwerfenden Wäldern der gemäßigten Zone werden ähnliche Werte erreicht, für die tropischen Regenwälder werden jedoch Werte bis 12 angegeben.

Der Blattflächenindex ist auch ein Parameter für die Produktivität eines Pflanzenbestandes: Mit zunehmender Pflanzendichte steigt die Produktivität zunächst an. Wenn die Pflanzen jedoch zu dicht stehen und sich ihre Blätter vielfach überlappen, geht der Ertrag wieder zurück, da nun an den schattigsten Stellen das Licht nicht mehr für einen CO_2-Assimilationsüberschuß ausreicht.

Sonnenpflanzen. Pflanzen sehr sonniger Standorte besitzen dicke, sehr chlorophyllreiche Assimilationsgewebe, die eine optimale Ausnutzung der großen Lichtmengen erlauben. Das Palisadenparenchym der Blätter ist meist mehrschichtig (Sonnenblatt der Rotbuche). Die Blätter weisen oft mit der Schmalseite dem Licht zu (z. B. Kompaßlattich, Sichelmöhre, Eukalyptusbäume). Verkürztes Internodialwachstum

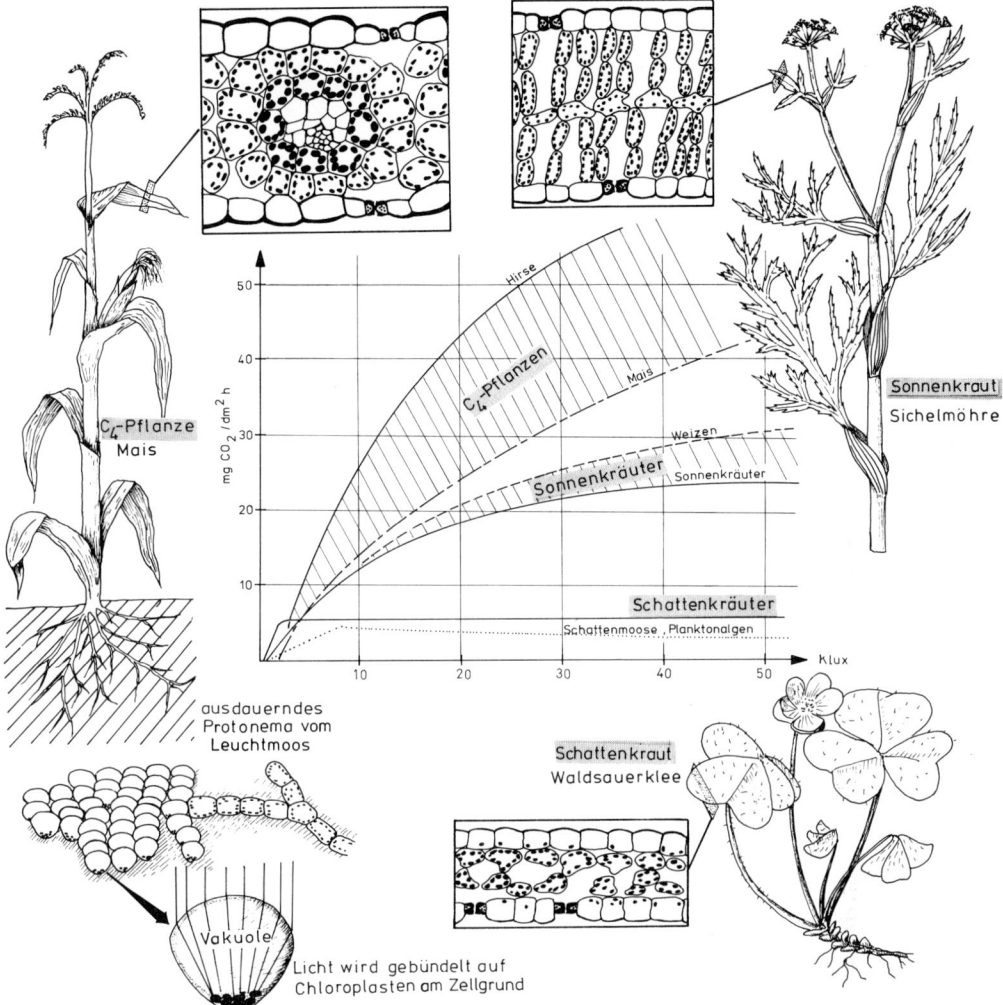

Abb. VII, 7: Beispiele für Sonnen- und Schattenpflanzen und ihre Photosynthesebilanz in Abhängigkeit von der Beleuchtungsstärke (Diagramm nach Larcher, Leuchtmoos nach Mägdefrau).

und daraus folgender Zwergwuchs (Hochgebirgspflanzen), Polsterbildung (Stengelloses Leimkraut), weißfilzige Blattoberflächen (Asch-Greiskraut, Königskerzen) und die Ausbildung von Anthocyan-Farbstoffen in den Vegetationsorganen dienen dem Schutz vor übermäßiger Strahlung. Der Filz aus abgestorbenen Haaren wirkt außerdem verdunstungshemmend.

Hochleistungspflanzen. Nutzpflanzen aus der Familie der Gräser wie Mais, Zuckerrohr und Hirse, aber auch tropisch-subtropische Unkräuter aus den Familien der Gänsefußgewächse, Portulak-, Fuchsschwanz- und Wolfsmilch-Arten, erzielen bei starken Lichtintensitäten wesentlich höhere Erträge als vergleichbare andere Sonnenpflanzen. Dies hängt mit einem von dem üblichen Schema abweichenden Weg der CO_2-Fixierung zusammen: Mit Hilfe eines besonderen Enzymsystems, der Phosphorenolpyruvat-Carboxylase (PEP-Carboxylase) können diese Pflanzen auch noch bei sehr niedrigen CO_2-Konzentrationen Phosphoenolbrenztraubensäure zu Oxalsäure carboxylieren. Durch Malatdehydrogenase wird die Oxalsäure zu Äpfelsäure redu-

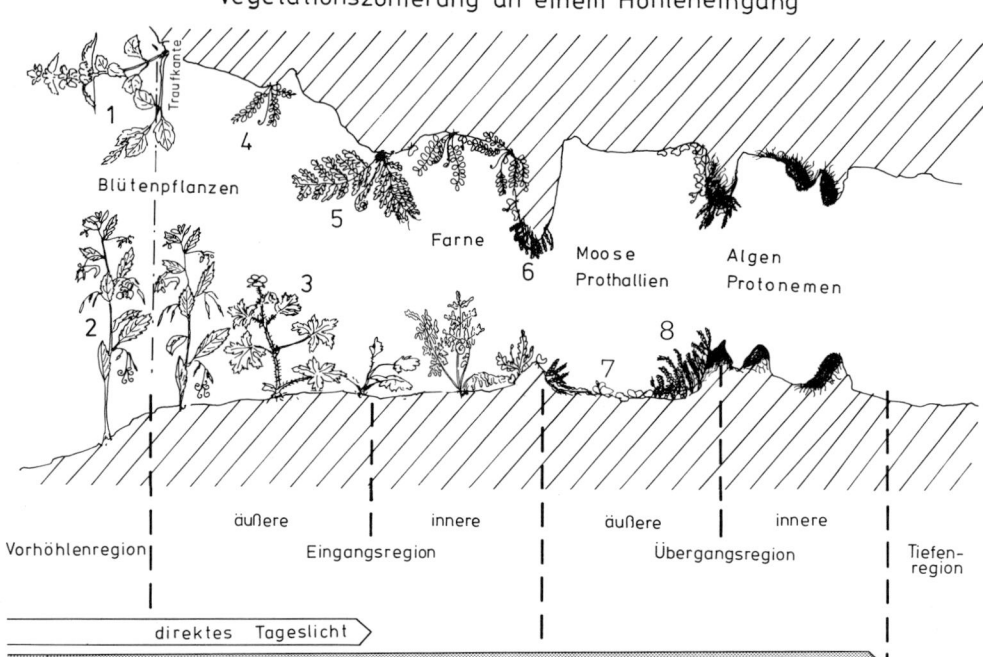

Abb. VII, 8: Vegetationszonierung an einem Höhleneingang (z. B. Schwäbische Alb).
Nach Dobat (1966) lassen sich folgende Zonen unterscheiden: Portalaußenregion und Vorhof (Vorhöhlenregion), äußere und innere Eingangsregion (hier liegt die Grenze für fruchtende Blütenpflanzen), äußere und innere Übergangsregion (hier liegt die Grenze für Moose und Farne), Tiefenregion (hier finden sich nur noch Algen-Dauerstadien bzw. auf heterotrophe Ernährung umgestellte Algen und Pilze)
1 Gelbe Taubnessel, 2 Großblütiges Springkraut, 3 Stinkender Storchschnabel (Blütenpflanze, die am weitesten vordringt) 4 Braunstieliger Streifenfarn, 5 Zerbrechlicher Blasenfarn, 6 Spaltzahnmoos (Fissidens taxifolius), 7 Farnprothallien, 8 Sternmoos (Mnium stellare), Drehzahnmoos (Encalypta streptocarpa), Seidenbirnmoos (Leptobryum piriforme) u. a.

ziert. Die Äpfelsäure dient dann als CO_2-Lieferant für das Ribulose-1-5-diphosphat des Calvinzyklus. (vgl. D. 8, Abb. VII, 22).

Schattenpflanzen. Sie besitzen dünne, nur aus wenigen Zellschichten bestehende Blätter, relativ wenige Chlorophyllkörner pro Zelle und Epidermiszellen mit Chloroplasten. Zur besseren Lichtabsorption sind die Epidermiszellen zum Teil papillenartig vorgewölbt, was der Blattoberfläche ein samtartiges Aussehen verleiht (viele Pflanzen aus der Krautschicht des tropischen Regenwalds wie Pfeilwurz-Arten, Fittonia, Dipteracanthus. Eine einheimische Pflanze mit ausgeprägten Schattenpflanzen-Merkmalen ist das Große Springkraut).
In lichteren Wäldern kann die Beleuchtungsstärke des Waldbodens durch die wandernden Sonnenkringel plötzlich sehr stark erhöht werden. Diesem starken Wechsel der Einstrahlung haben sich viele Moose (z. B. Mnium-Arten, Funaria) dadurch angepaßt, daß ihre Chloroplasten bei geringer Lichtintensität an den Außenwänden der Moosblättchen-Zellen, bei stärkerer Lichtintensität an den inneren Wänden angeordnet werden (vgl. Bd. I, Kap. II). Der Wald-Sauerklee (Oxalis acetosella) kann bei starker Belichtung eine Schädigung vermeiden, indem er seine Blattfiedern nach unten klappt.
Besonders wirkungsvolle Lichtsammeleinrichtungen besitzt das Protonema des Leuchtmooses Schistostega osmundacea (Abb. VII, 7), das bevorzugt in Balmen und unter überhängenden Sandsteinfelsen gedeiht.

Lichtsinn der Tiere. Der Lichtsinn der Tiere ist

für ihre räumliche Orientierung sehr wichtig. Bei nachtaktiven Tieren (Nachtgreife, Flughunde, Nacht-Raubtiere), die mit sehr geringen Lichtintensitäten auskommen müssen, ist der Lichtsinn oft besonders empfindlich. Tiere besiedeln allerdings auch völlig lichtlose Lebensräume, etwa Höhlen und das Grundwassersystem oder die Tiefsee. In diesen Lebensräumen finden wir zahlreiche Arten, bei denen der Lichtsinn mehr oder weniger reduziert ist. Der Selektionsvorteil solcher blinden Höhlentiere dürfte in erster Linie in der «Materialeinsparung» liegen, die durch die Reduktion der aufwendigen Lichtsinnesorgane erreicht wird.

c) Der Wasserfaktor

Ausreichender Wassergehalt des Protoplasmas ist Voraussetzung für die in ihm ablaufenden Lebensvorgänge. Während bestimmte – meist relativ niedrig organisierte – Lebewesen zeitweilige Austrocknung im Zustande latenten Lebens überstehen können (poikilohydre Organismen), darf der Wassergehalt der homoiohydren Organismen, zu denen die Mehrzahl der Metazoen und die höher organisierten Pflanzen (Sproßpflanzen) gehören, nur in engen Grenzen variieren.

Viele einzellige Organismen, Bakterien und Blaualgen ertragen Austrocknung. Bei den Metazoen sind die Bärtierchen (Tardigrada) zum Beispiel befähigt, zeitweilige Austrocknung zu überstehen. Auch viele niedere Pflanzen (Luftalgen, Moose, Flechten) sind austrocknungsresistent. Besonders widerstandsfähig gegen Austrocknung sind schließlich Verbreitungseinheiten wie Sporen, Samen und Eier.

Der hohe Wassergehalt der Organismen (meist über 80% des Lebendgewichtes) war solange kein Problem, als das Substrat des Lebens das Wasser war. Erst die Eroberung des terrestrischen Lebensraumes machte spezielle Einrichtungen erforderlich, die es gestatten, die Wasserversorgung aufrecht zu erhalten. Für die Verbreitung der Land-Ökosysteme ist die Verfügbarkeit des Wassers der wichtigste Standortfaktor.

Der Begriff des Wasserpotentials. In neuerer Zeit wird die Verfügbarkeit des Wassers meist als «Wasserpotential» charakterisiert. Reines Wasser unter Atmosphärendruck hat das Potential Null. Das Wasserpotential ist definiert als die Arbeit, die irgendwie gebundenem Wasser zugeführt werden muß, damit es gleich verfügbar wie reines Wasser ist.

Weniger verfügbar als reines Wasser ist
– Wasser in wässrigen Lösungen (die Wassermoleküle sind z. T. in den Hydrathüllen um die gelösten Ionen oder Moleküle gebunden)
– in Quellkörpern gebundenes Wasser (die Wassermoleküle sind an polare Gruppen des Quellkörpers gebunden)
– Wasser in nicht wasserdampfgesättigten Gasräumen (in Räumen mit weniger als 100% relativer Luftfeuchtigkeit).

Da in allen diesen Fällen Energie zugeführt werden muß, um das Wasser auf das Potential Null zu bringen, ist das Potential von gebundenem Wasser immer kleiner als Null, also negativ.

Dagegen hat Wasser, das unter einem höheren Druck steht als 1 atm, ein positives Potential.

Wir wollen uns die Anwendung des Potentialbegriffs am Beispiel der Zustandsgleichung einer vakuolisierten Pflanzenzelle (vgl. Bd. I, Kap. VI) klar machen:

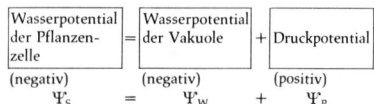

Als Potentialgleichung geschrieben wird daraus:

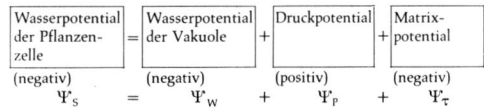

Meist wird in die Gleichung ein weiteres Glied, das «Matrixpotential» eingefügt, welches die Kapillar- und Adsorptionskräfte der Zellwand berücksichtigt:

Wasserpotential der Pflanzenzelle	=	Wasserpotential der Vakuole	+	Druckpotential	+	Matrixpotential
(negativ)		(negativ)		(positiv)		(negativ)
Ψ_S	=	Ψ_W	+	Ψ_P	+	Ψ_τ

Wasserpotentiale werden in Energieeinheiten angegeben (erg · g^{-1} oder erg · cm^{-3}). Sie sind über die Beziehung

$$10^6 \text{ erg} \cdot \text{cm}^{-3} = 1 \text{ bar} = 0{,}987 \text{ atm}$$

in Druckgrößen übertragbar.

Der Wasserhaushalt der höheren Pflanzen. Für die Wasserversorgung eines Ökosystems ist der Wasserhaushalt der höheren Pflanzen von

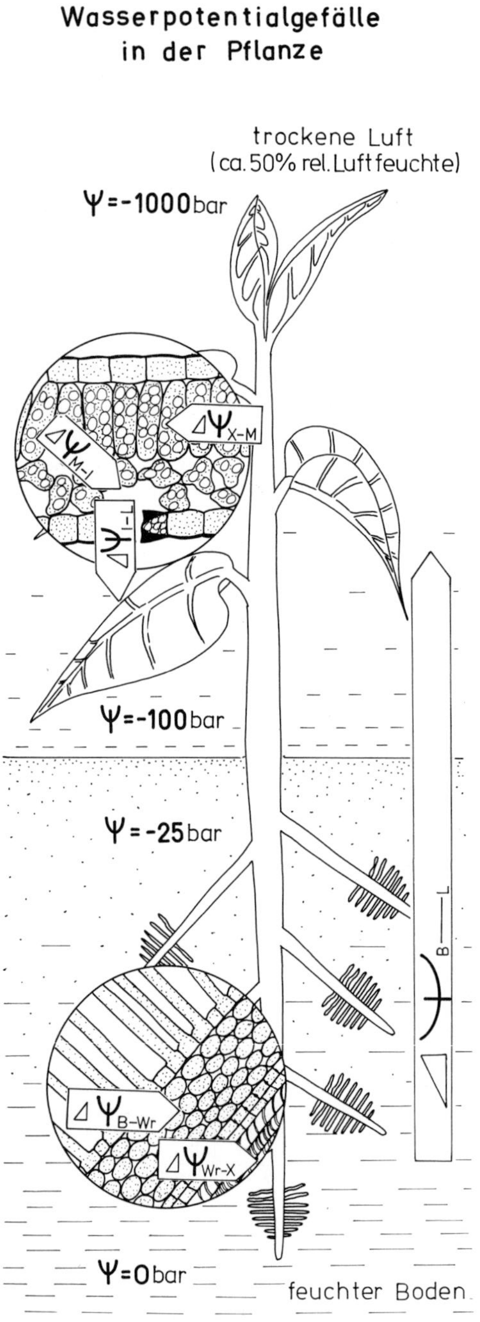

Wasserpotentialgefälle in der Pflanze

trockene Luft
(ca. 50% rel. Luftfeuchte)

$\Psi = -1000$ bar

$\Delta\Psi_{X-M}$
$\Delta\Psi_{M-I}$
$\Delta\Psi_{I-L}$

$\Psi = -100$ bar

$\Psi = -25$ bar

$\Delta\Psi_{B-Wr}$
$\Delta\Psi_{Wr-X}$

$\Psi = 0$ bar

feuchter Boden

Abb. VII, 9: Wasserpotentialgefälle Luft-Boden und Teilpotentiale in einer Gefäßpflanze (Daten aus Larcher, 1973).

entscheidender Bedeutung: Sie sorgen durch einen Transport des Wassers entgegen der Schwerkraft für eine Zirkulation und damit eine mehrfache Verfügbarkeit im System.
In Band I haben wir den Transport des Wasssers von den Wurzelhaaren bis zu den Spaltöffnungen der Blätter als einen Vorgang kennengelernt, für den neben aktiven Pumpmechanismen (in der Endodermis der Wurzel) vor allem die im Wasserdefizit begründete Verdunstungskraft der Atmosphäre verantwortlich ist. Das Wasserpotentialgefälle zwischen Boden und Luftraum beträgt meist mehr als 500 atm. In dieses hohe Potentialgefälle ist die Pflanze eingespannt. Die transportierte Wassermenge M ist der Potentialdifferenz $\Delta\varphi$ direkt, dem Leitungswiderstand R umgekehrt proportional:

$$M = \frac{\Delta\Psi}{R}$$

Die gesamte Potentialdifferenz läßt sich in einzelne Komponenten untergliedern (vgl. Abb. VII, 9):

$\Psi^*_{\text{Boden-Luft}} = \Psi^*_{\text{Boden-Wurzelrinde}} + \Psi^*_{\text{Wurzelrinde-Xylem}} + \Psi^*_{\text{Xylem-Blattmesophyll}}$

$+ \Psi^*_{\text{Blattmesophyll-Interzellularen}} + \Psi^*_{\text{Interzellularen-Luft}}$

Diese Teilpotentialdifferenzen sind in der Regel sehr unterschiedlich; die größte Potentialdifferenz liegt zwischen den Blattinterzellularen und der Außenluft. Soll eine ausgeglichene Wasserbilanz in der ganzen Pflanze herrschen, dann müssen die transportierten Wassermengen auf allen Teilstrecken gleichgroß sein:

$$M_{B-Wr} = M_{Wr-X} = M_{X-Bm} = M_{Bm-I} = M_{I-L}$$

oder

$$\frac{\Delta\Psi^*_{B-Wr}}{R_{B-Wr}} = \frac{\Delta\Psi^*_{Wr-X}}{R_{Wr-X}} = \frac{\Delta\Psi^*_{X-Bm}}{R_{X-Bm}} = \frac{\Delta\Psi^*_{Bm-I}}{R_{Bm-I}} = \frac{\Delta\Psi^*_{I-L}}{R_{I-L}}$$

Daraus folgt, daß der größte Leitungswiderstand ebenfalls zwischen Blattinterzellularen und Außenluft liegen muß. Gleichzeitig läßt sich hier durch Änderung der Widerstände der Wasserfluß am wirkungsvollsten regulieren.
Auch der Eingang an der Wurzeloberfläche ist für die ausgeglichene Wasserbilanz von großer Bedeutung. Der Leitungswiderstand läßt sich hier vor allem über die Größe der resorbierenden

Oberfläche regulieren, die Potentialdifferenz kann in gewissem Umfang über den osmotischen Wert von Wurzelhaarzellen und Wurzelrindenzellen verändert werden.

Xerophyten. Pflanzen besonders trockener Standorte müssen, um ihre Wasserbilanz ausgeglichen zu halten, die Wasserabgabe möglichst niedrig, die Wasseraufnahme möglichst hoch halten. Es gibt vier Möglichkeiten:
– Erhöhung von R_{I-L}
– Erniedrigung von M_{I-L}
– Erniedrigung von R_{B-Wr}
– Erhöhung von M_{B-Wr}

Alle diese Möglichkeiten sind – oft in Kombination – auf die unterschiedlichste Art und Weise verwirklicht. Einige der vielen Spezialanpassungen von Xerophyten werden wir in D 5 kennenlernen (Abb. VII, 18, 19).

Hygrophyten. Naturgemäß haben Pflanzen sehr feuchter Standorte hinsichtlich ihres Wasserhaushaltes genau die entgegengesetzten Probleme wie die Xerophyten, wenn man von den «Mesophyten», den Pflanzen mittelfeuchter Standorte als Norm ausgeht. Ein Zuviel an Wasser ist allerdings für die Pflanzen meist nicht so lebensbedrohend wie ein Zuwenig.

Die besonderen Anpassungen dieser Pflanzengruppe laufen auf eine Erhöhung der Wasserabgabe (Verminderung von R_{I-L}) und eine Verminderung der Wasseraufnahme (Erhöhung von R_{B-Wr}) hinaus. Eine Folge des hohen Wassergehaltes im Boden ist oft eine schlechte Bodendurchlüftung und damit Sauerstoffmangel. Viele Sumpfpflanzen besitzen für ihre unterirdischen Teile deshalb spezielle Belüftungsgewebe (Aerenchyme).

Hydrophyten. Die typischen Anpassungen der Landkormophyten sind bei den sekundär ins Wasser zurückgekehrten Sproßpflanzen mehr oder weniger stark zurückgebildet (Kutikula, Spaltöffnungen, Leitgewebesysteme reduziert). Dafür treten eine Reihe neuer Spezialanpassungen auf (Luftkanalsystem, Hydathoden, Bandblättrigkeit, Schlitzblättrigkeit als Anpassung an Turbulenzen bzw. gerichtete Strömung usw.).

d) Bodenfaktoren (chemische Faktoren, edaphische Faktoren)

Boden ist die oberste, unter dem Einfluß von Klima und Lebewesen veränderte Schicht der Erdkruste (H. Walter).

Bodenbildung. Für die Bodenbildung sind die Prozesse physikalischer und chemischer Verwitterung des Ausgangsgesteins sowie der Abbau organischer Abfälle (Humusbildung) eines bestimmten Standortes verantwortlich. Unter dem Einfluß eines bestimmten Klimas entstehen bei gegebenem Gesteinsuntergrund ganz spezifische Bodentypen. Ähnlich wie die Vegetationszonen korrespondieren deshalb auch bestimmte Bodentypen mit den verschiedenen Klimazonen der Erde.

Durch physikalische und chemische Gesteinsverwitterung entstehen Tonminerale (z. B. Montmorillonit). Sie bestehen aus kleinen, an ihrer Oberfläche etwas negativ aufgeladenen Plättchen (Durchmesser 500 nm, Abstand 1,3 nm). Solche Quellkörper können nicht nur Wassermoleküle anlagern, sondern auch Kationen adsorptiv binden. Besonders die Absättigung mit Ca^{++}-Ionen führt zu einer für die Durchlüftung und den Wasserhaushalt des Bodens sehr günstigen Krümelstruktur der Tonminerale. Bei sehr saurer Bodenreaktion sind die Tonminerale nicht beständig. Sie zerfallen in Sesquioxide (Fe_2O_3, Al_2O_3) und Quarz (SiO_2). Im humiden Klima werden die Sesquioxide ausgewaschen und es bleibt der extrem nährstoffarme Quarz als «Bleicherde» zurück.

Neben den Tonmineralien kommt den Humusstoffen als Abbauprodukten der organischen Abfälle eine wichtige Rolle zu. Besonders günstig für den Nährsalz- und Wasserhaushalt des Bodens ist der «milde Humus», der bei Gegenwart von $CaCO_3$ aus Rohhumus entsteht. Er ist kennzeichnend für die äußerst fruchtbaren Schwarzerdeböden. Die im milden Humus enthaltenen Huminsäuren besitzen, wie die Tonminerale, Plättchenstruktur und bilden mit diesen die sehr quellungsfähigen Ton-Humus-Komplexe.

Zur näheren Kennzeichnung eines Bodens dient das Bodenprofil. Nach dem Aussehen und der Zusammensetzung unterscheidet man verschiedene Schichten (Bodenhorizonte), deren Abfolge für jeden Bodentyp charakteristisch ist.

Der Boden stellt das Mineralsalzreservoir der Pflanzen dar. Insbesondere Stickstoff, Phosphor und Schwefel, aber auch Calcium, Kalium, Eisen, Magnesium und alle Spurenelemente werden von den höheren Pflanzen ausschließlich über die Wurzeln aus dem Boden aufgenommen. Beim Abbau der organischen Abfallstoffe durch die Bodenorganismen (Destruenten s. u.) werden diese Elemente als Nitrate, Phosphate, Sulfate

268 VII Ökologie

und Metallkationen freigesetzt und dem Boden laufend zugeführt.

Der Stoffumsatz im Boden ist vom Klima und von der Durchlüftung abhängig. Je rascher und vollständiger die Zersetzer arbeiten, desto geringer ist die Humusbildung, desto größer aber meist die Produktivität des Ökosystems. Im hochprodukten tropischen Regenwald werden alle organischen Abfälle sehr rasch bis zur CO_2-Stufe abgebaut, die Humusschicht ist deshalb dünn. In den polaren Tundren geht der Abbau langsam voran, entsprechend können mehrere Meter dicke Humusschichten abgelagert werden. Bei ganz schlechter Zersetzung des organischen Materials (etwa durch Wassereinfluß) spricht man von Torfbildung.

Neben dem Wassergehalt des Bodens wirkt sich vor allem der Nitratgehalt, der Kalkgehalt und der Gehalt an leichtlöslichen Salzen auf die Vegetation eines Standorts aus.

Nitratzeiger sind z. B. Wiesenkerbel, Große Brennessel und Bärenklau. Ausgesprochene «Kalkpflanzen»[1] sind Nieswurz, Sichelmöhre und Goldaster. Für die meisten Pflanzen sind leichtlösliche Chloride und Sulfate giftig. Die wenigen Spezialisten, die auf Salzböden gedeihen, nennt man Halophyten.

e) Mechanische Faktoren

Auf die Bedeutung der mechanischen Standortsfaktoren kann hier nur ganz kurz und zusammenfassend eingegangen werden. Der Wind wirkt einmal über eine hohe Evaporation (Verdunstungskraft der Atmosphäre), zum anderen über direkte mechanische Beschädigung auf die Vegetation ein. Es kann zur Ausbildung von Windfahnenwuchs und Windschur kommen. Die Wirkung des Windes kann noch verstärkt werden durch Eiskristalle oder Sand, an den Meeresküsten auch durch Salzwassertröpfchen (Aerosol).

Für die Waldverjüngung in den borealen Nadelwaldzonen spielt der Windbruch eine entscheidende Rolle. Die Dynamik der Dünenbildung an den Küsten und im Binnenlande und die Entwicklung der Dünenvegetation ist ebenfalls abhängig von gleichmäßig einwirkendem Wind.

Auch das Feuer[1] beeinflußt die Vegetationsentwicklung. Die ausgedehnten Steppengebiete Afrikas, Asiens und Nordamerikas (semiaride Grasländer) sind – zumindestens teilweise – feuerbedingt: nur durch regelmäßiges Abbrennen wird eine Streuanhäufung vermieden, die zur Behinderung des Graswuchses führen würde. Pyrophyten (v. a. Australien) besitzen verholzte Früchte, die sich nur nach Einwirkung von Feuer öffnen. Sie sind also auf regelmäßige Brände angewiesen.

In den Gebirgen und in den kalten Zonen der Erde wird der Schnee zu einem wichtigen mechanischen Standortfaktor. Die Musterbildung der Wälder an steilen Berghängen der Hochgebirge wird stark von den Lawinenbahnen geprägt.

4 Das Wirkungsgefüge der Ökosysteme

Eine gegebene Kombination von abiotischen Standortfaktoren führt zu einer Besiedelung dieses Standorts durch eine ganz bestimmte Organismengemeinschaft. Wie alle Lebensprozesse ist auch dieser Prozeß nicht voll deterministisch. Die Entwicklung einer Lebensgemeinschaft an einem definierten Standort ist ein sehr komplexer Vorgang, insbesondere deshalb, weil die besiedelnden Organismen sofort auf die Standortfaktoren, auf die Bodenbildung, den Wasserhaushalt, die Strahlungsintensität, das Mikroklima, usw. zurückwirken. Zufallsereignisse können hierbei für die weitere Entwicklung die Weichen stellen.

Wie jeder Organismus, so ist auch jedes Ökosystem ein «offenes System», das nur dadurch in einem Gleichgewichtszustand bleibt, daß sich zwischen der Umgebung und dem System eine ausgeglichene Stoff- und Energiebilanz einstellt. Die Wechselwirkungen innerhalb eines Ökosystems sind individuell sehr verschieden, sie lassen sich aber doch in ein gemeinsames Grundschema ordnen:

a) Der Grundbauplan eines Ökosystems
(Abb. VII, 10)

Mengenmäßig überwiegen in allen Ökosystemen die grünen Pflanzen, die Primärproduzenten. Sie allein können die Sonnenenergie binden,

---

[1] Entscheidend ist hierbei allerdings nicht der Ca-Gehalt sondern die Bodenreaktion: Als Salz einer starken Base und einer schwachen Säure reagiert $CaCO_3$ schwach alkalisch.

---

[1] Obwohl eigentlich kein mechanischer Faktor, wird Feuer wegen der physischen Zerstörung, die es bewirkt i. a. hierher gerechnet.

Stoffkreisläufe im Ökosystem

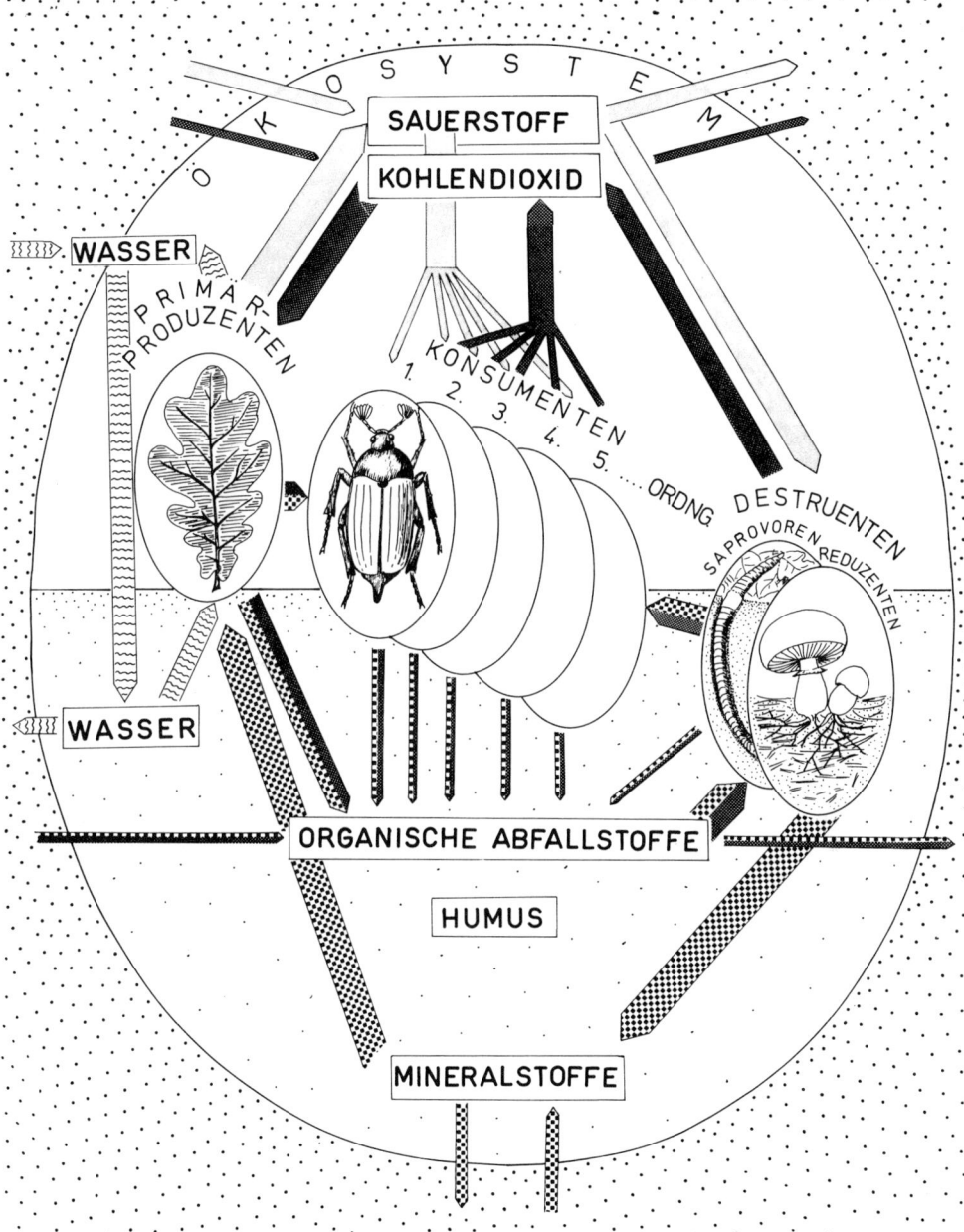

Abb. VII, 10: Stoffkreisläufe im Ökosystem. Stark vereinfachter Überblick.
Wasser: Wellenraster (in der Darstellung wird vernachlässigt, daß auch die Konsumenten und Destruenten in den Wasserkreislauf mit eingeschlossen sind, da ihr Anteil an der gesamten umgesetzten Wassermenge äußerst gering ist). Kohlenstoff: dunkles Raster, Sauerstoff: hellgraues Raster, Mineralstoffe: Punkteraster. Alle Pfeile, die zu «Organischen Abfallstoffen» führen, sind mit Doppelraster (Kohlenstoff und Mineralstoffe) gekennzeichnet. Beim mikrobiellen Abbau werden diese beiden Komponenten wieder freigesetzt.

weshalb man sie auch «Energie-Autotrophe» nennt. Sie stellen die Energiequelle für die Konsumenten erster Ordnung, die Pflanzenfresser und Pflanzenparasiten dar. Der Stoff- und Energiefluß geht dann mit der Nahrungskette weiter zu den Fleischfressern und Tierparasiten, den Konsumenten zweiter und höherer Ordnung. Organische Abfallstoffe, wie abgestorbene Pflanzenteile, Kot und Tierleichen werden von einer dritten Organismengruppe, den Destruenten (Zersetzern) ausgenutzt und zu anorganischen Stoffen abgebaut, die den Primärproduzenten wieder als Ausgangsstoffe dienen können. Die Destruenten kann man noch unterteilen in Saprovoren (Streufresser), zu denen etwa der Regenwurm, viele Bodeninsekten und Aasfresser zu zählen wären, und mikrobielle Zersetzer, die sogenannten Reduzenten.

Dieses Einteilungsschema der Organismen eines Ökosystems nach ihren trophischen Beziehungen ist natürlich sehr schematisch. Viele Arten sind omnivor und deshalb sowohl Konsumenten erster und zweiter Ordnung als auch Saprovoren (z. B. der Mensch, der Dachs). Andere Konsumenten leben vor allem von Saprovoren und sind damit an das Detritus-System angeschlossen.

Insgesamt sind die Nahrungsbeziehungen in einer solchen Lebensgemeinschaft sehr kompliziert. Man kann versuchen, sie in einem Nahrungsnetz darzustellen, für die meisten Ökosysteme ist unsere Kenntnis jedoch noch zu gering, um ein vollständiges Nahrungsnetz darstellen zu können. Andererseits kann man sehr wohl für viele Ökosysteme quantitative Aussagen machen, da die Hauptstoffmengen oft über relativ einfache Netze laufen. Bedeutungsvoll werden andere, weniger benutzte «Nebenstraßen» erst dann, wenn ein Glied durch irgendwelche Einflüsse plötzlich ausfällt.

Aus jedem Nahrungsnetz lassen sich einzelne Ketten herausgreifen. An solchen einfachen Teilsystemen kann man quantitative Beziehungen studieren und exemplarisch darstellen, wie Räuber und Beutepopulationen sich gegenseitig regulieren (Volterra'sche Modelle, 1931, vgl. z. B. Stugren, 1978).

Von den unbelebten Bestandteilen des Ökosystems sind im Gasraum vor allem Sauerstoff und Kohlendioxid zu nennen, der mengenmäßig vorherrschende Stickstoff wird nur zu einem geringen Teil umgesetzt. Der Boden beherbergt die organischen Abfallstoffe, die daraus entstehenden Humusstoffe und schließlich die Mineralstoffe. Hinzu kommt als wichtiger Bestandteil des Bodens und der Luft das Wasser.

b) Stoffkreisläufe

Belebte und unbelebte Komponenten eines Ökosystems und ihre Wechselwirkungen sind in Abb. VII, 10 dargestellt. Aus dem Schema lassen sich zum Beispiel folgende *Stoffkreisläufe* erkennen:

Kohlenstoff und Sauerstoff. (1) Kleiner Kreislauf zwischen Primärproduzenten und Konsumenten. (2) Größerer Kreislauf über organische Abfallstoffe und Destruenten.

Mineralstoffe. (Vor allem Stickstoff-, Phosphor-, Schwefel-, Calcium-, Kalium-, Magnesium-, Eisenverbindungen).

Unter den Mineralstoffen nimmt der meist als Nitrat aus dem Boden aufgenommene Stickstoff eine Sonderstellung ein. Er steht mengenmäßig an erster Stelle und stellt deshalb häufig einen Mangelfaktor dar. Außerdem unterscheidet sich der N-Kreislauf von dem anderer Mineralstoffe dadurch, daß ein riesiges N-Reservoir in der Atmosphäre vorhanden ist. Allerdings sind die atmosphärischen N_2-Moleküle nur für einige Prokaryonten (Bakterien, Blaualgen) zugänglich, die zudem für diese Stickstoffassimilation sehr große Energiemengen verbrauchen. Am wirkungsvollsten gelingt die Bindung atmosphärischen Stickstoffs deshalb in Symbiosen von höheren Pflanzen und Bakterien oder Blaualgen. So vermag ein Leguminosenbestand (Hülsenfrüchtler wie Lupinen, Klee, Bohnen, Erbsen) mit Hilfe seiner symbiontischen Knöllchenbakterien jährlich bis zu 200 kg N/ha zu binden.

Wasser. Durch die pflanzliche Transpiration wird das Niederschlagswasser teilweise wieder der Atmosphäre zugeführt. So wirkt der Pflanzenbestand eines Standortes stark auf dessen Feuchtigkeit zurück.

c) Energiefluß

Der Energieumsatz im Ökosystem beginnt mit der Photosynthese der Primärproduzenten. Von der auf die Erdoberfläche eingestrahlten Sonnenenergie wird allerdings nur ein sehr kleiner Teil von den Primärproduzenten photosynthetisch genutzt.

Die Gesamtmenge der in einem bestimmten

Zeitraum gebildeten organischen Substanz, die einer bestimmten chemischen Energie entspricht, nennt man Bruttoprimärproduktion (BPP).

Da der von den Primärproduzenten gleich wieder veratmete Anteil der BPP nicht zu ermitteln ist, lassen sich über ihre Größe nur ungenaue Angaben machen. Nur der über den Atmungsverbrauch der Primärproduzenten hinausgehende Anteil der Produktion kann als Nettoprimärproduktion (NPP) erfaßt werden (Abb. VII, 11).

Die NPP eines bestimmten Ökosystems ist als die Energie-Eingangsgröße für seine Lebensgemeinschaft von besonderem Interesse. Höchstwerte finden sich in Gebieten mit hohen, jahreszeitlich ziemlich gleichmäßig verteilten Niederschlägen und hoher Sonneneinstrahlung (äquatoriales Zonobiom: Regenwaldgebiete). Die niedrigsten Werte treten dort auf, wo ein Standortfaktor einen Minimalwert erreicht (Trockenwüsten, Polare Zonen, Nivalregionen der Gebirge).

Über die verschiedenen Stufen der Konsumenten und Destruenten nimmt die verfügbare Energie (und die verfügbare Biomasse) drastisch ab. Je nachdem, wieviel Energie auf einer Stufe in biologische Arbeit umgesetzt wird (z. B. verbrauchen Vögel und Säuger, aber auch viele Insekten sehr viel Atmungsenergie) nimmt die Energie auf einer trophischen Stufe auf 1/20–1/100 (Nutzung durch homoiotherme Tiere) oder 1/3–1/100 (poikilotherme Tiere) ab.

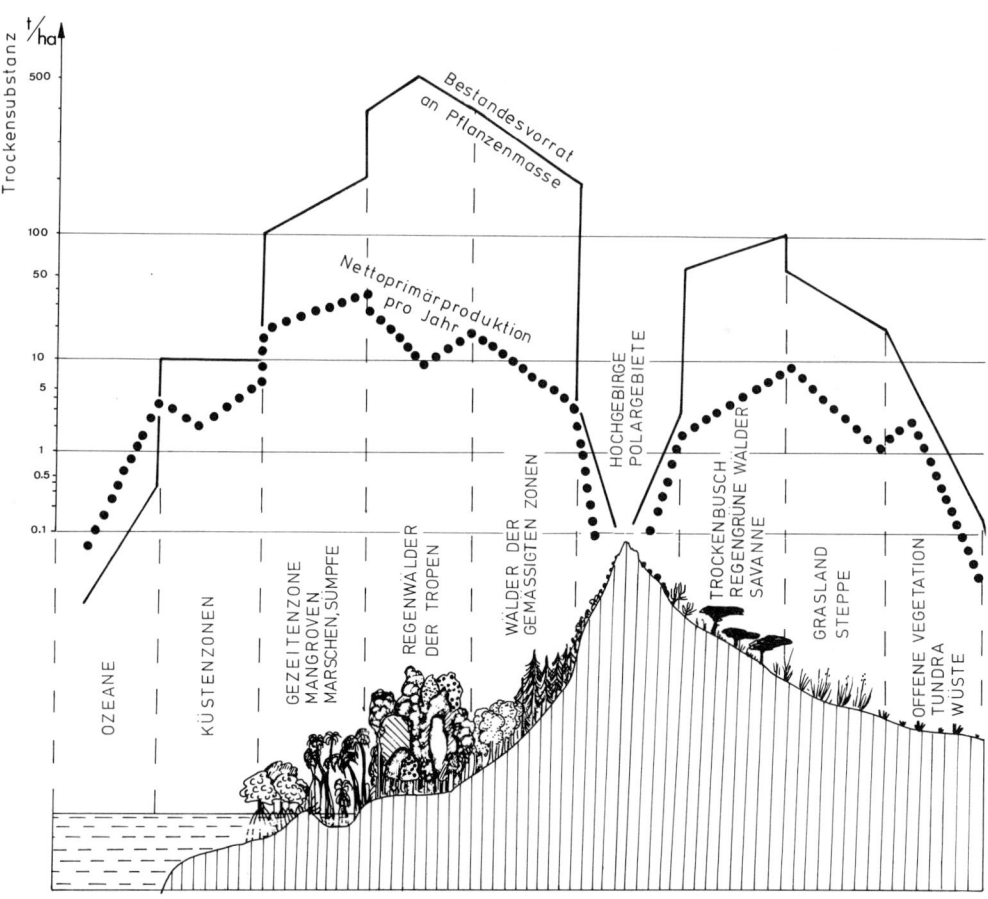

Abb. VII, 11: Biomasse und Bruttoprimärproduktion verschiedener Ökosysteme der Erde (nach Daten von Whittaker, Bazilevich, Rodin, Lieth aus Larcher).

d) Natürliche Ökosysteme

Natürliche Ökosysteme haben sich in erdgeschichtlichen Zeiträumen, im Laufe von Jahrmillionen oder wenigstens Jahrhunderttausenden, entwickelt. Sie sind Produkte eines großangelegten Naturexperiments, bei dem sich durch stetiges «Ausprobieren» schließlich die Organismengemeinschaft an einem bestimmten Standort zusammengefunden hat, die das stabilste System bildet. Dabei wurde nicht nur vorhandenes Material eingebaut, die Arten haben sich während diesem Vorgang auch evolutiv verändert, aneinander «angepaßt».

Ein solches Endsystem nennt man auch eine «Klimaxgesellschaft». Auch die Unveränderlichkeit solcher Klimaxsysteme ist natürlich nur relativ. Die gegenseitige evolutive Anpassung der Populationen eines Ökosystems geht immer weiter und betrachtet man lange Zeiträume, so gibt es kein «Endsystem».

Bei der Entwicklung zur Klimaxgesellschaft kann man in aller Regel eine Zunahme der Komplexität des Systems sowie eine Zunahme der Gesamtbiomasse und des Stoffumsatzes und Energieflusses feststellen.

Natürliche Ökosysteme befinden sich immer in einem dynamischen Gleichgewichtszustand: Im zeitlichen und räumlichen Mittel werden gleiche Mengen an anorganischen Stoffen assimiliert und mineralisiert. Auch bei sehr hoher Primärproduktion weisen solche Systeme insgesamt keinen Zuwachs an Biomasse auf.

5 Mensch und Umwelt

a) Sonderstellung des Menschen

Mit der Erfindung des Ackerbaus und der Tierzucht begann der Mensch vor gut 10 000 Jahren, aktiv in das ökologische Gefüge seiner Umgebung einzugreifen und natürliche Ökosysteme zu verändern und zu vernichten.

Die Art Homo sapiens begnügte sich nicht länger mit dem kleinen Energieanteil, der ihr als Glied in der Nahrungskette eines natürlichen Ökosystems zugestanden hatte, sie begann, ihr eigenes und bald auch andere, vorher vom Menschen völlig unberührte Ökosysteme systematisch auszubeuten und zu zerstören.

Die gezielte Einrichtung von Produktions-Ökosystemen einerseits und die meist unbeabsichtigte ökologische Auswirkung von Eingriffen, die vor allem in der hohen und zur Konzentration neigenden Bevölkerungsdichte ihre Ursache haben, verändern zunehmend die natürlichen Ökosysteme und damit die gesamte Biosphäre.

b) Nutz – Ökosysteme

Ziel der landwirtschaftlichen und forstlichen Nutzung ist es, einen möglichst hohen Zuwachs an Biomasse zu erzielen, der dann dem Produktionsort entzogen wird. Diese großen Mengen organischer Stoffe werden in den Zentren menschlicher Siedlung «verbraucht», ihre Reste und Abbauprodukte zu einem großen Teil als «Abfall» über die Fließgewässer dem Meer zugeleitet. Ein weiterer Teil wird in Deponien gelagert, wo er dem Stoffkreislauf, – ähnlich wie die natürlichen Sedimente – ebenso verloren geht. Nur zu einem geringen Teil, etwa über die Jauche-Düngung und die Klärschlamm-Verwertung, werden diese Stoffe den Ökosystemen wieder zugeführt.

Dafür werden den Nutz-Ökosystemen in steigendem Maße Mineraldünger aus geologischen Sedimenten und aus industrieller Luftstickstoffbindung zugeführt. Mineralische Dünger, vor allem Phosphate und Nitrate, halten sich nur relativ schlecht im Boden, sie werden sehr leicht ausgewaschen. Die künstliche Düngung terrestrischer Nutz-Ökosysteme führt deshalb zu einer starken Nährstoffzufuhr der Gewässer und zur Gewässereutrophierung (s. u.).

Produktions-Ökosysteme sind in ihrer Artenzusammensetzung stark vereinfacht gegenüber natürlichen Biogeozönosen. Meistens handelt es sich um Monokulturen. Solche Systeme sind nicht zur Selbstregulation in der Lage. Ihre Erhaltung ist nur durch ständigen Energie- (bzw. Arbeits-)aufwand möglich. Besonders gefährdet sind solche Monokulturen durch das Überhandnehmen besonderer «Unkräuter» sowie bakterieller, pilzlicher oder tierischer Schädlinge. Hiergegen werden Schädlingsbekämpfungsmittel eingesetzt. Häufig handelt es sich bei diesen Mitteln um schwer abbaubare, aromatische Verbindungen (DDT, Aldrin, Dieldrin, Endrin, Heptachlor usw.), die sich über Nahrungsketten in den Endgliedern anreichern und dann auch für Warmblüter schädliche Konzentrationen erreichen können.

Da auch der Mensch häufig am Ende einer mehrstufigen Nahrungskette steht, kann es auch hier

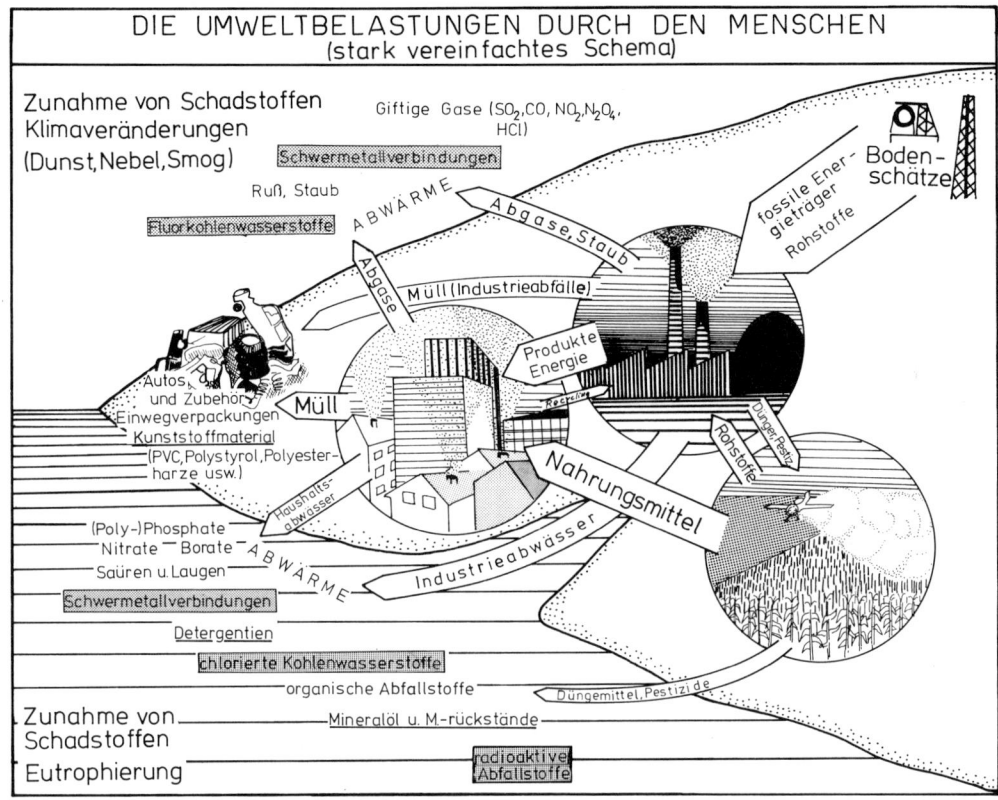

Abb. VII, 12: Die Umweltbelastung durch den Menschen.
In den Kreisen sind die Hauptausgangspunkte für Verunreinigungen und Belastungen dargestellt: Wohnsiedlungen und Städte, Industrie und Landwirtschaft. Gerastert: Langlebige Abfallstoffe, die nur sehr langsam abgebaut werden und sich deshalb in den Nahrungsketten anreichern können.

im Fettgewebe zu gefährlichen Anreicherungen chlorierter Kohlenwasserstoffe kommen (Durchschnittlicher DDT-Gehalt des Fettgewebes in USA: 12 ppm, in Neu Dehli 26 ppm, Unbedenklichkeitsgrenze ca. 3 ppm, nach Randers aus Meadows, 1974). Besonders gefährlich an solchen schwer abbaubaren Giften ist die Tatsache, daß auch nach einem vollständigen Anwendungsstopp der Prozeß der Anreicherung in Nahrungsketten-Endgliedern noch jahrzehntelang weiterläuft.

Eine weitere Gefahr durch Nutz-Ökosysteme ist die verstärkte Bodenvernichtung durch Wasser- und Winderosion.

c) Schädliche Abfallstoffe

Neben der Einleitung von Haushaltsabwässern in die Fließgewässer und Seen ist vor allem die Einleitung von Industrieabwässern zu einem großen Problem geworden. Ebenso gefährlich sind staub- und gasförmige Emissionen in die Atmosphäre, insbesondere Autoabgase sowie Rückstände von der privaten und industriellen Verbrennung von Öl, Kohle und Erdgas.

Energieerzeugung ist immer mit Umweltverschmutzung verbunden, besonders die Gase CO, CO_2 und SO_2 sowie feste Staub- und Rußteilchen können sich in den Bevölkerungs- und Industriezentren stark anreichern.

Besonders gefährlich sind auch hier wieder die Schadstoffe, die nur sehr langsam oder gar nicht abgebaut werden können, wie zum Beispiel Schwermetalle oder radioaktive Rückstände.

Quecksilber ist in Öl (1 ppm) und Kohle (2 ppm) enthalten. Auch beim Brennen von Kalk zur Zementherstellung wird Hg freigesetzt. Das Problem der Quecksilberversuchung hat besonders in Japan schon zu sehr ernsten Folgen geführt.

Eine Reihe von Herbiciden (Unkrautbekämpfungsmittel) enthalten organische Quecksilberverbindungen, die besonders giftig sind. Auch in der Papierindustrie, der Farbenindustrie und bei der Herstellung von Arzneimitteln werden Hg-Verbindungen verwendet.

Ein anderes gefährliches Schwermetall, das Blei, ist als Bleiteraäthyl im Benzin enthalten (Antiklopfmittel). Durch den schadhaften Filter eines Bleiverhüttungswerkes an der Unterweser bei Nordenham kam es 1972 zu einer so starken Anreicherung des Schwermetalls auf den umliegenden Viehweiden, daß zahlreiche Kühe an Bleivergiftung zugrunde gingen.

Auf ähnlichem Wege gelangte 1976 bei der norditalienischen Stadt Seveso aus einer Fabrik, die das Konservierungs- und Desinfektionsmittel Trichlorphenol herstellte, ein hochgiftiges Zwischenprodukt in die Luft und führte zu einer totalen Vergiftung der Umgebung. Die Bevölkerung mußte evakuiert werden.

In den letzten Jahren hat die Herstellung von Kunststoffen enorm zugenommen. Im Gegensatz zu Naturstoffen sind diese Kunststoffe durch Reduzenten kaum abbaubar. Einmal verbraucht sind diese Stoffe nicht wieder zu verwenden.

Moderne Waschmittel, die heute dank intensivster Werbekampagnen selbst in den Slums der «Dritten Welt» verwendet werden, garantieren zwar eine gute Reinigung der Wäsche. Da sie zu 40–50% aus (Poly-)Phosphaten bestehen, sind sie jedoch eine der Hauptursachen für die Gewässereutrophierung.

Der vorauszusehende Mangel an fossilen Energieträgern führte in den letzten Jahren zu einem vermehrten Bau von Kernkraftwerken. Sieht man einmal von den Unfallrisiken ab, so droht hier vor allem durch die großen Mengen anfallender radioaktiver Abfallstoffe Gefahr.

Diese wenigen Beispiele, die hier ganz knapp skizziert wurden (vgl. auch Abb. VII, 12), mögen genügen. Von der ins Riesenhafte angewachsenen Menschenpopulation der Erde gehen heute Einflüsse aus, die die Biosphäre insgesamt verändern und die Lebensbedingungen verschlechtern. Das wichtigste Ziel der Menscheit muß es sein, diese Entwicklung zu beenden.

D Experimente und Beobachtungen

ERSTE VERSUCHSGRUPPE

Vegetationsanalyse

Die Primärproduzenten, die grünen Pflanzen, sind für die Charakterisierung eines Ökosystems besonders wichtig. Vegetationsbeschreibung und Vegetationsanalyse sind deshalb wichtige Voraussetzungen für die Ökosystemforschung.

Die Zahl der möglichen Untersuchungen, der unterschiedlichen Fragestellungen und der methodischen Ansätze zu diesem Themenbereich ist sehr groß. Ausführlichere Anleitungen und Anregungen finden sich z. B. bei Reichelt und Wilmanns (1973).

Wir wollen uns hier auf die Untersuchung von drei Problemkreisen beschränken:

(1) Die ökologische Anpassung der Pflanzen an ihren Lebensraum kommt in ihrer «Lebensform» zum Ausdruck. Der Vergleich des «Lebensformspektrums» zweier unterschiedlicher Vegetationstypen soll in die Vegetationskunde einführen.

(2) Die Abhängigkeit einzelner Pflanzenarten und damit auch der floristischen Zusammensetzung der Vegetation wird besonders deutlich, wenn man die Vegetationszonierung entlang eines linearen Umweltgradienten verfolgt. Bei der Aufnahme eines solchen Vegetationstransekts wird deutlich, daß die Arten bestimmte, mehr oder weniger enge «Optimalbereiche» besitzen und daß es «Zeigerarten» für bestimmte Umweltfaktoren gibt.

(3) Die Vegetation besteht aus «Pflanzengemeinschaften» oder «Pflanzengesellschaften». In einem ökologisch mehr oder weniger uneinheitlichen Gebiet wollen wir die Vergesellschaftung von Artenpaaren mit statistischen Methoden untersuchen.

1 Vergleich des Lebensformspektrums zweier Pflanzengemeinschaften

Untersuchungsgebiete (Vorschlag):

(1) Krautschicht eines Laubwaldes (gut geeignet z. B. Wald einer feuchten Niederung: Erlen-Eschenwald, lichter Buchenhochwald mit reichlichem Unterwuchs)
(2) Unkrautvegetation (verunkrautetes Gartenland, Acker, Ruderalstelle, frisch aufgeschüttetes Gelände)

Material und Geräte:

Bandmaß (mindestens 10 m) oder im Meterabstand markierte Wäscheleine
Millimeterpapier (Block)
Notizbuch, Schreibzeug, Schreibunterlage
Bestimmungsflora, in der Lebensformen angegeben werden (z. B. Oberndorfer, Rothmaler, Garcke, Schmeil-Fitschen)

Nach ihrer Wuchsform und ihrem Lebenszyklus können die Pflanzen bestimmten «Lebensformen» zugeordnet werden (vgl. VII, C 3 a, Abb. VII, 6). Diese Lebensformen sind eng korreliert mit Umweltfaktoren, besonders mit klimatischen Faktoren. So überwiegen in den Tropen die Phanerophyten, in den gemäßigten Zonen und den polaren Zonen überwiegen die Hemikryptophyten und in den subtropischen Wüsten und Halbwüstengebieten die Therophyten (vgl. Tab. VII, 3).

Ähnliche charakteristische Unterschiede ergeben sich für die verschiedenen Biotope eines Klimabereichs (z. B. Wald, Mähwiese, Ruderalstelle, Heide, Dünen).

Dagegen sind die Lebensformen von der systematischen Zugehörigkeit der Pflanzen weitgehend unabhängig, vielfach haben sich unter dem Druck derselben Umwelt in ganz verschiedenen Verwandtschaftskreisen dieselben Pflanzengestalten herausgebildet.

Um ein Lebensformspektrum für einen bestimmten Vegetationstyp zu erhalten, kann man feststellen, wieviele Pflanzenarten auf die einzelnen Lebensformen entfallen. Ein Bild von der wirklich vorherrschenden Wuchsform erhält man dadurch allerdings nicht, weil die Mengenverhältnisse der einzelnen Arten nicht berücksichtigt werden. Wir wollen deshalb bei unserem «Biospektrum» auch die geschätzten Deckungsgrade der einzelnen Arten mitberücksichtigen: Wir stecken in dem zu untersuchenden Gebiet ein Quadrat geeigneter Größe (vgl. Tab. VII, 4) ab und notieren alle vorkommenden Arten mit ihrem geschätzten Deckungsgrad[1] (die Werte

Tabelle VII, 3: Klimazonen und Lebensformen (nach H. Walter) (Zahlen: Anteil an der Gesamtflora in %).

	Phanerophyten	Chaemoplyten	Hemikryptophyten	Kryptoplyten	Theroplyten
Tropische Zone (Seychellen)	61	6	12	5	16
Wüstenzone (Lybische Wüste)	12	21	20	5	42
(Zyrenaika)	9	14	19	8	50
Mediterrane Zone (Italien)	12	6	29	11	42
Gemäßigte Zone (Pariser Becken)	8	6,5	51,5	25	9
(Schweizer Mittelland)	10	5	50	15	20
(Dänemark)					
Arktische Zone (Spitzbergen)	1	22	60	15	2
Nivale Stufe (Alpen)	–	24,5	68	4	3,5

Tabelle VII, 4: Größe der Probeflächen für pflanzensoziologische Vegetationsaufnahmen (nach Reichelt und Wilmanns).

Gemeinschaft	Größe der Probefläche (in m²)
Flechtengemeinschaften	0,1– 1
Moosgemeinschaften	0,5– 4
Felsspaltengemeinschaften	0,5– 5
Dauerweiden	5– 10
Wiesen (Mähwiesen)	10– 25
Heiden	10– 25
Ruderalgesellschaften	10– 50
Ackerunkrautgesellschaften	20– 80
Trockenrasen	50– 70
Schlaggesellschaften	50–100
Krautschicht in Wäldern	50–200
Wälder der gemäßigten Zone (mit Baumschicht)	100–500

---

[1] Deckungsgrad: Anteil der Probefläche, der bei senkrechter Projektion von einer Art bedeckt wird.

werden auf 5% auf- oder abgerundet, einzeln vorkommende Arten mit weniger als 2,5% Deckung werden nicht berücksichtigt).

Wir versuchen dann, die verschiedenen vorkommenden Arten bestimmten Lebensformen zuzuordnen. Besonders gut geht dies im Frühjahr, wenn die Erneuerungsknospen gerade austreiben. Oft sind zu diesem Zeitpunkt auch noch die abgestorbenen Schäfte des Vorjahres zu sehen (z. B. bei Großer Brennessel, Rainfarn, Beifuß). Allerdings ist es um diese Zeit nicht immer leicht, die noch blütenlosen Pflanzen sicher zu bestimmen.

Es ist sehr vorteilhaft, wenn der Praktikumsleiter schon im Vorjahre ein Vergleichsherbar anlegt und sich einen Überblick über die vorkommenden Arten verschafft. Die Herbarbelege können in Klarsichthüllen in einem Aktenordner ins Gelände mitgenommen werden. In einer Bestimmungsflora wird die Zuordnung zu einer bestimmten Lebensform für jede Art überprüft.

Die Arten werden mit ihren Deckungsgraden nach Lebensformen geordnet in eine vorbereitete Tabelle eingetragen. Um ein repräsentatives Spektrum zu bekommen, sollten mehrere Aufnahmen (am besten von parallel arbeitenden Gruppen) an verschiedenen typischen Stellen durchgeführt werden. Anschließend werden die ermittelten Deckungsgrade für jeweils eine Lebensform aus allen Aufnahmen zusammengezählt und durch die Zahl der Aufnahmen dividiert (vgl. Tab. VII, 5).

Tabelle VII, 5: Atriplicetum littoralis Tüxen 1937 (Strandmeldengesellschaft) – Ermittlung der mittleren Gruppenmenge aus den Deckungsgraden von 14 Einzelaufnahmen (in %), (vgl. Abb. VII, 13)

Tabellen-Nr.	1	2	3	4	5	6	7	8	9	10	11	12	13	14	Summe TH	G	H
Arten																	
Kennarten																	
(TH) Matricaria inodora var. salina	5	5	75	4	7	10		6	15	15	3	5	10	2 10	172		
(TH) Salsola kali ssp. kali	+	+		1	2	1	1	+	+	5	5	3	30	10	58		
(TH) Atriplex hastata var. salina	30	40		55		+	10	5		2	55	30	30	r r	257		
(TH) Atriplex littoralis	10	5	1		1	35	45	15	10	1	10	20	5		158		
(TH) Cakile maritima	2	5	+		35	15	20	20	60	5	3	2			167		
Übrige:																	
(H) Rumex crispus		+	1	1	3	+	+	+	+	1	r		2	1			9
(G) Elymus arenarius			+		+	+	1	+	r	+	+		+	1		2	
(G) Agropyron repens				1		1	1	1	2	+	+		1	1		8	
(TH) Polygonum aviculare			+			+		+			+	+	+	+			
(G) Cirsium arvense	+	1				+		1					+			2	
(TH) Senecio viscosus			5		+								1	10	16		
(H) Artemisia vulgaris			1								r	+	+	r			1
(G) Agropyron x acutum										+	+		2	2		4	
(TH) Secale cereale							1	+		+	+	+			1		
(H) Honckenya peploides							1	+			+	+		r			1
(TH) Galeopsis spec.			+			r	r			+		+					
(TH) Senecio vulgaris	5			+	1						+			+	6		
(TH) Polygonum persicaria									+	+		+	+				
(H) Plantago lanceolata					+			+				+					
(H) Dactylis glomerata					r			r					1				1
(G/H) Tussilago farfara						+							r	r			
														Summe	835	16	12
													mittlere Gruppenmenge:	59,6%	1,1%	0,9%

(Nach einer Aufnahme von Möller, Mitt. d. AG Geobotanik in Schl.-H. u. Hambg., 1975).

2 Transekt entlang eines Umweltgradienten

Untersuchungsgebiete (Vorschläge)

Gewässerrand
Waldrand (nur Krautschicht berücksichtigen)
Übergang Magerwiese – Fettwiese
Übergang Torfstich – Torfhochfläche (in einem Hochmoor)
Stranddünen (Weiße Düne – Graue Düne – Braune Düne)

Material und Geräte

2 Maßbänder oder im 0,2 m-Abstand markierte Wäscheleinen möglichst lang)
4 Pflanzstöcke
Gitterrahmen (vgl. Abb. VII, 14)
Plastikbeutel/Pflanzenpresse
Bestimmungsbuch
möglichst: Vergleichsherbar
Meterstab

a) Vorbereitungen

Man sucht sich ein Gelände mit einem stark ausgeprägten, linearen Umweltgradienten (z. B. Verlandungszone eines Sees). Es wird dann mit Maßbändern ein 1–10 m breiter Streifen in Richtung des ökologischen Gefälles abgesteckt, dessen Länge je nach Vegetationstyp zwischen 10 und 100 m betragen kann.
Nachdem der Transekt abgesteckt ist, mißt man an mehreren Punkten die relative Bodenhöhe[1] (bei Gewässerrand dient die Wasserstandslinie als Nullpunkt). Die ermittelten Werte werden in einen Profilschnitt auf Millimeterpapier übertragen, wobei sich je nach Topographie des Geländes eine mehr oder weniger starke Überhöhung empfiehlt.

---

[1] Möglichst mit Nivellierinstrument

Abb. VII, 13: Biospektrum des Atriplicetum littorale (nach H. Möller, 1976)
TH Therophyten, G Geophyten, H Hemikryptophyten
Oben) Verhältnis der Artenzahlen zueinander (11 Therophyten, 6 Geophyten, 5 Hemikryptophyten)
Unten: Verhältnis der mittleren Gruppenmengen zueinander (berechnen sich aus den Deckungsgraden von 14 Einzelaufnahmen)

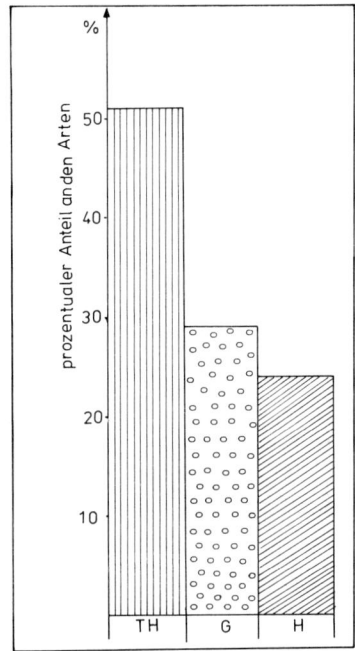
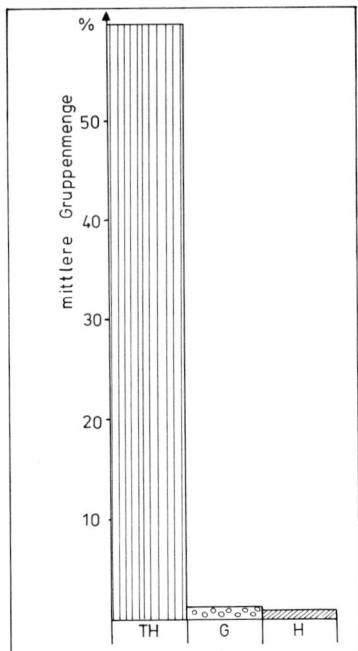

Biospektrum des ATRIPLICETUM LITTORALIS

278 VII Ökologie

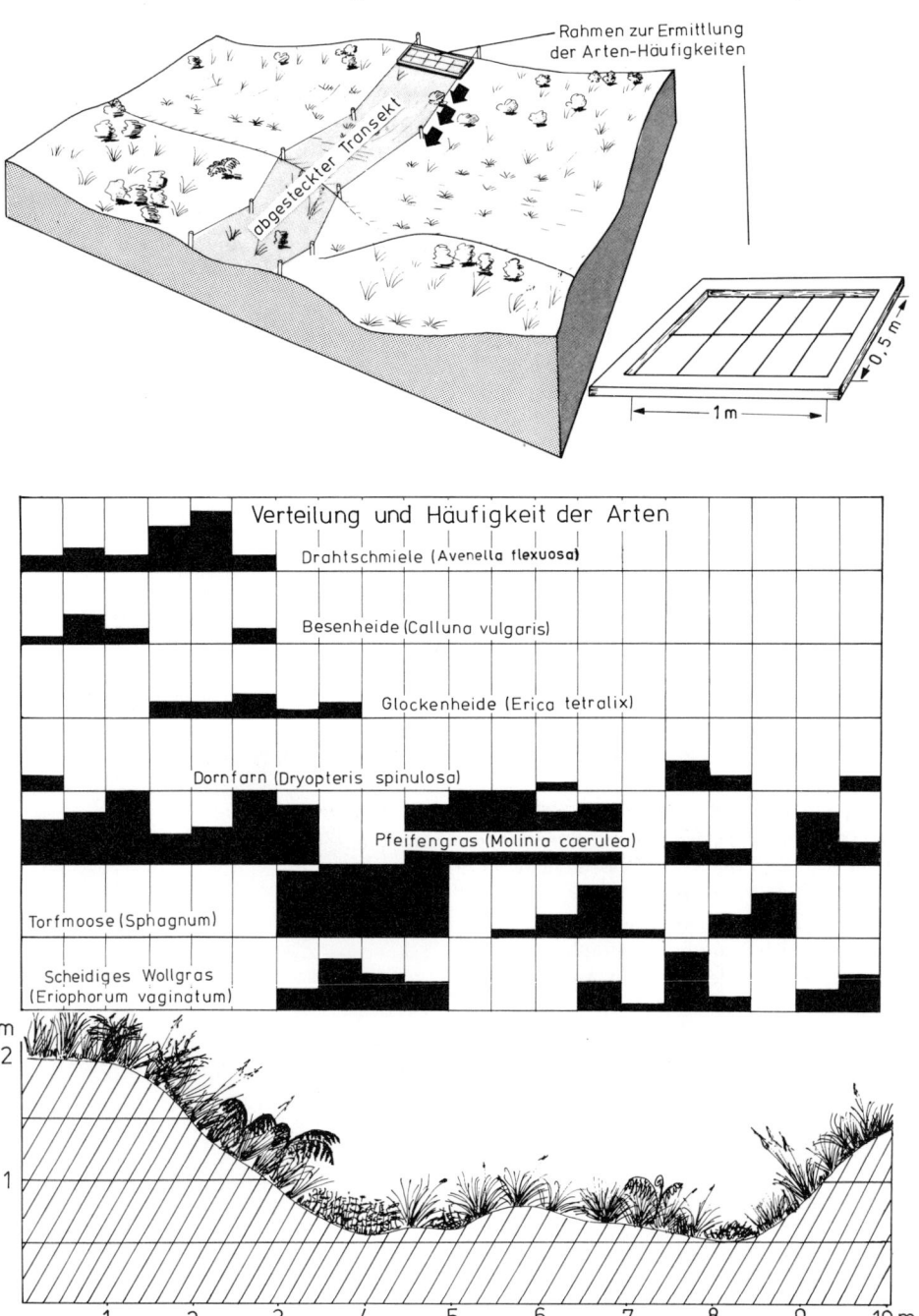

Abb. VII, 14: Aufnahme eines Vegetationstransekts und graphische Darstellung der Artenhäufigkeiten (nach einer Aufnahme im Jardelunder Moor, Kr. Schleswig-Flensburg, 1976).

b) Aufnahme eines Profildiagramms der Vegetation

Hierzu wählt man die Breite des Vegetationsstreifens so, daß sie etwa 10% der Länge entspricht.

In das Höhenprofil werden nun die in diesem Streifen vorkommenden Pflanzenarten (nach Ausmessen) in ihren Umrissen eingetragen. Die verschiedenen Arten werden durch unterschiedliche Signaturen gekennzeichnet (vgl. Abb. VII, 14).

c) Häufigkeitsbestimmung der vorkommenden Arten

Hierzu dient ein durch Drähte unterteilter Holzrahmen. Je nach Untersuchungsgebiet (Vegetationstyp) kann er unterschiedliche Abmessungen haben. Auf Wiesen oder im Moor reichen z. B. Rahmen von 0,2×1 m, die durch 9 parallele Drähte in 10 Rechtecke unterteilt sind. Für jeden 0,2 m – Streifen des Transekt – bei einem Transekt von 10 m Länge also in 50 Querstreifen – kann nun die Häufigkeit der vorkommenden Arten nach einer Abstufung von 1–10 bestimmt werden, je nachdem ob die betreffende Art in 1, 2, 3, . . . 10 der Rahmenrechtecke auftritt. Durch eine weitere Aufteilung des Rahmens (z. B. auch durch Einziehen von Längsdrähten – vgl. Abb. VII, 14) kann noch stärker differenziert werden.

Die Ergebnisse werden für jede Art getrennt in übereinander angeordneten Säulendiagrammen dargestellt.

d) Korrelationsanalyse

Entlang eines linearen Umweltgradienten zeigt sich besonders deutlich, daß bestimmte Zonen nur von bestimmten Pflanzenarten eingenommen werden. Die Pflanzen einer Zone sind miteinander «korreliert». In den meisten Fällen wird es sich dabei um eine «Gemeinsamkeitskorrelation» handeln: Art X und Art Y haben keine direkte kausale Beziehung zueinander, der Zusammenhang entsteht vielmehr durch eine gemeinsame gleichartige Abhängigkeit von dritten Größen (Umweltfaktoren).

Art X kann aber auch Ursache für das Vorkommen von Art Y sein (einseitige Abhängigkeit: z. B. Strauch – Schattenpflanze). Schließlich ist auch eine wechselseitige Abhängigkeit denkbar (etwa zwischen Symbionten wie Mykorrhiza-Pilz und Baum).

Aus der Häufigkeit einer Pflanzenart in einem Areal wird sich allerdings nie ganz genau die Häufigkeit einer anderen Pflanzenart ergeben, da beide Arten in ihrem Auftreten auch einer mehr oder weniger großen Zufallsvariabilität unterworfen sind. Außerdem hängt ihr Vorkommen immer auch noch von anderen, nicht beide Arten gleichermaßen betreffenden Faktoren ab, die im Untersuchungsgebiet ebenfalls variieren.

Ähnliche Probleme treten in der Biologie und auch in der Medizin sehr häufig auf: (Beispiele aus der Medizin: Korrelation von Körpergewicht und Blutdruck, Lebensalter und Blutzuckergehalt, Zigarettenkonsum und Lungenkrebserkrankung usw.).

Zur statistischen Behandlung solcher Probleme dient der Korrelationskoeffizient r. Liegt eine streng lineare Abhängigkeit (etwa zwischen der Häufigkeit der Art X und der Art Y) vor, dann hat r den Wert 1. Der Wert Null wird angenommen, wenn zwischen der Häufigkeit beider Arten überhaupt keine Beziehung besteht. Positive Werte von r zeigen eine positive Korrelation an («je mehr desto mehr», «je weniger desto weniger»), negative Werte eine negative Korrelation («je mehr desto weniger», «je weniger desto mehr»).

Das Problem lautet meist: ist der rechnerisch ermittelte Korrelationskoeffizient von 0 signifikant verschieden? Diese Frage wird mit einem *Signifikanztest* geklärt. Die Höhe der Signifikanzschwelle hängt vom Stichprobenumfang ab.

Beispiel für die Berechnung des Korrelationskoeffizienten:

Aus einem Vegetationstransekt in einem Hochmoor mit Torfstich (vgl. Abb. VII, 14) erhält man für das Artenpaar *Scheidiges Wollgras* – (Eriophorum vaginatum) *Drahtschmiele* (Avenella flexuosa) folgende Häufigkeiten (Tab. VII, 6):

Tabelle VII, 6

	1	2	3	4	5	6	7	8	9	10	11	12	13	14	15	16	17	18	19	20	21
E. v.	0	0	0	0	0	0	3	7	5	4	0	0	0	4	10	8	2	10	3	5	8
A. f.	2	3	2	6	8	2	0	0	0	0	0	0	0	0	0	0	0	0	0	0	0

280 VII Ökologie

Unter dem Korrelationskoeffizienten versteht man den Ausdruck

$$r = \frac{\text{Kovarianz (x, y)}}{\sqrt{\text{Varianz (x)} \cdot \text{Varianz(y)}}}$$

Um diese Berechnung durchführen zu können, müssen wir zunächst wissen, was *Varianz* und *Kovarianz* sind.

$$\text{Varianz: v} = \frac{\text{Summe der Abweichungsquadrate}}{\text{Zahl der Proben} - 1}$$

In unserem Beispiel ist die mittlere Häufigkeit von Eriophorum vaginatum 69/21 = 3,29. Die Abweichungsquadrate sind:
Für 9 Probeflächen ohne Wollgras
$(0-3,29)^2 = 10,824$
insgesamt $9 \times 10,824$ = 97,42
für 1 Probefläche mit Häufigkeit 2
$(2-3,29)^2 = 1,29^2$ = 1,66
für 2 Probeflächen mit Häufigkeit 3
$(3-3,29)^2 = -0,29^2 = 0,084$
insgesamt $2 \times 0,084$ = 0,17
für 2 Probeflächen mit Häufigkeit 4
$(4-3,29)^2 = 0,71^2 = 0,05$
insgesamt $2 \times 0,504$ = 1,01
für 2 Probeflächen mit Häufigkeit 5
$(5-3,29)^2 = 1,71^2 = 2,924$
insgesamt $2 \times 2,924$ = 5,85
für 1 Probefläche mit Häufigkeit 7
$(7-3,29)^2 = 3,71^2$ = 13,76
für 2 Probeflächen mit Häufigkeit 8
$(8-3,29)^2 = 4,71^2 = 22,184$
insgesamt $2 \times 22,184$ = 44,37
für 2 Probeflächen mit Häufigkeit 10
$(10-3,29)^2 = 6,71^2 = 45,024$
insgesamt $2 \times 45,024$ = 90,05

Summe der Abweichungsquadrate   254,29

$$\text{Varianz von Eriophorum } v_e = \frac{254,29}{21-1} = 12,71$$

Auf dieselbe Art und Weise errechnet sich die Varianz von Avenella flexuosa:

$$v_a = 4,79$$

$$\text{Kovarianz: k} = \frac{\text{Summe der Abweichungsprodukte}}{\text{Zahl der Proben} -1}$$

Die mittleren Häufigkeiten sind für
Eriophorum vaginatum 3,29
Avenella flexuosa 1,10
Das Abweichungsprodukt für die 1. Stichprobe ist:
$(0-3,29) \times (2-1,10) = -3,29 \times 0,90 = -2,96$
Die weiteren Abweichungsprodukte:

2. −	6,25
3. −	2,96
4. −	16,12
5. −	22,70
6. −	2,96
7.	0,32
8. −	4,08
9. −	1,88
10. −	0,78
11.	3,62
12.	3,62
13.	3,62
14. −	0,78
15. −	7,38
16. −	5,18
17.	1,42
18. −	7,38
19.	0,32
20. −	1,88
21. −	5,18

Summe − 72,59
Kovarianz − 3,63

Daraus ergibt sich für den Korrelationskoeffizienten:

$$r_{\text{Avenella-Eriophorum}} = \frac{-3,63}{\sqrt{12,71 \times 4,79}} = -0,4652$$

Aus Tab. VII, 7 entnimmt man, daß man auf Grund dieser Daten bei einer Irrtumswahrscheinlichkeit zwischen 1 und 5% eine negative Korrelation der beiden Arten annehmen kann.

3 Die Vergesellschaftung von Arten

Untersuchungsgebiete

Günstig sind Gebiete, die kleinräumig ein Muster unterschiedlicher Pflanzengesellschaften zeigen, z. B. Heidegebiete mit feuchten Senken, Viehweiden mit Disteltrupps, ungepflegter Sportplatzrasen mit unterschiedlich starkem Vertritt usw.

Material und Methode

2 Maßbänder (möglichst lang) oder markierte Wäscheleinen

Holzstäbe mit Plastikfähnchen (soviele, wie Probeflächen aufgenommen werden sollen)
Meterstab
Wasserwaage
Plastikbeutel/Pflanzenpresse
möglichst: Vergleichsherbar
Bestimmungsbuch
Lupe (10 ×)
Millimeterpapier
Schreibzeug und Notizblock
Schreibunterlage
vorbereitete Tabelle (waagerecht: Probequadrate 1, 2, 3 ... n; senkrecht die zu erwartenden Arten, so daß nur angekreuzt werden muß).

a) Problemstellung

Auch wenn man keine Daten über die Mengenverhältnisse der in einem Untersuchungsgebiet vorkommenden Arten sammelt, kann man etwas über die Vergesellschaftung von Artenpaaren aussagen. Sie können mehr oder weniger zufällig miteinander vergesellschaftet sein, sie können aber auch ausgesprochen positive oder negative Assoziierung zeigen. Ganz eindeutig etwa sind die Beziehungen bei wirtsspezifischen Parasiten: Der Parasit wird nur vorkommen, wo auch der Wirt anzutreffen ist. Aber ebenso können ähnliche Umweltansprüche zu einer Vergesellschaftung von Arten führen. Solche charakteristischen Artenvergesellschaftungen, die gleichzeitig Zeiger für bestimmte Standorteigenschaften sind, sind z. B. die von Ellenberg aufgestellten «ökologischen Gruppen». Umgekehrt wird man Arten aus verschiedenen ökologischen Gruppen, die hinsichtlich ihrer Standortansprüche sehr verschieden sind, nie miteinander vergesellschaftet finden (z. B. Eriophorum vaginatum – Chrysanthemum corymbosum).
Beziehen sich diese ökologischen Gruppen jedoch immer auf relativ großräumige Biotope, so ist auch die kleinräumige Verteilung von Pflanzenarten in einem Bestand keineswegs zufällig, sondern sehr stark von kleinräumigen Standortunterschieden abhängig. Eine Analyse der kleinräumigen Vergesellschaftungen gibt – ebenso wie im großen Maßstabe die ökologischen Gruppen und das Achten auf Zeigerpflanzen – einen Hinweis auf die kleinräumigen Umweltgradienten in einer Pflanzengemeinschaft.

b) Methode

Arbeitsschritte (vgl. Abb. VII, 15)
(1) In ein beliebiges Untersuchungsgebiet wurde ein regelmäßiges Netz gleichgroßer Probeflächen gelegt. Die Größe dieser Flächen und der Rasterabstand hängt von der Größe der zu untersuchenden Pflanzenarten, aber auch von dem Muster der Umweltgradienten ab, das in dem Gebiet ausgebildet ist. Für krautige Vegetation haben sich 1 m²-Quadrate bewährt. Der Abstand der Einzelquadrate sollte nicht größer als 20 m sein.

(2) Für jedes Einzelquadrat werden die vorkommenden Arten festgestellt und in eine vorbereitete Tabelle eingetragen.

(3) Für jedes mögliche Artenpaar kann man nun 4 Klassen von Probeflächen unterscheiden:
a Probeflächen mit Art X und Art Y
b Probeflächen nur mit Art X
c Probeflächen nur mit Art Y
d Probeflächen weder mit Art X noch mit Art Y

Tabelle VII, 7: Signifikanzschwellen für Korrelationskoeffizienten bei 5% und 1% Irrtumswahrscheinlichkeit (nach Cavalli-Sforza, 4. Aufl.).

Stichprobenumfang weniger 2	r 5%	r 1%
1	0,9969	0,9999
2	0,9500	0,9900
3	0,8783	0,9587
4	0,8114	0,9172
5	0,7545	0,8745
6	0,7067	0,8343
7	0,6664	0,7977
8	0,6319	0,7646
9	0,6021	0,7348
10	0,5760	0,7079
11	0,5529	0,6835
12	0,5324	0,6614
13	0,5139	0,6411
14	0,4973	0,6226
15	0,4821	0,6055
16	0,4683	0,5897
17	0,4555	0,5751
18	0,4438	0,5614
19	0,4329	0,5487
20	0,4227	0,5368
25	0,3809	0,4869
30	0,3494	0,4487
35	0,3246	0,4182
40	0,3044	0,3932
45	0,2875	0,3721
50	0,2732	0,3541
60	0,2500	0,3248
70	0,2319	0,3017
80	0,2172	0,2830
90	0,2050	0,2673
100	0,1946	0,2540

(4) Ob diese Verteilung der beiden Arten rein zufällig erklärt werden kann oder ob sie Ausdruck einer positiven oder negativen Assoziierung ist, läßt sich mit dem Chi-Quadrat-Test prüfen.[1]

Zur Berechnung von χ^2 ordnet man die Werte zunächst in einer 2×2 Häufigkeitstafel an:

Tabelle VII, 8

	Art X +	Art X −	(Randsummen)
Art Y +	a	b	a+b
Art Y −	c	d	c+d
	a+c	b+d	n

Dann berechnet man χ^2 nach folgender Formel:

$$\chi^2 = \frac{(\,(ad-bc) - 0{,}5\,n\,)^2}{(a+b)\,(a+b)\,(c+d)\,(b+d)}$$

(5) Für alle möglichen Artenpaare wird dieser Test durchgeführt. Man erhält dann bei n Arten $1 + 2 + 3 + \ldots + (n-1)$ χ^2-Werte, die übersichtlich in einer Tabelle dargestellt werden.

(6) Man stellt nun mit Hilfe der χ^2-Tafel (vgl. Tab. IV, 15) fest, welche Werte über der Signifikanzschwelle 1% bzw. 0,1% liegen (Zahl der Freiheitsgrade: 1). Diese Werte werden in einem Diagramm dargestellt (vgl. Abb. VII, 15).

(7) In der Regel wird man verschiedene Gruppen untereinander assoziierter Artenpaare erhalten. Diese «Knoten» repräsentieren einen Umweltfaktor oder eine nicht unabhängig variierende Faktorengruppe.

(8) Ob eine Assoziation positiv oder negativ ist, läßt sich aus dem erwarteten bzw. beobachteten gemeinsamen Vorkommen ablesen:

$$\frac{(a+b)\,(a+c)}{n} < a : \text{positiv}$$

$$\frac{(a+b)\,(a+e)}{n} > a : \text{negativ}$$

(9) Das Verteilungsmuster dieses Umweltfaktors (bzw. dieser Faktorengruppe) läßt sich darstellen, wenn man mit den gewonnen Daten zurück in die Probefläche geht: Für jeden «Knoten» werden alle möglichen Artenkombinationen zusammengestellt. Für einen Knoten aus drei Arten z. B.:

Tabelle VII, 9

Arten X	Y	Z
+	+	+
+	+	−
+	−	+
−	+	+
−	−	+
−	+	−
+	−	−
−	−	−

(10) Dann prüft man, in welchen Probequadraten welche Kombinationen vorkommen.

(11) Nun erhalten die Probequadrate mit der häufigsten Kombination den Index I. Alle Quadrate, die sich in ihrer Artenzusammensetzung von diesen Kombinationen durch das Fehlen oder Vorhandensein einer Gruppenart unterscheiden, erhalten den Index 2, die, die sich durch das Fehlen oder Vorhandensein von zwei Gruppenarten unterscheiden, den Index 3 usw.

(12) Die Indices geben nun den abgestuften Einfluß eines Umweltfaktors oder einer Faktorengruppe wieder. Das Verteilungsmuster dieses Umweltgradienten wird besonders deutlich, wenn man die Probequadrate gleicher Indices mit Linien («Isotelen»)[1] umfährt.

In einem zweiten Schritt können nun die Standortfaktoren in den Probequadraten untersucht werden:
(1) Relative Höhe (Messung mit Nivelliergerät), (2) Boden-pH, (3) Kalkgehalt des Bodens, (4) Bodentyp (Erbohren eines Profils), (5) Elektrolytgehalt des Bodens (bei Meerwassereinfluß), usw.

Nach solchen Untersuchungen kann man meist eine deutliche Übereinstimmung zwischen der Verteilung eines «Artenknotens» (Isotelenkarte) und einem bestimmten Umweltfaktor feststellen.

---

[1] Der χ^2-Test darf nur angewandt werden, wenn die Randsummen groß sind. In der obigen Formel ist bereits der Korrekturfaktor von Yates aufgenommen ($-0{,}5\,n$), der ein Näherungsverfahren für kleinere Stichprobenumfänge darstellt. Liegt der Stichprobenumfang unter 40 (in unserem Falle also die Zahl der untersuchten Einzelprobeflächen), so muß der exakte Fischer-Test angewendet werden (vgl. E. Weber 1972, S. 512)

[1] Nach Lange (1967) abgeleitet von dem griechischen «telos» Ergebnis: «Linien gleichen Ergebnisses»

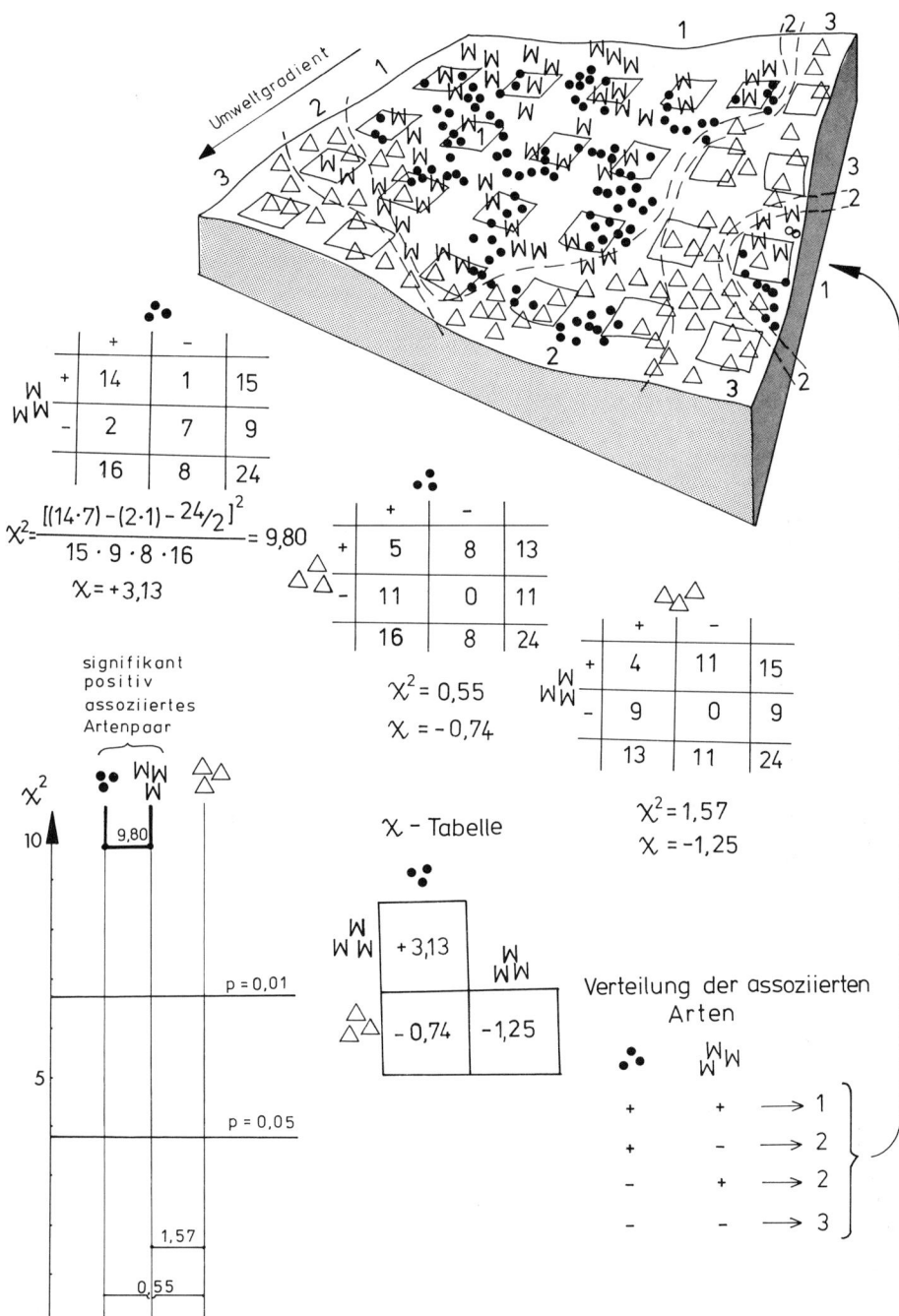

Abb. VII, 15: Nachweis von Arten-Vergesellschaftungen mit Hilfe des Chi-Quadrat-Tests. Jedes Artenpaar wird auf nicht zufällige Vergesellschaftung im Untersuchungsgebiet getestet. Signifikant negativ oder postiv assoziierte Artenpaare dienen als Zeiger für Umweltgradienten im Untersuchungsgebiet (teilweise nach Lange, 1967).

ZWEITE VERSUCHSGRUPPE

Parasitismus: Gallen

Unter «Parasitismus» oder «Schmarotzertum» versteht man eine Form der Wechselbeziehung und des Zusammenlebens verschiedener Organismen zum Vorteil des einen Partners auf Kosten des anderen. Die Übergänge zur Symbiose, einer Wechselbeziehung mit gegenseitigem Vorteil, sind fließend («Probiose»: Vorteil auf einer Seite, keine erkennbare Schädigung des anderen Partners; «Allianz»: lockere Bindung mit gegenseitigem Vorteil).
Parasitismus und Symbiose sind faszinierende Themen der Synökologie. Wir wollen uns hier mit diesem großen Gebiet nur am Rande beschäftigen. Unter dem Einfluß bestimmter tierischer oder pflanzlicher Parasiten (Gallwespen, Gallmücken, Gallmilben, Pilze, Bakterien) entstehen auf höheren Pflanzen Wucherungen, die das Nährsubstrat für den Parasiten abgeben. Diese Wucherungen nennt man «Gallen» oder «Cecidien». Ihre Form und ihr Aufbau sind ausserordentlich mannigfaltig. Sie können einmal aus abgeänderten, noch mehr oder weniger deutlich erkennbaren Grundorganen der Pflanze (Sproßachse, Wurzel, Blatt) aufgebaut sein. Ein Beispiel für eine solche «organoide Galle» stellt die «Ananasgalle» der Fichtengallaus dar. Zum anderen können Gallen jedoch auch anomale Gewebebildungen ohne kormophytische Gliederung sein. Solche «histogenen Gallen» sind z. B. die «Galläpfel» auf der Unterseite von Eichenblättern. Sie gehen aus parenchymatischen Wucherungen hervor und können zusätzliche anatomische Differenzierungen aufweisen, die den normalen Geweben ihrer Mutterorgane fremd sind, z. B. Haarbildungen und Ausbildungen bestimmter Nähr- und Speichergewebe.
Die Morphologie der Gallen ist artspezifisch für den Parasiten. Trotz zahlreicher Untersuchungen ist die Physiologie und Biochemie der Gallbildung noch nicht geklärt. Als gallenauslösende Stoffe, die vom Parasiten ausgeschieden werden, wurden in einigen Fällen Aminosäuren und Phytohormone nachgewiesen.
Einige Taxa der höheren Pflanzen sind besonders gallenreich, sowohl was die Individuenzahl als auch was die Artenzahl anbelangt. Möglicherweise hängt dies mit dem phylogenetischen Alter des Taxons zusammen. Besonders zahlreiche und unterschiedliche Gallenarten finden sich zum Beispiel auf Eichen- und Weidenarten.

4 Morphologie und Konkurrenz der Linsengallen auf Eichenblättern

Material und Geräte

20 Eichenblätter mit Gallen der Art Neuroterus numismalis
20 Eichenblätter mit Gallen der Art N. quercus-baccarum
20 Eichenblätter mit Gallen beider genannten Arten (die Gallen sollten möglichst zahlreich sein; da der Besatz nicht in allen Jahren gleichgut ist, empfiehlt es sich, in günstigen Jahren einen Herbarvorrat an befallenen Eichenblättern anzulegen)
Scheren
transparentes Millimeterpapier, normales Millimeterpapier
Taschenrechner
Mikroskop und Zubehör
Binokular
Jod-Kaliumjodid-Lösung

a) *Problemstellung*

Bei unseren einheimischen Eichenarten, der Stieleiche und der Traubeneiche, entwickeln sich im Herbst kleine, als «Linsengallen» bezeichnete Gewebewucherungen in meist großer Zahl auf der Blattunterseite. Sie werden von den Gallwespen der Gattung Neuroterus hervorgerufen und sind besonders zahlreich auf jungen, 1–4 m hohen Bäumen, etwa in Niederwäldern oder «Knicks».
Ende September Anfang Oktober – kurz vor dem Blattfall – fallen die Gallen ab und überwintern in der Laubstreu. Im nächsten Frühjahr schlüpfen aus den Linsengallen weibliche Gallwespen. Je nach der Art legen diese Tiere der eingeschlechtlichen Generation die parthenogenetisch entstandenen Eier in die Knospen oder in die jungen Blätter der Eichen ab. Es bilden sich durchscheinend kugelige Gallen, aus denen im Mai/Juni die Tiere der zweigeschlechtlichen Generation schlüpfen. Die befruchteten Weibchen dieser Generation legen ihre Eier in die Blattadern von Eichenblättern und die schlüpfenden Larven induzieren die Bildung der Linsengallen (vgl. Abb. VII, 16).

Im Herbst trocknet ein kleiner «Hof» um jede Linsengalle aus. Schließlich fällt die Galle dann ab. Jüngere Gallen, die sich in der Nachbarschaft einer älteren bilden, können auf diese Weise von der Nährstoffzufuhr abgeschnitten werden. Sie fallen vorzeitig ab, und die Larven gehen zugrunde. Da die Blattunterseiten zum Teil dicht übersät mit Linsengallen sind, kommt es hier sowohl zu einem innerartlichen als auch zu einem zwischenartlichen Wettbewerb um den Platz auf den Eichenblättern. Trotzdem findet man sehr häufig Blätter, die von mehreren verschiedenen Linsengallenarten befallen sind. Diese Tatsache spricht dafür, daß die verschiedenen Spezies von Neuroterus nicht genau dieselben Biotope (das heißt in diesem Fall: Stellen auf dem Eichenblatt) bevorzugen. Diese Hypothese soll statistisch überprüft werden.

Die häufigsten in Deutschland vorkommenden Arten sind Neuroterus numismalis und Neuroterus quercus-baccarum. Wir wollen unsere Hypothese an diesem Artenpaar überprüfen (Andere Arten, wie z. B. N.laeviusculus, N.fumipennis sind – wenn sie reichlich vorkommen – genauso geeignet).

b) Morphologische Untersuchungen

Bevor wir mit unserer statistischen Untersuchung beginnen, wollen wir an Frischmaterial die Morphologie der Gallen studieren. Wir betrachten die beiden Gallensorten zunächst mit dem Binokular: In beiden Fällen ist die Oberfläche mit charakteristischen Haarbildungen bedeckt, die sonst am Eichenblatt und am ganzen Eichenbaum nicht vorkommen. Die Epidermiszellen und die Haare sind – besonders bei N.quercus-baccarum – vor dem Abfallen meist durch Anthocyane stark rot angefärbt.

Wir fertigen eine große Zeichnung von beiden Gallensorten an. Anschließend öffnen wir die Gallen mit zwei spitzen Pinzetten und betrachten die Larvenhöhle mit der kleinen Gallwespenlarve im Binokular.

Über den histologischen Aufbau der Galle gibt uns eine mikroskopische Untersuchung Auskunft:

Wir fertigen möglichst dünne, radiale Schnitte durch die Galle an und versetzen sie mit Jod-Kaliumjodid-Lösung. Im Mikroskop erkennen wir bei mittlerer Vergrößerung die dicht aneinanderschließenden, dickwandigen Epidermiszellen mit den durch Gerbstoffe bräunlich gefärbten

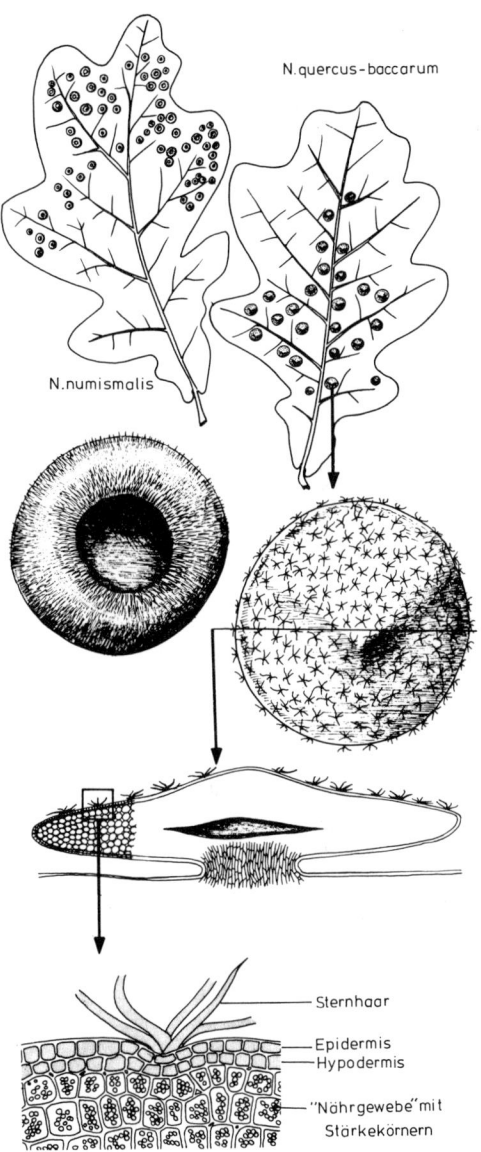

Abb. VII, 16: Linsengallen der Gallwespengattung Neuroterus. Die Gallen findet man – oft in großer Zahl – im Spätsommer und Herbst auf der Unterseite von Eichenblättern. Form und Behaarung sind spezifisch für die Gallwespenart. Im Schnitt erkennt man das Speichergewebe und die Larvenhöhle.

Zellwänden sowie die dicht mit Stärkekörnern angefüllten Zellen des «Nährgewebes», das die ganze Galle ausfüllt.

Mit einem ziemlich schmalen Stiel ist die Galle zentral mit dem Blatt verbunden. Durch den Stiel ziehen langgestreckte Zellen, die der Stoffleitung dienen (vgl. Abb. VII, 16).

Wir fertigen eine Übersicht des Gallen-Radialschnitts und eine zelluläre Detailzeichnung eines Ausschnitts mit Epidermis, Nährgewebe und Haarbildungen an.

c) *Analyse der Gallenverteilung auf den Eichenblättern* (nach Lewis and Taylor, 1972)

Wir sammeln etwa 20 Eichenblätter, die nur Gallen der Art N. numismalis tragen, 20 Blätter, auf denen ausschließlich N.quercus-baccarum vorkommt sowie 20 Blätter mit beiden Arten. Abgesehen von diesen Bedingungen sollten die Blätter zufällig ausgewählt werden. Es sollten möglichst nur vollständige Blätter, keine von Raupen etc. teilweise zerfressene Blätter oder Blattfragmente gesammelt werden. Die Blätter können von verschiedenen Bäumen stammen, diese sollten jedoch zum selben Bestand gehören und sich hinsichtlich ihrer Exposition nicht zu stark unterscheiden.

Wenn die gesammelten Blätter erst später ausgewertet werden sollen, so kann man sie im Herbar beliebig lange aufbewahren (Pressen der frischen Blätter zwischen Zeitungen oder Fließpapier, 2 Mal Zeitungspapier erneuern).

Die Hälfte der Blätter jeder Probe – also mindestens 10 – werden nun jeweils in 10 gleichbreite Querstreifen geschnitten. Dazu mißt man erst die Gesamtlänge des Blattes L_g aus, dann wird das Blatt in $L_g/10$-breite Streifen geschnitten. Diese Streifen werden ausplanimetriert, indem man transparentes Millimeterpapier über die Blattstücke legt. Nach anschließendem Auszählen der Gallen berechnet man für jeden Streifen die Zahl der Gallen einer Art pro cm^2 und trägt ihn in eine Tabelle ein (vgl. Tab. VII, 10). Aus den 10 Einzelwerten gleicher Streifen wird ein Mittelwert gebildet. Die Mittelwerte halten wir in einem Stufendiagramm fest (Abb. VII, 17).

Bei den restlichen 10 Blättern jeder Serie mißt man die maximale Breite und zerschneidet sie dann in 5 gleichbreite Längsstreifen. Dann geht man ebenso vor wie bei den Querstreifen.

Ergebnis: Die Diagramme zeigen im allgemeinen einen deutlichen Unterschied in der Verteilung der beiden Linsengallensorten. Bei dem Verteilungsmuster spielt es keine Rolle, ob noch andere Gallen auf dem Blatt sitzen oder nicht. Neuroterus numismalis bevorzugt die Blattränder und die Blattspitze, während N.quercus-baccarum die Nähe der Blattmittelrippe besonders zahlreich besiedelt. (Eine dritte Art, N.laeviusculus, hat eine deutliche Vorliebe für die Blattbasis).

Eine ganz ähnliche Verteilung wie auf den einzelnen Blättern besitzen die Gallensorten auch am gesamten Baum: N.numismalis findet sich gehäuft an äußeren Ästen und in der Gipfelregion, während N.quercus-baccarum die Nähe des Hauptstammes und N.laeviusculus die unteren Zweige bevorzugen. Diese Verteilung läßt sich auf ähnliche Weise statistisch überprüfen, wenn man die Blätter bei der «Ernte» entsprechend ihrer Lage am Baum sortiert oder kennzeichnet.

Die Untersuchung zeigt, daß die nahe verwandten Neuroterus-Arten nicht genau dieselbe Nische bewohnen. Diese differenzierte Einnischung vermindert die zwischenartliche Konkurrenz (vgl. auch Kap. VI, C 3).

d) *Statistische Absicherung des Ergebnisses (Varianzanalyse)*

Bei einer statistischen Prüfung der erhaltenen Werte ist es zunächst notwendig, zu erfahren, ob die Gallen bei beiden Arten tatsächlich in den unterschiedlichen Blattsegmenten unterschiedlich dicht vorkommen. Es muß also festgestellt werden, ob die erhaltenen Mittelwerte sich nur scheinbar unterscheiden oder ob tatsächlich Unterschiede bestehen. Für den Vergleich von 2 Mittelwerten haben wir in Band I (Kap. IV, D 4) den t-Test nach Student kennengelernt. Sollen mehrere Mittelwerte verglichen werden, so bedient man sich der Varianzanalyse[1].

Man geht zunächst von der Annahme aus, daß das Merkmal in jeder Einzelstichprobe dieselbe Normalverteilung hat, daß also die wahren Mittelwerte gleich sind. Bezogen auf unser Beispiel würde das bedeuten, daß sich die Mittelwerte für die Gallendichte auf den verschiedenen Blattsegmenten 1–10 nicht unterscheiden. Falls diese «Nullhypothese» zutrifft, so muß die Varianz

---

[1] Voraussetzung für die Anwendbarkeit dieses Tests ist – wie beim t-Test – daß die einzelnen Stichproben normalverteilt sind.

D Experimente und Beobachtungen 287

Tabelle VII, 10: Die Dichte von Linsengallen auf unterschiedlichen Blattsegmenten der Stieleiche.

a) Gallen der Art Neuroterus quercus-baccarum

Blattsegmente	Blätter												Werte für Varianzanalyse			
		1	2	3	4	5	6	7	8	9	10	Sx	$\frac{Sx}{n}=\phi$	$(Sx)^2$	$\frac{(Sx)^2}{n}$	Sx^2
10		0,0	0,50	0,0	0,36	1,94	0,46	0,16	0,0	0,56	0,31	4,3	0,43	18,49	1,85	4,79
9		0,94	1,14	1,08	1,00	2,62	0,34	0,47	0,24	1,72	0,92	10,5	1,05	110,25	11,03	15,41
8		0,92	1,58	1,63	0,57	2,11	0,0	0,39	0,91	0,93	1,38	10,4	1,04	108,16	10,82	15,61
7		2,70	2,24	1,73	0,78	1,85	0,0	0,32	1,71	1,77	2,47	15,6	1,56	246,36	24,64	34,10
6		2,99	3,50	1,85	1,28	0,78	0,0	0,62	2,91	2,78	1,37	18,1	1,81	327,61	32,76	48,59
5		4,27	4,80	0,87	0,88	0,69	0,20	0,73	1,78	1,27	3,01	18,5	1,85	342,25	34,23	61,12
4		4,40	3,83	0,32	0,36	0,77	0,93	1,67	3,21	0,91	0,91	17,3	1,73	299,29	29,93	53,46
3		4,64	2,31	0,31	0,0	0,0	1,23	0,33	1,73	3,17	0,51	14,2	1,42	201,64	20,16	43,90
2		0,0	1,03	0,73	0,0	0,0	1,30	0,0	0,90	2,38	0,90	7,2	0,72	51,84	5,81	11,04
1		0,0	0,0	0,38	0,0	0,0	2,08	0,0	0,37	1,27	0,0	4,1	0,41	16,81	1,68	6,39

b) Gallen der Art Neuroterus numismalis

Blattsegmente	Blätter												Werte für Varianzanalyse			
		1	2	3	4	5	6	7	8	9	10	Sx	$\frac{Sx}{n}=\phi$	$(Sx)^2$	$\frac{(Sx)^2}{n}$	Sx^2
10		0,0	0,0	0,0	0,78	0,74	0,0	2,05	0,32	0,0	0,0	3,9	0,39	15,21	1,52	5,46
9		0,0	0,27	0,29	1,50	1,55	0,0	3,47	2,41	0,25	0,0	9,7	0,97	94,09	9,41	22,72
8		0,43	0,51	0,33	0,53	2,05	0,32	2,01	0,71	1,31	1,54	9,7	0,97	94,09	9,41	13,77
7		0,79	0,73	0,56	1,27	2,44	0,52	3,41	0,94	1,54	2,38	14,6	1,46	213,16	21,32	29,86
6		0,37	1,38	0,98	3,13	0,98	0,77	2,32	1,34	0,78	2,58	14,6	1,46	213,16	21,32	28,80
5		0,0	2,82	0,0	2,42	0,14	1,20	2,10	1,52	0,91	1,72	12,8	1,28	163,84	16,38	25,78
4		0,0	0,0	0,0	2,22	0,16	1,52	0,0	0,0	0,54	0,0	4,4	0,44	19,36	1,94	7,56
3		0,0	0,0	0,0	2,00	0,0	0,82	0,0	0,0	2,03	0,21	5,1	0,51	26,01	2,60	8,84
2		0,0	0,0	0,0	1,05	0,0	0,0	0,0	0,0	0,74	0,0	1,8	0,18	3,24	0,32	0,55
1		0,0	0,0	0,0	0,0	0,0	0,50	0,0	0,0	0,0	0,0	0,50	0,05	0,25	0,03	0,25

288 VII Ökologie

zwischen den Gruppen mit der Varianz innerhalb der Gruppen – bis auf zufällige Abweichungen – übereinstimmen.

Diese beiden Varianzen werden verglichen (F-Test). Man bildet einen Quotienten aus der größeren durch die kleinere Varianz und erhält einen umso stärker von 1 abweichenden Wert, je unwahrscheinlicher die Nullhypothese ist. Aus Tabellen (vgl. Tab. VII, 11) kann man die Grenzwerte für bestimmte Signifikanzschwellen entnehmen.

Berechnungsbeispiele. Wir führen eine Varianzanalyse am Beispiel der Gallenverteilung von Neuroterus quercus-baccarum auf Eichenblättern durch. Hierzu benötigen wir die Werte der Tabelle VII, 10 a.
Es wird zunächst berechnet:
(1) die Summe der Beobachtungswerte Sx
(2) der Gruppenmittelwert Sx/n
(3) die Quadrate der Gruppensummen $(Sx)^2$
(4) der Quotient $(Sx)^2/n$
(5) die Quadratsummen der Einzelwerte Sx^2 (diese Werte sind in die Spalten 11–15 von Tab. VII, 10a bereits eingetragen)
Hieraus wird nun errechnet:
(6) die Summe aller Sx
$SSx = 4,3 + 10,5 + \ldots + 4,1 = 120,2$
(7) das allgemeine Korrekturglied C. Man erhält es, indem man SSx quadriert und durch die Summe Sn aller Einzelbeobachtungen dividiert
$$C = \frac{(SSx)^2}{Sn} = \frac{14448,04}{100} = 144,4804$$
(8) die Summe der Werte von (4) für alle Gruppen
$S((Sx)^2/n) = 1,849 + 11,025 + \ldots + 1,681 = 172,27$
(9) von diesem (in 8) gewonnenen Wert wird das Korrekturglied C abgezogen
$S((Sx)^2/n) - C = 172,27 - 144,4804 = 27,7896$
Dieser Wert ist die Summe der Abweichungsquadrate zwischen den Gruppen
(10) die Summe der Werte von (5) SSx^2 für alle Gruppen:
$SSx^2 = 4,790 + 15,413 + \ldots + 6,389 = 294,426$
(11) von dieser Zahl wird die Summe von (8) subtrahiert:
$SSx^2 - S((Sx)^2/n) = 294,426 - 172,27 = 122,156$

Dieser Wert ist die Summe der Abweichungsquadrate innerhalb der Gruppen.
(12) aus (9) berechnet man die Varianz zwischen den Gruppen. Man dividiert hierzu den erhaltenen Wert durch die um eins verminderte Zahl der Gruppen:
$$V_z = \frac{27,7896}{10-1} = 3,0877$$
(13) aus (11) berechnet man die Varianz innerhalb der Gruppen. Man dividiert hierzu den erhaltenen Wert durch die um die Anzahl der Gruppen verminderte Gesamtzahl der Beobachtungen:
$$V_i = \frac{122,156}{100-10} = 1,3573$$
(14) man ermittelt aus (12) und (13) das Varianzverhältnis F:
$$F = \frac{3,0877}{1,3573} = 2,2749$$

Das berechnete F hat in diesem Falle $10 - 1 = 9$ und $100 - 10 = 90$ Freiheitsgrade. Aus Tabelle VII, 11 entnimmt man, daß dieser Wert bei einer Irrtumswahrscheinlichkeit von 5% signifikant ist. Das heißt, vorbehaltlich einer 5%igen Irrtumswahrscheinlichkeit, sind die Gallen von Neuroterus quercus-baccarum auf den Blattunterseiten nicht gleichmäßig verteilt.

Nach gleichem Muster kann die Varianzanalyse für die Verteilung der Gallen von Neuroterus numismalis (und weiterer Arten) durchgeführt werden.

In der Medizin ist die Varianzanalyse die klassische Methode, um bei simultaner Behandlung von Patientengruppen mit verschiedenen Präparaten herauszubekommen, ob sich eine der Behandlungsmethoden in ihrer Wirkung von den übrigen deutlich abhebt.

Eine besondere Bedeutung der Varianzanalyse bei der Auswertung von Versuchsergebnissen liegt darin, daß sie erlaubt, zwischen verschiedenen Faktoren, die auf die Gesamtvariabilität einen Einfluß haben, zu unterscheiden. Dadurch kann man bestimmte Störfaktoren ausschalten und das Versuchsergebnis dadurch verbessern.

Die Treppenkurven (Abb. VII, 17) zeigen, daß man zwischen den beiden Arten Neuroterus numismalis und N. quercus-baccarum eine schwache negative Korrelation vermuten kann. Hat man durch die Varianzanalyse nachgewiesen,

Tabelle VII, 11: Signifikanzschwellen für das Varianz-Verhältnis F (nach Cavalli-Sforza)

Zahl der Freiheitsgrade für die größere Varianz

		1	2	3	4	5	6	8	12	24
Zahl der Freiheitsgrade für die kleinere Varianz	1	161,4	199,5	215,7	224,6	230,2	234,0	238,9	243,9	249,0	254,3
		4052	4999	5403	5625	5764	5859	5982	6106	6234	6366
	2	18,51	19,00	19,16	19,25	19,30	19,33	19,37	19,41	19,45	19,50
		98,50	99,00	99,17	99,25	99,30	99,33	99,37	99,42	99,46	99,50
	3	10,13	9,55	9,28	9,12	9,01	8,94	8,84	8,74	8,64	8,53
		34,12	30,82	29,46	28,71	28,24	27,91	27,94	27,05	26,60	26,12
	4	7,71	6,94	6,59	6,39	6,26	6,16	6,04	5,91	5,77	5,63
		21,20	18,00	16,69	15,98	15,52	15,21	14,80	14,37	13,93	13,46
	5	6,61	5,79	5,41	5,19	5,05	4,95	4,82	4,68	4,53	4,36
		16,26	13,27	12,06	11,39	10,97	10,67	10,29	9,89	9,47	9,02
	6	5,99	5,14	4,76	4,53	4,39	4,28	4,15	4,00	3,84	3,67
		13,74	10,92	9,78	9,15	8,75	8,47	8,10	7,72	7,31	6,88
	8	5,32	4,46	4,07	3,84	3,69	3,58	3,44	3,28	3,12	2,93
		11,26	8,65	7,59	7,01	6,63	6,37	6,03	5,67	5,28	4,86
	10	4,96	4,10	3,71	3,48	3,33	3,22	3,07	2,91	2,74	2,54
		10,04	7,56	6,55	5,99	5,64	5,39	5,06	4,71	4,33	3,91
	12	4,75	3,88	3,49	3,26	3,11	3,00	2,85	2,69	2,50	2,30
		9,33	6,93	5,95	5,41	5,06	4,82	4,50	4,16	3,78	3,36
	15	4,54	3,68	3,29	3,06	2,90	2,79	2,64	2,48	2,29	2,07
		8,68	6,36	5,42	4,89	4,56	4,32	4,00	3,67	3,29	2,87
	20	4,35	3,49	3,10	2,87	2,71	2,60	2,45	2,28	2,08	1,84
		8,10	5,85	4,94	4,43	4,10	3,87	3,56	3,23	2,86	2,42
	25	4,24	3,38	2,99	2,76	2,60	2,49	2,34	2,16	1,96	1,71
		7,77	5,57	4,68	4,18	3,86	3,63	3,32	2,99	2,62	2,17
	30	4,17	3,32	2,92	2,69	2,53	2,42	2,27	2,09	1,89	1,62
		7,56	5,39	4,51	4,02	3,70	3,47	3,17	2,84	2,47	2,01
	40	4,08	3,23	2,84	2,61	2,45	2,34	2,18	2,00	1,79	1,51
		7,31	5,18	4,31	3,83	3,51	3,29	2,99	2,66	2,29	1,80
	60	4,00	3,15	2,76	2,52	2,37	2,25	2,10	1,92	1,70	1,39
		7,08	4,98	4,13	3,65	3,34	3,12	2,82	2,50	2,12	1,60
	120	3,92	3,07	2,68	2,45	2,29	2,17	2,02	1,83	1,61	1,25
		6,85	4,79	3,95	3,48	3,17	2,96	2,66	2,34	1,95	1,38
		3,84	2,99	2,60	2,37	2,21	2,10	1,94	1,75	1,52	1,00
		6,64	4,60	3,78	3,32	3,02	2,80	2,51	2,18	1,79	1,00

Die Wahrscheinlichkeit, daß eine nach F verteilte Größe (wie z. B. das Verhältnis zweier Stichprobenvarianzen aus derselben normalen Grundgesamtheit) mit n_1 und n_2 Freiheitsgraden den in der Tafel angegebenen Wert übertrifft, beträgt 5% (für den jeweils oberen Wert) bzw. 1% (für den unteren Wert).

daß sich die Mittelwerte der Gallendichte auf den unterschiedlichen Blattsegmenten für beide Arten signifikant unterscheiden, so kann man nun mit einem Korrelationstest ermitteln, ob sich diese Vermutung statistisch absichern läßt (zur Durchführung eines Korrelationstestes vgl. Kap. VII, D 4).

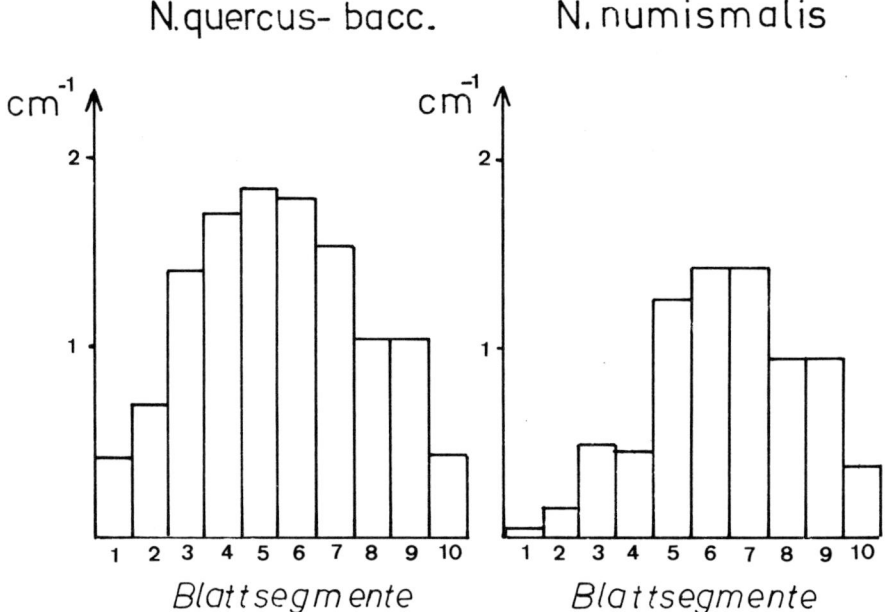

Abb. VII, 17: Unterschiedliche Verteilung von Linsengallen-Arten auf Blattsegmenten von Stieleichen-Blättern. (Werte aus der gerasterten Spalte von Tab. VII, 10).

DRITTE VERSUCHSGRUPPE

Besondere Anpassungen

5 Xerophyten und Hygrophyten

Material und Geräte

Zweige der Besenheide (Calluna vulgaris)
Blätter von Dipteracanthus portellae (= Ruellia portellae)
Blattstücke von Dasylirion acrotrichum
(die beiden letztgenannten Arten werden häufig in Botanischen Gärten gehalten; es eignen sich auch andere Vertreter der genannten Gattungen).
Das Material kann frisch oder fixiert verwendet werden (Fixierung mit Alkohol/Formol/Eisessig, Aufbewahrung in 70%igem Alkohol).
Sudan-III-Farblösung (Ansatz: 0,1g Farbstoffpulver in 50 ml 96%igem Alkohol lösen, dann 50 ml reines Glycerin zufügen).
Mikroskop und Zubehör
Handmikrotom und Styropor (notfalls statt Handmikrotom auch Rasierklingen).

a) Problemstellung

Die Pflanzen sind in das hohe Wasserpotentialgefälle zwischen Boden und Luft eingespannt. Dabei liegt das höchste Teilpotentialgefälle zwischen Blattinterzellularen und Außenluft. Durch Änderung des Leitungswiderstandes läßt sich an dieser Stelle die Wasserbilanz am besten beeinflussen und regulieren. Die Regulation erfolgt durch die Spaltöffnungen. Besonders wirkungsvoll sind die Regulationsmöglichkeiten bei Pflanzen trockener Standorte (Xerophyten). Durch besondere Einrichtungen ist der Leitungswiderstand R_{I-L} (vgl. C 3c) stark heraufgesetzt, gleichzeitig besitzen diese Pflanzen meistens eine hohe Spaltöffnungsdichte, so daß R_{I-L} bei günstigen Bedingungen sehr rasch weit herabgesetzt werden kann.
Einige Beispiele (Erhöhung von R_{I-L}):
Reduktion der transpirierenden Oberfläche:
Nadelblättrigkeit (Coniferen, Ericaceen, Rosmarin), «Rutensträucher», bei denen Blätter ganz oder weitgehend reduziert sind und die Sproßsysteme die Assimilation und Transpiration übernommen haben (Besenginster, Ephedra-Arten,

Euphorbia-Arten, viele Chenopodiaceen der Trockengebiete); Blattsukkulenz (vor allem Crassulaceen, Chenopodiaceen, Liliaceen, Agavaceen).

Reduktion des ganzen Sproßsystems: verbunden mit «Stammsukkulenz« (Kakteen, Euphorbien, Stapelien, Senecio-Arten, Cissus-Arten u. a.) oder Blattsukkulenz (Aizoaceen: «Lebende Steine», vgl. Abb. VII, 18).

Erhöhung des Durchlaßwiderstandes der Epidermis: Dicke Kutikula und Wachsüberzüge (z. B. Agaven, Aloe-Arten, Stechpalme, Efeu, Mistel, Gummibaum, Wachsdolde, Kranzschlinge u.v.a. Zimmerpflanzen).

Herabsetzung des Potentialgefälles an der Pflanzenoberfläche: Schaffung unbewegter Lufträume über den transpirierenden Teilen durch abgestorbene (weiße) Haare («Greisenhaupt»-Kakteen, Königskerzen, Katzenpfötchen, Ruhrkraut-Arten, Asch-Greiskraut); Spaltöffnungen in Höhlen (Oleander; Rollblätter verschiedener Ericaceen Abb. VII, 19 a). Spaltöffnungen eingesenkt (Agaven, Aloe-Arten, Fucrea, Dasylirion, Cycas, Taxus Abb. VII, 19 b).

Pflanzen feuchter Standorte (Hygrophyten) mit beständig hoher Luftfeuchtigkeit haben genau die entgegengesetzten Probleme, wie die Trockenpflanzen. Hier kann das geringe Wasserpotentialgefälle zwischen Boden und Luft die Transpiration so stark verringern, daß sie zum notwendigen Stofftransport (Mineralsalze) nicht mehr ausreicht. Neben der Fähigkeit zur aktiven Wasserabscheidung (Guttation) haben die Feuchtpflanzen (Hygrophyten) deshalb meist Einrichtungen, die R_{I-L} herabsetzen und W_{I-L} erhöhen: Durch große, dünne Blattspreiten wird die transpirierende Oberfläche erhöht, eine weitere Oberflächenvergrößerung bewirkt das Auswachsen von Epidermiszellen zu Papillen oder Haaren, die Stomata sind häufig über die Epidermis erhoben, wodurch der «Randeffekt» (vgl. Bd. I, VII) erhöht wird. Das Wurzelsystem der Hygrophyten ist in der Regel nur wenig entwickelt. Die oberirdischen Pflanzenteile sind viel voluminöser als die unterirdischen. Sehr gut läßt sich das zum Beispiel beim Großen Springkraut demonstrieren, dessen sehr kleines Wurzelsystem sich leicht am Stengel aus dem Boden ziehen läßt.

Wir wollen die morphologischen Besonderheiten von Xerophyten und Hygrophyten an drei Bei-

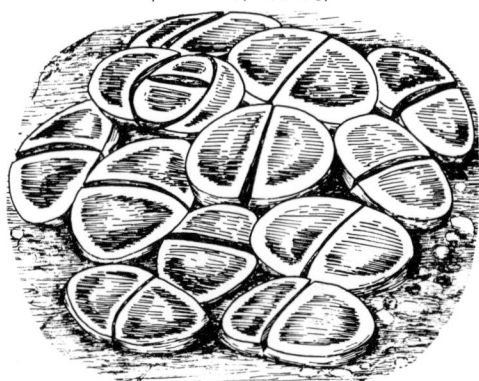

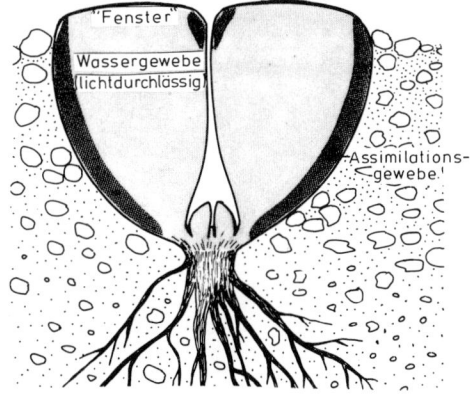

Abb. VII, 18: Anpassungen an Trockenheit (Xerophyten) (a nach Francé).

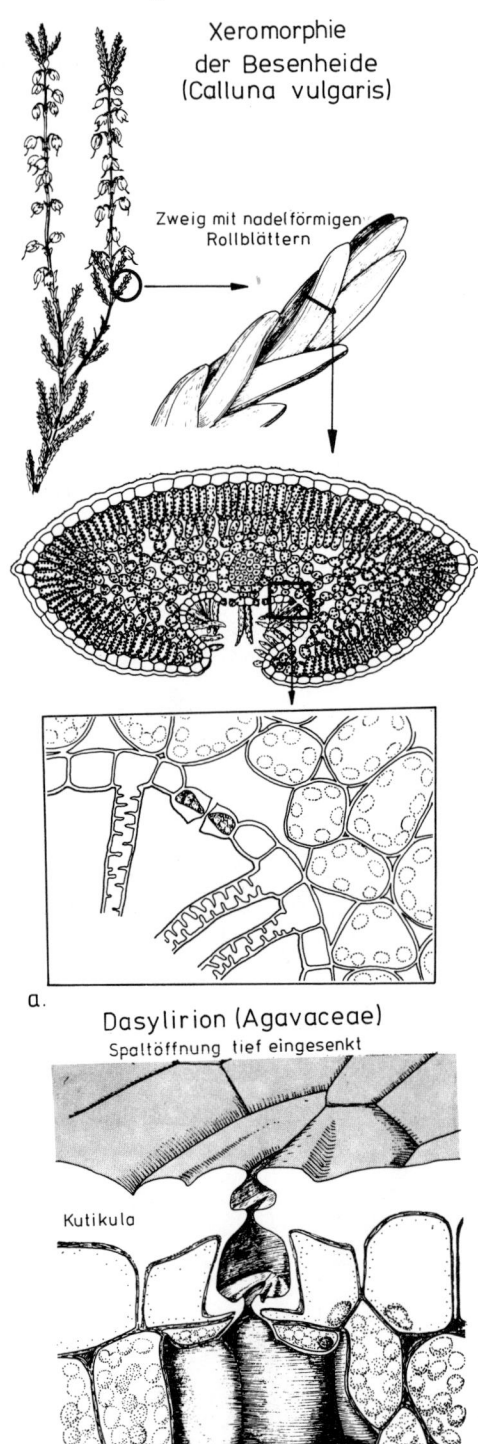

spielen untersuchen. Viele der oben genannten Arten wären für diese Untersuchungen ähnlich gut geeignet. Mit Dasylirion und Ruellia haben wir zwei besonders extreme Vertreter ausgewählt.

Die Besenheide dagegen ist ein Objekt, das überall in Deutschland und zu jeder Jahreszeit gut erreichbar ist.

b) Das Rollblatt der Besenheide
(Abb. VII, 19 a)

Die Besenheide hat ihren Verbreitungsschwerpunkt in der alpinen Stufe sowie in der nördlich-borealen und polaren Klimazone, außerdem in den atlantisch – subatlantischen Heidegebieten und auf Moorböden. Der immergrüne Zwergstrauch läuft vor allem während der kalten Jahreszeit Gefahr, auszutrocknen. Die winzigkleinen, immergrünen Blättchen sind – ähnlich wie bei einer Reihe anderer Ericaceen (Krähenbeere, Glockenheide, Moosbeere, Rosmarinheide) eingerollt. Dadurch liegt die Blattunterseite mit den Spaltöffnungen in einer tiefen Furche. Außerdem sorgen Haare in dieser Furche für eine Herabsetzung der Luftturbulenz. Die Wirkung austrocknender Winde, die sowohl oberhalb der Waldgrenze als auch in den atlantischen Heidegebieten erhebliche Stärken erreichen können, wird dadurch abgeschwächt.

Aufgabe: Untersuchen und skizzieren Sie ein Ästchen mit Rollblättern unter dem Binokular. Fertigen Sie einen Querschnitt durch ein Rollblatt an.

Zeichnung. Übersicht über den Blattquerschnitt (histologischer Aufbau) und Ausschnitt aus der eingesenkten Blattunterseite mit Haaren und Spaltöffnung.

c) Der Blattbau von Dasylirion
(Abb. VII, 19 b)

Die Agavacee Dasylirion acrotrichum ist in den Trockengebieten Kaliforniens, Texas und Mexikos beheimatet. Auf kurzem Stamm trägt die

---

Abb. VII, 19: Xerophyten a) Besenheide (Calluna vulgaris, Ericaceae): Rollblätter mit Rille auf der Blattunterseite, in der die Spaltöffnungen liegen; durch Haare wird die Luftturbulenz in der Rille zusätzlich herabgesetzt. b) tief eingesenkter und mit komplizierten Kutikularleisten geschützter Spaltöffnungsapparat von Dasylirion (Agavaceae).

Pflanze einen Schopf meterlanger, harter, schmaler Blätter. Wir fertigen einen Querschnitt und einen Flächenschnitt der Blattoberfläche an. Der Querschnitt wird zum Anfärben der Kutikula einige Minuten in Sudan-III-Farblösung eingelegt.

Querschnitt. Wir orientieren uns zunächst bei schwacher mikroskopischer Vergrößerung über den Blattaufbau: Es handelt sich um ein unifaziales Blatt, das heißt, eine Differenzierung in Unter- und Oberseite fehlt. Dicht unter der Epidermis liegen – rund um das Blatt herum – breite Sklerophyllbänder, die im Querschnitt durch die sehr stark verdickten, leuchtend weißen Wände ihrer Zellen auffallen. In ihrem unteren (inneren) Teil umschließen sie meistens ein Leitbündel. Das Assimilationsgewebe ist auf die Zwischenräume zwischen den Sklerophyllbändern beschränkt. Nur über diesen photosynthetisch aktiven Gewebepartien finden sich Spaltöffnungen.

Das Zentrum des Blattes ist von großen Wasserspeicherzellen ausgefüllt.

Bei stärkerer Vergrößerung betrachten wir nun die Epidermis und einen Spaltöffnungsapparat. Der Epidermis ist eine außerordentlich mächtige Kutikularschicht aufgelagert (bis zu 40 µm dick). Die Stomata sind extrem eingesenkt: Wie Abb. VII, 19 b zeigt, gliedert sich die äußere Atemhöhle in zwei Etagen. Die vorspringenden Leisten über den Schließzellen bilden einen zentralspaltähnlichen Engpaß.

Im Flächenschnitt sind keine Spaltöffnungen zu sehen. Wir erkennen nur die Außenöffnungen des «Schachtes», der zu den Schließzellen führt.

Zeichnungen. Übersicht über den Blattquerschnitt (histologischer Aufbau); Detailzeichnung eines Spaltöffnungsapparates im medianen Querschnitt mit Nebenzellen und angrenzenden Epidermiszellen. Die Dicke der im Präparat durch Sudan-III rotgefärbten Kutikula soll eingezeichnet werden.

Skizze eines kleinen Ausschnitts der Blattoberfläche mit den Außenöffnungen der äußeren Atemhöhlen.

d) Der Blattbau von Dipteracanthus portellae

Als Kontrast zu Dasylirion wollen wir uns den Blattaufbau eines tropischen Hygrophyten aus der Krautschicht des brasilianischen Regenwaldes ansehen: Dipteracanthus portellae aus der Familie der Acanthaceen. Die Blätter tragen eine weiße Aderzeichnung und haben ein samtiges Aussehen.

Querschnitt. Die Anfertigung von brauchbaren Querschnitten ist bei den dünnen, weichen Blättern von Hygrophyten nicht einfach. Es empfiehlt sich, in Alkohol/Formol/Eisessig fixiertes und anschließend in Alkohol gehärtetes Material zu verwenden.

Im Querschnitt fallen die großen, nach außen dreieckig vorgewölbten Epidermiszellen auf, die auf der Blattunterseite durch Anthocyane rot gefärbte Vakuolen besitzen. Die Außenwände dieser Zellen sind sehr dünn und – wie die Anfärbung mit Sudan-III zeigt – nur von einer sehr dünnen Kutikula bedeckt. Die voluminösen, wasserreichen Zellen dienen möglicherweise als Wasserspeicher während der etwas trockeneren Mittagsstunden. Vermutlich wirken die oberen Epidermiszellen auch als Sammellinsen, die eine besonders gute Lichtausnutzung durch das Assimilationsparenchym gewährleisten. Neben den papillenartigen Vorwölbungen gehen von vielen Epidermiszellen auch noch Haare aus. Auf die basale Epidermiszelle ist eine weitere, zartwandige Zelle aufgesetzt, deren Zellkern sich gut beobachten läßt. Das Plasma der Haarzelle zeigt häufig eine intensive Strömung.

Die Stomata sitzen auf Kegeln kleiner Zellen, die über die Epidermis hinausragen.

Das Assimilationsparenchym besteht aus einer Schicht kurzer Palisadenzellen und ein bis zwei Schichten lockerer, kleiner Schwammzellen.

Aufgaben. Übersicht über den Blattquerschnitt (histologischer Bau); Detailzeichnung eines Spaltöffnungsapparates mit den kegelförmig vorgewölbten, kleinen Nachbarzellen.

Fertigen Sie eine tabellarische Gegenüberstellung der Morphologie und Histologie der Blätter von Dasylirion und Dipteracanthus an.

6 Hochleistungspflanzen (C_4-Pflanzen) (Abb. VII, 20)

Material und Geräte

Jungpflanzen vom Mais und von der Pferdebohne (vollturgeszente Blätter, die nach dem Abschneiden einige Zeit ins Wasser gestellt wurden, können ebenfalls verwendet werden).

Flüssigkeitsindikator (z. B. Merck 4–10, oder Tetra für den pH-Bereich 7–10, oder Bromthymolblau oder pH-Elektrode).

Bikarbonat-Meßlösung: 83 mg NaHCO₃ und 7326 mg KCl in 1000 ml dest. und frisch abgekochtem Wasser lösen
Pipette (10 ml)
Meßbecher (500 ml)
dichtverschließbare Gläser (z. B. Gurkengläser, Saftflaschen etc.) mit eingeklebtem 10 ml Schnappdeckelglas.
Schere
Spritzflasche
Mikroskop und Zubehör
Styropor oder Holundermark
Handmikrotom oder Rasierklingen

a) Problemstellung

Einige «Hochleistungspflanzen», wie Mais, Hirse und Zuckerrohr besitzen einen besonderen Mechanismus der CO_2-Aufnahme, der auch noch bei intensiver Belichtung mit dem auf Hochtouren laufenden Lichtreaktionen der Photosynthese Schritt halten kann. Außerdem befähigt dieser Mechanismus die Pflanzen, den CO_2-Gehalt der Luft wesentlich besser auszunützen: Führt eine Pflanze bei sättigender Belichtung in einem abgeschlossenen Luftraum Photosynthese durch, so stellt sich nach einiger Zeit ein Gleichgewicht zwischen der photosynthetischen CO_2-Aufnahme und der respiratorischen CO_2-Abgabe ein. Dieser CO_2-Kompensationspunkt liegt bei normalen Pflanzen zwischen 0,01 und 0,005 Vol.%, bei «Hochleistungspflanzen» dagegen unter 0,000 5 Vol.% CO_2 (Normale atmosphärische Luft enthält 0,03–0,04 Vol.% CO_2).

Verantwortlich für diese gute Ausnützung des CO_2 ist ein besonderes Enzym, die Phosphoenolbrenztraubensäure-Carboxylase (PEP-Carboxylase), mit deren Hilfe diese Pflanzen auch noch bei sehr niedrigen CO_2-Konzentrationen Phosphoenolbrenztraubensäure, ein Zwischenpro-

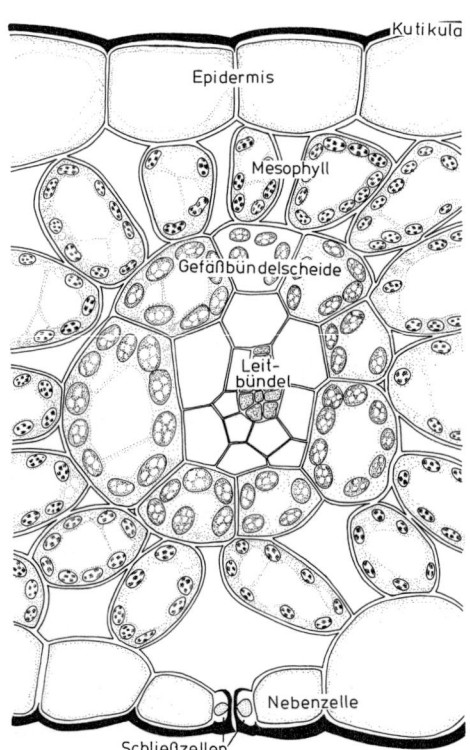

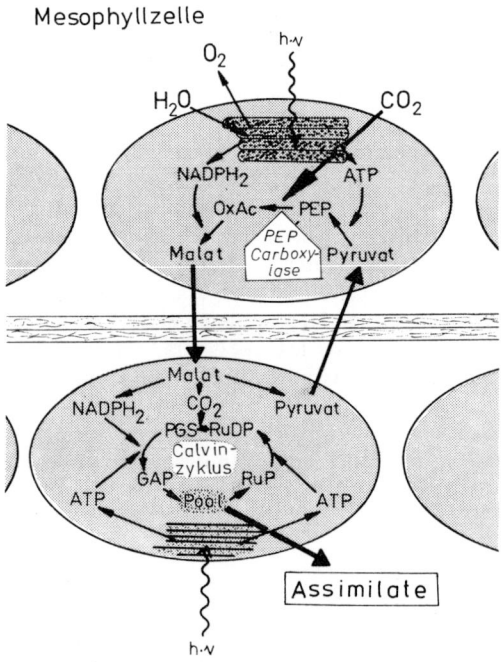

Abb. VII, 20: C_4-Pflanze (Mais): Blattanatomie und Physiologie der Photosynthese.

dukt der Kohlenhydratdissimilation, zu Oxalsäure carboxylieren können. Durch Malatdehydrogenase wird dieses Molekül zu Äpfelsäure reduziert. Die Äpfelsäure ist eine Dicarbonsäure mit 4 C-Atomen, weshalb man auch von einem C_4-Dicarbonsäureweg und von C_4-Pflanzen im Unterschied zu den normalen C_3-Pflanzen spricht, die nach Einbau von CO_2 in Ribulosediphosphat einen C_3-Körper, die Phosphoglycerinsäure, bilden. Die Äpfelsäure dient nun als CO_2-Lieferant für den normalen Calvin-Zyklus: Sie zerfällt in CO_2 und Brenztraubensäure.

In der Regel wird die Äpfelsäure nicht in derselben Zelle, in der sie unter CO_2-Aufnahme produziert wurde, weiterverarbeitet, sondern an Nachbarzellen weitergeleitet, die sich für die Assimilatebildung spezialisiert haben. Häufig ist diese Spezialisierung in Malat-bildende und Assimilate-bildende Zellen, die beide ihre Energie und ihre Reduktionsäquivalente aus den Lichtreaktionen der Photosynthese gewinnen, auch morphologisch zu erkennen: Die malatbildenden Mesophyllzellen besitzen Chloroplasten mit normalen Granathylakoiden. Sie enthalten nur wenig Stärke und sind radial um die stärkespeichernden, chlorophyllhaltigen Gefäßbündelscheiden angeordnet. Die Chloroplasten der Bündelscheidenzellen enthalten kaum Granastrukturen. In den Zellen der Bündelscheiden wird Malat zunächst wieder in Brenztraubensäure und CO_2 zerlegt. Das CO_2 wird dann vom Ribulose-1,5-diphosphat abgefangen und in den Calvin-Zyklus eingeschleust, das Pyruvat geht wieder an die Mesophyllzellen zurück, wo es mit Hilfe der PEP-Carboxylase neue CO_2-Moleküle aufnehmen kann.

Nach den Entdeckern wird dieser Zyklus auch Hatch-Slack-Kortschak-Weg genannt (veröffentlicht 1966).

Diese besonders intensive CO_2-Ausnützung erlaubt bei optimalen Licht- und Wasserverhältnissen eine höhere Stoffproduktion. Unter natürlichen Bedingungen liegt jedoch die ökologische Bedeutung des C_4-Mechanismus vermutlich vor allem in der Wassereinsparung: Die C_4-Pflanzen stammen alle aus ariden oder semiariden Gebieten. Bei gleicher Außenkonzentration von CO_2 können sie ihre Spaltöffnungen wesentlich weiter geschlossen halten als C_3-Pflanzen, um eine positive Photosynthesebilanz zu erreichen. Als Durchschnittswert hat man errechnet, daß C_4-Pflanzen bei 35° Außentemperatur etwa 0,5 l Wasser für die Synthese von 1 g

Trockensubstanz aufnehmen müssen, während die C_3-Pflanzen dafür etwa 5 l benötigen!

Wir wollen zunächst diese unterschiedliche CO_2-Ausnützung nachweisen und anschließend die histologischen Unterschiede im Blattbau von C_3- und C_4-Pflanzen untersuchen.

b) Nachweis der unterschiedlichen CO_2-Ausnützung durch C_3- und C_4-Pflanzen

Füllt man in ein luftdicht schließendes Gefäß eine verdünnte wässrige Bikarbonatlösung, so steht die CO_2-Konzentration der Luft im Gleichgewicht mit der CO_2-Konzentration der Lösung:

$$CO_{2\,luft} \leftrightharpoons CO_{2\,wasser}$$

$$\frac{[CO_{2\,luft}]}{[CO_{2\,wasser}]} = konstant$$

Zwischen dem im Wasser gelösten CO_2 und der gelösten Kohlensäure stellt sich ebenfalls ein Gleichgewicht ein:

$$CO_2 + H_2O \rightleftharpoons H_2CO_3$$

$$\frac{[H_2CO_3]}{[CO_{2\,wasser}][H_2O]} = konstant$$

Die Kohlensäure schließlich disoziiert reversibel:

$$H_2CO_3 \rightleftharpoons HCO_3^- + H^+$$

$$\frac{[H_2CO_3]}{[HCO_3^-] \cdot [H^+]} = konstant$$

So steht also die Wasserstoffionenkonzentration der Lösung über mehrere Teilgleichgewichtsreaktionen im Gleichgewicht mit dem CO_2-Partialdruck des darüber befindlichen Gasraums (Abb. VII, 21).

Abb. VII, 21

Eine Erhöhung der CO_2-Konzentration im Luftraum führt auch zu einer Erhöhung der H^+-Konzentration in der Lösung, während eine CO_2-Verringerung sich an einer Verminderung der H^+-Ionenkonzentration niederschlägt.

Bringt man eine grüne Pflanze in das luftdicht abgeschlossene Reaktionsgefäß, so kann man aus dem pH-Wert der Bikarbonatlösung auf den CO_2-Verbrauch durch Photosynthese schließen.

Da C_4-Pflanzen der Luft mehr CO_2 entziehen können als C_3-Pflanzen, müßte sich der pH-Wert der Lösung im Reaktionsgefäß im ersten Falle stärker erhöhen als im zweiten Falle.

Dabei gilt größenordnungsmäßig, daß eine Erhöhung des pH um 1 (Verminderung der H^+-Konzentration um eine Zehnerpotenz) einer Verminderung der CO_2-Konzentration um eine Zehnerpotenz entspricht.

Die absoluten Werte sind abhängig von der Alkalinität, das heißt also der Bikarbonat-Konzentration der Lösung und der Temperatur. Für eine 0,001 n $NaHCO_3$-Lösung gelten nach Lange (1956) die in Tab. VII, 12 angegebenen Werte.

Tabelle VII, 12: Der Zusammenhang zwischen CO_2-Partialdruck und pH-Wert einer 0,001 N $NaHCO_3$ + 0,099 N KCl Lösung (nach der Formel von O. L. Lange[1], 1956, berechnet)

pH-Wert der Bikarbonat-Lösung	\	CO_2-Partialdruck des Gasraumes (in atm) (daraus multipliziert mit 100: Vol% CO_2)		
	10	15	20	25 °C
6,0	0,0316	0,0354	0,0405	0,0454
6,2	0,0201	0,0225	0,0258	0,0289
6,4	0,0128	0,0144	0,0164	0,0184
6,6	0,0082	0,0091	0,0105	0,0117
6,8	0,0052	0,0058	0,0067	0,0075
7,0	0,0033	0,0037	0,0042	0,0047
7,1	0,0026	0,0030	0,0034	0,0038
7,2	0,0021	0,0024	0,0027	0,0030
7,3	0,0017	0,0019	0,0022	0,0024
7,4	0,0013	0,0015	0,0017	0,0019
7,5	0,0011	0,0012	0,0014	0,0015
7,6	0,00085	0,00096	0,0011	0,0012
7,7	0,00068	0,00076	0,00087	0,00098
7,8	0,00054	0,00061	0,00070	0,00078
7,9	0,00043	0,00049	0,00056	0,00062
8,0	0,00035	0,00039	0,00044	0,00050
8,1	0,00028	0,00031	0,00035	0,00040
8,2	0,00022	0,00025	0,00028	0,00032
8,3	0,00018	0,00020	0,00023	0,00025
8,4	0,00014	0,00016	0,00018	0,00020
8,5	0,00011	0,00013	0,00014	0,00016
8,6	0,00009	0,00010	0,00011	0,00013
8,7	0,00007	0,000080	0,000091	0,00010
8,8	0,000057	0,000064	0,000073	0,000082
8,9	0,000045	0,000051	0,000058	0,000065
9,0	0,000036	0,000041	0,000046	0,000052
9,2	0,000023	0,000026	0,000030	0,000033
9,4	0,000015	0,000016	0,000019	0,000021
9,6	0,000009	0,000011	0,000012	0,000013
9,8	0,000006	0,000007	0,000008	0,0000085
10,0	0,000004	0,000004	0,000005	0,0000054

[1] $1{,}02 \log p = a - pH$
 p : CO_2-Partialdruck
 a : temperaturabhängiger Faktor

Arbeitet man mit einer pH-Indikatorlösung, so kann man nach diesen Werten eine ungefähre quantitative Messung des CO_2-Gehaltes im Luftraum vornehmen. Etwas exakter kann man mit einer pH-Elektrode arbeiten. Bei intensiver Belichtung stellt sich der CO_2-Kompensationspunkt nach 1–2 Stunden ein. Der Konzentrationsausgleich des CO_2 zwischen Luftraum und Lösung wird beschleunigt, wenn man das Reaktionsgefäß ab und zu schüttelt.

Versuchsansatz

(1) *Durchführung als Laborversuch*
Reaktionsgefäße (250 ml Weithalserlenmeyerkolben mit eingeklebten 20 ml Schnappdeckelgläschen) werden gründlich gereinigt und mit destilliertem Wasser ausgespült. Dann werden 10 ml einer Bikarbonat-Meßlösung (0,001 N $NaHCO_3$ + 0,099 N KCl) auf den Boden pipettiert und jeweils 14 Tropfen Tetra-Indikatorlösung (Bereich pH 7,8–9) zugegeben. Statt des Indikators kann auch eine pH-Elektrode in das Versuchsgefäß eingebaut werden. Diese Lösung sollte nun gelblich gefärbt sein. Ist sie schon grünlich oder blaugrün, dann bläst man solange Atemluft mit der Pipette durch die Lösung, bis sich die CO_2-Konzentration so stark erhöht hat, daß der pH-Wert unter 8 abgesunken ist. Man füllt nun die Einsätze mit dest. Wasser. Dann werden zwei Einsätze mit einem Maisblatt, zwei mit einem Pferde- oder Gartenbohnenblatt beschickt. Die Blätter sollen abgeschnitten und sehr rasch mit der Schnittfläche ins Wasser gebracht werden. Sie dürfen auf keinen Fall ihre Turgeszenz verlieren, da sich sonst die Spaltöffnungen schließen und keine positive Photosynthesebilanz mehr erreicht werden kann. Zwei Ansätze bleiben als Blindproben ohne Versuchspflanzen. Nun werden ein Reaktionsgefäß mit einer Bohne, eines mit einem Maisblatt und eine Blindprobe mit Alufolie lichtdicht eingehüllt. Die anderen drei Ansätze stellt man ins Sonnenlicht oder vor eine helle Lichtquelle, z. B. eine Aquarien-Leuchtstoffröhre.
Durch Vergleich mit dem von der Firma Tetra mitgelieferten Colorimeter kann man den pH-Wert auf etwa 1/10 genau bestimmen. Bei C_3-Pflanzen dürfte der pH 8,7 kaum überschritten werden, während der belichtete Ansatz mit dem Maisblatt schließlich eine blaue Farbe annimmt, was einen pH von 9 oder mehr anzeigt.
Im Dunklen werden die CO_2-Konzentrationen lediglich durch die Atmung verändert (erhöht). Die gelbe Farbe der Indikatorlösung bleibt deshalb erhalten.

(2) *Durchführung als Feldversuch*
Die Methode kann auch im Gelände durchgeführt werden. Wir wollen uns in diesem Fall mit einem rein qualitativen Nachweis begnügen. Es werden dieselben Reaktionsgefäße verwandt, wie beim Laborversuch. Statt der 0,001 N Bikarbonatlösung verwendet man eine 0,0001 N $NaHCO_3$-Lösung, die durch Verdünnen mit dest. Wasser gewonnen wird. Als Indikator dient Bromthymolblau, von dem man eine konzentrierte alkoholische Lösung mitführt. Beim Ansatz werden der Bikarbonatlösung, von der man ebenfalls jeweils 10 ml in ein Reaktionsgefäß füllt, 1 Tropfen Bromthymolblaulösung zugesetzt.
Nur von C_4-Pflanzen wird unter diesen Bedingungen bei optimalem Lichtgenuß ein Umschlag des Indikators bis zu tiefblau erreicht (Fehlerquelle: Ist die Bikarbonatkonzentration der Reaktionslösung nicht exakt eingestellt, so wird das Ergebnis verfälscht. Insbesondere eine zu hohe Konzentration kann dazu führen, daß auch von den C_3-Pflanzen ein Umschlag bis zur reinblauen Lösung erreicht wird).
Als Testobjekte empfehlen sich verschiedene Kulturpflanzen, wie Bohnen, Getreidearten, Kartoffeln, Rüben.

c) *Histologische Unterschiede der Blätter von C_3- und C_4-Pflanzen*

In Bd. I, Kap. X wird der Bau eines «normalen» bifacialen Laubblattes behandelt: Das Assimilationsgewebe ist horizontal gegliedert in die Schicht des Palisadenparenchyms und des Schwammparenchyms. Die Blattadern erscheinen mehr oder weniger hell, da an diesen Stellen kein Assimilationsparenchym ausgebildet ist.
Im Gegensatz dazu zeigen die C_4-Pflanzen den sogenannten «Kranztyp» des Blattaufbaus: Die Gefäßbündel sind von einer Scheide aus großen, chloroplasten- und stärkereichen Zellen umschlossen. Um diese Gefäßbündelscheide lagert sich wiederum ein konzentrischer Mantel ebenfalls chloroplastenreicher Mesophyllzellen. In der Durchsicht erscheinen deshalb bei diesen Blättern gerade die Blattadern besonders intensiv grün.
Das beste Objekt zum Studium dieses Blattbaus ist der Mais, da er zu jeder Jahreszeit in knapp zwei Wochen aus Samen gezogen werden kann (Blumentopf auf Fensterbank).

298 VII Ökologie

Tabelle VII, 13: Die charakteristischen physiologischen und strukturellen Merkmale der C_4-Pflanzen im Vergleich zu den C_3-Pflanzen. Diese Besonderheiten werden unter dem Sammelbegriff «C_4-Syndrom» zusammengefaßt (nach Schopfer, 1973).

C_4-Pflanzen	C_3-Pflanzen
1. hohe apparente Photosyntheserate (ca. 60–100 mg $CO_2 \times dm^{-2} \times h^{-1}$)	niedrige apparente Photosyntheserate (ca. 10–30 mg $CO_2 \times dm^{-2} \times h^{-1}$)
2. hohe Lichtsättigung der Photosynthese (ca. 0,6–0,9 cal $\times cm^{-2} \times min^{-1}$)	niedrige Lichtsättigung der Photosynthese (ca. 0,2 – 0,4 cal $\times cm^{-2} \times min^{-1}$)
3. $[CO_2]_c < 0{,}0005$ Vol%	$[CO_2]_c = 0{,}005 - 0{,}01$ Vol%
4. $\delta^{13}C = -15\,^0\!/\!_{00}$*	$\delta^{13}C = -30\,^0\!/\!_{00}$*
5. Blatt zeigt keine meßbare Lichtatmung	Blatt zeigt starke Lichtatmung (ca. 50% der wahren Photosyntheserate)
6. apparente Photosynthese unabhängig von $[O_2]$	apparente Photosynthese durch 21 Vol% O_2 gehemmt (Warburg-Effekt)
7. Temperaturoptimum der apparenten Photosynthese 30–40° C	Temperaturoptimum der apparenten Photosynthese 10–25° C
8. Blattanatomie: Konzentrische Schichtung der Assimilationsgewebe («Kranztyp»)	Blattanatomie: horizontale Schichtung der Assimilationsgewebe («normaler» Typ)
9. Chloroplastendimorphismus	alle Chloroplasten vom selben Typ

* Relativer Wert für den ^{13}C-Gehalt bezogen auf das $^{13}C/^{12}C$-Verhältnis eines Standardgesteines.

Wir fertigen mit Styroporblöckchen und Rasierklingen oder mit einem Handmikrotom Quer- und Längsschnitte durch ein Maisblatt an und zeichnen jeweils einen Ausschnitt mit einem Leitbündel zellulär. Zeichnen Sie bei einigen Bündelscheidenzellen und Mesophyllzellen die Chloroplasten maßstabsgetreu ein.

7 Sukkulenten

Material und Geräte
Bryophyllum tubiflorum oder B.daigremontanum («Brutblatt» oder «Goethepflanze»), Kalanchoe-, Sedum- oder Crassula-Arten
Knoblauchpresse
15 5 ml Schnappdeckelgläschen
Tiefkühlfach oder -truhe
Wasserstrahlpumpe
6 Erlenmeyerkolben m. doppelt durchbohrt. Stopfen
4 lange und 7 kurze Glasrohre, die in die Bohrungen der Stopfen passen
1 m Gummi- oder Kunststoffschlauch
T-Stück
2 Schlauchklemmen
3 Reaktionsgefäße (wie für D 6)
10%ige KOH-Lösung
Barytwasser
abgekochtes dest. Wasser (CO_2-frei)
Indikatorstäbchen (Bereich 4–7, Merck Nr. 95.4.2.)
Indikatorlösung (wie für D 6)
Sudan-III-Lösung (vgl. D 5)
0,02 N NaOH-Lösung
0,0001 N NaHCO_3-Lösung
1% alk. Phenolphtalein-Lösg.

a) Problemstellung

Viele Pflanzen trockener, strahlungsintensiver Standorte besitzen nicht nur besondere morphologische Einrichtungen, die ihre Wasserabgabe stark einschränken, sie besitzen auch besondere Gewebe, in denen sie Wasser speichern können. Erst in den fünfziger Jahren erkannte man jedoch, daß diese Sukkulenz vor allem deshalb für die Trockenpflanzen so wichtig ist, weil sie die nächtliche Speicherung von CO_2 in Form von Äpfelsäure erlaubt. Pflanzen mit einem solchen diurnalen Säurerhythmus können ihre Spaltöffnungen am Tage weitgehend geschlossen halten und dadurch viel Wasser einsparen. Im Unterschied zu den C_4-Pflanzen kommt es hier also zu einer zeitlichen Trennung von primärer CO_2-Fixierung via PEP-Carboxylase und sekundärer CO_2-Fixierung im Calvin-Zyklus. Eine negative Rückkopplung der Malatkonzentration auf die Wirksamkeit der PEP-Carboxylase verhindert, daß primäre und sekundäre CO_2-Fixierung bei Sukkulenten nebeneinander herlaufen (vgl. Abb. VII, 22).

b) Das Wasserspeichergewebe des Brutblattes

Mit Rasierklingen oder mit einem Handmikrotom werden möglichst dünne Blattquerschnitte vom Brutblatt angefertigt.
Die Epidermis besitzt auf Blattober- und Unterseite Spaltöffnungen. Sie ist von einer 1–3 μm

D Experimente und Beobachtungen 299

dicken Kutikula überzogen, die bei Färbung mit Sudan III besonders deutlich hervortritt. Das Mesophyll besteht aus sehr großen, mehr oder weniger isodiametrischen Zellen, mit großem Zellsaftraum und dünnem, wandständigem Plasmabelag. Alle Mesophyllzellen besitzen Chloroplasten. Der Zelldurchmesser beträgt 100–200 µm, Werte zwischen 130–150 sind am häufigsten.
Die verhältnismäßig kleinen Leitbündel sind in das dicke, undifferenzierte Mesophyll eingelagert.

c) Nachweis des diurnalen Säurerhythmus

Vorbereitung. Blätter des Brutblattes (oder einer anderen Sukkulenten) werden zu verschiedenen Tageszeiten (vor Beginn der Hellperiode, bei natürlicher Beleuchtung zwischen 5 und 6 Uhr, in der Mitte der Hellperiode, am Ende der Hellperiode und in der Mitte der Dunkelperiode) abgeschnitten und sofort im Tiefkühlfach eingefroren. Für jeden Praktikanten (oder für jede Arbeitsgruppe) wird ein Satz Blätter vorbereitet. Die Ergebnisse können dann gemittelt werden, so daß man von Zufälligkeiten unabhängiger wird.

Durchführung. Jedes Blatt wird mit einer Knoblauchpresse ausgepreßt. Der pH-Wert des Preßsaftes wird mit einer pH-Elektrode oder mit Indikatorpapier auf 0,1 genau bestimmt.
Die erhaltenen Werte werden in einem Diagramm dargestellt

d) Nachweis des nächtlichen CO_2-Einbaus

Versuchsanordnung. 3 Reaktionsgefäße werden wie in D 6 angesetzt.
RG 1: leer
RG 2: Blatt der Gartenbohne
RG 3: Bryophyllum-Blatt
Die Pflanzen, von denen die Blätter entnommen werden, wurden vorher mindestens 4 Stunden in

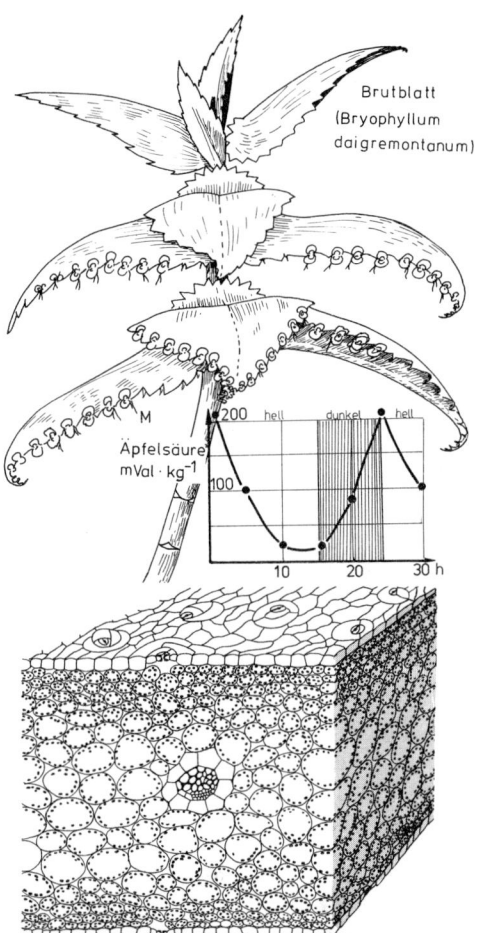

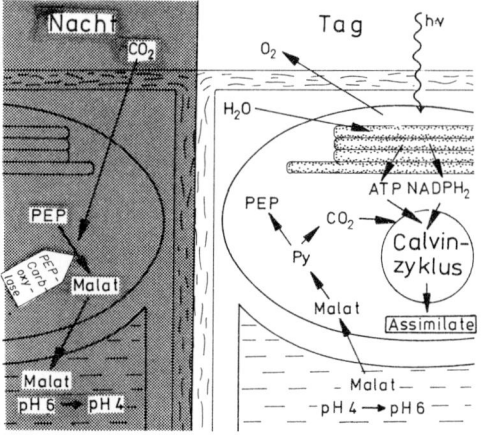

Abb. VII, 22: Biologie einer Sukkulenten (Brutblatt Bryophyllum, Crassulaceae).
Oben: Habitus.
Diagramm: Diurnaler Säurezyklus.
Mitte: Aufbau des Laubblattes: das Blattmesophyll besteht aus großen, chloroplastenarmen Wasserspeicherzellen.
Unten: Mechanismus des nächtlichen CO_2-Einbaus nach Kluge und Larcher, verändert).

hellem Sonnenlicht oder bei entsprechend heller künstlicher Beleuchtung gehalten. Nach Einbringen der Blätter werden die Reaktionsgefäße dunkel gestellt.
Ergebnis. Nur die Reaktionslösung mit dem Bryophyllumblatt färbt sich blau, da nur von dieser Pflanze auch nachts CO_2 aufgenommen wird.

e) *Nachweis des nächtlichen CO_2-Einbaus und Titration des Säuregehalts* (nach M. Kluge, 1972)

Versuchsanordnung. Je eine kleine Pflanze von Bryophyllum daigremontanum oder B. tubiflorum wird am Ende der Lichtperiode (oder nach mindestens 4stündiger starker künstlicher Beleuchtung) oberhalb des Bodens abgeschnitten und sofort in den mit abgekochtem (CO_2-freiem) Wasser gefüllten Einsatz eines Reaktionsgefäßes gestellt. Beiden Reaktionsgefäßen wird eine Waschflasche mit CO_2-freiem Wasser vorgeschaltet. Zur Entfernung des Luft-Kohlendioxids schaltet man vor die eine Probe noch eine Waschflasche mit Natronasbest und mit 10%iger KOH. Mit einer Wasserstrahlpumpe wird nun durch beide Reaktionsgefäße ein möglichst gleichstarker Luftstrom gesaugt (Einregulierung mit zwei Schlauchklemmen).
Man läßt diese Anordnung die Nacht über stehen.
Auswertung. Am Ende der Dunkelperiode werden die Pflanzen den RGs entnommen und im Tiefkühlfach eingefroren. Nach dem Wiederauftauen lassen sich die Blätter sehr leicht mit einer Knoblauchpresse auspressen. Der Preßsaft wird gefiltert. Zur Bestimmung des Säuregehaltes pipettiert man 1 ml Preßsaft in ein 20 ml Erlenmeyerkölbchen, fügt 3 ml dest. Wasser zu und 3 Tropfen einer 1%igen, alkoholischen Phenolphtalein-Lösung. Dann titriert man mit 0,02 N NaOH-Lösung bis zum Umschlagpunkt farblos-rotviolett (Rosafärbung muß nach Schwenken des Erlenmeyerkölbchens noch mindestens 60 s erhalten bleiben).
1 ml 0,02 N NaOH entspricht 1,34 mg Äpfelsäure. Die Werte werden protokolliert.
Der Säuregehalt der bei CO_2-feier Atmosphäre gehaltenen Pflanzen sollte deutlich geringer sein.

VIERTE VERSUCHSGRUPPE

Bestimmung der Populationsgröße

Bei einer Reihe von ökologischen Fragestellungen geht es zunächst darum, wie groß bestimmte Tier- oder Pflanzenpopulationen zu einem bestimmten Zeitpunkt sind, und wie sich diese Populationen im Laufe der Zeit verändern. Aus der Populationsgröße lassen sich verschiedene Rückschlüsse ziehen: So kann man zum Beispiel bei einem starken Bienenvolk eine größere Ausbeute erwarten als bei einem schwachen. Ein großer Staat der Roten Waldameise (Formica rufa) wird in einem gegebenen Waldareal einer Schädlingskatastrophe besser begegnen können als ein kleiner.
Will man geeignete Bekämpfungsmaßnahmen gegen einen Schädlingsbefall treffen, so ist es notwendig, sich zunächst über die Stärke des Befalls, das heißt die Individuendichte der Schädlinge zu informieren.
Verfolgt man die Populationsgrößen über längere Zeiträume, so lassen sich Aussagen über Fluktuationen der Population sowie über Lebensdauer, Geburten- und Sterberate ihrer Individuen machen.
Ökosysteme setzen sich aus Populationen verschiedener Tier- und Pflanzenarten zusammen. Wenn es darum geht, quantitative Aussagen über Stoff- und Energieflüsse in einem Ökosystem und in den Nahrungsketten des Ökosystems zu machen, ist es notwendig, die Populationsgrößen der einzelnen Kettenglieder zu kennen. Für das «Verhalten» eines Ökosystems, z. B. seine Stabilität gegen Störwirkungen, sind die relativen und absoluten Populationsgrößen sowie ihre periodischen und aperiodischen Schwankungen von großer Bedeutung.
Die Individuendichte einer Pflanzenpopulation läßt sich relativ leicht bestimmen. Bei tierischen Populationen bereiten solche Bestimmungen jedoch wegen der freien Ortsbeweglichkeit wesentlich größere Schwierigkeiten. Nur in wenigen Fällen ist es möglich, sämtliche Individuen innerhalb eines natürlichen Lebensraumes zu zählen. Als Beispiel könnte der Bestand an Rotwild in einem Jagdrevier genannt werden, der dem Jäger im allgemeinen sehr gut bekannt ist.

Die verschiedenen Wasservogelpopulationen des Bodensees werden alljährlich mit großem Aufwand durchgezählt.
Bei den meisten Populationsbestimmungen ist man jedoch auf Stichproben angewiesen, die man den Populationen entnimmt und von denen man auf die Gesamtpopulation zurückschließt.

8 Größenbestimmung einer Regenwurmpopulation durch Absammeln eines Probeareals

Material und Geräte
Spaten
Plastiktuch ca. 1×1 m
Meterstab
Marmelade- oder Gurkengläser
große Pinzetten
5%ige Formaldehydlösung
35%ige Formaldehydlösung

Untersuchungsgebiet
Gartenland, Wiese oder Acker

Jahreszeit
Frühjahr bis Herbst (ausgesprochene Trockenperioden sind ungünstig)

a) Problemstellung

Die einfachste Methode, die Größe einer Population mittels einer Stichprobenzählung zu bestimmen, ist es, die Individuen auf einem eng begrenzten Probeareal zu zählen und dann auf die Gesamtfläche umzurechnen:

$$N_{pop} = \frac{F_{areal} \cdot N_{fang}}{F_{probe}}$$

Diese Methode läßt sich allerdings nur unter bestimmten Voraussetzungen sinnvoll anwenden:

(1) Das Gelände und die Vegetation müssen es erlauben, eine eng begrenzte Probefläche auszuwählen und auszuwerten. Bei Wiesen, Feldern, Steppen, Heiden und Sümpfen ist dies zum Beispiel meist gegeben. Die Methode versagt jedoch bei felsigem Gelände, bei Gebüschen und Wäldern.

(2) Die Populationsdichte muß so groß sein, daß auf den Probeflächen eine repräsentative Anzahl von Individuen gefangen werden kann.

(3) Die Tiere dürfen nicht in kurzer Zeit entfliehen, wie dies zum Beispiel bei Bienen, Fliegen, Schmetterlingen, Heuschrecken und anderen springenden und fliegenden Insekten geschieht.

Diese Voraussetzungen sind bei einer Regenwurmpopulation im Garten- oder Ackerboden gegeben.

b) Methoden

Einfaches Absammeln. Auf dem Untersuchungsgelände wird eine Fläche von 50×50 cm abgesteckt. Mit dem Spaten wird der Boden bis zu einer Tiefe von 20 cm abgetragen. Die Schollen werden mit der Hand zerkrümelt und die Würmer herausgelesen.

Formaldehydmethode. Das abgesteckte Probequadrat (50×50 cm) wird mit 2–3 l 0,35%iger Formaldehydlösung (10 ml 35%ige Formaldehydlösung d. Handels auf 1 l Wasser) übergossen. Nach 10–20 min erscheinen die Würmer an der Oberfläche. Sie werden abgesammelt und in 5%iger Formaldehydlösung fixiert. Wir übergießen die Fläche anschließend noch einmal mit 2–3 l Formol und sammeln weiter 20–30 min ab.

c) Auswertung

Da sich die verschiedenen Wurmarten nur schwer bestimmen lassen, teilen wir nach der Größe nur in zwei Gruppen ein:

(1) Würmer mit einer Länge von 10–30 cm
Tiere von Lumbricus terrestris (9–30 cm) v. a. lehmige Böden, Allolobophora caliginosa (6–17 cm) in verschiedenen Böden, Eisenia foetida (6–13 cm) vor allem in Dünger und fetter Gartenerde.

(2) Würmer unter 10 cm Länge
Juvenile Tiere der obigen Arten und kleinere Arten wie Eiseniella tetraedra, Octolasium, Dendrobaena.

Von beiden Gruppen wird die Anzahl der Würmer und deren Gewicht bestimmt. Dabei muß berücksichtigt werden, daß das Gewicht der in Formaldehyd fixierten Tiere durch osmotischen Wasserverlust um 25% gegenüber dem Lebendgewicht abgenommen hat. Um zuverlässige Mittelwerte zu erhalten, müssen mehrere Stichproben von verschiedenen Stellen ausgewertet werden.
Die Werte werden tabellarisch festgehalten. Es wird dann umgerechnet, wieviele Regenwürmer

auf einem ar (100 m²) und einem Hektar (10000 m²) leben und ihre Biomasse wird ermittelt.

Die Bedeutung der Regenwürmer für den Boden liegt vor allem in der Humusproduktion. Die Erde ändert beim Durchwandern des Regenwurmdarmes ihre Beschaffenheit: Die Wasserkapazität der Kotkrümel ist um 40–100% besser als die des Bodens. Außerdem ist auch der Bakteriengehalt des Kotes wesentlich höher, insbesondere die Zahl der Pektinvergärer soll über 1000% zunehmen können. Durch bakterielle Abbauprozesse im Regenwurmdarm kommt es auch zur Bildung von hochwertigem «mildem Humus» (Ton-Humus-Komplexe). Die besten Humusproduzenten sind die Arten, die direkt viele pflanzliche Abfallstoffe – wie abgefallene Blätter – aufnehmen. In der Wohnröhre eines einzigen Lumbricus terrestris hat man bis zu 20 Weidenblätter gefunden!

Ein Wurm produziert jährlich 20–40 g Kot (Trockengewicht). Welche Kotmengen werden dann in dem untersuchten Areal pro m², ar und ha jährlich schätzungsweise erzeugt?

d) Ergänzung

Als Erweiterung bietet sich eine vergleichende Untersuchung verschiedener Bodenarten an.
Regenwürmer bevorzugen mildhumose, kalkhaltige Böden. Saure und sehr sandige Böden enthalten wenig Regenwürmer. Lohnende Vergleiche: Fettwiese – Sauergraswiese; Buchenwald – Fichtenwald.

9 Größenbestimmung einer Heuschreckenpopulation mit Hilfe kleiner Fangkäfige

Material und Geräte

Mehrere Fangkäfige (Papp- oder Waschmitteleimer aus Pappe, bei denen Boden und Deckel entfernt wurden. Die Oberseite wird durch feine Gaze (Vorhangstoff) verschlossen. Dabei wird die Gaze an einer Seite nur mit Stecknadeln festgesteckt).
Äther oder Chloroform
Fanggläser
Filzschreiber (wasserfest) zum Beschriften

Untersuchungsgebiet

Wiese, die nur einmal im Jahr gemäht wird. Besonders günstig sind Halbtrockenrasen. Die Wiese sollte von allen Seiten durch andersartige Biotope wie Äcker, Wälder und Gewässer, umgeben sein.

Jahreszeit
Juli bis Oktober

Die Pappschachtel wird an 20 verschiedenen Stellen so rasch auf die Wiese gestülpt, daß die dort sitzenden Heuschrecken nicht vorher entkommen können. Jedesmal wird die Gaze an einer Seite vorsichtig hochgehoben und die Heuschrecken werden mit der Hand eingefangen und für jede Probe getrennt in ein Fangglas gebracht.
Besitzt die Schachtel eine Grundfläche von 500 cm², so wurde durch die 20 Proben gerade ein Quadratmeter abgesammelt. Wie bei D 8 kann hieraus die Individuenzahl auf der Gesamtfläche ermittelt werden:

$$N_{pop} = \frac{F_{areal} \times S(N_{fang})}{S(F_{probe})}$$

$S(N_{fang})$: Summe der gefangenen Tiere $S(F_{probe})$: Summe der abgefang. Fläche

Ergänzung: Mit derselben Methode lassen sich auch die Populationsgrößen anderer Wieseninsekten bestimmen, z. B. Marienkäfer, Blattwanzen (vor allem aus der Familie der Neididen), Schaumzikaden.

10 Größenbestimmung einer Heuschreckenpopulation mit der Fang- und Wiederfang-Methode

Material und Geräte

Einige Marmeladegläser mit Schraubdeckel
Käscher mit Stiel
Emaillefarben (weiß, gelb, rot, blau, grün)
Schweinsborste oder Kunststoffborste an Stiel zum Anbringen der Farbtupfen

Untersuchungsgebiet und Jahreszeit wie D 9.

Die Kästchen-Fangmethode (D 9) und die Fang- und Wiederfangmethode (D 10) können an derselben Population ausprobiert und verglichen werden.

a) Prinzip

Bei Insektenpopulationen, deren Individuen sich schnell bewegen (Schmetterlinge, Fliegen, Heuschrecken), und die zudem meist nicht regelmäß ig über das Untersuchungsgebiet verteilt sind, lassen sich einfache Probenentnahmen nicht zur Ermittlung der Gesamtpopulationsgröße heranziehen.

Hier hat sich die Fang- und Wiederfang-Methode bewährt. Man fängt eine kleine Stichprobe der Gesamtpopulation und entläßt diese Tiere nach Markierung wieder. Nach einiger Zeit fängt man eine zweite Stichprobe. Aus der Zahl der wiedergefangenen markierten Tiere kann man auf die Gesamtpopulation schließen:

$$N_{pop} : N_{f1} = N_{f2} : N_{fm}$$

$$N_{pop} = \frac{N_{f1} \cdot N_{f2}}{N_{fm}}$$

N_{pop}: Individuenzahl der Gesamtpopulation
N_{f1}: Individuenzahl des ersten Fangs
N_{f2}: Individuenzahl des zweiten Fangs
N_{fm}: Wiedergefangene markierte Tiere

Die Methode liefert allerdings nur angenähert richtige Ergebnisse, wenn folgende Voraussetzungen erfüllt sind:

(1) Die Tiere müssen so langlebig sein, daß zwischen Fang und Wiederfang nur sehr wenige Individuen gestorben sind.

(2) Das Untersuchungsgebiet muß abgeschlossen sein, das heißt Zuwanderung und Abwanderung von Individuen müssen vernachlässigbar klein sein.

(3) Die freigelassenen Individuen müssen sich gleichmäßig mit der Gesamtpopulation mischen (Tiere mit Revierverhalten, wie Feldgrillen, sind ungeeignet).

(4) Die Stichprobenentnahme muß rein zufällig sein (beim Wiederfang darf keine Jagd auf markierte Tiere gemacht werden!)

b) Fang und Markierung

Das Untersuchungsgebiet wird in einer Schlangenlinie abgegangen. Dabei fängt man mit einem Käscher oder mit der Hand willkürlich an verschiedenen Stellen einige Heuschrecken und markiert sie mit einem kleinen Farbtupfer auf dem Brustschild. Ein Protokollant notiert die Art und Zahl der Fänge (Männchen, Weibchen, Larve).

Am besten ist es, wenn man die Heuschrecken an Ort und Stelle – unmittelbar nach dem Fang – markiert und wieder entläßt. Der Fang wird nach 1–10 Tagen wiederholt.

c) Untersuchungen zur Populationsdynamik

Führt man über längere Zeit regelmäßig Stichprobenfänge und Markierungen an einer Population durch, so lassen sich weitergehende Aussagen über die Populationsdynamik (Geburtenrate, Sterberate, mittlere Überlebensdauer) machen. Außerdem wird natürlich auch der Schätzwert für die Gesamtindividuenzahl genauer.

Die Neufänge werden jedesmal mit einer anderen Markierung versehen, so daß ein Tier, welches mehrfach gefangen wurde, auch mehrere Marken trägt.

Als Beispiel geben wir hier das Schema wieder, nachdem eine Population der Moorheuschrecke Mecostethus grossus an 9 verschiedenen Fangtagen markiert wurde:

Tabelle VII, 14

Datum: August 1975	Markierung (Emaille-Lack-Punkt)
18.	Rücken: Thoraxmitte rot
20.	Rücken: Thoraxmitte gelb
21.	Abdomen: linke Seite gelb
22.	Abdomen: linke Seite rot
23.	Abdomen: rechte Seite gelb
25.	Abdomen: rechte Seite rot
27.	Rücken: Thoraxmitte blau
28.	Abdomen: linke Seite blau

Die Fang- und Wiederfangergebnisse werden nach einem Vorschlag von E. B. Ford (1951)[1] in eine dreieckige Tabelle eingetragen (Tab. VII, 15). In der oberen horizontalen Linie stehen die Daten der Tage, während der die Untersuchung durchgeführt wurde. Von jedem Datum gehen zwei Spalten aus, eine schräg nach rechts und eine schräg nach links unten. Am Ende der jeweiligen linken Spalte steht die Summe der an diesem Tag gefangenen Individuen, am Ende der rechten Spalte steht die Summe der an diesem Tage entlassenen Markierungen. Diese beiden Summen gleichen sich, wenn am entsprechenden Tag keine Wiederfänge aufgetreten sind (wenn man von den seltenen Fällen absieht, daß ein Tier beim Markieren verletzt wurde und getötet werden mußte). Alle Wiederfänge sind im Innern der Tabelle aufgelistet.

---

[1] aus W. H. Dowdeswell (1959)

Tabelle VII, 15:

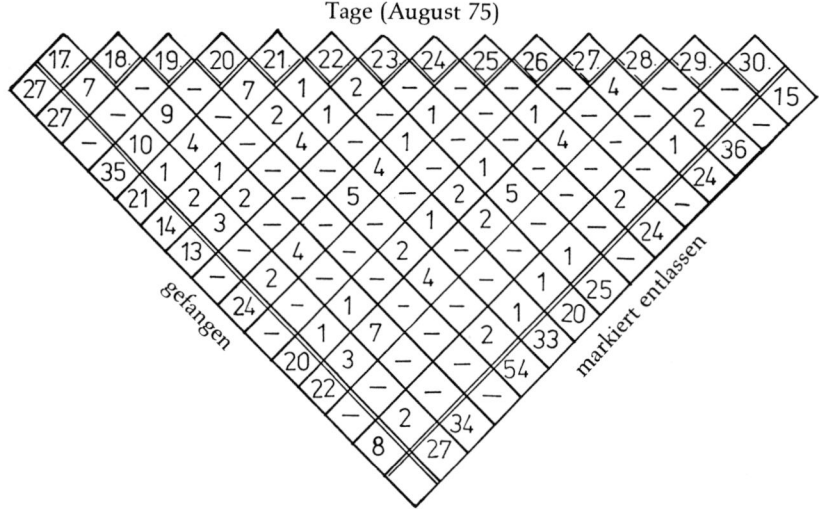

Dies sei am Beispiel von Tab. VII, 15 erläutert: Am 17. August wurden 27 Heuschrecken gefangen. Sie wurden alle erfolgreich markiert und entlassen. Am unteren Ende der rechten Spalte steht deshalb als Summe der angebrachten Markierungen 27. Am 18. August wurden ebenfalls 27 Heuschrecken gefangen und neu markiert. Unter diesen 27 waren 7, die bereits die Markierung vom Vortage trugen. Die Gesamtzahl der entlassenen Markierungen am 18. betrug deshalb 27 + 7 = 34. Am 19. August wurde nicht gefangen. Die beiden von diesem Datum ausgehenden Spalten enthalten deshalb keine Werte. Damit die Methode der Auflistung noch klarer wird, wollen wir noch ein mittleres Datum betrachten: Am 23. August wurden insgesamt 13 Tiere gefangen. Davon trugen 2 schon Markierungen vom 22. VIII., 1 vom 21. VIII., 4 vom 20. VIII., 2 vom 18. VIII., und 3 vom 17. VIII. Mit den 13 neuen Marken ergibt dies für die Summe der Markierungen 12 + 13 = 25 (unteres Ende der rechten Spalte). Von den 13 neumarkierten Tieren wurden an folgenden Tagen Wiederfänge gemacht: am 25. VIII. 1, am 27. VIII. 1, am 28. VIII. 5, am 30. VIII. 1.

Aus den in der Tabelle gesammelten Daten läßt sich nun nach der Formel

$$N_{pop} = \frac{N_{f1} \cdot N_{f2}}{N_{fm}}$$

die Populationsgröße errechnen. Allerdings kann man hierzu unterschiedliche Daten verwenden. Am Beispiel des 28. August wollen wir dies einmal ausprobieren:

(1) Berücksichtigung der Wiederfänge vom 27. August

$$N_{28.} = \frac{20 \times 22}{4} = 110$$

(2) Berücksichtigung der Wiederfänge vom 25. August

$$N_{28.} = \frac{24 \times 22}{4} = 132$$

(3) Berücksichtigung der Wiederfänge vom 17. August

$$N_{28.} = \frac{27 \times 22}{3} = 198$$

Diese Berechnungen lassen sich in ähnlicher Art für andere Tage durchführen. Meist fällt das Ergebnis wie hier umso höher aus, je länger der erste Fang zurückliegt. Die Ursache hierfür ist, daß jeden Tag ein Teil der Individuen stirbt (bzw. gefressen wird). Anders ausgedrückt: Die tägliche Überlebensrate ist niedriger als 100%.

Bei der Abschätzung der Populationsgröße aus Fang- und Wiederfangdaten muß diese Überlebensrate mitberücksichtigt werden.

Tabelle VII, 16: Populationsentwicklung von Mecostethus grossus

s1 August	s2 Tage bis zum letzten Fang	s3 entlassene Markierungen	s4 Überlebensrate	s5 s3×s4	s6 Summation der Beträge in s5 (von unten n. oben)	s7 Summation der Beträge in s6 (von unten n. oben)	s8 Wiederfänge	s9 Beobachtete Zahl von Überlebenstagen	s10 Erwartete Zahl von Überlebenstagen	s11 s9–s10	s12 Fänge	s13 Geschätzte Populationsgröße s6×s12/s4×s8	s14 August
29.	1	—	0,95 (0,93)	—	126,4 (111,15)	1004,26 (636,41)	12	87	88,35 (68,71)	−1,35 (+18,29)	8	90,93	30.
28.	2	22	0,90 (0,86)	19,8 (18,92)	136,4 (111,15)	867,86 (525,26)	—	—	—	—	—	—	29.
27.	3	20	0,86 (0,80)	17,2 (16,0)	116,6 (92,23)	731,46 (414,11)	29	188	181,92 (130,20)	+6,08 (+57,8)	22	98,28	28.
26.	4	—	0,81 (0,75)	—	99,4 (76,23)	614,86 (321,88)	9	55	55,67 (38,0)	−0,67 (+17,0)	20	256,85	27.
25.	5	24	0,77 (0,70)	18,48 (18,0)	99,4 (76,23)	515,46 (315,65)	—	—	—	—	—	—	26.
24.	6	—	0,74 (0,65)	—	80,92 (58,23)	416,06 (309,42)	17	90	87,41 (90,33)	+2,59 (−0,33)	24	148,36	25.
23.	7	13	0,70 (0,60)	9,1 (7,8)	80,92 (58,23)	335,14 (251,19)	—	—	—	—	—	—	24.
22.	8	14	0,66 (0,56)	9,24 (7,84)	71,82 (50,43)	254,22 (192,96)	12	44	42,48 (45,92)	+1,52 (−1,92)	13	111,15	23.
21.	9	21	0,63 (0,52)	13,23 (10,92)	62,58 (49,59)	182,4 (142,53)	6	19	17,49 (17,25)	+1,51 (+1,75)	14	221,24	22.
20.	10	35	0,60 (0,48)	21,0 (16,8)	49,35 (38,67)	119,82 (92,94)	12	23	29,13 (28,84)	−6,13 (−5,84)	21	137,08	21.
19.	11	—	0,57 (0,45)	—	28,35 (21,87)	70,47 (54,21)	19	48	47,22 (47,10)	+0,78 (+0,9)	35	87,04	20.
18.	12	27	0,54 (0,42)	14,58 (11,34)	28,35 (21,87)	42,12 (32,40)	—	—	—	—	—	—	19.
17.	13	27	0,51 (0,39)	13,77 (10,53)	13,77 (10,53)	13,77 (10,53)	7	7	7	0	27	98,36	18.

D Experimente und Beobachtungen 305

Tab. VII, 16 zeigt, wie man auf dieser Basis zu einer Abschätzung der Populationsgrößen an den verschiedenen Fangtagen kommt. Spalte 1 (s1) enthält die Tagesdaten entsprechend der Dreieck-Tabelle. In Spalte 14 (s14) sind die Tagesdaten jeweils um einen Tag verschoben. Diese Spalte ist notwendig, weil die Individuen, die an irgendeinem Tag gefangen wurden, sich nur auf markierte Individuen vorhergehender Fänge beziehen können, während die Tiere, die am selben Tag markiert entlassen werden, nur an darauffolgenden Tagen wiedergefangen werden können. Bis zu Spalte 7 beziehen sich alle Daten auf die Tagesdaten von Spalte 1, ab Spalte 8 beziehen sich die Werte auf die Tagesdaten in Spalte 14.

In Spalte 2 sind die Zeitspannen in Tagen zwischen dem jeweiligen Tag der Markierung und dem letzten Fangtag eingetragen. In Spalte 3 sind die Zahlen der pro Tag neu markierten Individuen eingetragen. Spalte 4 gibt die Überlebensrate an. Sie wurde hier als 95% angenommen, was als Dezimalbruch ausgedrückt 0,95 ausmacht. Diese Annahme ergibt sich durch Ausprobieren (s.u.). Nach 2 Tagen ist die Überlebensrate $0,95^2 = 0,90$ nach s Tagen $0,95^s$.

In Spalte 5 werden die Produkte der Werte von Spalte 3 und Spalte 4 eingetragen. In Spalte 6 werden – von unten nach oben fortschreitend – die Summen der Werte von Spalte 5 eingetragen. Man erhält so die Summe der Markierungen, die am 30. wiedergefangen werden können. Für jedes frühere Datum (z. B. 30-s) gilt, daß die Gesamtzahl der für den Wiederfang zur Verfügung stehenden Markierungen die Summe der Produkte von Spalte 5 dividiert durch $0,95^s$ ist.

In Spalte 7 wird noch einmal über die Werte der Spalte 6 aufsummiert. Dadurch wird nach einem Intervall von t Tagen jede Markierung t Mal gezählt. So kann die Gesamtzahl der Tage abgeschätzt werden, die für alle markierten Arten zwischen Fang und Wiederfang vergehen können.

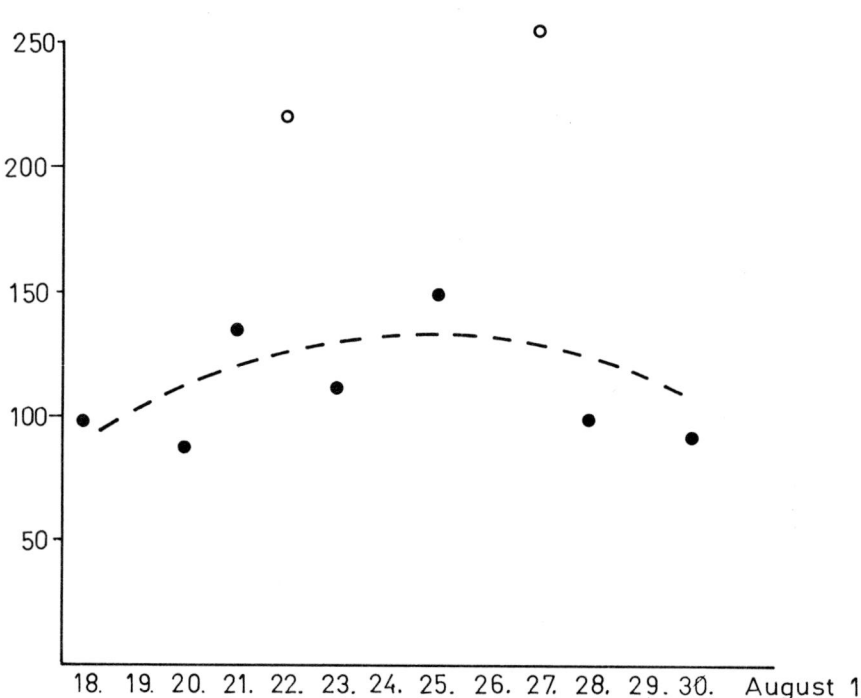

Abb. VII, 23: Populationsentwicklung von Mecostethus grossus im Füermoos bei Vogt, Kr. Ravensburg. Die Zahlen wurden nach der Fang- und-Wiederfang-Methode ermittelt. Die beiden «Ausreißer» (offene Kreise) kamen vermutlich durch falsche Wiederfangdaten zustande: auf Grund von schlechtem Wetter bewegten sich die Tiere nur wenig und es kam zu einer ungenügenden Verteilung.

In Spalte 8 werden die pro Fang erhaltenen Wiederfänge eingetragen, in Spalte 9 werden die Gesamtzahlen der Tage eingetragen, die diese Wiederfänge überlebt haben (Handelt es sich um einen Mehrfachwiederfang mit zwei oder mehr Markierungen, so werden die Überlebenstage so gezählt, als würde es sich um mehrere getrennte Wiederfänge von den entsprechenden Tagen handeln).

Nun werden die Erwartungswerte für die Überlebenstage der markierten Individuen ausgerechnet: Die Gesamtzahl der Überlebens-Tage (Spalte 7) verhält sich zur Gesamtzahl der angebrachten Markierungen (Spalte 6) wie die Gesamtzahl der Überlebenstage von den Wiederfängen zur Gesamtzahl der Wiederfänge:

$$\text{Spalte 10} = \frac{\text{Spalte 7} \times \text{Spalte 8}}{\text{Spalte 6}}$$

In Spalte 11 werden die Unterschiede zwischen erwarteten und beobachteten Werten für die Überlebenstage der Wiederfänge eingetragen. Ergeben sich hohe Abweichungen und ist auch die Summe der Abweichungen groß, so muß die Überlebensrate neu festgelegt werden. Weichen die Erwartungswerte mehr nach oben ab, so war die Überlebensrate zu hoch angenommen, weichen sie mehr nach unten ab, so war die Überlebensrate zu niedrig angenommen. Für unsere Tabelle hatten wir zuerst eine Überlebensrate von 0,93 angenommen (Werte in Klammern). Dadurch gab sich eine Abweichungssumme der Erwartungswerte (nach unten) von 77,82 Tagen. Darauf nahmen wir die Überlebensrate 0,95 an. Mit diesem Wert kam nun eine gute Übereinstimmung zustande (Abweichungssumme 4,33 Tage), so daß dieser Wert als angenähert richtig angesehen werden kann.

Mit diesen Werten sind wir nun in der Lage, die Gesamtzahl der Individuen für jeden Tag abzuschätzen. Hierzu wird die Zahl der Fänge (Spalte 12) mit der Zahl der Markierungen (Spalte 6) multipliziert. Das Produkt wird durch das Produkt der Wiederfänge (Spalte 8) mit der Überlebensrate (Spalte 4) dividiert.

Hierbei ist zu beachten, daß sich die Überlebensrate auf dasselbe Datum beziehen soll, wie Fänge und Wiederfänge. In der Tabelle steht der entsprechende Wert eine Zeile höher als die anderen verwendeten Werte.

Das Ergebnis ist in einem Diagramm dargestellt (Abb. VII, 23).

Literatur

Ashby, M.: Plant Ecology. 2. ed., London/Melbourne/Toronto 1969

Dowdeswell, W. H.: Practical Ecology. Methuen, London 1959.

Dylla, K./Krätzner, G.: Das biologische Gleichgewicht in der Lebensgemeinschaft Wald. Quelle und Meyer, Heidelberg 3. Aufl. 1977.

Ellenberg, H.: Vegetation Mitteleuropas mit den Alpen. 2. Aufl. Ulmer Stuttgart 1978.

Ellenberg, H.: Zeigerwerte der Gefäßpflanzen Mitteleuropas. Scripta Geobotanica 9, Goltze, Göttingen 1974.

Engelhardt, W.: Umweltschutz. 3. Aufl., Bay. Schulbuchverl., München 1977.

Fahrenberg/Müller: Luft und Wasser in Gefahr. Ausgewählte Schulversuche zum Thema Umweltschutz. Göttingen 1972.

Geiler, H.: Ökologie der Land- u. Süßwassertiere, Vieweg. Braunschweig 1975.

Gosz, J. F., Holmes, R. T., Likens, G. E., Bormann, F. H.: The flow of energy in a forest – ecosystem. Scientific American 238 (3): 92–103. 1978.

Greig-Smith, P.: Quantitative Plant Ecology. 2. ed. Butterworth, London 1964.

Grzimeks Tierleben: Unsere Welt als Lebensraum. Ökologie. Kindler, München 1973.

Janetschek, H.: Ökologische Feldmethoden. Ulmer, Stuttgart 1977.

Kalusche, D.: Ökologie. Biol. Arbeitsbücher. Quelle u. Meyer, Heidelberg 1979.

Kloft, W. J.: Ökologie der Tiere. UTB 729, Ulmer, Stuttgart 1978.

Kluge, M.: Die Sukkulenten. Spezialisten im CO_2-Stoffwechsel. Biol. in unserer Zeit 2 (4): 120–128. 1972.

–: Das Experiment: Diurnaler Säurerhythmus bei Bryophyllum tubiflorum. Biol. in unserer Zeit 2 (4): 129–130. 1972.

Knodel, H./H. Kull: Ökologie und Umweltschutz. Metzler, Stuttgart 1974.

Kreeb, K.: Ökophysiologie der Pflanzen. G. Fischer, Stuttgart 1974.

Kreeb, K.: Methoden der Pflanzenökologie. G. Fischer, Stuttgart 1978.

Larcher, W.: Ökologie der Pflanzen. Ulmer (UTB 232), Stuttgart 2. Aufl. 1976.

Lewis, T./Taylor, R. L.: Introduction to Experimental Ecology. 4 ed., Academic Press, London/New York 1972.

Mac Arthur, R. H./Connell, J. H.: Biologie der Populationen. BLV, München/Basel/Wien 1970.

Meadows, D. L., Die Grenzen des Wachstums. dva, Stuttgart 1973.

Meadows, D. L./Meadows, D. H.: Das globale Gleichgewicht. Modellstudien zur Wachstumskrise. dva, Stuttgart 1974.

Mühlenberg, M.: Freilandökologie. Quelle und Meyer (UTB 595), Heidelberg 1976.
Odum, E. P.: Ökologie. BLV, München/Basel/Wien, 1967.
Osche, G.: Ökologie. Herder (studio visuell), Freiburg, 6. Aufl. 1977.
Phillip, E.: Experimente zur Untersuchung der Umwelt. Bay. Schulbuchverl., München 1977.
Reichelt, G./Schwoerbel, W.: Ökologie. CVK (Biologie-Kolleg), Bielefeld 1974.
Reichelt, G.: Ökologie exemplarisch: Der Bodensee. CVK (Biologie-Kolleg), Bielefeld 1974.
Reichelt, G./O. Wilmanns: Vegetationsgeographie. In: Das Geographische Seminar – Praktische Arbeitsweisen. Westermann, Braunschweig 1973.
Remmert, H.: Ökologie. Springer, Berlin/Heidelbg./N. York 1978.
Schmidt, E.: Ökosystem See. 3. Aufl., Quelle und Meyer, Heidelberg 1978.
Schopfer, P.: Erfolgreiche Photosynthesespezialisten: «Die C_4-Pflanzen». Biol. in unserer Zeit 3 (6): 172–183. 1973.
–: Das Experiment: Zur Effektivität der Photosynthese bei C_3- und C_4-Pflanzen. Biol. in unserer Zeit 3 (6): 19, 192. 1973.
Schuster, M.: Ökologie und Umweltschutz. Bay. Schulbuchverl., München 2. Aufl. 1979.
Schwerdtfeger, F.: Ökologie der Tiere I Autökologie, II Demökologie. Parey, Hamburg/Berlin, 1963 und 1968.
Schwerdtfeger, F.: Lehrbuch der Tierökologie. Parey, Hamburg 1978.
Steubing, L.: Pflanzenökologisches Praktikum. Parey, Hamburg/Berlin 1965.
Steubing, L./Schwartes, H.: Ökologische Botanik, Quelle und Meyer 1979.
Steubing, L./Kunze, C.: Pflanzenökologische Experimente zum Umweltschutz. 2. Aufl., Quelle und Meyer, Heidelberg 1976.
Stugren, B.: Grundlagen der Allgemeinen Ökologie. 3. Aufl., G. Fischer, Stuttgart 1978.
Tischler, W.: Einführung in die Ökologie. 2. Aufl., Fischer, Stuttgart 1979.
Tischler, W.: Wörterbuch der Ökologie. Fischer (UTB 430), Stuttgart 1975.
Versuche zum Umweltschutz. Beltz Praxis, Weinheim und Basel 1972 (Übersetzung aus dem Schwedischen, Autorenkollektiv)
Walter, H.: Allgemeine Geobotanik. Ulmer (UTB 284), Stuttgart 2. Aufl. 1979.
Walter, H.: Einführung in die Phytologie Bd. III/1 Standortslehre, Ulmer, Stuttgart 1951.
Walter, H.: Die ökologischen Systeme der Kontinente (Biogeosphäre). G. Fischer, Stuttgart 1976.

Whittaker, R. H.: Communities and Ecosystems. 2. ed., Macmillan, London/New York 1975.
Winkler, S.: Einführung in die Pflanzenökologie. G. Fischer (UTB 169), Stuttgart 2. Aufl. 1979.

Zeitschriften

Der Biologieunterricht. (Vierteljahresschrift) Hrsg.: G. Schrooten, Klett, Stuttgart
1967 Heft 3: Der Wald im Unterricht
       Heft 4: Der Wald im Unterricht – Vorschläge für die Freilandarbeit
1970 Heft 2: Beiträge zur Vegetationskunde
       Heft 4: Beiträge zur Ökologie der menschlichen Umwelt 1 – Wasser
1971 Heft 3: Beiträge zur Ökologie der menschlichen Umwelt 2 – Luft – Lärm – Müll
1973 Heft 2: Untersuchungen zur Ökologie – Anregungen aus der aktuellen ökologischen Forschung
Unterricht Biologie, Friedrich Verlag, Seelze
Heft 1 Großstadtbiologie
Heft 8 Ausrottung
Heft 13 Der Wald
Heft 23 Landschaftsschutz
Heft 28 Schädlingsbekämpfung
Heft 34 Der See
Heft 38 Müll

Unterrichtsfilme

Institut für Film und Bild, München (Bildstellen):

Abfall – Schattenseite des Überflusses. 1970 18 min (Farbe)   322339.0
Entstehung eines Bodens, dargestellt am Beispiel eines Ackerpseudogley. 1967. 19 min (Farbe)   320993.0
Das große Gleichgewicht 1: Das Beste aber ist das Wasser. 1969. 21 min (Farbe)   322265.0
Das große Gleichgewicht 2: Kein Leben ohne Luft. 1971. 20 min (Farbe)   322266.0
Leben im Boden. 1969. 16 min (Farbe)   322146.0

Institut für Weltkunde in Bildung und Forschung, Hamburg (Bildstellen)

Lebensgemeinschaft im Garten. 15 min (Farbe)
Wachstum und Leben im Moor. 14 min (Farbe)
Lebensraum «Feuchtwiese». 13 min (Farbe)

Anhang

1 Der Verstärker

Viele biologische Abläufe sind mit elektrischen Vorgängen verbunden, die leicht registriert werden können, wenn geeignete Meßinstrumente zur Verfügung stehen. Nerven-, Muskel- und Sinneszellen und die von ihnen gebildeten Organe sind Stromquellen. Ihre Leistung liegt zwischen 10^{-12} und 10^{-15} Ws. Die elektrischen Spannungen haben Werte zwischen 0,1 und 100 mV.

Will man bioelektrische Signale registrieren, dann müssen sie verstärkt werden. Dabei stellen sich zwei Probleme:
- Zellen und Gewebe sind schwache Stromquellen, denen man nur wenig Strom entnehmen darf, ohne daß die Potentiale zusammenbrechen.
- Die niedrigen bioelektrischen Nutzsignale werden oft von Störsignalen überlagert.

Ein Verstärker, der für die Messung bioelektrischer Erscheinungen geeignet ist, muß folgende Eigenschaften aufweisen:
- Der Eingangswiderstand (Eingangs-Impedanz) des Verstärkers muß mindestens 10 Mal größer sein, als der Widerstand der Spannungsquelle, damit nicht zuviel Strom in die Meßkette abfließt.
- Das Nutzsignal muß möglichst vollständig von den Störsignalen getrennt werden.

Diesen Anforderungen werden die technischen Verstärker, wie sie im Physikunterricht verwendet werden, nicht gerecht. Die Eingangswiderstände sind meist zu niedrig. Bei einfachen Verstärkern werden zudem die Störsignale aus dem Netz mitverstärkt. In der elektrophysiologischen Meßtechnik verwendet man einen Operationsverstärker, den sogenannten Differenzverstärker.

Die Eingangsimpedanz des Verstärkers sollte mindestens 10^7 Ω (besser 10^8 Ω) betragen. Bei der Verwendung hochohmiger Mikroelektroden (die bei den in diesem Band angegebenen Versuchen nicht benötigt werden), ist ein Eingangswiderstand von 10^{10} Ω notwendig.

Das Störsignal hat zwei Anteile: Rauschspannungen und 50-Hz-Spannungen aus dem elektrischen Versorgungsnetz. Das Eingangsrauschen des Verstärkers sollte kleiner als 0,1 mV sein. Das Rauschen der Elektroden kann durch Abschirmung und sorgfältigen Zusammenbau der Versuchsanordnung in erträglichen Grenzen gehalten werden.

Das 50-Hz-Brummen wird durch elektrische und magnetische Felder des Versorgungsnetzes hervorgerufen. An den Elektroden und nicht abgeschirmten Teilen der Versuchsanordnung werden kapazitiv und induktiv Spannungen mit hohen Amplituden erzeugt, die sich sehr lästig bemerkbar machen. Vor einigen Jahrzehnten konnte man sich bei einem EKG in einem Krankenhaus gegen das 50-Hz-Brummen nur dadurch schützen, daß man die Stromversorgung des ganzen Krankenhaustraktes unterbrochen hat. Im Laboratorium kann das Brummen bei kleinen Versuchsanordnungen durch ein Faradaykäfig abgeschirmt werden. Am elegantesten wird das Problem durch die Anwendung eines Differenzverstärkers gelöst.

Der Differenzverstärker ist so gebaut, daß gleich große Eingangssignale, die gleichzeitig auf dem + Eingang und − Eingang auftreten, subtrahiert werden, so daß am Ausgang keine Spannung auftritt (Abb. An, 1b). Treffen die Signale zu verschiedenen Zeiten an den beiden Eingängen ein, dann liegen zur Zeit t_1 unterschiedliche Spannungen an, deren Differenz verstärkt wird (Abb. An, 1c).

Da sich das elektrische Feld mit einer Geschwindigkeit von 30 000 km/s ausbreitet, kann die Laufzeit der Störsignale aus dem 50-Hz-Netz vernachlässigt werden. Die Impulse erreichen gleichzeitig die beiden Eingänge und werden unterdrückt.

Demgegenüber breiten sich die elektrischen Impulse in Organismen mit einer Geschwindigkeit zwischen 1 m/s und 100 m/s aus. Das bedeutet, daß bei dieser vergleichsweise niederen Ausbreitungsgeschwindigkeit die Signale mit einer Zeitdifferenz an den beiden Eingängen ankommen und sich dadurch Spannungsunterschiede ergeben. Das Nutzsignal wird also verstärkt.

Das Ableitverfahren hat einen entscheidenden Einfluß auf die Form des Ausgangssignals. Trifft auf dem + Eingang ein Signal ein, das gegenüber dem Bezugspunkt (Erde, Masse) positiv ist, dann ist auch das Ausgangssignal positiv. Am − Eingang wird dasselbe Signal negativ. Das bedeutet, daß bei der differentiellen Ableitung ein monophasisches Eingangssignal ein biphasisches Ausgangssignal ergibt (Abb. An, 1c).

Differentielle Ableitverfahren verwendet man

Arbeitsweise eines Differenzverstärkers

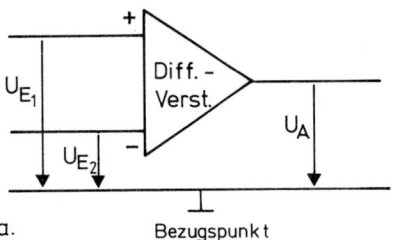

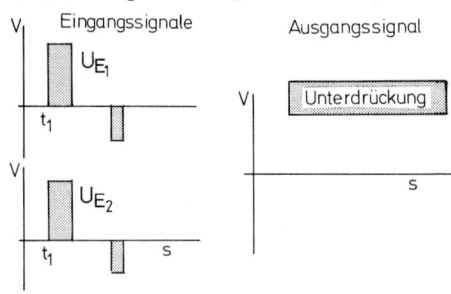

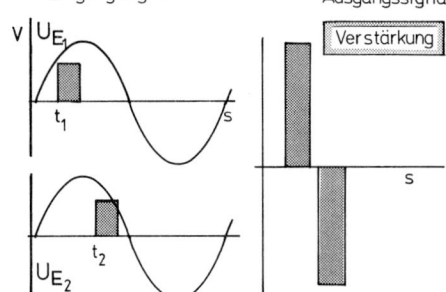

Abb. An, 1: a. Grundschaltbild eines Differenzverstärkers. Die Eingangsspannungen U_{E_1} und U_{E_2} und die Ausgangsspannung U_A sind gegen den Bezugspunkt gemessen. Ist der Differenzverstärker geerdet, dann entspricht der Bezugspunkt der Masse.
Verarbeitung von Signalen. b und c: Sind die Eingangsignale U_{E_1} und U_{E_2} gleich groß und treffen sie zur gleichen Zeit ein, dann werden sie unterdrückt und das Ausgangssignal wird Null. Das Nutzsignal erreicht mit einer Zeitdifferenz die beiden Eingänge und wird verstärkt. Am positiven Eingang bleibt ein positives Signal positiv und ein negatives Signal bleibt negativ. Dagegen wird am negativen Eingang ein positives Signal negativ und ein negatives wird positiv. Deshalb wird aus einem unipolaren Eingangssignal ein bipolares Ausgangssignal. Das Störsignal (z. B. 50-Hz-Brummen) liegt in gleicher Größe und gleicher Stärke an den beiden Eingängen an und wird unterdrückt.

Ableittechnik

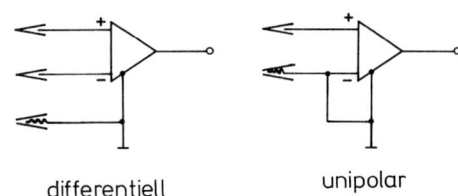

Abb. An, 2: Bei der unipolaren Ableitung ist der Eingang mit dem Bezugspunkt verbunden, so daß das Eingangssignal in seiner Form erhalten bleibt (nach Hanke u. a.).

dann, wenn das zu messende Signal durch ein Störsignal überdeckt wird (EEG, EKG).
Bei der unipolaren Ableitung wird die Elektrode des – Eingangs mit dem Bezugspunkt (Erde, Masse) verbunden («indifferente Elektrode»). Dadurch bleibt das Eingangssignal in seiner Form erhalten. Unipolare Ableitungen macht man vor allem bei intrazellulären und extrazellulären Ableitungen. Bei unipolaren Ableitungen kann es notwendig werden, externe Störungen durch einen Faradaykäfig abzuschirmen. Bei kleinen Objekten ist dies aber in der Regel nicht notwendig.

2 Der Kathodenstrahloszillograph
(Oszilloskop)

a) Bau und Anwendung

Das Kernstück des Kathodenstrahloszillographen ist die Braunsche Röhre. Von ihrer Glühkathode werden Elektronen ausgesendet, die gebündelt auf dem fluoreszierenden Bildschirm als «Kathodenstrahl» sichtbar gemacht werden. Der Kathodenstrahl kann durch Ablenkplatten beeinflußt werden. Die beiden x-Platten sind horizontal angeordnet. Durch eine Hilfsspannung mit einstellbarer Frequenz (Kippschwingung) kann der Elektronenstrahl in der Waagerechten abgelenkt werden. Der Elektronenstrahl wandert mit konstanter Geschwindigkeit von links nach rechts über den Bildschirm.
Die vertikal angeordneten y-Platten nehmen das von außen kommende Signal auf. Es wird gegebenenfalls auf einige Volt verstärkt. Entspre-

chend der Impulsstärke und der Ladungsrichtung wird der Elektronenstrahl in der Vertikalen abgelenkt. Die Zeitablenkung und die Ablenkung in der Vertikalen können gleichzeitig auf einen Kathodenstrahl einwirken.

Der Kathodenstrahloszillograph arbeitet nahezu trägheitsfrei, so daß sehr schnell ablaufende Potentialschwankungen aufgezeichnet werden können. Mit Hilfe geeigneter Verstärker ist es möglich, auch geringe Potentialdifferenzen darzustellen. Damit steht ein Gerät zur Verfügung, mit dem man Aktionspotentiale von Nerven und Muskeln messen kann, die kürzer als 1 ms sind, und einen Potentialunterschied von 1 mV und weniger haben. Mit Hilfe des Kathodenstrahloszillographen wurden entscheidende Erkenntnisse auf dem Gebiet der Neurologie und der Muskelphysiologie gewonnen.

Bevor man einen Kathodenstahloszillographen einschaltet, sollte man sich mit der Funktion der Bedienungselemente und der Anschlüsse vertraut machen.

b) Bedienungsanleitung

Volts/Div – Volt/cm. Die Skala an dem Regler gibt den Meßbereich des Instruments an, der meist von 10 mV (Millivolt) bis 50 Volt reicht. Bei empfindlichen Geräten ist der Meßbereich auf 1 mV oder auf 0,1 mV erweitert.

Volts/Div besagt, daß die Ablenkung des Kathodenstrahls auf dem Bildschirm um eine Maßeinheit genau der Spannung entspricht, die auf der Skala eingestellt ist.

Beispiel: Der Regler wird auf 2 Volts/Div eingestellt. Die Ablenkung des Kathodenstrahls in der Vertikalachse (y-Achse) beträgt 2,5 Teilstriche. Es liegt dann eine Spannung von $2,5 \times 2$ V $= 5$ V an.

Anmerkung: Viele Geräte haben einen Feineinstellknopf, durch den die Höhe der Ablenkung variiert werden kann. Die geeichten Werte gelten nur, wenn die Feineinstellung auf cal oder $+1$ gedreht ist.

Time/Div – Zeit/Teil – Zeit/cm. Die Zeitablenkung gibt die Geschwindigkeit an, mit der der Elektronenstrahl auf der Horizontalachse (x-Achse) über den Bildschirm läuft. Die Zeitablenkung umfaßt in der Regel den Bereich von 2 s (Sekunden) bis 1 ms (Millisekunden). Beispiel: Auf der Skala Time/Div ist eine Zeitablenkung von 5 ms eingestellt. Auf dem Bildschirm werden zwei Signale im Abstand von 3 Skaleneinheiten (Teilen) dargestellt, dann folgen die Signale in einem zeitlichen Abstand von 3×5 ms $= 15$ ms aufeinander.

Anmerkung: Geeichte Ablenkgeschwindigkeiten sind nur dann abzulesen, wenn der Feineinstellknopf (Variable, Variabel) voll nach rechts (calibration, cal.) gedreht ist.

Position – Lage. Die Lage der Bildspur kann durch Drehen der Knöpfe «Position X» und «Position Y» unabhängig in der x- und y-Achse verschoben werden.

Brillance – Helligkeit. Die Helligkeit des Bildes wird mit Hilfe dieses Reglers eingestellt. Um die Leuchtschicht auf der Bildröhre zu schonen, sollte die Bildhelligkeit nur so stark sein, daß das Bild klar erkennbar, aber nicht überstrahlt ist.

Achtung:

(1) Bei stehendem Bildpunkt oder geringer Zeitablenkung besteht die Gefahr, daß der Bildpunkt in den Bildschirm einbrennt. Die Bildröhre ist dann beschädigt. Deshalb bei geringer Zeitablenkung nur mit geringer Helligkeit arbeiten.

(2) Bei geringer Zeitablenkung oder stehendem Bild den Kathodenstrahl immer wieder verschieben, um ein Einbrennen des Bildes zu vermeiden.

Focus – Bildschärfe. Regler für die Bildschärfe.

Astg – Astigmatismus. Bei manchen Geräten kann die Bildschärfe in den Randbereichen durch einen besonderen Regler eingestellt werden.

Trig – Triggerung. Das Eingangssignal löst die Zeitablenkung aus, so daß mit Beginn des Signals der Kathodenstrahl auf der x-Achse über den Bildschirm läuft. Ist das Signal gleichförmig, dann entsteht ein stehendes Bild. Es kann intern und extern getriggert werden.

Int. Trigg – Interne Triggerung. Das Triggersignal wird von dem Kathodenstahloszillographen intern aufgenommen. Auf diese Weise lassen sich gleichförmige Wechselströme oder gleichförmige Impulse triggern.

Ext Trig – Externe Triggerung. Sind die Triggersignale wenig ausgeprägt, z. B. Wechselströme mit sehr niedriger Amplitude oder sind die Signale schwach, dann lösen sie keine interne Triggerung aus. Deshalb haben viele Geräte (z. B. Reizgeräte) Triggerausgänge, von denen ein exaktes Triggersignal zu entnehmen ist. Der Triggerausgang des Gerätes wird durch ein Kabel mit dem Triggereingang des Oszillographen verbunden.

Extern getriggert wird, wenn:
a) die Signale flach oder schwach sind
b) die Frequenz der Signale niedrig ist (meist < 40 Hz)
c) die Signale in nicht periodischen Abständen erfolgen.

Level – Niveau. Mit dem Regler wird auf dem Triggersignal der Punkt ausgewählt, an dem die Zeitablenkung ausgelöst wird, d. h. es wird der erforderliche Spannungswert eingestellt, bei dem das Loslaufen des Strahls links beginnt.

Stability – Stabilität. Die Empfindlichkeit des Zeitablenkgenerators wird eingestellt. Ist sie zu niedrig, dann löst das Triggersignal keinen Impuls aus (Bei vielen Geräten ist dieser Trimmer nicht von vorn zugänglich. Dann genügt es, das Niveau richtig einzustellen). Beim Triggern muß gleichzeitig sowohl das Niveau als auch die Stabilität richtig eingestellt werden.

DC, AC, GND. Die Eingangskopplung des Signals wird durch die entsprechende Schalterstellung gewählt.

DC: Direct Current – Gleichstrom. Das Eingangssignal wird, nach entsprechender Verstärkung, direkt auf die Vertikalablenkplatten gegeben. Es wird also auch eine konstante Gleichspannung (z. B. Taschenlampenbatterie) angezeigt. Naturgemäß werden auch Wechselströme registriert.

GND: Ground – Erde. Das Eingangssignal wird abgetrennt und der Eingang geerdet, so daß der Kathodenstrahl die Nullinie anzeigt. Auf diese Weise wird der Oszillograph geeicht. Schaltet man auf DC zurück, so kann man jetzt die Gleichspannung gegenüber der geeichten Nullinie messen.

AC: Alternative Current – Wechselstrom. Durch einen Kondensator wird am Eingang die Gleichstromspannung abgenommen, so daß nur noch der Wechselstromanteil registriert wird. Bei einer Taschenlampenbatterie wird z. B. nur das Ein- und Ausschalten registriert.

Eingangs- und Ausgangsanschlüsse.

Input – Signaleingang.
Ext Trig – Externe Triggerung. Eingangsanschluß für externe Triggerung.
Cal – Calibration – Eichung. Eine Buchse mit bestimmter Spannung, die zur Eichung des Gerätes verwendet werden kann.
GND. Anschlußbuchse für Erde. Der Anschluß ist mit dem Chassis verbunden.

c) Betrieb des Geräts

Um sich mit dem Oszillographen vertraut zu machen, empfiehlt es sich, zunächst nur das Gerät zu bedienen, ohne daß ein Signal am Eingang ist. Auf keinen Fall das Gerät einschalten, wenn ein Verstärker vorgeschaltet ist. Ist die Ausgangsspannung eines Verstärkers relativ hoch und der Oszillograph auf hohe Empfindlichkeit eingestellt, dann kann der Eingangsverstärker im Oszillograph zerstört werden.

1. Anschließen an das Netz

2. Regler in die richtige Lage bringen

Volts/Div	im niedrigen Bereich
Time/Div	beliebig im mittleren Bereich
Position	Mitte
Brillance	Mitte
Focus	Mitte
Astig	Mitte
Trigg	Intern (oder aus)
Level	beliebig
Stability	Rechtsanschlag
AC	oder DC, nicht GND

3. Einschalten

Nach kurzer Erwärmzeit erscheint das Bild des Kathodenstrahls auf der Röhre. Nachstellen der Helligkeit, Schärfe, Position.

4. Aufnahme des Signals

Einstellen auf geringe Empfindlichkeit (Volts/Div) und Anschließen des Signalkabels. Einstellen der Empfindlichkeit entsprechend der Höhe des Signals. Angleichen der Zeitablenkung an die Signalfrequenz. Beispiel für ein Signal: Berühren Sie mit dem Finger die zentrale, nicht geerdete Strippe des Eingangskabels. Gehen Sie dann mit der Empfindlichkeit auf etwa 100 m Volts/Div und mit der Zeitablenkung auf etwa 1 ms/Div, dann sehen Sie auf dem Bildschirm einen Wechselstrom mit einer Frequenz von 50 Hz abgebildet. Erklärung: Der menschliche Körper wirkt als Antenne und wird von dem Wechselstrom des Stromnetzes wie ein Kondensator aufgeladen. Es tritt eine sog. kapazitive Einstreuung auf. Da nicht nur der Mensch, sondern auch die Versuchsanordnung und die Versuchstiere aufgeladen werden, kann sich dieses 50 Hz-Brummen (Netz-Brummen) sehr störend bei Versuchen bemerkbar machen und muß durch Erdung oder durch Abschirmung (Faradaykäfig) unterdrückt werden. Der Netzbrummton stört immer dann, wenn eine hochohmige Spannungsquelle angeschlossen wird.

5. Triggern
Wird bei einem periodischen Signal ein stehendes Bild erwartet, dann muß intern oder extern getriggert werden. Gleichzeitig müssen die Regler «Level» und «Stability» in die richtige Position gebracht werden. Dies gelingt durch Probieren und mit etwas Geduld.

d) Oszillographentypen

Bei vielen Oszillographen sind zusätzliche Regler und Anschlüsse vorhanden. Über deren Bedeutung und Funktion orientiere man sich durch die beiliegende Betriebsanleitung. Hier sollen nur noch die wichtigsten Grundtypen der auf dem Markt befindlichen Oszillographen und deren Anwendungsmöglichkeiten kurz zusammengestellt werden.

1. Einstrahloszillographen
Bei Einstrahloszillographen wird nur 1 Kathodenstrahl auf der Bildröhre abgebildet. Mit solchen Geräten kann man Potentialdifferenzen von Muskeln und – bei entsprechender Empfindlichkeit oder Verstärkung des Signals – auch Potentiale von Nerven ableiten.
Der Nachteil von Einstrahloszillographen ist, daß ein elektrischer Reiz nicht gleichzeitig mitregistriert werden kann.

2. Zweistrahloszillographen
Die Geräte haben zwei getrennte Eingänge für verschiedene Signale, die gleichzeitig und unabhängig voneinander dargestellt werden können. Zweistrahloszillographen erlauben es z. B., einen elektrischen Reiz und das Aktionspotential gleichzeitig aufzuzeichnen.
Bei den Zweistrahloszillographen gibt es zwei Typen, die auf grundsätzlich verschiedene Weise arbeiten:

Zweikanaloszillographen besitzen nur ein Ablenksystem. Durch einen sehr hochfrequenten Wechselschalter können jedoch zwei verschiedene Eingangssignale auf dem Bildschirm getrennt dargestellt werden, die Verstärkung auf der y-Achse kann unabhängig vorgenommen werden, die Zeitablenkung (x-Achse) ist für beide Strahlen gemeinsam.

Bei sehr hohen Frequenzen kann es zu einer Diskontinuität der beiden Bilder kommen. Normale Einstrahloszillographen können durch Zusatzgeräte zu Zwei-(bzw. Vierkanal-)Geräten umgerüstet werden.

Dual-gun-Oszillographen sind mit zwei völlig unabhängigen Elektronenstrahlen und Ablenksystemen ausgerüstet. Diese Geräte sind sehr teuer und ihre Vorteile können in einem physiologischen Praktikum nicht ausgenützt werden.

3. Speicheroszillographen
Mit Speicheroszillographen können einmalige Ereignisse, wie sie bei Erregungen von Nerven und Muskeln häufig vorkommen, für etwa eine halbe Stunde auf dem Bildschirm gespeichert werden. Die Ergebnisse können dann in aller Ruhe analysiert, abgezeichnet oder fotografiert werden. Es ist auch möglich, die Aufzeichnungen in einer Vorlesung zu demonstrieren. Seit einiger Zeit werden Speichervorsätze für normale, nicht speichernde Oszillographen mit externem Triggereingang angeboten (z. B. Memoscop EA der Firma Eltronix), die jedes auf dem Oscillographen erscheinende Signal auf digitalem Wege speichern, so daß es beliebig abgerufen werden kann.

3 Elektroden

Die Art der Elektrode hat bei der Ableitung niedriger elektrischer Potentiale einen entscheidenden Einfluß. Bei den Versuchen, die in diesem Grundpraktikum angegeben sind, kommt man mit drei Elektrodentypen aus, die man selbst herstellen kann.

Hautelektroden. Beim EKG werden von der Haut großflächig elektrische Potentialdifferenzen abgeleitet. Man verwendet dazu großfläche Metallelektroden. Wenn möglich verwendet man Edelstahl- oder Silberblech, notfalls reicht auch blank geriebenes Kupferblech aus. Die Elektroden müssen mit der feuchten Haut einen guten Kontakt haben und dürfen während der Ableitung nicht verschoben werden (Herstellung siehe Kapitel II, D 26).

Nadelelektroden. Für extrazelluläre Ableitungen eignen sich Nadelelektroden gut. Man stellt sie aus Edelstahlnadeln (nichtrostende V2A-In-

Herstellen von Elektroden

Nadelelektroden

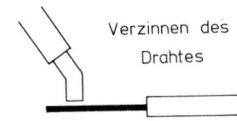

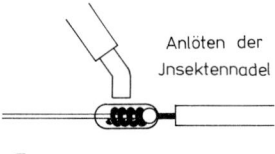

a.

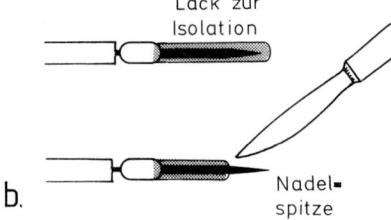

b.

Häkchenelektroden

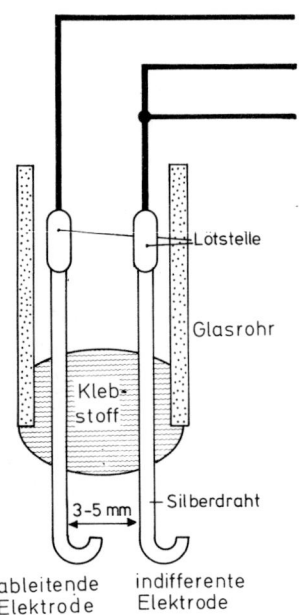

c.

sektennadeln und Minutienstifte) her. Edelstahl läßt sich nur sehr schwer verlöten, so daß mitunter ein schlechter Kontakt zwischen dem Kupferdraht und der Nadelspitze zustande kommt, was zu fehlerhaften Ableitungen führt.

Sollen elektrische Potentiale von eng begrenzten Gewebebezirken abgeleitet werden, dann taucht man die Nadel in einen Kunstharzlack, um sie zu isolieren. Ist der Lack ausgehärtet, dann wird unter der binokularen Lupe die Nadelspitze mit Skalpell und sehr feinem Sandpapier vom anhaftenden Lack befreit (Anleitung Abb. An, 2 b).

Häkchenelektroden. Elektrische Potentiale von freipräparierten Nervensträngen werden mit Hilfe von Häkchenelektroden aus Silberdraht (Feinsilber!) abgeleitet. Auf keinen Fall darf versilberter Kupferdraht verwendet werden, da sich an der Schnittstelle zwischen Kupfer und Silber ein elektrisches Potential aufbauen würde, das größer als das abzuleitende Potential des Nervs wäre. Gute Ergebnisse erhält man nur mit sauberen und fettfreien Elektroden, da eine Fettschicht den Übergangswiderstand zwischen Nerv und Elektrode wesentlich verstärkt. Je nach Fragestellung verwendet man Elektroden mit einer ableitenden und einer indifferenten Elektrode (unipolare Ableitung) oder zwei ableitenden Elektroden und einer indifferenten Bezugselektrode (bipolare Ableitung). (Anleitung Abb. An, 3 c).

Abb. An, 3: a) Die Isolation eines Kupferdrahtes wird auf eine Länge von ca. 2 cm entfernt und dann mit einer dünnen Schicht Lötzinn überzogen. Auf diese Weise verhindert man, daß sich beim Verlöten «kalte Lötstellen» bilden, die bei der Übertragung schwacher Ströme sehr stören.

b) Die Nadelspitze wird mit einer Schicht Lack überzogen. Etwa einen Tag später wird der gut ausgetrocknete Lack (unter dem Binokular) mit einem Skalpell an der Nadelspitze entfernt. Diese Elektroden eignen sich dazu, elektrische Potentiale von kleinen pflanzlichen oder tierischen Gewebeflächen abzuleiten.

c) Das Elektrodenpaar wird mit einem Zwei-Komponenten-Kleber in eine Glasröhre eingeklebt. Die hier gezeichnete Elektrode eignet sich nur für unipolare Ableitungen, da die indifferente Elektrode (Bezugselektrode) geerdet ist. Elektroden für bipolare Ableitungen werden entsprechend gebaut. Sie haben drei Silberdrähte (+, −, Erde).

4 Ableitkabel

Häufig werden die Messungen durch Überlagerung von Störsignalen sehr erschwert, so daß das Nutzsignal mitunter völlig untergeht. Wir unterscheiden dabei die 50-Hz-Spannungen («Brummspannungen») und die unregelmäßigen, hochfrequenten Rauschspannungen. Die Störsignale werden weitgehend über die Ableitkabel kapazitiv (elektrische Felder) und induktiv (magnetische Felder) in die Meßkette eingekoppelt. Es gelten deshalb folgende Regeln:
- Die Ableitkabel vom Präparat zum Verstärker sollen so kurz wie möglich sein.
- Die Kabel vom Präparat zum Verstärker sollen gleichartig und gleich lang sein, da sonst auch bei einem guten Differenzverstärker die 50-Hz-Spannungen nicht unterdrückt werden können (siehe Differenzverstärker).
- Wenn möglich verwendet man abgeschirmte, geerdete Zuleitkabel.

Treten trotz der oben beachteten Regeln Störungen auf, dann überprüfe man die Kontakte an den Steckern, am Verstärker und an den Elektroden. Schlechte Lötstellen müssen erneuert werden. Vom Verstärker zum Oszillograph können normale Kabel verwendet werden, da das Nutzsignal 100 bis 1000fach verstärkt wurde und durch die Störungen nicht mehr merkbar beeinflußt werden kann.

5 Bezugsquellen für Geräte, auf die in diesem Buch besonders verwiesen wurde

Bender und Hobein, Talstr. 32, 7800 Freiburg (Elektrophoreseeinrichtung)
Biotec, Am Sommerberg 3, 7801 Buchenbach
Boskamp GmbH, Kleinstr. 14, 5303 Hersel (Elektrophoreseeinrichtung)
Eltronix GmbH, Alte Owinger Str. 7, 7770 Überlingen (Speichervorsatz für Oszillograph)
Chr. Graze KG, Postfach 107, 7057 Endersbach (Bienenschaukasten, Imkereibedarf)
Greiner und Söhne, Postfach 67, 7440 Nürtingen (Zuchtgläser aus Polyester mit Stopfen für Drosophila)
Hellige GmbH, Postfach 728, 7800 Freiburg (EKG-Zubehör)

Rohde und Schwarz, Postfach 5229, 7500 Karlsruhe 1 (Speicheroszillograph)
R. Rosskopf, 7853 Steinen, Bergstr. 5 (Differenzverstärker mit hoher Gleichtaktunterdrückung, für Schulversuche entwickelt)
Tobifo-Vertriebs GmbH, Rosenweg 12, 6901 Neckarsteinbach (Differenzverstärker, versch. Laborgeräte für den Unterricht)
Joh. Wirth, Freisingstr. 7, A-6020 Innsbruck (Prismenumkehrbrille)

6 Bezugsquellen für Versuchstiere und Mikroorganismen

Bio-Lab GmbH: Domagstr. 2, 5300 Bonn 1; (Algen, Protozoa, Drosophila)
Deutsche Sammlung von Mikroorganismen (DSM): Grisebachstr. 8, 34 Göttingen (Bakteriophagen, Bakterien, niedere Pilze)
Flora Frey GmbH & Co., KG. Postfach 160 147, 5750 Solingen 16, Tel. 02122/3 83-1 (Mimosensamen, Venusfliegenfallen)
Grigfarm, CH 4699 Wittinsburg, Schweiz (mit deutschen Auslieferungslager). Versuchs- und Futterinsekten (mehrere Grillenarten)
Phywe AG, Postfach 665, 3400 Göttingen (Drosophila mit folgenden Stämmen: wild, ebony, vestigial, white, curly)
Robert Stein, 8882 Lauingen/Donau, Tel. 08922/583 (Amphibien, Tauwürmer, Weinbergschnecken, Mehlwürmer)

7 Bezugsquellen für weniger gebräuchliche Chemikalien und Substanzen

Behring Werke AG, Jägerstr. 14–18, 7000 Stuttgart (Seren für Immunreaktionen)
Nordin-Serum GmbH, 208 Pinneberg bei Hamburg (Eldonkarten zur Blutgruppenbestimmung)
Serva, Postfach 10 52 60, Heidelberg 1 (Chemikalien)
Deutsche Lieferfirmen für Produkte der amerikanischen Hersteller GIBCO (Grand Island Biological Co., USA), DIFCO (Detroit) und Mogal-ED:
  Otto Nordwald KG, Heinrichstr. 5, 2000 Hamburg 50 (für Norddeutschland)
  Carl Roth, Postfach 21 09 80, 7500 Karlsruhe 21 (für Süddeutschland)
Mecron GmbH, Dederingstr. 3–7, 1000 Berlin 42 (für Berlin)

Standardliteratur

Lehrbücher

Czihak, G., Langer, H., Ziegler, H. u. a.: Biologie. Ein Lehrbuch für Biologen und Mediziner. Springer, Berlin, Heidelberg, New York 2. Aufl. 1978.

Florey, E.: Lehrbuch der Tierphysiologie. Thieme, Stuttgart 2. Aufl. 1975.

Hadorn, E. und Wehner, R.: Allgemeine Zoologie (begründet von A. Kühn). Thieme, Stuttgart 20. Aufl. 1978.

Hess, D.: Pflanzenphysiologie. UTB 15. Ulmer, Stuttgart 6. Aufl. 1979.

Kaussmann, B.: Pflanzenanatomie. VEB Fischer, Jena 1963.

Lehninger, A. L.: Biochemie. Verlag Chemie, Weinheim 2. Aufl. 1977.

Lippert, E.: Lehrbuch der Pflanzenphysiologie. Fischer, Stuttgart 3. Aufl. 1979.

Lippert, E.: Kompendium der allgemeinen Biologie. Fischer, Stuttgart 1976.

Mackean, D. G.: Einführung in die Biologie. rororo Bd. 6118 und 6122. Hamburg 1970.

Mohr, H.: Lehrbuch der Pflanzenphysiologie. Springer, Heidelberg, Berlin, New York 3. Aufl. 1978.

Mörike, K. D., Betz, E. und Mergenthaler, W.: Biologie des Menschen. Quelle und Meyer, Heidelberg 10. Aufl. 1978.

Nultsch, W.: Allgemeine Botanik. Thieme, Stuttgart 6. Aufl. 1978.

Penzlin, H.: Lehrbuch der Tierphysiologie. G. Fischer Stuttgart 2. Aufl. 1976.

Remane, A., Storch, V. und Welsch, U.: Kurzes Lehrbuch der Zoologie. G. Fischer, Stuttgart 3. Aufl. 1978.

Dazu: «Programmierte Studienhilfe», G. Fischer, Stuttgart 1974.

Remane, S., Storch, V. und Welsch, U.: Systematische Zoologie. G. Fischer, Stuttgart 2. Aufl. 1980.

Rensch, B., Dücker, G.: Fischer-Lexikon Biologie II (Zoologie). Fischer Bücherei, Frankfurt 7. Aufl. 1976.

Rensing, L., Hardeland, R., Runge, M. und Galling, G.: Allgemeine Biologie. Eine Einführung für Biologen und Mediziner. Ulmer, Stuttgart 1975 (UTB Nr. 417).

Sengbusch, P. v.: Einführung in die Allgemeine Biologie. 2. Aufl. Springer, Berlin, Heidelberg, New York 2. Aufl. 1977.

Strasburger, E. (Erstherausgeber): Lehrbuch der Botanik für Hochschulen. G. Fischer, Stuttgart 31. Aufl. 1978.

Dazu: «Programmierte Studienhilfe», G. Fischer, Stuttgart 2. Aufl. 1979.

Strugger, S. und Härtel, O.: Fischer-Lexikon Biologie I (Botanik). Fischer Bücherei, Frankfurt, 8. Aufl. 1975.

Troll, W.: Praktische Einführung in die Pflanzenmorphologie. VEB Fischer, Jena 1954 (Teil I) und 1957 (Teil II).

Troll, W. und Höhn, H.: Allgemeine Botanik. F. Enke, Stuttgart 4. Aufl. 1973.

Vogel, G. und Angermann, H.: dtv-Atlas zur Biologie. Texte und Tafeln. 2 Bde. dtv. München

Walter, H.: Grundlagen des Pflanzenlebens. In: Einführung in die Phytologie Bd. 1. Ulmer, Stuttgart 4. Aufl. 1962.

Wurmbach, H.: Lehrbuch der Zoologie, 2 Bde. G. Fischer, Stuttgart Bd. I 2. Aufl. 1970, Bd. II 2. Aufl. 1971.

Ziswiler: Wirbeltiere, Spezielle Zoologie Bd. I. Amniota 1976, Bd. II Amniota 1977 Thieme Stuttgart.

Handbücher

Berichte aus Biochemie und Biologie, begründet von M. Hartmann und F. v. Wettstein. Springer, Berlin, Heidelberg, New York ab 1926.

Falkenhahn, H. (Hrsg.): Handbuch der praktischen und experimentellen Schulbiologie. 5 Bde. Aulis, Köln 1971–1975.

Grassé, P.: Traité de Zoologie, 20 Bde.. Masson, Paris ab 1948.

Handbuch der Biologie, hrsg. von L. v. Bertalanffy und F. Gessner. Akad. Verlagsges. Athenaion, Potsdam ab 1942.

Handbuch der Pflanzenanatomie 1. Aufl. hrsg. von K. Linsbauer, 1922–1959; 2. Aufl. hrsg. von A. Zimmermann und P. Ozenda. Bornträger, Berlin, Stuttgart ab 1959.

Handbuch der Pflanzenphysiologie, hrsg. von W. Ruhland. Springer, Berlin, Göttingen, Heidelberg seit 1942.

Handbuch der Zoologie, gegr. von W. Kükenthal, hrsg. von J.-G. Helmcke und H. v. Lengerken. De Gruyter, Berlin seit 1955.

Kaestner, A.: Lehrbuch der Speziellen Zoologie (unter Mitarbeit von A. Wetzel: Protozoa) G. Fischer, Stuttgart 3. Aufl. 1968–73 (mehrere Bände).

Protoplasmatologia. Handbuch der Protoplasmaforschung. Hrsg. von L. v. Heilbrunn, F. Weber. Springer, Wien, New York.

Praktikumsbücher

Adritti, J. und Dunn, A.: Experimental Plant Physiology. Holt, Rinehard and Winston, New York 1969.

Baer, H.-W.: Biologische Versuche im Unterricht. Aulis, Köln 3. Aufl. 1977.

Bauer, H. J., Hofer, R., Knapp, W. und Moser, H.: Zoologische Experimente. dtv München 1974.

Belfield, W. and Dearden, M.: A Practical Course in Biology. Pergamon Press, Oxford, New York, Toronto, Sydney, 1971.

Braune, W., Leman, A. und Tauber, H.: Pflanzenanatomisches Praktikum. G. Fischer, Stuttgart 3. Aufl. 1974.
Braune, W., Leman, A., H. Taubert: Praktikum zur Morphologie u. Entwicklungsgeschichte der Pflanzen. G. Fischer, Stuttgart 1976.
Brauner, L. und Bukatsch, F.: Das kleine Pflanzenphysiologische Praktikum. G. Fischer, Stuttgart 8. Aufl. 1973.
Clark, R. B.: A practical course in experimental Zoology. John Wiley, London, New York, Sidney, Toronto 1966 (reprinted 1972).
Dunn, A. und Adritti, J.: Experimental Animal Physiology. Holt, Rinehart and Winston, New York 1969.
Eschrich, W.: Strasburger's kleines Botanisches Praktikum G. Fischer, Stuttgart 17. Aufl. 1976.
Furch, K.: Experimentelle Biologie. Studienbücher Biologie Nr. 5342. Diesterweg, Salle, Quelle u. Meyer, Sauerländer, 1974.
Hoebel-Mävers, R.: Biologisches Praktikum. Braunschweig 1973.
Knodel, H., Bässler, U. und Haury, A.: Biologie-Praktikum. Metzler'sche Verlagsbuchhandlung, Stuttgart 1973.
Krüger, W.: Stoffwechselphysiologische Versuche mit Pflanzen. Biologische Arbeitsbücher 13. Quelle u. Meyer, Heidelberg 2. Aufl. 1978.
Kuhn, K., Probst, W.: Biologisches Grundpraktikum, Bd. I G. Fischer, Stuttgart 2. Aufl. 1977.
Kükenthal, W., Renner M.: Leitfaden für das Zoologische Praktikum. G. Fischer, Stuttgart 17. Aufl. 1977.
Molisch, H. und Dobat, K.: Botanische Versuche ohne Apparate. Fischer, Stuttgart 5. Aufl. 1979.
Müller, H. W.: Pflanzenbiologisches Experimentierbuch. Franckh, Stuttgart 5. Aufl. 1971.
Nachtigall, W.: Zoophysiologischer Grundkurs. Taschentext 4. Verlag Chemie, Weinheim 1972.
Norman, R. W.: Experimental Biology. Englewoods and Cliffs, Prentice Hall (N. Jers.) 1971.
Nuffiled advanced science: Verschiedene Text- und Laboratoriumsbücher für den Biologie-Unterricht in den Oberklassen. Longman, Penguin Books. London.
Nultsch, W. und Grahle, A.: Mikroskopisch-botanisches Praktikum für Anfänger. Thieme, Stuttgart 5. Aufl. 1978.
Rappoport, R.: Physiologisch-chemisches Praktikum. Berlin 5. Aufl. 1967.
Roberts, J. and Whitehouse D. G.: Practical Plant Physiology. Longman 1976.
Rudolph, H., Thiele, B., Thiele, H. J.: Praktikum biologischer Demonstration. E. Eydam, Kiel 1979.
Ruthmann, A. u. Hauser, M.: Praktikum der Cytologie, Teubner Stuttgart 1979.
Schlieper, C.: Praktikum der Zoophysiologie. Fischer, Stuttgart 4. Aufl. 1977.
Schopfer, P.: Experimente zur Pflanzenphysiologie. Rombach, Freiburg 1970. (Nachdruck Springer 1976).
Skramlik, V.: Anleitungen zum physiologischen Praktikum. VEB Fischer, Jena 1956.
Steinecke, F.: Experimentelle Biologie. Biol. Arbeitsbücher 3. Quelle und Meyer, Heidelberg 4. Aufl. 1976.
Urbach, W.: Experimente zur Stoffwechselphysiologie der Pflanzen. Thieme Stuttgart 1976.
Zimmerli, E.: Freilandlabor Natur. Hrsg.: Schweizerische Beratungsstelle für Umwelterziehung (SBU) Zürich. Verlag WWF, Zürich 1975.

Arbeitstechniken und Methoden

Adam, H. und Czihak, G.: Arbeitsmethoden der makroskopischen und mikroskopischen Anatomie. Fischer, Stuttgart 1964.
Baer, H.-W. und Grönke, O.: Biologische Arbeitstechniken. Aulis, Köln 2. Aufl. 1979.
Cavalli-Sforza, L.: Biometrie. Grundzüge biologisch medizinischer Statistik. G. Fischer, Stuttgart 4. Aufl. 1974.
Gerlach, D.: Botanische Mikrotechnik. Thieme, Stuttgart 2. Aufl. 1977.
Linder, A.: Planen und Auswerten von Versuchen. Birkhäuser, Basel 3. Aufl. 1969.
Romeis, B.: Mikroskopische Technik. Oldenburg, München 16. Aufl. 1968.
Steiner, G.: Das Zoologische Laboratorium. Schweizerbart'sche Verlagsbuchhandlung, Stuttgart 1963.
Weber, E.: Grundriß der biologischen Statistik. G. Fischer, Stuttgart 7. Aufl. 1972.

Lexika

Abercombie, H., Hickman, C. J. und Johnson, M. L.: Taschenlexikon der Biologie. G. Fischer, Stuttgart 1971.
Steiner, G.: Wortelemente wichtiger Zoologischer Fachausdrücke. G. Fischer, Stuttgart 5. Aufl. 1974.
Stöcker, F. W. und Dietrich, G. (Hrsg.): ABC der Biologie. Brockhaus, Leipzig 1967.
Vogellehner, D.: Botanische Terminologie und Nomenklatur. G. Fischer, Stuttgart 1972.

Zeitschriften

a) *Fachzeitschriften mit Übersichtsartikeln über das gesamte Gebiet der Biologie*

Biologie in unserer Zeit. Verlag Chemie, Weinheim.
Naturwissenschaftliche Rundschau. Wissenschaftliche Verlagsgesellsch., Stuttgart.
Umschau in Naturwissenschaften und Technik. Umschau-Verlag, Frankfurt a. M.

Bild der Wissenschaften. Deutsche Verlagsanstalt, Stuttgart.
Die Naturwissenschaften. Springer-Verlag, Berlin, Heidelberg, New York.
Spektrum der Wissenschaft (Deutsche Ausgabe von Scientific American), Verlag Spektrum der Wissenschaft, Weinheim.

b) Methodisch-didaktische Zeitschriften

Naturwissenschaften im Unterricht (früher: Naturkunde und Naturlehre), Aulis Verlag Deubner, Köln.
Praxis der Naturwissenschaften, Biologie. Aulis Verlag Deubner, Köln.
Der mathematische und naturwissenschaftliche Unterricht (MNU). Dümmler-Verlag, Bonn.
Der Biologie-Unterricht (Vierteljahresschrift). Klett-Verlag, Stuttgart.

Biologie in der Schule. VEB Volk und Wissen, Berlin.
Unterricht Biologie. Friedrich Verlag, Seelze.
biologica didactica. Zeitschrift f. Didaktik und Methodik der Biologie. Verlag Franzbecker, Salzdetfurth/Hildesheim.

c) Referierende Periodika

Berichte Biochemie und Biologie/Biochemistry – Biology. Springer, Berlin/Heidelberg/New York.
Berichte der Deutschen Botanischen Gesellschaft, Hrsg. H. Lorenzen. G. Fischer, Stuttgart.
Cold Spring Harbor Symposia on quantitative Biology. Cold Spring Habor Laboratory, New York.
Fortschritte der Botanik, Springer, Berlin/Heidelberg/New York seit 1931
Fortschritte der Zoologie, Neue Folge, Hrsg.: M. Lindauer, G. Fischer, Stuttgart.
Verhandlungen der Deutschen Zoologischen Gesellschaft, Hrsg. W. Rathmayer, G. Fischer, Stuttgart.

Register

* Abbildung oder Strukturformel; halbfett: eingehender behandelt

A Sachverzeichnis

AAM 86
Aasfresser *269, **270**
A-Bande 10, *10, 11, 27
Aberglaube 93
Abfallanreicherung 260
Abfallstoffe, organische *269, **270**
Abfallstoffe, schädliche **273**, *274
Abflachung *180
Abgase **273**, *274
Abies alba, Temperaturresistenz *259
Ableitkabel 315
Ableitung, differenzielle **18**, *19, **20**, **81–83**, *82, 314, *314
Ableitung, unipolare 1, *19, 20, **22–26**, *23, **70–72**, *71, 310, 314, *314
AB0-System 237, 242, *242
Absammelmethode **301**
Abscisinsäure 57, *57
Abstammungslehre **169–228**
Abwässer **273**, *274
Abweichungsquadrat 280
Acanthaceae 293
Acetylcholin 8, *9
Acetylen 172
Achsendrehung 177, *178, *179
Achsengewebe (Blüte) *213, *215, **216**
Acker **272–273**, 275
Acridinfarbstoffe 125
Adaptation 50, 51, 63
Adaption **210–214**
adaptive Radiation **198**
adaptive Zone **198**, *199
Adenin 125, *125, 172, 226
Adenohypophyse *49
Adrenalin 8, 53
Aegeria apiformis *195
Aerenchym **267**
Aerosol **268**
Affen 93, 95
After 182
Agarplatten 142 ff.
Agavaceen 291
Agglutination **235**, *235, *238, 243, *244
Aggression 86, 90, 94
Aggression, außerartliche 96, **117–119**, *118
Aggression, innerartliche **95–96**, **116–117**, *116
Aggression, interspezifische *118
Aggressionsverhalten, Kampffisch **116–117**, *116
Aggressionsverhalten, Kleiber **117–118**, *118
Agrimonia *213, *215
Aizoaceae 291, *291
Aktin 6, 9, **10–12**, *10, *11, *12, 26

Aktionspotential 1, **5–9**, *6, *7, *8, **18–26**, *19, *23, *24, *25, *26
Aktivationshormon 47
Aktivitätsrhythmus 99
Aktivitätswaage *100, *101
Aktivitätszeit *100
Aktogramm 85, *101
Alanin 172, 208, 209
Albedo **260**
Albino 122
Albumin *240
Aldehyd 172
Aldrin 272
Algen **177**, *178, *184, 262, *264
Alginsäure 179
Allel 132 ff., **123**, **139**, **140**, 189
Allelfrequenz **189–191**, *192
Allelie, multiple 133
Allergie 229, 241
Alles-oder-Nichts-Reaktion 5
Allianz **284**
Allogenese **198**, *199, **210–214**, *211
Allolobophora caliginosa 301
Allomorphose **198**
Alloploidie 197
Aloe 291
Alpensalamander 98
Alpenveilchen *261
Alpha-Strahlen 124, 185
Aluminosilikate 172
AM 86
Amacrinzelle 73, *74
Ameisen 94, **115–116**, *115
Ameisensäure 172
Aminosäuren 122, 123, 172, *173, 175, 284
Aminosäuren, Darstellung in der Uratmosphäre 172, **205–210**
Aminosäure, L-Typ 175
Aminosäure-Sequenz 125, **171**, *171, 234, 235
Ammoniak 172
Amöbe 26, *26
Amphibien **48**, **49**, 183, *186, *187
Amphibien, Stammbaum *199
Amphibienmetamorphose *46, **49**, **66–68**
Amygdalin **214**, **216**, *215
Anämie 229
Ananasgalle 284
Aneuploidie **127**
Angriff 89, *118
Annidation **193**, **194**, 286
Anpassung, farbliche **219**
Anpassungsauslese **190–195**, *192, *193, *194, *195, 217, 220, *220, *221, 224, *225, 227
Anpassungsfähigkeit 175

Anpassungsselektion **190–195,** *192, *194, *195, 217, 220, *220, *221, 224, *225, 227
Anthocyan 263, 285, 293
Antibiotika 132, 189
Antigen 229, 231–249, **233–235,** *235, *236, *245, *248, *250
Antihumanserum *171, 244–249
Antikörper 229, 231 ff., **234–235,** *234, *250
Antilope 95
Antiserum 241–249, *242, *245, *248
Anulus 15, *16
Äpfelsäure 263, 295
Apfelblüte, Temperaturresistenz *259
Apfelfrucht *213, *215
Apomixis **196**
Appetenz 93
Appetenzverhalten **89,** 96
Archaeosphaeroides barbertonensis 177
Archicoelomata *187
Areal 193, 194
Arktische Zone 257, 275
Arktisches Zonobiom 255, *255
Arogenese **198,** *199
Aronstab-Blütenstand 261
Artbegriff, biologischer **195, 196,** 202, *203
Artbildung **195, 196,** *203
Artemia 68, 69
Artemisia *261
Artenhäufigkeit *278, **279**
Artenvergesellschaftung **280–282,** *283
Arzneimittelherstellung 273
Asch-Greiskraut 263, 291
Aschoff'sche Regel 91
Aschoff-Tawara-Knoten 54
Ascilius 69
Asparagin 172, 208, 209
Asparaginsäure 172, 208, 209
Asparaginsäureabbau 167
AS-Sequenzanalyse 182
Assimilation 56, 176, 291
Assimilationsgewebe 298
Assoziation 92
Assoziierung (von Artenpaaren) **282,** *283
Äthan 172
Äthylen 172
Atmosphäre **171, 172,** *173, *186, 268, 273, *274
Atmung 45, 56, 261
Atmung, aerobe 176
Atmung, anaerobe 176
Atmungsenergie 271
Atriplicetum littoralis **276,** *277
ATP 3, *4, **10–13,** *12
Attrappe **87,** *87, 89, 117–118, *118
Atrioventricularknoten 54, *55
Atropin 53
Auge 5
Augenalbinismus 138
Augenmuskelnerv 51, *52
Augenmuster 193, *195

Augenziffern 138
Auslösemechanismen **86, 87**
Auslöser 201
Ausscheidungssystem 182
Ausstrahlung **256,** *256
Australopithecus **183,** *184
Autogamie **196**
Autoimmunität 229
Automatie der Erregungsbildung **54,** *55, **56**
Autökologie **253, 254**
Autotrophie 270
Avenella flexuosa *278, **279, 280**
Aversion 93
Avery 121, 127
Axolotl 67
Axon *9

Baar 258
Bach-Nelkenwurz **195, 196**
Bacillariophyceae *178
Bärlapp-Farnpflanzen 180
Bärenklau 268
Bärtierchen 265
Bahnung 42, 74, 75, 76
Bakterien 90, 121–123, 127, 129, 176, 233, 235, 270, 284
Bakteriengenetik 140–149
Bakterienkreuzung *147
Bakterienkultur **142,** *142, **143**
Bakteriophagen 132, **143**
Bakteriophagenkultur **142, 143**
Balancierter Polymorphismus **198**
Balgfrüchte *213, *215
Balzverhalten 86, 90, **94,** 197
Bandbreite, evolutive **201, 202**
Bar, B 133, 138, **154**
Basalorgan 13
Basenanaloga **125**
Basophile Granulocyten **240, 241,** *241
Bastard, alloploider 127
Bastard, fertiler 127
Bastardierung **195, 196**
Bastard-Nelkenwurz **195, 196**
Bastardpopulation **195, 196**
Bates'sche Mimikry **193,** *195
Bauchmark 8, **22–26,** *23, *24, *25, *26, 182, *182
Bauplan **204, 205**
Baustoffwechsel 175, *187
Becken, intramontanes 258
Bedecktsamer 180
Begattungsorgane 197
Behavioristen 85
Beleuchtungsstärke **262**
Belichtungsmessung **262**
Belt-Serie 177
Belüftungsgewebe **267**
Bernsteinsäure 172
Beschädigungskampf 95
Besenheide *278, **292,** *292

Bestäubung 254
Bestrahlung 127
Bestrahlungsstärke *256
Besenginster 291
Beta-Strahlen 124, 185
Betta splendens 116, 117, *117
Beute **219–223**
Beuteltier, Proteinverwandtschaft *171
BFE (Blattflächenindex) **262**
Biene 85, 94, 95, *95, **105–115,** *106, *107, *108, *111, *113
Biene, Dressur **105–115**
Bienenbeobachtungskasten **110–112**
Bierhefe, Proteinverwandtschaft *171
Bilateria **181,** *181, **182,** *187
Bilatero-Gastraea *181
Bioelektrizität **1–4,** *2, *4
Biogenese *173, **174, 175,** *186
Biogeozönose **254,** 272
Biolumineszenz 6
Biomasse **271,** *271, **272,** 302
Biome **255,** *255
Biomembran *173, 174
Biomolekül 253
Bio-Polymere 172, *173, 174
Biospektrum **275,** *277
Biosphäre **254–256**
Biotope 191, 219
Birkenspanner **219**
Biston betularia **219**
black, b 154
Blätter 180
Blasenfarn, zerbrechlicher *264
Blastaea *181
Blastoporus 182
Blattanatomie 266, **290** ff., *292, *294, 298
Blattbewegung (autonome) 36, *36, 37
Blattflächenindex **262**
Blattform, morphologische Differenzierung *197, 290 ff.
Blattgelenke 17–22, *19, *21
Blattimitation 193, *195
Blattsukkulenz **291,** *291, *299
Blaualgen 176, 177, 270
Blei 273
Bleicherde **267**
Bleitetraäthyl 273
Bleivergiftung **273**
Blüten, gefüllte 188
Blütenbewegung 90
Blütenökologie 254
Blütenpflanzen 262, *264
Blütensymmetrie 188
Blumenuhr **37–38,** *39
Blutagglutination 235, *235, **236, 237**
Blutdruck 45, 87
Bluterkrankheit 138
Blutgefäßsystem 182
Blutgruppen 133, 229, **236, 237, 241–243,** *242
Blutgruppenbestimmung **241–243,** *242

Blutkörperchen, weiße 230, 231, 240 ff.
Bluttransfusion 229, 237, 243
Blutübertragung, s. Bluttransfusion
Blutzellen, rote 240, 241, *241
Blutzellen, weiße 230, 231, 240 ff.
Blutzuckerspiegel 45
B-Lymphocyten *230, 231, **232,** *232, **236,** *236
Boden, Definition **267**
Bodenbildung **267–268**
Bodenfaktoren **267, 268**
Bodenhorizont **267**
Bodeninsekten **270**
Bodenoberfläche, Ausstrahlung der *256, **257, 258**
Bodenorganismen 267
Bodenreaktion 267
Bodenschätze *274
Bodentyp **267**
Bodenvernichtung 273
Bohne 14, 35–37, *36, *37, 270
Boreale Zone 257
Boreales Zonobiom 255, *255
Boveri 135
BPP **271,** *271
Braungelbe Algen (Chromophyta) **177,** *178, 179
Braunsche Röhre 310
Brombeere *213, *215, *291
brown, bw 136
Brunftverhalten 90
Brunnenkresse 262
Brutblatt **299,** *299
Brutpflegeverhalten **94,** 116
Bruttoprimärproduktion **271,** *271
Bryophyllum **299,** *299
Buchen-Hochwald 275
Buckelzirpen 198, *202
Bünning, E. 90
Bulawayo-Formation 177
Bulbus Cordis *83, 83
Buntspecht 117, *118
Buschwindröschen 262

Caligo spec. 193, *195
Calluna vulgaris *278, *292, **292**
Calvin-Zyklus *294, **295**
Candida, Proteinverwandtschaft *171
capsal *178
Carbonsäuren 172
Carboxylase **294,** *294, *299
Carotissinus 45
C_4-Dicarbonsäureweg **294,** *294, **295**
Cecidien **284–290**
Centriol 13
Centrum ciliospinale 51, *52
Cepaea nemoralis 197
Cercopithecoidea **183,** *184
Chamaephyten **260,** *261, 275–277
Charaphyceae *178
chemische Faktoren **267, 268**
Chemoevolution **171–174,** *173, **205–210**

Chemonastie 60
chemoregulatorischer Typ 261
Chemosynthese 175, *187
Chemotaxie 14
Chenopodiaceen 291
Chiasma 137
Chi-Quadrat-Test 160–163, 282, *283
Chironomus 47
Chitin 48
Chlorophyceae *178
Chlorophylle 179
Chloroplast 2, *294, 295
Choanoflagellaten 181
Chordatiere 182, *187, *230, 231
Chromatid 137
Chromatogramm 206, 208, 209, *209
Chromophyta 177, *178, 179, *186
Chromosom 130 ff.
Chromosom, homologes 123
Chromosomen-Aberration *126, 127
Chromosomenkarte 164–167, *166
Chromosomenmutationen 121, 127, 185
Chromosomenstammbaum *215
Chromosomentheorie der Vererbung 135
Chromosomenzahl *215
Chrysolaminarin 179
Chrysophyceae *178, 179
Cilien 1, 13, *13, 28–32, *30, *31
Cilienschlag 28–32, *30, *31
Cissus 291
C_3-Körper 295
C_4-Körper 295
Cladogenese 198
Cocain 53
coccal *178
Code 42
Code, genetischer 125, 175
Codierungsapparat 174
Coelomata *187
Cölom 181, 182
Colchicin 127
Coniferen-Zapfen 15
Conjugatophyceae *178
Cormophyta 186
Cornea, Insektenauge 70, *71
Corpora allata 47, *47
Corpora cardiaca 47, *47
Correns 133
Cortisol *250
Corycium enigmaticum 177
Coxa (Hüfte) 210–214, *211
CO_2-Assimilation 176, *187
CO_2-Fixierung 263
CO_2-Kompensationspunkt 294, 298
CO_2-Partialdruck 296
C_3-Pflanzen 295, 297, 298
C_4-Pflanzen *263, 263, 264, 293–298, *294
Crassula 298
Crassulaceen 291, *299

Crataegus 196, *213, *215
Crossed veinless, cv *123, 150, 151, 153, 154 ff.
Crossing-over 121, 127, 137, *137, 164–167
curled, cu 154
Curly, Cy 190
Cyanwasserstoff 172
Cycas 291
Cyclamen *261
Cyclostomata 231
Cydonia *213, *215
Cystein 208
Cytochrom-c-Stammbaum *171
Cytologie 121, 135
Cytosin 125, *125, 172, 226
Cytostatica 239

Daphnia 230, 231
Darmrohr 181, 182
Darwin, Ch. 90, 210, 217
Darwin-Finken *192, 196
Dasycladales 179
Dasylirion 291, 292, *292, 293
Dauerdunkel 101
Dauerlicht 101
DC-Celluloseplatte 208, 209, *209
DDT 272, 273
Deckungsgrad 275
Delphin (Flosse) *211
Demökologie 254
Demutgebärde 96
Dendrobaena 301
Dendrogramm *215, 216
Denkmodell, psychohydraulisches 85–89, *88
Depolarisation 1, 5, 6, *6, 12, *12, 30, *30
Desaminierung 125, *125
Desoxiribose 172
Destruenten 267, *269, 270
Determinante 233, *234, 235
Deuterostomier 182, *182, *187
Devon 180, 182, 183
Dickschnabel-Grundfink *192
Dieldrin 272
Differenzialregler 51
Differenzierung, morphologische *197
Differenzverstärker 309–310, *310
Diffusion 2, 3, *3, 243, 246, 247, 249
Diffusionspotential 1, 2–3, *2
Dilatatormuskel 51
Dimorphismus, geschlechtlicher 201
Dinophyceae *178
DNS 125, 127, 128, *129, 137
Diplococcus pneumoniae 127
Diploidie 123, 132 ff., 190
Diplont 132 ff.
Diptera 47
Dipteracanthus 264
Dissepiment 23, *24
Diurnaler Säurezyklus 298–300, *299
DNS 48, *48

Doline *257
Dollard, J. 96
Dollosche Regel **205**
Domestifikation **191, 193**
dominant 132 ff., 158 ff.
Donatorzelle *129, 146, 147, *147
Doppeldiffusion **243–246**
Dornfarn *278
Down-Syndrom 127
Drahtschmiele *278, **279, 280**
Drang 87
Drehzahnmoos *264
Dreifaktorenkreuzung **165–167**, *165, *166
Dressur 85, 91, **102–109**
Drohen 95, *118
Drosophila 121–123, *123, 127, 132, 138, 149–167, *153, 188, 190
Drosophila, Flügelmutanten *123, **150, 151,** 153
Drosophila, Geschlechtsunterschied **152, 153,** *153
Drosophila, Mutanten **150, 151, 153,** *153, **154,** 188
Drosophila, Stammkultur **150–152**
Drosophilagenetik **149–167**
Druckpotential (Zellwand) **265**
Drüse, endogene *46
Drüse, endokrine 47
Drüse, innersekretorische 42, 47
Dryopithecus **183,** *184
Dryopteris spinulosa *278
Dünen (Vegetation) 276, *277
Dünnschichtchromatographie **208, 209,** *209
Duftdressur, Honigbiene 109
Duftdrüse 94, *95
Duftmarke 94, *95
Duftstoffe 175
Dunst *274
Durst 87
Dytiscidae 69

EAAM *86
EAM *86
ebony, e 150 ff.
Ecdyson **47–48,** *48, **64–66,** *65
Echte Farnpflanzen 180
edaphische Faktoren **267, 268**
Efeu 291
Effektor 43, 44, 50, 51
Ehe 95
Eichenblätter 284–286, *285
Eier 265
Eigen, M. 174, 225
Eigenreflex *44, **50,** 61
Eignung **190–195,** 218, 219, 220, 221
Einfaktorenkreuzung 133, 134, 148, 149, **155–158**
Einhuferschwein 188
Einkreuzung 185, 189, **195**
Einkrümmung *180
Einnischung **193, 194,** 286
Einstrahlung *256
Einthoven *57

Einzeller 92, 181
Eirollbewegung 86
Eisbeständigkeit *259
Eisenbakterien 177
Eisenia foetida 301
Eiseniella tetraedra 301
Eiswüste *255
Eiweißausfällung 171, *171
Eiweißverwandtschaften **171,** *171
EKG 42, 54, *55, 56, *57, 309
EKG, Frosch **81–83,** *81
Ektoderm 181
Ektoplasma 26, *26
Elbsandsteingebirge 257
Elektroden 206, *206, 207, **313, 314,** *314
Elektrode, indifferente 310, 314
Elektrokardiogramm 54, *55, 56, *57
Elektrokardiogramm, Frosch **81–83,** *81
Elektroretinogramm **70–72,** *71, *72
Elementarprozesse n. Zimmermann **177,** *178, *179, 180, *180
El Rayum 183
Embryonalentwicklung 182
Embryo 239
Emission **273,** *274
Empfänger 42
Encalypta streptocarpa *264
Endhandlung 89, 90
Endokrines System *46
Endoplasma 26, *26
Endoploidie 127
Endosymbiontenhypothese 176
Endosymbiose 176
Endrin 272
Energie, aktionsspezifische **88, 89**
Energieerzeugung **273,** *274
Energiefluß 253, *269, **270**
Energiequelle 172, *173
Energiestoffwechsel 41, 175
Energiezufuhr 172
Ente 89, 92, 94, *171
Enthemmungshypothese **90**
Entladungen, elektrische 172
Entoderm 181
Enzym 48, 175, 263
Eobionten **176,** *176, *186
Eosinophile Granulocyten **240,** *241
Ephedra 291
Ephedrin 53
Epidermis 57, 180, 231, *285, 286, 291, *292, 293
Epilimnion **258,** *258
Episomen **130–132,** *130
Equus caballus 203
Erbgang, dihybrider **134, 135,** 136, *162, 163
Erbgang, dominantrezessiver 133
Erbgang, geschlechtsgebunden 121, **138,** 151, **158–159,** *160, *161
Erbgang, intermediärer 133
Erbgang, rezessiver 132, 139, 140, 158 ff.

Erbkoordination **86,** 89
Erbleiden 125, 167, 191
Erbse 14, 133, 134, 270
Erbtyp 190
Erdaltertum 182
Erdentstehung **171, 172**
Erdmittelalter 183
Erdpflanzen **260,** *261, 275–277
Erdschürfpflanzen **260,** *261, 275–277
ERG **70–72,** *71, *72
Erica tetralix *278
Ericaceen **292,** *292
Eriophorum vaginatum *278, **279, 280**
Erkältungsresistenz *259
Erkrankung 240
Erlen-Eschenwald 196, 275
Erneuerungsknospen **260**
Erregung 1, **5–9,** *6, *7, *9
Erregungsleitung **6–9,** *6, *7, *9
Erregungsleitung, interzelluläre 1, 8
Erregungsleitung, intrazelluläre 1, 8
Erregungsleitung, saltatorische 1, **7–8,** *9
Erregungspotential 90
Erstarrungskruste 171
Erythrocyt *235, 236, 237, 240, *241, *242, *250
Escherichia coli 122, 143–149
Essigsäure 172
Etho-Endokrinologie 85
Ethologie 85
Eucyte 13
Eugenik 191
Euglenophyceae *178
Eukalyptus 262
Eukaryonten 138, 176, 178, *186, *187
Eule 96, 118
Eulenfalter 193, *195
Euphorbia 291
Euploidie **127**
Europa, Zonobiome *255
Eutrephocera laverdii *192
Eutrophierung **272**
Evaporation 268
Evolution 127, **169–228**
Evolution, biologische **174–185**
Evolution, chemische **171–174,** *173, **205–210**
Evolution, Immunsystem **230–233,** *230
Evolution, transspezifische **198**
Evolutionsfaktoren **185–202,** *188, **216–227**
Expositionsunterschiede **256, 257, 258**
Extinktion 104
Extremitäten, Insekten **210–214,** *211
Extremitäten, Wirbeltiere 210, *211
Extremitätenableitung, nach Einthoven *56, 82, *82
Exzessivorgane **198, 201,** *202

Facettenauge 70, *71
Faktorenproblem **170**
Faltstruktur 226
Familienverband 94

Fang- und Wiederfang-Methode **302–307**
Fangbein *211, **214**
Fangheuschrecke 193, *195
Faradaykäfig 310
Farb-Dressur, Fische 85, **102–103,** *103
Farbdressur, Honigbiene 85, **107–108**
Farbenblindheit 138
Farbenindustrie 273
Farbmuster 197, **219–223**
Farnpflanzen *186
Farnprothallien 262, *264
Farnsporangium 15, *16
Farnsporophyten 262, *264
Fascie 10, *10
Federkleid 261
Fehler, mittlerer 157
Femur (Schenkel) 28, *28, **210–214,** *211
Feind-Attrappe 193, *195
Feldgrillen 303
Fensterblatt *291
F-Episom **130,** *130, **131**
Fertilitätsfaktor **130,** *130, **131,** *131
Festwertregler 43
Fettpolster 261
Feuer **268**
Feuersalamander 98
Ficaria *261
Fichtengallaus 284
Fig-Tree-Schichten – Serie 177
Filial-Generation 156 ff.
Finalität **201**
Fische 85, 86, 89, 93–96, **102–104,** 182, *199, 231
Fischer-Test 282
Fischherz 54
Fissidens taxifolius *264
Fitness **190–195,** 219
Fittonia 264
Flagellaten 177, 181
Fledermaus (Extremität) *211
Fleischfresser *269, **270**
Fliege, Elektroretinogramm **70–72,** *71, *72
Fliege *171
Fliegen 302
Fliegenmade, Verpuppung **63–66,** *65
Flimmerepithel 90
Florideenstärke 179
Flucht 89, 90, *118
Flügelbewegung, Insekten **99**
Flügelmutanten, Drosophila *123
Flughunde 265
Flugsaurier (Extremität) *211
Fluorkohlenwasserstoffe *274
Flußneunauge 231
Folgeregler 53
Forelle 8
forked, f 138, **150, 154**
Formaldehyd 172
Formdressur 85
Formensehen, Honigbiene **108**

Formica 115, *115
Formikarium 115–116
Fortpflanzung 137, 139
Fortpflanzung, Evolution der *187
Fortpflanzung, ungeschlechtliche 196
Fortpflanzungschancen 190
Fortpflanzungsgemeinschaft **195, 196,** 202, *203
Fortpflanzungsverhalten 116
Fossilien 177, 205
Fossilien, lebende *192, **193**
Fragaria *213, *215
Freiheitsgrad 163, 289
Fremdreflex *44, **50,** 51, 61
Frosch 1, *2, 6, 8, 66–68, 81–83, *171, 237
Froschentwicklung *46, **49, 66–68**
Froschherz 54
Frostdehydration *259
Frostlöcher *257, **258**
Frostresistenz *259
Frucht *213, **214–216,** 254
Fruchtblätter *213, **214,** *215, **216**
Fruchtfleisch *213, **214, 216**
Fruchtfliege, s. Drosophila
Fructose 172
Früherde 172, *173
Frustrationstheorie **96**
Fühler **43,** 50
Führungsgröße **43,** 53
Fuchsschwanz (Amaranthus) 263
Fucoidin 179
Fucoxanthin 179
Fucrea 291
Funkeninduktor **207,** *208
Fuß (Tarsus) **210–214,** *211

Gänsefußgewächse 263
Gärungen 176
Galapagos
Gallen **284–290**
Galläpfel 284
Gallmilben 284
Gallmücken 284
Gallwespen **284–290**
Galvanotaxis 1, 29, *30
Gameten 136, 139, 157–159
Gametenbildung 223
Gametophyt 34
Gamma-Strahlen 124, 185
Ganglienkette 182
Ganglion 1, 22–26
Ganglion ciliare 51, *52
Gans 89
Gardener, R. und B. 93
Gartenbohne 297, 298
Gasaustausch 56, 180
Gaseruptionen 172
Gasometer **207**
Gastraea-Hypothese **181,** *181

Geburt 233, 239
Geburtenrate 300
Gedächtnis, immunologisches 229, **232,** *232, **236,** *236, 238
Gedächtniszelle **232,** *232, **236,** *236, 238
Gefäßbündelscheide *294, **294, 295,** 296
Gefäßpflanzen 180, 266, *266
Gefrierpunktserniederigung *259
Gefrierverzögerung *259
Gehirnkapazität 183, *184
Gehirnschädel 183
Geisire 172
Geißel 13, *13
Geißeltierchen 181
Gemäßigte Zone 257, 275
Gemeinsamkeitskorrelation **279**
Gemüsekohl, Sorten 191
Gen 121 ff., **135,** 169, 188
Genaktivierung 47, **48**
Genaustausch, assymmetrischer **130**
Genchirurgie, s. Gentechnologie 121
Gendrift **194, 195**
Gene, Neukombination 163
Generation 185, 188, *203, *220, *221
Generationsfolge 140
Generationswechsel 177, *178, *179, 284
Generatorpotential 22
Generatorpotential, Retina 70, *70
Genetik 121 ff., 175
Genetische Veränderungen 185, 188
Genfluß 222, **195, 196**
Genfrequenzen 185, 188
Genkopplung 175, 176, *176, **135–137**
Genleben *173, 174
Genmanipulation 121, **132**
Genmutation 121, **123–125,** *125, 185
Genobiosis *173, 174
Genom 185, 188, 222
Genommutation 121, **127,** 185, 188
Genom-Verteilungsapparat 176
Genotyp 132 ff., **133**
Genpool 139, 185, 189, 202, **223–225**
Genpool-Spiel **223–225,** *223, *225
Gentechnologie **132**
Geophyten **260,** *261, 275–277
Geospiza *192
Geotropismus 14, **34–35**
Gerbstoffe 285
Gerichtsmedizin 237
Gesang 94
Geschlechter 190
Geschlechtschromosom 130, 138, 153, *153, 156, **158, 159**
Geschlechtsgebundene Vererbung 121, **138,** 151, **158, 159,** *160, *161
Geschlechtspartner 94
Geschlechtsunterschied, Drosophila **152, 153,** *153
Geschlechtszellen 136
Gestalttypen *261

Gesteinsverwitterung **267**
Geum *213, *215
Geum urbanum **195, 196**
Geum intermedium **195, 196**
Geum rivale **195, 196**
Gewässereutrophierung **272**
Gewebe 253
Gewebedifferenzierung 177, *178, *179
Geweih (Hirsch) 198, *202
Gezeitenwechsel 90
Gezeitenzone 177
Gibbon 94, **183,** *184
Giganthopithecus *184
Gierer 125
Ginkgobaum 193
Gittertäuschung, Hermannsche **72–74,** *73
Gleichgewicht, biologisches 272
gleichwarm **261**
Gliedertiere 182, *187
Globuline *250
Glockenheide *278, 292
Glucose 172
Glutamin 172
Glutaminsäure 172, **198,** *200
Glycin 172
Glykokoll 208, 209
Glykol 172
Goldaster 268
Goldhamster 85, **99–101,** *100
Gonaden 46
Gonadotropin 237
Gorilla 93, 183, *171, *184
Gottesanbeterin *211
Grabbein *211, **214**
Gräser 263
Granathylakoide 295
Grasfluren *255
Grasländer, semiaride 268
Grasmücken 92
Graugans 92
Greisenhaupt-Kakteen 291
Grenzmembran *173, 174
Grenzstrang *52
Griffith 127
Grippevirus 233
Großhirnrinde 51, *52
Großklima 255
Großökosysteme *255
Grünalgen (Chlorophyta) **177,** *178, 179, *186
Grünspecht 118
Grünschwäche 138
Grundfinken *192
Grundregel, bioelektrische 54
Gruppenmenge, mittlere **276,** *277
Guanin 125, *125, 172, 226
Gummibaum 291
Gundernatsch 66
Gun-Flint-Iron-Formation 177
Guttation **291**

Haare 291, 293
Haarkleid 261
Häkchenelektrode **313, 314,** *314
Hämoglobin 183, **198,** *200, *250
Haemolymphe 231
Hämostilleten 241
Häufigkeit, mittlere 280
Häutung, Insekten **47–48**
Häutungshormon 47
Hahnenfuß *261
Hainschnirkelschnecke 197
Haldane 171
Halophyten **268**
Hamster 91, 94
Haploidie 123, **190**
Haplont 136, 140
Hapteren 34, *34
Hardy-Weinberg-Regel **139, 140,** 167, **185,** 223, *223
Harnstoff 172
Hartlaubvegetation *255
Hasenkohl 262
Hassen, Singvögel **118–119**
Hassenstein, B. 93
Hatch-Slack-Kortschak-Weg **295**
Haushund, Rassen 191
Haustierrassen **191, 193**
Hautdrüse 49
Hautelektrode **313**
Hautkontakt 89
Hawai 196
HCG 237, *238, 243, *243
Heckenrose *213, *215
Heidegebiet 292
Heidelbeere *261
Helioregulatorischer Typ **261**
Helophyten **260**
Hemikryptophyten **260,** *261, 275–277
Hemmung 42, 74, 75, *75, 76
Heparin 240
Hepatitis 241
Heptachlor 272
Herbicide **273,** *274
Herrentiere **183,** *183
Herz 42, 182
Herzachse 54, *56
Herzinfarkt 56
Herzkammer 54, *55, 83
Herzrhythmus 54
Herzschlag 45
Herzschrittmacher 45, 54
Heteronotus glanduliger *202
Heterotrophie 176
heterozygot 132 ff., 198
Heuschrecken **302–307**
Hfr-Zellen *130, 131, *131, 146, 147, *147
Hinmutation 189
Hirsch 95, *171
Hirschkäfer 201, *202
Hirse *263

Hirnstamm 51, *52
His-Bündel 54, *55
Histamin 240
Histiocyten 241
histonal *178
Hitzebeständigkeit *259
Hitzedenaturierung *259
Hitzeminderung *259
Hitzeresistenz *259
Hg-Verbindungen 273
Hörbahn *80
Hörwinkel 79, *79
Hochbecken 258
Hochgebirge 260, 268
Hochgebirgspflanzen 262, 263
Hochleistungspflanzen *263, **263, 264, 293–298,** *294
Hochmoor *278, 279
Höhenstufen der Vegetation *257
Höhleneingang, Vegetationszonierung **262,** *264
Höhlentiere 265
Hohltiere 181, *181, 182, *187
Hologenie *203
Holst, von 78, 86, 88
Hominidae **183,** *184
Homo erectus **183,** *184, *192
Homo habilis 183
Homo sapiens **183,** *184, *192, 272
Homo sapiens sapiens *184, **185**
Homo sapiens steinheimensis 183
Homoiohydrie **265**
Homoiothermie **261,** 271
Homologie **210–214,** *211
Homologiekriterien **204, 205,** 210–214
Homosexualität 92
homozygot **132,** 139 ff., 158 ff., 198
Honigbiene 85, 94, 95, *95, **105–115,** *106, *107, *108, *111, *113, 211, **212**
Hormone 42, **49,** 175
Hormonspiegel 87
Hormonsystem 42, **45–49,** 49, 50
Hornisse *195
Hornissenschwärmer *195
Hüfte (Coxa) **210–214,** *211
Hülsenfrüchtler **270**
Huhn 90, 95, *171
Humanchoriongonatropin 237
Huminsäuren 267
Hummer 8
Humus *269, **270**
Humusbildung **267, 268,** 302
Hund 80, 86, 93, 96, *171
Hunger 87
Hydathoden 267
Hydrathülle 265
Hydratur 57, *57
Hydronastie 60
Hydrophyten **267**
Hydrosphäre 172, *173, 176
Hydroxibuttersäure 172

Hydroxylamin 125
Hygrophyten **267, 290–293**
Hyoidbogen vgl. Zungenbeinbogen 183
Hylobatidae **183,** *184
Hyperpolarisation 1, *6, 30, *30
Hypodermis *285
Hypolimnion **260,** *258
Hypophyse **46,** *46, 47, 49
Hypophysenvorderlappen 49
Hypothalamus **46,** *46, 48, *49, 50, 51, *52
Hypoxanthin 125, *125, 172

I-Bande 10, *10, 11, 27
Idioadaptation **198**
Imidazol 174
Imminoacetat-Propionsäure 172
Imminodiacetsäure 172
Immunbiologie 229 ff.
Immunocyten 231 ff.
Immunodiffusion 230, 245, *245, **246,** 249
Immunoelektrophorese 229, 230, **247–249,** *247, *248
Immunoglobuline **234–236,** 241
Immunsystem 123
Immunsystem, Ontogenese **233**
Immunsystem, Phylogenie **230–233**
Immunreaktion, humorale 229, **231, 232, 233,** 238, 239
Immunreaktion, zelluläre 229, **231, 232, 233**
Immuntoleranz 239
Impatiens 15, *16
Impedanz 309
Imponierverhalten **95,** *116, 117
Individualentwicklung 85
Individualität 138, 190
Industrie **273,** *274
Industriemelanismus **219**
Infektion 241
Infektionskrankheiten 229, 230
Information 48
Informationstheorie 41
Informationsträger 42
Informationsübertragung 41
Informationsverarbeitung **70–82**
Inhibition, laterale 42, **73, 74,** *74
innere Uhr 91
Inkompatibilität, genetische 197
Inkompatibilitätsfaktoren vgl. Unverträglichkeitsfaktoren 190
Insekten 92, 94, 183, *186, *187
Insektenbein, Bauplan **210–214,** *211
Insektenflug **98–99**
Insektenhäutung **47–48**
Insektenpopulationen **302–307**
Instinktbewegung 85
Instinkthandlung 85, **86**
Instinkttheorie **96**
intermediär 133
Internodialwachstum 262
Interzellularen (Blatt) 266
Inulin 179

Invertebraten *230, 231
Iris 51, *52
Irrtumswahrscheinlichkeit 280, 281, 289
Isolation, fortpflanzungsbiologische **195, 196, 197**, *203, 222, 261
Isolation, geographische **196**
Isolation, ökologische **196**
Isolation, reproduktive **195, 196**
Isoleucin 125, 172
Isomerie, optische 175
Isopren 172
Isotelen **282**, *283
Istwert **43**

Jauche-Düngung 272
Jungpleistozän 185
Jura 183
Juvenilhormon 47, *47

Kältepol *5, 25
Kältesee *257, **257, 258**
Känguruh, Proteinverwandtschaft *171
Kästchen-Fangmethode **302**
Kaliumionentransport 1, **3**, *4, *5
Kalium-Pumpe 57
Kakteen 193, *194, 291
Kakteenform **193**, *194
Kaktus-Grundfink *192
Kalanchoe 298
Kalkpflanzen **268**
Kalkstein 254
Kambrium 182
Kamille, Strahlenlose 262
Kampffisch, Aggressionsverhalten **116–117**, *116
Kampfverhalten, vgl. Aggression 89, **95–96, 116–117**, *116
Kaninchen 49, *171, 233, 237
Karbon 180, 182
Kathodenstrahloszillograph 18–20, *19, 22–26, *23, *24, *25, *26, 81–83, *82, **311–313**
Katze 8, 80, *80, 86, 87, 89, 93
Katzenpfötchen 291
Kaulquappen, Metamorphose *46, **66–68**
Keimesentwicklung 170
Keimzahl **143**, 144
Keimzellen 123, 197
Kennarten 276
Kenyapithecus *184
Kernhaus *213, *215
Kernkraftwerke **273**, *274
Kernphasen, Verschiebung der 177, *178, *179
Kernverschmelzung 189
Kettenverlängerung 174
Kieferbogen 182, 183
Kieferlose *199
Kiemen 30–32, *31
Kiemenatmung 49
Kiemenbogen 182, 183
Killerzellen 231, **238**, *239

Kirschpflaume 127
Klärschlamm-Düngung 272
Klee 270
Kleiber, Aggressionsverhalten **117, 118**, *118
Kleiderlaus *211, **212**
Kleidervögel 196
Klettfrucht *213, *215, **216**
Klimaveränderung *274
Klimaxgesellschaft 272
Klimazonen **255**, *255, 275
Klon 122, 125, 239, **196**
Klon-Selektionstheorie 229, **236**, *236, 239
Knallgas 207
Kniehöcker 51, *52
Kniescheibensehnenreflex **44, 50, 61**
Knoblauchsrauke 262
Knochenfische 183
Knochenmark **232**, 233
Knöllchenbakterien 270
Knollenpflanzen **260**, *261
Knorpelfische 183
Knoten **282**, *283
Knotenameise 115
Köhler, W. 93
Königskerze 263, 291
Körpertemperatur 256, **261**
kodominant 133
Kohäsionskraft 17
Kohle 254
Kohlendioxid 172, 207
Kohlenmonoxid 172
Kohlenstoffkreislauf *269, **270**
Koko 93
Kollenchym 15, *16
Kolossalfaser 22–25, *24, *25
Kommentkampf **95–96**
Kompaßlattich 262
Kompensationspunkt (CO_2) **262–263**, *263, 294, 298
Komplementärpaar **226**
Komplementaritätsregel 226
Konditionierung, instrumentelle 62, 85, **93**
Konditionierung, klassische 62, 85, **92, 93**
Konfliktsituation 89, 90
Konjugation **129–131**, *131
Konsumenten *269, **270**
Kontaktstoffe 197
Kontrasterhöhung 42
Kontinentales Zonobiom *255, 255
Konvektion **261**
Konvergenz-Problem **205**
Kooperativitätsregel 226
Kopplungsgruppe **135–137, 163, 164**
Kopulation 89, 197
Korallenfische 94
Kormusbildung *180
Korrelationsanalyse **279**, 280, 289
Korrelationskoeffizient **279, 280, 281**
Kosmische Strahlung 172
Kovarianz 280

Krähenbeere 292
Krallenfrosch 81, *82, 132
Krankheitserreger 230, 231, 233, 240
Kranzschlinge 291
Kranztyp des Blattbaus **298**
Krebs 229, 235, **239**
Krebse 92, 94, 231
Kreide 183
Kreuztest 146, 147, *147
Kreuzung, reziproke 156, 159
Kröte 237
Krümelstruktur **267**
Krümmungsbewegung 14, 59
kryptische Form **193, 219,** *195
Kryptophyten **260,** *261, 275–277
Kuckuck 94
Kunststoffe 273
Kutikula 180, 267, 291, 292, *292
Kutin 180
Kurztag 37
Kurzzeitrhythmus 90
Kybernetik **41 ff.**, 44

Lagerpflanzen *186
Lagesinnesorgan *69
LAI (leaf area index) **262**
Laminarin 179
Laminarit 179
Landpflanzen **177, 180,** *180
Landsorten 193
Landtetrapoden 183
Landwirtschaft **272, 273,** *274
Langtag 37
Langzeitrhythmus 90
Lanzettfischchen 182, *182
Larvalentwicklung 47–49, 182
Larve 182, 285
Larvenhöhle 285, *285
Lasius 115, *115
Latenzzeit 51, 80
Lawick-Goodall, J. van 93
Laubblatt 266
Laubheuschrecke *211, **212**
Laubwälder *255
Lawinen 268
Leben, Definition **174, 175,** *175
Lebende Steine 193, *291
Lebensdauer 300
Lebensentstehung 171, **174–175,** *173
Lebensformen **260,** *261, **275–276**
Lebensformspektrum 274, **275–276,** *277
Lebensgemeinschaft 253, **254, 268–272,** *269, *271
Lebewesen, Definition **174, 175,** *175
Lebewesen, Entstehung *173, **174, 175**
Lebewesen, Stammbaum der *186, *187
Lederberg 129
Leerlaufhandlung **89**
Leguminosen **270**
Leibeshöhle, primäre 181

Leibeshöhle, sekundäre 181
Leimkraut Stengelloses 263
Leitbündel *294
Leitertransekt **277–280,** *278
Leitgewebe 180, 267
Leitungswiderstand **266,** 290, 291
Leptobryum pyriforme *264
Lerchensporn Hohler 262
Lernen 85, **92–93**
Lernen, einsichtiges **93**
Lernfähigkeit 92
Lernphasen, Honigbiene **108, 109,** *109
Lerntheorie **96**
Letalfaktor **190**
Leuchtmoos *263
Leucin 125, 172, 208, 209
Leukocyt **240, 241,** *241
LH-releasing-Faktor 50
Licht, polarisiertes 58, 59, *59
Lichtausnutzung 262
Lichtatmung 298
Lichtbedarf **262–264,** *263, *264
Lichtfaktor **261–265**
Lichtgenuß, relativer **262,** 297
Lichtkonkurrenz 262
Lichtmenge **262, 263**
Lichtpflanzen **262–264**
Lichtreflex **51,** *52
Lichtrückenreflex 68–70, *69
Lichtsättigung 298
Lichtsammeleinrichtung 264
Lichtsinn (Tiere) **264, 265**
Lichtsinnesorgane 262
Lidschlagreflex 61, 62
Lidschlußreflex 44, 92, 93
Liliaceen 291
Limnologie 254
Limnopithecus *184
Lingula 193
Linsengallen **284–290,** *285
Lipidmembran *173
Lithops salicola *291
Lithotrophie 176
Lobopodium **210**
Lokomotionsbewegung 14
Löwenzahn *261
Löwe 95
Lorenz, K. 85, 86, 88, 96
L-Syndrom 298
Lucanus elaphus *202
Luftfeuchtigkeit, relative 265
Luftpflanzen **260,** *261, 275–277
Lufttemperatur *256
Lufttrieb 180
Lumbricus terrestris **301, 302**
Lunge 42
Lungenatmung 49
Lupinen 270
Luteinisierungshormon *49

Lux *263
Lymphdrüse 239, 240, 241
Lymphknoten 238
Lymphocyt 229ff., *230, **232**, *232, **233**, **236**, *236, **240, 241**, *241
Lysin 172

Macchie *255
Magensaftsekretion 92, 93
Mais 127, *263, *294
Makroevolution **198**, *199
Malaria **198**, *201
Malat 263
Malatdehydrogenase 263
Maloideae **216**, *213, *215
Malus *213, *215
Mandelknospe, Temperaturresistenz *259
Mangelmedium *122
Mangelmutante **121–122**, *122, 122, *130, 189
Makrophagen 231, **233**, *232, 238, *239, **241**, *241
Mannit 179
Mannose 172
Markieren, Bienen **106–107**, *107
Markierung (Fang u. Wiederfang) **303**, 304, 305
Massengravitation 171
Matrixpotential **265**
Maulwurfsgrille *26
Maus 86, 89, 95, 237
Mechanische Faktoren **268**
Mecostethus grossus **303–307**, *306
Mediterranes Zonobiom 255, *255
Meeresökologie 254
Meerneunauge 231, 233
Megaceros giganteus *202
Mehlbeere *213, *215
Mehrfaktoren Kreuzung **134, 135**
Meiose 132, 135, 136
Membracidae 198, *202
Membran, semipermeable *2, 3, *4, 5
Membranbläschen *173, 174
Membranpotential 1, *2, **3**
Mendel 133, 139
Mendelpopulation 223
Mendelsche Regeln 121, **135**, 150, 158–163, 237
Mensch 80, 85, 89–92, 94, 138, 140, 232, 233
Mensch (Extremität) *211
Mensch, Proteinverwandtschaft *171
Mensch, Stammesentwicklung **183**, *184
Menschenaffen 183
Menschenartige **183**, 184
Menschenrassen 185
Menstruation 237
Meristemdifferenzierung 177, *178, *179
Merkmal, abgeleitetes *204, **204**, *213, *215, **214–216**
Merkmal, ursprüngliches **204, 214–216**, *213, *215
Merkmalsausprägung **204, 214–216**, *213, *215
Merkmalsphylogenie **205, 214–216**, *215
Merkmalsvergleich **203, 204**, *203, *204, **214–216**, *213, *215

Merozygote *129
Mesembryanthemaceae 193
Mesoderm 181
Mesophyll **294, 295**, *294, 298, 299, *299
Mesophyten 57, **267**
Mespilus *213, *215
Metalimnion *258, **260**
Metallkationen 268
Metamorphose 47
Metamorphose, Amphibien *46, **48, 49, 66–68**
Metamorphose, Insekten **47–48**, *47, **63–66**, *65
Metamorphose, Kaulquappen *46, **49, 66–68**
Metazoa, Entstehung **181**, *181, *186, *187
Meteoriteneinschläge 172
Methan 172, 207
Methionin 125
Methylmerkaptan 167
Metschnikoff 230
Micellen 58, *59
Migration **195, 196**, 222
Mikroben *269, **270**
Mikroevolution *197
Mikrofibrillen 58
Mikroorganismen 189
Mikrotubuli 13, *13
Milchsäure 172
Millerscher Versuch 172, **205–210**
Milben 152
Milz 233, 240, 241
Mimese 193, *195
Mimikry **193, 194**, *195, 222, 254
Mimosa 8, 9, 14, **15–20**, *17, *19, 37
Mineraldünger **272**
Mineralsalze 267, 291
Mineralstoffe 268, *269, 270
Mineralstoffkreislauf *269, **270**
miniature, m **153**
Minimallösung 122
Minimalmedium 189
Miozän 183, *184
Mirabilis jalapa 133
Mißbildung 124, 125
Mistel 291
Mitochondrien 2
Mittelhirn 51, *52
M-Linie 27
Mnium stellare *264
Modellspiele zur Evolution **216–227**
Möwen 94
Molekülstruktur (der t-RNS) 174, **225–227**
Molekulargenetik 121
Mohn *261
Molina caerulea *278
Molusken 182
monadoid *178
Monokultur **272**
Mongoloide 127
Monocyten **241**, *241
Monosomie 127

Monospora 230
Montmorillonit 267
Moorheuschrecke 303–307, *306
Moosbeere 292
Moose 15, 262, *264
Moosprotonemen 262, *264
Morgan 135
Morphium 53
Mosaikentwicklung 123
Motivation 85, 87, 88
Motivation, aggressive 96
Motivationsmodell, psychohydraulisches 88, *88, 89
Motte, Proteinverwandtschaft *171
m-RNS 48, *48
Müll 273, *274
Müllersche Mimikry 193
Mundöffnung 182
Mundry 125
Muschel 30–32, *31, 90
Muskel 1, 6, 8, 10–12, *10–*12, 44
Muskelfaser 50
Muskelkontraktion 1, 6, 9, 10–13, *11, *12
Muskel, quergestreifter 10–12, *10, *11, *12, 27, 28
Muskelspindel 43, 44, *43, *44, 50, 86
Muskeltonus *43, *44
Muskelphysiologie 310
Muskelzellen 309
Muster (der Vegetation) 281, 282
Mutabilität 175
Mutagne 125, 185
Mutagenese, chemische 125, 185
Mutation 121 ff., 139, 140, 145, 146, 155, 185, 188–190, *188, 218, 219, 222, 226
Mutation, somatische 123, 229, 233, 236, *236, 239
Mutationsrate 122, 123, 129, 145, 146, *146, 148, 149, 185, 188, 189
Mutator-Gene 188
Myelinscheide 7, *9
Mykorrhiza 279
Myofibrille 10, *10
Myon 10, *10
Myosin 6, 9, 10–12, *10, *11, *12, 26
Myrmica 115

Nachbarzellen 293
Nachpotential *6
Nachrichtenübertragung 42
Nachrichtenverarbeitung 41
Nachtgreife 265
Nacht-Raubtiere 265
Nacktfarne 180, *180
Nadelblättrigkeit 291, *292
Nadelelktrode 313, *314
Nadelwald *255
Nährmedium 141 ff.
Nährgewebe *285, 286
Nährzalzhaushalt 267
Nährstoffe 175

Nährstofferzeugende Schicht *258, 260
Nahrungsbeziehungen (im Ökosystem) *269
Nahrungskette *269, 270, 272, 273
Nahrungsmittel 272, 273, *274
Nahrungsnetz *269, 270
Nahrungsvakuole 230, *230
Narkose 18
N-Assimilation 270
Nastie 1, 57
Natrium-Kalium-Pumpe 1, *4, 6
Natriumionentransport 1, *2, 3, *4, *5
Nautilus pompilius *192
Neanderthaler 183, 185
Nebel *274
Nebenzellen 293, *292, *294
Nelkenwurz-Arten 195, 196, *213, *215
Nemorales Zonobiom *255, 255
Neotenie 67
Nernst 3
Nervenfaser 1, 6–8, *9, 86
Nervensystem 42, 46, 49, 50, 182
Nervenzellen 309
Nervus oculomotorius 51, *52
Nervus opticus 51, *52
Nestwurz 268
Nettoprimärproduktion 271, *271
Netzhaut *62, 63, 73, *74, 76
Neubesiedelung 195
Neumünder 182
Neunaugen 182, 231, 233
Neuralrinne 182
Neuralrohr 182
Neuro-Ethologie 85
Neurologie 310
Neurohormon 47
Neuron 43, 44, 48, 90
Neurosekret 46
Neurospora, Proteinverwandtschaft *171
Neutrophile Granulocyten 240, 241
Ninhydrin 206, 208, 209
Nische, ökologische 193, 196, 286
Nitella 6, 8, 9
Nitratzeiger 268
Nivalregion 271, *271
Nivellierinstrument 277
N-Kreislauf *269, 270
Noctiluca 6
Nonesuch-Shale 177
Noradrenalin 8
Nordenham 273
Nordhemisphäre 257
NPP 271, *271
Nucleinsäure 124, *173, 174
Nucleoside 172
Nucleotide 125, 172, *173, 174, 225, 226, 227
Nucleotid-Triphosphat 176
Nucleotidsequenz der t-RNS 174, 225–227
Nüßchen *213, 214, 216
Nullhypothese

Nullisomie 127
Nutz-Ökosystem **272, 273**

Oberdevon 183
Oberflächenreduktion **290, 291**
Oberflächenvergrößerung **291**
Oberflächenwasser 257
Oberkreide 180
Oberschlundganglion 47
Octolasium 301
Ökologie **252–308**
Ökologie, Definition **253**
Ökologische Gruppen 281
Ökosystem 41, 253, **254, 268–272** *269, *271
Öl 254
«off»-Effekt 70, *71, 71
Ohr 5
Oimekon 258
Oleander 291
Oligozän 183, *184
«on»-Effekt 70, *71, 71
Ontogenie *203, 229
Onverwacht-Serie 177
Oparin 171
operant conditioning 93
Optinger 108
Orang-Utan, Proteinverwandtschaft *171, 183, *184
Ordovizium 182
Oreopithecidae **183,** *184
Oreopithecus *184
Organ 253
Organe, homologe **210–214,** *211
Organisationshöhe 177, *178, *199
Organisationsstufen, Algen 177, *178
Organische Säuren 172
Organismengemeinschaft **254, 268,** *269, **270**
Organismus 253
Orientierung 265
Orobiom **255,** *255
Orthoevolution **201, 202**
Orthoselektion **201, 202**
Ortsdressur 108
Ortszeit 91, *91
Osmose 14, *17
Osmotischer Wert **265**
Ostracodermen 182
Oszillograph **313 ff.**
Oszilloskop 313 ff.
Ouchterlony 243
Ovarium *49, 50, 237
Ovulation 49, *49
Oxalsäure 263, 295

Paarungschance 185
Paarungstypen 190
Paarungsverhalten 201
Paarungszeit 197
Paläontologie 170
Palisadenparenchym 262, 298

Pantoffeltierchen **28–30,** *30, 90
Panzerfische 182
Papaver *261
Papierindustrie 273
Papilio trolius *195
Parallelismus-Problem **205**
Parapodium **210**
Parasexualität 121, 127, **189**
Parasiten **284–290**
Parasympathicus 51, *52, 53
Parenchymella *181
Parenchymella-Hypothese **181,** *181
Parental-Generation 156 ff.
Parthenogenese 284
Patellarreflex **50**
Patterson 93
Pavian, Proteinverwandtschaft *171
Pawlow 62, 92
Pedobiom **255**
Pektine 179
Pektinvergärer 302
Penicillin 122
PEP-Carboxylase 263, **294,** *294, *299
Peritoneum 23
Perm 180
Pestizide **273,** *274
Petromyzon 231
Pfau 198
Pfeifengras *278
Pfeilwurz 264
Pfeffer, Ch. 90
Pferd *171, *211
Pferdebohne 293
Pfirsich *213, *215
Pflanzen, Stammbaum der **177–180,** *179, *180, *186, *187
Pflanzendichte 262
Pflanzenfresser **270**
Pflanzengemeinschaft **274–283**
Pflanzengesellschaft **274–283**
Pflanzenparasiten **270**
Pflanzenzüchtung 121
Phänotyp 132 ff., **133,** 140 ff., 188
Phaeophyceae *178, 179
Phagenlysat 143, 145
Phagocyte **230,** *230
Phagocytose 230
Phanerophyten **260,** *261, 275–277
Phenylalanin 172
Phenylketonurie 140, 167, 191
Phloem 8
Phosphoenolbrenztraubensäure 263, 294, *299
Phosphoenolbrenztraubensäure-Carboxylase **294,** *294, *299
Phosphoenolpyruvat 263
Phosphoenolpyruvat-Carboxylase (PEP-Carboxylase) 263
Phosphorylierung, Oxidative *2
photochemische Prozesse 261

Photonastie 14, 32, 261
Photoperiodismus 262
Phototropismus 14, **33**, 262
Photosynthese 175, 176, *187, 254, 261, 262, 270, 294
Photosynthesebilanz *263, 297
Photosyntheserate **298**
Phycobiline 179
Phycobiliproteide 179
Phylogenie **202, 203,** *203
Phytohormone 57, 284
PIF *46
Pigmente 175
Pilobolus 33, *33
Pilocarpin 53
Pilze 284
Pilzwurzel 279
Pinguin, Proteinverwandtschaft *171
Pithecanthropus 183
Placodermen 182
Placula *181
Placula-Hypothese **181,** *181
Planula-Hypothese **181,** *181
Plasmabewegung **9–13**
Plasmaströmung 6
Plasmazellen **232,** *232, **236,** *236, **241**
Plasmid 131, 132
Plattierungsfaktor *142
Plattierungsschema *142
Plattwürmer 182, *187
Plazenta *234, 235, 239
Pleistozän 183, *184
Pliopithecus *184
Pliozän 183, *184
Ploidie-Mutationen 185
Poa *261
Poikilohydrie **265**
Poikilothermie 271
Polsterbildung 263
Polyfruktane, inulinartige 179
Polygalaktane 179
Polyglykane 179
Polygonatum *261
Polymorphie 193
Polymorphismus, Balancierter **198**
Polynucleotide *173, 174
Polypeptide *173, 174
Polyphosphate 174, 273
Polyphylie 177
Polyploidie 127, **190**
Polysaccharide 172, *173, 174
Pondidae **183,** *184
Population 122, 137, **139, 140,** 185, 189, **216–225,** 253
Population, bisexuelle *203
Populationen, polymorphe 196
Populationsdichte **301**
Populationsentwicklung **304–307,** *306
Populationsgenetik **139, 167,** 185, 188, 189
Populationsgröße **300–307,** *306
Populationsgruppe 197, *197

Porphyrine 172
Portulak 263
Potential, elektrisches **1–8,** *2, *4, *6, *7, *9, 54
Potentialdifferenz (Wasser) **266**
Potentilla *213, *215, **216**
Praeadaptation 194
Präalbumin *250
Praebiont *173, **174**
Prägung 85, **92**
Prägung, sexuelle 92
Prämetamorphose 49
Präzipitat **235,** 243, 245–249, *245, *248
Primärproduzenten **268,** *269, **270**
Primärbetrieb 96
Primaten **183,** *183, *184
Probeflächen (für Vegetationsaufnahmen) **275**
Probiose **284**
Proconsul 183
Produktions-Ökosystem **272, 273**
Produktivität 262
Profildiagramm *278, **276–280**
Progymnospermen *186
Prokaryonten 138, 176
Prokaryontensymbiose *186
Prolaktin *46, 48
Prolaktinliberin *46
Prolaktostatin *46
Prolin 125, 172
Prometamorphose
Propionsäure 172
Propliopithecus *184
Proportionalregler 50
Propriorezeptor 86
Proteine 172, *173, 174
Proteinmoleküle 171
Proteïnoid 174
Proteinsynthese *48
Proteinverwandtschaften *171
Prothallium 34
Prothoraxdrüse 47, *47
Protobionten **174–176,** *176, *186
Protobiontengenese *173, 174, *186
Protobiontengröße 174
Protobiontensynthese **174,** *186
Protocyten 13
Protonema *263
Protospongia haeckeli 181
Protostomier **182,** *187
Prunoideae *213, *215, **214, 216**
Prunus *213, *215
Prunus cerasifera 127
Prunus domestica 127
Prunus spinosa 127
Pseudopodien 26
Psilophytatae 180, *180
Psychologie 85
PTC-Test 167
Pteridophyta *186
Pterophyllum *69

Puff 47, 48, *48
Pufferung 172
Pulsfrequenz 87
Pupille 51
Pupillenreflex **51,** *52, **62,** *62, **63**
Pupillenregelkreis 45, *45, **51,** *52, **53,** *53, *62, **63**
Purinbasen 125
Purin-Derivate 172
Putzbein *211, **212**
Pyrimidinbasen 125
Pyrimidin-Derivate 172
Pyrophyten **268**

Quarz 267
Quastenflosser 183
Quecksilber **273**
Quecksilbervergiftung 273
Quellkörper **265,** 267
Quellung **265**
Quellungsbewegung 15

Radialia *187
Radiation, adaptive **198**
radioaktive Stahlen 185
Radioaktivität 172, **273,** *274
Räuber **219–223**
Räuberspiel **219–223,** *220, *221
Ramapithecus **183,** *184
Randeffekt 291
Rangordnung 95
Ranunculus *261
Ranvier-Knoten 7, *9
Rassen **196, 197**
Rassen des Menschen 185
Ratten 95
Rauschen 42
Rauschspannung 309
Raunkiaer **260**
Reaktionskette 94
Rechts-Linkswindung 188
Reduktion *180
Reduktionsteilung 132, 136
Reduplikation, identische 175
Reduzenten *269, **270**
Reflex 41, 42, **50, 86**
Reflex, bedingter 61, 62
Reflexbogen **43, 44,** *44, 50
Reflexbogen, neuro-endokriner **49, 50,** *79
Reflexion *256
Reflexionszahl **260**
Reflexkettentheorie **86**
Refraktärstadium 6
Refraktärzeit 18
Regel, Hardy-Weinberg- **139, 140, 167**
Regel, Mendelsche 121, **135,** 150, 158–163, 237
Regelglied **43**
Regelgröße **43**
Regelkreis 41, **43–45,** *43, 50

Regelkreis, instabiler **53,** *53, **63**
Regelkreis, vermaschter 63
Regelung **39 ff.,** 121
Regenwald, tropischer 262, 264, 268, 271, *271
Regenwurm 8, 22–25, *182, 231, *269, **270, 301, 302**
Regenwurmpopulation **301, 302**
Reglerkatastrophe 53, *53
Reife 86
Reiz 3, **5–8,** *7
Reiz, adäquater 5
Reiz, bedingter 92
Reiz, unbedingter 92
Reizbarkeit 175
Reiz-Reaktionsbeziehung 86
Reiz-Reflexbeziehung 87
Reizschwelle **5–6,** *88, 89
Reizsummation 92
Reizsummenregel 89
Rekombinante 129 ff., *129
Rekombination 129 ff., *129, *130, **189, 190**
Rekombinationsrate **148, 149**
Releasing-Faktor 46, 48, 49
Rennmäuse 94
Replikation 125, 127
Replikationsapparat 175
Repolarisation 6, *6
Repressor 48, *48
Reproduktionsrate 139, 185
Reptilien 183, *186–*187, *199, 231
Reserve-Polysaccharide 179
Resistance-Transfer-Faktor 132
Resistenzfaktor 132
Resistenzmutanten 122, *146, 189
Retikulum, endoplasmatisches 1
Retikulum, sarkoplasmatisches 12, *12
Retina 51, *52, 70, *71
Revier 95
Revierverhalten **94**
Rezeptor 43, 44, 50, 51
Rezeptormolekül 48
Rezeptorpotential 20, 22
Rezeptor-Stamm 146, 147, *147
Rezeptorzellen *73, *129
rezessiv 132, 139, 140, 158 ff.
Rhesusfaktor 239, 242
rhizopodial *178
Rhizompflanzen **260,** *261
Rhodophyceae *178, 179
Rhodophyta **177,** *178, 179
Rhynia 180, *180
Rhythmik, circadiane **36, 37, 90–92,** *91
Rhythmik, endogene 32, 36, 37, 57, 85, **90–92,** *91
Rhythmik, Phasenverschiebung **91**
Ribose 172
Ribosom 48, *48
Richtungshören 42, **79–80,** *79
Richtungskonstanz 78
Richtungsorientierung, Biene 91
Richtungswahrnehmung 79, *79, 80

Riesenaxon 7
Riesenchromosom 47, *48
Riesenfaser 8, 22 ff.
Riesenhirsch 198, *202
Rigorzustand (Muskel) 11, 12, *12
Rind *171, *211
Ringchromosomen *129, 130, *130, 131, *131, 176
Ringelwürmer 182, *182
Ringgenom *129, 130, *130, 131, *131, 176
Rispengras, Einjähriges *261
Rivale 86, 87
RNS 47, *124, 125
RNS, Transfer- 174, **225–227**
Röntgenstrahlen 124, 172, 185
Roggen 140
Rohhumus **267**
Rohstoffe *274
Rollblatt **292**, 293, *292
Rosa *213, *215
Rosaceae **214**, **216**
Rosengewächse **214–216**, *213, *215
Rosmarinheide 292
Rosoideae **214**, **216**
Rotalgen (Rhodophyta) **177**, *178
Rotbuche 262
Rotschwäche 138
Rubus 213, 215
Rubus sqarrosus *291
Ruderalpflanzen 262
Ruderalstelle 275
Rückenmark 86, 182, *182
Rückenschwimmer *211, **212**
Rückkopplung **43**, **45** *175, 175
Rückkopplung, negative 49, 51
Rückkopplung, positive 5, *6
Rückkreuzung **133**, **134**, 136, 157, **158**
Rückmutation 129, **145**, 189
Rückstrahlung 260
Ruellia portellae 290
Ruhepotential 1, **3–6**, *3, *4, *6, *7
Ruhrkraut 291
Rundkolben 205–208, *206, *208
Rundmäuler 231
Rundtanz, Biene **112–115**, *113
Rundwürmer 182
Rußteilchen **273**, *274
Rutensträucher **291**, **292**,

Säbelzahntiger *202
Säugetiere 89, 90, 94, 95, 183, *199, 261
Säugling 89
Säurerhythmus, diurnaler **298–300**, *299
Salamander, Bewegung **98**
Salzboden **268**
Samen 265
Samen, Verbreitung 254
Samenpflanzen 180, 183, *186
Sammelbalgfrucht *213, **216**
Sammelbein *211, **212**

Sammelsteinfrucht *213, **216**
Saprovoren *269, **270**
Sarkomer 10, *10, 11, *11
Sauerstoffkreislauf *269, **270**
Sauerstoffsättigung *258
Saugspannung **265**
Scalar 68–70, *69
Scalesia (Asteraceae) 197
scarlet, st **154**
Schachtelhalm-Farnpflanzen 180
Schachtelhalmsporen 33–34, *34
Schadstoffe **273**, *274
Schädlinge **272**, **273**
Schädlingsbekämpfung **272**, **273**
Schaf *171
Schaltzelle 43
Scharbockskraut *261
Schattenkraut *263
Schattenpflanzen *263, **264**
Scheitelwachstum 177, *178, *179
Schenkel (Femur) **210–214**, *211
Schenkelring (Trochanter) **210–214**, *211
Schiene (Tibia) **210–214**, *211
Schilddrüse 46, *46, 229
Schildkröte, Proteinverwandtschaft *171
Schimpanse 93, *171, 183, *184
Schistostega osmundacea (Leuchtmoos) *263, 264
Schlafen 90
Schlehe *213, *215
Schleime, saure 179
Schließfrüchtchen *213, **214**, **216**
Schließzellen **56–61**, *57, *59, *292, *294
Schlüsselreiz **86**, **87**, **88**, *88, **89**
Schlüssel-Schloß-Theorie 48
Schmarotzertum **284**
Schmeißfliege 70
Schmetterlinge 302
Schnauzentriller, Stichling 94
Schneckengehäuse, Färbung 197
Schnee 268
Schreckfärbung 193, *195
Schreibweise, genetische 155, 156
Schreitbein *211, **212**
Schuppenhaut 138
Schutzimpfung 229
Schwämme 181, *181, 182
Schwänzeltanz, Biene 85, **112–115**, *113
Schwalbenschwanz, Nordamerikanischer *195
Schwammparenchym 298, *299
Schwan 95
Schwangerschaft 239
Schwangerschaftstest 229, **237**, **238**, *238, **243**, *244
Schwannsche Zelle 7
Schwanzmuskulatur 49
Schwarzdorn 127
Schwarzerde **267**
Schwebeteilchen 258
Schwefelsäure-Ester 179
Schwefelwasserstoff 172

Schwefelwasserstoff, Darstellung *206, **207**
Schwein, Proteinverwandtschaften *171
Schweiß 237
Schwellenwert 22
Schwellgewebe 15, *16
Schweresinnesorgan *69
Schwermetalle **273**, *274
Schwimmbein *211, **212**
Schwimmwanze *211, **214**
Schwingung 53
Schwingung, gedämpfte 44
Scolecida *187
Scott, J. P. 96
Sechsfingerigkeit 188
Sedimente 254, 272
See, Jahreszyklus **258**, *258, **260**
See, Temperaturschichtung **258**, *258, **260**
See, Wärmehaushalt **258**, *258, **260**
Seepferdchen 94
Segelklappenton *55
Sehfeld *75, 76
Sehnerv 51, *52, 73, *74
Sehpurpur 51
Sehzentrum 51, *52
Seidenbirnmoos *264
Seismonastie 14
Selbstbefruchtung 196
Selbstregulation 272
Selbstsynthese 176
Selbstverdoppelung *173
Selektion 122, **190–195**, *192, *193, *194, *195, 217, 220, *220, *221, 224, *225, 227
Selektion, aufspaltende *192, **193**, **194**
Selektion, disruptive *192, **193**, **194**
Selektion, gerichtete *192, **193**
Selektion, geschlechtliche **198**, **201**
Selektion, stabilisierende **191**, *192, **193**
Selektion, Typen der *192
Selektion, Zahlenbeispiel **191**
Selektionskoeffizient **190–195**
Selektionsvorteil 175
Selektionstheorie, klonale 229, **236**, *236, 239
Sender 42
Senecio 291
Senfgas 125
Serin 125, 172, 208, 209
Serodiagnostik 182
Serotonin 240
Serum 229, 241–249, *242, *245, *248
Serumreaktion *171
Sesquioxide **267**
Seveso 273
Sexualhormone 239
Sexualität 121, **137**, **189**, **190**
Sexualpilus 130, 131, *131
Sexualverhalten 94
Sichelmöhre 262, *263, 268
Sichelzellenanämie **198**, *200, *201
Sichler **198**, *200, *201

Signal 42
Signalübertragung 182
Signifikanzschwelle 163, **279**, **280**, 281, 289
Signifikanztest **279**, **280**, 288
Silbermöwe 87
Silur 180
Simulationsmodelle
Simulationsspiele
Sinanthropus **183**
Singvögel 87, 118
Singzikade 90
Sinnesborste (Dionaea) 20, *21, 22
Sinneszellen 5, 20, 51
Sinusknoten 54, *55
siphonal *178
siphonocladal *178
Sklerophyll *292, 293
Skinner-Box 93
Skinner, F. B. 93
Skorpione 94
Smilodon californicus *202
Smog *274
Sollwert **43**
Sommerstagnation *258
Sonnenblatt **262**, **263**
Sonneneinstrahlung 254, **256–257**, *256
Sonnenenergie 254, **256–261**, 269, 270
Sonnenkraut *263
Sonnenkringel 264
Sonnenpflanzen **262–264**, *263
Sonnensystem 171–172
Sorbit **214**, *215, **216**
Sorbus *213, *215
Soudan-Iron-Formation 177
Sozialverhalten 85, **94–96**, *96, **110–119**, *113, 115, *115, *116, *118
Soziobiologie **169**
Spätreaktion 238
Spalt, synaptischer *9
Spaltöffnungen 14, **56–61**, *57, *58, *59, 180, 266, **290–293**, *292, *294
Spaltöffnungsapparat 180, 266, **290–293**, *292, *294
Spaltöffnungsregelkreis 57, *57
Spaltungsregel **135**, 136
Spaltzahnmoos *264
Spannerraupe 193, *195
Spargel 167
Specht 90
Speichelsekretion 92, 93
Sperma 237
Spermatophyta *186
Spezialisation **201**, **202**
Sphagnum *278
Spiele (Evolution) **216–227**
Spinnen 94
Spiraeoideae *213, *215, **216**
Sporen 265
Springkraut, Großblütiges 15, *15, *264
Sproßachse 180

Sproßpflanzen *186
Sprungbein *211, **212**
Sprungschicht *258, **260**
Spurenelemente 267
Stachelhäuter 182
Stäbchen 51, *74
Städte *274
Stärke 179
Stärkekörner *285, 286
Stabheuschrecke 70, 72
Stammart *192, *203
Stammbäume *186, *187, **202–205**, *203, *204
Stammbaumproblem **170**
Stammesentwicklung 85, 94
Stammhirn *80
Stammkultur, Drosophila **150–152**
Stammsukkulenz **193**, *194, **291**
Stammzellen 231–233, *232, *236
Standort **256–268**
Standortfaktoren **256–268**, 281, 282
Stapelia 291
Stasigenese **198,** *199
Staub **273,** *274
Stechpalme 291
Steinapfel *213, *215
Steinböcke 196
Steinfrucht *213, *215, **216**
Steinfrüchtchen *213, **214, 216**
Steinheimer Mensch 183
Stellglied 51, *52, 157
Stellgröße **43**, 51, *52
Stempeltechnik *122, 147
Sterilisation 141
Sternhaar *285, 286
Steppe *255, 268
Steppenpflanzen 262
Sterische Regel 226
Sternmoos *264
Steuerkette **42**
Steuern **42**
Steuerung **39 ff.**, 121, 182
Stichling 87, *87, 94
Stichprobenzählung **301**
Stickstoffassimilation **270**
Stickstoffkreislauf *269, **270**
Stimmung 87
Störgröße **43**
Störsignal 309
Stoffbilanz 258
Stoffkreislauf 253, **268,** *269, **270**
Stofftransport 182, 291, 286
Stoffumsatz (im Boden) **268**
Stoffwechsel 121, 175
Stoffwechsel, Evolution des *187
Stoffwechselenergie 256
Stoffwechselgift *2, 3, *4
Stomata (vgl. auch Spaltöffnungen) *57, 60, 61, **291–293,** *292
Storchschnabel, Stinkender *264

Strahlenbelastung **124, 125**
Strahlung 124, 185, 239, 258
Strahlung, ionisierende 172
Strahlungsabfall in Pflanzenbestand *256, **256, 257**
Strahlungsabschirmung *259
Strahlungsbilanz *256
Strahlungsenergie 254
Strahlungshaushalt **256, 257**
Strandmeldengesellschaft **276,** *277
Strauß (Vogel) 94
Streckungswachstum 14
Streptomycin 145, 146, 147, 148
Streßhormon 68
Streufresser *269, **270**
Struktureinheiten des Lebendigen **253**
Südliche Zone 257
Süßkirsche *213, *215
Suchbiene 106
Sukkulente 57, **298–300,** *299
Sukkulenz **290–291, 298–300,** *299
Sulfidogen **207**
Sulfonamide 132
Summenpotential 26, *26
Summenpotential, Auge 70, *71
Sumpfpflanzen **260, 267**
Supressorzellen 239
Sutton 135
Swaziland-System 177
Symbiose 270, 279, **284**
Symmetrieänderung 188
Sympathicus 51, *52, 53, 54
Synapse 1, *9, 48, 51
Syncytium 10
Synökologie **254,** 284
System **202–205**
System, hierarchisches **203,** *203
System, photosensibles 37
Systematik, phylogenetische **202–205,** *203, *204, **214–216**

Tabakmosaikvirus *124, 125
Täuschung, optische 73
Tagesperiodik
Taiga *255
Taraxacum *261
Tardigraden **210,** 265
Tarnmuster **219**
Tarntracht 193, *195
Tarnung 254
Tarsus (Fuß) 28, *28, **210–214,** *211
Taschenklappenton *55
Tatsachenproblem **170**
Tatum 129
Tauben 93
Taubnessel, gelbe *264
Tauglichkeit **190–195**
Tawara-Schenkel 54, *55
Taxie 1, 14, 86, 89

Taxus 291
Tectum opticum 51, *52
Teilpopulation *197
Telom 180, *180
Telomsystem 180, *180
Telomtheorie 180, *180
Temperaturansprüche *259, 260
Temperaturgrenzen *259, 260
Temperaturinversion *257
Temperaturmaxima 257
Temperaturresistenz *259
Temperaturschichtung im See 258, *258, 260
Temperaturspanne *259, 260
Temperaturverlauf, See *258, 258, 260
Temperaturverteilung *256
Tertiär 180
Testkreuzung 157, 158
Tetanus 28
Tetrapoden 183
Thalamus 51, *52, 75
Thalassiophyten *186
Thallophyta *186
Thallus-Höherentwicklung 177, *178
Thermonastie 14, 32
Therophyten 275–277
Thermostat 53
Thigmotaxis 29
Thioharnstoff 172
Thorndike, E. L. 85
Threonin 172, 208, 209
Thunfisch, Proteinverwandtschaft *171
Thymin 172
Thymusdrüse 231–233, *232, 240
Thyreostaticum 67, 68
Thyreotropin-releasing-Faktor 48, 49
Thyrosin 125
Thyroxin *46, 48, 49, 66, 67, *250
Tibia (Schiene) 28, *28, 210–214, *211
Tiere, Stammbaum der 181–183, *181, *182, *186–187
Tierparasiten 270
Tier-Soziologie 85
Tierverbreitung *213, 214, 216
Tierzucht 121, 272
Tinbergen, N. 85, 86
Tintenfische 7, 8
Titer 148 ff.
T-Lymphocyten *230, 231, 232, *232, 233, 236, *236, 238, 239, *239
Tochterart *203
Tochterpopulation 197
Tötungshemmung 96
Toleranz, immunologische 239
Ton-Humus-Komplex 267, 302
Tonmineralien 174, 267
Torfbildung 268
Torfmoos *278
Torfstich *278, 279
Trägermolekül *4
Transduktion 132

Transfer-RNS 174, 225–227
Transformation 127–129, *128, *129
Transformation (eines Merkmals) 205
Transkription 48, *48
Translation 48, *48
Transmitter *9
Transpiration 56, 180, *259, 260, 261, 291
Transpirationskühlung *259
Transpirationsschutz 290, 291
Transplantation 229, 231, 238, 239, *239
Transplantatabstoßung 238, 239, *239
Transport, aktiver 1, 2, *2, 3, *4, 5, *7, 12, 14, 57
Trennkammer 208, *209
TRF *46, 48, 49
Trias 183
trichal *178
Trichoplax adhaerens 181
Trichlorphenol 273
Triebbefriedigung 89
Triebstau 96
Triggerung 311, 312
Triplett 125
Trisomie 127
t-RNS *48, 174, 225–227, *226
t-RNS-Spiel 225–227, *226
Trochanter (Schenkelring) 210–214, *211
Trockenschrank 208, 209
Trockensubstanz *271
Trockenwüste 271, *271
trophische Stufe 271
trophogene Schicht *258, 260
tropischer Regenwald 262, 264
Tropismus 1, 14
Tropomyosin 11, *11
Troponin 11, *11
TSH *46, 49
Trypsin *250
Tryptophan 172
t-Test nach Student
Tulipa *261
Tulpe 32, *32, *261
Tundra *255, 268, 271
Turgor 14, 18, 20, 57, *57, 58–60
Turgorbewegungen 14, 58
Tyrosin 172

Übergangsorganismen 183
Übergipfelung *180
Überlebensrate 303–307
Übernachtkultur 143, 144 ff.
Übersprungbewegung 89, 90
Übersprungverhalten *118
Überträgerstoffe 9
Überwinterungsformen 258, 259, 260, *261, 275–277
Üxküll, von 44
Uhr, innere 91, 92
Ultraschall 172
Umkehrbrille 77–78, *77
Umwelt 252, 272–274, *274

Umweltänderung 193, 194
Umweltbedingungen 254, **256–268**
Umweltbelastung **272, 273,** *274
Umweltbiologie 252, **272–274,** *274
Umweltfaktoren **256–268,** 274
Umweltgradient 274, **277–280,** *278, 281, 282
Umweltverschmutzung **272, 273,** *274
Unabhängigkeitsregel **135,** 136, 159
unifazales Blatt 293
Uniformitätsregel **135,** 139
Unkräuter 262, **272**
Unkrautvegetation 275
Unterkreide 180
Unterkühlung *259
Untersilur 182
Unverträglichkeitsfaktoren 190
Uracil 125, *125, 172, 226
Uratmosphäre 172, *173, 176, **205–210**
Uratmosphäre, künstliche 172, **205–210,** *206, *208
Urerde 172, *173
Urethan 125
Urey 172
Urfarne 180, *180
Urflagellaten 181
Uridin 47
Urin 243
Urlandpflanze 180, *180
Urlebewesen *173, 174
Urmünder **182**
Urmund 182
Urmundrand 182
Urozean 172, *173, 174
Ursprungsart *192, *203
Ursuppe *173, 176, **208, 209,** *209
Urtypus 210
Uterus 239
Utriculus *69
UV-Strahlen 172, 185

Vaccinium *261
Vagina 49
Vagus 54
Varianz 280
Varianzanalyse **286–290**
Valin 172, **198,** *200, 208, 209
Vaterfamilie 94
Vaterschaftsnachweis 237
Vegetation, Höhenstufen *257
Vegetationsanalyse
Vegetationsaufnahme **275,** 276
Vegetationsprofil 257, *257
Vegetationstransekt 274, **277–280,** *278
Vegetationszonen 180, 274
Vegetationszonierung, Höhleneingang **262,** *264
Venusfliegenfalle 5, 6, 8, 9, 14, *19, **20–22,** *21
Verband, individualisierter 95
Verdünnungsfaktor *142
Verdünnungsreihe **144**
Verdunklungsreflex 51, *52

Verdunstung 268
Verdunstungswärme 260
Vererbung (vgl. Genetik) **121–168**
Vererbung, geschlechtschromosomengebundene **138, 158, 159,** *160, *161
Vererbung, Holandrische 138
Vergesellschaftung (von Artenpaaren) **281, 282,** *283
Vergleichsherbar 276
Vergessen 104
Verhalten **85 ff.**
Verhalten, angeborenes 85, **86–92, 96–102**
Verhalten, erlerntes 85, 89, **92–93, 102–109**
Verhaltensforschung, vergleichende 85
Verhaltenshierarchie 87
Verhaltensökologie 85
Verhaltensontogenese 85
Verhaltensphylogenese 85
Verhaltensphysiologie 85
Verlassenheitslaut 86
Vermehrung 175
Vermehrung, ungeschlechtliche 122, 138
vermillion, v **153**
Verpuppung, Fliegenmade **63–66,** *65
Verschmelzungsfrequenz 72
Verstärker **309,** 310
Versteifungsgewebe 180
Vertebraten 46
Verwachsung *180
Verwandtschaft, natürliche **202, 203,** *215, **216**
Verwitterung **267**
Vespa crabro *195
vestigial, vg *123, 133, 136, **150, 151, 153,** 154ff.
Vielzeller, Entstehung **181,** *181
Virus 121, 132
Vögel 89, 90, 94, 95, *171, 183, *186, *187, *199
Vogelgesang 90
Vogel-Strauß 94
Vogelzug 90
Vollmedium *122, 123
Volterra'sche Modelle **270**
Volvox 181
Vorfahren **203, 204**
Vorhof 54, *55, 56, 83
Vorhofknoten 54, *55
Vorlebewesen *173, **174**
Vulkanismus 172, *173

Wachen 90
Wach-Schlaf-Rhythmus 91
Wachsdolde 291
Wachstum 175
Wachstumsbewegungen **14,** 20
Wärme 185
Wärmeabfuhr 256, 260
Wärmeaustausch 260
Wärmebilanz **261**
Wärmefaktor **256–261,** *256, *257, *258, *259
Wärmefaktor in Seen **258,** *258, **260**
Wärmehaushalt **256–261**

Wärmeisolierung *259
Wärmeleitfähigkeit 258
Wärmeleitung **260, 261**
Wärmeproduktion 256, **261**
Wärmeregulation **260, 261**
Wärmestrahlung 254
Wärmeumsatz (an der Erdoberfläche) **256**, *256
Wahrnehmung 42
Wahrnehmung, optische 75
Wahrscheinlichkeit **194, 195**
Wal, Proteinverwandtschaft *171
Waldameise 115
Wallace 185
Waldkauz 80
Wanddruck **265**
Warburg-Effekt 298
Warnfärbung 193, *195, 222
Waschmittel 273
Washoe 93
Wasserbilanz **267**, 290, 291
Wasserdampf 172
Wassererosion 273
Wasserfaktor **265–267**, *266
Wasserfloh 230
Wassergewebe *291
Wasserhaushalt **265–267**
Wasserkreislauf *269, **270**
Wasserpflanzen **260, 267**
Wasserpotential **265, 266**, *266, 290, 291
Wasserskorpion *211, **214**
Wasserspeicherzellen *299
Wasserstoff 172, 207
Wasserstoffbrückenbindung 174, **226**
Wasserstoffionenkonzentration **295, 296**
Wassertransport 180
Wasserzirkulation *258, **258, 260**
Watson, J. B. 85
Wechselwirkungen **268**, *269, **270**
Weinbergschnecke, Bewegung **96–97**, *97
Weiselzelle 111
Weißtanne, Temperaturresistenz *259
Weißwurz *261
Weizen *171, *263
Wegameise 115
Wellen, elektromagnetische 261
Welken 61
Werchojansk 258
Wermut *261
white, w 138, **150, 151, 153**, 154ff.
Wiederfang **303–307**
Wiener, N. 41
Wiesenkerbel 268
Wiesenpflanzen 262
Wiesensalbei 262
Wildallel 189
Wildtyp *123, 150ff., 188, 189
Wind **268**
Windbruch **268**
Windepflanzen 35

Winderosion 273
Windfahnenwuchs **268**
Windschur **268**
Winterruhe 90
Winterschlaf 90
Wirbeltiere 48, 49, 92, **182, 183**, *199, *230, 231
Wolf 95, 96
Wolfsmilch 263
Wollgras, Scheidiges *278, **279, 280**
Wuchsstoffe 14
Würm 183, 185
Würmer 92
Wüstenpflanzen 262
Wunderblume 133
Wurzel 180, 266
Wurzelhaar 266
Wurzelgift 61
Wurzelrinde 266
Wurzelsystem 291

Xanthin 125, *125, 172
Xanthophyceae *178
X-Chromosom 138, 150, **153, 158, 159**
Xerophyten 57, **267, 290–293**, *299
Xylem 266
XY-Typ 121, 138

Y-Chromosom 138, **158, 159**
yellow, y **150, 151, 153**, 154ff.

Zapfen 51, 73, *74
Zantedeschia 59
Zeichensprache 93
Zeigerwert von Arten 252, 274, 281
Zeitdressur 85, 100
Zeitdressur, Honigbiene **105–106**, *106
Zelle 253
Zelle, neurosekretorische 47, *47, 50
Zellkern 176
Zellmembran 2, 3, *4, 5
Zellorganelle 176
Zellsaftraum 299
Zellstruktur 253
Zellteilung 9
Zellulose 179
Zellverkettung 177, *178, *179
Zellverschmelzung 189
Zellwand-Polysaccharide 179
Zentralnervensystem 182
Zersetzer *269, **270**
Zickzacktanz, Stichling 94
Z-Membran 10, *10, 11, *11, 27
Zonobiom **255**, *255, **271**, *271
Zoochorie *213, **214, 216**
Zuchtwahl, geschlechtliche 201
Zucker 172
Zucker, D-Typ 175
Zuckerrohr 263

Zufall **194, 195,** 217, 221
«Zufall und Notwendigkeit» (Modellspiel Evolution) 216–219, *217
Zufallsauslese **194, 195,** 217, 221
Zufallsselektion **194, 195,** 217, 221
Zungenbeinbogen 183
Zungenmuschel (vgl. Lingula) 193
Zungenroller **167**
Zwergpflanzen **260,** *261, 275–277
Zwergstrauch 292
Zwergstrauchheiden *255
Zwergwuchs 263
Zwetschge 127, *213, *215
Zweiteilung 175, 176, *176
Zwiebelpflanzen **260,** *261
Zwischenformen 204
Zygote 127

B   Untersuchungsobjekte

Allolobophora caliginosa 301
Alpensalamander 98
Amöba proteus 26, *27
Apfel *213, 214, *215, *259
Artemieneier 68, 69

Bakterienkultur **142,** *142, **143**
Bakteriophagenkultur **142, 143**
Besenheide 290, *292
Betta splendens 116, *116, 117
Biene 27, 85, 94, *95, 98, **105–115,** *106, *107, *108, *111, *113, 211, **212**
Bohne 14, 35–37, *36, *37, 270
Bremsen 98
Brombeere *213, 214, *215
Brutblatt 298, *299
Bryophyllum daigremontanum 298, *299
Bryophyllum tubiflorum 298, *299
Buntspecht, ausgestopfter 117, 118, *118
Bussard, ausgestopfter 118

Calluna vulgaris 290, *292
Crassula-Art 298

Dasylirion acrotrichum 290, *292
Dendrobaena 301
Dipteracanthus portellae 290
Dionaea muscipula **20–22,** *21
Drosophila 121–123, *123, 127, 132, 138, 149–167, *153, 188, 190
Drosophila, Geschlechtsunterschiede 152–154, *153
Drosophila, Mutanten *123, **150, 151, 153**

Eichenblätter 284, 285
Eisenia foetida 301
Eiseniella tetraedra 301

Erdbeere *213, 214, *215
Escherichia coli **143–149**

Feuerbohne 14, 35–37, *36, *37, 270
Feuersalamander 98
Fingerkraut *213, *215
Fliegen 27, 70–72, *71, *72, 98, 99
Fliegenmaden 63–66,*65
Formica 115, *115
Frosch 81–83, *82

Gartenbohne 293
Gelbrandkäferlarven 68
Goethepflanze (Bryophyllum) 298, *299
Goldfisch 102–104,*103
Goldhamster 99–102, *100
Grille 25, 26
Grünspecht, ausgestopfter 117, 118

Heckenrose *213, 214, *215
Helleborus 59
Herbstzeitlose 32
Heuschrecke 25, 27, 28, *28, 70, 210, *211, 212
Himbeere *213, 214, *215
Honigbiene 27, 85, 94, 95, *95, 98, **105–115,** *106, *107, *108, *111, *113, 210, *211, **212**
Hummel 98

Kalanchoe-Art 298
Kampffisch 116, 117, *116
Kaulquappen 66–68
Kleiber 117, 118, *118
Knotenameise 115
Krallenfrosch 81, *82, 83, 132
Kressesamen 34
Krokus 32
Küchenschabe 25, 27, 210, *211, 212

Landschnecken 96
Lasius 115, *115
Leinsamen 34, 35
Linsengallen 284, 285, *285
Löwenzahn 32
Lumbricus terrestris 301

Mädesüß, Echtes *213, *215
Maikäfer 27
Mais 293
Maulwurfsgrille 25, 26, *26, 210, *211, 214
Mecostethus grossus 303
Mehlbeere *213, 214, *215
Miesmuschel 30–32, *31
Mimosa pudica **15–20,** *17, 18, *19
Mispel *213, 214, *215
Molch 98
Moorheuschrecke 303
Myrmica 115

Nelken 60
Nelkenwurz *213, 214, *215
Neuroterus fumipennis 284, 285
Neuroterus laeviusculus 284, 285
Neuroterus numismalis 284
Neuroterus quercus-baccarum 284, 285

Octolasium 301
Odermennig, Großer *213, *215

Pantoffeltierchen **28–30**, *30, 90
Paramecium caudatum **28–30**, *30, 90
Pferdebohne 293
Pfirsich *213, 214, *215
Phagenlysat 143, 145

Quitte *213, 214, *215

Regenwurm 8, 22–25, *23, *24, *25, 301
Rosen 60
Rückenschwimmer 68, 210, *211, 212

Scalar 69, *69, 70, 102
Schlehe *213, 214, *215
Schleierschwanz 102
Schmetterling 98
Schneeglöckchen 32
Schnittblumen 60
Schwertträger 102
Sedum-Art 298
Seerose 32
Speierling *213, 214, *215
Spierstrauch *213, 215
Spiraea *213, *215
Stabheuschrecke 25, 27, 28, *28, 210, *211, 212
Stieleiche, Blätter 284, 285
Süßkirsche *213, 214, *215

Teichmuschel 31
Traubeneiche, Blätter 284, 285
Trauerschnäpper 117
Trauermantel (Fisch) 69
Tulpe 32, *32, *261

Venusfliegenfalle 20–22, *21

Waldameise 115
Waldkauz, ausgestopfter 118
Wasserskorpion 210, *211, 214
Weinbergschnecke 96, 97, *97
Weißdorn *213, 214, *215
Wegameise 115
Wespe 98

Zantedeschia 58–60
Zebrina 59
Zimmerkalla 58–60
Zwetschge *213, 214, *215

C   Arbeitstechniken und Materialien

Es sind nur Chemikalien und Arbeitsgeräte angeführt, die besonders hergestellt werden müssen. Darüberhinaus sind grundlegende Arbeitsmethoden in das Register mit aufgenommen worden.

Ableitelektroden, Herstellung **313, 314**, *314
Ableitkabel **315**
Ableitung, elektrophysiologische **18**, *19, **22–26**, *23, **70–72**, *71, **81–83**, *82, 314, *314
Absammelmethode 301
Äpfelsäure, Titration 300
Äther-Alkohol, Mischungsverhältnis 241
Agarplatten **142**, 143–148, *146, *147, *148
Aktivitätswaage, Bau *100
Aminosäurenachweis 206–209
Aminosäuren, Nachweis mit DC-Chromatographie 208, 209, *209
Ammoniak-Wasser (vgl. NH_3-Wasser) 206, *206
Arten-Vergesellschaftung, statistischer Nachweis 281, 282, *283

Betäubung, Frosch 81, 82
Bienenbeobachtungskasten, Herstellung **110**, *111
Bikarbonatlösung, Messung des CO_2-Partialdrucks 294, **296**
Biospektrum 275, 276, *277
Blutgruppenbestimmung **241, 242**
Bouinsches Gemisch 210

Chi-Quadrat-Test 162, 163, 281, 282, *283
CO_2-Partialdruck, Umrechnungstabelle 296

Differenzverstärker, Arbeitsweise **310, 311**, *311
Drosophila, Futterbrei **149**, *150, 151–167
Drosophila, Stammkultur **150–152**
Drosophila, Zucht **150, 151**
Dünnschichtchromatographie, Trennkammer 208, *209

Ecdyson, Injektion 64–66, *65
Eichen eines Rundkolbens 206, *206, 207
Eisensulfid, Darstellung *206, **207**
Eldonkarten, Blutgruppenbestimmung **241, 242**
Elektrodenpaste 70
Elektrophoresekammer, Bedienung 247–249, *247, *248
EMB-Agar, Herstellung 145, 146
EMB-Streptomycin-Agarplatten, Herstellung 146

Fang-und-Wiederfangmethode 302, 303
Frequenzbestimmung, Stroboskop 98, 99
Formaldehydmethode **301**
Formicarium, Einrichtung **115**
Funkeninduktor 205, 207
Futterbrei, Drosophila **149**, *150, 151–167

Gitterrahmen (für Vegetationstransekt) 277
Gonavislide, Schwangerschaftstest 243, *243
Größenbestimmung von Populationen 300–307

Häkchenelektroden, Herstellung **313, 314,** *314
Hämostiletten, Anwendung 241
Hautelektroden, Herstellung **81, 82,** *82, **313**

Injektion, Ecdyson 64–66, *65
Immunodiffusion 243–246, *245
Immunelektrophorese 247–249, *247, *248

Kathodenstrahloszillograph, Bedienung **310–313**
Klebewachs, Herstellung 98
Kohlendioxid-Partialdruck, Umrechnungstabelle 296
Korrelationsanalyse 279, 280, 281
Korrelationskoeffizient, Tabelle der Signifikanzschwellen 281

Lebensformspektrum 275, 276, *277
Leitertransekt 277, *278, 279, 280
Leukocytenfärbung, Testsimplets **240**

Markieren von Bienen **106, 107,** *107
Markieren von Heuschrecken 203
Markierung von Probeflächen 281
Meerwasser, Künstliches 31
Methan 206
Michaelispuffer 244

Nähragar, Bakterien 141, 142
Nährbouillon, Bakterien 141, 142
Nährmedium, Bakterien **141, 142**
Nadelelektroden, Herstellung 313, *314
Narkose, Frosch 81, 82
Ninhydrin, Aminosäurenachweis 206, **208, 209**

Oszillograph, Bedienung **310–313**
Oszillograph, Triggerung 311, 312

Phylogenetische Systematik (Arbeitsweise) 214–216
Polarisationsfolie 58
Populationsentwicklung 203–207
Populationsgröße, Bestimmung 300–307
Profildiagramm 279

Ringer-Lösung, Insekten 25, 65
Ringer-Lösung, Regenwurm 23
Rundkolben (für Millerschen Versuch) 205, *206

Sandoz SM 222, Betäubung 81, 82
Schellack, Herstellung 106
Schilddrüse 66
Schreibtrommel 37, 99
Schwangerschaftstest 243, *243
Schwefelwasserstoff, Darstellung 206, 207
Speicheroszillograph, Verwendung **313**
Spielbrett für Evolutionsspiel 216, 217, *217
Spielflächen für «Räuberspiel» 219, 220
Spritzapparatur, Ecdyson 64–66, *65
Standard I-Nährlager 141, 142
Standard I-Nährbouillon 141, 142
Stichprobenfang 302
Stroboskop, Frequenzbestimmung 98, 99
Sudan-III-Farblösung 290
Sulfidogen 206, 207

Testsimplets, Leukocytenfärbung **240**
Triggerung, Oszillograph 311, 312

Varianzanalyse 286–290
Vegetationsaufnahme 275, 276
Vegetationstransekt 277, *278, 279, 280
Verstärker, Funktion **309, 310**

Haller/Probst
Botanische Exkursionen
Anleitungen zu Übungen im Gelände

Band I
Exkursionen im Winterhalbjahr

Laubgehölze im winterlichen Zustand
Nadel-Nacktsamer
Farnpflanzen
Moospflanzen
Flechten
Pilze

Von Dr. Berthold Haller, Stuttgart und Prof. Dr. Wilfried Probst, Flensburg
1979. VIII, 188 S., 27 Textabb., 99 illustrierte Bestimmungstabellen, kart. DM 19,80

Band II
Exkursionen im Sommerhalbjahr

Die Magnoliophytina (Angiospermae, Bedecktsamer)
Frühjahrsblüher
Blütenökologie
Wiesen und Weiden
Gräser
Binsen- und Sauergrasgewächse (Juncaceae und Cyperaceae)
Ufer, Auen, Sümpfe, Moore
Ruderalpflanzen
Kulturpflanzen
Unkräuter

Von Dr. Berthold Haller, Stuttgart und Prof. Dr. Wilfried Probst, Flensburg
1980. Etwa 200 S., 42 Abbildungen, 99 Tab., kart. etwa DM 19,80

Für die naturkundliche Ausbildung in allen Schulen und Hochschulen sind eigene praktische Erfahrungen im Gelände unentbehrlich. Während sich jedoch eine Vielzahl von Publikationen mit dem Erlernen der praktischen biologischen Laborarbeit befassen, ist ein Mangel an Anleitungen zur biologischen Geländearbeit festzustellen.

Insbesondere fehlen solche Anleitungen für den Bereich der einführenden Exkursionen an Schulen, Hochschulen, Volkshochschulen etc.

Diese Bücher möchten die Leiter und Teilnehmer solcher „Anfängerexkursionen" dazu anregen, nicht nur „Demonstrationen im Gelände" zu veranstalten, sondern Übungen mit aktiver Mitarbeit aller Teilnehmer durchzuführen. Für jedes Exkursionsthema werden deshalb neben thematischen Schwerpunkten und lohnenden Exkursionszielen spezielle Arbeitsaufgaben genannt, die möglichst in kleinen Gruppen bearbeitet werden sollen. Die theoretischen Grundlagen der verschiedenen thematischen Schwerpunkte einer Exkursion werden in einem einführenden Text behandelt.

Um die Erweiterung der Formenkenntnis zu erleichtern, sind in den Kapiteln i. a. synoptische Tabellen beigegeben, die einmal als Lern- und Gedächtnisstützen gedacht sind, zum anderen aber auch das selbständige Bestimmen erleichtern.

Gustav Fischer Verlag
Stuttgart · New York

Bestellkarte

Ich bestelle aus dem Gustav Fischer Verlag, Stuttgart, über die Buchhandlung:

....

.... Expl. Kuhn/Probst .... Expl. ....
**Biologisches Grundpraktikum
Band I**
2. Aufl. 1977. DM 29,—

.... Expl. ....

.... Expl. .... Expl. ....

.... Expl. .... Expl. ....

.... Expl. .... Expl. ....

Datum: .... Unterschrift: ....

Wenn Sie sich über weitere Neuerscheinungen des GUSTAV FISCHER VERLAGS, STUTTGART, auf ihrem Fachgebiet unterrichten wollen, schicken wir Ihnen auf Wunsch laufend kostenlos Informationen zu. Interessengebiete bitte ankreuzen und Karte ausgefüllt zurückschicken.

Medizin
- ☐ Biophysik, Physik
- ☐ Biochemie, Physiolog. Chemie, Chemie
- ☐ Hystochemie, Zytochemie
- ☐ Biologie
- ☐ Genetik
- ☐ Physiol., Ernährungswiss.
- ☐ Anatomie, Embryologie
- ☐ Zytologie, Histologie
- ☐ Pathologie
- ☐ Pathologische Anatomie
- ☐ Pathologische Physiologie
- ☐ Medizinische Mikrobiologie, Virologie, Parasitologie
- ☐ Hygiene
- ☐ Pharmakologie, Pharmakotherapie, Toxikologie
- ☐ Innere Medizin, Allgemeines
- ☐ Herz, Kreislauf, Angiologie
- ☐ Respirationsorg., Tuberkul.
- ☐ Stoffwechsel, Endokrinologie, Verdauungskrankheiten
- ☐ Hämatologie, Serologie
- ☐ Infektionskrankheiten
- ☐ Immunologie, Allergologie
- ☐ Geriatrie
- ☐ Chirurgie, Orthopädie, Unfallheilk., Anästhesie, Urologie
- ☐ Gynäkol., Geburtsh., Perinatol.
- ☐ Pädiatrie
- ☐ Neurologie
- ☐ Psychiatrie, Psychotherapie, Psychosomatik
- ☐ Psychologie
- ☐ Ophthalmologie
- ☐ Oto-Rhino-Laryngologie, Sprachtherapie, Zahnheilk.
- ☐ Dermatologie, Venerologie
- ☐ Röntgenologie, Nuklearmedizin, Strahlenheilkunde
- ☐ Physikal. Med., Rehabilitation
- ☐ Laboratoriums- und Untersuchungsmethoden
- ☐ Med. Ass.-Berufe, Krankenpflege
- ☐ Krankengymnastik, Massage
- ☐ Sozial-, Rechtsmed., Begutacht.
- ☐ Krankenhauswesen
- ☐ Statistik, Dokument., Wörterb.
- ☐ Medizingeschichte
- ☐ Patientenliteratur
- ☐ Veterinärmedizin

Biologie
- ☐ Allg. Biol., Molekularbiol., Zytol.
- ☐ Biochemie, Biophysik
- ☐ Genetik
- ☐ Mikrobiologie
- ☐ Ökologie
- ☐ Evolution, Paläontologie
- ☐ Biogeographie
- ☐ Allg. Botanik (Morphol., Zytol., Histol., Physiol.)
- ☐ Spez. u. angew. Botanik
- ☐ Pharmazeut. Biologie
- ☐ Botan. Praktika, Methoden
- ☐ Allg. Zool. (Morphol., Zytol., Histol., Physiol., Immunol.)
- ☐ Spez. u. angew. Zoologie
- ☐ Zool. Praktika, Methoden
- ☐ Versuchstierkunde und Tierhaltung
- ☐ Verhaltensforschung
- ☐ Wasser-, Boden- und Lufthygiene
- ☐ Philosophie und Geschichte der Naturwissenschaften
- ☐ Statistik, **Biometrie**
- ☐ Physik, Chemie, Astronomie, Geologie
- ☐ Anthropologie, Ethnologie

Wirtschaftswissenschaft
- ☐ Allgemeines
- ☐ Wirtschaftstheorie
- ☐ Wirtschaftspolitik
- ☐ Wirtschaftsordnung
- ☐ Finanzwissenschaft
- ☐ Statistik und Ökonometrie
- ☐ Außenwirtschaft und Entwicklungsländer
- ☐ Empir. Wirtsch.- u. Sozialforsch.
- ☐ Wirtschafts- u. Sozialgesch.
- ☐ Geschichte der wirtschaftswiss. Lehrmeinungen
- ☐ Soziologie — Polit. Wissensch.
- ☐ Arbeits- u. Wirtschaftsrecht
- ☐ Betriebswirtschaftslehre

Absender
(Studenten bitte Heimatanschrift angeben):

....

....

....

Beruf: ....

☐ Teilverzeichnis Medizin
☐ Teilverzeichnis Wirtschaftswissenschaft
☐ Teilverzeichnis Biologie

Kuhn/Probst, Biol. Grund. II. 80. 6,6. nn.
Printed in Germany

Werbeantwort/Postkarte

Bitte
ausreichend
frankieren

Gustav Fischer Verlag

Postfach 720143

D-7000 Stuttgart 70

Absender
(Studenten bitte Heimatanschrift angeben):

....

....

....

Beruf: ....

☐ Teilverzeichnis Medizin
☐ Teilverzeichnis Wirtschaftswissenschaft
☐ Teilverzeichnis Biologie

Kuhn/Probst, Biol. Grund. II. 80. 6,6. nn.
Printed in Germany

Werbeantwort/Postkarte

Bitte
ausreichend
frankieren

Gustav Fischer Verlag

Postfach 72 01 43

D-7000 Stuttgart 70